朝倉数学大系

砂田利一・堀田良之・増田久弥［編集］

保型形式論
－現代整数論講義－

吉田敬之［著］

朝倉書店

〈朝倉数学大系〉
編集委員

砂田利一
明治大学教授
東北大学名誉教授

堀田良之
東北大学名誉教授

増田久弥
東京大学名誉教授
東北大学名誉教授

まえがき

著者は37年間京都大学で教え，2, 3年に一度は整数論を四回生と大学院生向けに講義していた．講義にはかなり克明なノートを作ったときが多く，今でも6学期分は保存している．もう10年以上前になるが，朝倉書店から表現論的な保型形式論の本の執筆を求められたとき，この講義の記録を元にしてまとめれば，読者の役に立つだろうと思われた．さらに未発表の材料もあり，これを取り入れて書くことも魅力的であった．

そもそも数学の講義においては，正確に記述し証明を与えることも大事だが，全体の見通し (perspective) を与えることもそれに劣らず大切である．著者は講義に習熟してきた40歳以後はパースペクティヴを重視して教えてきた．本書ではこのような講義の雰囲気をある程度再現することも目標とした．

次に本書の構成を概観する．第I章では本書全体への導入として Riemann のゼータ函数について述べる．第II章では Hecke 環の一般論について述べる．第III章では楕円函数から始めてモジュラー形式を導入し，Hecke 作用素と L 函数についての古典的理論を述べる．第IV章では大域体 (有限次代数体を含む) のアデール環とイデール群を導入し，調和解析によって量指標の Hecke L 函数の函数等式を導いた．いわゆる岩澤-Tate 理論であり Weil の教科書に詳しく書かれているとおりであるが，本書では ϵ 因子を具体的に計算することを重視した．専門家には周知でも，はっきり書いてある類書はなく読者に便利であると思う．函数等式の整数論への応用を述べ，さらに進んで代数群のアデール群を導入した．読者の便宜を図って代数群の基本を解説しておいた．第V章では p 進代数群の表現論の基本的部分を述べた．第VI章では保型形式と保型表現の一般的定義について述べた．

第VII章以降ではより進んだ話題について論じる．第VII章では Whittaker モデルと $GL(n)$ 上の保型形式について述べた．第VIII章ではこれを $GL(2)$ の場合により具体的に詳しく述べた．第IX章では局所体上の $GL(2)$ の表現の極大コンパクト部分群への制限について述べた．第X章では函手性原理，いわゆる

i

Langlands philosophy について述べた. 第 XI 章では楕円曲線についての志村-谷山予想を一般化することについて述べた. 第 XII 章ではモジュラー形式とコホモロジー群の関係について述べた.

最初に述べたパースペクティヴの一例として次の問題を考えてみよう. $L(s) = \prod_p \det(1_n - A_p p^{-s})^{-1}$ を Euler 積とする. ここに p は素数の上にわたり, A_p は複素係数の $n \times n$ 行列, 1_n は単位行列である. 同様に別の Euler 積 $M(s) = \prod_p \det(1_m - B_p p^{-s})^{-1}$ があったとする. このとき第三の Euler 積 $(L \otimes M)(s) = \prod_p \det(1_{mn} - (A_p \otimes B_p) p^{-s})^{-1}$ を作る. 今 $L(s), M(s)$ が全平面有理型に解析接続され, ガンマ函数を含む標準的な函数等式をみたすとき, $(L \otimes M)(s)$ の函数等式を予見できるであろうか. 読者は本書の中に解答を見出されるであろう.

講義したことはあるが, 本書に書けなかったトピックには, 跡公式 (trace formula), 志村多様体, テータ函数の理論 (Weil 表現) がある. これらは保型形式研究の非常に重要な道具である. 読者の研究を望む.

本書は数学科四回生の知識があれば, 適宜参考書を参照して読めるように書いた. (従って代数学の基礎, 位相, 多様体の基礎, 複素函数論の初歩は仮定する.) そのために参考文献は完全ではないが詳しくあげておいた. ただ代数群の知識を使っているところが幾つかある. 代数群についてやさしく書かれている教科書はほとんどなく, これがつまずきの石となれば残念なことである. 読者は厳密な理解に困難を感じられれば, 最初は考えている代数群は一般線型群 $GL(n)$ であるとして読まれて差し支えない.

2015 年 3 月

吉田 敬之

凡　　例

　定理や補題の参照については章毎に"局所化"する方式をとった．例えば第 IV 章の定理 3.9 は，第 IV 章の中では定理 3.9 として参照されるが，第 X 章では IV, 定理 3.9 となる．番号付けられた式についても同様である．また引用文献も章毎に分けてあり，参照の方式は同様である．次に本書で用いる記号を説明する．

　(1) 集合 S が集合 T_1, T_2 の和集合で $T_1 \cap T_2 = \emptyset$ であることを $S = T_1 \sqcup T_2$ で表す．一般に $S = \bigcup_{i=1}^n T_i$，かつ $i \neq j$ ならば $T_i \cap T_j = \emptyset$ のとき，$S = \bigsqcup_{i=1}^n T_i$ と書く．集合 S の特性函数を $\mathrm{ch}(S)$ で表す．S から S への恒等写像を id_S または id で表す．

　(2) 単位元をもつ必ずしも可換ではない環を本書では単に環という．これに対し，断らなければ，体は可換体を意味する．環 R に対し $R^\times$ は R の可逆元全体の成す群を表す．

　(3) R は環，M, N は左 R 加群とする．M から N への R 準同型全体の成す加法群を $\mathrm{Hom}_R(M, N)$ で表す．$\mathrm{Hom}_R(M, M)$ は写像の合成を乗法として環を成す．これを M の自己準同型環といい $\mathrm{End}_R(M)$ または $\mathrm{End}(M)$ で表す．$x_1, x_2, \ldots, x_n \in M$ によって生成される M の R 部分加群を $\langle x_1, x_2, \ldots, x_n \rangle_R$ で表す．考えている環 R が明白な場合は R を省く．V は体 F 上のベクトル空間とする．$\mathrm{End}_F(V)^\times$ を $\mathrm{GL}(V)$ と書く．V の F 上の次元を $\dim_F V$ と書く．

　(4) R は環とする．R に係数をもつ $m \times n$ 行列全体の集合を $M(m, n, R)$ で表す．$M(n, n, R)$ を $M(n, R)$ と書く．$M(n, R)^\times$ を $\mathrm{GL}(n, R)$ と書く．対角成分が $t_1, t_2, \ldots, t_n$ である $M(n, R)$ の対角行列を $\mathrm{diag}[t_1, t_2, \ldots, t_n]$ と書く．$A = (a_{ij})$, $B = (b_{ij}) \in M(m, n, R)$ とする．R の左イデアル I に対し，$a_{ij} \equiv b_{ij} \mod I$ が全ての i, j について成り立つとき $A \equiv B \mod I$ と書く．

　(5) R は可換環とする．$a \in R$ によって生成される R のイデアル aR を単項イデアルという．(a) と書く．$R[X_1, X_2, \ldots, X_n]$ により R 上の n 変数多項式環を表す．G は群とする．$R[G]$ により，R 上の G の群環を表す．

(6) 群 G は加群 M に左から作用しているとする. 即ち M は左 $\mathbf{Z}[G]$ 加群である. M を G 加群ともいう. このとき G の部分群 H に対し M^H は H で固定される M の部分加群を表す. G 加群 M, N に対し $\mathrm{Hom}_{\mathbf{Z}[G]}(M, N)$ を $\mathrm{Hom}_G(M, N)$ と書く. G が M に右から作用している場合も同様である.

(7) G は群とする. $\mathrm{Aut}(G)$, $\mathrm{Inn}(G)$, $\mathrm{Out}(G)$ により, それぞれ G の自己同型群, 内部自己同型群, 外部自己同型群を表す.

(8) X は測度空間, Y は X の可測部分集合とする. Y の測度を $\mathrm{vol}(Y)$ で表す.

(9) G は位相群とする. G から $\{z \in \mathbf{C}^\times \mid |z| = 1\}$ への連続準同型を G の指標 (character), G から $\mathbf{C}^\times$ への連続準同型を G の quasi-character という. V は $\mathbf{C}$ 上のベクトル空間とする. 準同型 $\pi: G \longrightarrow \mathrm{GL}(V)$ を G の V における表現という. Z を G の中心とする. Z の quasi-character ω があって $\pi(z) = \omega(z)\mathrm{id}_V$ となるとき, ω を π の central character という. (煩雑を避け central quasi-character とは呼ばない.)

(10) F は体, K は F の有限次代数拡大体とする. $N_{K/F}$ により K から F へのノルム写像を, $\mathrm{Tr}_{K/F}$ によりトレース写像を表す. q 個の元からなる有限体を $\mathbf{F}_q$ で表す. また p 進数体を $\mathbf{Q}_p$, p 進整数環を $\mathbf{Z}_p$ と書く.

(11) G は Lie 群または代数群とする. $\mathrm{Lie}(G)$ により G の Lie 代数を表す. G の $\mathrm{Lie}(G)$ における随伴表現を Ad で表す.

(12) $\mathbf{R}_+ = \{x \in \mathbf{R} \mid x > 0\}$ とおく. これを乗法群とみるときは $\mathbf{R}_+^\times$ とも書く.

目　　次

I. Riemann のゼータ函数 ……………………………………… 1
1. Bernoulli 数と Euler-Maclaurin 総和法 ………………… 1
2. Riemann の方法 ………………………………………… 9
3. Riemann のゼータ函数展望 …………………………… 14

II. Hecke 環 ……………………………………………………… 18
1. 群論的定義 ……………………………………………… 18
2. 合成積代数による定義 ………………………………… 23
3. 誘導表現との関係 ……………………………………… 25
4. 文　　献 ………………………………………………… 25

III. 楕円函数とモジュラー形式 ………………………………… 27
1. 楕　円　函　数 ………………………………………… 27
2. 楕　円　曲　線 ………………………………………… 31
3. モジュラー形式 (レベル 1 の場合) …………………… 38
4. モジュラー形式 (一般レベルの場合) ………………… 45
5. Hecke 作用素と Euler 積 ……………………………… 51
6. モジュラー形式の L 函数 …………………………… 64
7. Petersson 内積 …………………………………………… 68
8. 代数多様体のゼータ函数と志村-谷山予想 …………… 72

IV. アデール …………………………………………………… 78
1. 大域体のアデール環とイデール群 …………………… 78
2. 大域体の Hecke 指標とその L 函数 ………………… 82
3. Hecke 指標の L 函数の函数等式 …………………… 87

- 4. 類体論の骨子と若干の応用 ……………………………………… 111
- 5. 代 数 群 ……………………………………………………………… 117
- 6. 代数群のアデール化 ……………………………………………… 121
- 7. $GL(2, \mathbf{Q_A})$ 上の保型形式 ………………………………………… 124

V. p 進群の表現論の基礎 …………………………………………… 128
- 1. 許 容 表 現 ………………………………………………………… 128
- 2. 超函数と指標 ……………………………………………………… 139
- 3. 誘導表現と Jacquet 函手 ………………………………………… 142
- 4. 正規化された誘導表現とユニタリー性 ………………………… 147
- 5. 不分岐主系列表現 ………………………………………………… 149
- 6. 球函数と Hecke 環の構造 ………………………………………… 152
- 7. Tempered 表現 ……………………………………………………… 159

VI. 保型形式と保型表現 …………………………………………………… 161
- 1. 表現のテンソル積分解 …………………………………………… 161
- 2. 実 reductive Lie 群の Hecke 代数 ……………………………… 163
- 3. アデール群の Hecke 代数 ………………………………………… 164
- 4. 保型形式と保型表現 ……………………………………………… 166
- 5. L^2 理論との関係 …………………………………………………… 168

VII. $GL(n)$ の表現の Whittaker モデルとその応用 …………………… 170
- 1. 局所理論―超函数についての準備 ……………………………… 170
- 2. 局所理論―Whittaker モデル …………………………………… 179
- 3. Whittaker 函数による保型形式の展開 ………………………… 183
- 4. 文   献 …………………………………………………………… 189

VIII. $GL(2)$ 上の保型形式 ………………………………………………… 190
- 1. Kirillov モデル …………………………………………………… 190
- 2. 主系列表現 ………………………………………………………… 199
- 3. 局所函数等式 ……………………………………………………… 206
- 4. $GL(2, \mathbf{R})$ と $GL(2, \mathbf{C})$ の表現論 ……………………………… 215

 5. GL(2) 上の保型形式 223
 6. モジュラー形式と表現論 228
 7. 文 献 な ど 231

IX. GL(2) の表現の極大コンパクト部分群への制限 233
 1. 基本不等式 233
 2. 局所 Atkin-Lehner 定理 243
 3. 基本不等式の応用 I 247
 4. 基本不等式の応用 II 252
 5. この章の結果について 255

X. L 群と函手性 256
 1. 函手性原理への道 256
 2. Reductive 群 257
 3. Weil 群 261
 4. λ 進表現と Weil-Deligne 群の表現 264
 5. L 群 271
 6. 函手性原理 (局所体の場合) 274
 7. 函手性原理 (大域体の場合) 283
 8. 重複度公式 289

XI. 志村-谷山予想の一般化 291
 1. Hodge 群 291
 2. モティーフに付随する局所パラメーター 296
 3. ある基本的 cohomology 類について 300
 4. 志村-谷山予想の一般化 307
 5. 実 例 311
 6. モティーフ 313

XII. モジュラー形式と cohomology 群 315
 1. 群の生成元と基本関係 315
 2. 群の cohomology 論 320

3.	一変数の場合	327
4.	Hilbert モジュラー形式	330
5.	Hilbert モジュラー形式と cohomology 群	333
6.	Parabolic 条件と特殊値の計算法	341
7.	計　算　例	349
8.	この章の結果について	360

付録　単因子論と $GL(n)$ の共役類 ……………………………… 361

文　　献 ……………………………………………………………… 367

索　　引 ……………………………………………………………… 377

第I章 Riemannのゼータ函数

この章ではRiemannのゼータ函数についての幾つかの基本的な事実を述べ, 以下の章への導入とする.

1. Bernoulli数とEuler-Maclaurin総和法

形式的ベキ級数展開

$$\frac{ze^{xz}}{e^z-1} = \sum_{n=0}^{\infty} \frac{B_n(x)}{n!} z^n \tag{1.1}$$

を考える. $b_n = B_n(0)$ とおく. $B_n(x)$ を n 番目の Bernoulli 多項式, b_n を Bernoulli 数という. $b_0 = 1$ である. (1.1) で $x = 0$ とすれば

$$\frac{z}{e^z-1} = \sum_{n=0}^{\infty} \frac{b_n}{n!} z^n, \qquad b_n \in \mathbf{Q}$$

である.

$$\sum_{n=0}^{\infty} \frac{B_n(x)}{n!} z^n = \left(\sum_{n=0}^{\infty} \frac{b_n}{n!} z^n \right) \left(\sum_{n=0}^{\infty} \frac{x^n z^n}{n!} \right)$$

であるから

$$B_n(x) = b_0 x^n + \binom{n}{1} b_1 x^{n-1} + \binom{n}{2} b_2 x^{n-2} + \cdots + b_n$$

を得る. $B_n(x) \in \mathbf{Q}[x]$, $B_n(x)$ は n 次のモニックな多項式である.

$$B_0(x) = 1, \qquad B_1(x) = x - \frac{1}{2}, \qquad B_2(x) = x^2 - x + \frac{1}{6},$$

$$B_3(x) = x^3 - \frac{3}{2}x^2 + \frac{1}{2}x, \qquad B_4(x) = x^4 - 2x^3 + x^2 - \frac{1}{30}, \cdots$$

$$b_0 = 1, \quad b_1 = -\frac{1}{2}, \quad b_2 = \frac{1}{6}, \quad b_4 = -\frac{1}{30}, \quad b_6 = \frac{1}{42}, \quad b_8 = -\frac{1}{30},$$

$$b_{10} = \frac{5}{66}, \quad b_{12} = -\frac{691}{2730}, \cdots$$

と計算される．

Bernoulli 多項式の基本的性質を挙げる．

$$B_n(1-x) = (-1)^n B_n(x). \tag{1.2}$$

$$B_n'(x) = nB_{n-1}(x), \qquad n \geq 1. \tag{1.3}$$

$$B_n(x+1) - B_n(x) = nx^{n-1}, \qquad n \geq 1. \tag{1.4a}$$

$$\int_x^{x+1} B_n(t)dt = x^n, \qquad x \in \mathbf{R}. \tag{1.4b}$$

証明は容易であるが読者の便宜のために書いておこう．(1.1) で x を $1-x$ とすれば

$$\sum_{n=0}^{\infty} \frac{B_n(1-x)}{n!} z^n = \frac{ze^{(1-x)z}}{e^z - 1} = \frac{ze^{-xz}}{1 - e^{-z}} = \frac{(-z)e^{-xz}}{e^{-z} - 1} = \sum_{n=0}^{\infty} \frac{B_n(x)}{n!} (-z)^n$$

となる．これから (1.2) がわかる．(1.1) を x について形式的に微分すれば

$$\frac{z^2 e^{xz}}{e^z - 1} = z \sum_{n=0}^{\infty} \frac{B_n(x)}{n!} z^n = \sum_{n=0}^{\infty} \frac{B_n'(x)}{n!} z^n$$

を得，これから (1.3) がわかる．(1.1) により

$$\sum_{n=0}^{\infty} \frac{B_n(x+1) - B_n(x)}{n!} z^n = \frac{ze^{(x+1)z} - ze^{xz}}{e^z - 1} = ze^{xz} = z \sum_{m=0}^{\infty} \frac{x^m z^m}{m!}$$

を得るが，これから (1.4a) がわかる．(1.4b) は (1.4a) より直ちに従う．また

$$b_n = 0, \quad n \geq 3 \text{ が奇数のとき} \tag{1.5}$$

が成り立つ．これは $b_1 = -1/2$ より

$$\frac{z}{e^z - 1} + \frac{z}{2} = 1 + \sum_{n=3}^{\infty} \frac{b_n}{n!} z^n = \frac{z}{2} \cdot \frac{e^z + 1}{e^z - 1}$$

が偶函数であることからわかる．

$$x^n = \frac{1}{n+1}(B_{n+1}(x+1) - B_{n+1}(x))$$

ゆえ ((1.4a))

$$\sum_{m=1}^{N-1} m^n = \frac{1}{n+1}(B_{n+1}(N) - B_{n+1}(1))$$

となる. これに (1.2) を用いて

$$\sum_{m=1}^{N} m^n = \frac{1}{n+1}(B_{n+1}(N+1) + (-1)^n b_{n+1}) \tag{1.6}$$

と n 乗和を表す公式を得る.

整数 $M, N \in \mathbf{Z}$, $M > N$ と $f \in C^{\infty}([N, M])$ をとる. $N \leq n \leq M$, $n \in \mathbf{Z}$ に対して部分積分により

$$\begin{aligned}
\int_n^{n+1} \left(x - [x] - \frac{1}{2}\right) f'(x) dx &= \int_0^1 \left(t - \frac{1}{2}\right) f'(n+t) dt \\
&= \left[(t - \frac{1}{2}) f(n+t)\right]_0^1 - \int_0^1 f(n+t) dt \\
&= \frac{1}{2}(f(n) + f(n+1)) - \int_n^{n+1} f(x) dx
\end{aligned}$$

を得る. ゆえに

$$\int_N^M \left(x - [x] - \frac{1}{2}\right) f'(x) dx = \sum_{n=N}^{M} f(n) - \frac{1}{2}(f(N) + f(M)) - \int_N^M f(x) dx$$

であり, 書き直して

$$\sum_{n=N}^{M} f(n) = \int_N^M f(x) dx + \frac{1}{2}(f(N) + f(M)) + \int_N^M \left(x - [x] - \frac{1}{2}\right) f'(x) dx \tag{1.7}$$

を得る. ここで

$$\int_N^M \left(x - [x] - \frac{1}{2}\right) f'(x) dx = \sum_{n=N}^{M-1} \int_0^1 B_1(t) f'(n+t) dt$$

と書き, (1.3) を用いて部分積分を繰り返す.

$$\begin{aligned}
\int_0^1 B_1(t) f'(n+t) dt &= \left[\frac{B_2(t)}{2} f'(n+t)\right]_0^1 - \frac{1}{2}\int_0^1 B_2(t) f''(n+t) dt \\
&= \frac{b_2}{2}(f'(n+1) - f'(n)) - \frac{1}{2}\int_0^1 B_2(t) f''(n+t) dt
\end{aligned}$$

$$= \frac{b_2}{2}(f'(n+1) - f'(n)) - \frac{1}{6}\left[B_3(t)f''(n+t)\right]_0^1 + \frac{1}{6}\int_0^1 B_3(t)f'''(n+t)dt$$

$$= \frac{b_2}{2}(f'(n+1) - f'(n)) + \frac{1}{24}\left[B_4(t)f^{(3)}(n+t)\right]_0^1 - \frac{1}{24}\int_0^1 B_4(t)f^{(4)}(n+t)dt$$

$$= \sum_{k=1}^{L} \frac{b_{2k}}{(2k)!}(f^{(2k-1)}(n+1) - f^{(2k-1)}(n)) - \frac{1}{(2L)!}\int_0^1 B_{2L}(t)f^{(2L)}(n+t)dt$$

がわかる．ここで Bernoulli 多項式の性質 (1.2) と (1.5) も用いた．この結果を (1.7) に代入して

$$\sum_{n=N}^{M} f(n) = \int_N^M f(x)dx + \frac{1}{2}(f(N) + f(M))$$
$$+ \sum_{k=1}^{L} \frac{b_{2k}}{(2k)!}(f^{(2k-1)}(M) - f^{(2k-1)}(N)) \quad (1.8)$$
$$- \frac{1}{(2L)!}\int_N^M B_{2L}(x-[x])f^{(2L)}(x)dx$$

を得る．ここに $1 \leq L \in \mathbf{Z}$. (1.8) は Euler-Maclaurin の和公式と呼ばれる公式である．この公式は $M = \infty$ のときでも，$\sum_{n=N}^{\infty} f(n)$ と右辺の二つの積分が収束し，かつ $\lim_{M \to \infty} f^{(2k-1)}(M)$, $1 \leq k \leq L$ が存在すれば成り立つ．これは (1.8) の両辺の $M \to \infty$ での極限を考えれば明らかである．

この公式を Riemann のゼータ函数に適用しよう．まず $s \in \mathbf{C}$, $\mathrm{Re}(s) > 1$ とする．Riemann のゼータ函数 $\zeta(s)$ はこの範囲では広義一様収束する級数

$$\zeta(s) = \sum_{n=1}^{\infty} n^{-s}$$

によって定義される．$\zeta(s)$ は $\mathrm{Re}(s) > 1$ で正則であるが，解析接続等は以下調べていく．$1 \leq N \in \mathbf{Z}$ をとって

$$\zeta(s) = \sum_{n=1}^{\infty} n^{-s} = \sum_{n=1}^{N-1} n^{-s} + \sum_{n=N}^{\infty} n^{-s}$$

と二つの部分に分ける．

$$f(x) = x^{-s}, \qquad x > 0$$

とおくと

$$f^{(k)}(x) = (-1)^k s(s+1)\cdots(s+k-1)x^{-s-k}, \qquad \int_N^\infty x^{-s}dx = \frac{1}{s-1}N^{1-s}.$$

ゆえに (1.8) ($M = \infty$) によって

$$\begin{aligned}\zeta(s) =& \sum_{n=1}^{N-1} n^{-s} + \frac{1}{s-1}N^{1-s} + \frac{1}{2}N^{-s} \\ &+ \sum_{k=1}^{L} \frac{b_{2k}}{(2k)!} s(s+1)\cdots(s+2k-2)N^{-s-2k+1} \\ &- \frac{1}{(2L)!} s(s+1)\cdots(s+2L-1)\int_N^\infty B_{2L}(x-[x])x^{-s-2L}dx\end{aligned} \qquad (1.9)$$

を得る. ここで (1.9) の右辺の積分を考える. $B_{2L}(x-[x])$ は区間 $[N, \infty]$ で有界連続であるから, 積分は $\mathrm{Re}(s+2L) > 1$ のとき広義一様に収束する. よって (1.9) は $\mathrm{Re}(s) > 1$ の条件下で示したが, (1.9) の右辺は $\mathrm{Re}(s) > 1-2L$ で有理型函数を定義する. 極は $\frac{N^{1-s}}{s-1}$ の項から現れ, $s = 1$ での一位の極のみである. L を十分大にとることにより, (1.9) によって $\zeta(s)$ の全平面有理型解析接続が得られる.

(1.9) を用いて $\zeta(-m)$, $0 \le m \in \mathbf{Z}$ を計算してみよう.

$$\zeta(0) = \sum_{n=1}^{N-1} 1 - N + \frac{1}{2} = -\frac{1}{2}$$

がまずわかる. そこで $\zeta(1-n)$, $n \ge 2$ を考える. (1.9) において $s = 1-n$ とし, $2L \ge n$ と取る. このとき (1.9) の右辺の最後の項の積分にかかる係数は消える. (1.6) により

$$\sum_{m=1}^{N-1} m^{n-1} = \frac{1}{n}(B_n(N) - (-1)^n b_n)$$

であるから, (1.9) の右辺は N と N^{-1} についての多項式であり, 定数項が $\zeta(1-n)$ に等しい. (1.5) に注意すれば $\frac{1}{n}(B_n(N) - (-1)^n b_n)$ の定数項は消えていることがわかる. ゆえに (1.9) の右辺の定数項は $2k = n$ をみたす k から得られる. n が奇数ならば定数項は 0 であり, $n = 2k$ が偶数のとき定数項は

$$\frac{b_{2k}}{(2k)!}(-1)(-2)\cdots(-2k+1) = -\frac{b_{2k}}{2k}$$

に等しい. ゆえに次の定理が得られた.

定理 1.1 Riemann のゼータ函数の 0 以下の整数での値について

$$\begin{cases} \zeta(0) = -1/2, \\ \zeta(1-2k) = -b_{2k}/2k, \quad 1 \leq k \in \mathbf{Z}, \\ \zeta(1-n) = 0, \quad 2 \leq n, \ n \text{ は奇数} \end{cases}$$

が成り立つ．

公式 (1.9) は $\zeta(s)$ の数値計算にも使える．このためには最後の積分を評価する必要がある．Bernoulli 多項式についての準備から始めよう．(1.1) により

$$\sum_{n=0}^{\infty} \frac{B_n(x) + B_n(x+\frac{1}{2})}{n!} z^n = \frac{ze^{xz}(1+e^{z/2})}{e^z - 1} = 2\frac{z/2 \cdot e^{2x \cdot z/2}}{e^{z/2} - 1}$$
$$= 2\sum_{n=0}^{\infty} \frac{B_n(2x)}{n!} \left(\frac{z}{2}\right)^n.$$

ゆえに

$$B_n(2x) = 2^{n-1}\left(B_n(x) + B_n\left(x+\frac{1}{2}\right)\right), \tag{1.10}$$

$$B_n(1/2) = -(1 - 2^{-n+1})B_n(0) \tag{1.11}$$

を得る．

補題 1.2 $0 \leq k \in \mathbf{Z}$ とする．$(-1)^k B_{2k+1}(x)$ は区間 $(0, 1/2)$ で負，$(1/2, 1)$ で正である．$(-1)^k B_{2k+2}(x)$ は $x = 0$ で正，区間 $(0, 1/2), (1/2, 1)$ に零点をそれぞれ唯一つもつ．

［証明］$B_{2k+1}(x), B_{2k+2}(x)$ に対する主張を k についての帰納法で示す．$k=0$ のときは明らかであるから，$k \geq 1$ とし $k-1$ のときは示されたとする．

(1.5), (1.11) により $B_{2k+1}(0) = B_{2k+1}(1/2) = 0$ である．(1.3) と $(-1)^k B_{2k}(0) < 0$ により，ある $0 < \epsilon < 1/2$ があって $(-1)^k B_{2k+1}(x)$ は区間 $(0, \epsilon)$ で負である．ある $\epsilon \leq t < 1/2$ において $B_{2k+1}(t) = 0$ とすると，(1.3) によって $B_{2k}(x)$ は区間 $(0, t)$ と $(t, 1/2)$ において零点をもつ．これは矛盾．従って $0 < x < 1/2$ のとき $(-1)^k B_{2k+1}(x) < 0$ である．(1.2) により $1/2 < x < 1$ のとき $(-1)^k B_{2k+1}(x) > 0$ となる．以上で $B_{2k+1}(x)$ に対する主張は示された．

(1.5), (1.11) により $B_{2k+3}(0) = B_{2k+3}(1/2) = 0$ である．(1.3) により $B_{2k+2}(x)$ は区間 $(0, 1/2)$ において少なくとも一つ零点をもつ．零点 $0 < t_1 <$

$t_2 < 1/2$ をもったとする．このとき (1.3) により $B_{2k+1}(x)$ が区間 (t_1, t_2) に零点をもつから矛盾．よって区間 $(0, 1/2)$ における $B_{2k+2}(x)$ の零点は唯一つである．$B_{2k+2}(0) = 0$ ならば (1.11) によって，$B_{2k+2}(1/2) = 0$．(1.3) によって $B_{2k+1}(x)$ が区間 $(0, 1/2)$ に零点をもつから矛盾である．$(-1)^k B_{2k+2}(0) < 0$ とする．(1.11) によって $(-1)^k B_{2k+2}(1/2) > 0$ となる．これは $(-1)^k B_{2k+1}(x)$ が $(0, 1/2)$ で負であることに反する．ゆえに $(-1)^k B_{2k+2}(0) > 0$．残りの主張は (1.2) から従う． □

$$R_L = -\frac{1}{(2L)!} s(s+1)\cdots(s+2L-1) \int_N^\infty B_{2L}(x-[x]) x^{-s-2L} dx,$$

$$R_L' = \int_N^\infty B_{2L}(x-[x]) x^{-s-2L} dx$$

とおく．ここで $L \geq 1$ である．

$$R_L'' = \int_N^\infty B_{2L+1}(x-[x]) x^{-s-2L-1} dx$$

とおくと，(1.3), (1.5) を用いて部分積分すれば

$$R_L' = \frac{s+2L}{2L+1} R_L''$$

がわかる．$s = \sigma + it$, $\sigma = \mathrm{Re}(s)$ とおく．補題 1.2 により

$$|R_L''| \leq \sum_{n=N}^\infty \Biggl(\int_n^{n+1/2} (-1)^{L+1} B_{2L+1}(x-[x]) x^{-\sigma-2L-1} dx$$
$$+ \int_{n+1/2}^{n+1} (-1)^L B_{2L+1}(x-[x]) x^{-\sigma-2L-1} dx \Biggr)$$

を得る．$\sigma + 2L + 1 > 1$ と仮定する．このとき (1.3) を用いて

$$|R_L''| \leq \sum_{n=N}^\infty n^{-\sigma-2L-1} \Biggl(\int_n^{n+1/2} (-1)^{L+1} B_{2L+1}(x-[x]) dx$$
$$+ \int_{n+1/2}^{n+1} (-1)^L B_{2L+1}(x-[x]) dx \Biggr)$$
$$= \sum_{n=N}^\infty n^{-\sigma-2L-1} \Biggl(\frac{(-1)^{L+1}}{2L+2} \Bigl[B_{2L+2}(x-[x]) \Bigr]_n^{n+1/2}$$
$$+ \frac{(-1)^L}{2L+2} \Bigl[B_{2L+2}(x-[x]) \Bigr]_{n+1/2}^{n+1} \Biggr)$$

$$= \sum_{n=N}^{\infty} n^{-\sigma-2L-1} \frac{(-1)^L}{L+1}\left(B_{2L+2}(0) - B_{2L+2}\left(\frac{1}{2}\right)\right)$$

を得る. ここで (1.11) を使えば $N > 1$ のとき

$$|R_L''| \leq \sum_{n=N}^{\infty} n^{-\sigma-2L-1} \frac{2|b_{2L+2}|}{L+1} \leq \frac{2|b_{2L+2}|}{L+1} \int_{N-1}^{\infty} x^{-\sigma-2L-1} dx$$
$$= \frac{2|b_{2L+2}|}{(L+1)(\sigma+2L)}(N-1)^{-\sigma-2L}$$

がわかる. これを R_L の定義に代入して次の定理を得る.

定理 1.3 $N > 1$, $\sigma + 2L > 0$ と仮定する. このとき (1.9) の右辺の最終項 R_L, $L \geq 1$ について評価

$$|R_L| \leq \frac{1}{(2L)!}|s(s+1)\cdots(s+2L-1)(s+2L)|$$
$$\cdot \frac{2|b_{2L+2}|}{(L+1)(2L+1)(\sigma+2L)}(N-1)^{-\sigma-2L}$$

が成り立つ.

問題 1.4 $\mathrm{Re}(s) > 1$ とする.

$$\zeta'(s) = -\sum_{n=1}^{N-1} \frac{\log n}{n^s} - \sum_{n=N}^{\infty} \frac{\log n}{n^s}$$

と分け, $f(x) = -x^{-s}\log x$ とおいて Euler-Maclaurin の和公式 (1.8) を使うことにより

$$\begin{aligned}\zeta'(s) = &-\sum_{n=1}^{N-1} \frac{\log n}{n^s} - \frac{1}{(s-1)^2}N^{1-s} - \frac{1}{s-1}N^{1-s}\log N\\ &- \frac{1}{2}N^{-s}\log N - \sum_{k=1}^{L} \frac{b_{2k}}{(2k)!}f^{(2k-1)}(N)\\ &- \frac{1}{(2L)!}\int_N^{\infty} B_{2L}(x-[x])f^{(2L)}(x)dx\end{aligned} \quad (1.12)$$

を示せ. 積分の収束をみることにより, (1.12) は $\zeta'(s)$ の $\mathrm{Re}(s) > -2L+1$ の範囲への $\zeta'(s)$ の有理型解析接続を与えることを示せ.

問題 1.5 (1.12) で $s = 0$, $L = 1$ と取ることにより, 公式

$$\zeta'(0) = \lim_{M \to \infty} \left(M \log M + \frac{1}{2} \log M - M - \sum_{n=1}^{M} \log n \right)$$

を導け. ($\zeta'(0) = -\frac{1}{2} \log 2\pi$ が知られている.)

2. Riemann の方法

Riemann は有名な論文 [R] で Riemann のゼータ函数の解析接続と函数等式に二通りの証明を与えた．まず第二証明を説明する．ガンマ函数 $\Gamma(s)$ を

$$\Gamma(s) = \int_0^\infty e^{-t} t^{s-1} dt, \qquad \text{Re}(s) > 0 \tag{2.1}$$

で定義する．積分は $\text{Re}(s) > 0$ で広義一様収束するからこの範囲で s の正則函数を定める．$\text{Re}(s) > 0$ のとき部分積分により

$$\Gamma(s+1) = \int_0^\infty e^{-t} t^s dt = \left[-e^{-t} t^s \right]_0^\infty + \int_0^\infty e^{-t} s t^{s-1} dt.$$

ゆえに

$$\Gamma(s+1) = s\Gamma(s), \qquad \text{Re}(s) > 0$$

を得るが，この関係式を用いてガンマ函数 $\Gamma(s)$ を全平面有理型に解析接続する．$\text{Re}(s) > -n, 0 < n \in \mathbf{Z}$ ならば

$$\Gamma(s) = \Gamma(s+n)/(s(s+1)\cdots(s+n-1))$$

である．$\Gamma(s)$ は $s = 0, -1, -2, \ldots$ で一位の極をもつが，それ以外では正則であることがわかる．また $\Gamma(s)$ は零点をもたないことが知られている．(2.1) により $1 \leq n \in \mathbf{Z}$ について

$$\pi^{-s/2} n^{-s} \Gamma(s/2) = \int_0^\infty e^{-\pi n^2 t} t^{s/2-1} dt, \qquad \text{Re}(s) > 0$$

を得る．これから

$$\pi^{-s/2} \Gamma(s/2) \zeta(s) = \int_0^\infty \sum_{n=1}^\infty e^{-\pi n^2 t} t^{s/2-1} dt, \qquad \text{Re}(s) > 1 \tag{2.2}$$

がわかる．ここで積分と和の交換は後で正当化する．(2.2) の積分に現れる函数はテータ函数と呼ばれ，絶対収束する級数

$$\theta(t) = \sum_{n \in \mathbf{Z}} e^{-\pi n^2 t}, \qquad t > 0 \tag{2.3}$$

で定義される.

定理 2.1 $\theta(1/t) = \sqrt{t}\theta(t)$.

［証明］ 定理 2.1 を証明する. $\mathbf{R}$ 上の Schwartz 函数の空間を $\mathcal{S}(\mathbf{R})$ で表す. $f \in \mathcal{S}(\mathbf{R})$ に対して, その Fourier 変換 $\widehat{f}$ を

$$\widehat{f}(x) = \int_{-\infty}^{\infty} f(y) e^{2\pi i x y} dy$$

で定義する. このとき $\widehat{f} \in \mathcal{S}(\mathbf{R})$ であり, Poisson の和公式

$$\sum_{x \in \mathbf{Z}} f(x) = \sum_{x \in \mathbf{Z}} \widehat{f}(x) \tag{2.4}$$

が成り立つ. $f(x) = e^{-\pi t x^2}$ と取る.

$$\int_{-\infty}^{\infty} e^{-\pi x^2} dx = 1 \qquad \text{(確率積分)}$$

を用いて

$$\int_{-\infty}^{\infty} e^{-\pi t x^2} dx = \frac{1}{\sqrt{t}},$$

$$\widehat{f}(x) = \int_{-\infty}^{\infty} e^{-\pi t y^2} e^{2\pi i x y} dy = \int_{-\infty}^{\infty} e^{-\pi t(y - ix/t)^2} e^{-\pi x^2/t} dy = e^{-\pi x^2/t} \cdot \frac{1}{\sqrt{t}}$$

を得る. Poisson 和公式により

$$\sum_{n \in \mathbf{Z}} e^{-\pi n^2 t} = \frac{1}{\sqrt{t}} \sum_{n \in \mathbf{Z}} e^{-\pi n^2 / t}$$

が成り立ち, これは定理 2.1 である. □

そこで (2.2) における積分と和の交換の正当性を考える.

$$\theta(t) - 1 = O(e^{-\pi t}), \qquad t \longrightarrow +\infty \tag{2.5}$$

は容易にわかる. 定理 2.1 より $\theta(1/t) - 1 = \sqrt{t}(\theta(t) - 1) + \sqrt{t} - 1$ であるから, 評価 (2.5) を用いて

$$\theta(t) - 1 = O(1/\sqrt{t}), \qquad t \longrightarrow +0 \tag{2.6}$$

を得る．評価 (2.5), (2.6) と Lebesgue の収束定理 (Lebesgue's dominated convergence theorem) により，(2.2) における積分と和の順序交換は正当化される．

(2.2) により，$\mathrm{Re}(s) > 1$ のとき

$$\pi^{-s/2}\Gamma(s/2)\zeta(s) = \int_0^\infty \frac{1}{2}(\theta(t)-1)t^{s/2-1}dt$$

である．ここで

$$I = \int_1^\infty \frac{1}{2}(\theta(t)-1)t^{s/2-1}dt$$

とおく．

$$\pi^{-s/2}\Gamma(s/2)\zeta(s) = I + \int_0^1 \frac{1}{2}\theta(t)t^{s/2-1}dt - \frac{1}{2}\int_0^1 t^{s/2-1}dt$$

となるが，ここでテータ公式 (定理 2.1) を使うとこれは

$$\begin{aligned}
& I + \int_0^1 \frac{1}{2}\theta(1/t)t^{s/2-3/2}dt - \frac{1}{s} \\
&= I + \int_0^1 \frac{1}{2}(\theta(1/t)-1)t^{s/2-3/2}dt + \int_0^1 \frac{1}{2}t^{s/2-3/2}dt - \frac{1}{s} \\
&= I + \int_1^\infty \frac{1}{2}(\theta(t)-1)t^{-s/2-1/2}dt + \frac{1}{s-1} - \frac{1}{s}
\end{aligned}$$

に等しい．よって積分表示

$$\begin{aligned}
\pi^{-s/2}\Gamma(s/2)\zeta(s) = {} & \int_1^\infty \frac{1}{2}(\theta(t)-1)(t^{s/2-1} + t^{-s/2-1/2})dt \\
& + \frac{1}{s-1} - \frac{1}{s}
\end{aligned} \quad (2.7)$$

が得られた．(2.7) 式は $\mathrm{Re}(s) > 1$ の条件下で示したが，評価 (2.5) により (2.7) 式の積分は s について広義一様に収束するから，全 s 平面で正則な函数を与える．よって (2.7) により左辺の函数の全平面有理型解析接続が得られ，この函数が変換 $s \mapsto 1-s$ で不変であるのは明らかである．よって次の定理が得られた．

定理 2.2 $\pi^{-s/2}\Gamma(s/2)\zeta(s)$ は全平面有理型に解析接続され，$s = 0, 1$ での一位の極を除いて正則であり，s を $1-s$ で置き換えても不変である．$s = 1$ での留数は 1，$s = 0$ での留数は -1 である．

定理 2.2 の函数等式と等式

を定理 1.1 に用いて Euler による次の結果を得る．詳しい計算は読者にまかせよう．

定理 2.3
$$\zeta(2n) = (-1)^{n+1} \cdot \frac{2^{2n-1}b_{2n}}{(2n)!} \cdot \pi^{2n}, \qquad n = 1, 2, 3, \ldots$$

特に
$$\zeta(2) = \frac{\pi^2}{6}, \qquad \zeta(4) = \frac{\pi^4}{90}, \qquad \zeta(6) = \frac{\pi^6}{945}$$

である．

テータ関数を用いる証明は Riemann の論文では二番目に書かれている．第一証明についてもみておこう．(2.1) により $1 \leq n \in \mathbf{Z}$ に対して
$$n^{-s}\Gamma(s) = \int_0^\infty e^{-nt} t^{s-1} dt, \qquad \mathrm{Re}(s) > 0$$

である．よって $\mathrm{Re}(s) > 1$ のとき
$$\begin{aligned}\Gamma(s)\zeta(s) &= \sum_{n=1}^\infty \int_0^\infty e^{-nt} t^{s-1} dt = \int_0^\infty \sum_{n=1}^\infty e^{-nt} t^{s-1} dt \\ &= \int_0^\infty \frac{1}{e^t - 1} t^{s-1} dt \end{aligned} \tag{2.8}$$

となる．ここで積分と和の順序交換は
$$\frac{1}{e^t - 1} = O(e^{-t}), \quad t \longrightarrow \infty, \qquad \frac{1}{e^t - 1} = O(1/t), \quad t \longrightarrow 0$$

であるから Lebesgue の収束定理により正当化される．十分小さな正の数 ϵ をとって複素平面の中の次のような積分路 L を考える．$+\infty$ から出発して実軸上を ϵ まで進む．ϵ から ϵ まで 0 を中心とする半径 ϵ の円周 C_ϵ の上を反時計回りに進む．ϵ から $+\infty$ まで実軸上を進む．L における $\log(-z)$ の branch を $z < 0$ のとき実数になるようにとり，連続性によって路 L における $\log(-z)$ の値を定める．
$$(-z)^{s-1} = \exp((s-1)\log(-z))$$

とおき, 積分
$$\int_L \frac{(-z)^{s-1}}{e^z - 1} dz$$

を考える．L の一部 $(+\infty, \epsilon) \ni t$ において (即ち t が $+\infty$ から ϵ に動く部分) $(-t)^{s-1}$ は

$$\exp((s-1)(\log t - \pi i)) = t^{s-1}\exp(-\pi i(s-1))$$

に等しく，$(\epsilon, +\infty)$ において $(-t)^{s-1}$ は $t^{s-1}\exp(\pi i(s-1))$ に等しい．$\exp(\pi i(s-1)) - \exp(-\pi i(s-1)) = -2i\sin(\pi s)$ であるから

$$\begin{aligned}&\int_{+\infty}^{\epsilon}\frac{1}{e^z-1}(-z)^{s-1}dz + \int_{\epsilon}^{\infty}\frac{1}{e^z-1}(-z)^{s-1}dz \\ &= -2i\sin(\pi s)\int_{\epsilon}^{\infty}\frac{1}{e^t-1}t^{s-1}dt\end{aligned} \quad (2.9)$$

を得る．通常は $\mathrm{Re}(s) > 1$ のとき

$$\lim_{\epsilon \to 0}\int_{C_\epsilon}\frac{1}{e^z-1}(-z)^{s-1}dz = 0 \quad (2.10)$$

を評価によって示すのであるが (例えば [WW], p.266, p.244–245)，この計算は以下の論法によって幾分簡略化される．まず $\mathbf{R} \ni s > 1$ とする．このときは $|(-z)^{s-1}| = \epsilon^{s-1}$ であり，$|1/(e^z-1)|$ は C_ϵ 上で ϵ によらない定数 $c > 0$ により，$c\epsilon^{-1}$ で押さえられるから

$$\left|\int_{C_\epsilon}\frac{1}{e^z-1}(-z)^{s-1}dz\right| \leq 2\pi\epsilon \cdot \epsilon^{s-1} \cdot c\epsilon^{-1}$$

となって，(2.10) が成立していることは明らかである．よって (2.8), (2.9) と次式の左辺の積分は ϵ が十分小のとき ϵ に依存しないことに注意して (Cauchy の積分定理を使う，分母の極をさけて $\epsilon < 2\pi$ でよい)

$$\int_L \frac{(-z)^{s-1}}{e^z-1}dz = -2i\sin(\pi s)\Gamma(s)\zeta(s) \quad (2.11)$$

が $s > 1$ のとき成立していることがわかった．左辺の積分は s について広義一様収束し，s の整函数を与える．一致の定理により，(2.11) の両辺の函数は $\mathrm{Re}(s) > 1$ のとき一致している．従って全ての s について成り立つ積分表示 (2.11) が得られた．念のために注意すれば $\mathrm{Re}(s) > 1$ のときの (2.10) はこの事実と

$$\lim_{\epsilon \to 0}\int_{\epsilon}^{\infty}\frac{1}{e^t-1}t^{s-1}dt = \int_0^{\infty}\frac{1}{e^t-1}t^{s-1}dt$$

から従う．等式

$$\Gamma(s)\Gamma(1-s) = \frac{\pi}{\sin \pi s}$$

を用いると, (2.11) から $\zeta(s)$ の積分表示

$$\zeta(s) = -\frac{\Gamma(1-s)}{2\pi i} \int_L \frac{(-z)^{s-1}}{e^z - 1} dz \tag{2.12}$$

が得られる.

問題 2.4 (2.12) を用いた留数計算により, $0 \leq m \in \mathbf{Z}$ のとき

$$\zeta(-m) = (-1)^m m! \operatorname{Res}_{z=0} \frac{z^{-m-1}}{e^z - 1} = (-1)^m \frac{b_{m+1}}{m+1}$$

であることを示せ. これは定理 1.1 と合うことをみよ.

積分表示 (2.12) において積分路を変更することにより, $\zeta(s)$ の函数等式を導くことができる. これについては Riemann の原論文 [R] を参照されたい.

3. Riemann のゼータ函数展望

$\zeta(s)$ は領域 $\operatorname{Re}(s) > 1$ には零点をもたない. これは $\zeta(s)$ の Euler 積表示

$$\zeta(s) = \prod_p (1 - p^{-s})^{-1}$$

がこの範囲で収束していることからわかる. 函数等式を使うと $\zeta(s)$ の $\operatorname{Re}(s) < 0$ における零点は $s = -2, -4, -6, \ldots$ に限られることがわかる. これを $\zeta(s)$ の自明な零点 (trivial zero) といい, 一位の零点である. 領域 $0 \leq \operatorname{Re}(s) \leq 1$ における零点は全て直線 $\operatorname{Re}(s) = 1/2$ 上にあるというのが有名な Riemann 予想である. Hadamard と de la Valée Poussin の定理によれば $\operatorname{Re}(s) = 1, \operatorname{Re}(s) = 0$ 上には零点がない. これは素数定理と同程度の深さの結果である.

$T > 0$ に対して

$$N(T) = \#\{\rho \mid \zeta(\rho) = 0,\ 0 < \operatorname{Re}(\rho) < 1,\ 0 \leq \operatorname{Im}(\rho) \leq T\}$$

とおく. 即ち $N(T)$ は領域 $\{0 < \operatorname{Re}(s) < 1,\ 0 \leq \operatorname{Im}(s) \leq T\}$ における $\zeta(s)$ の零点の数を (重複度をこめて) 数える函数である. このとき Riemann-von Mangoldt 公式と呼ばれる次の結果がある ([T], Theorem 9.4).

$$N(T) = \frac{1}{2\pi} T \log T - \frac{1 + \log 2\pi}{2\pi} T + O(\log T), \qquad T \to +\infty. \tag{3.1}$$

零点と素数の関係を与える明示公式 (explicit formula) を書いておこう. $C_c^\infty(\mathbf{R}^n)$ により $\mathbf{R}^n$ 上の複素数値無限回可微分函数で台がコンパクトであるもの全体が成すベクトル空間とする. テスト函数 $F \in C_c^\infty(\mathbf{R})$ に対して

$$\Phi(s) = \int_{-\infty}^{\infty} F(x) e^{(s-1/2)} dx, \qquad s \in \mathbf{C}$$

とおく. $\Phi(s)$ は整函数であり, $\Phi(1/2+it)$ は本質的に F の Fourier 変換である. このとき

$$\begin{aligned}\sum_\rho \Phi(\rho) = &\int_{-\infty}^{\infty} F(x)(e^{x/2}+e^{-x/2})dx - (\log\pi)F(0) \\ &- \sum_p \sum_{m=1}^{\infty} \frac{\log p}{p^{m/2}}(F(m\log p)+F(-m\log p)) \\ &+ \frac{1}{2\pi}\int_{-\infty}^{\infty} \Phi(1/2+it)\mathrm{Re}\left(\psi\left(\frac{1}{4}+\frac{it}{2}\right)\right)dt\end{aligned} \qquad (3.2)$$

が成り立つ. ここに $\sum_\rho$ は $\zeta(s)$ の自明でない零点についての (重複度をこめた) 和であり, $\psi(s) = \Gamma'(s)/\Gamma(s)$ である.

ここで Schwartz の超函数について簡単に述べておこう (詳しくは Schwartz の著書 [Sc] を参照されたい). セミノルム

$$N_p(f) = \sup_{x \in \mathbf{R}^n} |D^p f(x)|, \qquad p = (p_1, p_2, \ldots, p_n), \; f \in C_c^\infty(\mathbf{R}^n)$$

を考える. ここに $D^p = (\frac{\partial}{\partial x_1})^{p_1}(\frac{\partial}{\partial x_2})^{p_2}\cdots(\frac{\partial}{\partial x_n})^{p_n}$ である. $\mathbf{R}^n$ のコンパクト部分集合 K に対し $C_K^\infty(\mathbf{R}^n)$ により台が K に含まれるような $C_c^\infty(\mathbf{R}^n)$ の函数全体の成すベクトル空間とする. セミノルムの族 $(N_p)_p$ により, $C_K^\infty(\mathbf{R}^n)$ に位相を入れる. 次に $C_c^\infty(\mathbf{R}^n) = \bigcup_K C_K^\infty(\mathbf{R}^n)$ の位相ベクトル空間としての位相を次の様に入れる. 函数列 $(\varphi_j)_{1 \leq j \in \mathbf{Z}}$ が 0 に収束するのは, あるコンパクト集合 K があって $\varphi_j \in C_K^\infty(\mathbf{R}^n), j \geq 1$ であり $C_K^\infty(\mathbf{R}^n)$ の位相で φ_j が 0 に収束することである. $C_c^\infty(\mathbf{R}^n)$ 上の連続汎函数を ($\mathbf{R}^n$ 上の) 超函数 (distribution) という. 次に無限回可微分函数の空間 $C^\infty(\mathbf{R}^n)$ を考え

$$N_{k,p}(f) = \sup_{x \in \mathbf{R}^n} |(1+r^2)^k D^p f(x)|, \qquad p = (p_1, p_2, \ldots, p_n), \; f \in C^\infty(\mathbf{R}^n)$$

とおく. ここに $0 \leq k \in \mathbf{Z}, r^2 = x_1^2 + x_2^2 + \cdots + x_n^2$ である.

$$\mathcal{S}(\mathbf{R}^n) = \{f \mid f \in C^\infty(\mathbf{R}^n), N_{k,p}(f) < \infty, \forall k, \forall p\}$$

とおき, セミノルムの族 $(N_{k,p})_{k,p}$ によって $\mathcal{S}(\mathbf{R}^n)$ に位相を入れる. $\mathcal{S}(\mathbf{R}^n)$ を $\mathbf{R}^n$ 上の Schwartz 空間という. $\mathcal{S}(\mathbf{R}^n)$ は $C_c^\infty(\mathbf{R}^n)$ を稠密な部分空間として含み Fourier 変換で閉じている. 超函数 T は $\mathcal{S}(\mathbf{R}^n)$ の連続汎函数に拡張されるとき, tempered (緩い) 超函数であるという. $f \in C_c^\infty(\mathbf{R}^n)$ に対し $\widetilde{f}(x) = \overline{f(-x)}$, $x \in \mathbf{R}^n$ とおく. 超函数 T は

$$T(f * \widetilde{f}) \geq 0, \qquad \forall f \in C_c(\mathbf{R}^n) \tag{3.3}$$

をみたすとき, 正型 (positive type) であるという. ここに $*$ は合成積を表す. 正型の超函数は tempered 超函数であることが知られている.

明示公式 (3.2) において

$$T(F) = \sum_\rho \Phi(\rho), \qquad F \in C_c^\infty(\mathbf{R}) \tag{3.4}$$

とおくと T は超函数を定義する. A. Weil [W] により T が正型であることと Riemann 予想が同値であることが知られている. (超函数 T については [Y] も参照されたい. T が tempered であることだけから, Riemann 予想が従うように思われるが, この点についての詳しい研究はないようである.)

次に (3.1) と関連して Montgomery による興味深い予想 [Mo] を述べよう. Riemann 予想を仮定し $\zeta(s)$ の自明でない零点を $\rho = \frac{1}{2} + i\gamma$, $\gamma \in \mathbf{R}$ と書く. $N(T) \sim \frac{1}{2\pi} T \log T$ により, $\gamma = T$ の付近での零点間の平均的な距離は $\frac{1}{2\pi} \frac{1}{\log T}$ である.

予想 (Montgomery) 実数 $\alpha < \beta$ を固定する. このとき

$$\sum_{0<\gamma\leq T,\ 0<\gamma'\leq T,\ \frac{2\pi\alpha}{\log T} \leq \gamma-\gamma' \leq \frac{2\pi\beta}{\log T}} 1$$
$$\sim \left(\int_\alpha^\beta \left(1 - \left(\frac{\sin \pi u}{\pi u}\right)^2\right) du + \delta(\alpha, \beta) \right) \frac{T}{2\pi} \log T, \qquad T \to +\infty.$$

ここに

$$\delta(\alpha, \beta) = \begin{cases} 1, & 0 \in [\alpha, \beta], \\ 0, & 0 \notin [\alpha, \beta]. \end{cases}$$

ここで興味深いのは, この予想において $1 - \left(\frac{\sin \pi u}{\pi u}\right)^2$ はゼータ函数の零点の二点相関函数と解釈され, これはまたランダムなエルミートまたはユニタリー行列の固

有値の二点相関函数であることである ([Me] 参照). Hilbert は Riemann のゼータ函数の零点とある作用素の固有値との関連を示唆したといわれる. Montgomery の予想はこの Hilbert の示唆との関係で考えると面白い.

零点の縦方向への分布について, ある意味で Montgomery の予想を含むような予想 (考える零点間の幅が constant$/\log T$ より広くなっている) が Berry [B] によって定式化されている. Montgomery 予想には素数が現れないが, Berry 予想では零点の分布に素数が関係してくる. この二つの予想と関連する問題についてはまだまだ研究の余地がありそうである.

第II章 Hecke 環

この章では Hecke 環の基礎について述べる．Hecke 環の定義を三通り与え，これらが本質的に同じ環であることを示す．

1. 群論的定義

G は群, Γ は G の部分群とする．条件

$$[\Gamma : \Gamma \cap g\Gamma g^{-1}] < \infty \tag{1.1}$$

が任意の $g \in G$ に対して成り立っていると仮定する．R は単位元をもつ可換環とする．このとき Hecke 環 $\mathcal{H}_R(G,\Gamma)$ が次のように定義される．
V は右 $R[G]$ 加群とする．

$$V^\Gamma = \{v \in V \mid v\gamma = v, \ \forall \gamma \in \Gamma\}$$

とおく．V^Γ は V の R 部分加群である．$g \in G$ をとり，$\Gamma g \Gamma = \bigsqcup_{i=1}^n \Gamma g_i$ と両側剰余類 $\Gamma g \Gamma$ を Γ の左剰余類に分ける．$n = [\Gamma : \Gamma \cap g^{-1}\Gamma g]$ であることは容易に示される．$\Gamma g \Gamma$ の $v \in V^\Gamma$ への右作用を

$$v \mid \Gamma g \Gamma = \sum_{i=1}^n v g_i \tag{1.2}$$

によって定める．定義 (1.2) は g_i のとり方に依存しない．また $\gamma \in \Gamma$ に対し $g_i \gamma = \delta g_{j(i)}, \delta \in \Gamma$ と書くとき，$i \mapsto j(i)$ が n 文字の上の置換であることに注意すれば $v \mid \Gamma g \Gamma \in V^\Gamma$ がわかる．V^Γ の R 加群としての自己準同型環を $\mathrm{End}_R(V^\Gamma)$ と書く．写像 $v \mapsto v \mid \Gamma g \Gamma$ は $\mathrm{End}_R(V^\Gamma)$ の元を定義する．

$\mathcal{H}_R(G,\Gamma)$ は両側剰余類 $\Gamma g \Gamma, \ g \in G$ を基底とする自由 R 加群とする．$x \in \mathcal{H}_R(G,\Gamma)$ は, (1.2) を R 線型に拡張することにより, $\mathrm{End}_R(V^\Gamma)$ の元を定めるが

18

これを $[x]_V$ と書く.

定理 1.1 $\mathcal{H}_R(G,\Gamma)$ に環構造を与える演算 ∘ を, 任意の右 $R[G]$ 加群 V に対して
$$[x \circ y]_V = [x]_V [y]_V \tag{1.3}$$
が成り立つように定義できる. ここに右辺は環 $\operatorname{End}_R(V^\Gamma)$ での演算である.

この定理の証明が第一目標であるが, まず次の定理 1.2 を示す. 全ての左剰余類 $\Gamma g \in \Gamma \backslash G$ を基底とする自由 R 加群を $R^{\Gamma \backslash G}$ と書く.
$$(\Gamma g)g_1 = \Gamma g g_1, \qquad g, g_1 \in G$$
により, $R^{\Gamma \backslash G}$ に右 $R[G]$ 加群の構造を与える.

定理 1.2 R 加群としての同型 $\operatorname{End}_{R[G]}(R^{\Gamma \backslash G}) \cong \mathcal{H}_R(G,\Gamma)$ が成り立つ.

[証明] 写像 $\omega : \mathcal{H}_R(G,\Gamma) \longrightarrow R^{\Gamma \backslash G}$ を次のように決める. $\Gamma g \Gamma = \bigsqcup_{i=1}^m \Gamma g_i$ のとき, $\omega(\Gamma g \Gamma) = \sum_{i=1}^m \Gamma g_i$ とおき, これを R 線型にのばす. ω は単射である.

$\psi \in \operatorname{End}_{R[G]}(R^{\Gamma \backslash G})$ をとる. $\psi(\Gamma) = \sum_j b_j \cdot \Gamma h_j$, $b_j \in R$, $h_j \in G$ の形であるが, 任意の $\gamma \in \Gamma$ に対し, $\psi(\Gamma) = \psi(\Gamma \gamma) = \psi(\Gamma)\gamma$ ゆえ,
$$\psi(\Gamma) = \omega\left(\sum_i a_i \Gamma g_i \Gamma\right), \qquad a_i \in R, \; g_i \in G$$
と両側剰余類の和で表される. $q \in G$ に対し, $\psi(\Gamma q) = \psi(\Gamma)q$ ゆえ, ψ は $\psi(\Gamma)$ で定まることに注意する.
$$\Phi : \operatorname{End}_{R[G]}(R^{\Gamma \backslash G}) \ni \psi \longrightarrow \omega^{-1}(\psi(\Gamma)) \in \mathcal{H}_R(G,\Gamma)$$
により写像 Φ を定義する. 上の注意から Φ は単射であることがわかる. また Φ が R 加群の準同型であることは明らかである.

$\sum_i a_i \Gamma g_i \Gamma \in \mathcal{H}_R(G,\Gamma)$ が与えられたとき
$$\psi\left(\sum_k c_k \Gamma q_k\right) = \sum_k c_k \sum_i a_i \omega(\Gamma g_i \Gamma) q_k$$
とおくと, これは well-defined で $\psi \in \operatorname{End}_{R[G]}(R^{\Gamma \backslash G})$ の元を定める. $\omega^{-1}(\psi(\Gamma)) = \sum_i a_i \Gamma g_i \Gamma$ ゆえ, Φ は全射である. □

定理 1.2 の同型により左辺 $\mathrm{End}_{R[G]}(R^{\Gamma\backslash G})$ の環構造を用いて $\mathcal{H}_R(G,\Gamma)$ の環構造を定義する．$\mathcal{H}_R(G,\Gamma)$ における乗法演算を $\circ$ と書く．これは具体的には次のようになる．$\psi,\ \eta\ \in\ \mathrm{End}_{R[G]}(R^{\Gamma\backslash G})$, $\Phi(\psi)\ =\ \Gamma g \Gamma\ =\ \bigsqcup_{i=1}^{m}\Gamma g_i$, $\Phi(\eta) = \Gamma h \Gamma = \bigsqcup_{j=1}^{n}\Gamma h_j$ とする．このとき

$$\omega(\Phi(\psi\eta)) = \psi(\eta(\Gamma)) = \psi\left(\sum_{j=1}^{n}\Gamma h_j\right) = \sum_{i=1}^{m}\sum_{j=1}^{n}\Gamma g_i h_j \tag{1.4}$$

であり，これは $\omega(\Phi(\psi)\circ\Phi(\eta))$ に等しい．$\Gamma g\Gamma\cdot\Gamma h\Gamma = \Gamma g\Gamma h\Gamma = \bigcup_{i=1}^{m}\bigcup_{j=1}^{n}\Gamma g_i h_j$ であるから，

$$\Gamma g\Gamma h\Gamma = \bigsqcup_{q}\Gamma q\Gamma$$

と有限個の両側剰余類の和になる．$\Gamma q\Gamma\ \subset\ \Gamma g\Gamma h\Gamma$ について，$i,\ j$ があって $\Gamma q = \Gamma g_i h_j$ となっているが，このような (i,j) の対の数を $m(q)$ とおく．

$$m(q) = |\{(i,j)\mid \Gamma q = \Gamma g_i h_j\}|. \tag{1.5}$$

これは $g_i,\ h_j$ のとり方によらない．今 $\omega(\Phi(\psi)\circ\Phi(\eta)) = \omega(\Gamma g\Gamma\circ\Gamma h\Gamma) = \sum_q m'(q)\Gamma q\Gamma$ と書くと，(1.4) により和に現れる q は上記のものと共通していて $m'(q) = m(q)$ がわかる．よって次の定理がわかった．

定理 1.3 $\mathcal{H}_R(G,\Gamma)$ は $\Gamma = \Gamma\cdot 1\cdot\Gamma$ を単位元とする結合法則をみたす環であり，乗法は

$$(\Gamma g\Gamma)\circ(\Gamma h\Gamma) = \sum_q m(q)\Gamma q\Gamma$$

で与えられる．ここに $\Gamma q\Gamma$ は $\Gamma q\Gamma\subset\Gamma g\Gamma h\Gamma$ をみたす両側剰余類の上にわたり $m(q)$ は (1.5) で与えられる．

構成より明らかに

$$\mathcal{H}_R(G,\Gamma)\cong\mathcal{H}_{\mathbf{Z}}(G,\Gamma)\otimes_{\mathbf{Z}} R$$

となっている．次に定理 1.1 を証明しよう．

補題 1.4 V_1,V_2 は右 $R[G]$ 加群で $\varphi:V_1\longrightarrow V_2$ は $R[G]$ 準同型とする．φ が誘導する R 準同型 $\varphi_*:V_1^{\Gamma}\longrightarrow V_2^{\Gamma}$ は全射であると仮定する．このとき (1.3) を $V = V_1$ に対して成り立たせるような $\mathcal{H}_R(G,\Gamma)$ の環構造があれば，この環構造に

よって (1.3) は V_2 に対しても成り立つ.

この補題の証明は可換図式
$$\begin{array}{ccc} V_1^\Gamma & \xrightarrow{\varphi_*} & V_2^\Gamma \\ {[x]_{V_1}}\downarrow & & \downarrow {[x]_{V_2}} \\ V_1^\Gamma & \xrightarrow{\varphi_*} & V_2^\Gamma, \end{array}$$

$x \in \mathcal{H}_R(G, \Gamma)$ を考えれば容易である. 次に V^Γ によって生成される V の $R[G]$ 部分加群を V' とすれば明らかに $V^\Gamma = V'^\Gamma$ であるから, 定理の証明には V^Γ によって生成されるような V のみを考えれば十分である. V はこのような性質をもつ $R[G]$ 右加群であるとする. V^Γ の R 加群としての生成元の集合 $\{v_i\}_{i \in I}$ をとる. このとき V の任意の元は有限和

$$\sum_{i \in I} \sum_{g \in \Gamma \backslash G} a_i v_i g, \qquad a_i \in R \tag{1.6}$$

の形で書ける. V の元が (1.6) の形に書けることから, 補題 1.4 の条件をみたす $R[G]$ 準同型 $(R^{\Gamma \backslash G})^I \longrightarrow V$ が存在することがわかる. ゆえに (1.3) を $(R^{\Gamma \backslash G})^I$ に対して示せば十分であるが, さらに $R^{\Gamma \backslash G}$ に対して示せば十分であることがわかる. 定理 1.2 を用いた定義により, $R^{\Gamma \backslash G}$ に対して (1.3) が成立しているのは明らかである. □

定理 1.5 群 G の反自己同型 $*$ で
$$\Gamma^* = \Gamma, \qquad (\Gamma g \Gamma)^* = \Gamma g \Gamma, \quad \forall g \in G$$
をみたすものがあったとする. このとき Hecke 環 $\mathcal{H}_R(G, \Gamma)$ は可換である.

証明のために補題を二つ用意する.

補題 1.6 全ての右剰余類 $g\Gamma \in G/\Gamma$ を基底とする自由 R 加群を $R^{G/\Gamma}$ と書き, $R^{G/\Gamma}$ に自然に左 $R[G]$ 加群の構造を入れる. このとき $\mathrm{End}_{R[G]}(R^{G/\Gamma})$ は $\mathrm{End}_{R[G]}(R^{\Gamma \backslash G})$ に反同型である.

[証明] $\mathrm{End}_{R[G]}(R^{G/\Gamma})$ の元 η は $\eta(\Gamma)$ によって定まっている. $\psi \in \mathrm{End}_{R[G]}(R^{\Gamma \backslash G})$ が $\psi(\Gamma) = \sum_{i=1}^m a_i \Gamma g_i$, $a_i \in R$, $g_i \in G$ のとき, $\psi^0(\Gamma) = \sum_{i=1}^m a_i g_i \Gamma$ とおくと, $\psi^0 \in \mathrm{End}_{R[G]}(R^{G/\Gamma})$ が定まって, $\psi \mapsto \psi^0$ は求める反同

型であることがわかる. □

補題 1.7 G は群, Γ は G の部分群で (1.1) をみたすとする. 両側剰余類 $\Gamma g\Gamma$ に含まれる Γ の左右剰余類の数は等しいと仮定する. この数を m とすると

$$\Gamma g\Gamma = \bigsqcup_{i=1}^{m} \Gamma g_i = \bigsqcup_{i=1}^{m} g_i \Gamma$$

と左右剰余類の代表を共通にとることができる.

[証明] 次の同値は容易に示される.

$$\Gamma = \bigsqcup_{i=1}^{m}(\Gamma \cap g^{-1}\Gamma g)\gamma_i \iff \Gamma g\Gamma = \bigsqcup_{i=1}^{m}\Gamma g\gamma_i, \ \gamma_i \in \Gamma$$

$$\Gamma = \bigsqcup_{i=1}^{m}\delta_i(\Gamma \cap g\Gamma g^{-1}) \iff \Gamma g\Gamma = \bigsqcup_{i=1}^{m}\delta_i g\Gamma, \ \delta_i \in \Gamma.$$

従って

$$\Gamma g\Gamma = \bigsqcup_{i=1}^{m}\Gamma \delta_i g\gamma_i = \bigsqcup_{i=1}^{m}\delta_i g\gamma_i \Gamma$$

が成り立つ. □

[定理 1.5 の証明] $\operatorname{End}_{R[G]}(R^{\Gamma \backslash G})$ が可換であることを示せばよい. 補題 1.6 の証明で定義した反同型を f と書く. $\Phi(\psi) = \Gamma g\Gamma$ をみたす $\psi \in \operatorname{End}_{R[G]}(R^{\Gamma \backslash G})$ をとる. 定理の仮定から, 補題 1.7 の条件は成立するから, $\Gamma g\Gamma = \bigsqcup_{i=1}^{m}\Gamma g_i = \bigsqcup_{i=1}^{m}g_i\Gamma$ と剰余類に分割できる. $\psi^*(\Gamma) = \sum_{i=1}^{m}g_i^*\Gamma$ とおくと, $\psi^* \in \operatorname{End}_{R[G]}(R^{G/\Gamma})$ が定まる. 対応 $\psi \mapsto \psi^*$ を R 線型にのばして写像 $f^* : \operatorname{End}_{R[G]}(R^{\Gamma\backslash G}) \longrightarrow \operatorname{End}_{R[G]}(R^{G/\Gamma})$ を得るが, f^* は環の同型写像であることがわかる. また $\Gamma g\Gamma = \bigsqcup_{i=1}^{m}g_i\Gamma = \bigsqcup_{i=1}^{m}g_i^*\Gamma$ から $f = f^*$ を得る. $\psi, \eta \in \operatorname{End}_{R[G]}(R^{\Gamma\backslash G})$ に対して, $f(\psi\eta) = f(\eta)f(\psi)$, $f^*(\psi\eta) = f^*(\psi)f^*(\eta)$ であるが, $f = f^*$ から $\psi\eta = \eta\psi$ を得る. □

例 1.8 Hecke 環 $\mathcal{H}_R(\operatorname{GL}(n, \mathbf{Q}), \operatorname{SL}(n, \mathbf{Z}))$ は可換である.

[証明] $G = \operatorname{GL}(n, \mathbf{Q})$, $\Gamma = \operatorname{SL}(n, \mathbf{Z})$ が条件 (1.1) をみたすことは容易に確かめられる. これは読者にゆだねよう. 単因子論により, 任意の $g \in \operatorname{GL}(n, \mathbf{Q})$ に対して $a_1, a_2, \ldots, a_n \in \mathbf{Q}^\times$ があって

$$\mathrm{SL}(n,\mathbf{Z})g\mathrm{SL}(n,\mathbf{Z}) = \mathrm{SL}(n,\mathbf{Z})\mathrm{diag}[a_1,a_2,\ldots,a_n]\mathrm{SL}(n,\mathbf{Z})$$

となる．ここに $\mathrm{diag}[a_1,a_2,\ldots,a_n]$ は対角成分が $(a_1,a_2,\ldots,a_n)$ である対角行列を表す．よって $\mathrm{GL}(n,\mathbf{Q})$ の反同型として $g \mapsto {}^t g$ をとれば，定理 1.5 の条件が成り立つことがわかる． □

Δ は G の部分集合で G の演算によって単位元をもつ半群になっているとする．両側剰余類 $\Gamma g \Gamma$, $g \in \Delta$ を基底とする自由 R 加群を $\mathcal{H}_R(\Delta,\Gamma)$ と書く．$\Gamma\Delta \supset \Delta\Gamma$ と仮定する．このとき，演算規則からわかるように，$\mathcal{H}_R(\Delta,\Gamma)$ は $\mathcal{H}_R(G,\Gamma)$ の部分環になっている．

問題 1.9 Δ は上と同じ半群とする．$\Gamma \subset \Delta$ と仮定する．χ は Δ から $\mathbf{C}^\times$ への写像で $\chi(xy) = \chi(x)\chi(y)$, $x,y \in \Delta$ をみたすとする．V は右 $\mathbf{C}[G]$ 加群とする．

$$V^{\Gamma,\chi} = \{v \in V \mid v\gamma = \chi(\gamma)v\}$$

とおく．両側剰余類 $\Gamma g\Gamma$, $g \in \Delta$ を $\Gamma g \Gamma = \bigsqcup_{i=1}^n \Gamma g_i$, $g_i \in \Delta$ と分け

$$v \mid \Gamma g \Gamma = \sum_{i=1}^n \chi(g_i)^{-1} v g_i$$

とおく．この定義は g_i のとり方によらず，$v \mid \Gamma g \Gamma \in V^{\Gamma,\chi}$ であることを示せ．定理 1.1 をこの指標付きの状況に拡張することについて検討せよ．

2. 合成積代数による定義

G は局所コンパクトな Hausdorff 位相群とする．G の Haar 測度を dg とする．$C_c(G)$ により G 上の複素数値連続函数で台がコンパクトなもの全体の成すベクトル空間を表す．$f,g \in C_c(G)$ に対しその合成積 (convolution) は

$$(f*g)(x) = \int_G f(y)g(y^{-1}x)dy = \int_G f(xy)g(y^{-1})dy, \qquad x \in G$$

によって定義され $f*g \in C_c(G)$ である．合成積により $C_c(G)$ は $\mathbf{C}$-代数になる．

Γ は G の開コンパクト部分群とする．このとき任意の $g \in G$ に対して $\Gamma \cap g\Gamma g^{-1}$ は開部分群であるから，$[\Gamma : \Gamma \cap g\Gamma g^{-1}] < \infty$ である．即ち条件 (1.1) は成立している．

例 2.1 $G = \mathrm{GL}(n, \mathbf{Q}_p)$, $\Gamma = \mathrm{GL}(n, \mathbf{Z}_p)$.

$C_c(\Gamma\backslash G/\Gamma)$ により $C_c(G)$ の函数で Γ で両側不変なもの全体の空間を表す. 今 $\psi \in C_c(G)$ が Γ で左不変, $\eta \in C_c(G)$ が Γ で右不変のとき, $\psi * \eta$ は Γ で両側不変になることは容易に確かめられる. ゆえに $C_c(\Gamma\backslash G/\Gamma)$ は $C_c(G)$ の部分代数を成す.

定理 2.2 G は局所コンパクトな Hausdorff 位相群, Γ は G の開コンパクト部分群とする. G の Haar 測度を $\mathrm{vol}(\Gamma) = 1$ と正規化する. このとき環として $C_c(\Gamma\backslash G/\Gamma) \cong \mathcal{H}_{\mathbf{C}}(G, \Gamma)$.

［証明］ $\psi \in C_c(\Gamma\backslash G/\Gamma)$ をとり $\mathrm{supp}(\psi) = K$ とおく. ここに $\mathrm{supp}(\psi)$ は ψ の台を表す. $K = \bigsqcup_{i=1}^n \Gamma g_i \Gamma$ と分解する. ψ は $\Gamma g_i \Gamma$ 上一定値 $\psi(g_i)$ をとる. 写像 $\varphi : C_c(\Gamma\backslash G/\Gamma) \longrightarrow \mathcal{H}_{\mathbf{C}}(G, \Gamma)$ を

$$\varphi : C_c(\Gamma\backslash G/\Gamma) \ni \psi \mapsto \sum_{i=1}^n \psi(g_i) \Gamma g_i \Gamma \in \mathcal{H}_{\mathbf{C}}(G, \Gamma)$$

によって定める. φ は明らかにベクトル空間の同型を与えるから, 環準同型であることを示せば十分である. このためには $\psi = \mathrm{ch}(\Gamma g \Gamma)$, $\eta = \mathrm{ch}(\Gamma h \Gamma)$ のときに $\varphi(\psi * \eta) = \varphi(\psi)\varphi(\eta)$ を示せばよい. ここに $\mathrm{ch}(X)$ は集合 X の特性函数を表す.

$$(\psi * \eta)(x) = \int_G \psi(xy)\eta(y^{-1})dy$$

から $\mathrm{supp}(\psi * \eta) \subset \Gamma g \Gamma h \Gamma$ がわかる. $\Gamma g \Gamma = \bigsqcup_{i=1}^m \Gamma g_i$, $\Gamma h \Gamma = \bigsqcup_{j=1}^n \Gamma h_j$ と剰余類に分ける. $x \in \Gamma g \Gamma h \Gamma$ のとき

$$(\psi * \eta)(x) = \int_{\Gamma h^{-1} \Gamma} \psi(xy)dy = \sum_{j=1}^n \int_{h_j^{-1} \Gamma} \psi(xy)dy.$$

$y = h_j^{-1}\gamma$, $\gamma \in \Gamma$ と変数変換すると, これは

$$\sum_{j=1}^n \int_\Gamma \psi(xh_j^{-1}\gamma)d\gamma = \sum_{j=1}^n \psi(xh_j^{-1}) = |\{j \mid xh_j^{-1} \in \Gamma g\Gamma\}|$$

に等しい. この最後の index j の数は明らかに $|\{(i,j) \mid x \in \Gamma g_i h_j\}|$ に等しい. x は $\Gamma x \Gamma \subset \Gamma g \Gamma h \Gamma$ をみたすが, この index (i,j) の数は (1.5) で定義した $m(x)$ に一致する. ゆえに $\varphi(\psi * \eta) = \varphi(\psi)\varphi(\eta)$ が成り立ち, 証明が終わる. □

3. 誘導表現との関係

G は群, $V \neq \{0\}$ は体 F 上のベクトル空間とする. 準同型 $\rho: G \longrightarrow \mathrm{GL}(V)$ を G の V における表現という. V を横ベクトルで書く.

$$vg = v\rho(g), \qquad v \in V,\ g \in G$$

とおくと, V は右 $F[G]$ 加群となる. 逆に V が右 $F[G]$ 加群ならば, G の V 上の表現が得られる.

Γ は G の部分群, W は右 $F[\Gamma]$ 加群とする. τ は W における Γ の表現とする. $V = W \otimes_{F[\Gamma]} F[G]$ とおくと, V は右 $F[G]$ 加群であるから, V における G の表現 ρ が得られる. V を W から誘導された $F[G]$ 加群, ρ を τ から誘導された G の表現と呼び, $\mathrm{Ind}_\Gamma^G \tau$ と書く.

今 $W = F$ は一次元空間とし, W における Γ の自明な表現を考える. このとき右 $F[G]$ 加群として

$$F \otimes_{F[\Gamma]} F[G] \cong F^{\Gamma \backslash G}$$

が成り立つ. 定理 1.2 と $\mathcal{H}_F(G, \Gamma)$ の環構造の定義より次の定理を得る.

定理 3.1 F 代数としての同型 $\mathrm{End}_{F[G]}(F \otimes_{F[\Gamma]} F[G]) \cong \mathcal{H}_F(G, \Gamma)$ が成り立つ. 言い換えれば Hecke 環 $\mathcal{H}_F(G, \Gamma)$ は自明な $F[\Gamma]$ 加群から誘導された $F[G]$ 加群の自己準同型環に同型である.

例 3.2 G は有限群, $F = \mathbf{C}$ とする. $V = \mathbf{C} \otimes_{\mathbf{C}[\Gamma]} \mathbf{C}[G]$ とおく. $V \cong \oplus_{i=1}^t m_i V_i$ と既約 $\mathbf{C}[G]$ 加群 V_i によって分解する. m_i は V における V_i の重複度である. このとき Schur の補題により $\mathrm{End}_{\mathbf{C}[G]} V_i \cong \mathbf{C}$ ゆえ $\mathrm{End}_{\mathbf{C}[G]} V \cong \oplus_{i=1}^t M(m_i, \mathrm{End}_{\mathbf{C}[G]} V_i) \cong \oplus_{i=1}^t M(m_i, \mathbf{C})$. 従って $\mathbf{C}$-代数として $\mathcal{H}_\mathbf{C}(G, \Gamma) \cong \oplus_{i=1}^t M(m_i, \mathbf{C})$.

4. 文　　献

Hecke 作用素は Ramanujan の予想との関係において Hecke [H] によって導入された. 抽象的な Hecke 環を初めて導入したのは志村 [S1] である. 教科書 [S2]

の第 3 章も参照されたい．Hecke 環と誘導表現の関係を注意したのは岩堀 [I] が最初であろう．

第III章 楕円函数とモジュラー形式

この章の記述は志村の教科書 II, [S2] によるところが多い。証明を省いたところは確認されたい。

1. 楕 円 函 数

$\omega_1, \omega_2 \in \mathbf{C}^\times$, $\omega_1/\omega_2 \notin \mathbf{R}$ をとり，$\mathbf{C}$ の中の格子 $L = \mathbf{Z}\omega_1 + \mathbf{Z}\omega_2$ を考える．L を周期にもつ (即ち L の元による移動で不変な) 全平面有理型函数を (L に関する) 楕円函数という．函数

$$\wp(z) = \frac{1}{z^2} + \sum_{0 \neq \omega \in L} \left(\frac{1}{(z-\omega)^2} - \frac{1}{\omega^2} \right) \tag{1.1}$$

は Weierstrass のペー函数と呼ばれる．(1.1) の右辺の級数は $\mathbf{C} \setminus L$ で広義一様収束する．ゆえに $\mathbf{C} \setminus L$ で正則であり，項別微分ができて

$$\wp'(z) = -2 \sum_{\omega \in L} \frac{1}{(z-\omega)^3} \tag{1.2}$$

を得る．(1.2) は絶対収束し，明らかに $\wp'(z+l) = \wp'(z)$, $l \in L$ である．また

$$\wp(-z) = \wp(z), \qquad \wp'(-z) = -\wp'(z)$$

も明らかである．$l \in L$ に対して，定数 c_l があって，$\wp(z+l) = \wp(z) + c_l$ となるが, $z = -l/2$ と取って $\wp(z)$ が偶函数であることを考慮すると $c_l = 0$ であることがわかる．即ち $\wp(z)$, $\wp'(z)$ は L に関する楕円函数であることがわかった．L の点において，$\wp(z)$, $\wp'(z)$ はそれぞれ二位と三位の極をもつ．$z=0$ の近傍で

$$\frac{1}{(z-\omega)^2} - \frac{1}{\omega^2} = \frac{1}{\omega^2}\left[\frac{1}{(1-\frac{z}{\omega})^2} - 1\right] = \sum_{n=2}^{\infty} \frac{n}{\omega^{n+1}} z^{n-1}$$

であるから

$$\wp(z) = \frac{1}{z^2} + \sum_{n=2}^{\infty} \left(\sum_{0 \neq \omega \in L} \frac{1}{\omega^{n+1}} \right) n z^{n-1}$$

が $\wp(z)$ の $z=0$ での Laurent 展開となる．$\sum_{0 \neq \omega \in L} \frac{1}{\omega^p}$ は $p \geq 3$ のとき絶対収束するが，p が奇数ならば消えている．よって

$$G_k = \sum_{0 \neq \omega \in L} \frac{1}{\omega^{2k}}, \qquad k \geq 2$$

とおくと，$\wp(z)$ の $z=0$ での Laurent 展開は

$$\wp(z) = \frac{1}{z^2} + \sum_{k=2}^{\infty} (2k-1) G_k z^{2k-2}$$

と書ける．項別微分して

$$\wp'(z) = -\frac{2}{z^3} + \sum_{k=2}^{\infty} (2k-1)(2k-2) G_k z^{2k-3}$$

が $\wp'(z)$ の $z=0$ での Laurent 展開である．

$$g_2 = 60 G_2, \qquad g_3 = 140 G_3$$

とおく．微分方程式

$$\wp'(z)^2 = 4\wp(z)^3 - g_2 \wp(z) - g_3 \tag{1.3}$$

が成り立つ．(1.3) は次のように証明される．$f(z) = \wp'(z)^2 - 4\wp(z)^3 - g_2 \wp(z) - g_3$ とおく．$f(z)$ は L を周期とする有理型関数であり極は L にのみあるが，$\wp(z)$ と $\wp'(z)$ の $z=0$ での Laurent 展開を用いて計算すると，$f(z)$ は $z=0$ で正則，$f(0) = 0$ であることがわかる．よって $f(z)$ は整函数であり，周期性から全平面有界である．よって $f(z)$ は定数であるが，$f(0) = 0$ ゆえ $f = 0$ である．

(1.3) を用いて楕円積分が次のように評価される．

$$\int_{\wp(z_0)}^{\wp(z)} \frac{dx}{\sqrt{4x^3 - g_2 x - g_3}} = z - z_0. \tag{1.4}$$

(1.4) は $x = \wp(z)$ とおいて形式的に計算すれば得られるが次の注意が必要である．z_0 と z を結ぶ路をとり，この上に $\wp'(z)$ の極と零点はないとする．この路は $\wp(z)$ によって一対一に複素平面上の路に写され，(1.4) の左辺の積分はこの写された路の上でとるとする．さらに平方根の符号は $x = \wp(z)$ とおくとき $\sqrt{4x^3 - g_2 x - g_3} = \wp'(z)$ であるようにとる．

(1.3) の両辺を微分すると
$$2\wp'(z)\wp''(z) = 12\wp(z)^2\wp'(z) - g_2\wp'(z)$$
を得るが, $2\wp'(z)$ で割って
$$\wp''(z) = 6\wp(z)^2 - \frac{g_2}{2} \tag{1.5}$$
を得る. $\wp''(z)$ の $z=0$ での Laurent 展開は $\wp'(z)$ の Laurent 展開を項別微分して得られる. これと $\wp(z)$ の Laurent 展開を (1.5) に代入すると
$$\frac{6}{z^4} + \sum_{k=2}^{\infty}(2k-1)(2k-2)(2k-3)G_k z^{2k-4} = \frac{6}{z^4}\left(1 + \sum_{k=2}^{\infty}(2k-1)G_k z^{2k}\right)^2 - \frac{g_2}{2}$$
を得る. この式において z^{2k-4}, $k \geq 3$ の係数を比べると
$$(2k-1)(2k-2)(2k-3)G_k = 6\left[\sum_{\substack{2 \leq s,t \\ s+t=k}}(2s-1)(2t-1)G_s G_t + 2(2k-1)G_k\right]$$
$(2k-1)(4k^2-10k-6) = 2(2k-1)(2k+1)(k-3)$ に注意して次の定理を得る.

定理 1.1 $k \geq 4$ のとき
$$G_k = \frac{3}{(2k-1)(2k+1)(k-3)} \sum_{s+t=k,\, 2\leq s,t}(2s-1)(2t-1)G_s G_t.$$

この定理は G_2, G_3 がわかれば, G_k, $k \geq 4$ は帰納的に求められることを意味している. この定理の応用として $\sum_{n=1}^{\infty} 1/n^{2k}$ についての Euler の定理 (I, 定理 2.3) を Gauss 整数にわたる和
$$\sum_{(a,b) \in \mathbf{Z}^2 \setminus \{(0,0)\}} \frac{1}{(a+bi)^{4k}}$$
に拡張した Hurwitz の定理を証明しよう.
$$\varpi = 2\int_0^1 \frac{dx}{\sqrt{1-x^4}} = 2\int_1^{\infty} \frac{dw}{\sqrt{4w^3-4w}} \tag{1.6}$$
とおく. ここで第二の積分に移るには $x^2 = 1/w$ と変数変換すればよい. $\omega_1 = \varpi$, $\omega_2 = i\varpi$ と取り, 格子 $L = \mathbf{Z}\omega_1 + \mathbf{Z}\omega_2 = \varpi(\mathbf{Z}+\mathbf{Z}i)$ に関する楕円函数を考える. このとき

$$G_k = \frac{1}{\varpi^{2k}} \sum_{(a,b) \in \mathbf{Z}^2 \setminus \{(0,0)\}} \frac{1}{(a+bi)^{2k}}, \qquad k \geq 2.$$

k が奇数ならば明らかに $G_k = 0$ である．定理 1.1 により G_2 が求まれば $G_k, k \geq 4$ が計算できて Euler の定理の拡張が得られる．

G_2 は次のように求められる．(1.3) は $G_3 = 0$ ゆえ

$$\wp'(z)^2 = 4\wp(z)^3 - g_2\wp(z), \qquad g_2 = 60G_2$$

の形である．L の形から $\wp(iz) = -\wp(z)$ がわかる．よって $\wp((1+i)\varpi/2) = 0$ である．一方 $\wp'(z)$ は奇関数であるから，$\wp'(\varpi/2) = \wp'(i\varpi/2) = \wp'((1+i)\varpi/2) = 0$ である．この事実と L を周期にもつ有理型関数は L の基本領域において重複度をこめて同じ数の零点と極をもつことに注意すると，$\wp(z)$ は $(1+i)\varpi/2$ において重複度 2 の零点をもち，基本領域のほかの点では消えないことがわかる．特に $\wp(\varpi/2) \neq 0$ である．$z \in \mathbf{R}$ が極でないとき $\wp(z), \wp'(z) \in \mathbf{R}$ であるから，

$$g_2 = 4\wp\left(\frac{\varpi}{2}\right)^2 > 0$$

である．$\wp'(z)$ は上記 3 個の零点以外には基本領域に零点をもたないから，区間 $(0, \varpi/2)$ において負であり，この区間では $\wp(z)$ は正である．よって (1.4) において $z_0 = \varpi/2, z = \epsilon, \epsilon > 0$ は十分小さい正の数と取り，$\epsilon \to 0$ の極限をみて

$$\int_{\wp(\varpi/2)}^{\wp(0)} \frac{dx}{\sqrt{4x^3 - g_2 x}} = \int_{\sqrt{g_2/4}}^{\infty} \frac{dx}{\sqrt{4x^3 - g_2 x}} = \varpi/2$$

を得る．これと (1.6) による ϖ の定義を合わせれば $g_2 = 4$ が得られる．[*1)] ゆえに $G_2 = 1/15$ であり

$$\sum_{(a,b) \in \mathbf{Z}^2 \setminus \{(0,0)\}} \frac{1}{(a+bi)^4} = \frac{\varpi^4}{15}$$

が得られた．定理 1.1 と k についての帰納法により次の定理を得る．

定理 1.2 有理数 α_k があって

$$\sum_{(a,b) \in \mathbf{Z}^2 \setminus \{(0,0)\}} \frac{1}{(a+bi)^{4k}} = \alpha_k \varpi^{4k}, \qquad 1 \leq k \in \mathbf{Z}.$$

[*1)] Hurwitz の論文 [Hur] では $g_2 = 4$ を得る議論は一行ですまされている．彼にとっては自明であったのだろうが，ここでは詳しく書いてみた．

2. 楕 円 曲 線

前節で定義した g_2, g_3 を $g_2(L), g_3(L)$ と書く.

$$\Delta(L) = g_2(L)^3 - 27g_3(L)^2 \tag{2.1}$$

とおく. $4^2\Delta(L)$ は三次式 $4X^3 - g_2(L)X - g_3(L)$ の判別式である.

補題 2.1 $\Delta(L) \neq 0$.

[証明] $4X^3 - g_2(L)X - g_3(L)$ が重根をもたないことを示せばよい. $\wp'(z)$ は奇函数であるから, $z = \omega_1/2, \omega_2/2, (\omega_1+\omega_2)/2$ で $\wp'(z) = 0$ となる. (1.3) により, $\wp(\omega_1/2), \wp(\omega_2/2), \wp((\omega_1+\omega_2)/2))$ は $4X^3 - g_2(L) - g_3(L)$ の根である. $t = \wp(\omega_1/2)$ とおいて二重周期函数 $\wp(z) - t$ を考えると, (1.3) により $z = \omega_1/2$ においてこの函数は重複度 2 の零点をもつ. よって基本領域では他に零点をもたない. これから $\wp(\omega_1/2) \neq \wp(\omega_2/2), \wp(\omega_1/2) \neq \wp((\omega_1+\omega_2)/2)$ が得られる. $\wp(\omega_2/2) \neq \wp((\omega_1+\omega_2)/2)$ も同様にしてわかる. □

一般に体 F 上に定義された代数多様体 X があるとき, F の拡大体 K に対して $X(K)$ により X の K-有理点の集合を表す.

二次元射影空間 $\mathbf{P}^2$ の中の座標 (x, y, z) の間の方程式

$$y^2 z = 4x^3 - g_2(L)xz^2 - g_3(L)z^3 \tag{2.2}$$

で定義される曲線 E を考える. E は特異点をもたない射影曲線である.

$$U = \{(x, y, z) \in \mathbf{P}^2 \mid z \neq 0\} = \{(x, y, 1) \in \mathbf{P}^2\}$$

とおくと, U は二次元アフィン空間 $\mathbf{A}^2$ と同型な $\mathbf{P}^2$ の Zariski 開集合である. E の U における定義式は

$$y^2 = 4x^3 - g_2(L)x - g_3(L)$$

である. $\mathbf{C}/L$ から $E(\mathbf{C})$ への写像 f を

$$f(z \mod L) = \begin{cases} (\wp(z), \wp'(z), 1), & z \notin L \text{ のとき}, \\ (0, 1, 0), & z \in L \text{ のとき} \end{cases}$$

によって定義する.このとき f は $\mathbf{C}/L$ と $E(\mathbf{C})$ の間の複素多様体としての同型を与えることが,困難なく示される.

一次元複素多様体を Riemann 面という.コンパクト Riemann 面についての次の基本定理を思い出そう (例えば Griffiths-Harris [GH], 第 2 章参照).

定理 2.2 (Riemann) R はコンパクト Riemann 面とする.$\mathbf{C}$ 上に定義された非特異射影代数曲線 X があって,複素多様体として $X(\mathbf{C}) \cong R$.

この定理の本質的な部分はコンパクト Riemann 面における定数ではない有理型函数の存在である.$\mathbf{C}$ 上の一変数代数函数体 $\mathfrak{K}$ を与えたとき,$\mathfrak{K}$ を函数体とする $\mathbf{C}$ 上の非特異射影代数曲線が存在する.ゆえにコンパクト Riemann 面,$\mathbf{C}$ 上の一変数代数函数体,$\mathbf{C}$ 上の非特異射影代数曲線の三者は実質的に同等である.この原理から次の定理が従う.

定理 2.3 R_1, R_2 はコンパクト Riemann 面,$f: R_1 \longrightarrow R_2$ は正則写像とする.$R_i, i = 1, 2$ に対応する非特異射影代数曲線を C_i とすれば,f は代数曲線の morphism $C_1 \longrightarrow C_2$ から得られる.

体 F 上に定義された種数 1 の非特異射影代数曲線 X で $X(F) \neq \emptyset$ をみたすものを,F 上に定義された楕円曲線という.(2.2) で定義される曲線は $\mathbf{C}$ 上の楕円曲線である.逆に $\mathbf{C}$ 上の楕円曲線 E は $\mathbf{C}$ 内の格子 L により $E(\mathbf{C}) \cong \mathbf{C}/L$ をみたし,(2.2) で定義される曲線と同型になる.

E は (2.2) で定義される楕円曲線とする.定理 2.3 により $E(\mathbf{C})$ における加法 $E(\mathbf{C}) \times E(\mathbf{C}) \ni (x, y) \longrightarrow x + y \in E(\mathbf{C})$ は $E \times E$ から E への morphism であることがわかる.同様に逆演算 $E(\mathbf{C}) \ni x \longrightarrow -x \in E(\mathbf{C})$ も morphism である.即ち E は群多様体 (代数群) になっている.$(0, 1, 0)$ が単位元である.これを 0_E と書く.

命題 2.4 E, E' は $\mathbf{C}$ 上定義された楕円曲線とし,$\mathbf{C}$ 内の格子 L, L' により $E(\mathbf{C}) \cong \mathbf{C}/L, E'(\mathbf{C}) \cong \mathbf{C}/L'$ であるとする.$\mathrm{Hom}(E, E')$ により,E から E' への $\mathbf{C}$ 上定義された morphism で 0_E を $0_{E'}$ に写すもの全体の集合とする.このとき加群として

$$\mathrm{Hom}(E, E') \cong \{\alpha \in \mathbf{C} \mid \alpha L \subset L'\}$$

である.特に $\mathrm{Hom}(E, E')$ の元は E から E' への準同型を与える.

[証明]　E から E' への morphism φ は $\mathbf{C}/L$ から $\mathbf{C}/L'$ への正則写像 f を与える．次の図式を考える．

$$\begin{array}{ccc} \mathbf{C} & \xrightarrow{F} & \mathbf{C} \\ \downarrow{\pi} & & \downarrow{\pi'} \\ \mathbf{C}/L & \xrightarrow{f} & \mathbf{C}/L'. \end{array}$$

正則写像 $f \circ \pi$ を $\mathbf{C}$ に持ち上げて，多価函数 $F : \mathbf{C} \longrightarrow \mathbf{C}$ を得る．F の値は mod L' で定まり，各 branch は局所的に正則である．$\mathbf{C}$ は単連結ゆえ一価の branch をとることができる．これを改めて $F : \mathbf{C} \longrightarrow \mathbf{C}$ とすると F は正則で

$$\pi'(F(z)) = f(\pi(z)), \qquad z \in \mathbf{C} \tag{2.3}$$

をみたす．$l \in L$ をとる．(2.3) から $l' \in L'$ があって $F(z+l) = F(z) + l'$ となる．この l' が z によらないことは明らかだから，$F'(z+l) = F'(z)$ が成り立つ．即ち F' は L を周期格子にもつ正則函数であり，F' は定数である．定数 α, β により $F(z) = \alpha z + \beta$ となる．(2.3) で $z = 0$ と取って $\beta \in L'$ がわかる．よって $F(z) = \alpha z$ としてよい．(2.3) より α は $\alpha L \subset L'$ をみたすことがわかる．逆にこのような α があれば正則写像 $\mathbf{C}/L \longrightarrow \mathbf{C}/L'$ で $0 \mod L$ を $0 \mod L'$ に写すものが得られ，定理 2.3 により α は E から E' への morphism で 0_E を $0_{E'}$ に写すものを誘導する．対応 $\varphi \mapsto \alpha$ が加群としての同型であることは容易にわかる．　□

系　コンパクト Riemann 面 $\mathbf{C}/L$ と $\mathbf{C}/L'$ が同型であるための必要十分条件は，$\alpha L = L'$ をみたす $\alpha \in \mathbf{C}$ が存在することである．

楕円曲線 E に対して $\mathrm{End}(E) = \mathrm{Hom}(E, E)$ とおく．これを E の自己準同型環という．$E(\mathbf{C}) \cong \mathbf{C}/L$ のとき命題 2.4 により

$$\mathrm{End}(E) \cong \{\alpha \in \mathbf{C} \mid \alpha L \subset L\}$$

であるが，これは環としての同型である．

命題 2.5　$E(\mathbf{C}) \cong \mathbf{C}/L$，$L = \mathbf{Z}\omega_1 + \mathbf{Z}\omega_2$ とする．$\mathrm{End}(E) \cong \mathbf{Z}$ または $\mathrm{End}(E) \otimes_{\mathbf{Z}} \mathbf{Q} \cong K$，$K$ は虚二次体である．後の場合になるための必要十分条件は $\omega_1/\omega_2 \in K$ である．

[証明]　$\mathbf{C}/L \cong \mathbf{C}/(\mathbf{Z}z+\mathbf{Z})$, $z=\omega_1/\omega_2$ であるから，初めから $L=\mathbf{Z}z+\mathbf{Z}$ と仮定してよい．
$$R=\{\alpha\in\mathbf{C}\mid \alpha L\subset L\}$$
とおく．複素数 α が環 R に属するための必要十分条件は，整数 a,b,c,d があって $\alpha z=az+b$, $\alpha=cz+d$ となることである．このとき
$$\alpha\begin{pmatrix}z\\1\end{pmatrix}=\begin{pmatrix}\alpha z\\\alpha\end{pmatrix}=\begin{pmatrix}a&b\\c&d\end{pmatrix}\begin{pmatrix}z\\1\end{pmatrix}$$
となる．$\alpha\in R$, $\alpha\notin\mathbf{Z}$ があったとする．
$$f_\alpha(X)=X^2-(a+d)X+ad-bc\in\mathbf{Z}[X]$$
とおくと，α は $\begin{pmatrix}a&b\\c&d\end{pmatrix}$ の固有値であるから $f_\alpha(\alpha)=0$．$\alpha\notin\mathbf{Z}$ ゆえ $f_\alpha(X)$ は $\mathbf{Q}[X]$ の多項式として既約，特に $c\neq 0$ である．従って $\mathbf{Q}(\alpha)=\mathbf{Q}(z)$ は虚二次体となる．

逆に $\mathbf{Q}(z)=K$, K は虚二次体とする．$\{1,z\}$ は K の $\mathbf{Q}$ 上の基底であるから，$\alpha\in K$ のとき，整数 $m\neq 0$, a,b,c,d があって $m\alpha z=az+b$, $m\alpha=cz+d$ となる．よって $m\alpha\in R$．これから $R\otimes_{\mathbf{Z}}\mathbf{Q}=K$ がわかる．　□

$\operatorname{End}(E)\otimes_{\mathbf{Z}}\mathbf{Q}\cong K$, K は虚二次体のとき E は K による虚数乗法をもつという．$\operatorname{End}(E)$ の元は $\mathbf{Z}$ 上整であるから，$\operatorname{End}(E)$ は K の整数環の部分環に同型である．

例 2.6　E は $y^2=4x^3-4x$ で定義される楕円曲線とする．$E(\mathbf{C})$ は $\mathbf{C}/(\mathbf{Z}i+\mathbf{Z})$ に同型である．$(x,y)\mapsto(-x,iy)$ は E の自己同型を与える．$\operatorname{End}(E)\cong\mathbf{Z}[i]$ であり，E は $\mathbf{Q}(i)$ による虚数乗法をもつ．

定義 2.7　$y^2=4x^3-g_2x-g_2$ を $\mathbf{C}$ 上に定義された楕円曲線とする．$\Delta=g_2^3-27g_3^2\neq 0$ である（補題 2.1）．$j(E)=g_2^3/\Delta$ を E の j-不変量という．

命題 2.8　E,E', $E(\mathbf{C})\cong\mathbf{C}/L$, $E'(\mathbf{C})\cong\mathbf{C}/L'$ は楕円曲線とする．E と E' が同型になるための必要十分条件は $j(E)=j(E')$ である．

[証明]　E,E' の定義方程式をアフィン形で書いて $E:y^2=4x^3-g_2x-g_3$,

$E': y^2 = 4x^3 - g_2'x - g_3'$ とする.

$$g_2 = g_2(L) = 60 \sum_{0 \neq \omega \in L} \frac{1}{\omega^4},$$

$$g_3 = g_3(L) = 140 \sum_{0 \neq \omega \in L} \frac{1}{\omega^6}$$

であった.

$E \cong E'$ とする. 命題 2.4 により, $\alpha \in \mathbf{C}^\times$ があって $L' = \alpha^{-1}L$ となることがわかる. このとき $g_2(L') = \alpha^4 g_2(L)$, $g_3(L') = \alpha^6 g_3(L)$ であるから, $j(E) = j(E')$ が成り立つ.

逆に $j(E) = j(E')$ と仮定する. $\alpha \in \mathbf{C}^\times$ があって,

$$g_2' = \alpha^4 g_2, \qquad g_3' = \alpha^6 g_3 \tag{2.4}$$

が成り立つことを示す. 仮定から

$$\frac{g_2^3}{g_2^3 - 27g_3^2} = \frac{g_2'^3}{g_2'^3 - 27g_3'^2} \tag{2.5}$$

を得る. $g_2 = 0$ ならば $g_2' = 0$ であり, α を $g_3' = \alpha^6 g_3$ と取ればよい. $g_2 \neq 0$ とする. このとき $g_2' \neq 0$. $\alpha \in \mathbf{C}^\times$ を $g_2' = \alpha^4 g_2$ と取る. これを (2.5) に代入して $g_3'^2 = \alpha^{12} g_3^2$ を得る. $g_3' = \pm \alpha^6 g_3$ であるが, 必要があれば $\alpha \mapsto i\alpha$ とすれば (2.4) が成り立つ. これから

$$E \ni (x, y) \longrightarrow (\alpha^2 x, \alpha^3 y) \in E'$$

は同型写像であることがわかる. $\square$

Hurwitz の定理を虚数乗法をもつ楕円曲線に一般化することを考えよう. $j \in \mathbf{C}$ が与えられたとする. このとき $j(E) = j$ である楕円曲線 $E : y^2 = 4x^3 - g_2 x - g_3$ は例えば次のように具体的に書ける. $j \neq 0, 1$ ならば $g_2 = g_3 = 27j/(j-1)$ とすればよい. $j = 0$ ならば曲線 $y^2 = 4x^3 - 1$ が, $j = 1$ ならば $y^2 = 4x^3 - 4x$ が条件をみたす. これから, $\mathbf{C}$ 上の楕円曲線 E が与えられたとき, $\mathbf{Q}(j)$ 上に定義された楕円曲線 E' で E と同型であるものが存在することがわかる.

補題 2.9 K は虚二次体, E は K で虚数乗法をもつ楕円曲線とする. このとき $j(E) \in \overline{\mathbf{Q}}$ である. ここに $\overline{\mathbf{Q}}$ は $\mathbf{Q}$ の $\mathbf{C}$ における代数的閉包を表す.

[証明] E は方程式 $y^2 = 4x^3 - g_2 x - g_3$ で定義されているとしてよい. 任意の $\sigma \in \mathrm{Aut}(\mathbf{C})$ に対して $E^\sigma : y^2 = 4x^3 - g_2^\sigma x - g_3^\sigma$ は $\mathrm{End}(E) \cong \mathrm{End}(E^\sigma)$ であるから, K による虚数乗法をもつ. $j(E^\sigma) = j(E)^\sigma$ である. 命題 2.4 の系と命題 2.5 により, K による虚数乗法をもつ楕円曲線の $\mathbf{C}$ 上の同型類は可算個であることがわかる. もし $j(E) \notin \overline{\mathbf{Q}}$ ならば, 集合 $\{j(E)^\sigma \mid \sigma \in \mathrm{Aut}(\mathbf{C})\}$ は非可算集合であるから矛盾である. □

この議論の最後の段階で次の事実を用いた. 証明は読者に任せよう.

問題 2.10 F, K は $\mathbf{C}$ の部分体で, σ は F から K の上への同型写像とする. F, K の $\mathbf{Q}$ 上の超越次元は高々可算とする. このとき σ は $\mathbf{C}$ の自己同型に拡張されることを示せ.

K は虚二次体とする. $z \in K$, $z \notin \mathbf{Q}$ をとり, 格子 $L' = \mathbf{Z}z + \mathbf{Z}$ を考える. $g_2' = g_2(L')$, $g_3' = g_3(L')$ とおいて, 楕円曲線 $E' : y^2 = 4x^3 - g_2' x - g_3'$ をとる. このとき $E'(\mathbf{C}) \cong \mathbf{C}/L'$ である. 補題 2.9 により E' と同型な $\overline{\mathbf{Q}}$ 上定義された楕円曲線 E をとることができる. E の定義方程式を $y^2 = 4x^3 - g_2 x - g_3$ とする. ここに $g_2, g_3 \in \overline{\mathbf{Q}}$. $E \cong E'$, $j(E) = j(E')$ から $\alpha \in \mathbf{C}^\times$ があって $g_2' = \alpha^4 g_2$, $g_3' = \alpha^6 g_3$ となることがわかる. $E(\mathbf{C}) = \mathbf{C}/L$ と格子 L によって書く. $\alpha L' = L$ と仮定してよい. E のホモロジー群 $H_1(E(\mathbf{C}), \mathbf{Z})$ の基底 $\{c_1, c_2\}$ を $H_1(E(\mathbf{C}), \mathbf{Z}) = \mathbf{Z}c_1 + \mathbf{Z}c_2$ と取る. E 上の第一種微分 dx/y の周期を

$$\omega_i = \int_{c_i} \frac{dx}{y}, \quad i = 1, 2$$

とする. このとき

$$L = \mathbf{Z}\omega_1 + \mathbf{Z}\omega_2, \quad L' = \alpha^{-1}(\mathbf{Z}\omega_1 + \mathbf{Z}\omega_2) = \mathbf{Z}z + \mathbf{Z}$$

である. これから $\omega_1 \alpha^{-1} \in K^\times$ がわかる.

$$g_2 = \alpha^{-4} g_2' = 60\, \alpha^{-4} \sum_{(0,0) \neq (a,b) \in \mathbf{Z}^2} \frac{1}{(az+b)^4} \in \overline{\mathbf{Q}},$$

$$g_3 = \alpha^{-6} g_3' = 140\, \alpha^{-6} \sum_{(0,0) \neq (a,b) \in \mathbf{Z}^2} \frac{1}{(az+b)^6} \in \overline{\mathbf{Q}}$$

から

$$\omega_1^{-4} \sum_{(0,0)\neq(a,b)\in \mathbf{Z}^2} \frac{1}{(az+b)^4} \in \overline{\mathbf{Q}}, \tag{2.6}$$

$$\omega_1^{-6} \sum_{(0,0)\neq(a,b)\in \mathbf{Z}^2} \frac{1}{(az+b)^6} \in \overline{\mathbf{Q}} \tag{2.7}$$

を得る. 定理 1.1 を用いて次の定理を得る.

定理 2.11 K は虚二次体, E は K による虚数乗法をもつ $\overline{\mathbf{Q}}$ 上に定義された楕円曲線, ω は $\overline{\mathbf{Q}}$ 上に定義された E 上の第一種微分とする. $c \in H_1(E(\mathbf{C}), \mathbf{Z})$ を $\int_c \omega \neq 0$ と取り, $\varpi_K = \int_c \omega$ とおく. このとき $z \in K$, $z \notin \mathbf{Q}$ に対して

$$\varpi_K^{-2n} \sum_{(0,0)\neq(a,b)\in \mathbf{Z}^2} \frac{1}{(az+b)^{2n}} \in \overline{\mathbf{Q}}, \qquad 2 \leq n \in \mathbf{Z}$$

が成り立つ.

例 2.12 $K = \mathbf{Q}(\sqrt{-1})$ とする. このとき

$$\varpi_K = 2 \int_0^1 \frac{dx}{\sqrt{1-x^4}} = 2 \int_1^\infty \frac{dw}{\sqrt{4w^3-4w}}$$

である. ベータ函数の公式

$$\int_0^1 x^{p-1}(1-x)^{q-1} dx = B(p,q) = \frac{\Gamma(p)\Gamma(q)}{\Gamma(p+q)}, \qquad \mathrm{Re}(p) > 0, \ \mathrm{Re}(q) > 0$$

を用いて計算すれば容易に

$$\varpi_K = \frac{\sqrt{\pi}}{2} \cdot \frac{\Gamma(1/4)}{\Gamma(3/4)}$$

となり, 周期 ϖ_K がガンマ函数で表される.

例 2.12 の一般化として次の Chowla-Selberg 公式が知られている.

定理 2.13 (Chowla-Selberg) K は判別式 $-d$ の虚二次体, h は K の類数, w は K に含まれる 1 のベキ根の数とする. Jacobi 記号を用いて $\chi(a) = \left(\dfrac{-d}{a}\right)$ とおく. このとき ϖ_K は代数的数による乗法を除いて

$$\sqrt{\pi} \prod_{a=1}^{d-1} \Gamma\left(\frac{a}{d}\right)^{w\chi(a)/4h}$$

に等しい.

一般の CM 体 K に対しては, K で虚数乗法をもつ Abel 多様体の周期についての志村の CM 周期記号 p_K の理論がある ([S1], 第 7 章参照). (総実代数体の二次拡大体で総虚であるものを CM 体という. 虚二次体の自然な拡張である.) この周期記号を多重ガンマ函数で表すことについては [Y] を参照されたい.

3. モジュラー形式 (レベル 1 の場合)

$\mathbf{C}$ の中の格子 $L = \mathbf{Z}\omega_1 + \mathbf{Z}\omega_2$ に対して

$$G_k(L) = \sum_{0 \neq \omega \in L} \frac{1}{\omega^{2k}}, \qquad k \geq 2 \tag{3.1}$$

とおく. $G_k(L)$ は基底 ω_1, ω_2 のとり方によらず

$$G_k(\alpha L) = \alpha^{-2k} G_k(L), \qquad \alpha \in \mathbf{C}^\times \tag{3.2}$$

をみたす. $\mathfrak{H} = \{z \in \mathbf{C} \mid \mathrm{Im}(z) > 0\}$ を複素上半平面とする.

$$\mathrm{GL}_+(2, \mathbf{R}) = \{g \in \mathrm{GL}(2, \mathbf{R}) \mid \det g > 0\}$$

とおく. $\mathrm{GL}_+(2, \mathbf{R})$ は $\mathfrak{H}$ に一次分数変換

$$g(z) = \frac{az+b}{cz+d}, \qquad g = \begin{pmatrix} a & b \\ c & d \end{pmatrix} \in \mathrm{GL}_+(2, \mathbf{R}),\ z \in \mathfrak{H}$$

で作用し, $z \mapsto g(z)$ は $\mathfrak{H}$ の解析的自己同型を与える.

$$\mathrm{Im}(g(z)) = \frac{\det g \cdot \mathrm{Im}(z)}{|cz+d|^2}, \qquad g \in \mathrm{GL}_+(2, \mathbf{R}) \tag{3.3}$$

が成り立つ. $z \in \mathfrak{H}$ を $z = x + iy$, $x, y \in \mathbf{R}$ と書く. $\dfrac{dxdy}{y^2}$ は $\mathfrak{H}$ の $\mathrm{GL}_+(2, \mathbf{R})$ の作用で不変な測度である.

$z \in \mathfrak{H}$ に対し

$$E_{2k}(z) = G_k(\mathbf{Z}z + \mathbf{Z}) \tag{3.4}$$

とおく. 定義から

$$E_{2k}(z) = \sum_{(c,d) \in \mathbf{Z}^2 \setminus \{(0,0)\}} \frac{1}{(cz+d)^{2k}}$$

である. この級数は $\mathfrak{H}$ で局所一様収束するから, $E_{2k}(z)$ は $\mathfrak{H}$ 上の正則函数であ

る. $\gamma = \begin{pmatrix} a & b \\ c & d \end{pmatrix} \in \mathrm{SL}(2, \mathbf{Z})$ に対して

$$\mathbf{Z} \cdot \frac{az+b}{cz+d} + \mathbf{Z} = (cz+d)^{-1}[\mathbf{Z}(az+b) + \mathbf{Z}(cz+d)] = (cz+d)^{-1}[\mathbf{Z}z + \mathbf{Z}]$$

であるから, (3.2) により

$$E_{2k}\left(\frac{az+b}{cz+d}\right) = E_{2k}(z)(cz+d)^{2k}, \qquad \gamma = \begin{pmatrix} a & b \\ c & d \end{pmatrix} \in \mathrm{SL}(2, \mathbf{Z}) \qquad (3.5)$$

を得る. 特に $E_{2k}(z+1) = E_{2k}(z)$ である.

今 $\mathfrak{H}$ 上の正則函数 f が $f(z+1) = f(z)$ をみたすとする. $\mathfrak{H}$ から開単位円板 D への正則写像

$$\mathfrak{H} \ni z \longrightarrow e^{2\pi i z} \in D = \{w \in \mathbf{C} \mid |w| < 1\}$$

を考える.

$$g(w) = f\left(\frac{1}{2\pi i}\log w\right), \qquad w \in D,\ w \neq 0$$

とおくと, $g(w)$ は $\log$ の分枝のとり方によらずに定まり, D から原点を除いた領域で正則である. $g(w) = \sum_{n \in \mathbf{Z}} a_n w^n$ を g の Laurent 展開とすると $f(z) = g(e^{2\pi i z})$ ゆえ $f(z)$ は

$$f(z) = \sum_{n \in \mathbf{Z}} a_n e^{2\pi n z}$$

と広義一様収束する級数に展開されることがわかる. これを f の Fourier 展開という. $t > 0$ があって $f(z+t) = f(z)$ が成り立つときも同様に $f(z) = \sum_{n \in \mathbf{Z}} a_n e^{2\pi n z / t}$ と Fourier 展開される. Eisenstein 級数 $E_{2k}(z)$ の Fourier 展開を求めよう.

命題 3.1

$$E_{2k}(z) = 2\zeta(2k) + 2 \cdot \frac{(2\pi i)^{2k}}{(2k-1)!} \sum_{n=1}^{\infty} \sigma_{2k-1}(n) q^n.$$

ここに $q = e^{2\pi i z}$, $\sigma_{2k-1}(n) = \sum_{0 < d \mid n} d^{2k-1}$.

[証明] よく知られた公式 (例えば [A], p.189 参照)

$$\pi \cot \pi z = \frac{1}{z} + \sum_{n=1}^{\infty} \left(\frac{1}{z-n} + \frac{1}{z+n} \right) \tag{3.6}$$

を用いる．この級数は $\mathbf{C} \setminus \mathbf{Z}$ で局所一様収束しているから，何回でも項別微分可能である．

$$\pi \cot \pi z = \pi \frac{\cos \pi z}{\sin \pi z} = \pi i \left(\frac{e^{2\pi i z} + 1}{e^{2\pi i z} - 1} \right)$$

は $q = e^{2\pi i z}$ とおくと

$$\pi \cot \pi z = \pi i \left(\frac{q+1}{q-1} \right) = \pi i \left(1 - 2 \sum_{n=0}^{\infty} q^n \right)$$

となる．この式を (3.6) の左辺において $l-1$ 回 $(l \geq 2)$ 両辺を微分して

$$(2\pi i)^l \sum_{n=1}^{\infty} n^{l-1} q^n = (-1)^l (l-1)! \sum_{n \in \mathbf{Z}} \frac{1}{(z-n)^l} \tag{3.7}$$

を得る．$l = 2k$ のときの (3.7) を用いて命題の公式

$$E_{2k}(z) = \sum_{(c,d) \in \mathbf{Z}^2 \setminus \{(0,0)\}} \frac{1}{(cz+d)^{2k}} = 2 \sum_{d=1}^{\infty} d^{-2k} + 2 \sum_{c=1}^{\infty} \sum_{d \in \mathbf{Z}} \frac{1}{(cz+d)^{2k}}$$

$$= 2\zeta(2k) + 2 \cdot \frac{(2\pi i)^{2k}}{(2k-1)!} \sum_{c=1}^{\infty} \sum_{n=1}^{\infty} n^{2k-1} q^{cn}$$

$$= 2\zeta(2k) + 2 \cdot \frac{(2\pi i)^{2k}}{(2k-1)!} \sum_{n=1}^{\infty} \sigma_{2k-1}(n) q^n$$

を得る． □

定義 3.2 $\mathfrak{H}$ 上の正則函数 f が

(i) $\quad f\left(\frac{az+b}{cz+d} \right) = f(z)(cz+d)^k, \quad \forall \begin{pmatrix} a & b \\ c & d \end{pmatrix} \in \mathrm{SL}(2, \mathbf{Z}),$

(ii) $\quad f(z) = \sum_{n=0}^{\infty} a_n e^{2\pi i n z}$

をみたすとき，f は $\mathrm{SL}(2, \mathbf{Z})$ についての重さ k の正則モジュラー形式であるという．$a_0 = 0$ のとき，f は重さ k の正則カスプ形式であるという．$\mathfrak{H}$ 上の有理型函数 f が (i) と

$$(\text{ii}') \quad f(z) = \sum_{n=-n_0}^{\infty} a_n e^{2\pi i n z}$$

をみたすとき, f は $\mathrm{SL}(2,\mathbf{Z})$ についての重さ k の有理型モジュラー形式であるという. ここに n_0 は非負整数である. 重さ 0 の有理型モジュラー形式をモジュラー関数という. 条件 (i) から $f(z+1) = f(z)$ が得られ, 従って $f(z)$ は Fourier 展開 $f(z) = \sum_{n \in \mathbf{Z}} a_n e^{2\pi i n z}$ をもっていることを注意しておく.

$A_k(\mathrm{SL}(2,\mathbf{Z}))$, $G_k(\mathrm{SL}(2,\mathbf{Z}))$, $S_k(\mathrm{SL}(2,\mathbf{Z}))$ によりそれぞれ $\mathrm{SL}(2,\mathbf{Z})$ についての重さ k の有理型モジュラー形式, 正則モジュラー形式, 正則カスプ形式全体の集合を表す. これらは $\mathbf{C}$ 上のベクトル空間であり

$$A_k(\mathrm{SL}(2,\mathbf{Z})) \cdot A_l(\mathrm{SL}(2,\mathbf{Z})) \subset A_{k+l}(\mathrm{SL}(2,\mathbf{Z})),$$

$$G_k(\mathrm{SL}(2,\mathbf{Z})) \cdot G_l(\mathrm{SL}(2,\mathbf{Z})) \subset G_{k+l}(\mathrm{SL}(2,\mathbf{Z})),$$

$$S_k(\mathrm{SL}(2,\mathbf{Z})) \cdot G_l(\mathrm{SL}(2,\mathbf{Z})) \subset S_{k+l}(\mathrm{SL}(2,\mathbf{Z}))$$

が成り立っていることは明らかである.

$$\begin{cases} g_2(z) = 60 E_4(z) \in G_4(\mathrm{SL}(2,\mathbf{Z})), \\ g_3(z) = 140 E_6(z) \in G_6(\mathrm{SL}(2,\mathbf{Z})), \\ \Delta(z) = g_2(z)^3 - 27 g_3(z)^2 \in G_{12}(\mathrm{SL}(2,\mathbf{Z})), \\ J(z) = 12^3 \cdot \frac{g_2(z)^3}{\Delta(z)} \in A_0(\mathrm{SL}(2,\mathbf{Z})) \end{cases}$$

とおく. $L = \mathbf{Z}z + \mathbf{Z}$ とおくと作り方から

$$g_2(z) = g_2(L), \quad g_3(z) = g_3(L), \quad \Delta(z) = \Delta(L), \quad J(z) = 12^3 \cdot j(\mathbf{C}/L)$$

である.

$\Delta(z)$ の Fourier 展開を求めてみよう. $q = e^{2\pi i z}$ とおく. $\zeta(4) = \pi^4/90$, $\zeta(6) = \pi^6/945$ ゆえ (I, 定理 2.3), 命題 3.1 により

$$g_2(z) = (2\pi)^4 \left(\frac{1}{12} + 20 \sum_{n=1}^{\infty} \sigma_3(n) q^n \right), \tag{3.8}$$

$$g_3(z) = (2\pi)^6 \left(\frac{1}{216} - \frac{7}{3} \sum_{n=1}^{\infty} \sigma_5(n) q^n \right) \tag{3.9}$$

を得る.

命題 3.3 $\Delta(z) \in S_{12}(\mathrm{SL}(2,\mathbf{Z}))$ であり, $(2\pi)^{-12}\Delta(z)$ の Fourier 展開の係数は整数である.

［証明］ (3.8), (3.9) により
$$(2\pi)^{-12}\Delta(z) = \frac{1}{12^3}\left[\left(1 + 240\sum_{n=1}^{\infty}\sigma_3(n)q^n\right)^3 - \left(1 - 504\sum_{n=1}^{\infty}\sigma_5(n)q^n\right)^2\right]$$

である. Fourier 展開の定数項は消えているから $\Delta(z)$ はカスプ形式である. Fourier 係数が整数であることを示すには, 12^3 が $3 \cdot 240^2, 240^3, 504^2$ を割り切ることに注意して,
$$3 \cdot 240\sigma_3(n) + 2 \cdot 504\sigma_5(n) \equiv 0 \mod 12^3$$

をいえばよい. これは 12^2 で割って
$$5\sigma_3(n) + 7\sigma_5(n) \equiv 0 \mod 12$$

と同値である.
$$\sum_{0<d|n} 5d^3 + 7d^5 \equiv 0 \mod 12$$

を示せばよいが
$$5d^3 + 7d^5 \equiv 0 \mod 12, \qquad d \in \mathbf{Z}$$

は容易にわかる. □

$(2\pi)^{-12}\Delta(z) = \sum_{n=1}^{\infty} a(n)q^n$ の $a(n)$ を計算すると次の表のようになる. 実際 PARI/GP で

```
bd=50;
{del(q)=local(x); x=q*prod(n=1,bd,(1-q^n)^24,1+O(q^(bd+1)));x};
print(del(q))
```

とプログラムを書くと, $a(n)$ が $n \leq 51$ まで計算される ((3.12) 参照).

n	a_n	n	a_n
1	1	9	-113643
2	-24	10	-115920
3	252	11	534612
4	-1472	12	-370944
5	4830	13	-577738
6	-6048	14	401856
7	-16744	15	1217160
8	84480	16	987136

Ramanujan の論文 [R] では $1 \leq n \leq 30$ のときの $a(n)$ の表を与えている. この表で

$$a(mn) = a(m)a(n), \qquad (n,m) = 1$$

が読み取れる. さらに p が素数のとき

$$a(p^n) = a(p)a(p^{n-1}) - p^{11}a(p^{n-2}), \qquad n \geq 2$$

が読み取れる. この二つの関係は Dirichlet 級数を用いて

$$\sum_{n=1}^{\infty} a(n)n^{-s} = \prod_p (1 - a(p)p^{-s} + p^{11-2s})^{-1}$$

とまとめられる. ここで $|a(p)| < 2p^{11/2}$ が有名な Ramanujan 予想である. 佐藤幹夫, 久賀-志村, 伊原, P. Deligne により Weil 予想 (8 節参照) に帰着されることが示されていたが, 1974 年に P. Deligne によって Weil 予想の証明が完成された ([D1]) ことで確立した事実である.

$$\eta(z) = e^{2\pi i z/24} \prod_{n=1}^{\infty} (1 - e^{2\pi i n z}), \qquad z \in \mathfrak{H}$$

を Dedekind のエータ函数という. Riemann 全集, 未定稿 XXVIII への注釈において Dedekind が導入した函数である. エータ函数は次の変換公式をもつ.

$$\eta(z+1) = e^{2\pi i z/24}\eta(z), \tag{3.10}$$

$$\eta\left(-\frac{1}{z}\right) = \left(\frac{z}{i}\right)^{1/2} \eta(z). \tag{3.11}$$

ここで (3.10) は明らかである. (3.11) において平方根の branch は z が純虚数の

とき正になるようにとる. $\mathrm{SL}(2, \mathbf{Z})$ が $\begin{pmatrix} 1 & 1 \\ 0 & 1 \end{pmatrix}$ と $\begin{pmatrix} 0 & 1 \\ -1 & 0 \end{pmatrix}$ で生成されることを用いると $\eta(z)^{24} \in S_{12}(\mathrm{SL}(2, \mathbf{Z}))$ がわかる. さらに $\dim S_{12}(\mathrm{SL}(2, \mathbf{Z})) = 1$ を用いると $(2\pi)^{-12}\Delta(z)$ は $\eta(z)^{24}$ に一致していることがわかる. よって

$$(2\pi)^{-24}\Delta(z) = e^{2\pi iz} \prod_{n=1}^{\infty}(1 - e^{2\pi inz})^{24} \quad (3.12)$$

である.

命題 3.4 $J(z)$ は $\mathrm{SL}(2, \mathbf{Z})$ についてのモジュラー函数であり, その Fourier 展開は

$$J(z) = q^{-1}(1 + \sum_{n=1}^{\infty} c(n)q^n), \quad c(n) \in \mathbf{Z}$$

の形である. さらに $z_1, z_2 \in \mathfrak{H}$ に対し

$$J(z_1) = J(z_2) \iff \exists \gamma \in \mathrm{SL}(2, \mathbf{Z}), \ z_2 = \gamma z_1$$

が成り立つ.

［証明］ 定義と (3.8) により

$$J(z) = \frac{(1 + 240\sum_{n=1}^{\infty}\sigma_3(n)q^n)^3}{(2\pi)^{-12}\Delta(z)}.$$

また $(2\pi)^{-12}\Delta(z) = \sum_{n=1}^{\infty} a(n)q^n$, $a(1) = 1$, $a(n) \in \mathbf{Z}$ ゆえ最初の主張は明らかである. 後半は

$$J(z_1) = J(z_2) \iff \mathbf{C}/(\mathbf{Z}z_1 + \mathbf{Z}) \cong \mathbf{C}/(\mathbf{Z}z_2 + \mathbf{Z})$$

$$\iff \exists \alpha \in \mathbf{C}^{\times}, \ \alpha(\mathbf{Z}z_1 + \mathbf{Z}) = (\mathbf{Z}z_2 + \mathbf{Z})$$

$$\iff \exists \begin{pmatrix} a & b \\ c & d \end{pmatrix} \in \mathrm{GL}(2, \mathbf{Z}), \ \alpha^{-1}z_2 = az_1 + b, \ \alpha^{-1} = cz_1 + d,$$

$$\iff \exists \begin{pmatrix} a & b \\ c & d \end{pmatrix} \in \mathrm{SL}(2, \mathbf{Z}), \ z_2 = \frac{az_1 + b}{cz_1 + d}$$

からわかる. □

PARI/GP で

```
bd=50;
{del(q)=local(x);x=q*prod(n=1,bd,(1-q^n))^24,1+O(q^(bd+1)));x};
{dps(n)=local(x);x=0;fordiv(n,d,x=x+d^3);x};
{eis(q)=local(x);x=1;for(n=1,bd+1,x=x+240*dps(n)*q^n);x};
f(q)=eis(q)^3/del(q); print(f(q))
```
とプログラムを書くと, $c(n)$ が $n \leq 49$ まで計算される.

4. モジュラー形式 (一般レベルの場合)

定義 4.1 $g = \begin{pmatrix} a & b \\ c & d \end{pmatrix} \in \mathrm{SL}(2, \mathbf{R})$, $g \neq \pm 1_2$ とする. $|a+d| > 2$ のとき g は双曲元, $|a+d| = 2$ のとき g は放物元, $|a+d| < 2$ のとき g は楕円元という.

次の二つの命題は容易に証明される.

命題 4.2 $g \in \mathrm{SL}(2, \mathbf{R})$, $g \neq \pm 1_2$ とする. g が $\mathfrak{H}$ に固定点をもてば, g は楕円元である. 逆に g が楕円元のとき, g は $\mathfrak{H}$ に唯一つの固定点をもつ.

$g = \begin{pmatrix} a & b \\ c & d \end{pmatrix} \in \mathrm{SL}(2, \mathbf{R})$ について $g(z) = \dfrac{az+b}{cz+d}$ とおくことで, $\mathrm{SL}(2, \mathbf{R})$ を $\mathfrak{H} \cup \mathbf{R} \cup \{\infty\}$ に作用させる.

命題 4.3 g が双曲元ならば g は $\mathbf{R} \cup \{\infty\}$ に二つの固定点をもつ. g が放物元ならば g は $\mathbf{R} \cup \{\infty\}$ に唯一つ固定点をもつ. g が楕円元ならば g は $\mathbf{R} \cup \{\infty\}$ に固定点をもたない.

G は Hausdorff 位相群とする. G の部分群 Γ は Γ に誘導される位相が離散位相であるとき, 離散的部分群であるという.

問題 4.4 Hausdorff 位相群 G の離散的部分群は G の閉集合であることを示せ.

Γ は $\mathrm{SL}(2, \mathbf{R})$ の離散的部分群であるとする.

定義 4.5 $s \in \mathbf{R} \cup \{\infty\}$ はある放物元 $\gamma \in \Gamma$ の固定点になるとき, Γ のカスプであるという.

例 4.6 $\mathrm{SL}(2,\mathbf{Z})$ のカスプは $\mathbf{Q}\cup\{\infty\}$ である.

命題 4.7 s は Γ のカスプとする. $\gamma\in\Gamma$ が $\gamma s=s, \gamma\neq\pm 1_2$ をみたせば, γ は放物元である.

［証明］ $g\in\mathrm{SL}(2,\mathbf{R})$ を $gs=\infty$ と取ることができる. このとき ∞ は $\mathrm{SL}(2,\mathbf{R})$ の離散的部分群 $g\Gamma g^{-1}$ のカスプであり,

$$\gamma s=s\Longleftrightarrow g\gamma g^{-1}\infty=\infty,\qquad \gamma\in\Gamma$$

であるから, 最初から $s=\infty$ は Γ のカスプであると仮定してよい.

$$\{\alpha\in\mathrm{SL}(2,\mathbf{R})\mid\alpha\infty=\infty\}=\left\{\alpha\in\mathrm{SL}(2,\mathbf{R})\,\bigg|\,\alpha=\begin{pmatrix}a&b\\0&a^{-1}\end{pmatrix}\right\}$$

に注意する. $\gamma\in\Gamma, \gamma=\begin{pmatrix}a&b\\0&a^{-1}\end{pmatrix}, a\neq\pm 1$ があったとして矛盾を導けばよい. ∞ は Γ のカスプであるから, $\gamma_0\in\Gamma$ で $\gamma_0=\pm\begin{pmatrix}1&u\\0&1\end{pmatrix}, u\neq 0$ であるものが存在する.

$$\gamma^n\gamma_0\gamma^{-n}=\pm\begin{pmatrix}1&a^{2n}u\\0&1\end{pmatrix}$$

から, $\pm 1_2$ は Γ の集積点であることがわかり, Γ が離散的であることに矛盾する. □

$\mathfrak{H}^*$ は $\mathfrak{H}$ と Γ のカスプ全体の和集合を表す. $\Gamma\backslash\mathfrak{H}^*$ には一次元複素多様体の構造が入る. これについては, 志村 [II, S2], 第 1 章を参照. $\Gamma\backslash\mathfrak{H}^*$ がコンパクトであることと $\Gamma\backslash\mathfrak{H}$ の体積が有限であることは同値であることが知られている ([II, S2], p.41–44 参照). この条件がみたされるとき, Γ は第一種 Fuchs 群であるという. 本書では簡単のために単に Fuchs 群と呼ぶことにする.

$g=\begin{pmatrix}a&b\\c&d\end{pmatrix}\in\mathrm{GL}(2,\mathbf{R})$ に対して

$$j(g,z)=cz+d,\qquad z\in\mathfrak{H}$$

とおく. 保型因子の条件

が成り立つ．
$$j(g_1 g_2, z) = j(g_1, g_2 z) j(g_2, z) \tag{4.1}$$
が成り立つ．$g = \begin{pmatrix} a & b \\ c & d \end{pmatrix} \in \mathrm{GL}_+(2, \mathbf{R})$ と $\mathfrak{H}$ 上の函数 f と $k \in \mathbf{Z}$ に対して $\mathfrak{H}$ 上の函数 $f|_k g$ を
$$(f|_k g)(z) = (\det g)^{k/2} f(g(z)) j(g, z)^{-k}$$
によって定義する．(4.1) を用いて
$$(f|_k g_1)|_k g_2 = f|_k g_1 g_2 \tag{4.2}$$
が成り立つことが確かめられる．

Γ は Fuchs 群とする．$\mathfrak{H}$ 上の正則函数 f で条件
$$f|_k \gamma = f, \quad \forall \gamma \in \Gamma \tag{4.3}$$
をみたすものを考える．$s \in \mathbf{R} \cup \{\infty\}$ は Γ のカスプとする．
$$\Gamma_s = \{\gamma \in \Gamma \mid \gamma s = s\}$$
を s の安定化群 (stabilizer) とする．$g \in \mathrm{SL}(2, \mathbf{R})$ を $gs = \infty$ ととる．このとき
$$(g \Gamma_s g^{-1})(\infty) = \infty$$
である．$\mathrm{SL}(2, \mathbf{R})$ を $\mathfrak{H}$ の変換群とみると，∞ を固定する放物元と $\pm 1_2$ は変換 $z \mapsto z + u, u \in \mathbf{R}$ からなる群を成す．命題 4.7 により $g \Gamma_s g^{-1}$ は，$\{\pm 1_2\}$ を法として，$\mathbf{R}$ の離散部分群に同型である．よって $t > 0$ があって
$$(g \Gamma_s g^{-1}) \cdot \{\pm 1_2\} = \left\{ \pm \begin{pmatrix} 1 & t \\ 0 & 1 \end{pmatrix}^m \;\middle|\; m \in \mathbf{Z} \right\} \tag{4.4}$$
となる．(4.3) により
$$(f|_k g^{-1})|_k g \gamma g^{-1} = f|_k g^{-1}, \quad \forall \gamma \in \Gamma \tag{4.5}$$
を得る．$D = \{w \in \mathbf{C} \mid |w| < 1\}$ は単位円板の内部とする．ここで k の偶奇によって場合を分ける．

(1) k が偶数の場合．

$F(z) = (f|_k g^{-1})(z)$ とおく．(4.5) により F は $F(z + t) = F(z)$ をみたす．ゆえに

$$\Phi(w) = F\left(\frac{t}{2\pi i}\log w\right), \qquad w \in D,\ w \neq 0$$

とおくと Φ は $\{w \in D \mid w \neq 0\}$ で一価正則である. Φ が $w = 0$ で有理型であるとき, f はカスプ s で有理型であるという. このとき $\Phi(w) = \sum_{n=n_0}^{\infty} a_n w^n$ を $w = 0$ での Φ の Laurent 展開とすると

$$(f|_k g^{-1})(z) = \sum_{n=n_0}^{\infty} a_n e^{2\pi i n z/t}$$

と絶対かつ広義一様収束する級数に展開される. これを s での f の Fourier 展開という. Φ が $w = 0$ で正則であるとき, f はカスプ s で正則であるという. このときは

$$(f|_k g^{-1})(z) = \sum_{n=0}^{\infty} a_n e^{2\pi i n z/t}$$

である. $a_0 = 0$ のとき, f はカスプ s で消えるという.

(2) k が奇数の場合.

$-1_2 \in \Gamma$ ならば $f|_k(-1_2) = f$ から $f = 0$ がわかる. よって $-1_2 \notin \Gamma$ と仮定する. (4.4) を用いれば $g\Gamma_s g^{-1}$ の可能性は次の二通りであることが容易にわかる.

$$g\Gamma_s g^{-1} = \left\{ \begin{pmatrix} 1 & t \\ 0 & 1 \end{pmatrix}^m \middle| m \in \mathbf{Z} \right\}, \qquad t > 0, \tag{4.6}$$

$$g\Gamma_s g^{-1} = \left\{ \begin{pmatrix} -1 & -t \\ 0 & -1 \end{pmatrix}^m \middle| m \in \mathbf{Z} \right\}, \qquad t > 0. \tag{4.7}$$

(4.6) の場合 s は Γ の正則カスプであるという. (4.7) の場合 s は Γ の非正則カスプであるという. [*2)]

s が正則カスプの場合, f が s で有理型, 正則, 消えることの定義は k が偶数の場合と同じである.

s は非正則カスプとする. $F(z) = (f|_k g^{-1})(z)$ は $F(z + t) = -F(z)$ をみたす. よって $F(z + 2t) = F(z)$.

$$\Phi(w) = F\left(\frac{2t}{2\pi i}\log w\right), \qquad w \in D,\ w \neq 0$$

とおくと Φ は $\{w \in D \mid w \neq 0\}$ で一価正則である. k が偶数の場合と同様に Φ

[*2)] $-1_2 \notin \Gamma$ のとき, Γ のカスプが正則か非正則かの区別がある.

を用いて, f が s で有理型, 正則, 消えることを定義する.

$gs = \infty$ をみたす $g \in \mathrm{SL}(2, \mathbf{R})$ を取り替えても f が s で有理型, 正則, 消えることの定義が変わらないことは容易に確かめられる.

定義 4.8 $\mathfrak{H}$ 上の正則函数 f が

(i) $f|_k \gamma = f, \quad \forall \gamma \in \Gamma,$

(ii) f は Γ の各カスプで正則

をみたすとき, f は Γ についての重さ k の正則モジュラー形式であるという. 正則モジュラー形式を単にモジュラー形式ということもある. 重さ k の正則モジュラー形式 f が Γ の各カスプで消えるとき, f は Γ についての重さ k の正則カスプ形式であるという. $\mathfrak{H}$ 上の有理型函数 f が (i) と

(ii′) f は Γ の各カスプで有理型

をみたすとき, f は Γ についての重さ k の有理型モジュラー形式であるという.

補題 4.9 f は Γ についての重さ k の正則カスプ形式とする. ∞ は Γ のカスプであると仮定する. このとき, ある $A > 0$ があって

$$f(x + iy) = O(e^{-Ay}), \quad y \to +\infty$$

が成り立つ. A は x に依存せず, O 項は x について一様である.

[証明] k は偶数, または ∞ は正則カスプであると仮定する. このとき, $t > 0$ があって,

$$\Phi(w) = \sum_{n=1}^{\infty} a_n w^n, \quad |w| < 1, \quad f(z) = \sum_{n=1}^{\infty} a_n e^{2\pi i n z/t}$$

となる. $\Phi(w)$ を与える級数は $|w| < 1$ で収束するから, 任意の $r < 1$ に対して $\lim_{n \to \infty} |a_n| r^n = 0$ である. ゆえに任意の $R > 1$ に対して $C > 0$ があって $|a_n| \leq CR^n$ となる. よって $y \geq \frac{t}{\pi} \log R$ のとき

$$|f(x+iy)| = \left| \sum_{n=1}^{\infty} a_n e^{2\pi i n(x+iy)/t} \right| \leq C \sum_{n=1}^{\infty} \exp\left(-2\pi n \left(y - \frac{t}{2\pi} \log R\right)/t\right)$$

$$\leq C \sum_{n=1}^{\infty} e^{-\pi n y/t} = Ce^{-\pi y/t}/(1 - e^{-\pi y/t})$$

を得る. よって $A = -\pi/t$ として補題は成り立つ. k が奇数, ∞ が非正則カスプのときも同様に証明できる. $\square$

$A_k(\Gamma), G_k(\Gamma), S_k(\Gamma)$ によりそれぞれ Γ についての重さ k の有理型モジュラー形式, 正則モジュラー形式, 正則カスプ形式全体の集合を表す. これらは $\mathbf{C}$ 上のベクトル空間であり

$$A_k(\Gamma) \cdot A_l(\Gamma) \subset A_{k+l}(\Gamma),$$

$$G_k(\Gamma) \cdot G_l(\Gamma) \subset G_{k+l}(\Gamma),$$

$$S_k(\Gamma) \cdot G_l(\Gamma) \subset S_{k+l}(\Gamma)$$

が成り立っていることは明らかである. また $f \in A_k(\Gamma), g \in A_l(\Gamma), g \neq 0$ のとき $f/g \in A_{k-l}(\Gamma)$ である. $A_0(\Gamma)$ の元を Γ についてのモジュラー関数という. $A_0(\Gamma)$ の元はコンパクト Riemann 面 $\Gamma \backslash \mathfrak{H}^*$ 上の有理型関数と同一視される.

命題 4.10 $G_k(\Gamma)$ は $\mathbf{C}$ 上の有限次元ベクトル空間である. $k < 0$ ならば $G_k(\Gamma) = \{0\}, G_0(\Gamma)$ は定数からなる.

$G_k(\Gamma), S_k(\Gamma)$ の次元を与える公式があり, Riemann-Roch の定理, あるいは trace formula を用いて証明される. [II, S2], p.46–47 参照.

$1 \leq N \in \mathbf{Z}$ に対して

$$\Gamma(N) = \left\{ \begin{pmatrix} a & b \\ c & d \end{pmatrix} \in \mathrm{SL}(2,\mathbf{Z}) \;\middle|\; a \equiv d \equiv 1 \mod N,\; b \equiv c \equiv 0 \mod N \right\}$$

とおく. これを $\mathrm{SL}(2,\mathbf{Z})$ のレベル N の主合同部分群という.

問題 4.11 ∞ は $\Gamma(N), N \geq 3$ の正則カスプであることを示せ. N は 4 以上の偶数とする. Γ は $\Gamma(N)$ と $-\begin{pmatrix} 1 & 1 \\ 0 & 1 \end{pmatrix}$ で生成される群とする. $-1_2 \notin \Gamma$ で, ∞ は Γ の非正則カスプであることを示せ.

5. Hecke 作用素と Euler 積

$1 \leq N \in \mathbf{Z}$ に対して

$$\Gamma_1(N) = \left\{ \begin{pmatrix} a & b \\ c & d \end{pmatrix} \in \mathrm{SL}(2,\mathbf{Z}) \ \middle| \ a \equiv d \equiv 1 \mod N, \ c \equiv 0 \mod N \right\},$$

$$\Gamma_0(N) = \left\{ \begin{pmatrix} a & b \\ c & d \end{pmatrix} \in \mathrm{SL}(2,\mathbf{Z}) \ \middle| \ c \equiv 0 \mod N \right\}$$

とおく. このとき

$$\Gamma(N) \subset \Gamma_1(N) \subset \Gamma_0(N)$$

である. $\mathrm{SL}(2,\mathbf{Z})$ の部分群がある $\Gamma(N)$ を含むとき合同部分群という. 次の二つの補題は証明なして用いる. 証明は難しくない ([II, S2], p.30–31 参照).

補題 5.1 Γ は Fuchs 群, $g \in \mathrm{GL}_+(2,\mathbf{R})$ とする. このとき

$$f \in G_k(\Gamma) \Longrightarrow f|_k g \in G_k(g^{-1}\Gamma g).$$

$$f \in S_k(\Gamma) \Longrightarrow f|_k g \in S_k(g^{-1}\Gamma g).$$

補題 5.2 Γ と Γ' は Fuchs 群, $\Gamma' \subset \Gamma$ とする. このとき $G_k(\Gamma) \subset G_k(\Gamma')$, $S_k(\Gamma) \subset S_k(\Gamma')$. $f \in G_k(\Gamma')$ が $f|_k \gamma = f, \forall \gamma \in \Gamma$ をみたせば $f \in G_k(\Gamma)$. $f \in S_k(\Gamma')$ についても同様である.

$$\mathrm{GL}_+(2,\mathbf{Q}) = \{g \in \mathrm{GL}(2,\mathbf{Q}) \mid \det g > 0\} = \mathrm{GL}(2,\mathbf{Q}) \cap \mathrm{GL}_+(2,\mathbf{R})$$

とおく. また

$$V = \cup_\Gamma G_k(\Gamma), \qquad V_0 = \cup_\Gamma S_k(\Gamma)$$

とおく. ここに Γ は $\mathrm{SL}(2,\mathbf{Z})$ の全ての合同部分群を走る. 補題 5.1 により

$$f \cdot g = f|_k g, \qquad g \in \mathrm{GL}_+(2,\mathbf{Q})$$

とおくと, V, V_0 は右 $\mathbf{C}[\mathrm{GL}_+(2,\mathbf{Q})]$ 加群になる. 補題 5.2 により, Γ が合同部分群のとき

$$V^\Gamma = G_k(\Gamma), \qquad V_0^\Gamma = S_k(\Gamma)$$

が成り立つ. II, 定理 1.1 により $\mathbf{C}$-代数の準同型

$$\mathcal{H}_{\mathbf{C}}(\mathrm{GL}_+(2,\mathbf{Q}),\Gamma) \longrightarrow \mathrm{End}_{\mathbf{C}}(G_k(\Gamma)),$$

$$\mathcal{H}_{\mathbf{C}}(\mathrm{GL}_+(2,\mathbf{Q}),\Gamma) \longrightarrow \mathrm{End}_{\mathbf{C}}(S_k(\Gamma))$$

が得られる. 即ち Hecke 環 $\mathcal{H}_{\mathbf{C}}(\mathrm{GL}_+(2,\mathbf{Q}),\Gamma)$ の $G_k(\Gamma)$ と $S_k(\Gamma)$ の上の表現が得られる. II, (1.2) により $\Gamma g\Gamma \in \mathcal{H}_{\mathbf{C}}(\mathrm{GL}_+(2,\mathbf{Q}),\Gamma)$ の作用は具体的には

$$\Gamma g \Gamma = \bigsqcup_{i=1}^{n} \Gamma g_i$$

と剰余類分解して

$$f \cdot \Gamma g \Gamma = \sum_{i=1}^{n} f|_k\, g_i$$

である. 重さ k に依存する正規化因子をかけて

$$f|_k\, \Gamma g \Gamma = (\det g)^{k/2-1} \sum_{i=1}^{n} f|_k\, g_i \tag{5.1}$$

とおく. Hecke 環の表現が得られているという事実は変わらない. $f \mapsto f|_k\, \Gamma g \Gamma$ を Hecke 作用素という.

まずレベル 1 の場合を考えよう. $\Gamma = \mathrm{SL}(2,\mathbf{Z})$ とする. II, 例 1.8 により $\mathcal{H}_{\mathbf{C}}(\mathrm{GL}_+(2,\mathbf{Q}),\Gamma)$ は可換環である.

$$\Delta = \{g \in M(2,\mathbf{Z}) \mid \det g > 0\}$$

とおく. Δ は単位元をもつ半群である. II, §1 でみたように $\mathcal{H}_{\mathbf{C}}(\mathrm{GL}_+(2,\mathbf{Q}),\Gamma)$ の部分環 $\mathcal{H}_{\mathbf{C}}(\Delta,\Gamma)$ が定義される. $0 < a, d \in \mathbf{Z}$ に対して

$$T(a,d) = \Gamma \begin{pmatrix} a & 0 \\ 0 & d \end{pmatrix} \Gamma \in \mathcal{H}_{\mathbf{C}}(\Delta,\Gamma)$$

とおく. また $0 < n \in \mathbf{Z}$ に対し

$$T(n) = \{g \in \Delta \mid \det g = n\}$$

とおく. 単因子論により

$$T(n) = \sum_{0<a,d\in\mathbf{Z}, ad=n, a|d} T(a,d) \qquad (5.2)$$

が成り立つ. 特に p が素数ならば $T(p) = T(1,p)$ である.

定理 5.3 環 $\mathcal{H}_{\mathbf{C}}(\Delta, \Gamma)$ に係数をもつ形式的 Dirichlet 級数として

$$\sum_{n=1}^{\infty} T(n)n^{-s} = \prod_p (1 - T(p)p^{-s} + T(p,p)p^{1-2s})^{-1}$$

が成り立つ. ここに p は全ての素数の上を走る.

［証明］ 関係

$$T(m)T(n) = T(mn), \qquad (m,n)=1, \qquad (5.3)$$

$$T(p^k) = T(p)T(p^{k-1}) - pT(p,p)T(p^{k-2}), \qquad k \geq 2 \qquad (5.4)$$

を示せばよい. 実際 (5.3) から

$$\sum_{n=1}^{\infty} T(n)n^{-s} = \prod_p \left(\sum_{n=0}^{\infty} T(p^n)p^{-ns} \right)$$

がわかり, (5.4) から

$$(1 - T(p)p^{-s} + pT(p,p)p^{-2s}) \left(\sum_{n=0}^{\infty} T(p^n)p^{-ns} \right) = 1$$

がわかるからである. □

補題 5.4

$$T(n) = \bigsqcup_{0<a,d\in\mathbf{Z}, ad=n} \bigsqcup_{b \bmod d} \Gamma \begin{pmatrix} a & b \\ 0 & d \end{pmatrix}.$$

［証明］ $\Delta \ni \begin{pmatrix} a & b \\ c & d \end{pmatrix}$ に対して $\gamma \in \Gamma$ があって

$$\gamma \begin{pmatrix} a & b \\ c & d \end{pmatrix} = \begin{pmatrix} * & * \\ 0 & * \end{pmatrix}.$$

と $(2,1)$ 成分を 0 にできる. このとき

$$\Gamma \begin{pmatrix} a & b \\ 0 & d \end{pmatrix} = \Gamma \begin{pmatrix} a' & b' \\ 0 & d' \end{pmatrix} \iff \begin{pmatrix} a & b \\ 0 & d \end{pmatrix} \left(\begin{pmatrix} a' & b' \\ 0 & d' \end{pmatrix} \right)^{-1} \in \Gamma$$

$$\iff \begin{pmatrix} aa'^{-1} & bd'^{-1} - aa'^{-1}b'd'^{-1} \\ 0 & dd'^{-1} \end{pmatrix} \in \Gamma$$

$$\iff a = a',\ d = d',\ b \bmod d = b' \bmod d$$

であるから結論が従う. □

[(5.3) の証明]

$$T(m) = \bigsqcup_{0 < a, d \in \mathbf{Z}, ad = m} \bigsqcup_{b \bmod d} \Gamma \begin{pmatrix} a & b \\ 0 & d \end{pmatrix},$$

$$T(n) = \bigsqcup_{0 < a', d' \in \mathbf{Z}, a'd' = n} \bigsqcup_{b' \bmod d'} \Gamma \begin{pmatrix} a' & b' \\ 0 & d' \end{pmatrix}$$

とする. W は $\Gamma \backslash \mathrm{GL}_+(2, \mathbf{Q})$ を基底とする $\mathbf{C}$ 上のベクトル空間とする. W は右 $\mathbf{C}[\mathrm{GL}_+(2, \mathbf{Q})]$ 加群である. 第 II 章, §1 での表現

$$\mathcal{H}_{\mathbf{C}}(\Delta, \Gamma) \longrightarrow \mathrm{End}_{\mathbf{C}}(W^\Gamma)$$

の定義を考えると, これが単射であることは明らかである. $w \in W^\Gamma$ に対して

$$w|(T(m)T(n))$$
$$= \sum_{\substack{0 < a, d \in \mathbf{Z}, \\ ad = m}} \sum_{b \bmod d} \sum_{\substack{0 < a', d' \in \mathbf{Z}, \\ a'd' = n}} \sum_{b' \bmod d'} w \Big| \begin{pmatrix} aa' & ab' + bd' \\ 0 & dd' \end{pmatrix},$$

$$w|T(mn) = \sum_{\substack{0 < A, D \in \mathbf{Z}, \\ AD = mn}} \sum_{B \bmod D} w \Big| \begin{pmatrix} A & B \\ 0 & D \end{pmatrix}$$

を得る. この二式を比べると, $(m, n) = 1$ ゆえ $AD = mn$ をみたす正整数 A, D は一意的に $A = aa',\ D = dd'$ と $ad = m,\ a'd' = n$ をみたす正整数 a, a', d, d' を用いて分解される. ゆえに対角成分の部分は一対一に対応している.

正整数 a, a', d, d' により $A = aa',\ D = dd',\ ad = m,\ a'd' = n$ であるとする. $(1, 2)$ 成分の一対一対応は次のようにしてわかる. $\mathbf{Z}/d\mathbf{Z} \times \mathbf{Z}/d'\mathbf{Z}$ から $\mathbf{Z}/dd'\mathbf{Z}$ へ

の写像 φ を次のように定める.

$$\varphi((b \bmod d,\ b' \bmod d')) = ab' + bd', \qquad d \mid b'.$$

即ち $b' \bmod d'$ を代表する整数 b' は d で割り切れるようにとっておくのである. d と d' は互いに素であるからこれは可能である. φ は準同型であり, 整数 B が与えられたとき, $B = adb'_0 + bd'$ には, $(ad, d') = 1$ であるから, 整数解 b'_0, b がある. よって φ は全射である. 単射であることは容易にわかるから, φ は同型写像である. よって $(2,1)$ 成分も一対一に対応する. □

[(5.4) の証明]

$$T(p^{k-1})T(p) = T(p^k) + pT(p,p)T(p^{k-2}), \qquad k \geq 2$$

を示す. W を (5.3) の証明と同様にとる. $w \in W^\Gamma$ に対して

$$w|(T(p^{k-1})T(p)) = \sum_{ad=p^{k-1}} \sum_{b \bmod d} \sum_{a'd'=p} \sum_{b' \bmod d'} w \Big| \begin{pmatrix} aa' & ab' + bd' \\ 0 & dd' \end{pmatrix}$$

$$= \sum_{ad=p^{k-1}} \sum_{b \bmod d} w \Big| \begin{pmatrix} pa & b \\ 0 & d \end{pmatrix}$$

$$+ \sum_{ad=p^{k-1}} \sum_{b \bmod d} \sum_{b' \bmod p} w \Big| \begin{pmatrix} a & ab' + pb \\ 0 & pd \end{pmatrix},$$

$$w|T(p^k) = \sum_{AD=p^k} \sum_{B \bmod D} w \Big| \begin{pmatrix} A & B \\ 0 & D \end{pmatrix}$$

となる. 第一式の第一項は, $T(p^k)$ の式の $p \mid A$ の部分に対応する. 第一式の第二項で $a = 1$ の部分は

$$\sum_{b \bmod p^{k-1}} \sum_{b' \bmod p} w \Big| \begin{pmatrix} 1 & b' + pb \\ 0 & p^k \end{pmatrix} = \sum_{B \bmod p^k} w \Big| \begin{pmatrix} 1 & B \\ 0 & p^k \end{pmatrix}$$

となり, $T(p^k)$ の式の $A = 1$ の部分に対応する. 第一式の第二項で $p \mid a$ の部分は $a = pa''$ とおいて

$$\sum_{a''d=p^{k-2}} \sum_{b \bmod d} \sum_{b' \bmod p} w \Big| \begin{pmatrix} pa'' & pa''b' + pb \\ 0 & pd \end{pmatrix}$$

$$= \sum_{a''d=p^{k-2}} \sum_{b \bmod d} \sum_{b' \bmod p} w \bigg| \begin{pmatrix} p & 0 \\ 0 & p \end{pmatrix} \begin{pmatrix} a'' & a''b'+b \\ 0 & d \end{pmatrix}$$

となるが, これは

$$\sum_{b' \bmod p} \left(\sum_{a''d=p^{k-2}} \sum_{b \bmod d} w \bigg| \begin{pmatrix} p & 0 \\ 0 & p \end{pmatrix} \begin{pmatrix} a'' & b \\ 0 & d \end{pmatrix} \right) \begin{pmatrix} 1 & b' \\ 0 & 1 \end{pmatrix}$$

$$= p \sum_{a''d=p^{k-2}} \sum_{b \bmod d} w \bigg| \begin{pmatrix} p & 0 \\ 0 & p \end{pmatrix} \begin{pmatrix} a'' & b \\ 0 & d \end{pmatrix}$$

$$= pw|(T(p,p)T(p^{k-2}))$$

に等しく, (5.4) が証明できた. □

$\Gamma = \mathrm{SL}(2, \mathbf{Z})$, $f \in G_k(\Gamma)$ とする.

$$f(z) = \sum_{n=0}^{\infty} c(n) e^{2\pi i n z},$$

$$(f|_k T(m))(z) = \sum_{n=0}^{\infty} c'(n) e^{2\pi i n z}$$

を Γ のカスプ ∞ での Fourier 展開とする. $c'(n)$ を計算しよう. 補題 5.4 と定義により

$$(f|_k T(m))(z) = m^{k/2-1} \sum_{ad=m} \sum_{b \bmod d} \left(f \bigg|_k \begin{pmatrix} a & b \\ 0 & d \end{pmatrix} \right)(z)$$

$$= m^{k/2-1} \sum_{ad=m} \sum_{b \bmod d} m^{k/2} f\left(\frac{az+b}{d}\right) d^{-k}$$

$$= m^{k-1} \sum_{ad=m} \sum_{b \bmod d} d^{-k} \sum_{n=0}^{\infty} c(n) \exp\left(2\pi i n \cdot \frac{az+b}{d}\right)$$

$$= m^{k-1} \sum_{n=0}^{\infty} c(n) \sum_{ad=m} d^{-k} \exp\left(\frac{2\pi i n a z}{d}\right) \sum_{b \bmod d} \exp\left(\frac{2\pi i n b}{d}\right)$$

を得る. ここで

$$\sum_{b \bmod d} \exp\left(\frac{2\pi i n b}{d}\right) = \begin{cases} d, & d \mid n \text{ のとき}, \\ 0, & d \nmid n \text{ のとき} \end{cases}$$

を用いれば, これは

$$m^{k-1}\sum_{n=0}^{\infty}\sum_{ad=m}c(nd)d^{1-k}e^{2\pi inaz}$$
$$=\sum_{n=0}^{\infty}\sum_{ad=m}c(nd)a^{k-1}e^{2\pi inaz}$$
$$=\sum_{n=0}^{\infty}\sum_{0<a|m}c\left(\frac{mn}{a}\right)a^{k-1}e^{2\pi inaz}$$

に等しいことがわかる. 書き直して次の補題を得る.

補題 5.5
$$c'(n)=\sum_{0<a|(m,n)}a^{k-1}c\left(\frac{mn}{a^2}\right),\qquad n\geq 1,$$
$$c'(0)=\left(\sum_{0<a|m}a^{k-1}\right)c(0).$$

定理 5.6 $\Gamma=\mathrm{SL}(2,\mathbf{Z})$, $0\neq f\in G_k(\Gamma)$, $k>0$ とする. $f(z)=\sum_{n=0}^{\infty}c(n)e^{2\pi inz}$ を f のカスプ ∞ での Fourier 展開とする. f は Hecke 作用素 $T(m)$, $1\leq m\in\mathbf{Z}$ の共通固有函数であると仮定し, $f|_k T(m)=\lambda_m f$ とおく. このとき $c(1)\neq 0$, $c(m)=\lambda_m c(1)$ であり, 形式的 Dirichlet 級数としての Euler 積

$$\sum_{m=1}^{\infty}\lambda_m m^{-s}=\prod_p(1-\lambda_p p^{-s}+p^{k-1-2s})^{-1}$$

が成り立つ.

[証明] 補題 5.5 より

$$c'(1)=c(m)=\lambda_m c(1)$$

を得る. $k>0$ ゆえ f は定数ではない. よって $c(1)\neq 0$.

C-代数の表現 $\rho:\mathcal{H}_{\mathbf{C}}(\Delta,\Gamma)\longrightarrow\mathrm{End}_{\mathbf{C}}(G_k(\Gamma))$ がある. $\langle f\rangle_{\mathbf{C}}$ により, f で張られる $G_k(\Gamma)$ の一次元部分空間を表す. f は $T(m)$ の固有函数であるから, ρ から **C**-代数の表現 $\rho_0:\mathcal{H}'_{\mathbf{C}}(\Delta,\Gamma)\longrightarrow\mathrm{End}_{\mathbf{C}}(\langle f\rangle_{\mathbf{C}})$ が得られる. ここに $\mathcal{H}'_{\mathbf{C}}(\Delta,\Gamma)$ は $T(m)$, $1\leq m\in\mathbf{Z}$ と $T(p,p)$, p は素数, で生成される $\mathcal{H}_{\mathbf{C}}(\Delta,\Gamma)$ の部分 **C**-代

数である. $f|_k T(p,p) = p^{k-2}f$ に注意しておく. $\mathrm{End}_\mathbf{C}(\langle f\rangle_\mathbf{C})$ を $\mathbf{C}$ と同一視すると,
$$\rho_0(T) = \lambda_T, \quad f|_k T = \lambda_T f, \quad T \in \mathcal{H}'_\mathbf{C}(\Delta, \Gamma)$$
である. 定理 5.3 により
$$\sum_{m=1}^\infty \rho_0(T(m))m^{-s} = \prod_p (1 - \rho_0(T(p))p^{-s} + \rho_0(T(p,p))p^{1-2s})^{-1}$$
を得る. $\rho_0(T(m)) = \lambda_m$, $\rho_0(T(p,p)) = p^{k-2}$ から定理の Euler 積が得られる. □

次に一般レベルの場合を考える. $2 \leq N \in \mathbf{Z}$ をとる. $(\mathbf{Z}/N\mathbf{Z})^\times$ の指標 ψ に対して

$G_k(\Gamma_0(N), \psi)$
$= \left\{ f \in G_k(\Gamma_1(N)) \,\middle|\, f\,\middle|\,_k \begin{pmatrix} a & b \\ c & d \end{pmatrix} = \psi(d)f, \,\forall \begin{pmatrix} a & b \\ c & d \end{pmatrix} \in \Gamma_0(N) \right\},$

$S_k(\Gamma_0(N), \psi)$
$= \left\{ f \in S_k(\Gamma_1(N)) \,\middle|\, f\,\middle|\,_k \begin{pmatrix} a & b \\ c & d \end{pmatrix} = \psi(d)f, \,\forall \begin{pmatrix} a & b \\ c & d \end{pmatrix} \in \Gamma_0(N) \right\}$

とおく. ここに $\psi(d) = \psi(d \mod N)$ である. $G_k(\Gamma_1(N))$ は $f \cdot \gamma = f|_k \gamma$ によって $\Gamma_0(N)/\Gamma_1(N)$ 加群であり, $\Gamma_0(N)/\Gamma_1(N) \cong (\mathbf{Z}/N\mathbf{Z})^\times$. この同型は $\begin{pmatrix} a & b \\ c & d \end{pmatrix} \mod \Gamma_1(N)$ を $d \mod N$ に写すことで得られるから, $G_k(\Gamma_1(N))$ における $\Gamma_0(N)/\Gamma_1(N)$ の表現を分解して ($S_k(\Gamma_1(N))$ についても同様である)
$$G_k(\Gamma_1(N)) = \oplus_\psi G_k(\Gamma_0(N), \psi), \quad S_k(\Gamma_1(N)) = \oplus_\psi S_k(\Gamma_0(N), \psi)$$
が得られる. ここに ψ は $(\mathbf{Z}/N\mathbf{Z})^\times$ の全ての指標を走る.

$G_k(\Gamma_0(N), \psi), S_k(\Gamma_0(N), \psi)$ に対して Hecke 作用素と Euler 積を考える.

補題 5.7 N での法をとることにより得られる自然な準同型 $\mathrm{SL}(2, \mathbf{Z}) \longrightarrow \mathrm{SL}(2, \mathbf{Z}/N\mathbf{Z})$ は全射である.

証明は読者に委ねよう. $a \in \mathbf{Z}, (a, N) = 1$ に対して $\sigma_a \in \mathrm{SL}(2, \mathbf{Z})$ は

$$\sigma_a \equiv \begin{pmatrix} a^{-1} & 0 \\ 0 & a \end{pmatrix} \mod N$$

をみたす元を表す. ここに $ab \equiv 1 \mod N$ をみたす $b \in \mathbf{Z}$ を簡単のため a^{-1} と書いた.

$$\Delta' = \left\{ \begin{pmatrix} a & b \\ c & d \end{pmatrix} \in \Delta \,\middle|\, a \equiv 1 \mod N,\ c \equiv 0 \mod N \right\}$$

とおく. $\Delta' \subset M(2, \mathbf{Z})$ は単位元をもつ半群である. 正整数 n に対して

$$T'(n) = \{g \in \Delta' \mid \det g = n\}$$

とおく. 任意の $\gamma_1, \gamma_2 \in \Gamma_1(N)$ について $\gamma_1 \Delta' \gamma_2 = \Delta'$ が成り立つから, $T'(n)$ は $\Gamma_1(N)$ の両側剰余類の和になるが, 次の補題からわかるように, これは有限和である. よって $T'(n) \in \mathcal{H}_\mathbf{C}(\Delta', \Gamma_1(N))$ である.

補題 5.8

$$T'(n) = \bigsqcup_{ad = n, (a, N) = 1} \bigsqcup_{b \bmod d} \Gamma_1(N) \sigma_a \begin{pmatrix} a & b \\ 0 & d \end{pmatrix}.$$

[証明] 右辺の集合が disjoint union であることと左辺に含まれていることは容易にわかる. $\begin{pmatrix} a' & b' \\ c' & d' \end{pmatrix} \in T'(n)$ を任意にとる. このとき $g = \begin{pmatrix} \alpha & \beta \\ \gamma & \delta \end{pmatrix} \in \mathrm{SL}(2, \mathbf{Z})$ があって

$$g \begin{pmatrix} a' & b' \\ c' & d' \end{pmatrix} = \begin{pmatrix} * & * \\ 0 & * \end{pmatrix}$$

と $(2,1)$ 成分を 0 にできる. $c' \equiv 0 \mod N$, $(a', N) = 1$ ゆえ $\gamma \equiv 0 \mod N$, $g \in \Gamma_0(N)$ である. g を g^{-1} で置き換えると

$$\begin{pmatrix} a' & b' \\ c' & d' \end{pmatrix} = g \begin{pmatrix} a & b \\ 0 & d \end{pmatrix}, \quad ad = n$$

であるが, $a' \equiv 1 \mod N$ から $g \sigma_a^{-1} \in \Gamma_1(N)$ がわかる. よって左辺は右辺に含まれており, 左辺と右辺は一致する. □

定理 5.9 $T'(m), 1 \leq m \in \mathbf{Z}$ と $T'(p,p)$, p は素数, $p \nmid N$ で生成される

$\mathcal{H}_{\mathbf{C}}(\Delta', \Gamma_1(N))$ の部分 $\mathbf{C}$-代数は可換である. 環 $\mathcal{H}_{\mathbf{C}}(\Delta', \Gamma_1(N))$ に係数をもつ形式的 Dirichlet 級数として

$$\sum_{n=1}^{\infty} T'(n) n^{-s} = \prod_{p \mid N} (1 - T'(p) p^{-s})^{-1} \times \prod_{p \nmid N} (1 - T'(p) p^{-s} + T'(p,p) p^{1-2s})^{-1}$$

が成り立つ. ここに $T'(p,p) = \Gamma_1(N) \sigma_p \begin{pmatrix} p & 0 \\ 0 & p \end{pmatrix} \Gamma_1(N)$.

[証明] $T'(p,p) = \Gamma_1(N) \sigma_p \begin{pmatrix} p & 0 \\ 0 & p \end{pmatrix}$ であることを注意しておく. 問題の $\mathbf{C}$-代数の可換性と

$$T'(m) T'(n) = T'(mn), \qquad (m,n) = 1, \tag{5.5}$$

$$T'(p^k) = T'(p) T'(p^{k-1}) - p T'(p,p) T'(p^{k-2}), \qquad k \geq 2, \ p \nmid N, \tag{5.6}$$

$$T'(p^k) = T'(p)^k, \qquad k \geq 2, \ p \mid N \tag{5.7}$$

を示せばよい. W は $\Gamma_1(N) \backslash \mathrm{GL}_+(2, \mathbf{Q})$ を基底とする $\mathbf{C}$ 上のベクトル空間とする. W は右 $\mathbf{C}[\mathrm{GL}_+(2, \mathbf{Q})]$ 加群である. 第 II 章, §1 での表現

$$\mathcal{H}_{\mathbf{C}}(\Delta', \Gamma_1(N)) \longrightarrow \mathrm{End}_{\mathbf{C}}(W^{\Gamma_1(N)})$$

は単射である. $w \in W^{\Gamma_1(N)}$ をとる.

$$T'(n) \sigma_a = \sigma_a T'(n), \qquad (a, N) = 1 \tag{5.8}$$

が成り立つから, 定義により

$w | (T'(m) T'(n))$

$$= \sum_{\substack{0 < a, d, \\ ad = m, \\ (a,N) = 1}} \sum_{b \bmod d} \sum_{\substack{0 < a', d', \\ a'd' = n, \\ (a',N) = 1}} \sum_{b' \bmod d'} w \Big| \sigma_a \sigma_{a'} \begin{pmatrix} a & b \\ 0 & d \end{pmatrix} \begin{pmatrix} a' & b' \\ 0 & d' \end{pmatrix},$$

$$w|T'(mn) = \sum_{\substack{0<A,D, \\ AD=mn, \\ (A,N)=1}} \sum_{B \bmod D} w \left| \sigma_A \begin{pmatrix} A & B \\ 0 & D \end{pmatrix} \right.$$

である．ここで $\sigma_a \sigma_{a'}$ は $\sigma_{aa'}$ で置き換えてよいことに注意すると, (5.5) は (5.3) と同様に証明される．(5.6) は (5.4) と同様に証明でき，$T'(p)$ と $T'(p,p)$ が可換であることもわかる．これで問題の **C**-代数の可換性がわかった．最後に (5.7) を考える．$n = p^k$ のとき，補題 5.8 の右辺において $a = 1, \sigma_1 = 1$ と取ってよいから

$$T'(p^k) = \bigsqcup_{b \bmod p^k} \Gamma_1(N) \begin{pmatrix} 1 & b \\ 0 & p^k \end{pmatrix}$$

である．よって

$$w|T'(p^k) = \sum_{b \bmod p^k} w \left| \begin{pmatrix} 1 & b \\ 0 & p^k \end{pmatrix} \right.,$$

$$w|(T'(p^{k-1})T'(p)) = \sum_{b \bmod p^{k-1}} \sum_{b' \bmod p} w \left| \begin{pmatrix} 1 & b \\ 0 & p^{k-1} \end{pmatrix} \begin{pmatrix} 1 & b' \\ 0 & p \end{pmatrix} \right.$$

を得る．この二式を比べれば $T'(p^k) = T'(p^{k-1})T'(p)$ がわかり．k についての帰納法で (5.7) を得る． □

補題 5.10 $T'(n)$ は $G_k(\Gamma_0(N), \psi)$, $S_k(\Gamma_0(N), \psi)$ をそれ自身に写す．

[証明] $T'(n) = \bigsqcup_{i=1}^d \Gamma_1(N) \alpha_i$ とする．$f \in G_k(\Gamma_0(N), \psi)$, または $f \in S_k(\Gamma_0(N), \psi)$ とする．このとき $f|_k T'(n) \in G_k(\Gamma_1(N))$ または $f|_k T'(n) \in S_k(\Gamma_1(N))$ であるから, $(f|_k T'(n))|_k \sigma_a = \psi(a) f|_k T'(n), (a,N) = 1$ を示せばよい．

$$f|_k T'(n) = n^{k/2-1} \sum_{i=1}^d f|_k \alpha_i$$

である．(5.8) により $\alpha_i \sigma_a = \sigma_a \gamma_i \alpha_j$, $\gamma_i \in \Gamma_1(N)$ となり, 対応 $i \mapsto j$ は n 文字の上の置換である．ゆえに

$$(f|_k T'(n))|_k \sigma_a = n^{k/2-1} \sum_{i=1}^d f|_k \sigma_a \gamma_i \alpha_j$$

$$= n^{k/2-1}\psi(a)\sum_{i=1}^{d} f|_k \alpha_j = \psi(a)f|_k T'(n)$$

が成り立ち，証明できた． □

Hecke 作用素によって Fourier 係数がどう変わるかを調べよう．

$$f(z) = \sum_{n=0}^{\infty} c(n)e^{2\pi i n z} \in G_k(\Gamma_0(N), \psi),$$

$$(f|_k T'(m))(z) = \sum_{n=0}^{\infty} c'(n)e^{2\pi i n z}$$

とする．レベル 1 のときと同様に計算して

$(f|_k T'(m))(z)$

$$= m^{k/2-1} \sum_{ad=m,(a,N)=1} \sum_{b \bmod d} \psi(a)(f|_k \begin{pmatrix} a & b \\ 0 & d \end{pmatrix})(z) \quad (\text{補題 5.8})$$

$$= m^{k/2-1} \sum_{ad=m,(a,N)=1} \sum_{b \bmod d} \psi(a) m^{k/2} f\left(\frac{az+b}{d}\right) d^{-k}$$

$$= m^{k-1} \sum_{ad=m,(a,N)=1} \psi(a) \sum_{b \bmod d} d^{-k} \sum_{n=0}^{\infty} c(n) \exp\left(2\pi i n \cdot \frac{az+b}{d}\right)$$

$$= m^{k-1} \sum_{n=0}^{\infty} c(n) \sum_{ad=m,(a,N)=1} \psi(a) d^{-k} \exp\left(\frac{2\pi i n a z}{d}\right) \sum_{b \bmod d} \exp\left(\frac{2\pi i n b}{d}\right)$$

$$= m^{k-1} \sum_{n=0}^{\infty} \sum_{ad=m,(a,N)=1} \psi(a) d^{1-k} c(nd) e^{2\pi i n a z}$$

$$= \sum_{n=0}^{\infty} \sum_{ad=m,(a,N)=1} c(nd) \psi(a) a^{k-1} e^{2\pi i n a z}$$

$$= \sum_{n=0}^{\infty} \sum_{0<a|m,(a,N)=1} c\left(\frac{mn}{a}\right) \psi(a) a^{k-1} e^{2\pi i n a z}$$

を得る．書き直して次の補題を得る．

補題 5.11

$$c'(n) = \sum_{0<a|(m,n),(a,N)=1} \psi(a)a^{k-1}c\left(\frac{mn}{a^2}\right), \quad n \geq 1,$$

$$c'(0) = \left(\sum_{0<a|m,(a,N)=1} \psi(a)a^{k-1}\right) c(0).$$

定理 5.12 $0 \neq f \in G_k(\Gamma_0(N), \psi)$, $k > 0$ とする. $f(z) = \sum_{n=0}^{\infty} c(n)e^{2\pi inz}$ を f の $\Gamma_1(N)$ のカスプ ∞ での Fourier 展開とする. f は Hecke 作用素 $T'(m)$, $1 \leq m \in \mathbf{Z}$ の共通固有函数であると仮定する. $f|T'(m) = \lambda_m f$ とおく. このとき $c(1) \neq 0$, $c(m) = \lambda_m c(1)$ であり, 形式的 Dirichlet 級数としての Euler 積

$$\sum_{m=1}^{\infty} \lambda_m m^{-s} = \prod_{p|N}(1 - \lambda_p p^{-s})^{-1} \prod_{p\nmid N}(1 - \lambda_p p^{-s} + \psi(p)p^{k-1-2s})^{-1}$$

が成り立つ.

[証明] 補題 5.11 より

$$c'(1) = c(m) = \lambda_m c(1)$$

を得る. $k > 0$ ゆえ f は定数ではない. よって $c(1) \neq 0$.

$\mathbf{C}$-代数の表現 $\rho : \mathcal{H}_{\mathbf{C}}(\Delta', \Gamma_1(N)) \longrightarrow \mathrm{End}_{\mathbf{C}}(G_k(\Gamma_1(N)))$ がある. $\langle f \rangle_{\mathbf{C}}$ により, f で張られる $G_k(\Gamma_1(N))$ の一次元部分空間を表す. f は $T'(m)$ の固有函数であるから, ρ から $\mathbf{C}$-代数の表現 $\rho_0 : \mathcal{H}'_{\mathbf{C}}(\Delta', \Gamma_1(N)) \longrightarrow \mathrm{End}_{\mathbf{C}}(\langle f \rangle_{\mathbf{C}})$ が得られる. ここに $\mathcal{H}'_{\mathbf{C}}(\Delta', \Gamma_1(N))$ は $T'(m)$, $1 \leq m \in \mathbf{Z}$ と $T'(p,p)$, p は素数, $p \nmid N$ で生成される $\mathcal{H}_{\mathbf{C}}(\Delta', \Gamma_1(N))$ の部分 $\mathbf{C}$-代数である. $\mathrm{End}_{\mathbf{C}}(\langle f \rangle_{\mathbf{C}})$ を $\mathbf{C}$ と同一視すると,

$$\rho_0(T) = \lambda_T, \qquad f|_k T = \lambda_T f, \quad T \in \mathcal{H}'_{\mathbf{C}}(\Delta', \Gamma_1(N))$$

である. 定理 5.9 により

$$\sum_{m=1}^{\infty} \rho_0(T'(m))m^{-s}$$
$$= \prod_{p|N}(1 - \rho_0(T'(p))p^{-s})^{-1} \prod_{p\nmid N}(1 - \rho_0(T'(p))p^{-s} + \rho_0(T'(p,p))p^{1-2s})^{-1}$$

を得る. $f|_k T'(p,p) = (p^2)^{k/2-1} f|_k \sigma_p \begin{pmatrix} p & 0 \\ 0 & p \end{pmatrix} = \psi(p)p^{k-2}f$ であるから, $\rho_0(T'(m)) = \lambda_m$, $\rho_0(T'(p,p)) = \psi(p)p^{k-2}$. これから定理の Euler 積が得られる. □

問題 5.13 $f \in G_k(\Gamma_0(N))$ と N を割り切らない素数 p に対し

$$T^{(m)}(p)f = f\Big|_k \begin{pmatrix} p & 0 \\ 0 & 1 \end{pmatrix} \prod_{u=0}^{p-1} f\Big|_k \begin{pmatrix} 1 & u \\ 0 & p \end{pmatrix}$$

とおく. このとき $T^{(m)}(p)f \in G_{(p+1)k}(\Gamma_0(N))$ であることを示せ. $f \in S_k(\Gamma_0(N))$ ならば $T^{(m)}(p)f \in S_{(p+1)k}(\Gamma_0(N))$ であることを示せ.

$T^{(m)}(p)$ は乗法的 Hecke 作用素とでも呼ぶべきものである. このような作用素は Riemann 全集 XXVIII に対する Dedekind の注釈にすでに

$$\log \eta(pz) + \sum_{u=0}^{p-1} \log \eta \left(\frac{z+u}{p} \right) = (p+1) \log \eta(z) + \frac{(p-1)\pi i}{24}$$

として現れている. [Y], p.213, Exercises も参照.

6. モジュラー形式の L 函数

N は正整数, $f \in G_k(\Gamma_0(N), \psi)$ とする. 行列 $\begin{pmatrix} 0 & -1 \\ N & 0 \end{pmatrix}$ は群 $\Gamma_0(N)$ と $\Gamma_1(N)$ を正規化し, $\begin{pmatrix} a & b \\ c & d \end{pmatrix} \in \Gamma_0(N)$ に対し

$$(f\Big|_k \begin{pmatrix} 0 & -1 \\ N & 0 \end{pmatrix})\Big|_k \begin{pmatrix} a & b \\ c & d \end{pmatrix} = (f\Big|_k \begin{pmatrix} d & -c/N \\ -Nb & a \end{pmatrix})\Big|_k \begin{pmatrix} 0 & -1 \\ N & 0 \end{pmatrix}$$

$$= \psi(a)f\Big|_k \begin{pmatrix} 0 & -1 \\ N & 0 \end{pmatrix} = \bar{\psi}(d)f\Big|_k \begin{pmatrix} 0 & -1 \\ N & 0 \end{pmatrix}$$

であるから, 補題 5.1 により $f\Big|_k \begin{pmatrix} 0 & -1 \\ N & 0 \end{pmatrix} \in G_k(\Gamma_0(N), \bar{\psi})$ がわかる. 同様に

$f \in S_k(\Gamma_0(N), \psi)$ ならば $f\Big|_k \begin{pmatrix} 0 & -1 \\ N & 0 \end{pmatrix} \in S_k(\Gamma_0(N), \bar\psi)$ である.

補題 6.1 $f \in S_k(\Gamma(N))$ とする. $f(z)\mathrm{Im}(z)^{k/2}$ は $\mathfrak{H}$ 上で有界である.

［証明］ $F_f(z) = |f(z)\mathrm{Im}(z)^{k/2}|$ とおく. $\mathrm{Im}(\gamma z) = \mathrm{Im}(z)|j(\gamma, z)|^{-2}$, $\gamma \in \mathrm{SL}(2, \mathbf{R})$ であるから,

$$F_f(\gamma z) = F_{f|_k \gamma}(z), \qquad \gamma \in \mathrm{SL}(2, \mathbf{R})$$

を得る. 特に $F_f(\gamma z) = F_f(z)$, $\gamma \in \Gamma(N)$ である. Φ を $\mathrm{SL}(2, \mathbf{Z})$ の基本領域とする.

$$\Phi = \{z \in \mathfrak{H} \mid -1/2 \leq \mathrm{Re}(z) \leq 1/2,\ |z| \geq 1\}$$

と取れることはよく知られている. $\Gamma(N)$ の基本領域は $\bigcup_{\gamma \in \Gamma(N) \backslash \mathrm{SL}(2,\mathbf{Z})} \gamma\Phi$ で与えられるから, $F_f(z)$ がこの領域で有界であることを示せばよい. 補題 4.9 により, 任意の $g \in S_k(\Gamma(N))$ に対して $F_g(z)$ は Φ で有界であることがわかる. よって $\gamma \in \mathrm{SL}(2, \mathbf{Z})$ に対して, $F_f(\gamma z) = F_{f|_k \gamma}(z)$ は $z \in \Phi$ で有界である. これから $F_f(z)$ は $\gamma\Phi$ で有界であることがわかる. □

補題 6.2 $f(z) \in S_k(\Gamma_0(N), \psi)$, $f(z) = \sum_{n=1}^{\infty} a_n e^{2\pi i n z}$ は $\Gamma_1(N)$ のカスプ ∞ での Fourier 展開とする. このとき $a_n = O(n^{k/2})$, $n \to \infty$ が成り立つ.

［証明］ 補題 6.1 により $M > 0$ があって

$$|f(z)| \leq M(\mathrm{Im}(z))^{-k/2}, \qquad z \in \mathfrak{H} \tag{6.1}$$

が成り立つ. $x \in \mathbf{R}$, $y > 0$ について, 形式的に計算すると

$$\int_0^1 f(x+iy)e^{-2\pi i n x} dx = \int_0^1 \sum_{m=1}^{\infty} a_m e^{2\pi i (m-n)x} e^{-2\pi m y} dx$$
$$= \sum_{m=1}^{\infty} \int_0^1 a_m e^{2\pi i (m-n)x} e^{-2\pi m y} dx = a_n e^{-2\pi n y}$$

を得るが, $R > 1$ を $y \geq \log R/\pi$ と取って, 補題 4.9 の証明にある評価 $|a_m| \leq CR^m$ を用いれば積分と和の順序交換は正当化される. ゆえに

$$a_n = e^{2\pi n y} \int_0^1 f(x+iy)e^{-2\pi i n x} dx \tag{6.2}$$

が成り立つ. $y = 1/n$ と取って (6.1) を用いると

$$|a_n| \leq e^{2\pi} M n^{k/2}$$

が得られる. □

$$L(s,f) = \sum_{n=1}^{\infty} a_n n^{-s}, \qquad R(s,f) = N^{s/2}(2\pi)^{-s}\Gamma(s)L(s,f)$$

とおく. 補題 6.2 から $L(s,f)$ は $\mathrm{Im}(z) > (k/2)+1$ で広義一様に絶対収束するから, この領域で正則である.

定理 6.3 $f \in S_k(\Gamma_0(N), \psi)$ とする. $L(s,f)$ は全平面正則に解析接続され, 函数等式

$$R(s,f) = i^k R\left(k-s, f\bigg|_k \begin{pmatrix} 0 & -1 \\ N & 0 \end{pmatrix}\right)$$

をみたす.

［証明］ 補題 6.2 の評価 $a_n = O(n^{k/2})$ から

$$f(it) = O(e^{-2\pi t}), \qquad t \to +\infty \tag{6.3}$$

が得られる. また補題 6.1 より評価

$$f(it) = O(t^{-k/2}), \qquad t \to +0 \tag{6.4}$$

が得られる.

$$\int_0^\infty e^{-2\pi n t} t^{s-1} dt = (2\pi)^{-s} n^{-s} \Gamma(s), \qquad \mathrm{Re}(s) > 0$$

を用いて形式的に計算すれば

$$\int_0^\infty f(it) t^{s-1} dt = \int_0^\infty \sum_{n=1}^\infty a_n e^{-2\pi n t} t^{s-1} dt$$
$$= \sum_{n=1}^\infty a_n \int_0^\infty e^{-2\pi n t} t^{s-1} dt = \sum_{n=1}^\infty a_n (2\pi)^{-s} \Gamma(s) n^{-s}$$

を得る. ここに $\mathrm{Re}(s) > k/2$ のとき, (6.3), (6.4) により最初の積分は収束する. また $\mathrm{Re}(s) > k/2+1$ のとき, $a_n = O(n^{k/2})$ により最後の級数は絶対収束するから, Lebesgue の収束定理により積分と和の交換は正当化される. よって

$\mathrm{Re}(s) > k/2 + 1$ のとき
$$(2\pi)^{-s}\Gamma(s)L(s,f) = \int_0^\infty f(it)t^{s-1}dt$$
が成り立つ．ここで右辺の積分を
$$\int_0^{1/\sqrt{N}} f(it)t^{s-1}dt + \int_{1/\sqrt{N}}^\infty f(it)t^{s-1}dt$$
と分ける．評価 (6.3) により第二の積分は s について広義一様に収束するから，s の整函数を与える．$t = 1/Nu$ とおくと第一の積分は
$$\begin{aligned}\int_0^{1/\sqrt{N}} f(it)t^{s-1}dt &= \int_{1/\sqrt{N}}^\infty f\left(-\frac{1}{Nui}\right)N^{-s}u^{-1-s}du \\ &= \int_{1/\sqrt{N}}^\infty \left(f\bigg|_k \begin{pmatrix} 0 & -1 \\ N & 0 \end{pmatrix}\right)(iu)N^{k/2-s}i^k u^{k-s-1}du\end{aligned}$$
と書ける．$\left(f\bigg|_k \begin{pmatrix} 0 & -1 \\ N & 0 \end{pmatrix}\right)$ に対する評価 (6.3) により，この積分は s の整函数を与えることがわかる．ゆえに
$$R(s,f) = \int_{1/\sqrt{N}}^\infty \bigg[f(it)N^{s/2}t^{s-1} \\ + \left(f\bigg|_k \begin{pmatrix} 0 & -1 \\ N & 0 \end{pmatrix}\right)(it)N^{k/2-s/2}i^k t^{k-s-1}\bigg]dt \quad (6.5)$$
を得る．この積分表示は $\mathrm{Re}(s) > k/2 + 1$ という仮定の下に導いたが，(6.5) の積分は s の整函数を表すからこれによって $R(s,f)$ の全平面正則な函数としての解析接続が得られている．
$$f\bigg|_k \begin{pmatrix} 0 & -1 \\ N & 0 \end{pmatrix}^2 = (-1)^k f$$
に注意すると，(6.5) から函数等式
$$R(s,f) = i^k R\left(k-s, f\bigg|_k \begin{pmatrix} 0 & -1 \\ N & 0 \end{pmatrix}\right)$$
が得られる． □

注意 6.4
$$\left(f\bigg|_k \begin{pmatrix} 0 & -1 \\ N & 0 \end{pmatrix}\right)(z) = N^{k/2} f\left(-\frac{1}{Nz}\right)(Nz)^{-k} = N^{-k/2} f\left(-\frac{1}{Nz}\right) z^{-k}$$

であるから, (6.3) を $f\bigg|_k \begin{pmatrix} 0 & -1 \\ N & 0 \end{pmatrix} \in S_k(\Gamma_0(N), \bar{\psi})$ に適用すれば (6.4) よりよい評価

$$f(it) = O(t^k e^{-2\pi/(Nt)}), \quad t \to +0 \tag{6.6}$$

が得られる. これから $\int_0^\infty f(it) t^{s-1} dt$ は s の整函数を定義することがわかる.

注意 6.5 $N=1$, $f \in S_k(\mathrm{SL}(2, \mathbf{Z}))$ のとき定理 6.3 の函数等式は $R(s, f) = i^k R(k-s, f)$ となる.

7. Petersson 内積

$\mathfrak{H}$ の $\mathrm{GL}_+(2, \mathbf{R})$ の作用で不変な測度 $\dfrac{dxdy}{y^2}$, $z = x+iy$, $x, y \in \mathbf{R}$ を $\mathbf{d}z$ と書く. Γ は Fuchs 群とする. $f, g \in S_k(\Gamma)$ に対して

$$\langle f, g \rangle_\Gamma = \int_{\Gamma \backslash \mathfrak{H}} f(z) \overline{g(z)} y^k \mathbf{d}z \tag{7.1}$$

とおく. $f(z)\overline{g(z)}y^k$ は変換 $z \mapsto \gamma z$, $\gamma \in \Gamma$ で不変である. よって積分は well-defined である. また補題 6.1 により $f(z)\overline{g(z)}y^k$ は測度有限の空間 $\Gamma \backslash \mathfrak{H}$ 上の有界連続函数であるから, 積分は収束している. $\langle f, g \rangle_\Gamma$ は f について $\mathbf{C}$ 線型, $\langle g, f \rangle_\Gamma = \overline{\langle f, g \rangle_\Gamma}$ をみたし, 正定値である. 即ち $\langle f, g \rangle_\Gamma$ は $S_k(\Gamma)$ 上の正定値 Hermite 内積を定める. これを Petersson 内積という.

Γ' を Γ の指数有限の部分群とする. $f, g \in S_k(\Gamma')$ とみるとき

$$\langle f, g \rangle_{\Gamma'} = [\Gamma : \Gamma'] \langle f, g \rangle_\Gamma$$

が成り立つ. そこで Γ の基本領域 Φ をとって

$$\langle f, g \rangle = \frac{1}{m(\Phi)} \langle f, g \rangle_\Gamma$$

おく. ここに $m(\Phi)$ は Φ の面積を表す. これを正規化された Petersson 内積という. $\langle f, g \rangle$ の値は $f, g \in S_k(\Gamma')$ とみても変わらない.

補題 7.1 Γ は $\mathrm{SL}(2,\mathbf{Z})$ の合同部分群, $\alpha \in \mathrm{GL}_+(2,\mathbf{Q})$ とする. このとき f, $g \in S_k(\Gamma)$ に対して

$$\langle f\mid_k \Gamma\alpha\Gamma, g\rangle = (\det\alpha)^{k-2}\langle f, g\mid_k \Gamma\alpha^{-1}\Gamma\rangle$$

が成り立つ.

［証明］ まず

$$\langle f\mid_k \beta, g\rangle = \langle f, g\mid_k \beta^{-1}\rangle, \qquad \beta \in \mathrm{GL}_+(2,\mathbf{Q}) \tag{7.2}$$

を示す. $f\mid_k\beta \in S_k(\beta^{-1}\Gamma\beta)$ であるから, $\Gamma \cap \beta^{-1}\Gamma\beta$ の基本領域を Φ とすれば

$$\begin{aligned}m(\Phi)\langle f\mid_k \beta, g\rangle &= \int_\Phi (f\mid_k\beta)(z)\overline{g(z)}y^k \mathbf{d}z \\ &= \int_\Phi (\det\beta)^{k/2} f(\beta(z)) j(\beta,z)^{-k}\overline{g(z)}\mathrm{Im}(z)^k \mathbf{d}z\end{aligned}$$

である. ここで $\beta(z) = w$ と変数変換すると,

$$\mathrm{Im}(w) = \det(\beta)|j(\beta,z)|^{-2}\mathrm{Im}(z)$$

であるから, これは

$$(\det\beta)^{k/2}\int_{\beta\Phi} f(w) j(\beta,\beta^{-1}w)^{-k}\overline{g(\beta^{-1}w)}(\det\beta)^{-k}\left|j(\beta,\beta^{-1}w)\right|^{2k}\mathrm{Im}(w)^k \mathbf{d}w$$

$$= (\det\beta)^{-k/2}\int_{\beta\Phi} f(w)\overline{j(\beta,\beta^{-1}w)}^k \overline{g(\beta^{-1}w)}\mathrm{Im}(w)^k \mathbf{d}w$$

$$= (\det\beta)^{-k/2}\int_{\beta\Phi} f(w)\overline{j(\beta^{-1},w)}^{-k} \overline{g(\beta^{-1}w)}\mathrm{Im}(w)^k \mathbf{d}w$$

$$= \int_{\beta\Phi} f(w)\overline{(g\mid_k\beta^{-1})(w)}\mathrm{Im}(w)^k \mathbf{d}w$$

に等しい. ここで $g\mid_k\beta^{-1} \in S_k(\beta\Gamma\beta^{-1})$, $\beta\Phi$ が $\beta\Gamma\beta^{-1}\cap\Gamma$ の基本領域であること, $m(\Phi) = m(\beta\Phi)$ に注意すれば (7.2) がわかる.

次に $\Gamma\alpha\Gamma$ に含まれる Γ の左右剰余類の数は等しいことを注意する. これには $[\Gamma : \Gamma\cap\alpha\Gamma\alpha^{-1}] = [\Gamma : \Gamma\cap\alpha^{-1}\Gamma\alpha]$ を示せばよいが, Φ を $\Gamma\cap\alpha\Gamma\alpha^{-1}$ の基本領域とすると, $\alpha\Phi$ は $\Gamma\cap\alpha^{-1}\Gamma\alpha$ の基本領域で,

$$m(\Phi) = \mathrm{vol}(\Gamma\cap\alpha\Gamma\alpha^{-1}\backslash\mathfrak{H}) = m(\alpha\Phi) = \mathrm{vol}(\Gamma\cap\alpha^{-1}\Gamma\alpha\backslash\mathfrak{H})$$

からわかる. 補題 II, 1.7 により

$$\Gamma \alpha \Gamma = \bigsqcup_{i=1}^{n} \Gamma \alpha_i = \bigsqcup_{i=1}^{n} \alpha_i \Gamma$$

と左右剰余類の代表を共通にとれる. このとき (7.2) により

$$\langle f \mid_k \Gamma \alpha \Gamma, g \rangle = (\det \alpha)^{k/2-1} \sum_{i=1}^{n} \langle f \mid_k \alpha_i, g \rangle$$

$$= (\det \alpha)^{k/2-1} \sum_{i=1}^{n} \langle f, g \mid_k \alpha_i^{-1} \rangle = (\det \alpha)^{k-2} \langle f, g \mid_k \Gamma \alpha^{-1} \Gamma \rangle$$

を得る. □

補題 7.2 N は正整数, p は N を割り切らない素数とする. このとき $T'(p) = \Gamma_1(N) \begin{pmatrix} 1 & 0 \\ 0 & p \end{pmatrix} \Gamma_1(N) = \Gamma_1(N) \sigma_p \begin{pmatrix} p & 0 \\ 0 & 1 \end{pmatrix} \Gamma_1(N).$

［証明］補題 5.8 により

$$T'(n) = \bigsqcup_{b \bmod p} \Gamma_1(N) \begin{pmatrix} 1 & b \\ 0 & p \end{pmatrix} \bigsqcup \Gamma_1(N) \sigma_p \begin{pmatrix} p & 0 \\ 0 & 1 \end{pmatrix}$$

となる. よって $T'(p) \supset \Gamma_1(N) \begin{pmatrix} 1 & 0 \\ 0 & p \end{pmatrix} \Gamma_1(N)$, $T'(p) \supset \Gamma_1(N) \sigma_p \begin{pmatrix} p & 0 \\ 0 & 1 \end{pmatrix} \Gamma_1(N)$ であり, $\Gamma_1(N) \begin{pmatrix} 1 & 0 \\ 0 & p \end{pmatrix} \Gamma_1(N)$ と $\Gamma_1(N) \sigma_p \begin{pmatrix} p & 0 \\ 0 & 1 \end{pmatrix} \Gamma_1(N)$ が $p+1$ の $\Gamma_1(N)$ の左剰余類を含むことを示せば十分である. 補題 5.7 を用いればこの証明は容易である. 詳細は読者に委ねよう. □

$f, g \in S_k(\Gamma_0(N), \psi)$ をとる. ここで N は正整数, ψ は $(\mathbf{Z}/N\mathbf{Z})^\times$ の指標であるが, $N=1$ で ψ が自明である場合も含める. $\langle f, g \rangle$ は $f, g \in S_k(\Gamma_1(N))$ とみたときの正規化された Petersson 内積とする. p は N を割り切らない素数とする. 補題 7.1 と 7.2 によって

$$\langle f \mid_k T'(p), g \rangle = \left\langle f \mid_k \Gamma_1(N) \begin{pmatrix} 1 & 0 \\ 0 & p \end{pmatrix} \Gamma_1(N), g \right\rangle$$

$$= p^{k-2} \left\langle f, g \mid_k \Gamma_1(N) \begin{pmatrix} 1 & 0 \\ 0 & p^{-1} \end{pmatrix} \Gamma_1(N)] \right\rangle$$

$$= \left\langle f, g \,|_k \, \Gamma_1(N) \begin{pmatrix} p & 0 \\ 0 & 1 \end{pmatrix} \Gamma_1(N) \right\rangle$$

が得られる．ここで

$$\Gamma_1(N) \cap \begin{pmatrix} p & 0 \\ 0 & 1 \end{pmatrix}^{-1} \Gamma_1(N) \begin{pmatrix} p & 0 \\ 0 & 1 \end{pmatrix} = \Gamma_1(N) \cap \begin{pmatrix} p & 0 \\ 0 & 1 \end{pmatrix}^{-1} \sigma_p^{-1} \Gamma_1(N) \sigma_p \begin{pmatrix} p & 0 \\ 0 & 1 \end{pmatrix}$$

であるから，

$$\Gamma_1(N)\sigma_p \begin{pmatrix} p & 0 \\ 0 & 1 \end{pmatrix} \Gamma_1(N) = \bigsqcup_{i=1}^{p+1} \Gamma_1(N)\alpha_i$$

を剰余類分解とすると

$$\Gamma_1(N) \begin{pmatrix} p & 0 \\ 0 & 1 \end{pmatrix} \Gamma_1(N) = \bigsqcup_{i=1}^{p+1} \Gamma_1(N)\sigma_p^{-1}\alpha_i$$

が剰余類分解となる．よって

$$g \,|_k \, \Gamma_1(N) \begin{pmatrix} p & 0 \\ 0 & 1 \end{pmatrix} \Gamma_1(N) = p^{k/2-1} \sum_{i=1}^{p+1} g \,|_k \sigma_p^{-1} \alpha_i$$

$$= p^{k/2-1} \psi(p)^{-1} \sum_{i=1}^{p+1} g \,|_k \alpha_i = \psi(p)^{-1} g \,|_k \, \Gamma_1(N) \sigma_p \begin{pmatrix} p & 0 \\ 0 & 1 \end{pmatrix} \Gamma_1(N)$$

$$= \psi(p)^{-1} g \,|_k \, T'(p)$$

が成り立つ．この計算で

$$\langle f \,|_k T'(p), g \rangle = \langle f, \psi(p)^{-1} g \,|_k T'(p) \rangle, \qquad f, g \in S_k(\Gamma_0(N), \psi) \tag{7.3}$$

が得られた．(7.3) により $S_k(\Gamma_0(N), \psi)$ の上の線型作用素 $f \mapsto f \,|_k T'(p)$ の adjoint は $f \mapsto \psi(p)^{-1} f \,|_k T'(p)$ であることがわかる．特にこの作用素は adjoint と可換，即ち正規である．互に可換な有限次元ベクトル空間の上の正規作用素の族は同時対角化可能であるから，定理 5.9 を考慮して，次の定理が得られる．

定理 7.3 $S_k(\Gamma_0(N), \psi)$ の基底として，N と互いに素な全ての整数 n について $T'(n)$ の固有函数であるものがとれる．

8. 代数多様体のゼータ函数と志村-谷山予想

$\mathbf{F}_q$ により q 個の元からなる有限体を表す．X は $\mathbf{F}_q$ 上に定義された代数多様体とする．
$$N_m(X) = |X(\mathbf{F}_{q^m})|, \qquad m \geq 1$$
を X の $\mathbf{F}_{q^m}$-有理点の数とする．$N_m(X)$ を単に N_m とも書く．
$$Z_X(u) = \exp\left(\sum_{m=1}^{\infty} \frac{N_m}{m} u^m\right) \in \mathbf{Q}[[u]] \tag{8.1}$$
を X のゼータ函数という．$Z_X(u) \in 1 + u\mathbf{Q}[[u]]$ であるから, (8.1) から
$$\log Z_X(u) = \sum_{m=1}^{\infty} \frac{N_m}{m} u^m \tag{8.2}$$
が得られる．以上で使った簡単な事実を問題としておく．

問題 8.1 形式的ベキ級数 $g(u), h(u) \in u\mathbf{Q}[[u]]$ に対して
$$\exp(g(u)) = \sum_{m=0}^{\infty} \frac{g(u)^m}{m!}, \qquad \log(1+h(u)) = \sum_{m=1}^{\infty} \frac{(-1)^{m-1}}{m} h(u)^m$$
とおく．$f(u) \in 1 + u\mathbf{Q}[[u]]$ に対して $\exp(\log f(u)) = f(u)$ であることを示せ．$f(u) \in u\mathbf{Q}[[u]]$ に対して $\log(\exp(f(u))) = f(u)$ であることを示せ．

例 8.2 $X = \mathbf{P}^n$ は n 次元射影空間とする．このとき $N_m(X) = q^{nm} + q^{(n-1)m} + \cdots + q^m + 1$.
$$\log(1-t) = -\sum_{m=1}^{\infty} \frac{t^m}{m}$$
を用いれば
$$Z_X(u) = \frac{1}{(1-u)(1-qu)\cdots(1-q^n u)}$$
がわかる．

次の定理は Weil [W] が 1949 年に予想した．1) は Dwork が最初に証明を与えた．M. Artin, Grothendieck による etale cohomology 理論により 1), 2) と 3) の一部分が証明された ([SGA4], [SGA5])．これらは 1960 年代前半の仕事であるが，

3) の絶対値についての予想は Deligne [D1] が 1974 年に証明を与えた. これから Ramanujan 予想が従う.

定理 8.3 X は $\mathbf{F}_q$ 上に定義された n 次元非特異射影的代数多様体とする.
1) $Z_X(u)$ は u の有理函数である.
2) 整数 χ があって, 函数等式
$$Z_X\left(\frac{1}{q^n u}\right) = \pm q^{n\chi/2} u^\chi Z_X(u)$$
が成り立つ. χ は適当な cohomology 理論での X の Euler-Poincare 標数である.
3)
$$Z_X(u) = \frac{P_1(u) P_3(u) \cdots P_{2n-1}(u)}{P_0(u) P_2(u) \cdots P_{2n}(u)}, \quad P_i(u) \in \mathbf{Z}[u]$$
と分解する. ここに $P_0(u) = 1 - u$, $P_{2n}(u) = 1 - q^n u$,
$$P_i(u) = \prod_{j=1}^{B_i}(1 - \alpha_{ij} u), \quad 0 \leq i \leq 2n$$
で, α_{ij} は絶対値が $q^{i/2}$ の代数的整数である. B_i は適当な cohomology 理論での X の i 番目の Betti 数である.

定理での適当な cohomology 理論は Weil cohomology と呼ばれるが, etale cohomology 理論は Weil cohomology であることが知られている. また
$$\prod_{j=1}^{B_i} \alpha_{ij} = q^{iB_i/2} \tag{8.3}$$
が知られている.

X は種数 g の非特異射影代数曲線としよう. $B_1 = 2g$ であるから, $\alpha_i = \alpha_{1i}$ とおいて
$$Z_X(u) = \frac{\prod_{i=1}^{2g}(1 - \alpha_i u)}{(1-u)(1-qu)}, \quad |\alpha_i| = \sqrt{q}$$
となる. (8.2) より
$$N_m(X) = q^m + 1 - \sum_{i=1}^{2g} \alpha_i^m$$
が得られる.

例 8.4 $\mathbf{F}_5$ 上に定義された楕円曲線 $y^2 = 4x^3 - 4x$ を考える. $\mathbf{F}_5$-有理点は次の表で数えられる.

x	$v = 4x^3 - 4x$	$\left(\frac{v}{5}\right)$	y の個数
0	0	0	1
1	0	0	1
2	4	1	2
3	1	1	2
4	0	0	1

$N_1(X) = 8$ (無限遠点をこめる) $= 5 + 1 - \alpha_1 - \alpha_2$ ゆえ $\alpha_1 + \alpha_2 = -2$, $\alpha_1 \alpha_2 = 5$. よって

$$Z_X(u) = \frac{(1 + 2u + 5u^2)}{(1-u)(1-5u)}, \qquad \alpha_1 = -1 + 2i, \; \alpha_2 = -1 - 2i$$

を得る. α_1, α_2 が X が虚数乗法をもつ体 $\mathbf{Q}(i)$ に入っているのは著しい. これは虚数乗法をもつ楕円曲線に特有の現象である. 虚数乗法をもつ Abel 多様体のゼータ函数については [S1] を参照.

次に F を代数体とし, X は F 上に定義された非特異射影的代数多様体とする. F の素イデアル $\mathfrak{p}$ に対し X の reduction modulo $\mathfrak{p}$, X mod $\mathfrak{p}$ はやはり非特異射影的代数多様体になっていると仮定する. このとき $\mathfrak{p}$ は good であるという (reduction modulo $\mathfrak{p}$ については [S1] 参照). $\mathfrak{p}$ のノルムを $N(\mathfrak{p})$ と書く. X mod $\mathfrak{p}$ は有限体 $\mathbf{F}_{N(\mathfrak{p})}$ 上に定義され, そのゼータ函数は定理 8.3, 3) の形である. $1 \leq i \leq 2n$ にたいして

$$\zeta_{X,\mathfrak{p}}^{(i)}(s) = P_i(N(\mathfrak{p})^{-s})^{-1}$$

とおく.

$$\zeta_X^{(i)}(s) = \prod_{\mathfrak{p}} \zeta_{X,\mathfrak{p}}^{(i)}(s)$$

と定義する. ここに $\mathfrak{p}$ は good な素イデアルの上を走る. これは B_i 次の Euler 積であり, $\mathrm{Re}(s) > (i+1)/2$ のとき収束する. これを X の i 番目の Hasse-Weil ゼータ函数という.

予想 8.5 (Hasse-Weil) $\zeta_X^{(i)}(s)$ は全平面有理型に解析接続され, 標準的な形

の函数等式をみたす.

ここで函数等式を綺麗な形に書くためには, $\zeta_X^{(i)}(s)$ を定義する Euler 積を good ではない素イデアルについて補完する必要がある. $V = H_{\text{et}}^i(X, \mathbf{Q}_\ell)$ を X の ℓ 進 etale cohomology 群とする. V は $\mathbf{Q}_\ell$ 上 B_i 次元のベクトル空間であり, B_i は ℓ に依存しない. $GL(V)$ に ℓ 進位相を与える. 連続表現 (ℓ 進表現)

$$\rho_\ell : \text{Gal}(\overline{F}/F) \longrightarrow GL(V)$$

がある. $\mathfrak{p}$ が good ならば $\sigma_\mathfrak{p} \in \text{Gal}(\overline{F}/F)$ を Frobenius 写像の逆元 (geometric Frobenius) として, $\mathfrak{p}$ が ℓ を割らないとき

$$\zeta_{X,\mathfrak{p}}^{(i)}(s) = \det(1_V - \rho_l(\sigma_\mathfrak{p})N(\mathfrak{p})^{-s})^{-1} \tag{8.4}$$

であることが知られている. 特に (8.4) の右辺は ℓ に依存しない. ここに 1_V は $GL(V)$ の単位元を表す. 一般には $I \subset \text{Gal}(\overline{F}/F)$ を $\mathfrak{p}$ の惰性群とし

$$V^I = \{v \in V \mid \rho_\ell(g)v = v, \forall g \in I\}$$

とおく. このとき ℓ を $\mathfrak{p}$ で割り切れないようにとって

$$\zeta_{X,\mathfrak{p}}^{(i)}(s) = \det(1_{V^I} - (\rho_\ell(\sigma_\mathfrak{p})|V^I)N(\mathfrak{p})^{-s})^{-1} \tag{8.5}$$

が $\mathfrak{p}$ における正しい Euler 因子であると考えられている. $\det(1_{V^I} - (\rho_\ell(\sigma_\mathfrak{p})|V^I)X)$ が ℓ によらない $\mathbf{Q}[X]$ の多項式になるかどうか一般にはわかっていないが, X が Abel 多様体のときには知られている. (8.5) が正しい Euler 因子であると仮定して

$$\zeta_X^{(i)}(s) = \prod_\mathfrak{p} \zeta_{X,\mathfrak{p}}^{(i)}(s)$$

と再定義する. ここに $\mathfrak{p}$ は全ての素イデアルの上を走る.

X は $\mathbf{Q}$ 上に定義された楕円曲線とする. 次の定理 8.6 は志村-谷山予想と呼ばれる. 予想の正確な定式化は志村によって 1964 年に与えられた. このあたりの事情は志村 [S3], Lang [L] 参照. その後証明は Wiles, Taylor 達によって得られた ([Wi], [TW], [BCDT]).

定理 8.6 Hecke 作用素の共通固有函数 $f \in S_2(\Gamma_0(N))$ があって $\zeta_X^{(1)}(s) = L(s, f)$.

$$f\Big|_k \begin{pmatrix} 0 & -1 \\ N & 0 \end{pmatrix} = \pm f$$

がわかるので，定理 6.3 によって函数等式は

$$R_X^{(1)} = N^{s/2}(2\pi)^{-s}\Gamma(s)\zeta_X^{(1)}(s)$$

とおいて

$$R_X^{(1)}(s) = \pm R_X^{(1)}(2-s)$$

の形である．

X が一般の非特異射影代数多様体の場合 $\zeta_X^{(i)}(s)$ の函数等式は次のように予想される．

$$\Gamma_{\mathbf{R}}(s) = \pi^{-s/2}\Gamma(s/2), \qquad \Gamma_{\mathbf{C}}(s) = (2\pi)^{-s}\Gamma(s)$$

とおく．v は F の Archimedes 素点とする．F_v により v における F の完備化を表す．X は埋め込み $F \subset F_v \subset \mathbf{C}$ により，$\mathbf{C}$ 上定義された非特異代数多様体であるから，$X(\mathbf{C})$ はコンパクト複素多様体である．これは X の代数性から Kähler 多様体でもあるから Hodge 分解

$$H^i(X(\mathbf{C}), \mathbf{Q}) \otimes_{\mathbf{Q}} \mathbf{C} = \oplus_{p+q=i} H^{p,q}, \qquad \overline{H^{p,q}} = H^{q,p} \tag{8.6}$$

をもつ．$h^{p,q} = \dim_{\mathbf{C}} H^{p,q}$ とおく．v が虚，即ち $F_v \cong \mathbf{C}$ であるとき

$$\Gamma_{X,v}(s) = \prod_{p,q} \Gamma_{\mathbf{C}}(s - \operatorname{Inf}(p,q))^{h(p,q)}$$

とおく．v は実，即ち $F_v \cong \mathbf{R}$ とする．i が奇数であるとき

$$\Gamma_{X,v}(s) = \prod_{p<q} \Gamma_{\mathbf{C}}(s-p)^{h(p,q)}$$

とおく．i は偶数であるとし，$i = 2m$ とおく．複素共役写像は $X(\mathbf{C})$ の位相的自己同型を与え，$H^i(X(\mathbf{C}), \mathbf{Q})$ の位数 2 の自己同型を与える．これを (8.6) の右辺に作用させたものを c と書く．c は $H^{p,q}$ と $H^{q,p}$ を入れ換え，$H^{m,m}$ の上では位数 2 の自己同型となっている．

$$H^{m,m,\pm} = \{v \in H^{m,m} \mid cv = \pm(-1)^m v\},$$

$h^{m,\pm} = \dim_{\mathbf{C}} H^{m,m,\pm}$ とおく．$h^{m,+} + h^{m,-} = h^{m,m}$ である．このとき

$$\Gamma_{X,v}(s) = \Gamma_{\mathbf{R}}(s-m)^{h(m,+)}\Gamma_{\mathbf{R}}(s-m+1)^{h(m,-)}\prod_{p<q}\Gamma_{\mathbf{C}}(s-p)^{h(p,q)}$$

とおく.

予想 8.7 $\zeta_X^{(i)}(s)$ は全平面有理型に解析接続される. 正整数 N があって $R_X^{(i)}(s) = N^{s/2}\prod_v \Gamma_{X,v}(s)\zeta_X^{(i)}(s)$, v は F の全ての Archimedes 素点の上を走る, とおくと函数等式 $R_X^{(i)}(s) = \pm R_X^{(i)}(i+1-s)$ が成り立つ.

注意 8.8 予想 8.7 は Serre [Se] で述べられた. 代数体から得られるゼータ函数, 保型形式から得られるゼータ函数, あるいは虚数乗法をもつ Abel 多様体のゼータ函数の函数等式が全て局所的な情報で書けていることに気づけば, 予想の定式化はそれほど困難ではなかったであろう. (ガンマ因子は Archimedes 素点での情報で定まり, 今の場合それは Hodge 分解である.)

第IV章 アデール

この章では代数体のアデール環, イデール群とその応用について述べる. さらに進んで代数群のアデール化について述べる.

1. 大域体のアデール環とイデール群

局所コンパクトな位相体で離散的でないものを局所体という. 局所体は位相体として次のいずれかに同型である ([W3] または [P], 第4章参照).
 (i) p 進数体 $\mathbf{Q}_p$ の有限次拡大体.
 (ii) 有限体 $\mathbf{F}_q$ 上の形式的ベキ級数環 $\mathbf{F}_q[[T]]$ の商体 $\mathbf{F}_q((T))$.
 (iii) 実数体 $\mathbf{R}$. (iv) 複素数体 $\mathbf{C}$.
(i), (ii) に同型なものを非 Archimedes 局所体, (iii), (iv) に同型なものを Archimedes 局所体という.

有理数体 $\mathbf{Q}$ の有限次拡大体を有限次代数体, あるいは単に代数体という. 有限次代数体, または有限体上の一変数代数函数体を大域体 (global field) という. F は大域体とする. F の乗法的付値の同値類[*1)] を F の素点という (Weil の教科書 [W3] では place と呼ばれている). v は F の素点とする. F_v は v による F の完備化とする. F_v は局所体である. F_v が Archimedes 局所体の場合, v を Archimedes 素点という. 特に $F_v \cong \mathbf{R}$ の場合, v を実 Archimedes 素点, $F_v \cong \mathbf{C}$ の場合, v を虚 Archimedes 素点という. Archimedes 素点を無限素点ともいう. F_v が非 Archimedes 局所体の場合, v を非 Archimedes 素点という. 非 Archimedes 素点

[*1)] 乗法的付値の定義を述べておこう. K は体とする. K から 0 以上の実数の集合への写像 φ は次の条件 i), ii), iii) をみたすとき, K の乗法的付値であるという. i) $\varphi(a) = 0 \Leftrightarrow a = 0$. ii) $\varphi(ab) = \varphi(a)\varphi(b)$. iii) $\varphi(a+b) \leq \varphi(a) + \varphi(b)$. (iii) より強く iii') $\varphi(a+b) \leq \max(\varphi(a), \varphi(b))$ が成り立つとき, φ を非 Archimedes 付値という. K の 0 以外の元を 1 に写し, 0 を 0 に写す写像は付値である. これを自明な付値といい, 考察から除外する. 二つの付値 φ, φ' は $\varphi'(a) = \varphi(a)^t$, $a \in K$ をみたす正の数 t があるとき同値であるという.

を有限素点ともいう. F の Archimedes 素点全体の集合を $\mathbf{a}$ で, 非 Archimedes 素点全体の集合を $\mathbf{h}$ で表す. F_v の加法群としての Haar 測度 $d_v x$ をとり, 乗法的付値 $|\ |_v$ を

$$d_v(xy) = |x|_v d_v(y), \qquad x \in F_v$$

と正規化しておく. $F_v \cong \mathbf{R}$ のとき $|x|_v = |x|$, $F_v \cong \mathbf{C}$ のとき $|x|_v = x\bar{x}$ である.

v は非 Archimedes 素点とする. $\mathcal{O}_v$ により F_v の極大コンパクト部分環を表す. $\mathcal{O}_v = \{x \in F_v \mid |x|_v \leq 1\}$ である. ϖ_v を F_v の素元とする. 剰余体 $\mathcal{O}_v/\varpi_v \mathcal{O}_v$ は有限体であり, 元の数は $|\varpi_v|_v^{-1}$ である. これを q_v と書く.

例 1.1 $F = \mathbf{Q}$ とする. このとき $\mathbf{h}$ は素数全体の集合と同一視される. $\mathbf{a}$ は唯一つの元から成り, 埋め込み $\mathbf{Q} \hookrightarrow \mathbf{R}$ に対応する. F_v は p 進数体 $\mathbf{Q}_p$ とする. このとき $\mathcal{O}_v = \mathbf{Z}_p$ である. $\varpi_v = p$ と取れ $q_v = p$ である. $p^i \mathbf{Z}_p^\times = \{x \in \mathbf{Q}_p \mid |x|_v = p^{-i}\}$ であるから, $\mathbf{Q}_p^\times = \bigsqcup_{i \in \mathbf{Z}} p^i \mathbf{Z}_p^\times$.

F のアデール環 (adele ring) $F_\mathbf{A}$ を $\mathcal{O}_v$ についての F_v の制限直積として定義する.

$$F_\mathbf{A} = \prod_v{}' F_v.$$

即ち $F_\mathbf{A}$ は直積 $\prod_v F_v$, v は F の全ての素点にわたる, の元 $x = (x_v)_v$ で有限個の素点 v を除いて $x_v \in \mathcal{O}_v$ をみたすもの全体からなる. 成分毎の演算により $F_\mathbf{A}$ は環を成す. $F_\mathbf{A}$ の位相は次のように定義される. S は F の素点の有限集合で $\mathbf{a}$ を含むものとして

$$\prod_{v \notin S} \mathcal{O}_v \times \prod_{v \in S} U_v \tag{1.1}$$

の形の集合を考える. ここに U_v は F_v の 0 を含む任意の開集合である. (1.1) の形の集合を 0 の基本近傍系として, 加法群 $F_\mathbf{A}$ に位相群の構造を与えることができる (これは容易に証明できるが, 一般論として [P], 第 3 章, 定理 9 参照). このように $F_\mathbf{A}$ に位相を入れると乗法の連続性は明らかであり $F_\mathbf{A}$ は位相環になる. $F_\mathbf{A}$ は局所コンパクトである.

$$F \ni x \longrightarrow (\ldots, x, \ldots, x, \ldots) \in F_\mathbf{A}$$

と対角に F を $F_\mathbf{A}$ に埋め込むことができる. このとき

$$F \cap \left(\prod_{v \notin \mathfrak{a}} \mathcal{O}_v \times \prod_{v \in \mathfrak{a}} F_v \right)$$

は F が代数体のときは F の整数環 $\mathcal{O}_F$, F が函数体のときは F の定数体である. ゆえに U_v, $v \in \mathfrak{a}$ を十分小さい 0 の開近傍とすると $F \cap (\prod_{v \notin \mathfrak{a}} \mathcal{O}_v \times \prod_{v \in \mathfrak{a}} U_v)$ は 0 のみであり, F は $F_\mathbf{A}$ で離散的である.

F のイデール群 (idele group) $F_\mathbf{A}^\times$ を $\mathcal{O}_v^\times$ についての $F_v^\times$ の制限直積として定義する.

$$F_\mathbf{A}^\times = \prod_v{}' F_v^\times.$$

即ち $F_\mathbf{A}^\times$ は直積 $\prod_v F_v^\times$, v は F の全ての素点にわたる, の元 $x = (x_v)_v$ で有限個の素点 v を除いて $x_v \in \mathcal{O}_v^\times$ をみたすもの全体からなる. 成分毎の演算により $F_\mathbf{A}^\times$ は群を成す. $F_\mathbf{A}^\times$ の位相は次のように定義される. S は F の素点の有限集合で $\mathfrak{a}$ を含むものとして

$$\prod_{v \notin S} \mathcal{O}_v^\times \times \prod_{v \in S} V_v \tag{1.2}$$

の形の集合を考える. ここに V_v は $F_v^\times$ の 1 を含む任意の開集合である. (1.2) の形の集合を 1 の基本近傍系として, 群 $F_\mathbf{A}^\times$ に位相群の構造を与えることができる. $F_\mathbf{A}^\times$ は局所コンパクトである.

$$F^\times \ni x \longrightarrow (\ldots, x, \ldots, x, \ldots) \in F_\mathbf{A}^\times$$

と対角に $F_\mathbf{A}^\times$ に埋め込むことができ, $F^\times$ は $F_\mathbf{A}^\times$ の離散部分群となる. $F_\mathbf{A}^\times$ は環 $F_\mathbf{A}$ の可逆元の成す群と一致し, この記号は consistent であるが, 注意すべきは $F_\mathbf{A}^\times$ に与えた位相は $F_\mathbf{A}$ からの誘導位相よりも強いことである. $x = (x_v) \in F_\mathbf{A}^\times$ のイデールノルム $|x|_\mathbf{A}$ を

$$|x|_\mathbf{A} = \prod_v |x_v|_v$$

によって定義する. $F_\mathbf{A}^1 = \{x \in F_\mathbf{A}^\times \mid |x|_\mathbf{A} = 1\}$ とおく. 付値の積公式により $F^\times \subset F_\mathbf{A}^1$ である. コンパクト性についての次の定理は重要である. 証明は [W3] を参照.

定理 1.2 商位相を与えたとき, $F_\mathbf{A}/F$ と $F_\mathbf{A}^1/F^\times$ はコンパクトである.

しばらく F は代数体とする.

$$F_\infty^\times = \prod_{v \in \mathbf{a}} F_v^\times$$

とおき $F_\infty^\times$ を $F_\mathbf{A}^\times$ の部分群とみなす. $F_\infty^\times$ を $F_\mathbf{A}^\times$ の無限成分という. $I(F)$ により F のイデアル群を表す. 即ち F の分数イデアルがイデアルの乗法について成す群である. [*2) 写像 $\varphi : F_\mathbf{A}^\times \longrightarrow I(F)$ を次のように定義する. $x = (x_v) \in F_\mathbf{A}^\times$ とする. 非 Archimedes 素点 v について $x_v \in F_v$ を $x_v = \varpi_v^{e_v} u_v$, $e_v \in \mathbf{Z}$, $u_v \in \mathcal{O}_v^\times$ と書く. $\mathfrak{p}_v$ を v に対応する素イデアルとする. このとき

$$\varphi(x) = \prod_{v \in \mathbf{h}} \mathfrak{p}_v^{e_v} \tag{1.3}$$

とおく. 明らかに φ は全射準同型であり $\mathrm{Ker}(\varphi) = \prod_{v \in \mathbf{h}} \mathcal{O}_v^\times \times F_\infty^\times$ である. よって同型

$$F_\mathbf{A}^\times / \left(\prod_{v \in \mathbf{h}} \mathcal{O}_v^\times \times F_\infty^\times \right) \cong I(F)$$

を得る. $P(F)$ により F の単項イデアルの成す $I(F)$ の部分群を表す. $\varphi(F^\times) = P(F)$ であるから, φ は全射準同型 $\overline{\varphi} : F_\mathbf{A}^\times / F^\times \longrightarrow I(F)/P(F)$ を誘導するが, $\mathrm{Ker}(\overline{\varphi}) = F^\times \prod_{v \in \mathbf{h}} \mathcal{O}_v^\times \times F_\infty^\times / F^\times$ である. よって同型

$$F_\mathbf{A}^\times / F^\times \prod_{v \in \mathbf{h}} \mathcal{O}_v^\times \times F_\infty^\times \cong I(F)/P(F) \tag{1.4}$$

を得る. $F_\mathbf{A}^\times / F^\times$ をイデール類群, $I(F)/P(F)$ をイデアル類群という. φ を $F_\mathbf{A}^1$ に制限したものを φ_1 とする. $\varphi_1 : F_\mathbf{A}^1 \longrightarrow I(F)$ は全射であり, 全射準同型 $\overline{\varphi_1} : F_\mathbf{A}^1 / F^\times \longrightarrow I(F)/P(F)$ を誘導する. $\mathrm{Ker}(\overline{\varphi_1}) = (F^\times \prod_{v \in \mathbf{h}} \mathcal{O}_v^\times \times F_\infty^\times \cap F_\mathbf{A}^1)/F^\times$ であるから

$$F_\mathbf{A}^1 / \left(F^\times \prod_{v \in \mathbf{h}} \mathcal{O}_v^\times \times F_\infty^\times \cap F_\mathbf{A}^1 \right) \cong I(F)/P(F) \tag{1.5}$$

が成り立つ. $F^\times \prod_{v \in \mathbf{h}} \mathcal{O}_v^\times \times F_\infty^\times \cap F_\mathbf{A}^1$ は $F_\mathbf{A}^1$ の開部分群である. 定理 1.2 の二番目のコンパクト性の主張から (1.5) の左辺は有限群でありイデアル類群 $I(F)/P(F)$ の有限性が得られる.

[*2) αI, $\alpha \in F^\times$, I は F の整数環の $\{0\}$ と異なるイデアル, を F の分数イデアルという. $(\alpha I) \cdot (\beta J) = \alpha \beta I J$ により乗法が定義される.

2. 大域体の Hecke 指標とその L 函数

F は大域体とする．イデール類群 $F_\mathbf{A}^\times/F^\times$ から $\mathbf{C}^\times$ への連続準同型を F の Hecke 指標という (Hecke 指標は凡例 (9) の意味での指標とは限らないが，ここでは慣例に従いこう呼ぶことにする)．$F_\mathbf{A}^\times/F^\times$ には商位相を与えているから，Hecke 指標は $F_\mathbf{A}^\times$ から $\mathbf{C}^\times$ への連続準同型で $F^\times$ 上自明であるものと同一視される．χ は F の Hecke 指標とする (χ を $F_\mathbf{A}^\times$ の Hecke 指標ということもある)．F の各素点 v に対して $F_v^\times \subset F_\mathbf{A}^\times$ とみなせるから，$F_v^\times$ への制限により χ は $F_v^\times$ から $\mathbf{C}^\times$ への連続準同型 χ_v を定義する．v は非 Archimedes 素点とする．χ_v の $\mathcal{O}_v^\times$ への制限が自明であるとき χ_v は不分岐であるという．そうでないとき χ_v は分岐しているという．

補題 2.1 v は F の非 Archimedes 素点，χ_v は分岐しているとする．このときある正整数 e があって χ_v の $1 + \varpi_v^e \mathcal{O}_v$ への制限は自明となる．

この補題は次に述べる一般的事実の特別の場合である．G は Hausdorff 位相群とする．G の単位元の基本近傍系が開部分群によってとれるとき，G は完全非連結群 (totally disconnected group) であるという．$v \in \mathbf{h}$ について $F_v, F_v^\times$ は完全非連結群である．例えば $F_v^\times$ について $1 + \varpi_v^e \mathcal{O}_v, 0 < e \in \mathbf{Z}$ は開部分群で単位元の基本近傍系になっている．

補題 2.2 G は完全非連結群，H は実 Lie 群，π は G から H への連続準同型とする．このとき G の開部分群 U があって，π の U への制限は自明となる．

［証明］ まず H の単位元を含む開集合 V を，V に含まれる H の部分群は自明なものに限るようにとることができることを示そう．$\mathfrak{h} = \text{Lie}(H)$ を H の Lie 代数とする．$\mathfrak{h} \cong \mathbf{R}^n$ であるから，$\mathfrak{h}$ に Euclid ノルム $\|\ \|$ を入れる．ある正定数 C があって $\{X \in \mathfrak{h} \mid \|X\| < C\}$ は exponential 写像によって，H の単位元のある開近傍 W の上に同相に写される (周知であるが，例えば Chevalley [C], §XI 参照)．ϵ を $0 < \epsilon < C/4$ と取り $V \subset W$ は $\{X \in \mathfrak{h} \mid \|X\| < \epsilon\}$ の exponential 写像による像とする．V は求める開集合である．実際 H_0 は V に含まれる自明でない部分群とする．H_0 の元 $\exp(X) \neq 1, X \in \mathfrak{h}$ をとる．正整数 m を $C/2 \leq m\|X\| < C$ と取れる．このとき $\exp(X)^m = \exp(mX) \notin V$ となって矛盾を得る．

$\pi^{-1}(V)$ は単位元を含む G の開集合であるから, $\pi^{-1}(V)$ には G の開部分群 U が含まれる. $\pi(U)$ は V に含まれる H の部分群であるから $\pi(U) = \{1\}$, 即ち π の U への制限は自明である. □

補題 2.2 により, 分岐する χ_v について $1 + \varpi_v^{e_v} \mathcal{O}_v$ 上 χ_v が自明となる正整数 e_v に最小のものがある. これを f_v と書く. $\mathcal{O}_v$ のイデアル $(\varpi_v^{f_v})$ を χ_v の導手 (conductor) という. χ_v が不分岐のときは $f_v = 0$ とし (1) を χ_v の導手とする. χ_v の導手を $\mathfrak{f}(\chi_v)$ と書く.

補題 2.3 χ は F の Hecke 指標とする. 有限個の素点を除いて χ_v は不分岐である.

[証明] 制限写像により χ は完全非連結群 $\prod_{v \in \mathbf{h}} \mathcal{O}_v^\times$ から $\mathbf{C}^\times$ への連続準同型を定める. これを χ_f と書く. 補題 2.2 により $\prod_{v \in \mathbf{h}} \mathcal{O}_v^\times$ の開部分群 U の上で χ_f は自明となる. $F_\mathbf{A}^\times$ の位相の定義から, U は $\prod_{v \notin S} \mathcal{O}_v^\times$ を含む. ここに S は $\mathbf{h}$ の素点の有限集合である. $v \notin S$ ならば $f_v = 0$ であり, 主張が従う. □

χ は F の Hecke 指標とする. F は代数体とする. $v \in \mathbf{h}$ に対して $\mathfrak{p}_v$ を v に対応する素イデアルとする. $\prod_{v \in \mathbf{h}} \mathfrak{p}_v^{f_v}$ を χ の導手という. F が函数体のときは因子 $\sum_{v \in \mathbf{h}} f(v) \cdot v$ を χ の導手という. 導手を $\mathfrak{f}(\chi)$ と書く. 補題 2.3 により

$$\chi((x_v)) = \prod_v \chi_v(x_v)$$

が成り立つことが容易にわかる. $\chi = \prod_v \chi_v$ と書く.

$$\eta(x) = |\chi(x)|, \qquad x \in F_\mathbf{A}^\times$$

とおく. η も F の Hecke 指標であって, $\mathbf{R}_+^\times$ に値をもつ. 定理 1.2 により $\eta(F_\mathbf{A}^1/F^\times)$ は $\mathbf{R}_+^\times$ のコンパクト部分群になるから, η は $F_\mathbf{A}^1$ 上自明である. F は代数体とする. このとき明らかに $F_\mathbf{A}^\times / F_\mathbf{A}^1 \cong \mathbf{R}_+^\times$ である. $\mathbf{R}_+^\times$ から $\mathbf{R}_+^\times$ への連続準同型は $x \mapsto x^\sigma, \sigma \in \mathbf{R}$ の形であるから

$$|\chi(x)| = |x|_\mathbf{A}^\sigma, \qquad x \in F_\mathbf{A}^\times \tag{2.1}$$

を得る. ここで σ は χ によって一意的に決まっている. 次に F は函数体としよう. F の定数体を q 個の元からなる有限体とすると, $F_\mathbf{A}^\times$ をイデールノルムをとる写像 $x \mapsto |x|_\mathbf{A}$ で写した像は q で生成される $\mathbf{R}_+^\times$ の部分群であることが知られて

いる ([W3], p.127, Corollary 6 参照). ゆえに (2.1) は成り立つが σ は一意的には定まらず $2\pi i \mathbf{Z}/\log q$ を法として一意的である. そこで χ の L 函数 (Hecke の L 函数) を

$$L(s,\chi) = \prod_v (1-\chi_v(\varpi_v)q_v^{-s})^{-1} \qquad (2.2)$$

によって定義する. ここに v は χ が不分岐であるような F の非 Archimedes 素点の上にわたる. (2.2) の Euler 積を評価しよう. F は代数体, $[F:\mathbf{Q}]=n$ とする. (2.1) により

$$|1-\chi_v(\varpi_v)q_v^{-s}| \geq 1 - |\chi_v(\varpi_v)q_v^{-s}| = 1 - q_v^{-\mathrm{Re}(s)-\sigma}$$

である. 素数 p の上にある F の非 Archimedes 素点は高々 n 個で q_v は p の正整数ベキであることから, $\mathrm{Re}(s) > 1-\sigma$ のとき

$$|L(s,\chi)| \leq \prod_v (1-q_v^{-\mathrm{Re}(s)-\sigma})^{-1} \leq \prod_p (1-p^{-\mathrm{Re}(s)-\sigma})^{-n}$$

を得る. よって (2.2) の Euler 積は絶対収束している. さらに $\mathrm{Re}(s) > 1-\sigma$ のとき収束は広義一様であるから, この範囲で Euler 積は正則函数を与えている. 函数体の場合も同じ結果が成り立つ.

例 2.4 F は代数体, $\mathfrak{f}$ は F の整イデアルとする. F のイデアル $\mathfrak{a}$ のノルムを $N(\mathfrak{a})$ と書く. $I_\mathfrak{f}(F)$ により $\mathfrak{f}$ と互いに素な分数イデアルの成す $I(F)$ の部分群とする. $\varphi: F_\mathbf{A}^\times \longrightarrow I(F)$ は (1.3) で定義される準同型とする. $F_\mathbf{A}^\times$ の部分群 $J_\mathfrak{f}(F)$ を

$$\begin{aligned} J_\mathfrak{f}(F) = \{x = (x_v) \in F_\mathbf{A}^\times \mid \\ v \in \mathbf{a} \text{ に対し } x_v = 1, v \in \mathbf{h}, \mathfrak{p}_v \mid \mathfrak{f} \text{ のとき } x_v = 1\} \end{aligned} \qquad (2.3)$$

で定義する ($\mathfrak{p}_v \mid \mathfrak{f}$ は $\mathfrak{p}_v$ が $\mathfrak{f}$ を割り切ることを表す). φ を $J_\mathfrak{f}(F)$ に制限したものは $I_\mathfrak{f}(F)$ の上への全射準同型である. χ は F の Hecke 指標, $\mathfrak{f}(\chi)$ は χ の導手とし, $\mathfrak{f} = \mathfrak{f}(\chi)$ とおく. $I_\mathfrak{f}(F)$ から $\mathbf{C}^\times$ への準同型 χ_* を

$$\chi_*(\varphi(x)) = \chi(x), \qquad x \in J_\mathfrak{f}(F) \qquad (2.4)$$

で定義できる. 実際 $\varphi(x) = \varphi(y)$ とし $x^{-1}y = (z_v) \in J_\mathfrak{f}(F)$ とおく. このとき $z_v \neq 1$ ならば χ_v は不分岐であり, かつ $z_v \in \mathcal{O}_v^\times$ となる. よって $\chi(x) = \chi(y)$. χ_* の L 函数は $L(s,\chi)$ に等しくなるように定義される. 即ち

である.
$$L(s,\chi_*) = \prod_{\mathfrak{p}}(1-\chi_*(\mathfrak{p})N(\mathfrak{p})^{-s})^{-1}$$
である. ここに $\mathfrak{p}$ は $\mathfrak{f}(\chi)$ を割り切らない F の全ての素イデアルの上を走る. 素イデアル分解の一意性から
$$L(s,\chi_*) = \sum_{\mathfrak{a}}\chi_*(\mathfrak{a})N(\mathfrak{a})^{-s}$$
が得られる. ここに $\mathfrak{a}$ は $\mathfrak{f}(\chi)$ と互いに素な F の全ての整イデアルの上を走る.

例 **2.5** 次の例を述べるために Dirichlet 指標を定義しよう. f は正整数とし, $\psi:\mathbf{Z}\longrightarrow\mathbf{C}$ は写像とする. 次の条件 (i), (ii), (iii) が成り立つとき, ψ は f を法とする Dirichlet 指標であるという. (i) $m\equiv n \mod f$ ならば $\psi(m)=\psi(n)$. (ii) $\psi(mn)=\psi(m)\psi(n)$, $m,n\in\mathbf{Z}$. (iii) $(n,f)>1$ ならば $\psi(n)=0$. ψ の L 函数は $L(s,\psi)=\sum_{n=1}^{\infty}\psi(n)n^{-s}=\prod_p(1-\psi(p)p^{-s})^{-1}$, $\mathrm{Re}(s)>1$ で定義される.

f' は f の約数で ψ' は f' を法とする Dirichlet 指標とする.
$$\psi(n)=\begin{cases}\psi'(n), & (n,f)=1 \text{ のとき,}\\ 0, & (n,f)>1 \text{ のとき}\end{cases}$$
とおくと ψ は f を法とする Dirichlet 指標になる. このとき ψ は ψ' から誘導される Dirichlet 指標であるという. f を法とする Dirichlet 指標 ψ が f', $0<f'<f$ を法とする Dirichlet 指標から誘導されることがないとき, ψ は原始的 Dirichlet 指標, f を ψ の導手という.

例 **2.6** $F=\mathbf{Q}$ とする. $\mathbf{Q}$ の類数は 1 であるから (1.4) により $\mathbf{Q}_\mathbf{A}^{\times}=\mathbf{Q}^{\times}(\prod_p\mathbf{Z}_p^{\times}\times\mathbf{R}^{\times})$ であるが, これから
$$\mathbf{Q}_\mathbf{A}^{\times}=\mathbf{Q}^{\times}\left(\prod_p\mathbf{Z}_p^{\times}\times\mathbf{R}_+^{\times}\right)$$
がわかる. $\mathbf{Q}^{\times}\cap(\prod_p\mathbf{Z}_p^{\times}\times\mathbf{R}_+^{\times})=\{1\}$ ゆえ直積分解
$$\mathbf{Q}_\mathbf{A}^{\times}=\mathbf{Q}^{\times}\times\prod_p\mathbf{Z}_p^{\times}\times\mathbf{R}_+^{\times} \tag{2.5}$$
を得る.

ψ は導手 f の原始的 Dirichlet 指標とする. $f\geq 3$ と仮定する. このと

き $(\mathbf{Z}/f\mathbf{Z})^\times$ の指標 ω があって $\psi(n) = \omega(n \mod f)$, $(n,f) = 1$ をみたす. $f = \prod_{i=1}^m p_i^{e_i}$ を f の素因数分解とする. $(\mathbf{Z}/f\mathbf{Z})^\times \cong \prod_{i=1}^m (\mathbf{Z}/p_i^{e_i}\mathbf{Z})^\times$ であるから, ω は $(\mathbf{Z}/p_i^{e_i}\mathbf{Z})^\times$ の指標 ω_i の積で書ける. 準同型

$$\mathbf{Z}_{p_i}^\times \longrightarrow (\mathbf{Z}_{p_i}/p_i^{e_i}\mathbf{Z}_{p_i})^\times \cong (\mathbf{Z}/p_i^{e_i}\mathbf{Z})^\times$$

により ω_i を $\mathbf{Z}_{p_i}^\times$ の指標とみなし, 同じ文字 ω_i で表す. (2.5) により $\mathbf{Q}$ の Hecke 指標 χ を $\chi|\mathbf{R}_+^\times = 1$,

$$\chi|\mathbf{Z}_p^\times = \begin{cases} \omega_i^{-1}, & p = p_i \text{ のとき}, \\ 1, & p \neq p_i, 1 \leq i \leq m \text{ のとき} \end{cases} \quad (2.6)$$

によって定義できる. ψ が原始的であることを用いて χ の導手が $f\mathbf{Z}$ であることがわかる. $\chi = \prod_p \chi_p \times \chi_\infty$ と書いたときの χ_p, χ_∞ を求めよう. ここに χ_p は $\mathbf{Q}_p^\times$ の指標であり, χ_∞ は $\mathbf{R}^\times$ の指標である. p が素数のとき

$$\chi_p(p) = \chi(\ldots, 1, \ldots, 1, p, 1, \ldots, 1, \ldots)$$
$$= \chi(\ldots, p^{-1}, \ldots, p^{-1}, 1, p^{-1}, \ldots, p^{-1}, \ldots)$$

が成り立つ. ここに $(\ldots, 1, \ldots, 1, p, 1, \ldots, 1, \ldots)$ は p 成分が p, その他の成分が 1 である $\mathbf{Q}_\mathbf{A}^\times$ の元を表す. この式から容易に

$$\chi_p(p) = \begin{cases} \prod_{j=1, j\neq i}^m \omega_j(p \mod p_j^{e_j}), & p = p_i \text{ のとき}, \\ \psi(p), & p \neq p_i, 1 \leq i \leq m \text{ のとき} \end{cases} \quad (2.7)$$

を得る. ここで $m=1$ のときは $\prod_{j=1, j\neq i}^m \omega_j(p \mod p_j^{e_j})$ は 1 であると解する. 次に χ_∞ については

$$\chi_\infty(-1) = \chi(\ldots, 1, \ldots, 1, \ldots, -1) = \chi(\ldots, -1, \ldots, -1, \ldots, 1)$$

から

$$\chi_\infty(-1) = \psi(-1) \quad (2.8)$$

がわかる. (2.6), (2.7), (2.8) により χ の局所成分 χ_p, χ_∞ がわかった. (2.7) の $p \neq p_i$ の場合より $L(s, \chi) = L(s, \psi)$ がわかる.

次の補題は次節で用いる. 証明は容易であるから略する.

補題 2.7 $\mathbf{R}^\times$ から $\mathbf{C}^\times$ への連続準同型は一意的に $x \mapsto \mathrm{sgn}(x)^m |x|^r$ と書ける。ここに m は 0 または $1, r \in \mathbf{C}$ である。$\mathbf{C}^\times$ から $\mathbf{C}^\times$ への連続準同型は一意的に $x \mapsto x^m \bar{x}^n |x\bar{x}|^r$ と書ける。ここに $m, n \in \mathbf{Z}, m, n \geq 0, \inf(m,n) = 0, r \in \mathbf{C}$ である。

3. Hecke 指標の L 函数の函数等式

まず Poisson の和公式を Weil の教科書 [W3] にあるような一般的な形で証明する。

G は局所コンパクト Abel 群, G^* は G の指標群とする。G^* は G から $\mathbf{T} = \{z \in \mathbf{C} \mid |z| = 1\}$ への連続準同型が作る群に開コンパクト位相を入れた位相群である ([P], §34)。$g \in G, g^* \in G^*$ に対して $g^*(g) \in \mathbf{T}$ であるが, G と G^* の双対性を考慮してこれを $\langle g, g^* \rangle$ と pairing の形に書く。$\Phi \in L^1(G)$ に対して Φ の Fourier 変換 Φ^* を

$$\Phi^*(g^*) = \int_G \Phi(g) \langle g, g^* \rangle dg, \qquad g^* \in G^* \tag{3.1}$$

によって定義する。ここに dg は G 上の Haar 測度である。Φ^* は G^* 上の連続函数になっている。さらに $\Phi^* \in L^1(G^*)$ ならば, G^* 上の Haar 測度 dg^* があって Fourier 逆変換は

$$\Phi(g) = \int_{G^*} \Phi^*(g^*) \langle -g, g^* \rangle dg^* \tag{3.2}$$

となる。dg^* を dg の双対測度という。G と G^* は同型であるとする。この同型によって G と G^* を同一視したとき $dg = dg^*$ と取ることが可能である。これを自己双対測度 (self dual measure) という。

例 3.1 $G = \mathbf{R}$ とする。このとき $G^* \cong G$ であり, G^* と G の同一視は

$$\langle x, y \rangle = e^{2\pi i x y}$$

とおくことで得られる。Fourier 変換は

$$\Phi^*(y) = \int_{\mathbf{R}} \Phi(x) e^{2\pi i x y} dx$$

であり, 通常の Lebesgue 測度が自己双対測度である。

Γ は局所コンパクト Abel 群 G の離散的部分群とする. G/Γ はコンパクトと仮定する.
$$\Gamma_* = \{\gamma^* \in G^* \mid \langle \gamma^*, \gamma \rangle = 1, \quad \forall \gamma \in \Gamma\}$$
を Γ の零化部分群 (annihilator) とする. このとき Pontrjagin の双対定理によって ([P], §37, §40)
$$(G/\Gamma)^* \cong \Gamma_*, \qquad (G^*/\Gamma_*)^* \cong \Gamma$$
が自然な同型によって成り立ち, Γ_* は G^* の離散的部分群, G^*/Γ_* はコンパクトである. G の Haar 測度 dg から G/Γ の不変測度 $d\dot{g}$ が
$$\int_{G/\Gamma} \left(\sum_{\gamma \in \Gamma} f(g+\gamma) \right) d\dot{g} = \int_G f(g) dg \tag{3.3}$$
が成り立つように定まる. ここに $f \in L^1(G)$ は連続で, $\sum_{\gamma \in \Gamma} f(g+\gamma)$ は広義一様に絶対収束すると仮定する ([W1], §9 参照).

定理 3.2 G の Haar 測度を (3.3) で決まる G/Γ の測度 $d\dot{g}$ について $\mathrm{vol}(G/\Gamma) = 1$ となるよう正規化する. 次の条件 1), 2) がみたされているとする.
 1) Φ は連続で $L^1(G)$ の函数である.
 2) 級数 $\sum_{\gamma \in \Gamma} \Phi(g+\gamma)$ は g について広義一様に絶対収束し, 級数 $\sum_{\gamma^* \in \Gamma_*} \Phi^*(\gamma^*)$ は絶対収束する.
このとき
$$\sum_{\gamma \in \Gamma} \Phi(\gamma) = \sum_{\gamma^* \in \Gamma_*} \Phi^*(\gamma^*) \tag{3.4}$$
が成り立つ.

[証明] $\Psi(g) = \sum_{\gamma \in \Gamma} \Phi(g+\gamma)$ とおく. このとき 2) から $\Psi(g)$ は g の連続函数であり, 任意の $\gamma \in \Gamma$ に対して $\Psi(g+\gamma) = \Psi(g)$ をみたす. よって $\Psi(g)$ は G/Γ 上の連続函数とみなすことができる. Peter-Weyl の定理により G/Γ の指標 $g \mapsto \langle g, \gamma^* \rangle$, $\gamma^* \in \Gamma_*$ は $L^2(G/\Gamma)$ の完備正規直交系を成す ([W1], §21 参照). ゆえに $\Psi(g)$ は $L^2(G/\Gamma)$ の函数として
$$\Psi(g) = \sum_{\gamma^* \in \Gamma_*} c(\gamma^*) \langle g, \gamma^* \rangle$$

と Fourier 展開される. Fourier 係数は (3.3) を用いて

$$c(\gamma^*) = \int_{G/\Gamma} \Psi(g)\langle g, -\gamma^*\rangle d\dot{g} = \int_{G/\Gamma} \sum_{\gamma\in\Gamma}\Phi(g+\gamma)\langle g, -\gamma^*\rangle d\dot{g}$$
$$= \int_G \Phi(g)\langle g, -\gamma^*\rangle dg = \Phi^*(-\gamma^*)$$

と計算されるから

$$\Psi(g) = \sum_{\gamma\in\Gamma}\Phi(g+\gamma) = \sum_{\gamma^*\in\Gamma_*}\Phi^*(-\gamma^*)\langle g, \gamma^*\rangle \quad (3.5)$$

を得る. (3.5) の最右辺の級数は L^2 ノルムで $\Psi(g)$ に収束するが, 仮定 2) から絶対一様収束して g の連続函数を定義している. ゆえに (3.5) は全ての $g \in G$ に対して成立し $g = 0$ とおいて (3.4) を得る. □

(3.4) を Poisson の和公式という.

系 3.3 G と G の間の paring

$$\langle\ ,\ \rangle : G \times G \longrightarrow \mathbf{T}$$

があり, これによって $G = G^*$ とする. $\Gamma_* = \Gamma$ と仮定する. 定理 3.2 の条件が Φ と Φ^* について成り立ち, $\sum_{\gamma\in\Gamma}\Phi(\gamma) \neq 0$ であったとする. このとき dg は自己双対測度である.

［証明］ dg の双対測度を dg^* とする. $c > 0$ があって $dg^* = cdg$ となる. (3.1), (3.2) により $(\Phi^*)^*(x) = c\Phi(-x)$ を得る. Poisson 和公式を Φ^* に用いて

$$\sum_{\gamma\in\Gamma}\Phi(\gamma) = \sum_{\gamma^*\in\Gamma_*}\Phi^*(\gamma^*) = c\sum_{\gamma\in\Gamma}\Phi(\gamma)$$

を得る. これから $c = 1$ がわかる. □

例 3.4 例 3.1 の状況を考える. $G = G^* = \mathbf{R}$ である. $\Gamma = \mathbf{Z}$ とすると $\Gamma_* = \mathbf{Z}$ となる. Φ を $\mathbf{R}$ 上の Schwartz 函数とすると定理 3.2 の条件 1), 2) は明らかに成立して

$$\sum_{x\in\mathbf{Z}}\Phi(x) = \sum_{x\in\mathbf{Z}}\Phi^*(x)$$

が成り立つ.

F は大域体とする. v が Archimedes 素点のとき, $\mathcal{S}(F_v)$ により F_v 上の Schwartz 函数の成す空間を表す. v が非 Archimedes 素点のとき $\mathcal{S}(F_v)$ により, F_v 上の複素数値連続函数で局所定数, 台がコンパクトなものの成す空間を表す.

各素点 v について $\Phi_v \in \mathcal{S}(F_v)$ をとる. $v \in \mathbf{h}$ のとき, 有限個の v を除いて Φ_v は $\mathcal{O}_v$ の特性函数に等しいとする. このとき $F_\mathbf{A}$ 上の函数 $\Phi = \prod_v \Phi_v$ を考えることができる. $g = (g_v)$ のとき $\Phi(g) = \prod_v \Phi_v(g_v)$ である. χ は F の Hecke 指標とする. ゼータ積分を

$$Z(\chi, \Phi) = \int_{F_\mathbf{A}^\times} \Phi(x)\chi(x)d^\times x \tag{3.6}$$

で定義する. ここに $F_\mathbf{A}^\times$ の Haar 測度 $d^\times x$ は積測度 $d^\times x = \prod_v d^\times x_v$ で, $v \in \mathbf{h}$ のとき $F_v^\times$ の Haar 測度 $d^\times x_v$ は $\mathrm{vol}(\mathcal{O}_v^\times) = 1$ をみたすようにとっておく ($d^\times x_v$ を $d_v^\times x$ とも書く). まず積分 (3.6) の収束を調べよう.

命題 3.5 $v \in \mathbf{h}$, χ_v は不分岐, Φ_v は $\mathcal{O}_v$ の特性函数, $\mathrm{vol}(\mathcal{O}_v^\times) = 1$ とする. $|\chi_v(\varpi_v)| < 1$ ならば左辺の積分は収束して

$$\int_{F_v^\times} \Phi_v(x)\chi_v(x)d_v^\times x = (1 - \chi_v(\varpi_v))^{-1}$$

が成り立つ.

[証明] $|\chi_v(\varpi_v)| < 1$ のとき左辺の積分は

$$\int_{\mathcal{O}_v} \chi_v(x)dx_v = \sum_{n=0}^\infty \int_{\varpi_v^n \mathcal{O}_v^\times} \chi_v(x)dx_v = \sum_{n=0}^\infty \chi_v(\varpi_v)^n = (1 - \chi_v(\varpi_v))^{-1}$$

に等しい. □

$$|\chi(x)| = |x|_\mathbf{A}^\sigma, \qquad x \in F_\mathbf{A}^\times$$

とする ((2.1) 参照). 命題 3.5 と同様にして (同じ仮定のもとに), $\sigma > 0$ ならば

$$\int_{F_v^\times} |\Phi_v(x)\chi_v(x)|dx_v = (1 - |\chi_v(\varpi_v)|)^{-1} = (1 - q_v^{-\sigma})^{-1}$$

を得る. $v \in \mathbf{h}$ とする. χ_v が分岐, または Φ_v が $\mathcal{O}_v$ の特性函数ではない場合を考える. U_v を Φ_v の台とする. U_v はコンパクトゆえ $U_v \subset \{x \in F_v \mid |x|_v \leq q_v^{-n_0}\}$ となる $n_0 \in \mathbf{Z}$ がある. U_v での Φ_v の最大値を C_v とすれば $\sigma > 0$ のとき

$$\int_{F_v^\times} |\Phi_v(x)\chi_v(x)|d_v^\times x \le C_v \int_{U_v} |\chi_v(x)|d_v^\times x$$
$$\le C_v \sum_{n=n_0}^\infty \int_{\varpi_v^n \mathcal{O}_v^\times} q_v^{-n\sigma} d_v^\times x = C_v \cdot q_v^{-\sigma n_0} \cdot \frac{1}{1-q_v^{-\sigma}}$$

となる. (3.6) の積分において U_v を Φ_v の台とし $U = \prod_v U_v$ とおく. $\sigma > 1$ とする.

$$\int_U |\Phi(x)\chi(x)|d^\times x = \prod_v \int_{U_v} |\Phi_v(x)\chi_v(x)|d_v^\times x$$

であるが, $v \in \mathbf{a}$ に対する積分は明らかに収束し, $v \in \mathbf{h}$ についての積分の積は $\prod_{v \in \mathbf{h}}(1-q_v^{-\sigma})^{-1} < \infty$ ゆえ収束している. 即ちゼータ積分 (3.6) は $\sigma > 1$ のとき絶対収束し

$$\prod_v \int_{F_v^\times} \Phi_v(x)\chi_v(x)d_v^\times x$$

に等しい.

変数 $s \in \mathbf{C}$ を入れて

$$Z(s,\chi,\Phi) = \int_{F_\mathbf{A}^\times} \Phi(x)\chi(x)|x|_\mathbf{A}^s d^\times x \tag{3.7}$$

とおく. 上でみたことから, この積分は $\mathrm{Re}(s) > 1-\sigma$ のとき収束して

$$Z(s,\chi,\Phi) = \prod_v \int_{F_v^\times} \Phi_v(x)\chi_v(x)|x|_v^s d_v^\times x \tag{3.8}$$

が成り立つ. $0 < t_0 < 1$ をとり $t_1 = t_0^{-1}$ とおく. $\mathbf{R}_+$ 上の実数値連続函数 F_0, F_1 を次の三条件 (i), (ii), (iii) がみたされているようにとる.
(i) $F_0 \ge 0$, $F_1 \ge 0$, $F_0 + F_1 = 1$.
(ii) $0 < t \le t_0$ のとき $F_0(t) = 0$, $t_1 \le t$ のとき $F_1(t) = 0$.
(iii) $F_0(t) = F_1(t^{-1})$.

$$Z_i(s) = Z(s,\chi,\Phi,F_i) = \int_{F_\mathbf{A}^\times} \Phi(x)\chi(x)|x|_\mathbf{A}^s F_i(|x|_\mathbf{A})d^\times x, \quad i=0,1 \tag{3.9}$$

とおく. 条件 (i) から $\mathrm{Re}(s) > 1-\sigma$ で $Z_i(s)$ の積分表示は絶対収束し

$$Z(s,\chi,\Phi) = Z_0(s) + Z_1(s), \qquad \mathrm{Re}(s) > 1-\sigma$$

が成り立つ.

任意に $B > 1$ をとる. $\tau < B$ のとき

$$t^\tau F_0(t) = t^B t^{\tau-B} F_0(t) \leq t^B t_0^{\tau-B}$$

であるから $B > 1$, $B > \mathrm{Re}(s) + \sigma$ のとき

$$|Z_0(s)| \leq \int_{F_\mathbf{A}^\times} |\Phi(x)| |x|_\mathbf{A}^{\mathrm{Re}(s)+\sigma} F_0(|x|_\mathbf{A}) d^\times x$$

$$\leq \left(\int_{F_\mathbf{A}^\times} |\Phi(x)| |x|_\mathbf{A}^B d^\times x\right) \times t_0^{\mathrm{Re}(s)+\sigma-B}$$

を得る. この評価により $Z_0(s)$ を定義する積分は s について広義一様に絶対収束していることがわかる. よって $Z_0(s)$ は整函数である. $\mathrm{Re}(s) > 1 - \sigma$ のとき

$$\begin{aligned}Z_i(s) &= \int_{F_\mathbf{A}^\times/F^\times} \left(\sum_{\gamma \in F^\times} \Phi(x\gamma)\chi(x\gamma)|x\gamma|_\mathbf{A}^s F_i(|x\gamma|_\mathbf{A})\right) d\dot{x} \\ &= \int_{F_\mathbf{A}^\times/F^\times} \left(\sum_{\gamma \in F^\times} \Phi(x\gamma)\right) \chi(x)|x|_\mathbf{A}^s F_i(|x|_\mathbf{A}) d\dot{x}\end{aligned} \quad (3.10)$$

が成り立つ. ここに $d\dot{x}$ は $F_\mathbf{A}^\times/F^\times$ 上の Haar 測度である. (3.10) への変形は後で正当化する.

次に $\sum_{\gamma \in F^\times} \Phi(x\gamma)$ を Poisson の和公式を使って変形する. このためにまず $F_\mathbf{A}$ の自己双対性について準備する.

補題 3.6 v は F の素点, ψ は F_v の自明でない指標とする. $x \in F_v$ に対し, $y \mapsto \psi(xy)$ は F_v の指標を与え, この対応によって $(F_v)^* \cong F_v$ となる.

[証明] 他の主張は容易であるので, F_v の任意の指標が $x \in F_v$ により, $y \mapsto \psi(xy)$ と書けることのみを示す. $v \in \mathbf{h}$ とする. 補題 2.2 により, 整数 n があって ψ の $\varpi_v^n \mathcal{O}_v$ への制限は自明となる. $\psi(x)$ を $\psi(ax)$, $a \in F_v^\times$ で置き換えることにより, ψ の $\mathcal{O}_v$ への制限は自明, $\varpi_v^{-1} \mathcal{O}_v$ への制限は自明でないと仮定してよい. η を F_v の任意の指標とする. 同じ理由により, η の $\mathcal{O}_v$ への制限は自明であるとしてよい. 正整数 A に対し $M_A = \varpi_v^{-A} \mathcal{O}_v / \mathcal{O}_v$ とおく. $a \in \mathcal{O}_v$ に対し M_A の指標 $\omega_a : x \mapsto \psi(ax)$ が定義されるが, $a, b \in \mathcal{O}_v$ に対し $\omega_a = \omega_b$ となる必要十分条件は $a \equiv b \mod \varpi_v^A$ である. 元の数を比べて, 有限 Abel 群 M_A の任意の指標は ω_a の形であることがわかる. $\eta|M_A = \omega_{a_A}$ となるように $a_A \in \mathcal{O}_v$ をとる. $B \geq A$ に対し $a_B \equiv a_A \mod \varpi_v^A$ であるから, a_A は $\mathcal{O}_v$ の元 a に収束する. このとき $\eta(x) = \psi(ax)$, $x \in F_v$ であることは明らかである. $v \in \mathbf{a}$ の場合の証明は略する. □

ψ は加法群 $F_\mathbf{A}$ の自明でない指標とする. F の各素点 v に対し, ψ は $F_v \subset F_\mathbf{A}$ の指標 ψ_v を与える. $v \in \mathbf{h}$ とする. 補題 2.2 により $e_v \in \mathbf{Z}$ があって, ψ_v は $\varpi_v^{e_v}\mathcal{O}_v$ 上に自明となる. e_v をこのような整数の内最小になるようにとる. このとき有限個の $v \in \mathbf{h}$ を除いて $e_v \leq 0$ となる. これをみるには $F_\mathbf{A}$ の有限部分 $F_{\mathbf{A},f}$ を考える.

$$F_{\mathbf{A},f} = \{x = (x_v) \in F_\mathbf{A} \mid v \in \mathbf{a} \text{ のとき } x_v = 1\}$$

である. $F_{\mathbf{A},f}$ は完全非連結群である. 補題 2.2 により ψ は $F_{\mathbf{A},f}$ の開部分群 U 上に自明となる. $F_\mathbf{A}$ の位相の入れ方から U は $\mathbf{h}$ の有限部分集合 S について $\prod_{v \notin S} \mathcal{O}_v$ を含む. これから $v \notin S$ のとき $e_v \leq 0$ がわかる. $x = (x_v) \in F_\mathbf{A}$ について $\psi_v(x_v) = 1$ が有限個の v を除いて成り立つから

$$\psi((x_v)) = \prod_v \psi_v(x_v)$$

がわかる.

補題 3.7 ψ は $F_\mathbf{A}$ の自明でない指標とする. 有限個の $v \in \mathbf{h}$ を除いて $e_v = 0$ であると仮定する. このとき $F_\mathbf{A}$ の任意の指標は $a \in F_\mathbf{A}$ によって $x \mapsto \psi(ax)$ と書ける. このように $a \in F_\mathbf{A}$ に $F_\mathbf{A}$ の指標を対応させることによって $(F_\mathbf{A})^* \cong F_\mathbf{A}$ となる.

[証明] η を $F_\mathbf{A}$ の指標とする. 補題 3.6 によって $a_v \in F_v$ があって $\eta_v(x) = \psi_v(a_v x), x \in F_v$ となる. $\mathbf{h}$ の有限部分集合 S があって η は $\prod_{v \notin S} \mathcal{O}_v$ 上自明となる. $v \notin S$ かつ $e_v = 0$ ならば $a_v \in \mathcal{O}_v$ である. よって $a = (a_v) \in F_\mathbf{A}$ であり, $\eta(x) = \psi(ax), x \in F_\mathbf{A}$ がわかる. この写像 $F_\mathbf{A} \longrightarrow (F_\mathbf{A})^*$ が一対一双連続であることは容易に確かめられる. □

次に加法群 $F_\mathbf{A}$ の自明でない指標で F 上では自明になっているものを構成する. F が代数体のときのみを扱う (函数体のときも同様のアイデアで構成できるが省略する). まず $F = \mathbf{Q}$ とする. $x \in \mathbf{Q}_p$ に対して $\mathrm{Fr}(x)$ は x の分数部分を表す. $x \in \mathbf{C}$ に対して $\mathbf{e}(x) = \exp(2\pi i x)$ とおく.

$$\psi_\mathbf{Q}(x) = \prod_p \mathbf{e}(-\mathrm{Fr}(x_p))\mathbf{e}(x_\infty), \qquad x \in \mathbf{Q}_\mathbf{A}$$

とおくと, $\psi_\mathbf{Q}$ は $\mathbf{Q}_\mathbf{A}$ の $\mathbf{Q}$ 上自明な指標であることは容易に確かめられる. ここ

に p は全ての素数の上を走る. $\psi_{\mathbf{Q}}$ については全ての素数 p に対し $e_p = 0$ である.
F が代数体, v_0 が $\mathbf{Q}$ の素点のとき
$$\mathbf{Q}_{v_0} \otimes_{\mathbf{Q}} F \cong \prod_v F_v$$
である. ここに v は v_0 の上にある F の素点を走る. よって
$$\mathbf{Q}_{\mathbf{A}} \otimes_{\mathbf{Q}} F \cong F_{\mathbf{A}}$$
が成り立つ. $\mathrm{Tr}_{F/\mathbf{Q}} : F \longrightarrow \mathbf{Q}$ を trace をとる写像とすると, 写像 $1 \otimes \mathrm{Tr}_{F/\mathbf{Q}} :$ $F_{\mathbf{A}} \longrightarrow \mathbf{Q}_{\mathbf{A}}$ が得られる. $\psi = \psi_{\mathbf{Q}} \circ (1 \otimes \mathrm{Tr}_{F/\mathbf{Q}})$ とおく. ψ は明らかに $F_{\mathbf{A}}$ の指標で F 上自明である. この ψ について $e_v, v \in \mathbf{h}$ を求めよう. v の下にある $\mathbf{Q}$ の素点を素数 p とする. $\mathbf{Q}_p \otimes_{\mathbf{Q}} F \cong \prod_v F_v$ への $1 \otimes \mathrm{Tr}_{F/\mathbf{Q}}$ の制限は右辺でみると $\sum_v \mathrm{Tr}_{F_v/\mathbf{Q}_p}$ であるから ψ_v は
$$\mathfrak{d}_v = \{x \in F_v \mid \mathrm{Tr}_{F_v/\mathbf{Q}_p}(x) \in \mathbf{Z}_p\}$$
とおくと, $\mathfrak{d}_v$ 上に自明となる. $\mathfrak{d}_v$ は F_v の $\mathbf{Q}_p$ 上の共役差積 (different) と呼ばれる量で $\mathfrak{d}_v = \varpi_v^{d_v} \mathcal{O}_v$ の形である. このとき $e_v = d_v$ となることは明らかである. F_v が $\mathbf{Q}_p$ 上に不分岐である必要十分条件は $d_v = 0$ であるから, 有限個の v を除いて $e_v = 0$ となる.

$F_{\mathbf{A}}$ の指標 ψ を上述のようにとる. このとき $x \in F_{\mathbf{A}}$ は $F_{\mathbf{A}}$ の指標 $y \mapsto \psi(xy)$ を定め, この写像により $F_{\mathbf{A}}$ とその双対 $F_{\mathbf{A}}^*$ は同型になる (補題 3.7). 得られた指標が F 上自明である条件は $x \in F$ である. これから $F_{\mathbf{A}}$ の自明でない指標で F 上自明であるものをとれば有限個の v を除いて $e_v = 0$ であることがわかる. そこで改めて ψ を $F_{\mathbf{A}}$ の自明でない指標で F 上自明なものとする. $F_{\mathbf{A}} \cong (F_{\mathbf{A}})^*$ は上と同様に与えられ, F の零化部分群は F である. dx を $F_{\mathbf{A}}$ の自己双対測度とする.
$$\Phi^*(x) = \int_{F_{\mathbf{A}}} \Phi(y)\psi(xy)dy, \qquad x \in F_{\mathbf{A}}$$
を Φ の Fourier 変換とする.

$v \in \mathbf{h}$ とする. $\Phi_v = \mathrm{ch}(\mathcal{O}_v)$ を $\mathcal{O}_v$ の特性函数とする. このとき Φ_v の Fourier 変換 Φ_v^* は
$$\Phi_v^*(x) = \int_{\mathcal{O}_v} \psi_v(xy)d_v y = \mathrm{vol}(\mathcal{O}_v)\mathrm{ch}(\varpi_v^{e_v}\mathcal{O}_v)$$
となる. これから $e_v = 0$ のときは $\mathrm{vol}(\mathcal{O}_v) = 1$ をみたす測度 $d_v y$ が自己双対

測度であることがわかる．一般には $\mathrm{ch}(\varpi_v^{e_v}\mathcal{O}_v)$ の Fourier 変換を同様に考えて $\mathrm{vol}(\mathcal{O}_v) = q_v^{e_v/2}$ をみたす測度 $d_v y$ が自己双対測度である．有限個の v を除いて $e_v = 0$ であることから，F_v の自己双対測度のテンソル積が $F_\mathbf{A}$ の自己双対測度になることと

$$\Phi^* = \prod_v \Phi_v^*,$$

$$\Phi_v^*(x) = \int_{F_v} \Phi_v(y) \psi_v(xy) d_v y$$

が同時にわかる．

$x \in F_\mathbf{A}^\times$ をとる．函数 $y \mapsto \Phi(xy)$ の Fourier 変換は

$$\int_{F_\mathbf{A}} \Phi(xy)\psi(yz)dy = \int_{F_\mathbf{A}} \Phi(u)\psi(x^{-1}uz)|x|_\mathbf{A}^{-1}du = |x|_\mathbf{A}^{-1}\Phi^*(x^{-1}z)$$

である．これに Poisson の和公式を形式的に適用すれば

$$\sum_{\gamma \in F} \Phi(x\gamma) = |x|_\mathbf{A}^{-1} \sum_{\gamma \in F} \Phi^*(x^{-1}\gamma) \tag{3.11}$$

を得る．次に定理 3.2 の条件を確かめて Poisson の和公式の適用を正当化しよう．$v \in \mathbf{h}$ に対し $U_v = \mathrm{supp}(\Phi_v)$，$U = \prod_{v \in \mathbf{h}} U_v$ とおく．コンパクト集合 U における $\prod_{v \in \mathbf{h}} \Phi_v$ の最大値を c とする．このとき

$$\left|\sum_{\gamma \in F} \Phi(x+\gamma)\right| = \left|\sum_{\gamma \in F \cap (U-x)} \Phi(x+\gamma)\right|$$

$$\leq c \sum_{\gamma \in F \cap (U-x)} \prod_{v \in \mathbf{a}} \left|\Phi_v(x_v+\gamma)\right|$$

を得る．ここに $U - x = \{u - x \mid u \in U\}$ である．$\prod_{v \in \mathbf{a}} \Phi_v(x_v)$ は Euclid 空間と同相な空間 $\prod_{v \in \mathbf{a}} F_v$ 上の急減少函数であり，$F \cap (U - x)$ は格子の平行移動の有限和で書けるから，$\sum_{\gamma \in F} \Phi(x+\gamma)$ は x について広義一様に絶対収束する．函数 $y \mapsto \Phi(xy)$ とその Fourier 変換も同じ形なので，定理 3.2 の条件 1), 2) が確かめられた．今全ての v について Φ_v を自明でない正値の函数にとっておくことができる．よって系 3.3 の条件が成り立ち，ψ を用いて $F_\mathbf{A}$ と $F_\mathbf{A}^*$ の同型を与えたときの自己双対測度について $\mathrm{vol}(F_\mathbf{A}/F) = 1$ である．これで定理 3.2 の条件が全て確かめられた．

(3.10) において $\sum_{\gamma \in F^\times} \Phi(x\gamma)$ は絶対一様収束し，x の連続函数である．$\mathrm{Re}(s) >$

$1-\sigma$ のとき, $\Phi(x)(\chi(x)|x|_{\mathbf{A}}^s F_i(|x|_{\mathbf{A}}) \in L^1(F_{\mathbf{A}}^\times)$ ゆえ, $Z_i(s)$ を (3.10) の形に変形することは正当化される. $\mathrm{Re}(s) > 1-\sigma$ とする. (3.11) を (3.10) に代入すると

$$Z_1(s) = \int_{F_{\mathbf{A}}^\times/F^\times} \left(\sum_{\gamma \in F^\times} \Phi^*(x^{-1}\gamma) + \Phi^*(0) - |x|_{\mathbf{A}} \Phi(0) \right)$$

$$|x|_{\mathbf{A}}^{-1} |x|_{\mathbf{A}}^s \chi(x) F_1(|x|_{\mathbf{A}}) d\dot{x}$$

$$= \int_{F_{\mathbf{A}}^\times/F^\times} \left(\sum_{\gamma \in F^\times} \Phi^*(x\gamma) \right) |x|_{\mathbf{A}}^{1-s} \chi(x^{-1}) F_1(|x|_{\mathbf{A}}^{-1}) d\dot{x}$$

$$+ \int_{F_{\mathbf{A}}^\times/F^\times} \left(\Phi^*(0) - |x|_{\mathbf{A}} \Phi(0) \right) |x|_{\mathbf{A}}^{s-1} \chi(x) F_1(|x|_{\mathbf{A}}) d\dot{x}$$

を得る. 右辺の第一の積分は $F_1(t^{-1}) = F_0(t)$ ゆえ

$$\int_{F_{\mathbf{A}}^\times} \Phi^*(x) |x|_{\mathbf{A}}^{1-s} \chi(x^{-1}) F_0(|x|_{\mathbf{A}}) d^\times x = Z(1-s, \chi^{-1}, \Phi^*, F_0)$$

に等しく, これは s の整函数を与える.

$$F_{\mathbf{A}}^\times / F^\times = F_{\mathbf{A}}^1 / F^\times \times \mathbf{R}_+^\times$$

と分解しこれに応じて $\chi = \omega\eta$ と書く. ここに ω は $F_{\mathbf{A}}^1/F^\times$ の指標, η は $\mathbf{R}_+^\times$ の指標である.

$$\eta(x) = |x|^\sigma, \qquad x \in \mathbf{R}_+^\times$$

が成り立っている. 右辺の第二の積分は

$$\int_{F_{\mathbf{A}}^1/F^\times} \omega(x) dx \int_{\mathbf{R}_+^\times} (\Phi^*(0) - t\Phi(0)) F_1(t) t^{s+\sigma-1} d^\times t \tag{3.12}$$

に等しい. まず χ の $F_{\mathbf{A}}^1/F^\times$ への制限が自明でない (即ち $\omega \neq 1$) 場合を考える. このとき右辺の第二の積分は消えるから $Z(s,\chi,\Phi)$ は整函数であり

$$Z(s,\chi,\Phi) = Z(s,\chi,\Phi,F_0) + Z(1-s,\chi^{-1},\Phi^*,F_0)$$

が得られる. (χ^{-1}, Φ^*) にこの式を用いて

$$Z(1-s,\chi^{-1},\Phi^*) = Z(1-s,\chi^{-1},\Phi^*,F_0) + Z(s,\chi,\Phi^{**},F_0)$$

を得る. ここで $\Phi^{**}(x) = \Phi(-x)$ より

$$Z(s, \chi, \Phi^{**}, F_0) = Z(s, \chi, \Phi, F_0)$$

は容易にわかるから,函数等式

$$Z(s, \chi, \Phi) = Z(1-s, \chi^{-1}, \Phi^*) \tag{3.13}$$

を得る. 次に χ の $F_\mathbf{A}^1/F^\times$ への制限が自明である場合を考える. このとき (3.12) は

$$\mathrm{vol}(F_\mathbf{A}^1/F^\times) \int_{\mathbf{R}_+^\times} (\Phi^*(0) - t\Phi(0)) F_1(t) t^{s+\sigma-1} d^\times t$$

に等しい.

$$\lambda(s) = \int_0^\infty F_1(t) t^s d^\times t$$

とおく. $d^\times t = dt/t$ としてよい. F_1 のとり方から

$$\lambda(s) = \int_0^{t_0} t^{s-1} dt + \int_{t_0}^{t_1} F_1(t) t^{s-1} dt = \frac{t_0^s}{s} + s \text{ の整函数}$$

となる. これに $F_1(t) + F_1(t^{-1}) = 1$ を用いれば

$$\begin{aligned}
\lambda(-s) &= \frac{t_0^{-s}}{-s} + \int_{t_0}^{t_1} (1 - F_1(t^{-1})) t^{-s} d^\times t \\
&= -\frac{t_0^{-s}}{s} + \int_{t_0}^{t_1} t^{-s-1} dt - \int_{t_1^{-1}}^{t_0^{-1}} F_1(t) t^s d^\times t \\
&= -\frac{t_1^{-s}}{s} - \int_{t_0}^{t_1} F_1(t) t^s d^\times t
\end{aligned}$$

であるから

$$\lambda(s) = -\lambda(-s) \tag{3.14}$$

を得る. (3.12) は

$$\mathrm{vol}(F_\mathbf{A}^1/F^\times) \times (\Phi^*(0)\lambda(s+\sigma-1) - \Phi(0)\lambda(s+\sigma))$$

に等しい. よって

$$\begin{aligned}
Z(s, \chi, \Phi) = {}& Z(s, \chi, \Phi, F_0) + Z(1-s, \chi^{-1}, \Phi^*, F_0) \\
& + \mathrm{vol}(F_\mathbf{A}^1/F^\times) \times (\Phi^*(0)\lambda(s+\sigma-1) - \Phi(0)\lambda(s+\sigma))
\end{aligned}$$

が得られた. 右辺の表示は $Z(s, \chi, \Phi)$ の有理型解析接続を与えており, (3.14) を

用いると $Z(s,\chi,\Phi)$ は変換

$$\Phi \mapsto \Phi^*, \quad \chi \mapsto \chi^{-1}, \quad s \mapsto 1-s$$

で不変であることがわかる. 即ち函数等式 (3.13) がこの場合にも成り立つ. 以上をまとめて次の定理を得る.

定理 3.8 $Z(s,\chi,\Phi)$ は全 s 平面に有理型に解析接続され函数等式

$$Z(s,\chi,\Phi) = Z(1-s,\chi^{-1},\Phi^*)$$

をみたす. $Z(s,\chi,\Phi)$ は χ の $F_\mathbf{A}^1/F^\times$ への制限が自明でないときは整函数, 自明なときは極は $s = 1-\sigma$ と $s = -\sigma$ にのみあり, それぞれ一位の極で留数は $\mathrm{vol}(F_\mathbf{A}^1/F^\times)\Phi^*(0)$ と $-\mathrm{vol}(F_\mathbf{A}^1/F^\times)\Phi(0)$ である.

Hecke の L 函数は

$$L(s,\chi) = \prod_{v \in \mathbf{h}}(1-\chi_v(\varpi_v)q_v^{-s})^{-1}, \qquad \mathrm{Re}(s) > 1-\sigma$$

によって定義されていた ((2.2)). ここで χ_v が分岐する場合は $\chi_v(\varpi_v) = 0$ である. $\Phi = \prod_v \Phi_v$ を適切に選ぶことにより, $L(s,\chi)$ の解析接続と函数等式を定理 3.8 から導くことができる. 函数等式を

$$\widetilde{L}(s,\chi) = \epsilon(s,\chi)\widetilde{L}(1-s,\chi^{-1}) \tag{3.15}$$

の形で示す. ここに $\widetilde{L}(s,\chi)$ は Archimedes 素点からの寄与 (ガンマ因子) を補ったもので $\widetilde{L}(s,\chi) = \prod_{v \in \mathbf{a}} L_v(s,\chi_v)L(s,\chi)$ である. $\epsilon(s,\chi)$ は ϵ 因子と呼ばれる重要な量で指数函数である. 具体形は以下に与える. $v \in \mathbf{h}$ に対し $L_v(s,\chi_v) = (1-\chi_v(\varpi_v)q_v^{-s})^{-1}$ とおく. $v \in \mathbf{a}$ に対する $L_v(s,\chi_v)$ については後で述べる. 解析接続と (3.15) を示すには, 適切に選んだ $\Phi = \prod_v \Phi_v$ に対して

$$L_v(s,\chi_v) = \int_{F_v^\times} \Phi_v(x)\chi_v(x)|x|_v^s d_v^\times x, \tag{3.16}$$

$$\epsilon(s,\chi_v,\psi_v)L_v(1-s,\chi_v^{-1}) = \int_{F_v^\times} \Phi_v^*(x)\chi_v(x)^{-1}|x|_v^{1-s}d_v^\times x \tag{3.17}$$

を示せば十分である. このとき定理 3.8 により (3.15) は

$$\epsilon(s,\chi) = \prod_v \epsilon(s,\chi_v,\psi_v)$$

として成り立つ. 以下では各素点 v に対して (3.16), (3.17) を示す.

(I) v が非 Archimedes 素点の場合.

$n_v \in \mathbf{Z}$ を
$$\psi_v|_{\varpi_v^{-n_v}\mathcal{O}_v} = 1, \qquad \psi_v|_{\varpi_v^{-n_v-1}\mathcal{O}_v} \neq 1$$
と取る. $\Phi_v = \mathrm{ch}(\mathcal{O}_v)$ とすると
$$\Phi_v^*(x) = \int_{\mathcal{O}_v} \psi(xy) dy = \mathrm{vol}(\mathcal{O}_v) \cdot \mathrm{ch}(\varpi_v^{-n_v}\mathcal{O}_v),$$
$$\Phi_v^{**}(x) = \int_{F_v} \Phi_v^*(y)\psi_v(xy) dy = \mathrm{vol}(\mathcal{O}_v) \int_{\varpi^{-n_v}\mathcal{O}_v} \psi_v(xy) dy$$
$$= \mathrm{vol}(\mathcal{O}_v)\mathrm{vol}(\varpi^{-n_v}\mathcal{O}_v)\mathrm{ch}(\mathcal{O}_v) = q_v^{n_v}\mathrm{vol}(\mathcal{O}_v)^2\mathrm{ch}(\mathcal{O}_v)$$
となる. ゆえに F_v の自己双対測度は
$$\mathrm{vol}(\mathcal{O}_v) = q_v^{-n_v/2}$$
により定まる.

(A) χ_v が不分岐の場合.

$\Phi_v = \mathrm{ch}(\mathcal{O}_v)$ とする. $\Phi_v^*(x) = q_v^{-n_v/2}\mathrm{ch}(\varpi_v^{-n_v}\mathcal{O}_v)$ である.
$$\int_{F_v^\times} \Phi_v(x)\chi_v(x)|x|_v^s d_v^\times x = (1 - \chi_v(\varpi_v)q_v^{-s})^{-1}. \qquad (命題 3.5)$$
$$\int_{F_v^\times} \Phi_v^*(x)\chi_v^{-1}(x)|x|_v^{1-s} d_v^\times x = q_v^{-n_v/2} \int_{\varpi_v^{-n_v}\mathcal{O}_v} \chi_v(x)^{-1}|x|_v^{1-s} d_v^\times x$$
$$= q_v^{-n_v/2} \sum_{m \geq -n_v} \chi_v(\varpi_v)^{-m} q_v^{m(s-1)} = q_v^{-n_v/2} \frac{\chi_v(\varpi_v)^{n_v} q_v^{-n_v(s-1)}}{1 - \chi_v(\varpi_v)^{-1} q_v^{s-1}}$$
ゆえ
$$\int_{F_v^\times} \Phi_v^*(x)\chi_v^{-1}(x)|x|_v^{1-s} d_v^\times x$$
$$= \chi_v(\varpi_v)^{n_v} q_v^{-n_v(s-1/2)} \cdot (1 - \chi_v(\varpi_v)^{-1} q_v^{-(1-s)})^{-1}$$
を得る.
$$\epsilon(s, \chi_v, \psi_v) = \chi_v(\varpi_v)^{n_v} q_v^{-n_v(s-1/2)} \qquad (3.18)$$
である.

(B) χ_v が分岐する場合.

$(\varpi_v^{f_v})$ を χ_v の導手とする. $\Phi_v(x) = \text{ch}(\mathcal{O}_v^\times)(x)\chi_v(x)^{-1}$ と取る. このとき
$$\int_{F_v^\times} \Phi_v(x)\chi_v(x)|x|_v^s d_v^\times x = \int_{\mathcal{O}_v^\times} d_v^\times x = 1$$
$$\Phi_v^*(x) = \int_{\mathcal{O}_v^\times} \chi_v(y)^{-1} \psi_v(xy) dy$$
である.

$x \notin \varpi_v^{-n_v-f_v}\mathcal{O}_v$ とする. $y_1 \in 1 + \varpi_v^{f_v}\mathcal{O}_v$ をとり $y_1 = 1 + \varpi_v^{f_v}z$ とおく. このとき
$$\Phi_v^*(x) = \int_{\mathcal{O}_v^\times} \chi_v(yy_1)^{-1}\psi_v(xyy_1)dy = \int_{\mathcal{O}_v^\times} \chi_v(y)^{-1}\psi_v(xy)\psi_v(xy\varpi_v^{f_v}z)dy$$
となる. z について積分すれば
$$\Phi_v^*(x) = \int_{\mathcal{O}_v^\times} \chi_v(y)^{-1}\psi_v(xy)\left(q_v^{n_v/2}\int_{\mathcal{O}_v} \psi_v(xy\varpi_v^{f_v}z)dz\right)dy$$
を得るが, $y \in \mathcal{O}_v^\times$, $x \notin \varpi_v^{-n_v-f_v}\mathcal{O}_v$ のとき
$$\int_{\mathcal{O}_v} \psi_v(xy\varpi_v^{f_v}z)dz = 0$$
であるから, $\Phi^*(x) = 0$ がわかる. よって $\text{supp}(\Phi_v^*) \subseteq \varpi_v^{-n_v-f_v}\mathcal{O}_v$ である. $x \in \varpi_v^{-n_v-f_v+1}\mathcal{O}_v$ とする. $y_1 \in 1 + \varpi_v^{f_v-1}\mathcal{O}_v$ に対し ($f_v = 1$ のときは $1 + \varpi_v^{f_v-1}\mathcal{O}_v = \mathcal{O}_v^\times$ とする)
$$\Phi_v^*(x) = \int_{\mathcal{O}_v^\times} \chi_v(yy_1)^{-1}\psi_v(xyy_1)dy = \int_{\mathcal{O}_v^\times} \chi_v(yy_1)^{-1}\psi_v(xy)dy$$
となる.
$$\int_{1+\varpi_v^{f_v-1}\mathcal{O}_v} \chi_v^{-1}(y_1)d_v^\times y_1 = 0$$
であるから, $\Phi_v^*(x) = 0$ である. よって
$$\text{supp}(\Phi_v^*) \subseteq \varpi_v^{-n_v-f_v}\mathcal{O}_v^\times$$
がわかる. $x = b^{-1}u$, $b \in \varpi_v^{n_v+f_v}\mathcal{O}_v^\times$, $u \in \mathcal{O}_v^\times$ とする.
$$\Phi_v^*(x) = \int_{\mathcal{O}_v^\times} \chi_v(y)^{-1}\psi_v(b^{-1}uy)dy = \int_{\mathcal{O}_v^\times} \chi_v(u^{-1}y_1)^{-1}\psi_v(b^{-1}y_1)dy_1$$
$$= \chi_v(u)\int_{\mathcal{O}_v^\times} \chi_v(y)^{-1}\psi_v(b^{-1}y)dy$$

を得る.
$$\kappa_v(\chi_v, \psi_v) = q_v^{(n_v+f_v)/2} \int_{\mathcal{O}_v^\times} \chi_v(y)^{-1}\psi_v(b^{-1}y)dy \tag{3.19}$$
とおく. 以下簡単のため $\kappa_v(\chi_v, \psi_v)$ を κ_v と略す.
$$\Phi_v^*(x) = q_v^{-(n_v+f_v)/2}\kappa_v\chi_v(u) \times \mathrm{ch}(\varpi_v^{-n_v-f_v}\mathcal{O}_v^\times), \qquad x = b^{-1}u$$
と書ける. よって
$$\int_{F_v^\times} \Phi_v^*(x)\chi_v(x)^{-1}|x|_v^{1-s}d_v^\times x$$
$$= q_v^{-(n_v+f_v)/2}\kappa_v \int_{\varpi_v^{-n_v-f_v}\mathcal{O}_v^\times} \chi_v(bx)\chi_v(x)^{-1}|x|_v^{1-s}d_v^\times x$$
$$= q_v^{-(n_v+f_v)/2}\kappa_v\chi_v(b)q_v^{(n_v+f_v)(1-s)}$$
であるから
$$\int_{F_v^\times} \Phi_v^*(x)\chi_v(x)^{-1}|x|_v^{1-s}d^\times x = \kappa_v\chi_v(b)q_v^{-(n_v+f_v)(s-1/2)}$$
を得た.
$$\epsilon(s, \chi_v, \psi_v) = \kappa_v\chi_v(b)q_v^{-(n_v+f_v)(s-1/2)} \tag{3.20}$$
である. $\kappa_v\chi_v(b)$ が b のとり方によらないことは容易に確かめられる.

(II) v が Archimedes 素点の場合.

(A) v が実素点の場合.

$F_v = \mathbf{R}$ としてよい. ψ_v は $a \in \mathbf{R}^\times$ によって
$$\psi_v(x) = \exp(2\pi i a x), \qquad x \in \mathbf{R}$$
の形である. χ_v は $r \in \mathbf{C}$ と $m = 0$ または 1 によって
$$\chi_v(x) = \mathrm{sgn}(x)^m|x|^r, \qquad x \in \mathbf{R}^\times$$
の形である. $f(x) = \exp(-\pi x^2)$, $x \in \mathbf{R}$ とおく. $f(x) \in \mathcal{S}(\mathbf{R})$ であってその Fourier 変換 (Lebesgue 測度と ψ_v を用いたとき) は
$$f^*(x) = \int_{-\infty}^\infty \exp(-\pi y^2)\exp(2\pi i a x y)dy$$
$$= \int_{-\infty}^\infty \exp(-\pi(y-aix)^2)\exp(-\pi a^2 x^2)dy$$

$$= \exp(-\pi a^2 x^2) \int_{-\infty}^{\infty} \exp(-\pi(y-aix)^2) dy$$

である. ここで積分路 $(-\infty - aix, \infty - aix)$ を $(-\infty, \infty)$ に変更しても積分値が変わらないことは容易に確かめられるから, 公式 $\int_{-\infty}^{\infty} \exp(-\pi y^2) dy = 1$ を用いて

$$f^*(x) = \exp(-\pi a^2 x^2)$$

を得る. 同様に計算すると

$$\begin{aligned} f^{**}(x) &= \int_{-\infty}^{\infty} \exp(-\pi a^2 y^2) \exp(2\pi i a x y) dy \\ &= \int_{-\infty}^{\infty} \exp(-\pi(ay-ix)^2) \exp(-\pi x^2) dy \\ &= \exp(-\pi x^2) \int_{-\infty}^{\infty} \exp(-\pi(z-ix)^2) \frac{dz}{|a|} = \frac{1}{|a|} \exp(-\pi x^2) \end{aligned}$$

となる. ゆえに Lebesgue 測度の $\sqrt{|a|}$ 倍が自己双対測度である.

$m=0$ のとき $\Phi_v(x) = \exp(-\pi x^2)$ と取る. 自己双対測度による Fourier 変換は $\Phi_v^*(x) = \sqrt{|a|} \exp(-\pi a^2 x^2)$ である.

$$\begin{aligned} \int_{F_v^\times} \Phi_v(x) \chi_v(x) |x|_v^s d_v^\times x &= \int_{-\infty}^{\infty} \exp(-\pi x^2) |x|^{r+s-1} dx \\ &= 2 \int_0^{\infty} \exp(-t) \left(\sqrt{\frac{t}{\pi}}\right)^{r+s-1} \frac{dt}{2\sqrt{\pi t}} \\ &= \pi^{-(r+s)/2} \int_0^{\infty} \exp(-t) t^{(r+s)/2-1} dt. \end{aligned}$$

ゆえに

$$\int_{F_v^\times} \Phi_v(x) \chi_v(x) |x|_v^s d^\times x_v = \pi^{-(r+s)/2} \Gamma((r+s)/2)$$

である.

$$\int_{F_v^\times} \Phi_v^*(x) \chi_v^{-1}(x) |x|_v^{1-s} d_v^\times x = \sqrt{|a|} \int_{-\infty}^{\infty} \exp(-\pi a^2 x^2) |x|^{-(r+s)} dx$$

$$= 2\sqrt{|a|} \int_0^{\infty} \exp(-t) \left(\sqrt{\frac{t}{\pi a^2}}\right)^{-(r+s)} \frac{dt}{2|a|\sqrt{\pi t}}$$

$$= |a|^{r+s-1/2} \pi^{(r+s-1)/2} \int_0^{\infty} \exp(-t) t^{-(r+s+1)/2} dt.$$

ゆえに

$$\int_{F_v^\times} \Phi_v^*(x)\chi_v^{-1}(x)|x|_v^{1-s}d_v^\times x = |a|^{r+s-1/2}\pi^{(r+s-1)/2}\Gamma(-(r+s-1)/2)$$

である.

$m=1$ のとき $\Phi_v(x) = x\exp(-\pi x^2)$ と取る.

$$\int_{-\infty}^{\infty} \exp(-\pi y^2)\exp(2\pi iaxy)dy = \exp(-\pi a^2 x^2)$$

の両辺を x で微分して

$$\int_{-\infty}^{\infty} y\exp(-\pi y^2)\exp(2\pi iaxy)dy = iax\exp(-\pi a^2 x^2)$$

を得る. よって Φ_v の自己双対測度についての Fourier 変換は

$$\Phi_v^*(x) = i\sqrt{|a|}ax\exp(-\pi a^2 x^2)$$

である.

$$\int_{F_v^\times} \Phi_v(x)\chi_v(x)|x|_v^s d_v^\times x = \int_{-\infty}^{\infty} x\exp(-\pi x^2)\mathrm{sgn}(x)|x|^{r+s-1}dx$$
$$= 2\int_0^{\infty} \exp(-\pi x^2)x^{r+s}dx$$

ゆえ

$$\int_{F_v^\times} \Phi_v(x)\chi_v(x)|x|_v^s d_v^\times x = \pi^{-(r+s+1)/2}\Gamma((r+s+1)/2)$$

を得る.

$$\int_{F_v^\times} \Phi_v^*(x)\chi_v(x)^{-1}|x|_v^{1-s}d_v^\times x$$
$$= i\sqrt{|a|}a\int_{-\infty}^{\infty} x\exp(-\pi a^2 x^2)\mathrm{sgn}(x)|x|^{-(r+s)}dx$$
$$= 2i\sqrt{|a|}a\int_0^{\infty} \exp(-\pi a^2 x^2)x^{-(r+s)+1}dx$$

ゆえ

$$\int_{F_v^\times} \Phi_v^*(x)\chi_v(x)^{-1}|x|_v^{1-s}d^\times x$$
$$= i\,\mathrm{sgn}(a)|a|^{r+s-1/2}\pi^{(r+s-2)/2}\Gamma(-(r+s-2)/2)$$

を得る. ゆえに

$$L_v(s, \chi_v) = \pi^{-(s+r+m)/2} \Gamma((s+r+m)/2) \tag{3.21}$$

$$\epsilon(s, \chi_v, \psi_v) = i^m \chi_v(a) |a|^{s-1/2} \tag{3.22}$$

として (3.16), (3.17) は成り立つ．

(B) v が虚素点の場合．

$F_v = \mathbf{C}$ としてよい．ψ_v は $a \in \mathbf{C}^\times$ によって

$$\psi_v(x) = \exp(2\pi i(ax + \overline{ax})), \qquad x \in \mathbf{C}$$

の形である．χ_v は $r \in \mathbf{C}$ と整数 m, n で $m \geq 0, n \geq 0, mn = 0$ をみたすものにより

$$\chi_v(x) = x^m \bar{x}^n (x\bar{x})^r, \qquad x \in \mathbf{C}^\times$$

の形である．

$f(x) = \exp(-\pi|x|^2), x \in \mathbf{C}$ と取る．$a = 1/2$ のとき

$$\begin{aligned}
f^*(x) &= \int_{\mathbf{C}} \exp(-\pi|y|^2) \exp(\pi i(xy + \bar{x}\bar{y})) dy \\
&= \int_{-\infty}^{\infty} \int_{-\infty}^{\infty} \exp(-\pi(y_1^2 + y_2^2)) \exp(2\pi i(x_1 y_1 - x_2 y_2)) dy_1 dy_2 \\
&= \exp(-\pi x_1^2) \exp(-\pi x_2^2) = \exp(-\pi|x|^2).
\end{aligned}$$

ここで $x = x_1 + ix_2, y = y_1 + iy_2, x_1, x_2, y_1, y_2 \in \mathbf{R}$ とおいた．よって $a = 1/2$ のときは通常の Lebesgue 測度が自己双対測度である．一般には同様の計算で

$$\int_{\mathbf{C}} \exp(-\pi|y|^2) \psi_v(xy) dy = \exp(-4\pi|a|^2 |x|^2),$$

$$\int_{\mathbf{C}} \exp(-4\pi|a|^2 |y|^2) \psi_v(xy) dy = \frac{1}{|2a|^2} \exp(-\pi|x|^2)$$

がわかるから，Lebesgue 測度の $|2a|$ 倍が自己双対測度である．

$$\Phi_v(x) = \bar{x}^m x^n \exp(-2\pi|x|^2), \qquad x \in \mathbf{C}$$

と取る．

$$\int_{\mathbf{C}} \exp(-\pi|y|^2) \exp(2\pi i(x_1 y_1 - x_2 y_2)) dy = \exp(-\pi(x_1^2 + x_2^2)),$$

$y = y_1 + iy_2$ はすでに示したが，この等式の両辺に微分作用素

を作用させると

$$\int_{\mathbf{C}} y \exp(-\pi|y|^2) \exp(2\pi i(x_1 y_1 - x_2 y_2)) dy = i\bar{x} \exp(-\pi|x|^2)$$

が得られる.この手順を n 回行って

$$\int_{\mathbf{C}} y^n \exp(-\pi|y|^2) \exp(2\pi i(x_1 y_1 - x_2 y_2)) dy = i^n \bar{x}^n \exp(-\pi|x|^2)$$

を得る.よって

$$\int_{\mathbf{C}} y^n \exp(-2\pi|y|^2) \psi_v(xy) dy = \frac{1}{2} i^n (\overline{ax})^n \exp(-2\pi|a|^2|x|^2)$$

を得る.この式の複素共役をとれば

$$\int_{\mathbf{C}} \bar{y}^m \exp(-2\pi|y|^2) \psi_v(-xy) dy = \frac{1}{2}(-i)^m (ax)^m \exp(-2\pi|a|^2|x|^2)$$

であるが, これから

$$\int_{\mathbf{C}} \bar{y}^m \exp(-2\pi|y|^2) \psi_v(xy) dy = \frac{1}{2} i^m (ax)^m \exp(-2\pi|a|^2|x|^2)$$

を得る.よって自己双対測度による Φ_v の Fourier 変換は

$$\Phi_v^*(x) = i^{m+n} |a| (ax)^m (\overline{ax})^n \exp(-2\pi|a|^2|x|^2)$$

である.$d^\times x = \dfrac{dx}{|x|_v}$, $|x|_v = x\bar{x}$ が $\mathbf{C}^\times$ の不変測度となる.

$$\int_{F_v^\times} \Phi_v(x) \chi_v(x) |x|_v^s d_v^\times x = \int_{\mathbf{C}^\times} \bar{x}^m x^n x^m \bar{x}^n |x|^{2(r+s)-2} \exp(-2\pi|x|^2) dx$$

$$= \int_0^\infty \int_0^{2\pi} \rho^{2m+2n+2r+2s-2} \exp(-2\pi\rho^2) \rho\, d\theta d\rho \qquad (x = \rho e^{i\theta})$$

$$= (2\pi) \int_0^\infty \exp(-t) \left(\sqrt{\frac{t}{2\pi}}\right)^{2m+2n+2r+2s-2} \frac{dt}{4\pi} \qquad (t = 2\pi\rho^2)$$

$$= \pi(2\pi)^{-(s+r+m+n)} \int_0^\infty \exp(-t) t^{s+r+m+n-1} dt$$

ゆえ

$$\int_{F_v^\times} \Phi_v(x) \chi_v(x) |x|_v^s d_v^\times x = \pi(2\pi)^{-(s+r+m+n)} \Gamma(s+r+m+n)$$

を得る.

$$\int_{F_v^\times} \Phi_v^*(x)\chi_v(x)^{-1}|x|_v^{1-s}d_v^\times x$$
$$= i^{m+n}|a|a^m\bar{a}^n\int_{\mathbf{C}^\times} x^m\bar{x}^n x^{-m}\bar{x}^{-n}|x|^{-2r-2s}\exp(-2\pi|a|^2|x|^2)dx$$
$$= i^{m+n}|a|a^m\bar{a}^n\int_0^\infty\int_0^{2\pi}\rho^{-2r-2s}\exp(-2\pi|a|^2\rho^2)\rho\,d\theta d\rho$$
$$= i^{m+n}|a|a^m\bar{a}^n(2\pi)\int_0^\infty \exp(-t)\left(\sqrt{\frac{t}{2\pi|a|^2}}\right)^{-2r-2s}\frac{dt}{4\pi|a|^2}$$
$$= i^{m+n}|a|a^m\bar{a}^n\pi(2\pi)^{r+s-1}|a|^{2(r+s-1)}\int_0^\infty \exp(-t)t^{-r-s}dt$$

であるから

$$\int_{F_v^\times} \Phi_v^*(x)\chi_v(x)^{-1}|x|_v^{1-s}d_v^\times x$$
$$= i^{m+n}|a|a^m\bar{a}^n\pi|a|^{2(r+s-1)}(2\pi)^{r+s-1}\Gamma(-r-s+1)$$

を得る.

$$\chi_v(x)^{-1} = (x\bar{x})^{-(r+m+n)}x^n\bar{x}^m, \qquad x \in \mathbf{C}$$

に注意する. Φ_v を $(\pi/2)^{-1}\Phi_v$ で置き換えると

$$L_v(s,\chi_v) = 2(2\pi)^{-(s+r+m+n)}\Gamma(s+r+m+n), \tag{3.23}$$

$$\epsilon(s,\chi_v,\psi_v) = i^{m+n}\chi_v(a)|a|^{2(s-1/2)} \tag{3.24}$$

として (3.16), (3.17) は成り立っている. 以上をまとめて次の定理を得る.

定理 3.9 函数等式 $\widetilde{L}(s,\chi) = \epsilon(s,\chi)\widetilde{L}(1-s,\chi^{-1})$ が成り立つ. ここに $\epsilon(s,\chi) = \prod_v \epsilon(s,\chi_v,\psi_v)$ で $\epsilon(s,\chi_v,\psi_v)$ は (3.18), (3.20), (3.22), (3.24) によって定義される.

F は代数体とする. 自明な χ についての $L(s,\chi)$ を F の Dedekind のゼータ函数という. $\zeta_F(s)$ と書く.

$$\widetilde{\zeta}_F(s) = (\pi^{-s/2}\Gamma(s/2))^{r_1}(2(2\pi)^{-s}\Gamma(s))^{r_2}\zeta_F(s)$$

とおく. r_1, r_2 はそれぞれ F の実素点, 虚素点の数とする. $\psi = \psi_\mathbf{Q}\circ\mathrm{Tr}_{F/\mathbf{Q}}$ に対して $\prod_{v\in\mathbf{h}}q_v^{n_v} = |D_F|$ となる. ここに D_F は F の判別式である. これから

(3.18) により $\epsilon(s,\mathrm{id}) = |D_F|^{-(s-1/2)}$ がわかる．よって定理 3.8 と 3.9 の系として次の結果を得る．

系 3.10 $|D_F|^{s/2}\widetilde{\zeta}_F(s)$ は変換 $s \mapsto 1-s$ について不変である．$\widetilde{\zeta}_F(s)$ は $s = 1, 0$ での simple pole を除いて正則で，$s = 1, 0$ での留数はそれぞれ $(\pi/2)^{-r_2}|D_F|^{-1/2}\mathrm{vol}(F_\mathbf{A}^1/F^\times)$, $-(\pi/2)^{-r_2}\mathrm{vol}(F_\mathbf{A}^1/F^\times)$ である．

本書では述べないが
$$\mathrm{vol}(F_\mathbf{A}^1/F^\times) = 2^{r_1}\pi^{r_2}hR/w$$
と体積が計算される．ここに h は F の類数，R は単数基準，w は F に含まれる 1 のベキ根の数である．これについては [W3], Chapter V, §4 を参照されたい．これと系 3.10 により，$\zeta_F(s)$ の $s = 1$ での留数を与える Dirichlet-Dedekind の有名な公式
$$\mathrm{Res}_{s=1}\zeta_F(s) = \frac{2^{r_1}(2\pi)^{r_2}hR}{w|D_F|}$$
が得られる．

F の素点 v と $\Phi_v \in \mathcal{S}(F_v)$ に対して
$$Z_v(s,\chi_v,\Phi_v) = \int_{F_v^\times} \Phi_v(x)\chi_v(x)|x|_v^s\,d_v^\times x$$
とおく．定理 3.8 により
$$\prod_v Z_v(s,\chi_v,\Phi_v) = \prod_v Z_v(1-s,\chi_v^{-1},\Phi_v^*) \tag{3.25}$$
が成り立つ．今素点 v をとって固定する．Φ_v を $\Psi_v \in \mathcal{S}(F_v)$ に変えて得られる (3.25) と元の公式を比較すれば
$$\frac{Z_v(s,\chi_v,\Psi_v)}{Z_v(s,\chi_v,\Phi_v)} = \frac{Z_v(1-s,\chi_v^{-1},\Psi_v^*)}{Z_v(1-s,\chi_v^{-1},\Phi_v^*)}$$
を得る．ここで (3.25) の各因子は零でないと仮定した．Φ_v を (3.16), (3.17) が成り立つように選んでおけば
$$Z_v(s,\chi_v,\Psi_v) = \frac{L_v(s,\chi_v)}{\epsilon(s,\chi_v,\psi_v)L_v(1-s,\chi_v^{-1})} \cdot Z_v(1-s,\chi_v^{-1},\Psi_v^*) \tag{3.26}$$
を得る．これは任意の $\Psi \in \mathcal{S}(F_v)$ に対して成り立つ等式であり，局所函数等式と呼ばれる．

問題 3.11 (3.26) の局所的な証明を与えよ．

以下で ϵ 因子をより詳しく調べる．定理 3.9 の函数等式を二回用いれば
$$\widetilde{L}(1-s, \chi^{-1}) = \epsilon(1-s, \chi^{-1})\widetilde{L}(s, \chi) = \epsilon(1-s, \chi^{-1})\epsilon(s, \chi)\widetilde{L}(1-s, \chi^{-1})$$
となるから
$$\epsilon(s, \chi)\epsilon(1-s, \chi^{-1}) = 1 \tag{3.27}$$
を得る．これよりも強く次の局所的な結果が成り立つ．

命題 3.12 F の各素点 v に対して
$$\epsilon(s, \chi_v, \psi_v)\epsilon(1-s, \chi_v^{-1}, \psi_v) = \chi_v(-1)$$
が成り立つ．

［証明］
$$\epsilon(1/2, \chi_v, \psi_v)\epsilon(1/2, \chi_v^{-1}, \psi_v) = \chi_v(-1)$$
を示せば十分であることは (3.18), (3.20), (3.22), (3.24) からわかる．$v \in \mathbf{a}$ ならば，これは (3.22), (3.24) より容易にわかるから $v \in \mathbf{h}$ と仮定する．χ_v が不分岐のときは (3.18) より明らかであるから，χ_v は分岐，即ち $f_v \geq 1$ と仮定する．(3.20) により
$$\kappa_v(\chi_v, \psi_v)\kappa_v(\chi_v^{-1}, \psi_v) = \chi_v(-1) \tag{3.28}$$
を示せばよいことがわかる．ここで $\kappa_v(\chi_v, \psi_v)$ は (3.19) で定義される．(3.28) は
$$q_v^{f_v+n_v} \int_{\mathcal{O}_v^\times} \chi_v(y)^{-1} \psi_v(b^{-1}y) dy \int_{\mathcal{O}_v^\times} \chi_v(z) \psi_v(b^{-1}z) dz = \chi_v(-1) \tag{3.29}$$
と同値である．ここに dy, dz は F_v の自己双対測度である．(3.29) は
$$\int_{\mathcal{O}_v^\times} \int_{\mathcal{O}_v^\times} \chi_v(y^{-1}z) \psi_v(b^{-1}(y+z)) dy dz = q_v^{-(f_v+n_v)} \chi_v(-1) \tag{3.30}$$
と書ける．$y^{-1}z = w$ と変数変換すると (3.30) の左辺は
$$\int_{\mathcal{O}_v^\times} \int_{\mathcal{O}_v^\times} \chi_v(w) \psi_v(b^{-1}y(w+1)) dy dw$$
$$= \int_{\mathcal{O}_v^\times} \left(\int_{\mathcal{O}_v^\times} \psi_v(b^{-1}y(w+1)) dy \right) \chi_v(w) dw$$

に等しい. $b \in \varpi_v^{n_v+f_v}\mathcal{O}_v^\times$ ゆえ, $\mathcal{O}_v$ の指標 $y \mapsto \psi_v(b^{-1}(w+1)y)$ は $b^{-1}(w+1) \notin \varpi_v^{-n_v}\mathcal{O}_v$, 即ち $w+1 \notin \varpi_v^{f_v}\mathcal{O}_v$ のとき自明でなく, $w+1 \in \varpi_v^{f_v}\mathcal{O}_v$ のとき自明である. ゆえに $\int_{\mathcal{O}_v^\times} \psi_v(b^{-1}y(w+1))dy$ は $w+1 \in \varpi_v^{f_v}\mathcal{O}_v$ のとき $\mathrm{vol}(\mathcal{O}_v^\times)$ に等しく, $w+1 \notin \varpi_v^{f_v}\mathcal{O}_v$ のとき $-\int_{\varpi_v\mathcal{O}_v} \psi_v(b^{-1}y(w+1))dy$ に等しい. この積分に同じ議論を用いて

$$\int_{\mathcal{O}_v^\times} \psi_v(b^{-1}y(w+1))dy$$
$$= \begin{cases} \mathrm{vol}(\mathcal{O}_v^\times), & w+1 \in \varpi_v^{f_v}\mathcal{O}_v \text{ のとき}, \\ -\mathrm{vol}(\varpi_v\mathcal{O}_v), & w+1 \notin \varpi_v^{f_v}\mathcal{O}_v, \in \varpi_v^{f_v-1}\mathcal{O}_v \text{ のとき}, \\ 0, & w+1 \notin \varpi_v^{f_v-1}\mathcal{O}_v \text{ のとき}, \end{cases}$$

を得る. $\mathrm{vol}(\mathcal{O}_v) = q_v^{-n_v/2}$ ゆえ (3.30) の左辺は

$$q_v^{-n_v/2} \cdot \frac{q_v-1}{q_v} \int_{\mathcal{O}_v^\times,\, w \equiv -1 \mod \varpi_v^{f_v}} \chi_v(w)dw$$
$$- q_v^{-n_v/2} \cdot \frac{1}{q_v} \int_{\mathcal{O}_v^\times,\, w \not\equiv -1 \mod \varpi_v^{f_v},\, w \equiv -1 \mod \varpi_v^{f_v-1}} \chi_v(w)dw$$
$$= q_v^{-n_v/2} \cdot \frac{q_v-1}{q_v} q_v^{-n_v/2} \cdot \frac{1}{q_v^{f_v}} \chi_v(-1) - q_v^{-n_v/2} \cdot \frac{1}{q_v} q_v^{-n_v/2} \left(-\frac{1}{q_v^{f_v}}\chi_v(-1)\right)$$
$$= q_v^{-(f_v+n_v)} \chi_v(-1)$$

に等しく (3.30) が証明できた. □

χ_v が $F_v^\times$ から $\mathbf{T}$ への指標のとき

$$\overline{\int_{\mathcal{O}_v^\times} \chi_v(y)^{-1}\psi_v(b^{-1}y)dy} = \int_{\mathcal{O}_v^\times} \chi_v(y)\psi_v(-b^{-1}y)dy$$
$$= \chi_v(-1) \int_{\mathcal{O}_v^\times} \chi_v(y)\psi_v(b^{-1}y)dy$$

であるから, (3.29) は $|\kappa_v(\chi_v,\psi_v)| = 1$ と同値である. よって次の系を得る.

系 3.13 χ_v が $F_v^\times$ から $\mathbf{T}$ への指標のとき $|\epsilon(1/2, \chi_v, \psi_v)| = 1$ である.

問題 3.14 局所函数等式 (3.26) を用いて命題 3.12 を証明せよ.

ここで次の事実を注意しておく.

命題 3.15 F は代数体, K は F の二次拡大体, χ は K に対応する $F_\mathbf{A}^\times$ の Hecke 指標とする. $\mathfrak{f}$ は χ の導手とする. このとき $\epsilon(s,\chi) = N(\mathfrak{f})^{1/2-s}$ が成り立つ.

［証明］ 関係 $\zeta_K(s) = \zeta_F(s)L(s,\chi), \chi^2 = 1$ はよく知られている ([W3], p.280, 次節定理 4.9 参照. これが χ が K に対応するという意味である). これからガンマ因子をみて

$$\widetilde{\zeta}_K(s) = \widetilde{\zeta}_F(s)\widetilde{L}(s,\chi)$$

が成り立っていることがわかる (F の実素点の上に K の虚素点があるときは公式 $2^{s-1}\Gamma(s/2)\Gamma((s+1)/2) = \pi^{1/2}\Gamma(s)$ を使うと $\pi^{-s/2}\Gamma(s/2)\pi^{-(s+1)/2}\Gamma((s+1)/2) = 2(2\pi)^{-s}\Gamma(s)$ がわかる. この公式については, 例えば [T], p.265 参照).

そこで系 3.10 の函数等式と定理 3.9 の函数等式を用いれば $\epsilon(s,\chi) = (|D_K|/|D_F|)^{1/2-s}$ を得る. 導手判別式定理 ([W3], p.279, Theorem 9, 次節定理 4.10) により $|D_K| = |D_F|N(\mathfrak{f})$ であるから, 結論を得る. □

例 3.16 $F = \mathbf{Q}, p$ は奇素数とする. Dirichlet 指標 η を $\eta(n) = \left(\frac{n}{p}\right)$ で定義する. $p \mid n$ のとき $\eta(n) = 0$ である例 2.6 のように η に対応する $\mathbf{Q}_\mathbf{A}^\times$ の Hecke 指標を χ とする. このとき

$$L(s,\chi) = L(s,\eta) = \sum_{n=1}^{\infty}\left(\frac{n}{p}\right)n^{-s}$$

である. 素数 l について χ_l は $l \neq p$ のとき不分岐で, (2.8) により $\chi_\infty(x) = \text{sgn}(x)^m, x \in \mathbf{R}, m$ は $p \equiv 1 \mod 4$ のとき 0, $p \equiv 3 \mod 4$ のとき 1 であることがわかる. よって (3.21) により

$$L_\infty(s,\chi) = \pi^{-(s+m)/2}\Gamma((s+m)/2), \qquad \widetilde{L}(s,\chi) = L_\infty(s,\chi)L(s,\chi)$$

で函数等式は

$$\widetilde{L}(s,\chi) = \epsilon(s,\chi)\widetilde{L}(1-s,\chi), \qquad \epsilon(s,\chi) = \prod_l \epsilon(s,\chi_l,\psi_l)\epsilon(s,\chi_\infty,\psi_\infty)$$

となる. ここに l は全ての素数の上を走る. $\mathbf{Q}_\mathbf{A}$ の指標 ψ として前述の $\psi_\mathbf{Q}$ をとる. 全ての l について $n_l = 0$ であるから, (3.18) により $l \neq p$ のとき $\epsilon(s,\chi_l,\psi_l) = 1$ を得る. (3.22) により $\epsilon(s,\chi_\infty,\psi_\infty) = i^m$ を得る. $\epsilon(s,\chi_p,\psi_p)$ を計算しよう. $f_p = 1$ であり $b = p$ と取ってよい. 例 2.5 でみたように $\chi_p(p) = 1$ であるから, (3.20) により

$$\epsilon(s,\chi_p,\psi_p) = p^{1/2} \int_{\mathbf{Z}_p^\times} \chi_p(y)^{-1} \psi_p(p^{-1}y) dy \times p^{-(s-1/2)}$$
$$= p^{1/2} \left(\sum_{n=1}^{p-1} \left(\frac{n}{p}\right) \exp(-2\pi i n/p) \right) p^{-1} p^{-(s-1/2)}$$
$$= (-1)^m G p^{-s}$$

となる. ここに
$$G = \sum_{n=1}^{p-1} \left(\frac{n}{p}\right) \exp(2\pi i n/p)$$

は Gauss 和である (dy は ψ_p についての $\mathbf{Q}_p$ の自己双対測度であるが, $n_p = 0$ ゆえ vol($\mathbf{Z}_p$) = 1 であることに注意). 命題 3.12 から $G^2 = \chi_p(-1)p = (-1)^m p$ を得る. よって $G = \pm i^m \sqrt{p}$ であるが $G = i^m \sqrt{p}$ が知られている. 函数等式を用いてこれは次のように証明できる. $G = i^m \sqrt{p}$ は $\epsilon(s,\chi) = p^{1/2-s}$ と同値である. χ に対応する $\mathbf{Q}$ の二次拡大体は $K = \mathbf{Q}(\sqrt{(-1)^m p})$ であるから, 命題 3.15 によって結論を得る.

4. 類体論の骨子と若干の応用

この節では F が局所体, または大域体のときの類体論についてその骨子を述べ, 若干の応用を与える. F の代数的閉包 $\overline{F}$ をとり, $\overline{F}$ に含まれる F の最大 Abel 拡大体を F_{ab} で表す. Galois 群には Krull 位相を入れておく.

1°. まず局所類体論について述べよう. canonical な連続準同型 $\mathfrak{a}_F : F^\times \longrightarrow \mathrm{Gal}(F_{\mathrm{ab}}/F)$ の存在が基本的である. $\mathfrak{a}_F$ を $\mathfrak{a}$ とも書く. F は非 Archimedes 局所体とする. $\mathfrak{a}$ は単射であり, $\mathfrak{a}(F^\times)$ は $\mathrm{Gal}(F_{\mathrm{ab}}/F)$ の中で稠密である. F_{ur} により F の最大不分岐拡大体を表す. $F_{\mathrm{ur}} \subset F_{\mathrm{ab}}$ である. $\mathrm{Gal}(F_{\mathrm{ur}}/F)$ は位相的に Frobenius 元 φ で生成され, $\mathbf{Z}$ の profinite 完備化 $\widehat{\mathbf{Z}} \cong \prod_p \mathbf{Z}_p$ と同型である. F の素元を ϖ とすると, $\mathfrak{a}(\varpi)$ の F_{ur} への制限は φ に等しい.

定理 4.1 K は F の有限次拡大体とする. このとき $r \circ \mathfrak{a}_K = \mathfrak{a}_F \circ N_{K/F}$ が成り立つ. ここに r は $\mathrm{Gal}(K_{\mathrm{ab}}/K)$ から $\mathrm{Gal}(F_{\mathrm{ab}}/F)$ への制限写像である.

定理 4.2 $K \subset F_{\mathrm{ab}}$ は F の有限次 Abel 拡大体とする. このとき $N_{K/F}(K^\times) = \mathfrak{a}^{-1}(\mathrm{Gal}(F_{\mathrm{ab}}/K))$ であり, $\mathfrak{a}(N_{K/F}(K^\times))$ の閉包が $\mathrm{Gal}(F_{\mathrm{ab}}/K)$ に等しい. $\mathfrak{a}$ に

よって同型

$$F^\times/N_{K/F}(K^\times) \cong \mathrm{Gal}(K/F) \cong \mathrm{Gal}(F_{\mathrm{ab}}/F)/\mathrm{Gal}(F_{\mathrm{ab}}/K)$$

が得られる. K に $N_{K/F}(K^\times)$ を対応させることにより, F_{ab} に含まれる F の有限次 Abel 拡大体と $F^\times$ の指数有限の開部分群は一対一に対応する.

命題 4.3 K は F の有限次 Abel 拡大体とする. K が F 上不分岐であるための必要十分条件は $N_{K/F}(K^\times) \supset \mathcal{O}_F^\times$ である.

問題 4.4 p 進数体 $\mathbf{Q}_p$ の 3 次巡回拡大体 ($\subset \overline{\mathbf{Q}_p}$) は幾つあるか.

$\mathfrak{a}_F(x), x \in F^\times$ を具体的に決定する問題はノルム剰余記号を計算する伝統的な問題とも関係する. これについては岩澤 [I] を参照.

F は Archimedes 局所体とする. このとき $\mathfrak{a}_\mathbf{C}$ は自明な写像であり, $\mathfrak{a}_\mathbf{R}$ は $\mathbf{R}_+^\times$ を $\mathrm{Gal}(\mathbf{C}/\mathbf{R})$ の自明な元に写し, -1 を非自明な元に写す写像である.

2°. 次に大域類体論について述べよう. F は大域体とする. canonical な連続準同型 $\mathfrak{a}_F : F_\mathbf{A}^\times \longrightarrow \mathrm{Gal}(F_{\mathrm{ab}}/F)$ の存在が基本的である. $\mathfrak{a}_F$ を $\mathfrak{a}$ とも書く. F が函数体のときは, $\mathfrak{a}$ の核は $F^\times$ であり, $\mathfrak{a}(F_\mathbf{A}^\times)$ は $\mathrm{Gal}(F_{\mathrm{ab}}/F)$ の中で稠密である. F が代数体のときは $\mathfrak{a}$ は全射であり, その核は $F^\times F_{\infty+}^\times$ の閉包に等しい. ここに $F_{\infty+}^\times$ は $F_\infty^\times$ の単位元の連結成分である.

定理 4.5 K は F の有限次拡大体とする. このとき $r \circ \mathfrak{a}_K = \mathfrak{a}_F \circ N_{K/F}$ が成り立つ. ここに r は $\mathrm{Gal}(K_{\mathrm{ab}}/K)$ から $\mathrm{Gal}(F_{\mathrm{ab}}/F)$ への制限写像である.

定理 4.6 $K \subset F_{\mathrm{ab}}$ は F の有限次 Abel 拡大体とする. このとき $F^\times N_{K/F}(K_\mathbf{A}^\times) = \mathfrak{a}^{-1}(\mathrm{Gal}(F_{\mathrm{ab}}/K))$ であり, $\mathfrak{a}(F^\times N_{K/F}(K_\mathbf{A}^\times))$ の閉包が $\mathrm{Gal}(F_{\mathrm{ab}}/K)$ に等しい. $\mathfrak{a}$ によって同型

$$F_\mathbf{A}^\times/F^\times N_{K/F}(K_\mathbf{A}^\times) \cong \mathrm{Gal}(K/F) \cong \mathrm{Gal}(F_{\mathrm{ab}}/F)/\mathrm{Gal}(F_{\mathrm{ab}}/K)$$

が得られる. K に $F^\times N_{K/F}(K^\times)$ を対応させることにより, F_{ab} に含まれる F の有限次 Abel 拡大体と, $F_\mathbf{A}^\times$ の指数有限の開部分群で $F^\times F_{\infty+}^\times$ を含むものは一対一に対応する.

大域類体論と局所類体論の関係は次の定理で与えられる. v を F の素点とする. $i_v : F_v^\times \longrightarrow F_\mathbf{A}^\times$ を自然な埋め込みとする. $\mathfrak{a}_{F_v} : F_v^\times \longrightarrow \mathrm{Gal}((F_v)_{\mathrm{ab}}/F_v),$

$\mathfrak{a}_F : F_\mathbf{A}^\times \longrightarrow \mathrm{Gal}(F_\mathrm{ab}/F)$ をそれぞれ局所類体論, 大域類体論の canonical な準同型とする. $r_v : \mathrm{Gal}((F_v)_\mathrm{ab}/F_v) \longrightarrow \mathrm{Gal}(F_\mathrm{ab}/F)$ を制限写像とする.

定理 4.7 $r_v \circ \mathfrak{a}_{F_v} = \mathfrak{a}_F \circ i_v$ が成り立つ.

命題 4.8 K は F の有限次 Abel 拡大体とする. F の素点 $v \in \mathbf{h}$ が K で不分岐であるための必要十分条件は $F^\times N_{K/F}(K_\mathbf{A}^\times) \supset \mathcal{O}_{F_v}^\times$ である.

この命題は $v \in \mathbf{a}$ のときも, $\mathcal{O}_{F_v}^\times$ を $F_v^\times$ と読んで成り立つ. (実素点 $v \in \mathbf{a}$ は v の上にある K の素点が実のときは不分岐, 虚のときは分岐と定義される. $v \in \mathbf{a}$ が虚ならば v は不分岐とする.)

以下この節の終わりまで F は代数体とする. 定理 4.6 と命題 4.8 により F の最大不分岐 (Archimedes 素点も含めて) Abel 拡大体 H は $F^\times \prod_{v \in \mathbf{h}} \mathcal{O}_{F_v}^\times F_\infty^\times$ に対応する. H を F の Hilbert 類体という. 定理 4.6 により

$$\mathrm{Gal}(H/F) \cong F_\mathbf{A}^\times / F^\times \prod_{v \in \mathbf{h}} \mathcal{O}_{F_v}^\times F_\infty^\times$$

であるが, (1.4) によりこの群は F のイデアル類群に同型である.

K は F_ab に含まれる F の有限次 Abel 拡大体とする. X により, $F_\mathbf{A}^\times$ の指標で $F^\times N_{K/F}(K_\mathbf{A}^\times)$ 上自明であるもの全体が成す群とする.

定理 4.9 F は代数体とする. K の Dedekind ゼータ函数は $\zeta_K(s) = \prod_{\omega \in X} L(s, \omega)$ と Hecke L 函数の積に分解される.

次の定理は導手判別式定理 (conductor discriminant theorem) と呼ばれる.

定理 4.10 F は代数体とする. K の F 上の相対判別式を $D(K/F)$ で表す. このとき $D(K/F) = \prod_{\omega \in X} \mathfrak{f}(\omega)$ が成り立つ. ここに $\mathfrak{f}(\omega)$ は ω の導手である.

F が函数体のときも同様の定理がある. 以上の諸定理については, 岩澤 [I], Weil [W3], XII 章, XIII 章を参照されたい.

問題 4.11 定理 4.9 の両辺の函数等式を比較することにより, 導手判別式定理を証明せよ.

3°. アデールによる定式化と古典的定式化を比較しよう. 古典的定式化のほうが具体的な計算に便利なことも多い. F の整イデアル $\mathfrak{f}$ をとる. F の実無限素点

$v_1, \ldots, v_r$ をとり,形式的積 $\mathfrak{m} = \mathfrak{f}v_1 \cdots v_r$ を考える. $v_i, 1 \leq i \leq r$ に対応する F の $\mathbf{R}$ の中への同型を σ_i とする. $\alpha \in F^\times$ に対して乗法合同 (multiplicative congruence) $\alpha \equiv 1 \mod {}^\times \mathfrak{m}$ は次の条件 (i) 〜 (iii) をみたすことであると定義する.

(i) イデアル (α) は $\mathfrak{f}$ と互いに素. (これを α は $\mathfrak{f}$ と互いに素という.)
(ii) (i) によって α は $(\mathcal{O}_F/\mathfrak{f})^\times$ の元を定めるが,これが単位元に一致する.
(iii) $\sigma_i(\alpha) > 0, 1 \leq i \leq r$.

$\alpha, \beta \in F^\times$ に対し,乗法合同 $\alpha \equiv \beta \mod {}^\times \mathfrak{m}$ は $\alpha/\beta \equiv 1 \mod {}^\times \mathfrak{m}$ によって定義する. $I_\mathfrak{m}$ により $\mathfrak{m}$ と互いに素な分数イデアルの成す群を表す. $P_\mathfrak{m}$ により, $\alpha \equiv 1 \mod {}^\times \mathfrak{m}$ をみたす α が生成するイデアル (α) の成す群を表す. $P_\mathfrak{m}$ は $I_\mathfrak{m}$ の部分群であり, $I_\mathfrak{m}/P_\mathfrak{m}$ を $\mathfrak{m}$ を法とするイデアル類群という. $\mathfrak{m} = (1)$ の場合がイデアル類群である. $\mathfrak{m} = (1)v_1 \cdots v_r$, $v_i, 1 \leq i \leq r$ は F の全ての実 Archimedes 素点と取った場合の $I_\mathfrak{m}/P_\mathfrak{m}$ を狭義のイデアル類群という.

補題 4.12 $\varphi(\mathfrak{f}) = |(\mathcal{O}_F/\mathfrak{f})^\times|$, h_F は F の類数, $E = \mathcal{O}_F^\times$ は F の単数群,

$$E_\mathfrak{m} = \{\epsilon \in E \mid \epsilon \equiv 1 \mod \mathfrak{f}, \sigma_i(\epsilon) > 0, 1 \leq i \leq r\}$$

とおく. このとき

$$[I_\mathfrak{m} : P_\mathfrak{m}] = \frac{2^r h_F \varphi(\mathfrak{f})}{[E : E_\mathfrak{m}]}$$

が成り立つ.

$v \in \mathbf{h}$ に対して $\mathcal{O}_{F_v}^\times$ の部分群 U_v を次のように定義する. v に対応する素イデアルを $\mathfrak{p}_v$ とする. $\mathfrak{p}_v$ が $\mathfrak{f}$ を割り切らないとき, $U_v = \mathcal{O}_{F_v}^\times$ とする. $\mathfrak{p}_v^{e_v}, e_v > 0$ が $\mathfrak{f}$ を丁度割り切る $\mathfrak{p}_v$ のベキのとき

$$U_v = \{x \in \mathcal{O}_{F_v}^\times \mid x \equiv 1 \mod \mathfrak{p}_v^{e_v}\}$$

とおく. $v \in \mathbf{a}$ に対しては $F_v^\times$ の部分群 V_v を $v = v_i, 1 \leq i \leq r$ のときは $V_v = \mathbf{R}_+^\times \subset F_v^\times$ とおき,それ以外のとき $V_v = F_v^\times$ とおく.

補題 4.13 $F_\mathbf{A}^\times/(F^\times \prod_{v \in \mathbf{h}} U_v \prod_{v \in \mathbf{a}} V_v) \cong I_\mathfrak{m}/P_\mathfrak{m}$.

［証明］ 左辺から右辺への準同型 f を次のように定義する. $x \in F_\mathbf{A}^\times/(F^\times \prod_{v \in \mathbf{h}} U_v \prod_{v \in \mathbf{a}} V_v)$ をとる. $y \in F_\mathbf{A}^\times$ を $y \mod F^\times \prod_{v \in \mathbf{h}} U_v \prod_{v \in \mathbf{a}} V_v$

$= x$ と取る. $F^\times$ の元を y に掛けることにより, $v \in \mathbf{h}$ で $\mathfrak{p}_v$ が $\mathfrak{f}$ を割り切るときは $y_v \in U_v$, $v \in \mathbf{a}$ のときは $y_v \in V_v$ と仮定してよい. $f(x) = \varphi(y)$ mod $P_\mathfrak{m}$ とおく. ここで $\varphi : F_\mathbf{A}^\times \longrightarrow I(F)$ は (1.3) で定義される写像である. f が well-defined であることを確かめよう. $y' \in F_\mathbf{A}^\times$ が同様の元ならば, $y'y^{-1} \in F^\times \prod_{v \in \mathbf{h}} U_v \prod_{v \in \mathbf{a}} V_v$ であるから, $y'y^{-1} = \gamma t$, $\gamma \in F^\times$, $t \in \prod_{v \in \mathbf{h}} U_v \prod_{v \in \mathbf{a}} V_v$ と書ける. $\varphi(y'y^{-1}) = (\gamma)$ である. $v \in \mathbf{h}$ で $\mathfrak{p}_v$ が $\mathfrak{f}$ を割り切るときは $(y'y^{-1})_v \in U_v$, $v \in \mathbf{a}$ のときは $(y'y^{-1})_v \in V_v$ であるから, $(\gamma) \in P_\mathfrak{m}$ である. よって f は well-defined である. f が全射であることは明らか. $f(x) = 1$ とする. このとき $\varphi(y) \in P_\mathfrak{m}$ であるから, $\gamma \equiv 1 \mod {}^\times \mathfrak{m}$ があって $\gamma^{-1} y \in \prod_{v \in \mathbf{h}} \mathcal{O}_{F_v}^\times F_\infty^\times$ となる. これから $\gamma^{-1} y \in \prod_{v \in \mathbf{h}} U_v \prod_{v \in \mathbf{a}} V_v$ がわかり, $y \in F^\times \prod_{v \in \mathbf{h}} U_v \prod_{v \in \mathbf{a}} V_v$ となるから f は単射である. □

K は代数体 F の有限次 Galois 拡大体とする. $G = \mathrm{Gal}(K/F)$ とおく. $\mathfrak{P}$ は K の素イデアル, $\mathfrak{p}$ は $\mathfrak{P}$ の下にある F の素イデアルとする. $Z_\mathfrak{P} = \{\sigma \in G \mid \mathfrak{P}^\sigma = \mathfrak{P}\}$ とおき, これを $\mathfrak{P}$ の分解群 (decomposition group) という. K の完備化 $K_\mathfrak{P}$ は F の完備化 $F_\mathfrak{p}$ の Galois 拡大体であるが, canonical に $\mathrm{Gal}(K_\mathfrak{P}/F_\mathfrak{p}) \cong Z_\mathfrak{P}$ である. $\mathcal{O}_F/\mathfrak{p}$ は有限体 $\mathbf{F}_q$ に同型である. $N(\mathfrak{p}) = q$ とおき $\mathfrak{p}$ のノルムという. $\mathcal{O}_K/\mathfrak{P}$ は $\mathcal{O}_F/\mathfrak{p}$ の有限次 Galois 拡大体である. 拡大次数を f とおく. このとき $N(\mathfrak{P}) = q^f$ で $\mathcal{O}_K/\mathfrak{P}$ は有限体 $\mathbf{F}_{q^f}$ に同型である. $\sigma \in Z_\mathfrak{P}$ は $\mathrm{Gal}((\mathcal{O}_K/\mathfrak{P})/(\mathcal{O}_F/\mathfrak{p}))$ の元を誘導するから, 準同型 $\varphi : Z_\mathfrak{P} \longrightarrow \mathrm{Gal}((\mathcal{O}_K/\mathfrak{P})/(\mathcal{O}_F/\mathfrak{p}))$ が得られる. この核を $\mathfrak{P}$ の分岐群といい, $I_\mathfrak{P}$ と書く. φ は全射であることが示される. よって

$$Z_\mathfrak{P}/I_\mathfrak{P} \cong \mathrm{Gal}((\mathcal{O}_K/\mathfrak{P})/(\mathcal{O}_F/\mathfrak{p})) \cong \mathrm{Gal}(\mathbf{F}_{q^f}/\mathbf{F}_q) \cong \mathbf{Z}/f\mathbf{Z}$$

が成り立つ. φ で写したとき, $\mathrm{Gal}(\mathbf{F}_{q^f}/\mathbf{F}_q)$ の Frobenius 写像, 即ち q 乗写像になるものを $\mathfrak{P}$ の Frobenius 置換という. 言い換えれば

$$x^\sigma \equiv x^{N(\mathfrak{p})} \mod \mathfrak{P}, \qquad \forall x \in \mathcal{O}_K$$

をみたす $\sigma \in Z_\mathfrak{P}$ が Frobenius 置換である. Frobenius 置換は $I_\mathfrak{P}$ を法として定まる. $\tau^{-1}\sigma\tau$, $\tau \in G$ は $\mathfrak{P}^\tau$ の Frobenius 置換であるから, K が F の Abel 拡大のときは, $\mathfrak{p}$ の上にある素イデアルの Frobenius 置換は ($I_\mathfrak{P}$ を法として) $\mathfrak{p}$ にのみ依存する. このときは $\mathfrak{p}$ の Frobenius 置換という.

$J(\mathfrak{m}) = F^\times \prod_{v \in \mathbf{h}} U_v \prod_{v \in \mathbf{a}} V_v$ とおく. $J(\mathfrak{m})$ を含む $F_\mathbf{A}^\times$ の部分群を J とする.

補題 4.13 により $P_\mathfrak{m}$ を含む $I_\mathfrak{m}$ の部分群 $H_\mathfrak{m}$ があって $F_\mathbf{A}^\times/J \cong I_\mathfrak{m}/H_\mathfrak{m}$ となる．定理 4.6 により F の有限次 Abel 拡大体 $K \subset F_\mathrm{ab}$ で

$$\mathrm{Gal}(K/F) \cong F_\mathbf{A}^\times/J \cong I_\mathfrak{m}/H_\mathfrak{m}, \qquad F^\times N_{K/F}(K_\mathbf{A}^\times) = J$$

をみたすものが唯一つ存在する．命題 4.8 により，$\mathfrak{p}_v$ が $\mathfrak{f}$ を割り切らない $v \in \mathbf{h}$ は K で不分岐である．このような v に対し $\varpi_v \in F_v^\times$ を $F_\mathbf{A}^\times$ の元とみると，定理 4.7 により $\mathfrak{a}(\varpi_v)|K$ は $\mathfrak{p}_v$ の Frobenius 置換を与えている．この事実を同型 $\mathrm{Gal}(K/F) \cong I_\mathfrak{m}/H_\mathfrak{m}$ についてみると次の Artin 相互律が得られる．

定理 4.14 $I_\mathfrak{m}$ の素イデアル $\mathfrak{p}$ に Frobenius 置換を対応させることにより，同型 $I_\mathfrak{m}/H_\mathfrak{m} \cong \mathrm{Gal}(K/F)$ が得られる．

今 K において $\mathfrak{f}$ のある素因子は不分岐であり得る．このとき法 $\mathfrak{m}$ はより小さいものに取り替えることができる．これは類体論におけるやや微妙な現象である．簡単な例をあげる．

例 4.15 F は実二次体とする．F を $\mathbf{R}$ の部分体と考え，恒等埋め込み $F \hookrightarrow \mathbf{R}$ に対応する無限素点を ∞_1, 他の無限素点を ∞_2 と書く．ϵ は F の基本単数とする．$\mathfrak{m} = (1)\infty_1\infty_2$ とする．このとき

$$[E:E_\mathfrak{m}] = \begin{cases} 2, & N(\epsilon)=1 \text{ のとき,} \\ 4, & N(\epsilon)=-1 \text{ のとき} \end{cases}$$

となる．よって補題 4.11 を用いれば，$N(\epsilon) = 1$ のとき，$P_\mathfrak{m}$ に対応する類体 K は $P_{(1)\infty_1}$ に対応する類体と同じであり，$(1)\infty_1\infty_2$ は $(1)\infty_1$ に落ちる．

次に $F = \mathbf{Q}(\sqrt{5})$ としよう．F の基本単数は $\epsilon = (1+\sqrt{5})/2$ である．$\mathfrak{m} = \mathfrak{f} = (2)$ と取る．$E_\mathfrak{m} = \langle \epsilon^3, -1 \rangle$ であるから，$[E:E_\mathfrak{m}] = 3$ を得る．補題 4.12 を用いれば，$P_\mathfrak{m}$ に対応する類体 K は $P_{(1)}$ に対応する類体 ($=F$) と同じであり，法 (2) は (1) に落ちる．

$K \subset F_\mathrm{ab}$ は F の有限次 Abel 拡大体とする．K の F 上の類体としての導手 (conductor) の概念を定義しておこう．二つの形式的積 $\mathfrak{m} = \mathfrak{f}v_1 \cdots v_r$, $\mathfrak{m}' = \mathfrak{f}'v_1' \cdots v_s'$ についてその大小関係を

$$\mathfrak{m} \leq \mathfrak{m}' \iff \mathfrak{f} \mid \mathfrak{f}' \text{ かつ } \{v_1,\ldots,v_r\} \subset \{v_1',\ldots,v_s'\}$$

で定める.このとき $F^\times N_{K/F}(K_\mathbf{A}^\times) \supset J(\mathfrak{m})$ をみたす $\mathfrak{m}$ に最小のものがあることは明らかである.この $\mathfrak{m}$ を K の F 上の類体としての導手という.

定理 4.16 F は有限次代数体とする.F の共役差積 (different) を $\mathfrak{d}_F$ と書く.$\mathfrak{d}_F$ の F のイデアル類群における類は平方類である.

［証明］ $I = F_\mathbf{A}^\times / (F^\times \prod_{v \in \mathbf{h}} \mathcal{O}_{F_v}^\times F_\infty^\times)$ とおく.(1.3) の写像により I は F のイデアル類群に同型である.χ は I の位数 2 の指標とする.K は χ に対応する F の二次拡大体とする.即ち $F^\times N_{K/F}(K_\mathbf{A}^\times) = \mathrm{Ker}(\chi)$ をみたす体である.命題 3.15 により $\epsilon(s, \chi) = 1$ を得る.一方,定理 3.9, (3.18), (3.22), (3.24) によれば $\mathfrak{d}_F = \prod_{v \in \mathbf{h}} \mathfrak{p}_v^{e_v}$ と分解するとき,$\epsilon(1/2, \chi) = \prod_{v \in \mathbf{h}} \chi_v(\varpi_v^{e_v})$ である.よって I の任意の位数 2 の指標 χ に対して $\prod_{v \in \mathbf{h}} \chi_v(\varpi_v^{e_v}) = 1$ となる.これは F のイデアル類群の任意の位数 2 の指標 ω に対して $\omega(\mathfrak{d}_F) = 1$ を意味するから,$\mathfrak{d}_F$ の類は平方類である. □

証明の最後のステップで次の問題の結果を使った.

問題 4.17 A は有限 Abel 群,$d \in A$ とする.A の任意の位数 2 の指標 χ に対して $\chi(d) = 1$ ならば,$c \in A$ があって $d = c^2$ となることを示せ.

定理 4.16 は Hecke の定理 ([He], Satz 176, [W3], p.291) である.狭義イデアル類群への一般化については Armitage [A] を参照されたい.この結果をさらに拡張することも可能であろう.ここでは著者が得た結果を研究課題としてあげておくに止める.

問題 4.18 $\mathfrak{p}$ は F の素イデアルで $(2)\mathfrak{d}_F$ を割り切らないとする.$\mathfrak{p}$ は $p\mathbf{Z} = \mathfrak{p} \cap \mathbf{Z}$ の上にある F の唯一つの素イデアルであると仮定する.$d = [F : \mathbf{Q}]$ とおく.$p \equiv 1 \mod 4$ ならば d は奇数,$p \equiv 3 \mod 4$ ならば $d \equiv 2 \mod 4$ と仮定する.このとき $\mathfrak{d}_F$ の $I_\mathfrak{p}/P_\mathfrak{p}$ における類は平方類であることを示せ.

5. 代 数 群

定義 5.1 G は代数多様体 (必ずしも既約ではない) で同時に群であり群演算

$$G \times G \ni (g_1, g_2) \longrightarrow g_1 g_2 \in G, \qquad G \ni g \longrightarrow g^{-1} \in G$$

が代数多様体の morphism であるとき, G は代数群であるという. F は体とする. G と群演算の morphism が F 上に定義されるとき G は F 上に定義されるという.

G が F 上に定義された代数群であるとき, F の拡大体 K に対し $G(K)$ は G の K-有理点の成す群を表す.

注意 5.2 e を G の単位元とする. G が F 上に定義されるとき, $e \in G(F)$ である. これは比較的容易に証明される事実 $G(F_s) \neq \emptyset$ ([S], p.193 参照) を用いれば次のように示される. ここに F_s は F の分離代数閉包である. $g \in G(F_s)$ をとり等式 $g \cdot g^{-1} = e$ を考える. $e \in G(F_s)$ がわかる. これに $\sigma \in \mathrm{Gal}(F_s/F)$ を作用させると $g^\sigma \cdot (g^{-1})^\sigma = e^\sigma$ を得るが, 逆元をとる演算が F 上定義される morphism であることから $(g^{-1})^\sigma = (g^\sigma)^{-1}$ がわかる. よって $e^\sigma = e$ が得られ, $e \in G(F)$ が従う.

定義 5.3 G, G' は代数群とする. 代数多様体の morphism $\varphi : G \longrightarrow G'$ が準同型であるとき, φ は代数群の準同型であるという. φ が代数多様体としての同型であるとき, φ は G から G' の上への同型であるという.

代数群 G の単位元の連結成分 (Zariski 位相による) を G^0 で表す. G が F 上に定義されていれば, G^0 も F 上に定義された代数群である. G が代数多様体として (絶対) 既約であるためには $G = G^0$ が必要十分である.

問題 5.4 G は代数群, H は G の閉部分群とする. このとき $H^0 \subset G^0$ であることを示せ.

例 5.5 (1) 群 $\mathbf{G}_a$: アフィン直線 $\mathbf{A}^1$ に $xy = x + y$ で演算を定義した代数群である. 素体 k 上に定義され, k の拡大体 K に対して $\mathbf{G}_a(K) = K$ である.

(2) 群 $\mathbf{G}_m$: アフィン平面 $\mathbf{A}^2$ の Zariski 閉集合 $\{(x,y) \in \mathbf{A}^2 \mid xy = 1\}$ 上に $(x_1, y_1)(x_2, y_2) = (x_1 x_2, y_1 y_2)$ で演算を定義した代数群である. 素体 k 上に定義され, k の拡大体 K に対して $\mathbf{G}_m(K) \cong K^\times$ である.

(3) 群 $\mathrm{GL}(n)$: $\mathbf{A}^{n^2}$ の座標を (x_{ij}), $1 \leq i, j \leq n$ と取っておく. $\mathbf{A}^{n^2+1}$ の Zariski 閉集合 $\{(x,y) \mid x = (x_{ij}) \in \mathbf{A}^{n^2}, y \in \mathbf{A}^1, \det(x)y = 1\}$ 上に $(x_1, y_1)(x_2, y_2) = (x_1 x_2, y_1 y_2)$ で演算を定義した代数群である. 素体 k 上に定義され, k の拡大体 K に対して $\mathrm{GL}(n)(K) \cong \mathrm{GL}(n, K)$ である. $\mathbf{G}_m = \mathrm{GL}(1)$ である.

V は体 F 上の n 次元ベクトル空間とする. V から V への同型写像全体の成す群を $\mathrm{GL}(V, F)$ と書く. F 上定義された代数群 $\mathrm{GL}(V)$ があって, F の拡大体 K に対して $\mathrm{GL}(V)(K) = \mathrm{GL}(V \otimes_F K, K)$ となる. F 上の代数群として $\mathrm{GL}(V) \cong \mathrm{GL}(n)$ である.

(4) V は体 F 上の n 次元ベクトル空間とする. $f : V \times V \longrightarrow F$ は非退化交代形式とする. 即ち f は非退化双一次形式で $f(x,x) = 0$ をみたすとする. F の標数が 2 でなければ, この条件は $f(y,x) = -f(x,y)$ と同値である. $G = \{g \in \mathrm{GL}(V) \mid f(gx, gy) = f(x,y)\}$ により F 上の代数群が定義される. G を $\mathrm{Sp}(V, f)$ と書く. n は偶数であり, G の F 上の同型類は n のみに依存し, f のとり方によらない. F の拡大体 K に対して $\mathrm{Sp}(V,f)(K) \cong \mathrm{Sp}(n,K)$ である. ここに $J_n = \begin{pmatrix} 0 & E_n \\ -E_n & 0 \end{pmatrix}$ として

$$\mathrm{Sp}(n, K) = \left\{ g \in \mathrm{GL}(2n, K) \mid {}^t g J_n g = J_n \right\}$$

である. G を n 次の symplectic 群といい, $\mathrm{Sp}(n)$ と書く. また

$$\mathrm{GSp}(n, K) = \left\{ g \in \mathrm{GL}(2n, K) \mid {}^t g J_n g = \mu(g) J_n, \ \mu(g) \in K^\times \right\}$$

とおく. F 上定義された代数群 $\mathrm{GSp}(n)$ で $\mathrm{GSp}(n)(K) = \mathrm{GSp}(n, K)$ をみたすものがある. $\mathrm{GSp}(n)$ を n 次の symplectic similitude 群という.

(5) V は体 F 上の n 次元ベクトル空間とする. $f : V \times V \longrightarrow F$ は非退化対称双一次形式とする. $G = \{g \in \mathrm{GL}(V) \mid f(gx, gy) = f(x,y)\}$ により F 上の代数群が定義される. G を $\mathrm{O}(V, f)$ と書く. 一般に G の F 上の同型類は f のとり方に依存する. G を直交群という.

定義 5.6 $\mathrm{GL}(V)$ の Zariski 閉集合で代数群になっているもの (に同型な代数群) を線型代数群という.

例 5.5 で定義した群は全て線型代数群である.

以下の章で用いる代数群についての基本概念を簡単に述べる. [B], [Hu], [S] などの教科書によって確認されたい. 部分群は全て部分代数群を意味する. G は F 上に定義された線型代数群とする.

(i) G を $\mathrm{GL}(n)$ の部分群とみる. G の元は $\mathrm{GL}(n)$ の元として対角化可能であるとき半単純 (semisimple), 固有値が全て 1 であるときユニポテント (unipotent)

であるという．これは埋め込み $G \subset \mathrm{GL}(n)$ のとり方に依存しない．$g \in G$ は一意的に $g = su$, s は半単純, u はユニポテント, s と u は可換と G の中で分解される．これを g の Jordan 分解という．F が標数 0 ならば, $g \in G(K)$ のとき s, $u \in G(K)$ である．ここに K は F の拡大体である．G の全ての元がユニポテントであるとき, G はユニポテントであるという．

以下簡単のため G は連結であると仮定する．

(ii) G の連結可解部分群の中で極大なものを G の Borel 部分群という．G の Borel 部分群は $(G(\bar{F}), \bar{F}$ は F の代数的閉包, の元によって) 互いに共役である．

(iii) G の部分群 P がある Borel 部分群を含むとき parabolic 部分群という．この条件は G/P が射影代数多様体になることと同値である．

(iv) G から $\mathbf{G}_m$ への準同型を G の指標 (character) という．$\mathbf{G}_m$ から G への準同型を G の cocharacter という．G の指標全体の集合を $X^*(G)$, cocharacter 全体の集合を $X_*(G)$ と書く．これらは共に群を成す．

(v) $\mathbf{G}_m^n$ に同型な代数群をトーラス (torus) という．T はトーラスとする．F 上で $T \cong \mathbf{G}_m^n$ となるとき, T は F 上で分裂 (split) するという．

(vi) G の部分群でトーラスであるものの中で極大なものを G の極大トーラス (maximal torus) という．極大トーラスは互いに共役である．G が F 上で分裂する極大トーラスをもつとき, G は F 上分裂するという．G が F 上に定義される Borel 部分群をもつとき, G は F 上 quasi-split であるという．

(vii) G の最大連結可解正規部分群を G の根基 (radical) という．$R(G)$ と書く．G の最大連結ユニポテント正規部分群を G のユニポテント根基 (unipotent radical) という．$R_u(G)$ と書く．$R_u(G)$ は $R(G)$ のユニポテント元全体の集合である．$R(G)$ がトーラスであるとき G は reductive, $R(G) = \{1\}$ であるとき G は半単純 (semisimple) であるという．

例 5.7 $G = \mathrm{GL}(n)$, $n \geq 2$ とする．B は G の上半三角行列全体の成す部分群とする．B は G の Borel 部分群であり, G/B は旗多様体と呼ばれる射影多様体の一種で $(n-1)n/2$ 次元である．G の根基 $R(G)$ はスカラー行列全体の成す部分群である．よって $R(G) \cong \mathbf{G}_m$ であり G は reductive である．$n = n_1 + n_2 + \cdots + n_k$ は正整数 n_i による n の分割とする．P は次の形の行列全体からなる G の部分群とする．

$$P = \left\{ \begin{pmatrix} A_{11} & A_{12} & A_{13} & \cdots & A_{1n} \\ 0 & A_{22} & A_{23} & \cdots & A_{2n} \\ 0 & 0 & A_{33} & \cdots & A_{3n} \\ \vdots & \vdots & \vdots & \ddots & \vdots \\ 0 & 0 & 0 & \cdots & A_{kk} \end{pmatrix} \right\}.$$

ここに $A_{ij} \in M(n_i, n_j)$ で $A_{ii} \in \mathrm{GL}(n_i)$ である．B を含む G の部分群はこのような P のどれかに一致する．また P のユニポテント根基 U は次の形の行列全体からなる G の部分群である．

$$U = \left\{ \begin{pmatrix} E_{n_1} & A_{12} & A_{13} & \cdots & A_{1n} \\ 0 & E_{n_2} & A_{23} & \cdots & A_{2n} \\ 0 & 0 & E_{n_3} & \cdots & A_{3n} \\ \vdots & \vdots & \vdots & \ddots & \vdots \\ 0 & 0 & 0 & \cdots & E_{n_k} \end{pmatrix} \right\}.$$

ここに E_{n_i} は $\mathrm{GL}(n_i)$ の単位行列である．

第 X 章以下で用いる代数多様体の係数体の制限 (restriction of scalars) を説明しておこう ([W2] 参照)．F は体，K は F の有限次分離的代数拡大体，M は K の F 上の Galois 閉包とする．X は K 上に定義された代数多様体とする．このとき F 上に定義される代数多様体 Y が定まって任意の F 代数 L に対して $Y(L) = X(K \otimes_F L)$ が成り立つ．ここに $X(K \otimes_F L)$ は X の $K \otimes_F L$ 値点の集合を表す．K から代数的閉包 $\overline{K}$ の中への F 同型の集合を $\sigma_1, \ldots, \sigma_n$, $n = [K : F]$ とすると同型 $Y \cong \sigma_1(X) \cdots \times \sigma_n(X)$ が M 上で成り立つ．Y の F 上の同型類は一意的に定まる．Y を $\mathrm{Res}_{K/F}(X)$ と書く．X が射影代数多様体ならば Y もそうであり，X がアフィン代数多様体ならば Y もアフィンである．X が K 上の線型代数群ならば，Y は F 上の線型代数群である．

6. 代数群のアデール化

F は大域体とする．F 上の線型代数群 G のアデール化を定義する．F の素点 v に対し $G_v = G(F_v)$ とおく．まず $G = \mathrm{GL}(n)$ のときを考える．$v \in \mathbf{h}$ のとき

$K_v = \mathrm{GL}(n, \mathcal{O}_v)$ とおく. 単因子論により $G_v = K_v D_v K_v$ となる. ここに D_v は対角行列で対角成分が素元のベキであるものの集合である. これから K_v が G_v の極大コンパクト部分群であることがわかる. $G_\mathbf{A} = \prod'_v G_v$ は K_v についての G_v の制限直積とする. $G_\mathbf{A}$ の位相は

$$\prod_{v \notin S} K_v \times \prod_{v \in S} U_v$$

の形の集合を単位元の基本近傍系とすることで与える. ここに S は $\mathbf{a}$ を含む F の素点の有限集合, U_v は G_v の単位元を含む任意の開集合である. $G_F = G(F)$ は対角に $G_\mathbf{A}$ に埋め込まれ G_F は $G_\mathbf{A}$ の離散的部分群である. F のイデール群 $F_\mathbf{A}^\times$ は $G = \mathrm{GL}(1)$ のときの $G_\mathbf{A}$ に他ならない.

次に G は F 上の線型代数群としよう. このとき $G_\mathbf{A}$ を定義するには K_v をどう定めるかが問題である. F 上のベクトル空間 V で G が $\mathrm{GL}(V)$ の閉部分群になるようにとる. 以下 F は代数体とするが, 函数体の場合は F の素点 v_0 をとり固定し $\mathcal{O}_F = F \cap \prod_{v \neq v_0} \mathcal{O}_v$ と定義すれば同様になる. L を V の中の格子とする. 即ち $L \subset V$ は有限生成 $\mathcal{O}_F$-加群で $L \otimes_{\mathcal{O}_F} F = V$ をみたすものである. $v \in \mathbf{h}$ に対して $L_v = L \otimes_{\mathcal{O}_F} \mathcal{O}_{F_v}$,

$$K_v = \{g \in G_v \mid gL_v = L_v\}$$

とおく. G のアデール化 (adelization) $G_\mathbf{A}$ は $G_\mathbf{A} = \prod'_v G_v$ と K_v についての制限直積として定義する. $G_\mathbf{A}$ の位相は $\mathrm{GL}(n)$ のときと同様に入れる. このとき $G_\mathbf{A}$ は局所コンパクトな位相群になり, G_F は対角に離散的部分群として $G_\mathbf{A}$ に埋め込まれる. L' を別の格子とすると, 有限個の v を除いて $L'_v = L_v$ であるから, $G_\mathbf{A}$ は L のとり方によらない. $G \subset \mathrm{GL}(V)$ となる V のとり方を変えても, $(G_\mathbf{A}, G_F)$ の同型類は変わらないことが証明できる. [*3]

G が F 上の代数群のとき, $G_\infty = \prod_{v \in \mathbf{a}} G_v$ とおく. これを $G_\mathbf{A}$ の部分群とみて, $G_\mathbf{A}$ の無限成分 (infinite part) という. 同様に K_v についての制限直積 $G_f = \prod'_{v \in \mathbf{h}} G_v$ を $G_\mathbf{A}$ の部分群とみて, $G_\mathbf{A}$ の有限成分 (finite part) という. $G_\mathbf{A} = G_f G_\infty$ であり, $g \in G_\mathbf{A}$ は $g = g_f g_\infty$, $g_f \in G_f$, $g_\infty \in G_\infty$ と一意的に分

[*3] アデール化の別法. $F^\times$ の元の有限集合を Δ として, $\mathcal{O}_F[\Delta]$ 上の群 scheme $\widetilde{G}$ があって $G = \widetilde{G} \otimes_{\mathcal{O}_F[\Delta]} F$ となる. 有限個の $v \in \mathbf{h}$ を除いて Δ の元は全て $\mathcal{O}_v$ に属する. このとき $\mathcal{O}_F[\Delta] \subset \mathcal{O}_v$ であるから $K_v = \widetilde{G}(\mathcal{O}_v)$ が定まる. その他の $v \in \mathbf{h}$ に対しては K_v は G_v の開コンパクト部分群を任意に選んでおけば $G_\mathbf{A}$ が定義できる.

解される. g_f を g の有限成分, g_∞ を無限成分という.

応用上重要な強近似定理を述べよう. F は代数体, G は F 上定義された連結代数群とする. S は F の素点の有限集合とする. $G_S = \prod_{v \in S} G_v$ とおく. $G(F)G_S$ が $G_\mathbf{A}$ で稠密なとき, (G, S) は強近似性をもつという. 次の定理は強近似定理 (strong approximation theorem) と呼ばれる. Eichler, Kneser [K1], Platonov, Prasad [PR] により順次一般の場合に証明されていったものである.

定理 6.1 G は F 上定義された代数群で半単純, 単連結, F-almost simple, G_S はコンパクトではないとする. このとき (G, S) は強近似性をもつ.

ここで単連結とは, G が不分岐な被覆をもたないことをいう. この条件は $v \in \mathbf{a}$ に対し, G を F_v 上定義された代数群とみたとき, G の $\mathbf{C}$-有理点の成す複素 Lie 群が単連結であることと同値である. G が F-almost simple とは G の中心 Z が有限群で, G/Z が F 上の代数群として単純なことである.

例 6.2 F 上分裂する代数群 $\mathrm{Sp}(n), \mathrm{SL}(n), n \geq 2, \mathrm{Spin}(n)$ (スピノール群), $n \geq 3$ を考えると, 任意の $v \in \mathbf{h} \cup \mathbf{a}$ に対して $S = \{v\}$ として条件が成り立つ. よって $G(F)G_v$ は $G_\mathbf{A}$ で稠密である.

例 6.3 $F = \mathbf{Q}, G = \mathrm{SL}(n), n \geq 2, S = \{\infty\}$ とする. 強近似定理を用いて, 任意の正整数 $N \geq 2$ に対して自然準同型 $\mathrm{SL}(n, \mathbf{Z}) \longrightarrow \mathrm{SL}(n, \mathbf{Z}/N\mathbf{Z})$ が全射であることを示そう. (これは勿論直接証明したほうがよいわけだが, 強近似定理の使い方の例だと思っていただきたい.) $g \in \mathrm{SL}(n, \mathbf{Z}/N\mathbf{Z})$ をとる. $N = \prod_{i=1}^m p_i^{e_i}$ を N の素因数分解とする. このとき標準的に $\mathrm{SL}(n, \mathbf{Z}/N\mathbf{Z}) \cong \prod_{i=1}^m \mathrm{SL}(n, \mathbf{Z}/p_i^{e_i}\mathbf{Z})$ であるから, g に対応する右辺の元を $(g_1, \ldots, g_m)$ とする. $\widetilde{g}_i \in \mathrm{SL}(2, \mathbf{Z}_{p_i})$ を $\widetilde{g}_i \mod p_i^{e_i} = g_i$ と取る. $\widetilde{g} \in G_\mathbf{A}$ は p_i 成分が $\widetilde{g}_i, 1 \leq i \leq m$ それ以外の成分が 1 である元とする. 素数 p に対して $p = p_i, 1 \leq i \leq m$ のとき

$$K_p = \{x \in \mathrm{SL}(n, \mathbf{Z}_p) \mid x \equiv 1 \mod p^{e_i}\},$$

それ以外のとき $K_p = \mathrm{SL}(n, \mathbf{Z}_p)$ とおく. 強近似定理により

$$G(\mathbf{Q}) \prod_p K_p G_\infty = G_\mathbf{A}, \qquad G_\infty = \mathrm{SL}(n, \mathbf{R})$$

となる. よって $\gamma \in G(\mathbf{Q}), h \in G_\infty, k \in \prod_p K_p$ があって

$$\gamma h = gk \tag{6.1}$$

となる. $\gamma \in \mathrm{SL}(n, \mathbf{Q}) \cap \prod_p \mathrm{SL}(n, \mathbf{Z}_p)$ ゆえ $\gamma \in \mathrm{SL}(n, \mathbf{Z})$ である. このとき (6.1) より $\gamma \equiv \widetilde{g}_i \mod p_i^{e_i}, 1 \leq i \leq m$ が得られ, 問題の全射性がわかる.

7. $\mathrm{GL}(2, \mathbf{Q_A})$ 上の保型形式

モジュラー形式 $f \in G_l(\Gamma_0(N), \psi)$ から $\mathrm{SL}(2, \mathbf{R})$ 上の函数を次のように作る.

$$r(\theta) = \begin{pmatrix} \cos\theta & \sin\theta \\ -\sin\theta & \cos\theta \end{pmatrix}, \qquad K = \mathrm{SO}(2, \mathbf{R}) = \{r(\theta) \mid \theta \in \mathbf{R}\}$$

とおく. $K = \{g \in \mathrm{SL}(2, \mathbf{R}) \mid gi = i\}$ である.

$$\widetilde{f}(g) = f(gi) j(g, i)^{-l}, \qquad g \in \mathrm{SL}(2, \mathbf{R})$$

によって $\mathrm{SL}(2, \mathbf{R})$ 上の函数 $\widetilde{f}$ を定義する. このとき $k = r(\theta)$ に対し

$$\widetilde{f}(gk) = f(gi) j(gk, i)^{-l} = f(gi) j(g, i)^{-l} j(k, i)^{-l}$$

ゆえ

$$\widetilde{f}(gr(\theta)) = \widetilde{f}(g) e^{li\theta}, \qquad g \in \mathrm{SL}(2, \mathbf{R}) \tag{7.1}$$

を得る. また $\gamma = \begin{pmatrix} a & b \\ c & d \end{pmatrix} \in \Gamma_0(N)$ について

$$\widetilde{f}(\gamma g) = f(\gamma gi) j(\gamma g, i)^{-l} = f(\gamma gi) j(\gamma, gi)^{-l} j(g, i)^{-l} = \psi(d) f(gi) j(g, i)^{-l}$$

ゆえ

$$\widetilde{f}(\gamma g) = \psi(d) \widetilde{f}(g), \qquad \gamma = \begin{pmatrix} a & b \\ c & d \end{pmatrix} \in \Gamma_0(N), \quad g \in \mathrm{SL}(2, \mathbf{R}) \tag{7.2}$$

を得る. 逆に $\mathrm{SL}(2, \mathbf{R})$ 上の函数 $\widetilde{f}$ が (7.1), (7.2) をみたしたとする.

$$f(gi) = \widetilde{f}(g) j(g, i)^l, \qquad g \in \mathrm{SL}(2, \mathbf{R})$$

とおくと, $\mathfrak{H}$ 上の函数 f は well-defined である. これは $k = r(\theta) \in K$ のとき (7.1) を用いて

$$f(gki) = \widetilde{f}(gk) j(gk, i)^l = \widetilde{f}(g) e^{li\theta} j(g, i)^l j(k, i)^l = f(gi)$$

からわかる. また $\gamma = \begin{pmatrix} a & b \\ c & d \end{pmatrix} \in \Gamma_0(N)$ のとき (7.2) を用いて

$$f(\gamma gi) = \widetilde{f}(\gamma g)j(\gamma g, i)^l = \psi(d)\widetilde{f}(g)j(\gamma, gi)^l j(g, i)^l = \psi(d)f(gi)j(\gamma, gi)^l$$

がわかる. 即ち f は $G_l(\Gamma_0(N), \psi)$ の元と同じ変換性をもつ. f と $\widetilde{f}$ のこの対応をアデール群上の函数に一般化しよう.

$G = \mathrm{GL}(2)$ を $\mathbf{Q}$ 上の代数群と考え, $G_\mathbf{A}$ を G のアデール化とする. l は整数, N は正整数とする. ω は $\mathbf{Q}_\mathbf{A}^\times$ の有限位数の Hecke 指標で導手は $N\mathbf{Z}$ を割り切るとする. ω から N を法とする Dirichlet 指標 ψ を

$$\psi(a) = \prod_{p|N} \omega_p(a)^{-1}, \qquad a \in \mathbf{Z}, \quad (a, N) = 1$$

によって定義する. p は素数とする. p が N を割り切るとき, p^{e_p} は N を丁度割り切る p のベキとし

$$K_p = \left\{ \begin{pmatrix} a & b \\ c & d \end{pmatrix} \in \mathrm{GL}(2, \mathbf{Z}_p) \,\middle|\, c \equiv 0 \mod p^{e_p} \right\}$$

とおく. K_p の指標 M_p を

$$M_p(\begin{pmatrix} a & b \\ c & d \end{pmatrix}) = \omega_p(d)$$

によって定義する. p が N を割り切らないときは, $K_p = \mathrm{GL}(2, \mathbf{Z}_p)$, M_p は K_p の自明な表現とする. $\mathbf{Q}$ の無限素点を ∞ で表す.

$$K_\infty = \mathrm{SO}(2, \mathbf{R})$$

とおき. K_∞ の指標 M_∞ を

$$M_\infty(r(\theta)) = e^{il\theta}$$

にとって定義する.

$$K = \prod_v K_v, \qquad M = \otimes_v M_v$$

とおく. ここに v は $\mathbf{Q}$ の全ての素点の上を走る. Z により G の中心を表す. $Z_\mathbf{A} \cong \mathbf{Q}_\mathbf{A}^\times$ であるから, ω を $Z_\mathbf{A}$ の指標とみなすことができる. これを同じ文字 ω で表す. $\mathcal{A}_l(N, \omega)$ により, $G_\mathbf{A}$ 上の複素数値連続函数で

$$F(\gamma gkz) = \omega(z)F(g)M(k), \qquad \gamma \in G_{\mathbf{Q}},\ g \in G_{\mathbf{A}},\ k \in K,\ z \in Z_{\mathbf{A}} \qquad (7.3)$$

をみたすもの全体の成すベクトル空間を表す．$\bar{G}_l(\Gamma_0(N), \psi)$ により $\mathfrak{H}$ 上の複素数値連続函数で

$$f|_l\gamma = \psi(d)f, \qquad \gamma = \begin{pmatrix} a & b \\ c & d \end{pmatrix} \in \Gamma_0(N) \qquad (7.4)$$

をみたすもの全体の成すベクトル空間を表す．$g \in G_{\mathbf{A}}$ に対し，g_∞ は g の無限成分，g_f は G の有限成分を表す．$F \in \mathcal{A}_l(N, \omega)$ とする．$g \in \mathrm{SL}(2, \mathbf{R})$ に対し，$\widetilde{g} \in G_{\mathbf{A}}$ を $\widetilde{g}_\infty = g$, $\widetilde{g}_f = 1$ と取り

$$f(gi) = F(\widetilde{g})j(g, i)^l \qquad (7.5)$$

とおく．

定理 7.1 対応 $F \mapsto f$ により，$\mathcal{A}_l(N, \omega)$ と $\bar{G}_l(\Gamma_0(N), \psi)$ はベクトル空間として同型になる．

［証明］まず (7.5) が well-defined であることは $k \in K_\infty$ のとき

$$f(gki) = F(\widetilde{gk})j(gk, i)^l = F(\widetilde{g})M_\infty(k)j(g,i)^l j(k,i)^l = f(gi)$$

からわかる．$\gamma = \begin{pmatrix} a & b \\ c & d \end{pmatrix} \in \Gamma_0(N)$ のとき

$$\begin{aligned} f(\gamma gi) &= F(\widetilde{\gamma}\widetilde{g})j(\gamma g, i)^l = F(\widetilde{g}(\gamma_f)^{-1})j(\gamma, gi)^l j(g, i)^l \\ &= M(\gamma_f)^{-1} F(\widetilde{g})j(g, i)^l j(\gamma, gi)^l = \prod_{p|N} \omega_p(d)^{-1} f(gi) j(\gamma, gi)^l \\ &= \psi(d) f(gi) j(\gamma, gi)^l \end{aligned}$$

となる．よって $f \in \bar{G}_l(\Gamma_0(N), \psi)$ である．

逆に $f \in \bar{G}_l(\Gamma_0(N), \psi)$ とする．$Z_{\infty+}$ により Z_∞ の単位元の連結成分を表す．$Z_{\infty+} \cong \mathbf{R}_+^\times$ である．強近似定理から

$$\mathrm{SL}(2, \mathbf{Q}_{\mathbf{A}}) = \mathrm{SL}(2, \mathbf{Q}) \prod_p (K_p \cap \mathrm{SL}(2, \mathbf{Z}_p)) \mathrm{SL}(2, \mathbf{R})$$

であり，$\mathbf{Q}_{\mathbf{A}}^\times = \mathbf{Q}^\times \prod_p \mathbf{Z}_p^\times \mathbf{R}_+^\times$ を用いて

$$G_{\mathbf{A}} = G_{\mathbf{Q}} \prod_p K_p \mathrm{SL}(2, \mathbf{R}) Z_{\infty+}$$

がわかる.

$$F(\gamma g z k) = M(k) f(gi) j(g, i)^{-l},$$
$$\gamma \in G_{\mathbf{Q}},\ g \in \mathrm{SL}(2, \mathbf{R}),\ z \in Z_{\infty+},\ k \in K \tag{7.6}$$

とおく. (7.6) が well-defined であることを確かめよう. $\gamma g z k = \gamma_1 g_1 z_1 k_1$ とする. 両辺の行列式をみて $z = z_1$ がわかる. このとき

$$\gamma_1^{-1} \gamma = g_1 k_1 k^{-1} g^{-1} \Longrightarrow (\gamma_1^{-1} \gamma)_f \in \prod_p K_p \Longrightarrow \gamma_1^{-1} \gamma \in \Gamma_0(N)$$

がわかる. $\delta = \gamma_1^{-1} \gamma$ とおく. $g_1 = \delta g k_\infty (k_1)_\infty^{-1}$ である. $\delta_p = (k_1)_p k_p^{-1}$ であるから

$$F(\gamma_1 g_1 z_1 k_1) = M(k_1) f(g_1 i) j(g_1, i)^{-l} = M(k_1) f(\delta g i) j(\delta g k_\infty (k_1)_\infty^{-1}, i)^{-l}$$
$$= M(k_1) f(\delta g i) j(\delta, gi)^{-l} j(g, i)^{-l} j(k_\infty, i)^{-l} j((k_1)_\infty^{-1}, i)^{-l}$$
$$= M(k_1) \prod_p M_p((k_1)_p^{-1} k_p) f(gi) j(g, i)^{-l} M_\infty(k_\infty) M_\infty((k_1)_\infty)^{-1}$$
$$= M(k) f(gi) j(g, i)^{-l}$$

を得る. これで (7.6) が well-defined であり, $G_{\mathbf{A}}$ 上の函数 F が定まることがわかった. このとき明らかに F は

$$F(\gamma g k z) = F(g) M(k), \qquad \gamma \in G_{\mathbf{Q}},\ g \in G_{\mathbf{A}},\ k \in K,\ z \in Z_{\infty+}$$

をみたす. よって

$$F(zg) = \omega(z) F(g), \qquad z \in Z_{\mathbf{A}},\ g \in G_{\mathbf{A}} \tag{7.7}$$

を示せば F は (7.3) をみたすことがわかる. 分解 $\mathbf{Q}_{\mathbf{A}}^\times = \mathbf{Q}^\times \prod_p \mathbf{Z}_p^\times \mathbf{R}_+^\times$ に応じて $z \in Z_{\mathbf{A}}$ を $z = z_1 z_2 z_3$ と分解すれば, ω は有限位数ゆえ $\omega(z_3) = 1$ で $F(zg) = \prod_p \omega_p((z_2)_p) F(z) = \omega(z) F(z)$ であるから, (7.7) が成り立つ. (7.5) と (7.6) が互いに逆写像になっていることは容易に確かめられるから, $\mathcal{A}_l(N, \omega) \cong \bar{G}_l(\Gamma_0(N), \psi)$ である. □

第 V 章 p 進群の表現論の基礎

1. 許容表現

まず群の表現について一般的な用語を述べておこう. G は群, V は $\mathbf{C}$ 上の必ずしも有限次元とは限らないベクトル空間, $\pi : G \longrightarrow \mathrm{GL}(V)$ は準同型とする. このとき π は G の V における表現であるという. V を入れて (π, V) は G の表現であるともいう. $V = \{0\}$ のとき π を零表現というが, 通例として零表現は表現の中から除外する. V の部分空間 W は $\pi(g)W \subset W$ が任意の $g \in G$ に対して成り立つとき, 不変部分空間 (invariant subspace) であるという. 自明でない不変部分空間が存在しないとき, 即ち V と $\{0\}$ 以外に不変部分空間が存在しないとき, π は既約であるという. W は自明でない不変部分空間とする. このとき $(\pi|W, W)$ は G の表現になる. これを π の部分表現という. また商空間 V/W において G の表現 τ が $\tau(g)(v \bmod W) = \pi(g)v \bmod W$ とおくことにより定義される. これを π の商表現という. より一般に $W \supsetneq Z$ は V の二つの不変部分空間とする. このとき W/Z において G の表現が定義される. これを π の部分商 (subquotient) 表現という. K は G の部分群, $v \in V$ とする. $\pi(k)v, k \in K$ が V の有限次元部分空間を張るとき, v は K-有限 (K-finite) であるという. $(\pi_1, V_1), (\pi_2, V_2)$ は G の表現とする. ベクトル空間の同型写像 $f : V_1 \cong V_2$ があって, $f \circ \pi_1(g) = \pi_2(g) \circ f$, $\forall g \in G$ が成り立つとき, π_1 と π_2 は同値であるといい, $\pi_1 \cong \pi_2$ と書く.

G は局所コンパクトな Hausdorff 位相群とする. dg は G の Haar 測度とする. G から $\mathbf{R}_+^\times$ への連続準同型 δ_G があって

$$d(gs) = \delta_G(s)dg, \quad s \in G$$

が成り立つ. δ_G を G のモジュラー函数という. $\delta_G(g) = 1, \forall g \in G$ であるとき, 即ち G が左右不変測度をもつとき G はユニモジュラーであるという. δ_G を δ と略記することもある. F は局所体, $\mathbf{G}$ は F 上に定義された代数群とする. $\mathbf{G}$ の

F-有理点の成す群 $\mathbf{G}(F)$ は $\mathbf{G}$ が reductive (またはユニポテント) ならば位相群としてユニモジュラーである.

G は局所コンパクトな完全非連結群とする. G 上の局所定数である複素数値関数全体が成す空間を $C^\infty(G)$ と書く. $C^\infty(G)$ の関数で台がコンパクトなもの全体が成す空間を $C_c^\infty(G)$ と書く. $C_c^\infty(G)$ が合成積を乗法として成す $\mathbf{C}$-代数を $\mathcal{H}(G)$, または簡単に $\mathcal{H}$ と書く. G の Hecke 代数という.[*1] K は G の開コンパクト部分群とする. $\mathcal{H}(G)$ の元で K により両側不変なものの成す集合を $\mathcal{H}(G,K)$ と書く. $\mathcal{H}(G,K)$ は $\mathcal{H}(G)$ の部分代数を成す. (この代数は乗法単位元をもち, 第 II 章では $\mathcal{H}_\mathbf{C}(G,K)$ と書いた.)

補題 1.1 任意の $f \in \mathcal{H}(G)$ に対し, G の開コンパクト部分群 K があって, $f \in \mathcal{H}(G,K)$ となる.

[証明] L を f の台とする. f は局所定数であるから, 各 $x \in L$ に対し G の開コンパクト部分群 K_x があって $f(kx) = f(x), \forall k \in K_x$ となる. L はコンパクトであるから, 有限個の $x_1, \ldots, x_N$ があって $L = \bigcup_{i=1}^N K_{x_i} x_i$ となる. このとき $K^l = \bigcap_{i=1}^N K_{x_i}$ とおくと K^l は G の開コンパクト部分群で f は K^l で左不変となる. 同様にして G の開コンパクト部分群 K^r があって f は K^r で右不変になることがわかる. $K = K^l \cap K^r$ とおくと, K は G の開コンパクト部分群で $f \in \mathcal{H}(G,K)$ である. □

系 K が G の開コンパクト部分群を走るとき, $\mathcal{H}(G) = \bigcup_K \mathcal{H}(G,K)$ である.

(π, V) は G の表現とする. $v \in V$ に対し v の安定化群 (stabilizer) を G_v と書く.

$$G_v = \{g \in G \mid \pi(g)v = v\}$$

である. G の部分群 K に対し

$$V^K = \{v \in V \mid \pi(k)v = v, \quad \forall k \in K\}$$

とおく. V^K は V の部分空間である. 次の条件 (1.1) が成り立つとき π は G の滑らかな (smooth) 表現, さらに (1.2) も成り立つとき π は G の許容表現 (admissible

---

[*1] 一般に $\mathcal{H}$ は単位元をもたない. 環は乗法単位元をもつとしたので, Hecke 環ではなく Hecke 代数と呼ぶことにする.

representation) であるという.

$$\text{任意の } v \in V \text{ に対し } G_v \text{ は } G \text{ の開部分群である.} \tag{1.1}$$

$$\text{任意の開部分群 } K \text{ に対し } V^K \text{ は有限次元である.} \tag{1.2}$$

π が許容表現ならば, π の部分商表現も許容表現である. これをみるには π の部分表現と商表現について示せば十分である. 部分表現については明らかであるから, 商表現 $(\tau, V/W)$ について考える. τ が滑らかであるのは明らかである. K を G の開コンパクト部分群として $\dim(V/W)^K < \infty$ を示せばよい. v mod $W \in (V/W)^K$ とする. $v_0 = \frac{1}{\text{vol}(K)} \int_K \pi(k)vdk$ とおくと, $v_0 \in V^K$ であるが, $v_0 = \frac{1}{n}\sum_{i=1}^n \pi(k_i)v, k_i \in K$ と書けるゆえ $v_0 \equiv v \mod W$ がわかる. 即ち自然写像 $V^K \mapsto (V/W)^K$ は全射である.

$f \in \mathcal{H}, g \in G$ に対し, f の左移動 $l(g)f$, 右移動 $r(g)f \in \mathcal{H}$ を

$$(l(g)f)(x) = f(g^{-1}x), \qquad (r(g)f)(x) = f(xg), \quad x \in G$$

によって定義する. このとき簡単な計算により

$$f * l(g)h = \delta(g)(r(g^{-1})f * h), \qquad f, h \in \mathcal{H}, g \in G \tag{1.3}$$

が確かめられる. π は (1.1) をみたす G の表現とする. $f \in \mathcal{H}, v \in V$ に対し

$$\bar{\pi}(f)v = \int_G f(g)\pi(g)vdg \tag{1.4}$$

とおく. 補題 1.1 を用いれば G の開コンパクト部分群 K があって, $f \in \mathcal{H}(G, K)$, $v \in V^K$ となる. このとき積分 (1.4) が有限和で書けることは容易にわかる. $\bar{\pi}(f) \in \text{End}(V)$ である. $f \mapsto \bar{\pi}(f)$ は $\mathbf{C}$-代数の準同型 $\mathcal{H} \longrightarrow \text{End}(V)$ を与える. 実際

$$\begin{aligned}
\bar{\pi}(f_1)\bar{\pi}(f_2)v &= \int_G f_1(g)\pi(g)(\bar{\pi}(f_2)v)dg \\
&= \int_G f_1(g)\pi(g)\left(\int_G f_2(h)\pi(h)vdh\right)dg \\
&= \int_G \int_G f_1(g)f_2(h)\pi(gh)vdhdg \\
&= \int_G \int_G f_1(g)f_2(g^{-1}h_1)\pi(h_1)dh_1dg
\end{aligned}$$

$$= \int_G (f_1 * f_2)(h_1)\pi(h_1)v dh_1 = \bar{\pi}(f_1 * f_2)(v)$$

であるから．この Hecke 代数の表現 $\bar{\pi}$ について条件

$$\text{任意の } v \in V \text{ に対し } \bar{\pi}(f)v = v \text{ をみたす } f \in \mathcal{H} \text{ が存在する} \tag{1.5}$$

が成り立つ．これをみるには $v \in V^U$ となる開部分群 U をとって，$f = \mathrm{ch}(U)/\mathrm{vol}(U)$ とすればよい．

$\bar{\pi} : \mathcal{H} \longrightarrow \mathrm{End}(V)$ は (1.5) をみたす Hecke 代数の表現とする．このとき G の表現 π が次のように構成される．$v \in V$ に対し $f \in \mathcal{H}$ を $\bar{\pi}(f)v = v$ と取って

$$\pi(g)v = \bar{\pi}(l(g)f)v, \qquad g \in G \tag{1.6}$$

とおく．まず (1.6) が well-defined であることを確かめよう．このためには $h \in \mathcal{H}$ が $\bar{\pi}(h)v = 0$ をみたすとき，$\bar{\pi}(l(g)h)v = 0$ を示せば十分である．$w = \bar{\pi}(l(g)h)$ とおき，$f_1 \in \mathcal{H}$ を $\bar{\pi}(f_1)w = w$ と取る．(1.3) により

$$w = \bar{\pi}(f_1)\bar{\pi}(l(g)h)v = \bar{\pi}(f_1 * l(g)h)v = \delta(g)\bar{\pi}(r(g^{-1})f_1 * h)v$$
$$= \delta(g)\bar{\pi}(r(g^{-1})f_1)\bar{\pi}(h)v = 0$$

であるから，well-defined であることがわかった．次に (1.6) で定義される π が表現であることを示す．$\bar{\pi}(f)v = v$ のとき $h = \delta(g)^{-1}r(g)l(g)f$ と取ると，(1.3) により

$$\bar{\pi}(h)\bar{\pi}(l(g)f)v = \bar{\pi}(l(g)f * f)v = \bar{\pi}(l(g)f)v$$

となる．よって (1.3) により

$$\pi(g_1)(\pi(g_2)v) = \bar{\pi}(\delta(g_2)^{-1}l(g_1)r(g_2)l(g_2)f)\pi(g_2)v$$
$$= \bar{\pi}(\delta(g_2)^{-1}r(g_2)l(g_1g_2)f)\bar{\pi}(l(g_2)f)v$$
$$= \bar{\pi}(l(g_1g_2)f * f)v = \bar{\pi}(l(g_1g_2)f)v = \pi(g_1g_2)v$$

を得て π が表現であることがわかる．$h, g \in \mathcal{H}, v \in V$ について $\int_G h(g)\bar{\pi}(l(g)f)v dg$ を考えると，ある開部分群 U があって $l(g)f = f$, $g \in U$ であるから，この積分は有限和で書けて $\bar{\pi}(\int_G h(g)l(g)f dg)v$ に等しいことがわかる．よって

$$\int_G h(g)\bar{\pi}(l(g)f)v dg = \bar{\pi}(h * f)v, \qquad h, f \in \mathcal{H}, v \in V \tag{1.7}$$

が成り立つ. 特に $\bar{\pi}(f)v = v$ ならば $\int_G h(g)\bar{\pi}(l(g)f)vdg = \bar{\pi}(h)v$ を得る. これは $\bar{\pi}$ から G の表現 π を (1.6) により作って, π から $\mathcal{H}$ の表現を (1.4) で作れば, これは元の $\bar{\pi}$ であることを示している. よって (1.1) をみたす G の表現と (1.5) をみたす $\mathcal{H}$ の表現は一対一に対応する. この証明により次の二つの事実もわかる. π が既約であることと $\bar{\pi}$ が既約であることは同値である. (π_1, V_1), (π_2, V_2) は (1.1) をみたす G の表現とする. このとき V_1 から V_2 への $\mathcal{H}$ 加群としての準同型は G 加群としての準同型であり, 逆も成り立つ.

(π, V) は (1.1) と (1.2) をみたす G の表現とする. このとき $\bar{\pi}$ は

$$\text{任意の開コンパクト部分群 } K \text{ に対し } \bar{\pi}(\mathrm{ch}(K))V \text{ は有限次元である} \qquad (1.8)$$

をみたす. 実際 (1.4) において $f = \mathrm{ch}(K)$ と取ると $\bar{\pi}(f)v = \int_K \pi(g)vdg$ であり V^K に属する. (K はユニモジュラーであることに注意.) (1.2) より (1.8) がわかる. 逆に $\bar{\pi}$ は (1.5), (1.8) をみたす $\mathcal{H}$ の表現とする. G の表現 π を (1.6) により作れば π は (1.2) をみたす. 実際 (1.2) は K が開コンパクトのときに示せば十分である. $h = \mathrm{ch}(K), c = 1/\mathrm{vol}(K)$ とおく. $v \in V^K$ とする. $f \in \mathcal{H}$ を $\bar{\pi}(f)v = v$ と取る. このとき (1.7) より

$$\begin{aligned} v &= c\int_K \pi(k)vdk = c\int_K \bar{\pi}(l(k)f)vdk \\ &= c\int_G h(g)\bar{\pi}(l(g)f)vdg = c\bar{\pi}(h*f)v = c\bar{\pi}(h)v \in \bar{\pi}(h)V \end{aligned}$$

がわかる. (1.5), (1.8) をみたす $\mathcal{H}$ の表現を許容表現という. 上に示したように G の許容表現と $\mathcal{H}$ の許容表現は一対一に対応する.

K は G の開コンパクト部分群とする. 第 II 章でみたように V^K には Hecke 環 $\mathcal{H}(G, K)$ が作用する. 次の命題は滑らかな表現に対して定式化しておこう.

命題 1.2
1) (π, V) は G の滑らかな既約表現とする. このとき $V^K \neq \{0\}$ ならば V^K における $\mathcal{H}(G, K)$ の表現は既約である.
2) $(\pi_1, V_1), (\pi_2, V_2)$ は G の滑らかな既約表現, $V_1^K \neq \{0\}$, $V_2^K \neq \{0\}$ とする. このとき π_1 と π_2 が同値であるためには, V_1^K と V_2^K が $\mathcal{H}(G, K)$ 加群として同型であることが必要十分である.
3) $\mathcal{H}(G, K)$ の既約表現 τ が与えられたとき, G の滑らかな既約表現 (π, V) があって, V^K における $\mathcal{H}(G, K)$ の表現が τ に同値となる.

[証明] 1) $W \neq \{0\}$ を $\mathcal{H}(G,K)$ の作用についての V^K の不変部分空間とする．π の既約性から V の任意のベクトル v は $v = \sum_{i=1}^n \bar{\pi}(f_i)v_i$, $f_i \in \mathcal{H}(G,K)$, $v_i \in W$ と書けるが，これが V^K に属したとする．$h = \mathrm{ch}(K)/\mathrm{vol}(K)$ とおく．

$$v = \bar{\pi}(h)v = \sum_{i=1}^n \bar{\pi}(h)\bar{\pi}(f_i)\bar{\pi}(h)v_i = \sum_{i=1}^n \bar{\pi}(h*f_i*h)v_i,$$

$h*f_i*h \in \mathcal{H}(G,K)$ であるから $v \in W$ である．よって $W = V^K$ がわかる．

2) $\varphi: V_1^K \longrightarrow V_2^K$ を $\mathcal{H}(G,K)$ 加群としての同型写像とする．$0 \neq v \in V_1^K$ をとり，$w = \varphi(v)$ とおく．$\bar{\pi}_1, \bar{\pi}_2$ をそれぞれ π_1, π_2 に対応した $\mathcal{H}(G)$ の表現とする．$\bar{\pi}_1$ は既約であるから，任意の V_1 のベクトルは $f \in \mathcal{H}(G)$ によって $\bar{\pi}_1(f)v$ と書ける．

$$\overline{\varphi}(\bar{\pi}_1(f)v) = \bar{\pi}_2(f)w$$

とおくことで，V_1 から V_2 への $\mathcal{H}(G)$ 加群としての準同型が得られることを示す．これが well-defined であることを示せば十分である．即ち $\bar{\pi}_1(f)v = 0$ ならば $\bar{\pi}_2(f)w = 0$ であることを示せばよい．

$$T = \{\bar{\pi}_2(f)w \mid f \in \mathcal{H}(G),\ \bar{\pi}_1(f)v = 0\}$$

とおく．T は V_2 の $\mathcal{H}(G)$ 部分加群であるから，$T \neq \{0\}$ ならば $T = V_2$ となる．このとき $\bar{\pi}_1(f)v = 0$, $\bar{\pi}_2(f)w = w$ となる $f \in \mathcal{H}(G)$ が存在するが，$\mathrm{ch}(K)/\mathrm{vol}(K)$ を f に左右からかけて $f \in \mathcal{H}(G,K)$ と仮定してよい．これは矛盾である．よって $T = \{0\}$ であり，$\overline{\varphi}$ は well-defined である．

3) W を τ の表現空間とする．左 $\mathcal{H}(G,K)$ 加群として $W \cong \mathcal{H}(G,K)/I$ と書く．ここに I は $\mathcal{H}(G,K)$ の左イデアルである．$\mathcal{H}(G) \supset M_1 \supset M_2$ はそれぞれ $\mathcal{H}(G,K)$ と I で生成される $\mathcal{H}(G)$ の左部分加群とする．$M_3 = M_1/M_2$ とおく．このとき $M_1^K = \mathcal{H}(G,K)$, $M_2^K = I$, $M_3^K = M_1^K/M_2^K \cong W$ は容易にわかる．M_3 の極大部分加群 N をとり (M_3 は有限生成ゆえ N は存在する) $V = M_3/N$ における $\mathcal{H}(G)$ の表現に対応する G の表現 π をとれば，(π,V) は条件をみたす．□

Schur の補題は次の形で示しておこう．Jacquet による興味深い別の定式化が [Car], p.118 にある．

命題 1.3 許容表現 (π, V) は既約とする．このとき $\mathrm{Hom}_G(V,V)$ はスカラー倍からなる．

[証明] $f \in \mathrm{Hom}_G(V,V)$ とする.K は G の任意の開コンパクト部分群とする.$V^K \neq \{0\}$ とする.$\pi(g) \circ f = f \circ \pi(g)$, $g \in G$ ゆえ,任意の $h \in H(G,K)$ に対し $\bar\pi(h) \circ f = f \circ \bar\pi(h)$ がわかる.よって f は V^K から V^K への線型写像を与える.λ を $f|V^K \in \mathrm{End}(V^K)$ の固有値とする.$\mathrm{Ker}(f - \lambda \cdot \mathrm{id})$ は V^K の $\mathcal{H}(G,K)$ で不変な部分空間である.命題 1.2, 1) により $\mathrm{Ker}(f - \lambda \cdot \mathrm{id}) = V^K$ でなければならない.よって f は V^K にスカラー倍 λ で作用する.$V = \bigcup_K V^K$ により結論を得る. □

G は局所コンパクトな完全非連結群,(π, V) は G の滑らかな表現とする.
$$V^* = \mathrm{Hom}_{\mathbf{C}}(V, \mathbf{C})$$
は V の双対ベクトル空間とする.G の V^* における表現 π^* を
$$(\pi^*(g)w)(v) = w(\pi(g^{-1})v), \qquad g \in G, \quad w \in V^*, \quad v \in V \tag{1.9}$$
によって定義できる.π^*, V^* に対しては必ずしも (1.1) が成立せず π^* は滑らかではない.G の開コンパクト部分群 M をとって固定する.
$$\check{V} = \bigcup_K (V^*)^K$$
とおく.ここに K は M の開部分群の上を走る.$\check{V}$ は G の作用で不変な V^* の部分空間である.$\check\pi$ を π^* の $\check{V}$ への制限とする.このとき明らかに $(\check\pi, \check{V})$ は滑らかな表現である.($\check{V} \neq \{0\}$ を示せ.) これを (π, V) の反傾表現 (contragredient representation) という.$\langle\ ,\ \rangle$ によって V と $\check{V}$ の自然な paring を表せば,(1.9) により
$$\langle \pi(g^{-1})v, w\rangle = \langle v, \check\pi(g)w\rangle, \qquad g \in G, \ v \in V, \ w \in \check{V} \tag{1.10}$$
を得る.

次に π は許容表現であるとしよう.$\widehat{M}$ により,M の有限次元既約表現の同値類の集合を表す.π の M への制限を分解することにより
$$V = \bigoplus_{\sigma \in \widehat{M}} V(\sigma) \tag{1.11}$$
を得る.ここに $\sigma \in \widehat{M}$ に対して $V(\sigma)$ は,$V(\sigma)$ における M の表現が σ の何倍かに同値な V の部分空間の内極大なものとして定義する.(1.2) より $\dim V(\sigma) < \infty$ がわかる.このとき (1.11) から

$$\check{V} = \bigoplus_{\sigma \in \widehat{M}} \check{V}(\sigma), \qquad \check{V}(\sigma) = \mathrm{Hom}_{\mathbf{C}}(V(\check{\sigma}), \mathbf{C}) \tag{1.12}$$

がわかり、$\check{\pi}$ は G の許容表現である．ここに $\check{\sigma}(m) = {}^t\sigma(m)^{-1}$, $m \in M$ である．明らかに $\check{\pi}$ の反傾表現 $\check{\check{\pi}}$ は π と同値であり，π が既約 $\iff \check{\pi}$ が既約である．

写像 $(\ ,\ ) : V \times V \longrightarrow \mathbf{C}$ は第一成分について $\mathbf{C}$ 線型で $(v,w) = \overline{(w,v)}$, $v, w \in V$ をみたすとき，V 上の Hermite 形式であるという．$w \in V$ について $(v,w) = 0$, $\forall v \in V$ が成り立てば $w = 0$ となるとき，この Hermite 形式は非退化であるという．ある非退化な Hermite 形式について

$$(\pi(g)v, \pi(g)w)) = (v,w) \tag{1.13}$$

が任意の $g \in V$, $v \in V$, $w \in W$ について成り立つとき，表現 π はエルミート (hermitian) であるという．ベクトル空間 V の複素共役空間 $\overline{V}$ を次のように定義する．V と $\overline{V}$ の間に全単射があり，$v \in V$ の像を $\bar{v} \in \overline{V}$ と書くことにする．$\bar{v}_1 + \bar{v}_2 = \overline{(v_1 + v_2)}$, $\bar{\alpha}\bar{v} = \overline{(\alpha v)}$, $v_1, v_2, v \in V$, $\alpha \in \mathbf{C}$ により $\overline{V}$ に $\mathbf{C}$ 上のベクトル空間の構造を入れる．V から V への線型写像 A に対し，$\bar{A}\bar{v} = \overline{Av}$ によって $\overline{V}$ から $\overline{V}$ への線型写像 $\bar{A}$ を定義する．(この定義は V を左 $\mathbf{C}$ 加群，$\mathbf{C}$ の左 $\mathbf{C}$ 加群の構造は通常のもので，右 $\mathbf{C}$ 加群の構造を $x \cdot \alpha = x \times \bar{\alpha}$, $x, \alpha \in \mathbf{C}$ によって与え，$\overline{V} = \mathbf{C} \otimes_{\mathbf{C}} V$ と定めたことと同じである．) この構成により $\overline{V}$ における π の複素共役表現 $\bar{\pi}$ が定まる．明らかに，π が滑らかならば $\bar{\pi}$ は滑らか，π が許容表現ならば $\bar{\pi}$ も許容表現である．

命題 1.4 表現 π がエルミートならば $\bar{\pi} \cong \check{\pi}$ であり，π が既約ならば逆も成り立つ．

[証明] V が有限次元の場合をまず考えよう．V を $\mathbf{C}^n$ と同一視する．π はエルミートであるとしよう．V 上の Hermite 形式を

$$(v,w) = {}^t v A \bar{w}, \qquad v, w \in \mathbf{C}^n$$

とおく．ここに $A \in M(n, \mathbf{C})$ は非退化 Hermite 行列である．(1.13) より

$${}^t\pi(g) A \overline{\pi(g)} = A, \qquad g \in G$$

を得る．$\overline{\pi(g)} = A^{-1}{}^t\pi(g)^{-1}A$ ゆえ，$\bar{\pi} \cong \check{\pi}$ である．

逆に π は既約で $\bar{\pi} \cong \check{\pi}$ としよう．正則行列 A があって $\overline{\pi(g)} = A^{-1}{}^t\pi(g)^{-1}A$, $g \in G$ が成り立つ．よって ${}^t\pi(g) A \overline{\pi(g)} = A$, ${}^t\pi(g){}^t\bar{A}\overline{\pi(g)} = {}^t\bar{A}$, $g \in G$ が成り立

つ．これから $\bar{A}^{-1}{}^t A$ は $\pi(g)$ 全てと可換であることがわかる．Schur の補題により，$\nu \in \mathbf{C}$ があって ${}^t\bar{A} = \nu A$ となる．$A = \bar{\nu}{}^t\bar{A} = \nu\bar{\nu}A$ ゆえ，$\nu\bar{\nu} = 1$．$\mu \in \mathbf{C}$ によって $\nu = \mu/\bar{\mu}$ と書くと，μA は非退化 Hermite 行列で ${}^t\pi(g)A\overline{\pi(g)} = A$，$g \in G$ が成り立つ．よって π はエルミートである．

次に一般の場合を考える．π はエルミートとしよう．$v \in V$ に対して，V から $\mathbf{C}$ への写像 $F_v : V \ni w \mapsto (v, w) \in \mathbf{C}$ を考える．自然に $F_v \in \bar{\check{V}}$ とみなすことができる．

$$F_{\pi(g)v} = \bar{\check{\pi}}(g)F_v$$

は容易に確かめられる．$f : V \longrightarrow \bar{\check{V}}$ を $f(v) = F_v$ で定めると，f は $\mathbf{C}$ 線型で単射であることは明らかである．M を G の任意の開コンパクト部分群とするとき，(1.11) を用いて $V = V^M \oplus V_M$ と分解する．ここに $V_M = \oplus_{1 \neq \sigma \in \widehat{M}} V(\sigma)$ である．f は V^M を $(\bar{\check{V}})^M$ に写し，$\dim V^M = \dim \check{V}^M = \dim(\bar{\check{V}})^M$ は容易にわかるから，f は全射である．よって $\pi \cong \bar{\check{\pi}}$ である．

逆に π は既約で $\bar{\pi} \cong \check{\pi}$ とする．$I : \bar{V} \longrightarrow \check{V}$ を G 加群としての同型写像とする．

$$(v, w) = \langle v, I(\bar{w}) \rangle, \qquad v, w \in V$$

とおく．$(\pi(g)v, \pi(g)w) = (v, w)$，$g \in G$ が成り立つ．$\overline{(w, v)}$ は $V \times V$ から $\mathbf{C}$ への写像で v について $\mathbf{C}$ 線型，w について反線型である．よって G 加群としての同型写像 $J : \bar{V} \longrightarrow \check{V}$ があって $\overline{(w, v)} = \langle v, J(\bar{w}) \rangle$ となる．Schur の補題により $\nu \in \mathbf{C}$ があって $I = \bar{\nu}J$ であるから

$$(v, w) = \nu\overline{(w, v)}$$

が成り立つ．$\nu\bar{\nu} = 1$ ゆえ $\nu = \bar{\mu}/\mu$，$\mu \in \mathbf{C}$ と書ける．(v, w) を $\mu(v, w)$ に置き換えれば，この内積について π がエルミートであることがわかる． $\square$

Hermite 形式は $(v, v) \in \mathbf{R}$ をみたす．任意の $v \in V$，$v \neq 0$ が $(v, v) > 0$ をみたすとき正定値であるという．正定値 Hermite 形式は非退化である．ある正定値な Hermite 形式（ , ）について (1.13) が成り立つとき，π はプレユニタリー (pre-unitary) であるという．このとき V はノルム $\|v\| = \sqrt{(v, v)}$ についてプレ Hilbert 空間である．$\hat{V}$ は V を完備化して得られる Hilbert 空間とする．このとき π は $\hat{V}$ における表現 $\hat{\pi}$ に拡張され，(1.13) が任意の $g \in G$，$v, w \in \hat{V}$ に対して成り立つから，$\hat{\pi}(g)$ はユニタリー作用素である．

定義 1.5　G は局所コンパクト位相群で第二可算公理をみたすとする．$H \neq \{0\}$ は複素 Hilbert 空間とする．π は G から H のユニタリー作用素の成す群への準同型で，写像 $G \times V \ni (g,v) \mapsto \pi(g)v \in V$ は連続とする．このとき π は G の H におけるユニタリー表現であるという．

この連続性の条件は各 $v \in V$ に対し，写像 $G \ni g \mapsto \pi(g)v \in V$ が連続であることと同値であることが知られている．(例えば [Wa], p.219, p.237, Prop.4.2.2.1 参照．) このことから，G が第二可算公理をみたすとき，$\hat{\pi}$ は G の $\hat{V}$ におけるユニタリー表現を定義することが容易に示される．

(π, V) は G の許容表現，$(\check{\pi}, \check{V})$ はその反傾表現とする．$v \in V$, $w \in \check{V}$ をとる．G 上の函数 $\langle \pi(g)v, w \rangle$ を π の行列係数 (matrix coefficient) という．

補題 1.6　(π, V), (π', V') は G の既約許容表現とする．$(\check{\pi}, \check{V})$, $(\check{\pi}', \check{V}')$ はその反傾表現とする．ある $0 \neq v \in V$, $v' \in V'$, $0 \neq w \in \check{V}$, $w' \in \check{V}'$ に対して

$$\langle \pi(g)v, w \rangle = \langle \pi'(g)v', w' \rangle, \quad \forall g \in G$$

が成り立てば，$\pi \cong \pi'$ である．

[証明]　仮定から $v' \neq 0$, $w' \neq 0$ である．条件の式と (1.10) により

$$\langle \pi(g)v, \check{\pi}(g_1)w \rangle = \langle \pi'(g)v', \check{\pi}'(g_1)w' \rangle, \quad \forall g, \forall g_1 \in G$$

が得られ，これから

$$\langle \bar{\pi}(f)v, \bar{\check{\pi}}(h)w \rangle = \langle \bar{\pi}'(f)v', \bar{\check{\pi}}'(h)w' \rangle, \quad \forall f, \forall h \in \mathcal{H}(G)$$

が得られる．$\bar{\pi}(f)v = 0$ ならば，任意の $h \in \mathcal{H}(G)$ に対して $\langle \bar{\pi}'(f)v', \bar{\check{\pi}}'(h)w' \rangle = 0$ となるから，$\bar{\pi}'(f)v' = 0$ がわかる．よって写像 $V \ni \bar{\pi}(f)v \mapsto \bar{\pi}'(f)v' \in V'$ は well-defined となるが，これは明らかに $\mathcal{H}(G)$ 準同型で π が既約ゆえ単射，π' が既約ゆえ全射である．　□

注意　(π, V) がプレユニタリー表現のとき，$v, w \in V$ に対して G 上の函数 $(\pi(g)v, w)$ を π の行列係数と呼ぶこともある．

H は G の閉部分群，(σ, W) は H の表現とする．V_0 は G 上の W に値をとる函数 f で

$$f(hg) = \sigma(h)f(g), \quad h \in H, \quad g \in G \tag{1.14}$$

をみたすもの全体の成すベクトル空間とする．V_0 における G の表現 π を右移動で定義する．即ち

$$(\pi(g)f)(x) = f(xg), \quad g, x \in G, \quad f \in V_0$$

である．$V = \bigcup_K V_0^K$ とおく．ここに K は M の開部分群の上を走る．V は π で不変であり，G の表現 (π, V) が得られる．π を σ から誘導された G の表現という．$\mathrm{Ind}_H^G \sigma$ と書く．また π の表現空間 V を $\mathrm{Ind}_H^G W$ と書く．

定理 1.7 H は G の閉部分群，(σ, W) は H の表現，$\pi = \mathrm{Ind}_H^G \sigma$ とする．
1) σ が H の滑らかな表現ならば，π は G の滑らかな表現である．
2) $H \backslash G$ はコンパクトとする．このとき σ が H の許容表現ならば，π は G の許容表現である．

[証明] $V = \mathrm{Ind}_H^G W$ とおく．1) には $V \neq \{0\}$ を示せばよい．U を $W^U \neq \{0\}$ である H の開部分群とし，$0 \neq w \in W^U$ をとる．G の開部分群 K を $K \cap H \subset U$ と取る．$f \in V_0$ を $f(hk) = \sigma(h)w, h \in H, k \in K, f(g) = 0, g \notin HK$ で定めることができる．実際 $hk = h_1 k_1, h, h_1 \in H, k, k_1 \in K$ ならば $h^{-1} h_1 \in H \cap K \subset U$ ゆえ，$\sigma(h)w = \sigma(h_1)w$ である．$f \in V_0^K$ であるから，$V \neq \{0\}$ がわかった．

次に 2) を示す．K を G の開部分群とする．$H \backslash G$ はコンパクトゆえ $|H \backslash G / K| < \infty$ である．両側剰余類 $H \backslash G / K$ の完全代表系を $\{g_i\}_{i=1}^n$ とする．$f \in V^K$ とする．$f(h g_i k) = \sigma(h) f(g_i), h \in H, k \in K$ である．$h, h_1 \in H$ が $h^{-1} h_1 = g_i k g_i^{-1} \in H \cap g_i K g_i^{-1}$ をみたせば $h g_i = h_1 g_i k^{-1}$ ゆえ $\sigma(h) f(g_i) = \sigma(h_1) f(g_i)$ がわかる．よって $f(g_i) \in W^{H \cap g_i K g_i^{-1}}$ であり

$$\dim V^K \leq \sum_{i=1}^n \dim W^{H \cap g_i K g_i^{-1}} < \infty$$

を得る． □

問題 1.8 上記の不等号は実は等号で $\dim V^K = \sum_{i=1}^n \dim W^{H \cap g_i K g_i^{-1}}$ が成り立つことを示せ．

定理 1.9 (Frobenius 相互律) H は G の閉部分群，(σ, W) は H の滑らかな表現，(π, V) は G の滑らかな表現とする．このとき

$$\mathrm{Hom}_G(V, \mathrm{Ind}_H^G W) \cong \mathrm{Hom}_H(V, W)$$

が成り立つ．ここに同型は $\mathbf{C}$ 上のベクトル空間としての同型である．

［証明］　写像 $\alpha : \mathrm{Hom}_G(V, \mathrm{Ind}_H^G W) \longrightarrow \mathrm{Hom}_H(V, W)$ が

$$(\alpha(\varphi))(v) = (\varphi(v))(1), \qquad \varphi \in \mathrm{Hom}_G(V, \mathrm{Ind}_H^G W), \qquad v \in V$$

によって定義できることを示す．$\psi = \alpha(\varphi)$ とおく．ψ が H 準同型であることを確かめよう．$h \in H, v \in V$ について

$$\psi(\pi(h)v) = (\varphi(\pi(h)v))(1) = ((\mathrm{Ind}_H^G \sigma)(h)\varphi(v))(1)$$
$$= \varphi(v)(h) = (\sigma(h)\varphi(v))(1) = \sigma(h)(\psi(v))$$

ゆえ $\psi \in \mathrm{Hom}_H(V, W)$ である．

次に写像 $\beta : \mathrm{Hom}_H(V, W) \longrightarrow \mathrm{Hom}_G(V, \mathrm{Ind}_H^G W)$ が

$$(\beta(\psi)(v))(g) = \psi(\pi(g)v) \qquad \psi \in \mathrm{Hom}_H(V, W), \quad v \in V, \quad g \in G$$

によって定義できることを示す．$\varphi = \beta(\psi)$ とおく．$h \in H, g \in G, v \in V$ について

$$\varphi(v)(hg) = \psi(\pi(hg)v) = \sigma(h)\psi(\pi(g)v)$$

ゆえ G 上の W に値をもつ函数 $\varphi(v)$ は $\mathrm{Ind}_H^G W$ の函数と同じ変換性をもつが，π が滑らかであるから，$\varphi(v) \in \mathrm{Ind}_H^G W$ がわかる．$g_1, g \in G$ について

$$\varphi(\pi(g_1)v)(g) = \psi(\pi(g)\pi(g_1)v) = \varphi(v)(gg_1) = ((\mathrm{Ind}_H^G \sigma)(g_1)\varphi(v))(g)$$

であるから，φ は G 準同型である．$\alpha \circ \beta = \mathrm{id}, \beta \circ \alpha = \mathrm{id}$ は容易に確かめられるから，定理の主張がわかる． □

2. 超函数と指標

G は局所コンパクト完全非連結群とする．$\mathcal{H}(G) = C_c^\infty(G)$ 上の線型汎函数を G 上の超函数という．これは Schwartz の超函数の類似である．(π, V) は G の許容表現とする．$f \in \mathcal{H}(G)$ に対し作用素

$$\pi(f)v = \int_G f(g)\pi(g)v dg, \qquad v \in V \qquad (2.1)$$

考える．(これは (1.4) で $\bar{\pi}(f)v$ と書いたものと同じである．) 補題 1.1 により G

の開コンパクト部分群 K で $f \in \mathcal{H}(G, K)$ となるものが存在する. f が K 左不変であるから

$$\pi(k)(\pi(f)v) = \pi(f)v, \qquad k \in K$$

は容易にわかる. 即ち $\pi(f)v \in V^K$ である. また $k \in K$ に対して

$$\pi(f)\pi(k)v = \int_G f(g)\pi(gk)v dg = \int_G f(g_1 k^{-1})\pi(g_1)v dg_1,$$
$$\pi(f)v = \pi(f)\pi(k)v \tag{2.2}$$

が f が右 K 不変であることからわかる.

$$V = \bigoplus_{\sigma \in \widehat{K}} V(\sigma)$$

と分解する ((1.11) 参照). $v \in V(\sigma)$ で σ が自明な表現でないならば, (2.2) から

$$\pi(f)v = \pi(f)\frac{1}{\text{vol}(K)}\int_K \pi(k)v dv = 0$$

を得る. よって $f \in \mathcal{H}(G, K)$ のとき, $\pi(f)$ は本質的に有限次元ベクトル空間 V^K から V^K への写像であり, $\text{Trace}(\pi(f))$ が定義される. 超函数 $f \mapsto \text{Trace}(\pi(f))$ を π の指標という. Θ_π と書く. 以上みたことにより, $f \in \mathcal{H}(G, K)$ に対して

$$\Theta_\pi(f) = \text{Trace}(V^K \ni v \mapsto \int_G f(g)\pi(g)v dg \in V^K) \tag{2.3}$$

である. 特に f は $K\alpha K$ の特性函数 $f = \text{ch}(K\alpha K)$ であるとする. $K\alpha K$ 上の可積分函数 φ に対して

$$\int_{K\alpha K} \varphi(g) dg = \text{vol}(K\alpha K)\int_K \int_K \varphi(k_1 \alpha k_2) dk_1 dk_2$$

と書けることを注意しよう. ここに K 上の Haar 測度 dk は $\int_K dk = 1$ と正規化している. また V^K への射影作用素

$$V \ni w \mapsto \int_K \pi(k)w dk$$

を p_K と書く. このとき (2.3) により

$$\Theta_\pi(f) = \text{vol}(K\alpha K)\text{Trace}(p_K \circ \pi(\alpha)|V^K), \qquad f = \text{ch}(K\alpha K) \tag{2.4}$$

を得る.

指標 Θ_π は π の同値類にのみ依存する. また Θ_π は不変超函数である. 即ち

$f^g(x) = f(gxg^{-1})$, $g, x \in G$ とおくと

$$\Theta_\pi(f) = \Theta_\pi(f^g)$$

が成り立つ．命題 1.2, 2) を用いれば Θ_π が π の同値類を定めることが, **C**-代数の有限次元表現の場合に帰着させて容易に証明できるが, 詳細は省く.

G の単位元の基本近傍系として減少する開コンパクト部分群の可算個の列 $\{K_m\}$, $m = 1, 2, 3, \ldots$ がとれると仮定する．$V_m = V^{K_m}$ とおく．次の命題は第 IX 章で使う．証明は (2.4) より容易に従う．

命題 2.1 $g_0 \in G$, U は g_0 の近傍とする．正整数 N があって $g \in U$, $m \geq N$ のとき $\operatorname{Trace}(p_{K_m} \circ \pi(g)|V_m)$ は一定値 $\chi_\pi(g_0)$ であるとする．このとき Θ_π は U で定数であって $\chi_\pi(g_0)$ に等しい．

$f \in \mathcal{H}(G)$ に対して

$$\check{f}(g) = f(g^{-1}), \qquad \tilde{f}(g) = \overline{f(g^{-1})} \tag{2.5}$$

とおく．G 上の超函数 T は

$$T(\tilde{f} * f) \geq 0, \qquad f \in \mathcal{H}(G) \tag{2.6}$$

が成り立つとき, 正型 (positive type) であるという．

次に G はユニモジュラーと仮定し, (π, V) は G の既約許容表現, $(\check{\pi}, \check{V})$ はその反傾表現とする．$\langle\ ,\ \rangle$ を V と $\check{V}$ の間の pairing とする．このとき $v \in V$, $w \in \check{V}$ に対して

$$\langle \pi(f)v, w \rangle = \langle v, \check{\pi}(\check{f})w \rangle, \qquad f \in \mathcal{H}(G) \tag{2.7}$$

が成り立つ．実際 G の開コンパクト部分群 K を $f \in \mathcal{H}(G, K)$, $v \in V^K$, $w \in \check{V}^K$ と取る．$f = \operatorname{ch}(KxK)$ のとき示せばよい．KxK に含まれる左右剰余類の数は $\operatorname{vol}(KxK)/\operatorname{vol}(K)$ に等しいから, II, 補題 1.7 により $KxK = \bigsqcup_{i=1}^m x_i K = \bigsqcup_{i=1}^m K x_i$ と剰余類分解がとれる．$\pi(f)v = \operatorname{vol}(K) \sum_{i=1}^m \pi(x_i)v$, $\check{\pi}(f)w = \operatorname{vol}(K) \sum_{i=1}^m \check{\pi}(x_i^{-1})w$ であるから, (1.10) によって, (2.7) がわかる．

問題 2.2 π の反傾表現 $\check{\pi}$ の指標 $\Theta_{\check{\pi}}$ について

$$\Theta_{\check{\pi}}(f) = \Theta_\pi(\check{f}), \qquad f \in \mathcal{H}(G)$$

を示せ．

次に π はエルミートであるとし，$(\ ,\ )$ を対応する V 上の非退化 Hermite 形式とする．(2.7) と同様にして

$$(\pi(f)v, w) = (v, \pi(\tilde{f})w), \qquad f \in \mathcal{H}(G) \tag{2.8}$$

がわかる．$w = \pi(f)v$ と取ると

$$(\pi(f)v, \pi(f)v) = (v, \pi(\tilde{f} * f)v), \qquad f \in \mathcal{H}(G) \tag{2.9}$$

が得られる．G 上の超函数 $T = T_v$ を $T(f) = (v, \pi(f)v)$ で定義する．このとき π がプレユニタリーならば T は正型である．逆にある $v \neq 0$ に対し T_v が正型ならば，π がプレユニタリーであることも容易に証明される．また指標 Θ_π が正型超函数であることと，π がプレユニタリーであることは同値である．この事実もよく知られている．

3. 誘導表現と Jacquet 函手

F は体とする．この章の終わりまで F 上に定義された代数群は太文字のローマ字で，その F-有理点の成す群は対応する太文字ではないローマ字で表すことにする．$\mathbf{G}$ は F 上に定義された連結 reductive 群とする．$\mathbf{P}$ は $\mathbf{G}$ の parabolic 部分群で F 上に定義されているとする．$\mathbf{N}$ は $\mathbf{P}$ のユニポテント根基とする．このとき $\mathbf{P}$ の F 上に定義された部分群 $\mathbf{M}$ で連結 reductive なものがあって $\mathbf{P} = \mathbf{MN}$ と半直積に分解する．これを $\mathbf{P}$ の Levi 分解という．$\mathbf{M}$ は N の元による共役を除いて一意的である ([BT], 3.14, IV, [B], 11.23 参照)．F-有理点の群においても $P = MN$ と半直積に分解している．$\mathbf{P}^-$ は $\mathbf{P}$ に opposite な parabolic 部分群とする．即ち $\mathbf{P}^-$ は parabolic 部分群であって，$\mathbf{P} \cap \mathbf{P}^- = \mathbf{M}$ をみたすものである ([BT], 4.8)．$\mathbf{N}^-$ を $\mathbf{P}^-$ のユニポテント根基とする．

以下 F は非 Archimedes 局所体とする．(σ, W) は M の表現とする．$P/N = M$ であるから，$p \mapsto \sigma(\varphi(p))$ により P の表現が定義される．ここに $\varphi : P \longrightarrow M$ は自然準同型である．P のこの表現を $\bar{\sigma}$ で表す．φ は連続な開写像であるから，σ が滑らかならば $\bar{\sigma}$ も滑らか，σ が許容表現ならば $\bar{\sigma}$ も許容表現である．V_0 は G の W に値をとる函数 f で

$$f(pg) = \bar{\sigma}(p)f(g), \qquad p \in P, \quad g \in G \tag{3.1}$$

をみたすもの全体の成すベクトル空間とする．V_0 における G の表現 π を右移動で定義する．即ち

$$(\pi(g)f)(x) = f(xg), \qquad g, x \in G, \quad f \in V$$

である．第 1 節のように $V = \bigcup_K V_0^K$ とおき，π の V への制限も同じ文字で表す．第 1 節の記号では $V = \mathrm{Ind}_P^G W$，$\pi = \mathrm{Ind}_P^G \sigma$ である．$\mathbf{P}\backslash\mathbf{G}$ が射影代数多様体であるから $(\mathbf{P}\backslash\mathbf{G})(F)$ は p 進位相でコンパクト，$P\backslash G$ はこの閉集合ゆえコンパクトである．定理 1.7 より次の定理を得る．

定理 3.1 (σ, W) が M の許容表現ならば，(π, V) は G の許容表現である．

(π, V) は G の滑らかな表現とする．$\pi(n)v - v$，$n \in N$，$v \in V$ によって張られる V の部分空間を $V(P)$ で表す．$V_P = V/V(P)$ とおく．M は N を正規化するから，$V(P)$ は M の作用で不変であり，V_P において M の表現 σ が得られる．(ただし $V = V(P)$ ならば σ は零表現である．)

$$\sigma(m)(v \bmod V(P)) = \sigma(m)v \mod V(P), \qquad m \in M, \, v \in V$$

であるから，明らかに σ は滑らかである．

定理 3.2 (Jacquet) (π, V) が G の許容表現ならば，(σ, V_P) は M の許容表現である．

定理 3.2 の証明の要点を説明しよう．$\mathbf{A}$ は $\mathbf{M}$ の中心に含まれる極大 split トーラスとする．G の任意のコンパクト部分群 L に対して

$$P_L(v) = \int_L \pi(l)v\,dl, \qquad v \in V$$

とおく．ここに dl は $\mathrm{vol}(L) = 1$ と正規化した L の Haar 測度である．G の単位元の基本近傍系を成す開コンパクト部分群の減少列 $\{K_n\}$ を次の条件をみたすようにとる．$N_n = N \cap K_n$，$M_n = M \cap K_n$，$N_n^- = N^- \cap K_n$ とおくと，

$$N_n \times M_n \times N_n^- \ni (n, m, n^-) \mapsto nmn^- \in K_n$$

は同相写像である．この分解に応じて K_n の Haar 測度は $dn\,dm\,dn^-$ で与えられることが示される．$\varphi: V \longrightarrow V_P$ を自然準同型とする．

補題 3.3 $\varphi(V^{K_n}) = \varphi(V^{M_n N_n^-})$

［証明］ $v \in V^{M_n N_n^-}$ に対して

$$P_{K_n}(v) = \int_{N_n} \int_{M_n N_n^-} \pi(nmn^-)v\, dn\,dm\,dn^- = \int_{N_n} \pi(n)v\, dn$$

が成り立つ. ここに測度は $\int_{K_n} dn\,dm\,dn^- = 1$, $\int_{N_n} dn = 1$ と正規化されているとする. N_n はコンパクトであるから $\int_{N_n} \pi(n)v dn = \sum_{i=1}^{T} \pi(n_i)v/T$ と正整数 T によって書ける. よって $P_{K_n}(v) \equiv v \mod V(P)$ を得る. $\varphi(v) = \varphi(P_{K_n}(v))$ から $\varphi(V^{M_n N_n^-}) \subset \varphi(V^{K_n})$ がわかり, 補題の結論を得る. □

定理 3.2 の証明に戻る. $\{M_n\}$ は M の単位元の基本近傍系を成す開コンパクト部分群の減少列である. よって $\dim V_P^{M_n} < \infty$ を示せばよい (σ が滑らかなのは明らかであるから). $\overline{U} \subset V_P^{M_n}$ を有限次元部分空間とする. φ と P_{M_n} は可換であるから, V の有限次元部分空間 U を $\varphi(U) = \overline{U}$, $U \subset V^{M_n}$ と取ることができる. U は有限次元であるから, N^- の開部分群 $\mathcal{N}$ を $U \subset V^{M_n \mathcal{N}}$ と取れる. $a \in A$ を $a\mathcal{N}a^{-1} \supset N_n^-$ と取る. このとき $\pi(a)U \subset V^{aM_n\mathcal{N}a^{-1}} = V^{M_n a\mathcal{N}a^{-1}} \subset V^{M_n N_n^-}$ となる. $\varphi(V^{K_n}) = \varphi(V^{M_n N_n^-})$ であるから

$$\dim \overline{U} = \dim \varphi(U) = \dim \varphi(\pi(a)U) \leq \dim V^{K_n}$$

が得られ, $\dim V_P^{M_n}$ の有限性がわかる. (定理 3.2 のこの証明は Casselman [Cas] にあるものを参考にした.)

例 3.4 上の説明で証明抜きで用いた事実を例示しよう. $\mathbf{G} = \mathrm{GL}(n)$ とする. $n = l + m$ と正整数によって分割し

$$\mathbf{P} = \left\{ \begin{pmatrix} A & B \\ 0 & D \end{pmatrix} \middle| A \in \mathrm{GL}(l), D \in \mathrm{GL}(m), B \in M(l,m) \right\}$$

とおく. $\mathbf{P}$ は $\mathbf{G}$ の極大 parabolic 部分群である.

$$\mathbf{M} = \left\{ \begin{pmatrix} A & 0 \\ 0 & D \end{pmatrix} \middle| A \in \mathrm{GL}(l), D \in \mathrm{GL}(m) \right\},$$

$$\mathbf{A} = \left\{ \begin{pmatrix} a \cdot 1_l & 0 \\ 0 & d \cdot 1_m \end{pmatrix} \middle| a, d \in \mathbf{G}_m \right\},$$

$$\mathbf{N} = \left\{ \begin{pmatrix} 1_l & B \\ 0 & 1_m \end{pmatrix} \middle| B \in M(l,m) \right\},$$

$$\mathbf{N}^- = \left\{ \begin{pmatrix} 1_l & 0 \\ B & 1_m \end{pmatrix} \middle| B \in M(m,l) \right\}$$

である. F の整数環を $\mathcal{O}$, 素元を ϖ とし

$$K_n = \left\{ g \in \mathrm{GL}(n,\mathcal{O}) \middle| g \equiv 1 \mod \varpi^n \right\}$$

とおく. このとき K_n の元が N_n, M_n, N_n^- の元の積に一意的に分解され, これによって K_n と $N_n \times M_n \times N_n^-$ が同相であることは直接計算で確かめられる. また N^- の開部分群 $\mathcal{N}$ に対し, $a \in A$ を $a\mathcal{N}a^{-1} \supset N_n$ と取れることもわかる.

$(\pi, V) \mapsto (\sigma, V_P)$ を Jacquet 函手という. G の滑らかな表現の成す圏から M の滑らかな表現の成す圏への函手である. (σ, W) は M の滑らかな表現とする. $(\bar{\sigma}, W)$ は P の滑らかな表現であるから, 定理 1.9 により

$$\mathrm{Hom}_G(V, \mathrm{Ind}_P^G W) \cong \mathrm{Hom}_P(V, W)$$

を得る. 右辺において P 加群 W は自明な N 加群であるから

$$\mathrm{Hom}_P(V, W) \cong \mathrm{Hom}_M(V_P, W)$$

は容易にわかる. よって

$$\mathrm{Hom}_G(V, \mathrm{Ind}_P^G W) \cong \mathrm{Hom}_M(V_P, W) \tag{3.2}$$

が成り立つ.

定義 3.5 (π, V) は G の許容表現とする. $\mathbf{G}$ の F 上に定義された任意の parabolic 部分群 $\mathbf{P} = \mathbf{MN} \neq \mathbf{G}$ に対し, $V(P) = V$ が成り立つとき (π, V) は absolutely cuspidal 表現であるという. ここに $\mathbf{P} = \mathbf{MN}$ は $\mathbf{P}$ の Levi 分解である.

absolutely cuspidal 表現はまた supercuspidal 表現ともいう.

命題 3.6 (π, V) は G の既約許容表現, $\mathbf{G}$ の parabolic 部分群 $\mathbf{P} \neq \mathbf{G}$, $\mathbf{P} = \mathbf{MN}$ に対し $V_P \neq \{0\}$ と仮定する. このとき M の既約許容表現 σ が

あって, π は $\mathrm{Ind}_P^G \bar\sigma$ の部分表現に同値となる.

［証明］ τ を $V_P = V/V(P)$ 上に実現される M の表現とする. 定理 3.2 により τ は許容表現である. $0 \neq v \in V$ をとる. G の開コンパクト部分群 K があって $v \in V^K$ となる. $P \backslash G/K$ の完全代表系を $\{g_i\}, 1 \leq i \leq n$ とする. $P \backslash G$ はコンパクト, K は開ゆえ n は有限である. π は既約であるから, V は $\pi(g)v, g \in G$ で張られる. よって V は $\pi(p)\pi(g_i)v, p \in P, 1 \leq i \leq n$ で張られる. これから V_P は有限生成 P 加群, 従って有限生成 M 加群であることがわかる. Zorn の補題により V_P は極大 M 部分加群をもつ. これによる V_P の商を W とおき, W における M の表現を σ とする. σ は既約表現である. σ は τ の商表現であるから, 許容表現である. $W = V/V'$ と $V(P)$ を含む V の部分空間 V' によって書く.

写像 $f_v : G \longrightarrow W$ を

$$f_v(g) = \pi(g)v \mod V', \qquad g \in G$$

によって定義する. このとき $f_v(pg) = \bar\sigma(p)f_v(g), p \in P, g \in G$ が成り立ち f_v は誘導表現の空間 $\mathrm{Ind}_P^G W$ に入る. 写像 $V \ni v \longrightarrow f_v \in \mathrm{Ind}_P^G W$ は G 準同型である. π は既約であるからこの写像は単射であり, π は $\mathrm{Ind}_P^G \bar\sigma$ の部分表現に同値になる. □

定理 3.7 (π, V) は G の既約許容表現とする. $\mathbf{G}$ の F 上に定義された parabolic 部分群 $\mathbf{P}, \mathbf{P} = \mathbf{MN}$ と M の absolutely cuspidal な表現 σ があって, π は $\mathrm{Ind}_P^G \bar\sigma$ の部分表現に同値となる.

［証明］ $\mathbf{G}$ のある F 上に定義された parabolic 部分群 $\mathbf{P} \neq \mathbf{G}$ に対し $V_P \neq \{0\}$ とする. (この仮定が成り立たなければ, π は absolutely cuspidal であり, $P = G$, $\bar\sigma = \pi$ として定理は成り立つ.)

$\mathbf{P}' \subset \mathbf{P}$ は $\mathbf{G}$ の parabolic 部分群, $\mathbf{N}'$ は $\mathbf{P}'$ のユニポテント根基とする. このとき $\mathbf{N}' \supset \mathbf{N}$ であり, $\mathbf{P}'/\mathbf{N}$ は $\mathbf{M} = \mathbf{P}/\mathbf{N}$ の F 上に定義された parabolic 部分群である. $\mathbf{M}$ の F 上に定義された parabolic 部分群は全てこのように得られる. $\mathbf{N}'/\mathbf{N}$ は $\mathbf{P}'/\mathbf{N}$ のユニポテント根基である.

今 $\mathbf{G}$ の F 上定義された parabolic 部分群 $\mathbf{P} \neq \mathbf{G}$ で $V_P \neq \{0\}$ をみたすものの内で極小なものをとる. $W = V/V(P)$ とおき, τ を W 上に得られる M の許容表現とする. 上記のような parabolic 部分群 $\mathbf{P}' \subsetneq \mathbf{P}$ をとると $V(P') \supset V(P)$

であり, $V(P'/N) = V(P')/V(P)$ が成り立つ. $\mathbf{P}$ の極小性から, $V(P') = V$, $V(P'/N) = W$ がわかる. よって τ は absolutely cuspidal である. □

この定理により, G の既約許容表現の研究は absolutely cuspidal 表現の研究に, かなりの程度帰着される.

次の二定理は以下用いないが基本的なのでここに述べておく.

定理 3.8 π は G の滑らかな既約表現とする. このとき π は許容表現である.

$\mathrm{GL}(n)$ のときの証明は [BZ], 3.25 にある. 一般の reductive 群に対しても同じ証明が適用できる.

定理 3.9 (π, V) は G の許容表現で G 加群として有限生成とする. このとき π は長さ有限, 即ち V は G 加群としての組成列をもつ.

証明は [Cas], 6.3.10 にある. [BZ], 4.1 も参照.

4. 正規化された誘導表現とユニタリー性

次に正規化された誘導表現によって, ユニタリー性が保たれることを証明しよう. G は局所コンパクト位相群, H は G の閉部分群とする. dg, dh は G, H 上の右不変 Haar 測度とする (便宜上, 右不変にとっておく). $H\backslash G$ 上の右不変測度 $d\dot{g}$ があって

$$\int_G f(g)dg = \int_{H\backslash G}\left(\int_H f(g)dh\right)d\dot{g}, \qquad f\in L^1(G) \tag{4.1}$$

が成り立つ. H のモジュラー函数 δ_H は

$$d(hx) = \delta_H(h)dx, \qquad h\in H$$

をみたす. よって $F(g) = \int_H f(g)dh$ とおくと, $F(g)$ は

$$F(hg) = \delta_H(h)F(g), \qquad h\in H \tag{4.2}$$

をみたす. $C(H\backslash G)$ により, (4.2) をみたす G 上の複素数値連続函数で, 台が H を法としてコンパクトなもの全体の集合を表す. このとき $d\dot{g}$ による積分は $C(H\backslash G)$ 上の汎函数を定義している (IV, [W1], §9 参照).

§2 と同様に, $\mathbf{G}$ は連結 reductive 代数群, $\mathbf{P}$ は $\mathbf{G}$ の parabolic 部分群で $\mathbf{P} = \mathbf{MN}$ を Levi 分解とする. δ_P を P のモジュラー函数とする. (σ, W) は M の許容表現, $\bar{\sigma}$ は σ から得られる P の表現とする. $\delta_P^{1/2}\bar{\sigma}$ により, P の許容表現 $\delta_P^{1/2} \otimes \bar{\sigma}$ を表す. $\operatorname{Ind}_P^G(\delta_P^{1/2}\bar{\sigma})$ を正規化された $\bar{\sigma}$ からの誘導表現という. $(\check{\sigma}, \check{W})$ は (σ, W) の反傾表現とする. $\bar{\check{\sigma}}$ を $\check{\sigma}$ から得られる P の表現とする. このとき, $(\bar{\sigma}, W)$ と $(\bar{\check{\sigma}}, \check{W})$ は互いに反傾表現の関係にある. $\langle \ , \ \rangle$ により, W と $\check{W}$ の間の pairing で

$$\langle \bar{\sigma}(p)w_1, \bar{\check{\sigma}}(p)w_2 \rangle = \langle w_1, w_2 \rangle, \qquad w_1 \in W, \ w_2 \in \check{W}, \ p \in P$$

を満たすものを表す. $f_1 \in \operatorname{Ind}_P^G(\delta_P^{1/2}\bar{\sigma})$, $f_2 \in \operatorname{Ind}_P^G(\delta_P^{1/2}\bar{\check{\sigma}})$ をとる. $F(g) = \langle f_1(g), f_2(g) \rangle$ は $F(pg) = \delta_P(p)F(g), p \in P, g \in G$ をみたす. ゆえに $P \backslash G$ 上の右不変測度 $d\dot{g}$ によって

$$\langle\langle f_1, f_2 \rangle\rangle = \int_{P\backslash G} \langle f_1(g), f_2(g) \rangle d\dot{g} \tag{4.3}$$

と定義することができる. $\pi = \operatorname{Ind}_P^G(\delta_P^{1/2}\bar{\sigma})$, $\pi' = \operatorname{Ind}_P^G(\delta_P^{1/2}\bar{\check{\sigma}})$ とおくと, $d\dot{g}$ の右不変性から

$$\langle\langle \pi(g)f_1, \pi'(g)f_2 \rangle\rangle = \langle\langle f_1, f_2 \rangle\rangle, \qquad g \in G$$

がわかる. 双一次形式 $\langle\langle \ , \ \rangle\rangle$ が非退化であることは明らかであるから, π の反傾表現は π' であることがわかる.

次に σ はプレユニタリーであるとする. $(\ , \ )$ は W 上の非退化 Hermite 形式で

$$(\sigma(m)w_1, \sigma(m)w_2) = (w_1, w_2), \qquad m \in M, \ w_1, w_2 \in W$$

が成り立つとする. このとき $\bar{\sigma}$ についても明らかに

$$(\bar{\sigma}(p)w_1, \bar{\sigma}(p)w_2) = (w_1, w_2), \qquad p \in P, \ w_1, w_2 \in W$$

が成り立ち, $\bar{\sigma}$ もプレユニタリーである. $f_1 \in \operatorname{Ind}_P^G(\delta_P^{1/2}\bar{\sigma})$, $f_2 \in \operatorname{Ind}_P^G(\delta_P^{1/2}\bar{\sigma})$ をとる. $F(g) = (f_1(g), f_2(g))$ は $F(pg) = \delta_P(p)F(g), p \in P, g \in G$ をみたす. ゆえに $P \backslash G$ 上の右不変測度 $d\dot{g}$ によって

$$((f_1, f_2)) = \int_{P\backslash G} (f_1(g), f_2(g)) d\dot{g} \tag{4.4}$$

と定義することができる. $d\dot{g}$ の右不変性から

$$((\pi(g)f_1, \pi(g)f_2)) = ((f_1, f_2))), \qquad g \in G$$

$\pi = \mathrm{Ind}_P^G(\delta_P^{1/2}\bar\sigma)$ がわかる. Hermite 形式 $((\ ,\ ))$ が非退化であることは明らかであるから, π はプレユニタリーであることがわかる. 以上をまとめて次の命題を得る.

命題 4.1 $\mathrm{Ind}_P^G(\delta_P^{1/2}\sigma)$ の反傾表現は $\mathrm{Ind}_P^G(\delta_P^{1/2}\bar\sigma)$ である. σ がプレユニタリーならば $\mathrm{Ind}_P^G(\delta_P^{1/2}\bar\sigma)$ もプレユニタリーである.

正規化された誘導表現ではユニタリー性が保たれるのが著しい点である. σ がプレユニタリーでなくても, $\mathrm{Ind}_P^G(\delta_P^{1/2}\bar\sigma)$ がプレユニタリーになることはしばしばある.

最後にユニタリー表現と許容表現の関係を注意しておく.

定理 4.2 π は Hilbert 空間 V における G の既約ユニタリー表現[*2)] とする. G のある開部分群で固定されるベクトル全体からなる V の部分空間を V^∞ と書く. このとき π は V^∞ を stable にし, V^∞ における G の表現 $\pi|V^\infty$ は既約許容である.

この定理は Harish-Chandra が予想し, Bernstein が証明した結果である ([Car], p.132–133 参照).

5. 不分岐主系列表現

F は体とする. $\mathbf{H}$ は F 上に定義された連結代数群とする. このとき, $X^*(\mathbf{H})/F$ により $\mathbf{H}$ の指標で F 上に定義されるものの成す群を表す. $X^*(\mathbf{H})/F$ は $\mathbf{H}$ の指標群 $X^*(\mathbf{H})$ の部分群である.

$$X_*(\mathbf{H})/F = \mathrm{Hom}(X^*(\mathbf{H})/F, \mathbf{Z})$$

とおく. $\mathbf{H}$ がトーラスならば, $X_*(\mathbf{H})/F$ は $\mathbf{H}$ の cocharacter で F 上に定義されるものの成す群と同一視される. $\langle\ ,\ \rangle : X^*(\mathbf{H})/F \times X_*(\mathbf{H})/F \longrightarrow \mathbf{Z}$ を自然な paring とする.

$\mathbf{G}$ は F 上に定義された連結 reductive 代数群とする. $\mathbf{P}$ は $\mathbf{G}$ の parabolic 部

[*2)] 本章の最初に述べた既約性の定義において, 閉部分空間のみを不変部分空間として許す.

分群で F 上に定義されるものの内, 極小なものとする. $\mathbf{P} = \mathbf{MN}$ を $\mathbf{P}$ の Levi 分解とする. $\mathbf{A}$ は $\mathbf{M}$ の F 上定義されたトーラスで F 上 split するものの内極大なものとする (極大 split トーラス). このとき $\mathbf{A}$ は $\mathbf{G}$ の極大 F-split トーラスで $\mathbf{M}$ は $\mathbf{A}$ の $\mathbf{G}$ における中心化群である. $W = N(\mathbf{A})/\mathbf{M}$ を $\mathbf{A}$ の Weyl 群とする. ここに $N(\mathbf{A})$ は $\mathbf{A}$ の $\mathbf{G}$ における正規化群である (Springer [Sp], p.13, [BT] 参照).

以下 F は非 Archimedes 局所体とする. $\mathrm{ord}_F : F^\times \longrightarrow \mathbf{Z}$ により F の加法的付値を表す. H は F 上に定義された連結代数群とする. このとき準同型 $\mathrm{ord}_H : H \longrightarrow X_*(\mathbf{H})/F$ で

$$\langle \mathrm{ord}_H(h), \chi \rangle = \mathrm{ord}_F(\chi(h)), \qquad h \in H, \quad \chi \in X^*(\mathbf{H})/F \tag{5.1}$$

で特徴づけられるものが存在する. ord_H の核を ^0H と書く.

$$^0H = \{ h \in H \mid \chi(h) \in \mathcal{O}_F^\times, \ \forall \chi \in X^*(\mathbf{H})/F \}$$

である. ^0H は H の開部分群であることがわかる. H の quasi-character χ は ^0H 上自明であるとき, 不分岐であるという. ord_H の像を $\Lambda(H)$ と書く. このとき完全列

$$1 \longrightarrow {}^0H \longrightarrow H \xrightarrow{\mathrm{ord}_H} \Lambda(H) \longrightarrow 1 \tag{5.2}$$

がある.

例 5.1 $\mathbf{G} = \mathrm{GL}(n)$ とする. このとき $\mathbf{P}$ として上半三角行列からなる部分群がとれる. このとき $\mathbf{M} = \mathbf{A}$ は対角行列からなる部分群, $\mathbf{N}$ は上半ユニポテント行列からなる部分群である. 周知のように Weyl 群 $W = N(\mathbf{A})/\mathbf{A}$ は S_n に同型であり, 置換行列で代表される. また

$$^0M = {}^0A = \{ \mathrm{diag}[t_1, t_2, \ldots, t_n] \mid t_i \in \mathcal{O}_F^\times, 1 \leq i \leq n \}$$

であるから, ^0M の不分岐 quasi-character χ は $F^\times$ の不分岐 quasi-character χ_1, χ_2, ..., χ_n によって

$$\chi(\mathrm{diag}[t_1, t_2, \ldots, t_n]) = \chi_1(t_1)\chi_2(t_2)\ldots\chi_n(t_n), \qquad t_i \in F^\times, 1 \leq i \leq n$$

と書ける.

$\mathbf{G}$ は F 上に定義された連結 reductive 代数群で, $\mathbf{P} = \mathbf{MN}$, $\mathbf{A}$ は上述と同じ

とする. **G** は次の条件 (5.3), (5.4) が成り立つとき, F 上不分岐であるという.

$$\mathbf{G} \text{ は } F \text{ 上 quasi-split である.} \tag{5.3}$$

$$F \text{ の不分岐拡大体 } F' \text{ があって, } F' \text{ 上に } \mathbf{G} \text{ は split する.} \tag{5.4}$$

以下この節の終わりまで, **G** は F 上不分岐であると仮定する. M の不分岐 quasi-character の成す群を X とする. $\chi \in X$ に対して, M の不分岐 quasi-character $\delta_P^{1/2}\chi$ を考える. $\mathrm{Ind}_P^G(\overline{\delta_P^{1/2}\chi})$ を $\pi(\chi)$ と書くことにする. 具体的に表せば次のようになる. $V(\chi)$ は G 上の複素数値局所定数である函数 f で

$$f(mng) = \delta_M^{1/2}(m)\chi(m)f(g), \qquad m \in M,\ n \in N,\ g \in G$$

を満たすもの全体が成すベクトル空間とする. $V(\chi)$ 上に右移動によって実現される表現が $\pi(\chi)$ である. 定理 3.1 と命題 4.1 により次の命題を得る.

命題 5.2 $\pi(\chi)$ は許容表現である. $\pi(\chi)$ の反傾表現は $\pi(\chi^{-1})$ である. quasi-character χ が指標ならば $\pi(\chi)$ はプレユニタリーである.

定義 5.3 G の表現 $\pi(\chi)$ は既約であるとき, 不分岐主系列表現という.

命題 5.4 $(\pi(\chi), V(\chi))$ は長さ有限である. $w \in W$ に対し, $\pi(\chi)$ と $\pi(w\chi)$ の指標は等しい.

命題 5.4 の証明は略する. **G** が F 上不分岐であるとき, 次の性質をもつ G の極大コンパクト部分群 K と, 岩堀部分群と呼ばれる K の部分群 B の存在が知られている. $^0M = K \cap M$ であり, $w \in W$ は $K \cap N(A)$ に代表元 $\omega(w)$ をもつ.

$$G = \bigsqcup_{w \in W} P\omega(w)B. \quad \text{特に} \quad G = PK. \tag{K1}$$

$G = PK$ を G の岩澤分解という. $W_1 = N(A)/{}^0M$ とおく.

$$G = \bigsqcup_{w_1 \in W_1} Bw_1 B. \tag{K2}$$

ここで $w_1 \in W_1$ を代表する $N(A)$ の元を同じ文字で表した. W_1 を拡張された Weyl 群と呼び, (K2) を Bruhat-Tits 分解という. $\Lambda = \Lambda(M)$ とおく. Λ の部分集合 Λ^- があって

$$G = \bigsqcup_{\lambda \in \Lambda^-} K \operatorname{ord}_M^{-1}(\lambda) K. \tag{K3}$$

ここに $\operatorname{ord}_M^{-1}(\lambda) = \xi$ は $\operatorname{ord}_M(\xi) = \lambda$ をみたす一つの元を表す．(K3) を Cartan 分解という．(K1), (K2), (K3) をみたす G の極大コンパクト部分群 K を good であるという．

例 5.5 $G = \mathrm{GL}(n, F)$, $K = \mathrm{GL}(n, \mathcal{O}_F)$ とする．P は上半三角行列全体からなる G の部分群である．$G = PK$ を確かめることは読者に委ねよう．$\mathcal{O}_F$ の極大イデアルを $\mathfrak{p}$ とし，$\bar{P}$ は $\mathrm{GL}(n, \mathcal{O}_F/\mathfrak{p})$ の部分群で上半三角行列全体からなるものとする．$B = \{g \in K \mid g \bmod \mathfrak{p} \in \bar{P}\}$ とおくと，$K = \bigsqcup_{w \in W} B\omega(w)B$ であるから (K1) が成り立っている．

$$1 \longrightarrow \mathbf{Z}^n \longrightarrow W_1 \longrightarrow W \longrightarrow 1$$

は完全列で $G = \bigcup_{w \in W_1} Bw_1 B$ がわかるが，これが disjoint union であることも容易である．$M = A$ は対角行列全体からなる G の部分群で写像 ord_M は $\operatorname{diag}[t_1, \ldots t_n] \mapsto (\operatorname{ord}_F(t_1), \ldots, \operatorname{ord}_F(t_n))$ である．よって $\Lambda = \Lambda(M)$ は $\mathbf{Z}^n$ と同一視されるが，

$$\Lambda^- = \{(x_1, \ldots x_n) \in \mathbf{Z}^n \mid x_1 \leq x_2 \leq \cdots \leq x_n\}$$

として (K3) が成り立つことがわかる．これは単因子論である．

6. 球函数と Hecke 環の構造

命題 6.1 G は完全非連結群，K は G の開コンパクト部分群とする．$\Gamma \neq 0$ は G 上の K 両側不変な函数で

$$f * \Gamma = \lambda(f)\Gamma, \quad \forall f \in \mathcal{H}(G, K), \quad \lambda(f) \in \mathbf{C} \tag{6.1}$$

が成り立つとする．このとき $\mathcal{H}(G, K) \ni f \mapsto \lambda(f) \in \mathbf{C}$ は $\mathbf{C}$-代数の自明でない準同型である．逆に $\mathbf{C}$-代数の自明でない準同型 $\lambda : \mathcal{H}(G, K) \longrightarrow \mathbf{C}$ に対し G 上の K 両側不変な函数 $\Gamma \neq 0$ が定数倍を除いて唯一つ定まって (6.1) をみたす．

［証明］ 前半は明らかである．$\lambda : \mathcal{H}(G, K) \longrightarrow \mathbf{C}$ は $\mathbf{C}$-代数の自明でない準同型とする．λ は加法的であるから，G 上の K 両側不変な函数 Γ を

$$\int_G f(x)\Gamma(x^{-1})dx = \lambda(f), \qquad \forall f \in \mathcal{H}(G, K) \tag{6.2}$$

が成り立つように定めることができる. このとき $f_1, f_2 \in \mathcal{H}(G, K)$ に対し

$$\lambda(f_1 * f_2) = \int_G (f_1 * f_2)(x)\Gamma(x^{-1})dx = \int_G \int_G f_1(y)f_2(y^{-1}x)dy\Gamma(x^{-1})dx$$
$$= \int_G \int_G f_1(y)f_2(z)\Gamma(z^{-1}y^{-1})dzdy$$

が成り立ち, 従って

$$\int_G f_1(y)\left(\int_G f_2(z)\Gamma(z^{-1}y^{-1})dz\right)dy = \lambda(f_1)\lambda(f_2)$$

が任意の $f_1 \in \mathcal{H}(G, K)$ に対して成り立つゆえ, G 上の K 両側不変な函数 $\int_G f_2(z)\Gamma(z^{-1}y^{-1})dz$ は $\lambda(f_2)\Gamma(y^{-1})$ に等しい. よって $f_2 * \Gamma = \lambda(f_2)\Gamma$ である. Γ の定数倍を除いての一意性は明らかである. $\square$

次に容易にわかる事実を注意しておく.

注意 6.2 (1) (6.1) をみたす Γ が 0 でないことは, $\Gamma(1) \neq 0$ と同値である.
(2) $\lambda : \mathcal{H}(G, K) \longrightarrow \mathbf{C}$ は $\mathbf{C}$-代数の自明でない準同型とする. G 上の両側 K 不変な函数 Γ を

$$\int_G f(x^{-1})\Gamma(x)dx = \lambda(f), \qquad \forall f \in \mathcal{H}(G, K) \tag{6.2'}$$

で定めれば, Γ は $\Gamma * f = \lambda(f)\Gamma$ をみたす. G がユニモジュラーならば (6.2) と (6.2') は同値である.

以下前節と同じ記号を用いる. $G = \mathbf{G}(F)$, K は G の good な極大コンパクト部分群である.

命題 6.3 $\Gamma(1) = 1$ をみたす G 上の両側 K 不変な函数 $\Gamma(g)$ に対して次の三条件は同値である.
1) $\lambda(f) = \int_G f(g)\Gamma(g^{-1})dg$, $f \in \mathcal{H}(G, K)$ とおくと, λ は $\mathcal{H}(G, K)$ から $\mathbf{C}$ への $\mathbf{C}$-代数としての準同型である.
2) 任意の $f \in \mathcal{H}(G, K)$ に対して $\lambda(f) \in \mathbf{C}$ があって, $f * \Gamma = \Gamma * f = \lambda(f)\Gamma$.
3) $\Gamma(g_1)\Gamma(g_2) = \int_K \Gamma(g_1 k g_2)dk$, $g_1, g_2 \in G$. ここに dk は $\mathrm{vol}(K) = 1$ と正規化した K 上の Haar 測度である.

[証明] 位相群 G はユニモジュラーである. 1) と 2) が同値であることは, 命題 6.1 と注意 6.2, 2) からわかる. 1) と 3) が同値であることを示す. 1) を仮定し $\int_K \Gamma(g_1 k g_2) dk$ を g_1 の函数 Φ とみれば K で両側不変であり, $f * \Phi = \lambda(f)\Phi$, $\forall f \in \mathcal{H}(G, K)$ をみたす. 命題 6.1 の一意性より, $\Phi = c\Gamma(g_1)$ を得る. $g_1 = 1$ と取って $c = \Gamma(g_2)$ がわかる. 次に 3) を仮定すると直接計算により

$$\lambda(f_1 * f_2) = \int_G \int_G f_1(g_1^{-1}) f_2(g_2^{-1}) \Gamma(g_2 g_1) dg_1 dg_2$$
$$= \int_G \int_G f_1(g_1^{-1}) f_2(g_2^{-1}) \int_K \Gamma(g_2 k g_1) dk dg_1 dg_2$$
$$= \int_G f_1(g_1^{-1}) \Gamma(g_1) dg_1 \int_G f_1(g_2^{-1}) \Gamma(g_2) dg_2$$

となるから, 1) を得る. □

定義 6.4 Γ が命題 6.3 の同値な条件の一つをみたすとき, Γ は K に関する球函数 (spherical function) であるという.

例 6.5 球函数の例は次のように構成される. M の不分岐 quasi-character χ に対し, G の許容表現 $(\pi(\chi), V(\chi))$ を考える. (K1) により $G = PK = MNK$ ゆえ $\dim V(\chi)^K = 1$ がわかる. 命題 4.1 により $(\pi(\chi), V(\chi))$ の反傾表現は $(\pi(\chi^{-1}), V(\chi^{-1}))$ である. $v \in V(\chi)^K$, $w \in V(\chi^{-1})^K$ を $\langle v, w \rangle = 1$ と取り

$$\Gamma_\chi(g) = \langle \pi(\chi)(g)v, w \rangle, \qquad g \in G \qquad (6.3)$$

とおく. $\Gamma_\chi \in \mathcal{H}(G, K)$, $\Gamma_\chi(1) = 1$ は容易にわかる. $f \in \mathcal{H}(G, K)$ に対して $\bar{\pi}(\chi)(\check{f})v \in V(\chi)^K$ ゆえ一次元性より, $\lambda(\check{f}) \in \mathbf{C}$ があって $\bar{\pi}(\chi)(\check{f})v = \lambda(f)v$ となる. ここに $\check{f}$ は (2.5) で定義され, $\bar{\pi}(\chi)$ は $\pi(\chi)$ から (1.4) で定まる $\mathcal{H}(G)$ の表現である. このとき

$$(\Gamma_\chi * f)(g) = \langle \pi(\chi)(g)\bar{\pi}(\chi)(\check{f})v, w \rangle = \lambda(f)\Gamma_\chi(g)$$

となる. $f * \Gamma_\chi = \lambda(f)\Gamma_\chi$ も同様にわかる. よって Γ_χ は K に関する球函数である. $g = mnk$, $m \in M$, $n \in N$, $k \in K$ に対し $\varphi_\chi(g) = \delta_P(m)^{1/2} \chi(m)$ で定義される函数 φ_χ は $V(\chi)^K$ に属する. (4.3) により $f_1 \in V(\chi)$ と $f_2 \in V(\chi^{-1})$ の pairing は

$$\langle f_1, f_2 \rangle = \int_{P \backslash G} f_1(g) f_2(g) d\dot{g} = \int_K f_1(k) f_2(k) dk$$

で与えられるから, (6.3) により
$$\Gamma_\chi(g) = \int_K \varphi_\chi(kg)\varphi_{\chi^{-1}}(k)dk$$
がわかる. よって公式
$$\Gamma_\chi(g) = \int_K \varphi_\chi(kg)dk \tag{6.4}$$
を得る.

命題 6.6 χ, χ' は M の不分岐 quasi-character とする. 球函数の等式 $\Gamma_\chi = \Gamma_{\chi'}$ が成り立つためには, $w \in W$ があって $\chi = w\chi'$ となることが必要十分である.

十分性の一つの証明は概略次のように与えられる. $\Gamma_\chi(g)$ は g を固定するとき, χ の連続函数である. これは (6.4) からわかる. よって $\Gamma_\chi = \Gamma_{w\chi}$, $w \in W$ を χ が M の不分岐 quasi-character の集合の稠密な部分集合を走るときに示せばよい. 一般の位置にある χ に対し $\pi(\chi)$ は既約であり, $\pi(\chi)$ と $\pi(w\chi)$ は同値である. よって $\Gamma_\chi = \Gamma_{w\chi}$ を得る.

定義 6.7 G の既約で滑らかな表現 (π, V) は $V^K \neq \{0\}$ をみたすとき, (K に関する) 球表現 (spherical representation) であるという.

(π, V) は球表現とする. 命題 1.2, 1) により V^K における Hecke 環 $\mathcal{H}(G, K)$ の表現は既約である. 後で証明するように, $\mathcal{H}(G, K)$ は可換である. これから $\dim V^K = 1$ がわかる. $(\check{\pi}, \check{V})$ は (π, V) の反傾表現とする. $v \in V, w \in \check{V}$ を $\langle v, w \rangle = 1$ と取って
$$\Gamma(g) = \langle \pi(g)v, w \rangle, \qquad g \in G$$
とおけば, $\Gamma(g)$ は例 6.5 と同様にして球函数であることがわかる.

Γ は K に関する球函数とする. このとき G の球表現 (π_Γ, V_Γ) を次のように構成できる. V_Γ は $c_i \in \mathbb{C}$, $x_i \in G$, $1 \leq i \leq n$ によって $f(g) = \sum_{i=1}^n c_i \Gamma(gx_i)$, $g \in G$ と書ける G 上の函数の成すベクトル空間とする. 函数の右移動によって V_Γ に G を作用させて得られる表現を π_Γ とする. π_Γ は明らかに滑らかな表現である. $\dim V_\Gamma^K = 1$ で V_Γ^K は Γ で張られることを示す. 命題 6.3, 3) により
$$\int_K f(g_1 k g_2) dk = \Gamma(g_1) f(g_2), \qquad f \in V_\Gamma, \ g_1, g_2 \in G \tag{6.5}$$
がわかる. $f \in V_\Gamma^K$ とし, $g_2 = 1$ と取ると $f(g_1) = \Gamma(g_1) f(1)$ を得る. よって V_Γ^K

は一次元で Γ で張られる. 次に $W \neq \{0\}$ は V_Γ の不変部分空間とする. $f \in W$ を $f(1) \neq 0$ と取れる. (6.5) で $g_1 = g, g_2 = 1$ とおくと

$$\int_K f(gk)dk = \Gamma(g)f(1)$$

を得る. 左辺の積分は有限和で g の函数として W に属するから $\Gamma \in W$, よって $W = V$ がわかる. ゆえに π_Γ は既約であり球表現である. π_Γ が定める球函数は Γ と一致する. 実際, 球函数の定める $\mathcal{H}(G, K)$ から $\mathbf{C}$ への準同型を比べればよい.
 $f \in \mathcal{H}(G, K)$ に対して

$$f * \Gamma_\chi = c_\chi(f)\Gamma_\chi \tag{6.6}$$

とおく. $c_\chi(f) \in \mathbf{C}$ であり, 球函数の性質から $\mathcal{H}(G, K) \ni f \mapsto c_\chi(f) \in \mathbf{C}$ は $\mathbf{C}$-代数としての準同型であることがわかる. (6.6) から両辺の 1 での値をみて

$$c_\chi(f) = \int_G f(g)\Gamma_\chi(g^{-1})dy = \int_G f(g^{-1})\Gamma_\chi(g)dg$$

がわかるが, (6.4) を用いればこれは次のように計算される.

$$\int_G \Gamma_\chi(g)f(g^{-1})dg = \int_G \left(\int_K \varphi_\chi(kg)dk\right)f(g^{-1})dg$$
$$= \int_G \left(\int_K \varphi_\chi(kg)f(g^{-1}k^{-1})dk\right)dg.$$

よって

$$c_\chi(f) = \int_G \varphi_\chi(g)f(g^{-1})dg = \int_G \varphi_\chi(g)\check{f}(g)dg \tag{6.7}$$

を得る. ここに $\check{f}(g) = f(g^{-1})$ である. $G = MNK$ に応じて測度は

$$\int_G \eta(g)dg = \int_K \int_M \int_N \eta(mnk)dkdmdn, \qquad \eta \in L^1(G) \tag{6.8}$$

と分解するから

$$c_\chi(f) = \int_M \delta_P(m)^{1/2}\chi(m)\left(\int_N \check{f}(mn)dn\right)dm \tag{6.9}$$

を得る. $\check{f} = \mathrm{ch}(KxK), x \in G$ のとき, (6.9) により

$$c_\chi(f) = \int_M \delta_P(m)^{1/2}\chi(m) \cdot \mathrm{vol}(N \cap m^{-1}KxK)dm \tag{6.10}$$

を得る.

補題 6.8 $M_x = \{m \in M \mid m^{-1}N \cap KxK \neq \emptyset\}$ とおく．このとき ${}^0M \backslash M_x$ は有限集合である．

［証明］ 明らかに ${}^0M M_x = M_x$ であり，M_x は ${}^0M$ についての剰余類からなる．Levi 分解の M 成分への射影によって写像 $\pi: P \longrightarrow M$ を定義すれば，π は p 進位相について連続である．$P \cap KxK$ はコンパクトで $M_x = \pi(P \cap KxK)$ であるから，M_x は M のコンパクト部分集合である．${}^0M$ は M の開集合であるから，M_x における ${}^0M$ の剰余類の数は有限である． □

$\Lambda \cong \mathbf{Z}^l$ とすると，不分岐指標 χ は $\chi = \eta \circ \mathrm{ord}_M$ と書ける．ここに η は $\mathbf{Z}^l$ の quasi-character である．$x_1, \ldots, x_l \in \mathbf{C}^\times$ があって，$\eta(u_1, \ldots, u_l) = x_1^{u_1} \cdots x_l^{u_l}$ と書ける．補題 6.8 により $c_\chi(f)$ は $x_1, \ldots, x_l$ の多項式であることがわかる．命題 6.6 より $c_\chi(f) = c_{w\chi}(f)$ であるから，$x_1, \ldots, x_l$ を変数とみるとき $c_\chi(f) \in \mathbf{C}[x_1, \ldots, x_l]^W$ である．

定理 6.9 $\mathcal{H}(G, K) \ni f \mapsto c_\chi(f) \in \mathbf{C}[x_1, \ldots, x_l]^W$ は $\mathbf{C}$-代数としての同型である．即ち $\mathcal{H}(G, K) \cong \mathbf{C}[x_1, \ldots, x_l]^W$．

定理 6.9 (佐武同型と呼ばれる) の証明の概要はこの節の最後で与えることにし，まずその応用を述べる．

定理 6.10 K に関する任意の球函数は M のある不分岐 quasi-character χ について Γ_χ と一致する．

［証明］ 定理 6.9 において χ は $x_1, \ldots, x_l$ に対応する変数と考えたが，変数 x_i に $\mathbf{C}$ の値を代入することにより，M の具体的な quasi-character が得られる．これから $\mathcal{H}(G, K)$ から $\mathbf{C}$ への $\mathbf{C}$-代数としての準同型は $\mathcal{H}(G, K) \ni f \mapsto c_\psi(f) \in \mathbf{C}$ の形であることがわかる．ここに ψ は M の quasi-character である．命題 6.1 により結論を得る． □

χ は M の不分岐 quasi-character とする．$\pi(\chi)$ が既約であれば，これは K についての球表現であるが，一般に球表現は次のように得られる．$V(\chi)$ を $\pi(\chi)$ の表現空間とする．φ_χ によって生成される $V(\chi)$ の不変部分空間を $W(\chi)$ とする．このとき Zorn の補題の簡単な適用によって $W(\chi)$ は極大不変部分空間 $Z(\chi)$ を含むことが示される．$\varphi_\chi \notin Z(\chi)$ ゆえ $W(\chi)/Z(\chi)$ 上に実現される G の既約許容

表現は K 不変なベクトルを含む. よってこれは球表現である. これを π_χ と書く. $\pi(\chi)$ が既約ならば $\pi_\chi = \pi(\chi)$ である. (6.3) 以下の計算を注意深くみれば, π_χ の定める球函数は Γ_χ であることがわかる. 球函数と球表現の対応により, 定理 6.10 から次の定理を得る.

定理 6.11 K に関する任意の球表現は M のある不分岐 quasi-character χ について π_χ と書ける.

$w \in W$ は K に代表元をもつから, W は ^0M を不変にし, $\Lambda = M/^0M$ に作用する.

補題 6.12 Λ 上の順序があって, $\Lambda_0 = \{\lambda \in \Lambda \mid w\lambda \leq \lambda, \forall w \in W\}$ とおくとき, 次の主張が成立する. $m, x \in M$ に対して $mN \cap KxK \neq \emptyset$, $x \mod {}^0M \in \Lambda_0$ ならば $x \mod {}^0M \geq m \mod {}^0M$ である.

[定理 6.9 の証明] 問題の写像 $\mathcal{H}(G,K) \ni f \mapsto c_\chi(f) \in \mathbf{C}[x_1, \ldots, x_l]^W$ が全単射であることを示せばよい. M の不分岐 quasicharacter χ は $m \in M$, $m \mod {}^0M \in \Lambda \cong \mathbf{Z}^l$ が $(m_1, \ldots, m_l)$ に対応しているとき $\chi(m) = x_1^{m_1} \cdots x_l^{m_l}$ と書ける. ここに $x_i \in \mathbf{C}^\times$ であるが, x_i を変数とみる.

Cartan 分解により任意の $f \in \mathcal{H}(G,K)$ は $f = \sum_i c_i \mathrm{ch}(K\alpha_i K)$, $c_i \in \mathbf{C}$, $\alpha_i \in M$ と書ける. よって, 補題 6.12 を考慮して, $\mathcal{H}(G,K)$ の基底は λ が Λ_0 に対応する元を走るとき $\mathrm{ch}(K\lambda K)$ で与えられる. これを $\{e_\lambda\}$ と書く. $\mathbf{C}[x_1, \ldots, x_l]^W$ の基底も同様に, $\mathbf{Z}^l = \Lambda$ とみて, $d = (d_1, \ldots, d_l)$ が Λ_0 の元に対応して走るとき $x_1^{d_1} \cdots x_l^{d_l}$ で与えられる. これを $\{c_d\}$ と表す. (6.10), 補題 6.8, 6.12 により基底 $\{e_\lambda\}, \{c_d\}$ で写像 $f \mapsto c_\chi(f)$ を表す行列は, 下半三角行列で対角成分が 0 でないものになることがわかる. このような行列は逆行列をもつから, 問題の写像は全単射である. □

$GL(n)$ の場合に補題 6.12 を証明しておこう. Λ を $\mathbf{Z}^n$ と同一視して, この上に順序を次のように入れる. $z = (z_1, z_2, \ldots z_n)$, $w = (w_1, w_2, \ldots, w_n) \in \mathbf{Z}^n$ とする. $z_n < w_n$ ならば $z > w$ と決める. $z_n = w_n$, ..., $z_{n-r+1} = w_{n-r+1}$, $z_{n-r} < w_{n-r}$ のとき $z > w$ と決める. このとき

$$\Lambda_0 = \{(x_1, x_2, \ldots, x_n) \in \mathbf{Z}^n \mid x_1 \geq x_2 \geq \cdots \geq x_n\}$$

である. $x = \text{diag}[\varpi^{x_1}, \varpi^{x_2}, \ldots, \varpi^{x_n}]$, $x_1 \geq x_2 \geq \cdots \geq x_n$, $m = \text{diag}[\varpi^{m_1}, \ldots, \varpi^{m_n}]$ とする. ある $u \in N$ に対し $mu \in KxK$ のとき, $(x_1, \ldots, x_n) \geq (m_1, \ldots, m_n)$ を示せばよい. KxK に属する行列の行列成分が生成する $\mathcal{O}_F$ のイデアルは (ϖ^{x_n}) である. n についての帰納法の仮定をおく. $m_1, \ldots, m_n$ の内最小のものを m_i とする. mu の行列成分が生成する $\mathcal{O}_F$ のイデアルは (ϖ^{m_i}) を含むがこれが真に (ϖ^{m_i}) を含めば $x_n < m_i \leq m_n$ であり $(x_1, \ldots, x_n) \geq (m_1, \ldots, m_n)$ が成り立つ. ゆえに mn の行列成分が生成する $\mathcal{O}_F$ のイデアルは (ϖ^{m_i}) であり, $x_n = m_i = m_n$ と仮定してよい. このとき mu の (n,n) 成分を要とする掃き出しの操作により次のことがわかる. $m' = \text{diag}[\varpi^{m_1}, \ldots, \varpi^{m_{n-1}}]$ とおく. $\text{GL}(n-1, F)$ の上半ユニポテント行列 u' と $k \in K$ があって, $kmu = \begin{pmatrix} m'u' & 0 \\ 0 & \varpi^{x_n} \end{pmatrix}$ となる. $m'u'$ の単因子は $(\varpi^{x_1}, \ldots, \varpi^{x_{n-1}})$ であるから, 帰納法の仮定を $m'u'$ に適用して結論を得る.

補題 6.12 は G が古典群のときは, 佐武 [Sa] で証明されている. 一般の場合は, Bruhat-Tits 理論から従う ([Ti] 参照). 球函数の具体形を与える, いわゆる Macdonald の公式が知られている. これについては [Car], [CS] を参照されたい.

問題 6.13 命題 6.1 を次のように非可換の場合に拡張せよ. W は $\mathbf{C}$ 上の有限次元ベクトル空間とする. Γ は G 上の $\text{End}(W)$ に値をもつ函数で K 両側不変, $\Gamma(1) = 1 \in \text{End}(W)$ とする.

$$f * \Gamma = \Gamma\lambda(f), \quad \forall f \in \mathcal{H}(G, K), \quad \lambda(f) \in \text{End}(W) \qquad (*)$$

が成り立ったとする. このとき $\mathcal{H}(G, K) \ni f \mapsto \lambda(f) \in \text{End}(W)$ は $\mathbf{C}$-代数の準同型である. 逆に $\lambda: \mathcal{H}(G, K) \longrightarrow \text{End}(W)$ は $\mathbf{C}$-代数の準同型で単位元を単位元に写すとする. このとき G 上の $\text{End}(W)$ に値をもつ K 両側不変な函数 Γ で $\Gamma(1) = 1$ と関係 $(*)$ をみたすものが唯一つ定まる.

問題 6.14 $R = \mathbf{Z}[1/p]$, p は F の剰余標数とする. $\mathcal{H}_R(G, K) \cong R[x_1, \ldots, x_l]^W$ かどうかを検討せよ.

7. Tempered 表現

この節では tempered 表現という重要な概念を簡単にみておく.

F は非 Archimedes 局所体, $\mathbf{G}$ は F 上に定義された連結 reductive 代数群とする. π は G の既約許容表現とする. π の指標 Θ_π が tempered 超函数であるとき, π は tempered 表現であるという. G 上の超函数は G の Schwartz 空間 $\mathcal{S}(G)(\supset C_c^\infty(G))$ の連続汎函数に拡張されるとき, tempered 超函数であるという.

そこで定義しなければならないのは, Schwartz 空間 $\mathcal{S}(G)$ とその位相である ([Si] 参照). ある n があって $G \subset \mathrm{GL}(n, F)$ となる. $g = (g_{ij})$ に対し $|g| = \max_{i,j} |g_{ij}|_F$, $\|g\| = \max(|g|, |g^{-1}|)$ とおき, G 上の函数 σ を $\sigma(g) = \log_q \|g\|$, $g \in G$ で定める. ここに $|\ |_F$ は F の正規化された乗法的付値, q は F の剰余体の元の数である. 第 5 節の記号を用いる. 特に $\mathbf{P}$ は F 上に定義される極小 parabolic 部分群である. K は P に対して good な極大コンパクト部分群とする ($\mathbf{G}$ が F 上不分岐な場合は第 5 節の K でよい. 一般には [Ha], p.16, [Si] 参照). 特に $G = PK = KP$ である. P のモジュラー函数 δ_P を $\delta_P(kp) = \delta_P(p)$, $k \in K$, $p \in P$ とおくことで G 上の函数に延長し,

$$\Xi(g) = \int_K \delta_P(gk)^{-1/2} dk, \qquad g \in G$$

とおく. G の開コンパクト部分群 L に対し, $\mathcal{S}_L(G)$ は L で両側不変な G 上の複素数値函数 f で任意の $r \geq 0$ に対し

$$\nu_r(f) = \sup_{g \in G} |f(g)| \Xi(g)^{-1} (1 + \sigma(g))^r < \infty$$

をみたすもの全体の成すベクトル空間とする. $\mathcal{S}_L(G)$ にセミノルム $\{\nu_r\}_{r \geq 0}$ によって位相を与える. $\mathcal{S}(G) = \bigcup_L \mathcal{S}_L(G)$ とおく. 補題 1.1 より, $C_c^\infty(G) \subset \mathcal{S}(G)$ は明らかである. $\mathfrak{S}$ は $\mathcal{S}(G)$ のセミノルムで各 $\mathcal{S}_L(G)$ への制限が連続であるもの全ての成す集合とする. $\mathfrak{S}$ により $\mathcal{S}(G)$ に位相を与える. $\mathcal{S}(G)$ を G の Schwartz 空間という. F が Archimedes 局所体のときも, G の Schwartz 空間, tempered 超函数, tempered 表現は同様に定義される.

第 VI 章　保型形式と保型表現

この章では保型形式と保型表現の概念を一般的な枠組の中で述べる．

1.　表現のテンソル積分解

定理 1.1　G_1, G_2 は完全非連結群, $G = G_1 \times G_2$ とする．
1) $\pi_i, i = 1, 2$ が G_i の既約許容表現ならば, $\pi = \pi_1 \otimes \pi_2$ は G の既約許容表現である．
2) 逆に π が G の既約許容表現ならば, $G_i, i = 1, 2$ の既約許容表現 π_i があって, π は $\pi_1 \otimes \pi_2$ に同値である．π_i の同値類は π によって一意的に定まる．

［証明］　1) π は明らかにsmoothである．V_i を π_i の表現空間とする．K_i は G_i の開コンパクト部分群とする．このとき
$$(V_1 \otimes V_2)^{K_1 \times K_2} = V_1^{K_1} \otimes V_2^{K_2}$$
は明らかであり, これから π は許容表現であることがわかる．K_i を $V_i^{K_i} \neq \{0\}$ と取り, $\mathcal{H}_i = \mathcal{H}(G_i, K_i), i = 1, 2$ とおく．V, 命題1.2, 1) により $V_i^{K_i}$ における $\mathcal{H}_i$ の表現は既約である．これから $(V_1 \otimes V_2)^{K_1 \times K_2}$ における $\mathcal{H}(G, K_1 \times K_2) = \mathcal{H}_1 \otimes \mathcal{H}_2$ の表現は既約であることがわかる．よって $V_1 \otimes V_2$ における $\mathcal{H}(G)$ の表現は既約であり, π も既約である．

2) (π, V) は G の既約許容表現とする．K_1, K_2 をそれぞれ G_1, G_2 の開コンパクト部分群として $K = K_1 \times K_2, \mathcal{H} = \mathcal{H}(G, K), \mathcal{H}_i = \mathcal{H}(G_i, K_i), i = 1, 2$ とおく．K を十分小さくとり $V^K \neq \{0\}$ とする．このとき V, 命題1.2, 1) により V^K における $\mathcal{H}(G, K) = \mathcal{H}_1 \otimes \mathcal{H}_2$ の表現は既約である．これを π と書く．$\mathcal{H}_1 \ni f \mapsto f \otimes 1 \in \mathcal{H}(G, K)$ により $\mathcal{H}_1$ を $\mathcal{H}$ の部分代数とみなす．まず V^K を $\mathcal{H}_1$ 加群とみて, W を V^K の極小 $\mathcal{H}_1$ 部分加群とする．W は $\mathcal{H}_1$ 加群として既約であ

る. W における $\mathcal{H}_1$ の表現を σ とする. $\bar{\pi}(1 \otimes h)W$, $h \in \mathcal{H}_2$ は $\mathcal{H}_1$ 加群として W の像であるから, $\{0\}$ でなければ W に同型である. $\sum_{h \in \mathcal{H}_2} \bar{\pi}(1 \otimes h)W$ は $\mathcal{H}$ 加群になる. よってこれは V に一致するが, W の既約性から有限個の $h_j \in \mathcal{H}(G_2, K_2)$ があって $V = \oplus_j \bar{\pi}(h_i)W$ となる. よって V は σ-isotypic [*1] である. 同様に $\mathcal{H}_2$ の既約表現 τ があって, V は τ-isotypic である.

今 $0 \neq w \in V$ をとり, w の生成する $\mathcal{H}_1$ 部分加群を X, $\mathcal{H}_2$ 部分加群を Y とする. X は σ-isotypic, Y は τ-isotypic である. $\sigma \otimes \tau$ は $\mathcal{H}$ の既約表現であり, $X \otimes Y$ は $\sigma \otimes \tau$-isotypic である.

$$X = \oplus_{i=1}^m \bar{\pi}(g_i \otimes 1)w, \qquad Y = \oplus_{j=1}^n \bar{\pi}(1 \otimes h_j)w$$

とおく. 写像

$$X \otimes Y \ni \bar{\pi}(g_i \otimes 1)w \otimes \bar{\pi}(1 \otimes h_j)w \mapsto \bar{\pi}(g_i \otimes h_j)w \in V$$

により $X \otimes Y$ から V への $\mathcal{H}$ 加群としての準同型が得られることは, 容易に確かめられる. よって V は $\sigma \otimes \tau$-isotypic であり, V の既約性から V における $\mathcal{H}$ の表現は $\sigma \otimes \tau$ に同値であることがわかる.

(π_1, V_1) は $V_1^{K_1}$ における $\mathcal{H}_1$ の表現が σ に同値であるような G_1 の滑らかな表現, (π_2, V_2) は $V_2^{K_2}$ における $\mathcal{H}_2$ の表現が τ に同値であるような G_2 の滑らかな表現とする (V, 命題 1.2, 3) 参照). V, 命題 1.2, 2) により π と $\pi_1 \otimes \pi_2$ は同値となる. これから π_i が許容表現であることがわかる. σ, τ の同値類の一意性から π_i の同値類の一意性が従う. $\square$

次に制限テンソル積の概念を定義しよう. $W_\lambda, \lambda \in \Lambda$ をベクトル空間の族とする. Λ_0 は Λ の有限部分集合とする. $\lambda \in \Lambda \backslash \Lambda_0$ に対しベクトル $0 \neq w_\lambda^0 \in W_\lambda$ が与えられているとする. Λ_0 を含む Λ の有限部分集合 S に対して $V_S = \otimes_{\lambda \in S} W_\lambda$ とおく. S を含む Λ の有限部分集合 S' に対して線型写像 $V_S \longrightarrow V_{S'}$ を $V_S \ni \otimes_{\lambda \in S} w_\lambda \mapsto \otimes_{\lambda \in S} w_\lambda \otimes_{\lambda \in S' \backslash S} w_\lambda^0 \in V_{S'}$ によって定義する. この写像に関する帰納的極限 $V = \varinjlim V_S$ を W_λ の $\{w_\lambda^0\}$ に関する制限テンソル積という. V の元は $\otimes_\lambda w_\lambda$, $\lambda \notin \Lambda_0$ のとき有限個を除いて $w_\lambda = w_\lambda^0$ と一意的に書ける (この意味は明らかであろう).

次に [B], [F] に従ってベキ等代数 (idempotented algebra) の概念を定義しよ

[*1] V で実現される $\mathcal{H}_1$ の表現が σ の何倍かに同値であるとき, V は σ-isotypic であるという.

う．A は必ずしも可換ではない環とする．A が乗法単位元をもつことも仮定しない．$0 \neq e \in A$ は $e^2 = e$ をみたすときベキ等元 (idempotent) であるという．次の条件 (Id) を考える．

$$A \text{ の有限個の元 } x_i, 1 \leq i \leq n \text{ が与えられたとき,} \tag{Id}$$
$$A \text{ のベキ等元 } e \text{ があって, } ex_ie = x_i, 1 \leq i \leq n \text{ をみたす.}$$

C-代数 A が条件 (Id) をみたすとき，A はベキ等代数であるという．V は **C** 上のベクトル空間で A 加群であるとする．次の条件 1), 2) が成り立つとき V は許容 A 加群であるという．

 1) 任意の $v \in V$ に対して，A のベキ等元 e があって $ev = v$.
 2) $e \in A$ がベキ等元であるとき, $\dim eV < \infty$.

例 1.2 G は完全非連結群とする．このとき G の Hecke 代数 $\mathcal{H}(G) = C_c^\infty(G)$ はベキ等代数である．**C** 上のベクトル空間 V 上に $\mathcal{H}(G)$ の許容表現が実現されているとする．このとき V は $\mathcal{H}(G)$ をベキ等代数とみたときの許容 $\mathcal{H}(G)$ 加群である．

定理 1.1 はほぼ同じ証明により，ベキ等代数とその上の加群に対して拡張される．

2. 実 reductive Lie 群の Hecke 代数

G は実 reductive Lie 群とする．G は連結であるとは仮定しないが, 連結成分の数は有限であると仮定する．K は G の極大コンパクト部分群とする．$\mathfrak{g} = \mathrm{Lie}(G)$, $\mathfrak{k} = \mathrm{Lie}(K)$ とおく．$U(\mathfrak{g})$ は $\mathfrak{g}$ の複素化の普遍包絡代数とする．$(\mathfrak{g}, K)$ の Hecke 代数 $\mathcal{H}(\mathfrak{g}, K)$ は，K に台が含まれる G 上の超函数で，左右 K-有限なもの全体が合成積を乗法として成す代数，として定義する． [*2)] $\mathcal{H}(\mathfrak{g}, K)$ は $U(\mathfrak{g})$ と K の表現から得られる測度が合成積を乗法として生成する代数と同型である (詳しくは [KV], Chap.I を参照). $(\mathfrak{g}, K)$ 加群の概念を定義しておこう ([BW], p.6, [V], p.14 参照).

定義 2.1 **C** 上のベクトル空間 V は $\mathfrak{g}$ 加群であり，かつ半単純な K 加群であるとする．$\mathfrak{g}, K$ の作用を π で表す．次の三条件が成り立つとき，V は $(\mathfrak{g}, K)$ 加

[*2)] この代数は乗法単位元，即ち Dirac の超函数，をもつが，用語の統一上 Hecke 代数と呼ぶ．

群であるという．

1) V の任意のベクトルは K の作用で有限次元ベクトル空間を張る．
2) $\pi(k)(\pi(X))v = \pi(\mathrm{Ad}(k)X)\pi(k)v$, $k \in K$, $X \in U(\mathfrak{g})$, $v \in V$. ここに Ad は G の adjoint action を表す．
3) V における K の表現の微分は V における $\mathfrak{g}$ の表現の $\mathrm{Lie}(K)$ への制限と一致する．

$\mathcal{H}(\mathfrak{g},K)V = V$ が成り立つとき，V は非退化な $\mathcal{H}(\mathfrak{g},K)$ 加群であるという．任意の $(\mathfrak{g},K)$ 加群 V は非退化な $\mathcal{H}(\mathfrak{g},K)$ 加群であり，逆も成り立つ（この条件は勿論既約加群はみたす）．このとき作用 π をこめて，(π, V) は $\mathcal{H}(\mathfrak{g},K)$ 加群であるということにする．

定義 2.2 V は $(\mathfrak{g},K)$ 加群とする．V において K の各既約表現が有限の重複度で現れるとき，V は許容 $(\mathfrak{g},K)$ 加群であるという．

π が Hilbert 空間 V における G の既約ユニタリー表現のとき，V の K-有限な解析的ベクトル全体は既約許容 $(\mathfrak{g},K)$ 加群を成す．ユニタリー表現と $(\mathfrak{g},K)$ 加群の関係については [KV]，およびそこに挙げられている文献を参照されたい．

3. アデール群の Hecke 代数

F は大域体，G は F 上に定義された連結 reductive 代数群とする．Z は G の中心に含まれる最大の F-split トーラスとする．F の素点 v に対し，$G_v = G_{F_v}$ とおく．$G_\mathbf{A}$ により G のアデール群を表す．G_f は $G_\mathbf{A}$ の有限部分，G_∞ は無限部分を表す．$v \in \mathbf{h}$ のとき，$\mathcal{H}_v = C_c^\infty(G_v)$ は G_v の Hecke 代数とする．$v \in \mathbf{a}$ のとき，G_v は実 reductive Lie 群である．G_v は必ずしも連結ではないが，連結成分の数は有限である．G_v の極大コンパクト部分群 K_v を一つとり，G_v の Hecke 代数を $\mathcal{H}_v = \mathcal{H}(\mathfrak{g}_v, K_v)$, $\mathfrak{g}_v = \mathrm{Lie}(G_v)$ とする．$v \in \mathbf{h}$ のとき，有限個の v を除いて G は F_v 上不分岐である (V, [Sp], Lemma 4.9 参照)．よって第 V 章で説明したように，G_v は good な極大コンパクト部分群 K_v をもち，$\mathcal{H}(G_v, K_v)$ は可換である．$\mathbf{h}_0 \subset \mathbf{h}$ は G が F_v 上不分岐であるような素点の集合とし，$v \in \mathbf{h}_0$ について K_v を一つ決めておく．G_f は G_v, $v \in \mathbf{h}$ の制限直積であり完全非連結群であるが，その Hecke 代数を $\mathcal{H}_f$ と書く．$\mathcal{H}_f$ は $\mathcal{H}(G_v, K_v)$, $v \in \mathbf{h}_0$ の単位元 e_v を $\mathcal{H}_v$

の指定された元の族としてとったときの制限テンソル積と一致する (即ち前節の記号では $\Lambda = \mathbf{h}$, $w_\lambda^0 = e_v$ である).

$$\mathcal{H}_\infty = \otimes_{v \in \mathbf{a}} \mathcal{H}_v, \qquad \mathcal{H} = \mathcal{H}_f \otimes \mathcal{H}_\infty \tag{3.1}$$

とおく. $\mathcal{H}$ を $G_\mathbf{A}$ の Hecke 代数という. $\mathcal{H}$ の元 ξ は

$$\xi = \xi_f \otimes \xi_\infty, \qquad \xi_f \in \mathcal{H}_f, \quad \xi_\infty \in \mathcal{H}_\infty \text{ はベキ等元} \tag{3.2}$$

と書けるとき単純であるという.

各 $v \in \mathbf{h} \cup \mathbf{a}$ に対し, $\mathcal{H}_v$ の既約許容表現 (π_v, V_v) が与えられたとする ($v \in \mathbf{a}$ のときは V_v は既約許容 $(\mathfrak{g}_v, K_v)$ 加群である). $v \in \mathbf{h}_0$ のとき, 有限個を除いて, π_v は球表現であると仮定する. K_v で固定される V_v のベクトル $w_v \neq 0$ をとっておく. $V = \otimes V_v$ を V_v の $\{w_v\}$ に関する制限テンソル積とする. π_v が球表現であるとき, $\mathcal{H}(G_v, K_v)$ は可換であり, $\dim V_v^{K_v} = 1$ である. w_v は定数倍を除いて一意的であるから, V は $\{w_v\}$ のとり方によらないで定まる. このとき表現 π_v の制限テンソル積 π を

$$\pi(g)(\otimes_v x_v) = \otimes_v \pi_v(g_v) x_v, \qquad g = (g_v) \in G_\mathbf{A} \tag{3.3}$$

によって定義する. 有限個の v を除いて $x_v = w_v$ であるが, この性質は (3.3) の右辺のテンソルについても成り立っていることを注意しておく.

まず F が函数体の場合を考えよう. このとき $G_\mathbf{A} = G_f$ で $G_\mathbf{A}$ の Hecke 代数は $\mathcal{H}_f$ である.

定理 3.1 F は函数体, π は $G_\mathbf{A}$ の既約許容表現とする. このとき各 $v \in \mathbf{h}$ に対し, G_v の既約許容表現 π_v があり, π_v は有限個の v を除いて球表現であって, $\pi = \otimes_v \pi_v$ と制限テンソル積に分解する. π_v の同値類は一意的に定まる.

[証明] v を F の素点とする. $G_\mathbf{A} = G_v \times \prod'_{\lambda \in \mathbf{h}, \lambda \neq v} G_\lambda$ と分解する. ここに右辺の第二因子は $\{K_\lambda\}$ についての制限直積である. 定理 1.1 により G_v の既約許容表現 (π_v, V_v) と $\prod'_{\lambda \in \mathbf{h}, \lambda \neq v} G_\lambda$ の既約許容表現 Π^v があって $\pi = \pi_v \otimes \Pi^v$ となる. このように π_v を定めるとき, F の有限個の素点 $v_1, \ldots, v_n$ に対して $G_\mathbf{A} = G_{v_1} \times \cdots \times G_{v_n} \times \prod'_{\lambda \in \mathbf{h}, \lambda \neq v_1, \ldots, v_n} G_\lambda$, $\pi = \pi_{v_1} \otimes \cdots \otimes \pi_{v_n} \otimes \Pi^{v_1, \ldots, v_n}$ となる. ここに $\Pi^{v_1, \ldots, v_n}$ は $\prod'_{\lambda \in \mathbf{h}, \lambda \neq v_1, \ldots, v_n} G_\lambda$ の既約許容表現である. $G_\mathbf{A}$ のある開部分群 K があって $V^K \neq \{0\}$ となる. $K \supset K_v$ のとき $V_v^{K_v} \neq \{0\}$ がわ

かるから, π_v は有限個の v を除いて球表現である.

$g = (g_v) \in G_\mathbf{A}$ と $x \in V$ が与えられたとする. $G_\mathbf{A}$ の開コンパクト部分群 K を $x \in V^K$ と選ぶ. F の素点の有限集合 S を次のように選ぶ. (i) $v \notin S$ ならば $K \supset K_v$. (ii) $v \notin S$ ならば $g_v \in K_v$. (iii) $v \notin S$ ならば π_v は球表現. このとき

$$\pi(g)x = \otimes_{v \in S} \pi_v(g_v) x_v \otimes \Pi^S((g_v)_{v \notin S})w = \otimes_{v \in S} \pi_v(g_v) x_v \otimes w$$
$$= \otimes_{v \in S} \pi_v(g_v) x_v \otimes \prod_{v \notin S} w_v$$

であるから結論を得る. ここに w は $\prod'_{\lambda \in \mathbf{h} \setminus S} G_\lambda$ の表現空間のベクトルであり, $0 \neq w_v \in V_v^{K_v}$ である. □

次に代数体の場合を考える.

$$\mathfrak{g}_\infty = \mathrm{Lie}(G_\infty), \qquad K_\infty = \prod_{v \in \mathbf{a}} K_v$$

とおく.

定義 3.2 $\mathbf{C}$ 上のベクトル空間 V は滑らかな $G(A_f)$ 加群であり, $(\mathfrak{g}_\infty, K_\infty)$ 加群であるとする. 次の二条件がみたされるとき, V は許容 $G_\mathbf{A}$ 加群であるという.
1) $G(A_f)$ の作用は $\mathfrak{g}_\infty$ と K_∞ の作用と可換である.
2) $\prod_{v \in \mathbf{h} \cup \mathbf{a}} K_v$ の各連続既約表現 σ に対し, V の σ-isotypic 成分は有限次元である.

定理 3.3 π は Hecke 代数 $\mathcal{H}$ の既約許容表現とする. このとき F の各素点に対して $\mathcal{H}_v$ の既約許容表現 π_v が一意的に定まり, π_v は有限個の v を除いて球表現であって, $\pi = \otimes_v \pi_v$ と制限テンソル積に分解する.

証明は基本的に定理 3.1 の証明と同様なので省略する.

4. 保型形式と保型表現

G は $\mathbf{R}$ 上に定義された連結 reductive 代数群とする. σ は $G_\mathbf{R}(= G(\mathbf{R}))$ の有限次元表現で kernel は有限とする. $\|g\| = (\mathrm{Tr}(\sigma(g)^* \cdot \sigma(g)))^{1/2}, g \in G_\mathbf{R}$ によって $G_\mathbf{R}$ のノルム $\| \ \|$ を定義する. ここに $\sigma(g)^* = {}^t\overline{\sigma(g)}$ は $\sigma(g)$ の adjoint である. $G_\mathbf{R}$ 上の函数 f は定数 C と正整数 n があって

$$|f(g)| \leq C\|g\|^n, \qquad \forall g \in G_{\mathbf{R}} \tag{4.1}$$

をみたすとき $G_{\mathbf{R}}$ 上の緩増加 (slowly increasing) 函数であるという．緩増加であるという性質はノルムのとり方によらない．

F は大域体，G は F 上に定義された連結 reductive 代数群とする．Z は G の中心に含まれる最大の F-split トーラスとする．F の素点 v に対し，$G_v = G_{F_v}$ とおく．(3.1) により $G_{\mathbf{A}}$ の Hecke 代数を定義する．$G_\infty = \prod_{v \in \mathbf{a}} G_v$ とおき，$\mathfrak{g}_\infty$ は G_∞ を実 Lie 群とみたときの Lie 代数とする．$U(\mathfrak{g}_\infty)$ により，$\mathfrak{g}_\infty$ の複素化の普遍包絡代数を表し，$Z(\mathfrak{g}_\infty)$ によりその中心を表す．

定義 4.1 G_∞ の極大コンパクト部分群 $K_\infty = \prod_{v \in \mathbf{a}} K_v$ を固定する．ここに K_v は G_v の極大コンパクト部分群である．$G_{\mathbf{A}}$ 上の滑らかな複素数値函数 f は次の条件をみたすとき $G_{\mathbf{A}}$ 上の保型形式であるという．

1) f は G_F 左不変である．即ち $f(\gamma g) = f(g)$, $\forall \gamma \in G_F$, $\forall g \in G_{\mathbf{A}}$ が成り立つ．
2) 単純元 $\xi \in \mathcal{H}$ があって $f * \xi = f$.
3) f を消す $Z(\mathfrak{g}_\infty)$ の余次元有限のイデアル J がある．
4) 各 $h \in G_f$ に対し，G_∞ 上の函数 $g \mapsto f(gh)$ は緩増加である．

定義 4.2 f は $G_{\mathbf{A}}$ 上の保型形式とする．G の F 上に定義された任意の parabolic 部分群 $P \neq G$ にたいして

$$\int_{N_F \backslash N_{\mathbf{A}}} f(ng) dn = 0, \qquad \forall g \in G_{\mathbf{A}} \tag{4.2}$$

が成り立つとき，f はカスプ形式であるという．ここに N は P のユニポテント根基である．

保型形式の空間は $f \mapsto f * \eta$ と $\eta \in \mathcal{H}$ の作用を定めることにより $\mathcal{H}$ 加群になる．このときカスプ形式の空間は $\mathcal{H}$ 部分加群である．

定義 4.3 保型形式の空間における $\mathcal{H}$ の表現の部分商に同型な $\mathcal{H}$ の既約表現を保型表現 (automorphic representation) という．カスプ形式の空間における $\mathcal{H}$ の表現の部分商に同型な $\mathcal{H}$ の既約表現をカスピダルな保型表現という．

問題 4.4 f がカスプ形式であるための条件 (4.2) は，P が極大 parabolic 部分群の共役類の代表 P を走るときに確かめれば十分であることを示せ．

命題 4.5　f は $G_\mathbf{A}$ 上の滑らかな函数で, 定義 4.1 の条件 1), 2), 4) をみたすとする. このとき次の四条件は同値である.

1) f は保型形式である.
2) 各 $v \in \mathbf{a}$ に対して, $f * \mathcal{H}_v$ は許容 $\mathcal{H}_v$ 加群である.
3) F の各素点 v に対して, $f * \mathcal{H}_v$ は許容 $\mathcal{H}_v$ 加群である.
4) $f * \mathcal{H}$ は許容 $\mathcal{H}$ 加群である.

4) $\Rightarrow$ 3) $\Rightarrow$ 2) $\Rightarrow$ 1) は明らかである. 1) $\Rightarrow$ 4) はある保型形式の空間の有限次元性から従うがここでは省略する ([BJ] 参照).

定義 4.3 と命題 4.5 により, 保型表現は $\mathcal{H}$ の既約許容表現であることがわかる. よって定理 3.3 により次の定理を得る.

定理 4.6　π は $\mathcal{H}$ の保型表現とする. このとき F の各素点 v に対して $\mathcal{H}_v$ の既約許容表現 π_v が一意的に定まり, $\pi = \otimes_v \pi_v$ と制限テンソル積に分解する.

5. L^2 理論との関係

本書では表現と保型形式はユニタリー表現論, L^2 理論を表に出さず, 代数的に扱った (許容表現の理論). この方が現代的であるが, ユニタリー表現論はその重要性を失ったわけではない. 以下に L^2 理論について簡単に触れておく.

Z は G の中心, ω は Z_F 上自明な $Z_\mathbf{A}$ の指標とする. Borel-Harish-Chandra ([BH]) により $Z_\mathbf{A} G_F \backslash G_\mathbf{A}$ は体積有限である. Hilbert 空間 $L^2(G_F \backslash G_\mathbf{A}, \omega)$ を $G_\mathbf{A}$ 上の可測函数 f で左 G_F 不変, かつ二条件

$$f(zg) = \omega(z)f(g), \quad z \in Z_\mathbf{A},\ g \in G_\mathbf{A}, \tag{5.1}$$

$$\int_{Z_\mathbf{A} G_F \backslash G_\mathbf{A}} |f(g)|^2 dg < \infty \tag{5.2}$$

をみたすもの (の同値類) 全体の集合として定義する. $f \in L^2(G_F \backslash G_\mathbf{A}, \omega)$ で, G の F 上に定義された任意の parabolic 部分群 $P \neq G$ に対して, カスプ形式の条件

$$\int_{N_F \backslash N_\mathbf{A}} f(ng) dn = 0, \tag{5.3}$$

をほとんど全ての $g \in G_\mathbf{A}$ に対してみたすもの全体が成す空間を $L_0^2(G_F \backslash G_\mathbf{A}, \omega)$ と書く. ここに N は P のユニポテント根基である. 右移動により Hilbert 空間

$L^2(G_F\backslash G_{\mathbf{A}},\omega)$ において $G_{\mathbf{A}}$ のユニタリー表現が得られる. $L_0^2(G_F\backslash G_{\mathbf{A}},\omega)$ は $L^2(G_F\backslash G_{\mathbf{A}},\omega)$ の閉不変部分空間である. テスト函数 $\varphi = \prod_v \varphi_v$ を次のようにとる. $\varphi_v \in C_c^\infty(G_v)$ であり, ほとんど全ての $v \in \mathbf{h}$ に対し φ_v は K_v の特性函数である. $f \in L^2(G_F\backslash G_{\mathbf{A}},\omega)$ に対し

$$(T_\omega(\varphi)f)(x) = \int_{G_{\mathbf{A}}} f(xy)\varphi(y)dy$$

とおく. このとき容易にわかるように $T_\omega(\varphi)f \in L^2(G_F\backslash G_{\mathbf{A}},\omega)$ であり, $f \in L_0^2(G_F\backslash G_{\mathbf{A}},\omega)$ ならば $T_\omega(\varphi)f \in L_0^2(G_F\backslash G_{\mathbf{A}},\omega)$ である.

定理 5.1 作用素 $L_0^2(G_F\backslash G_{\mathbf{A}},\omega) \ni f \mapsto T_\omega(\varphi)f \in L_0^2(G_F\backslash G_{\mathbf{A}},\omega)$ はコンパクト作用素である.

この定理から次の基本的結果が得られる.

定理 5.2 $L_0^2(G_F\backslash G_{\mathbf{A}},\omega)$ は可算個の閉不変既約部分空間の互いに直交する直和に分解する. $L_0^2(G_F\backslash G_{\mathbf{A}},\omega)$ に現れる $G_{\mathbf{A}}$ の既約表現の重複度は有限である.

定理 5.1, 5.2 は Gelfand-Piatetskii-Shapiro による結果である. 証明は例えば Langlands [L1], p.40–43 参照.

H は $L_0^2(G_F\backslash G_{\mathbf{A}},\omega)$ の閉不変既約部分空間とする. H^K により H の K-有限ベクトルの成す部分空間とする. H^K は H で稠密である. $\mathcal{H}$ を $G_{\mathbf{A}}$ の Hecke 代数とする. H^K 上に $\mathcal{H}$ の既約許容表現 π が得られる. 定理 3.3 により $\pi = \otimes_v \pi_v$ と局所 Hecke 代数 $\mathcal{H}_v$ の既約許容表現 π_v のテンソル積に分解する.

第VII章 GL(n) の表現の Whittaker モデルとその応用

　この章では GL(n) の表現の Whittaker モデル，Whittaker 函数とその応用について述べる．F は体とする．F 上の代数群は太文字で，代数群の F-有理点の成す群は対応する太文字ではないローマ字で表すことにする．F としては局所体，または大域体をとって考える．この章では $\mathbf{G} = \mathrm{GL}(n)$ を F 上定義された代数群と考える．$\mathbf{G}$ の部分群を次のように定義しておく．$\mathbf{P} = \mathbf{P}_n$ は n の分割 $n = (n-1) + 1$ に対応する $\mathbf{G}$ の標準的 parabolic 部分群とする (IV, 例 5.7 参照).

$$\mathbf{P} = \{(x_{ij}) \in \mathbf{G} \mid x_{n1} = x_{n2} = \cdots = x_{n\,n-1} = 0\}$$

である．$\mathbf{Q} = \mathbf{Q}_n$ は条件 $x_{nn} = 1$ で定まる $\mathbf{P}$ の部分群とする．$\mathbf{T} = \mathbf{T}_n$ は対角行列全体の成す $\mathbf{G}$ の部分群，$\mathbf{U} = \mathbf{U}_n$ は上半ユニポテント行列全体の成す $\mathbf{G}$ の部分群とする．

1. 局所理論—超函数についての準備

　F は非 Archimedes 局所体とする．

$$w_0 = \begin{pmatrix} 0 & & & 1 \\ & & 1 & \\ & \iddots & & \\ 1 & & & 0 \end{pmatrix} \in G$$

とおく．(w_0 の $(i, n+1-i)$ 成分は 1, $1 \leq i \leq n$，それ以外の成分は 0 である．) F の自明でない指標 ψ をとり固定する．U の指標 θ は，$a_1, \ldots, a_{n-1} \in F$ があって

$$\theta(u) = \psi\left(\sum_{i=1}^{n-1} a_i u_{i,i+1}\right), \qquad u = (u_{ij}) \in U$$

と書ける．全ての a_i が零でないとき指標 θ は非退化であるという．以下 U の

非退化な指標 θ をとり固定する．$\theta_0(u) = \theta(w_0{}^t u w_0)$, $u \in U$ とおく．θ_0 は U の非退化な指標であり，$t_0 \in T$ があって $\theta(u) = \theta_0(t_0^{-1} u t_0)$, $u \in U$ が成り立つ．$\sigma(x) = w_0 t_0{}^t x t_0^{-1} w_0$, $x \in \mathbf{G}$ とおくと σ は代数群 $\mathbf{G}$ の反自己同型を定義する．σ が定める群 G の反自己同型も同じ文字 σ で表す．$\sigma(T) = T$, $\sigma(U) = U$, $\theta(\sigma(u)) = \theta(u)$, $u \in U$ が成り立つ．直接計算によって $t_0 = \mathrm{diag}[x_1, x_2, \ldots, x_n]$, $x_n = 1$, $x_{n-i} = (a_1 a_2 \cdots a_i)/(a_{n-1} a_{n-2} \cdots a_{n-i})$, $1 \leq i \leq n-1$ と取れることがわかり，

$$w_0 t_0 = t_0 w_0 \tag{1.1}$$

が確かめられる．$\sigma(t w_0) = t w_0$, $t \in T$, $\sigma^2 = \mathrm{id}$ がわかる．

函数 $f \in C_c^\infty(G)$ と $x \in G$ に対して，f の右移動 $L_x f$, 左移動 $R_x f$ を

$$(L_x f)(y) = f(x^{-1} y), \qquad (R_x f)(y) = f(yx)$$

によって定義する．(π, V) は G の許容表現，$\bar\pi$ は π に対応する Hecke 代数 $\mathcal{H}(G)$ の表現とする (V, (1.4) 参照)．このとき

$$\bar\pi(L_x f) = \pi(x) \bar\pi(f), \qquad \bar\pi(R_x f) v = \bar\pi(f) \pi(x^{-1}) v \tag{1.2}$$

が成り立つ．G 上の超函数 (distribution) の空間を $\mathcal{D}(G)$ と書く．双対性，即ち

$$L_x \mathcal{T}(L_x f) = \mathcal{T}(f), \qquad R_x \mathcal{T}(R_x f) = \mathcal{T}(f), \qquad \mathcal{T} \in \mathcal{D}(G), f \in C_c^\infty(G)$$

によって，超函数の右移動と左移動を定義する．G の反自己同型 σ も双対性によって $\mathcal{D}(G)$ に作用する．即ち $(\mathcal{T}^\sigma)(f^\sigma) = \mathcal{T}(f)$, $f^\sigma(x) = f(\sigma(x))$ である．

定理 1.1 $\mathcal{T}$ は G 上の超函数とする．$L_{u_1} R_{u_2}^{-1} \mathcal{T} = \theta(u_1 u_2) \mathcal{T}$, $u_1, u_2 \in U$ が成り立てば，$\mathcal{T}^\sigma = \mathcal{T}$ が成り立つ．即ち $\mathcal{T}$ は σ 不変である．

定理 1.1 は Shalika [S] による．まず証明の準備をする．$\mathbf{B}$ は上半三角行列全体からなる $\mathbf{G}$ の部分群とする．$\mathbf{B} = \mathbf{T}\mathbf{U} = \mathbf{U}\mathbf{T}$, $B = TU = UT$ である．$W \cong S_n$ は G の置換行列全体からなる部分群とする．このとき Bruhat 分解

$$\mathbf{G} = \bigsqcup_{w \in W} \mathbf{B} w \mathbf{B} = \bigsqcup_{w \in W} \mathbf{B} w \mathbf{U}, \quad G = \bigsqcup_{w \in W} B w B = \bigsqcup_{w \in W} B w U \tag{1.3}$$

が成り立つ．さらに $w \in W$ に対し $\mathbf{U}_w$ は $\{\alpha \mid w\alpha < 0\}$ をみたすルート α に対しルート部分群 $\mathbf{U}_\alpha$ で生成される $\mathbf{U}$ の部分群を表すとする (X, 例 2.2 参照．

$\alpha = \epsilon_i - \epsilon_j$ のとき $\mathbf{U}_\alpha(L) = \{E_n + yE_{ij} \mid y \in L\}$ である．ここに L は F の拡大体，E_n は単位行列，E_{ij} は行列単位である）．このとき

$$\mathbf{G} = \bigsqcup_{w \in W} \mathbf{UT}w\mathbf{U}_w, \qquad G = \bigsqcup_{w \in W} UTwU_w \tag{1.4}$$

が成り立つ．ここに U_w は $\mathbf{U}_w$ の F-有理点の成す群である．写像 $\mathbf{U} \times \mathbf{T} \times \mathbf{U}_w \ni (u_1, t, u_2) \mapsto u_1 t w u_2 \in \mathbf{UT}w\mathbf{U}_w$ は双正則写像であり，写像 $U \times T \times U_w \ni (u_1, t, u_2) \mapsto u_1 t w u_2 \in UTwU_w$ は p 進位相で一対一，双連続である．

U の開コンパクト部分群の増大列 $\{U_i\}$, $U_1 \subset U_2 \subset U_3 \subset \cdots$ を $\bigcup_{i=1}^\infty U_i = U$ と取る．必要があれば U_i を $U_i \cap \sigma(U_i)$ で置き換えて $\sigma(U_i) = U_i$ と仮定してよい．$f \in C_c^\infty(G)$ に対して

$$M^{(i)}(f)(x) = \int_{U_i} \int_{U_i} \theta(u_1 u_2)^{-1} f(u_1 x u_2) du_1 du_2 \tag{1.5}$$

とおく．$M_i(f) \in C_c^\infty(G)$ であって

$$M^{(i)}(f)(u_1 x u_2) = \theta(u_1 u_2) M^{(i)}(f)(x), \qquad u_1, u_2 \in U, \ x \in G \tag{1.6}$$

をみたすことは容易にわかる．また $j \geq i$ のとき

$$M^{(j)}(M^{(i)}(f)) = \mathrm{vol}(U_i)^2 M^{(j)}(f), \qquad f \in C_c^\infty(G) \tag{1.7}$$

も容易に確かめられる．$\mathcal{T}$ は定理 1.1 の条件をみたす超函数とする．このとき

$$\int_{U_i} \int_{U_i} \theta(u_1 u_2)^{-1} (L_{u_1} R_{u_2}^{-1} \mathcal{T})(f) du_1 du_2$$
$$= \int_{U_i} \int_{U_i} \mathcal{T}(f) du_1 du_2 = \mathrm{vol}(U_i)^2 \mathcal{T}(f)$$

が成り立つ．一方

$$\int_{U_i} \int_{U_i} \theta(u_1 u_2)^{-1} ((L_{u_1} R_{u_2}^{-1} \mathcal{T})(f))(x) du_1 du_2$$
$$= \int_{U_i} \int_{U_i} \mathcal{T}(\theta(u_1 u_2)^{-1} f(u_1 x u_2)) du_1 du_2$$

であるから

$$\mathcal{T}(f) = \mathrm{vol}(U_i)^{-2} \mathcal{T}(M^{(i)}(f)) \tag{1.8}$$

を得る．また

$$M^{(i)}(f^\sigma)(x) = \int_{U_i}\int_{U_i} \theta(u_1 u_2)^{-1} f(\sigma(u_1 x u_2)) du_1 du_2$$
$$= \int_{U_i}\int_{U_i} \theta(u_1 u_2)^{-1} f(\sigma(u_2)\sigma(x)\sigma(u_1)) du_1 du_2$$
$$= \int_{U_i}\int_{U_i} \theta(\sigma(v_1)\sigma(v_2))^{-1} f(v_1\sigma(x)v_2)) dv_1 dv_2 = M^{(i)}(f)(\sigma(x))$$

であるから

$$M^{(i)}(f^\sigma) = (M^{(i)}(f))^\sigma \tag{1.9}$$

がわかる. (1.8), (1.9) により, $f \in C_c^\infty(G)$ が与えられたとき, 十分大きい i に対し $\mathcal{T}(M^{(i)}(f)) = \mathcal{T}((M^{(i)}(f))^\sigma)$ が示せれば $\mathcal{T}^\sigma = \mathcal{T}$ がわかる.

$f \in C_c^\infty(G), \mathrm{Supp}(f) = L$ とする. このとき明らかに $\mathrm{Supp}(M^{(i)}(f)) \subset U_i L U_i$ である. L はコンパクトであるから, (1.4) により, U_l と T のコンパクト部分集合 T_0 があって, 全ての $w \in W$ に対し $L \cap UTwU_w \subset U_l T_0 w U_l$ となる. よって $i \geq l$ ならば $\mathrm{Supp}(M^{(i)}(f)) \subset \bigsqcup_{w \in W} U_i T_0 w U_i$ である.

［定理 1.1 の証明］ w_0 は Weyl 群 W の最長元であって, $Bw_0 B = Bw_0 U = UTw_0 U$ は G の p 進位相で稠密であることを用いる. [*1] $\sigma(Bw_0 U) = Bw_0 U$ である. $f \in C_c^\infty(G)$ をとり, $\varphi = M^{(i)}(f)$ とおく. φ は $\varphi(u_1 x u_2) = \theta(u_1 u_2)\varphi(x)$, $u_1, u_2 \in U_i$, $x \in G$ をみたす. i を十分大きくとって, T のコンパクト部分集合 T_0 について $\mathrm{Supp}(\varphi) \subset \bigsqcup_{w \in W} U_i T_0 w U_i$ とする. $\mathcal{T}(\varphi^\sigma) = \mathcal{T}(\varphi)$ を示せばよい. $\varphi^\sigma = \varphi$ を示す. φ は連続であるから, $Bw_0 U$ 上での値によって定まり, σ は G の連続反同型であるから, $\varphi(\sigma(g)) = \varphi(g)$, $g \in Bw_0 U$ を示せば十分である. $\mathrm{Supp}(\varphi) \cap Bw_0 U \subset U_i T_0 w_0 U_i$, $\mathrm{Supp}(\varphi^\sigma) \cap Bw_0 U = \sigma(\mathrm{Supp}(\varphi) \cap Bw_0 U) \subset U_i \sigma(T_0 w_0) U_i \subset U_i T w_0 U_i$ ゆえ $g \in U_i T w_0 U_i$ に対し, $\varphi(\sigma(g)) = \varphi(g)$ を示せばよい. $g = u_1 t w_0 u_2$, $u_1, u_2 \in U_i$, $t \in T$ に対し

$$\varphi(\sigma(u_1 t w_0 u_2)) = \varphi(\sigma(u_2)\sigma(t w_0)\sigma(u_1)) = \theta(\sigma(u_2)\sigma(u_1))\varphi(\sigma(t w_0))$$
$$= \theta(u_1 u_2)\varphi(t w_0) = \varphi(u_1 t w_0 u_2))$$

を得て証明が完了する. □

上に示した証明は著者が工夫したもので, Shalika の論文にあるものよりも大分

[*1] 直接的には, $Bw_0 B$ は G の元で左下からとった $n-1$ 個の小行列式が全て 0 でないもの全体と一致することからわかる.

簡単になっている．また quasi-split 群に対しても同様の証明が使える．次の問題を解けば (ヒントを認めれば難しくはない) 定理 1.1 の直観的意味が了解できるであろう．

問題 1.2 G 上の函数 f が

$$f(u_1 x u_2) = \theta(u_1 u_2)^{-1} f(x), \qquad u_1, u_2 \in U, \, x \in G$$

をみたせば，f は σ 不変であることを示せ．(ヒント．Shalika の論文にあるように $x \in TW$ が条件

$$\text{全ての } u \in U \cap x^{-1} U x \text{ に対して } \theta(u) = \theta(xux^{-1})$$

をみたせば $\sigma(x) = x$ であることを用いよ．)

次に G の反自己同型 σ として $\sigma(g) = {}^t g, \, g \in G$ をとって考える．

定理 1.3 $\mathcal{T}$ は G 上の不変超函数とする．即ち $\mathcal{T}$ は $L_x R_x \mathcal{T} = \mathcal{T}, \, \forall x \in G$ をみたすとする．このとき $\mathcal{T}$ は σ 不変である．

Gelfand-Kajdan [GK] の方法によって，定理 1.3 を証明しよう．$C_0(G)$ は $\varphi(g) = \eta(xgx^{-1}) - \eta(g), \, \eta \in C_c^\infty(G), \, x \in G$ の形の函数の有限一次結合で張られる $C_c^\infty(G)$ の部分空間とする．このとき定理 1.3 が次の定理 1.4 から従うことは明らかである．

定理 1.4 $f \in C_c^\infty(G)$ に対し G 上の函数 $h(g) = f({}^t g) - f(g), \, g \in G$ を考える．このとき $h \in C_0(G)$ である．

定理 1.4 の証明の前に，少し準備をする．G は完全非連結群，H は G の閉部分群とする．$C_c^\infty(G/H)$ 上の線型一次形式を G/H 上の超函数という．超函数の左不変性も群の場合と同様に定義する．

命題 1.5 G, H はユニモジュラーと仮定し，dg によって G/H 上の左不変測度を表す．$\mathcal{T}$ は G/H 上の左不変超函数とする．このとき定数 c があって $\mathcal{T}(f) = c \int_{G/H} f(g) dg, \, f \in C_c^\infty(G/H)$ と書ける．

[証明] $f \in C_c^\infty(G/H)$ が $\int_{G/H} f(g) dg = 0$ をみたせば $\mathcal{T}(f) = 0$ であることを示せばよい．G の開コンパクト部分群 K があって，$f = \sum_{i=1}^M c_i \text{ch}(x_i \overline{K})$

と書ける. ここに $c_i \in \mathbf{C}$, $x_i \in G$ で $\overline{K}$ は K の G/H における像を表す. $\int_{G/H} f(g)dg = 0$ から $\sum_{i=1}^{M} c_i = 0$ を得る. よって

$$f = c_1(\text{ch}(x_1\overline{K}) - \text{ch}(x_2\overline{K})) + (c_1 + c_2)(\text{ch}(x_2\overline{K}) - \text{ch}(x_3\overline{K})) + \cdots$$
$$+ (c_1 + c_2 + \cdots + c_{M-1})(\text{ch}(x_{M-1}\overline{K}) - \text{ch}(x_M\overline{K}))$$

であるが, $\mathcal{T}$ の左不変性から $\mathcal{T}((\text{ch}(x_i\overline{K}) - \text{ch}(x_{i+1}\overline{K})) = 0$ であり, 結論を得る. □

この証明から次の系が従う.

系 $f \in C_c^\infty(G/H)$ が $\int_{G/H} f(g)dg = 0$ をみたせば, $\varphi_i \in C_c^\infty(G/H)$ と $x_i \in G$, $1 \leq i \leq N$ があって $f(g) = \sum_{i=1}^{N}(\varphi_i(x_ig) - \varphi_i(g))$, $g \in G/H$ と書ける.

命題 1.5 の $H = \{1\}$ の場合は V, [Ha] の Lemma 17 である.

命題 1.6 $\mathbf{G}$ は体 F 上に定義された連結線型代数群, $x \in G$ に対し $\mathbb{C}(x) \subset \mathbf{G}$ は x の共役類を表し, $\overline{\overline{\mathbb{C}(x)}}$ は $\mathbb{C}(x)$ の F-Zariski 位相による閉包を表す. [*2)] このとき $\overline{\overline{\mathbb{C}(x)}} = \bigsqcup_{i=1}^{n} \mathbb{C}(x_i)$, $x_1 = x$ と有限個の共役類の和に分かれる.

[証明] この証明において位相は F-Zariski 位相とする. $g \in \mathbf{G}$ に対し $i(g)$ により $\mathbf{G}$ の内部自己同型 $\mathbf{G} \ni x \mapsto gxg^{-1} \in \mathbf{G}$ を表す. $\overline{\overline{\mathbb{C}(x)}} = \cap_{V \supset \mathbb{C}(x)} V$, V は閉集合であるが, V が閉集合ならば $i(g)V$, $g \in G$ は閉集合であるから, $i(g)\overline{\overline{\mathbb{C}(x)}} = \overline{\overline{\mathbb{C}(x)}}$, $\forall g \in G$ がわかる. $G = G(F)$ は $\mathbf{G}$ で稠密であるから, $\overline{\overline{\mathbb{C}(x)}}$ は $i(g)$, $g \in \mathbf{G}$ で stable である. よって $\overline{\overline{\mathbb{C}(x)}} = \mathbb{C}(x) \bigsqcup_\xi \mathbb{C}(\xi)$ と共役類の和に分かれる. これが有限和であることを示せばよい.

morphism $f : \mathbf{G} \ni g \mapsto gxg^{-1} \in \mathbb{C}(x)$ を考える. Chevalley の定理 ([CC], Exp.7, [EGA4], Thérème, 1.8.4 参照) より, $\mathbb{C}(x)$ は $\mathbf{G}$ の構成可能な部分集合 (constructible subset) である. 構成可能集合の定義により $\mathbb{C}(x) = \bigcup_{i=1}^{N} Y_i$ と $\mathbf{G}$ の局所閉集合 Y_i の有限和で書ける. $Y_i = C_i \cap O_i$ と書く. ここに C_i は $\mathbf{G}$ の閉集合, O_i は開集合である. C_i は $\mathbf{G}$ の既約な部分代数多様体としてよい. $\mathbf{H}_i = \{g \in \mathbf{G} \mid i(g)Y_i = Y_i\}$ とおく. このとき $[\mathbf{G} : \mathbf{H}_i] < \infty$ がわかる. よって

[*2)] 群 G による共役類と区別するため, また次に考える p 進位相と区別するためこの記号を用いる. また F 上に定義される代数的集合を閉集合と定めたものが F-Zariski 位相である.

$H_i = G$ で $\mathbb{C}(x)$ 自身が局所閉集合である. 改めて $\mathbb{C}(x) = C \cap O$, C は G の閉集合, O は開集合と書く. $\mathbb{C}(x)$ は morphism f による G の像であるから, C は既約代数多様体である. O の補集合を C' とする. $\overline{\mathbb{C}(x)} \backslash \mathbb{C}(x) = C \backslash C \cap O = C \cap C'$ は閉集合である. $\overline{\mathbb{C}(x)} \neq \mathbb{C}(x)$ と仮定してよい. よって $\overline{\mathbb{C}(x)} \backslash \mathbb{C}(x) = \bigcup_{j=1}^{m} X_j$ と G の既約部分代数多様体 X_j の有限和で書ける. このとき $\{g \in G \mid i(g)X_j = X_j\}$ は G の指数有限の部分群であり, G に一致する. 従って各 X_j は共役類の和になる. $\mathbb{C}(\xi_j)$ が X_j に含まれる共役類の内, 次元が最大のものとすると $X_j = \overline{\mathbb{C}(\xi_j)}$ である. $C \cap C' = C$ ならば $C' \supset C$, O は C の補集合に含まれ, $C \cap O = \emptyset$ となって矛盾である. よって $\dim C \cap C' < \dim C$, $\dim X_j < \dim \overline{\mathbb{C}(x)}$ を得る. $\dim \overline{\mathbb{C}(x)}$ についての帰納法の仮定をおいておく. $\dim \overline{\mathbb{C}(x)} = 1$ のとき定理の主張は明らかであり, 帰納法の仮定を X_j に適用して結論を得る. □

以下 $\mathbf{G} = \mathrm{GL}(n)$, $G = \mathrm{GL}(n, F)$ の場合に戻る. $f \in C_c^\infty(G)$, $h(g) = f({}^t g) - f(g), g \in G$ である.

補題 1.7 $g \in G$ を任意にとる. $C(g) \subset G$ により g の共役類を表し, $\overline{C(g)}$ により p 進位相による $C(g)$ の閉包を表す. $\varphi_i \in C_c^\infty(\overline{C(g)})$, $x_i \in G$, $1 \le i \le N$ があって

$$h(x) = \sum_{i=1}^{N} (\varphi_i(x_i x x_i^{-1}) - \varphi_i(x)), \qquad x \in \overline{C(g)}$$

が成り立つ.

[証明] $Z(g)$ により g の中心化部分群を表す. 写像 $G \ni x \mapsto xgx^{-1} \in C(g)$ によって $G/Z(g) \cong C(g)$ となる. また $Z(g)$ はユニモジュラーであることが知られている ([SS], §3 参照). まず g は半単純とする. このとき $C(g)$ は G の閉集合である. ($\mathbf{G}$ の半単純元の共役類は Zariski 位相について閉集合である. IV, [B], Theorem 9.2 参照. よって p 進位相についても閉集合である.) 従って $h|C(g) \in C_c(C(g))$ であり g と ${}^t g$ は G で共役であるから (付録を参照), $\int_{G/Z(g)} h(xgx^{-1}) dx = 0$ を得る. このとき命題 1.5 の系により補題の結論が得られる.

一般の場合 $\overline{C(g)}$ に含まれる共役類の代表元を $g_1, g_2, \ldots, g_N$ とする. $\dim C(g_i)$ の小さい順に並べると, 命題 1.6 によって $g = g_N$, $\overline{C(g_i)} \subset \bigcup_{j \le i} C(g_j)$ となる. [*3)] $D_i = \bigcup_{j \le i} C(g_j)$ とおく. D_i は閉集合であり, $D_N = \overline{C(g)}$ である. i につい

[*3)] $\overline{C(g)} \subset G$ ゆえ, 命題 1.6 において $x_i \in G$ をみたす共役類 $\mathbb{C}(x_i)$ のみを考えればよい.

ての帰納法によって $\psi_i \in C_c^\infty(\overline{C(g)})$, $x_i \in G$, $1 \leq i \leq M$ があって

$$h(x) = \sum_{i=1}^{M}(\psi_i(x_i x x_i^{-1}) - \psi_i(x)), \qquad x \in D_i \tag{1.10}$$

が成り立つことを示す. 帰納法の仮定により $\xi_l \in C_c^\infty(\overline{C(g)})$, $y_l \in G$, $1 \leq l \leq L$ があって

$$h(x) = \sum_{l=1}^{L}(\xi_l(y_l x y_l^{-1}) - \xi_l(x)), \qquad x \in D_{i-1}$$

が成り立つ. 函数 $\Phi(x) = h(x) - \sum_{l=1}^{L}(\xi_l(y_l x y_l^{-1}) - \xi_l(x))$, $x \in \overline{C(g)}$ を考え, $\Phi(x)$ の $C(g_i)$ への制限を $\varphi(x)$ とする. h, ξ_l は局所定数であるから, Φ は D_{i-1} のある近傍で消えている. よって $\varphi \in C_c^\infty(C(g_i))$ である. 命題 1.5 の系により $\eta_t \in C_c^\infty(C(g_i))$ と $z_t \in G$ があって

$$\varphi(x) = \sum_{t=1}^{T}(\eta_t(z_t x z_t^{-1}) - \eta_t(x)), \qquad x \in C(g_i)$$

が成り立つ. η_t の台は $C(g_i)$ のコンパクト集合であり, D_{i-1} とは交わらないようにとれる. よって $\eta_t' \in C_c^\infty(\overline{C(g)})$ があって $\eta_t'|D_{i-1} = 0$, $\eta_t'|C(g_i) = \eta_t$ となる. このとき

$$h(x) = \sum_{l=1}^{L}(\xi_l(y_l x y_l^{-1}) - \xi_l(x)) + \sum_{t=1}^{T}(\eta_t'(z_t x z_t^{-1}) - \eta_t'(x)), \qquad x \in D_i$$

が成り立ち, (1.10) が示された. □

［定理 1.4 の証明］ $g \in G$ をとる. 補題 1.7 により $\varphi_i \in C_c^\infty(\overline{C(g)})$, $x_i \in G$, $1 \leq i \leq N$ があって

$$h(x) = \sum_{i=1}^{N}(\varphi_i(x_i x x_i^{-1}) - \varphi_i(x)), \qquad x \in \overline{C(g)}$$

が成り立つ. $\overline{C(g)}$ は閉集合であるから, $\Phi_i \in C_c^\infty(G)$ があって $\Phi_i|C(g) = \varphi_i$, $1 \leq i \leq N$ となる.

$$V(g) = \left\{ x \in G \,\middle|\, h(x) = \sum_{i=1}^{N}(\Phi_i(x_i x x_i^{-1}) - \Phi_i(x)) \right\}$$

とおく. $V(g)$ は明らかに $\overline{C(g)}$ を含む G の閉集合であるが, h, Φ_i は局所定数で

あるから，開集合でもある．

X を h の台とする．X はコンパクトであるから，有限個の元 $g_j \in X$, $1 \le j \le M$ があって $X = \bigcup_{j=1}^{M} V(g_j)$ となる．$V(g_j)$ において $\Phi_i^{(j)} \in C_c^\infty(G)$, $\mathrm{supp}(\Phi_i^{(j)}) \subset V(g_j)$ があって

$$h(x) = \sum_{i=1}^{N_j} \left(\Phi_i^{(j)}(x_i^{(j)} x (x_i^{(j)})^{-1}) - \Phi_i^{(j)}(x) \right)$$

が成り立っている．$U_l = V(g_l) \setminus \bigcup_{j<l} V(g_j)$ とおき

$$\Psi_i^{(j)}(x) = \begin{cases} \Phi_i^{(j)}(x), & x \in U_l \text{ のとき}, \\ 0, & x \notin U_l \text{ のとき} \end{cases}$$

とおく．U_l は開かつ閉集合であるから $\Psi_i^{(j)} \in C_c^\infty(G)$ であり，

$$h(x) = \sum_{j=1}^{M} \sum_{i=1}^{N_j} \left(\Psi_i^{(j)}(x_i^{(j)} x (x_i^{(j)})^{-1}) - \Psi_i^{(j)}(x) \right)$$

が $g \in \bigcup_{i=1}^{M} V(g_j)$ のとき成り立っている． □

注意 1.8 命題 1.6 の状況において $Z(g)$ は g の中心化部分群とする．$Z(g)$ はユニモジュラーと仮定する．$f \in C_c^\infty(G)$ をとる．$G/Z(g)$ における左不変測度 dx を用いて

$$O(g) = \int_{G/Z(g)} f(xgx^{-1}) dx \tag{1.11}$$

とおく．g が半単純ならば $C(g)$ は閉集合で $f|C(g) \in C_c^\infty(C(g))$ となるから，積分は収束する．F の標数が 0 の場合，任意の $g \in G$ に対し積分が収束することは Rao [R] により示されている．F が正標数のときは一般的結果は得られていないようである．(1.11) は軌道積分 (orbital integral) と呼ばれる重要な量である．

次の問題は次節の方法と関係がある．

問題 1.9 G はユニモジュラーな完全非連結群，B は $C_c^\infty(G)$ 上の双一次形式で $B(L_x f, L_x g) = B(f, g)$, $f, g \in C_c^\infty(G)$, $x \in G$ をみたすと仮定する．このとき $B(f, g) = \mathcal{T}(\tilde{f} * g)$ をみたす G 上の超函数 $\mathcal{T}$ が唯一つ存在する．

この節で用いた共役類についての事実は，群が $\mathrm{GL}(n)$ のとき，付録で直接証明

を与えておいた.

2. 局所理論—Whittaker モデル

F は非 Archimedes 局所体とする. F の自明でない指標 ψ をとり固定する. U の指標 θ は, $a_1, \ldots, a_{n-1} \in F$ があって

$$\theta(u) = \psi\left(\sum_{i=1}^{n-1} a_i u_{i,i+1}\right), \qquad u = (u_{ij}) \in U$$

と書ける. 全ての a_i が零でないとき指標 θ は非退化であるという. 以下 U の非退化な指標 θ をとり固定する. (π, V) は G の既約許容表現, $(\tilde{\pi}, \tilde{V})$ はその反傾表現とする. $l \in \mathrm{Hom}(V, \mathbf{C})$ で

$$l(\pi(u)v) = \theta(u)l(v), \qquad u \in U, \, v \in V \tag{2.1}$$

をみたすもの全体の成すベクトル空間を $L(\pi, \theta)$ と書く. T は U の非退化指標の上に推移的に作用するから, $\dim L(\pi, \theta)$ は非退化指標 θ のとり方によらない. $l \in L(\pi, \theta)$ を Whittaker 汎函数という.

定理 2.1 (π', V) により, G の既約許容表現 $g \mapsto \pi({}^t g^{-1})$ を表す. このとき $\pi' \cong \tilde{\pi}$ である.

［証明］ G が有限群の場合, 即ち $\mathbf{F}_q$ を q 個の元からなる有限体として, $G = \mathrm{GL}(n, \mathbf{F}_q)$ の場合を考えてみよう. $\chi_\pi, \chi_{\tilde{\pi}}, \chi_{\pi'}$ をそれぞれ $\pi, \tilde{\pi}, \pi'$ の指標とする. $\tilde{\pi}(g) = {}^t \pi(g)^{-1}$ としてよいから, $\chi_{\tilde{\pi}}(g) = \overline{\chi_\pi(g)}$ である. 一方 $g \in G$ と ${}^t g$ は G の中で共役であるから, $\chi_{\pi'}(g) = \chi_\pi(g^{-1}) = \overline{\chi_\pi(g)}$ を得る. よって $\pi' \cong \tilde{\pi}$ である.
そこで定理の状況に戻ろう. Θ_π を π の指標とする. F が標数 0 の場合には, 超函数 Θ_π は局所可積分函数で与えられることが Harish-Chandra により知られている (V, [H]). このときは, この事実を用いると有限体の場合と全く同様に証明できる. F が正標数の場合には, Θ_π の局所可積分性は一般には知られていない. そこで定理 1.3 を用いる証明を与えよう. V, 問題 2.2 により $\Theta_{\tilde{\pi}}(f) = \Theta_\pi(\check{f})$, $f \in \mathcal{H}(G)$ が成り立つ. ${}^t f(g) = f({}^t g), g \in G$ とおくと, $\Theta_{\pi'}(f) = \Theta_\pi({}^t \check{f})$ が成り立つ. よって定理 1.3 により $\Theta_{\tilde{\pi}} = \Theta_{\pi'}$ がわかり, $\pi' \cong \tilde{\pi}$ を得る. □

系 $\dim L(\pi, \theta) = \dim L(\check{\pi}, \theta)$.

系を証明しよう.$l \in L(\pi, \theta)$ をとる.定理により $\check{\pi}$ と π' を同一視すると,l に対応して $\check{l} \in \mathrm{Hom}(\check{V}, \mathbf{C})$ で $\check{l}(\check{\pi}(u)v) = \check{\theta}(u)\check{l}(v)$,$u \in {}^t U$,$v \in \check{V}$ をみたすものがあることがわかる.ここに $\check{\theta}(u) = \theta({}^t u^{-1})$ である.$w \in G$ を $w{}^t U w^{-1} = U$ と取り,$l'(v) = \check{l}(\check{\pi}(w^{-1})v)$ とおくと,ある非退化指標 θ' に対し $l' \in L(\check{\pi}, \theta')$ となる.$L(\pi, \theta) \ni l \mapsto l' \in L(\check{\pi}, \theta')$ は全単射であるから結論を得る.

定理 2.2 $\dim L(\pi, \theta) \leq 1$.

定義 2.3 $\dim L(\pi, \theta) = 1$ が成り立つとき,π は非退化であるという.

定理 2.2 の証明は後で与える.

G 上の複素数値函数 $W(g)$ で次の条件 (W1),(W2) をみたすもの全体の成すベクトル空間を $W(\theta)$ と書く.

$$W(ug) = \theta(u)W(g), \quad u \in U, \ g \in G. \tag{W1}$$

G の開コンパクト部分群 K があって
$$W(gk) = W(g), \ g \in G, \ k \in K \text{ が成り立つ.} \tag{W2}$$

右移動により $W(\theta)$ を G の表現空間とみなす.第 V 章の記号では,$\mathbf{C}$ を θ の表現空間とみて $W(\theta) = \mathrm{Ind}_U^G \mathbf{C}$ である.

定理 2.4 (π, V) は G の既約許容表現で非退化であると仮定する.このとき $W(\theta)$ の不変部分空間 $W(\pi, \theta)$ が一意的に存在して,π は $W(\pi, \theta)$ 上に実現される G の表現に同値である.

[証明] π は非退化とし,$0 \neq l \in L(\pi, \theta)$ をとる.$v \in V$ に対し

$$W^v(g) = l(\pi(g)v), \quad g \in G$$

とおく.このとき明らかに $W^v \in W(\theta)$ となる.写像 $v \mapsto W^v$ は G の作用と可換,かつ単射であるから,V の像を $W(\pi, \theta)$ とおくと,この空間に π と同値な表現が実現される.

逆に $W(\pi, \theta)$ が存在したと仮定し,$I : V \longrightarrow W(\pi, \theta)$ を G 加群としての同型写像とする.$l : V \longrightarrow \mathbf{C}$ を $l(v) = I(v)(1)$ で定義すると,

$$l(\pi(u)v) = I(v)(u) = \theta(u)I(v)(1) = \theta(u)l(v), \qquad u \in U$$

ゆえ, $l \in L(\pi, \theta)$ である. $W(\pi, \theta)$ の一意性は定理 2.2 より明らかである. □

$W(\pi, \theta)$ における G の表現を π の Whittaker モデル, $W(\pi, \theta)$ の函数を π の Whittaker 函数という.

(π, V) は G の既約許容表現, その反傾表現を $(\check{\pi}, \check{V})$ とする. 第 V 章, 第 1 節のように, $V^* = \mathrm{Hom}(V, \mathbf{C})$ 上に実現される G の表現を π^* で表す. $\check{V} \subset V^*$ である.

$$V_\theta^* = \{v \in V^* \mid \pi^*(u)v = \theta(u)v, \ \forall u \in U\}$$

とおく. このとき $V_\theta^* = L(\pi, \theta^{-1})$ である. 同様に $\widetilde{V} = \mathrm{Hom}(\check{V}, \mathbf{C})$ 上に実現される G の表現を $\widetilde{\pi}$ とする. $V \subset \widetilde{V}$ とみなし得る.

$$\widetilde{V}_\theta = \{v \in \widetilde{V} \mid \widetilde{\pi}(u)v = \theta(u)v, \ \forall u \in U\}$$

とおく. このとき $\widetilde{V}_\theta = L(\check{\pi}, \theta^{-1})$ である.

$\check{\pi}$ に対応する Hecke 代数 $\mathcal{H}(G)$ の表現 $\bar{\check{\pi}}$ は

$$\bar{\check{\pi}}(f)v = \int_G f(g)\check{\pi}(g)v\,dg, \qquad f \in \mathcal{H}(G), v \in \check{V}$$

によって定義されていた (V, (1.4)). π^* に対応する $\mathcal{H}(G)$ の表現 $\bar{\pi}^*$ も同じ公式

$$\bar{\pi}^*(f)l = \int_G f(g)\pi^*(g)l\,dg, \qquad l \in V^*$$

によって定義できる. 実際 π^* は smooth ではないが, $v \in V$ をとって $\pi^*(g)l(v) = l(\pi(g^{-1})v)$ を考えると, g の函数として局所定数であり, 積分は有限和に帰するからである. f が左 K 不変ならば, $\bar{\pi}^*(f)l$ も左 K 不変であり, $\bar{\pi}^*(f)l \in \check{V}$ であることを注意しておく. 同様に $\widetilde{\pi}$ に対応する $\mathcal{H}(G)$ の表現 $\bar{\widetilde{\pi}}$ も定義される.

以下定理 2.2 を証明する. 簡単のため $\widetilde{\pi}, \pi^*$ に対応する Hecke 代数 $\mathcal{H}(G)$ の表現も bar を省いて同じ文字で表す. $\langle\ ,\ \rangle$ を V と $\check{V}$ の間の pairing とする. $v \in \widetilde{V}$, $w \in V^*$ をとる. $C_c^\infty(G)$ 上の双一次形式

$$B(f,g) = \langle \widetilde{\pi}(f)v, \pi^*(g)w \rangle, \qquad f, g \in C_c^\infty(G)$$

を考える. ここに $\widetilde{\pi}(f)$ は V, (1.4) で定義される. G 上の超函数 $\mathcal{T}$ を

$$\mathcal{T}(f) = \langle v, \pi^*(f)w \rangle, \qquad f \in \mathcal{H}(G) \tag{2.2}$$

で定義する．V, (2.7) と同様の式から

$$B(f,g) = \mathcal{T}(\check{f} * g)$$

を得る．$v \in \widetilde{V}_\theta, w \in V_\theta^*$ とする．このとき容易に ((1.2) 参照)

$$L_{u_1} R_{u_2}^{-1} \mathcal{T} = \theta(u_1 u_2) \mathcal{T}, \qquad u_1, u_2 \in U$$

が成り立つことがわかる．よって定理1.1により $\mathcal{T}^\sigma = \mathcal{T}$ を得る．$\tau(x) = \sigma(x)^{-1}$, $x \in G$ とおく．τ は G の自己同型を定める．$\tau(x)$ を x^τ とも書く．$dx^\tau = c_\tau dx$ と Haar 測度が変換したとすると，$f, g \in C_c(G^\infty)$ に対して

$$(f * g)^\tau = c_\tau (f^\tau * g^\tau), \qquad (f \check{*} g) = \check{g} * \check{f}, \qquad (f * g)^\sigma = c_\tau (g^\sigma * f^\sigma)$$

が成り立つ．よって

$$B(f,g) = c_\tau B(g^\tau, f^\tau) \tag{2.3}$$

を得る．G の表現 $(\hat{\pi}, V)$ を $\hat{\pi}(x)v = \pi(x^\tau)v, v \in V$ によって定義する．このとき定理1.2により $\hat{\tilde{\pi}} = \tilde{\hat{\pi}}$ がわかる．$\pi(f^\tau) = \hat{\pi}(f)$ が成り立つ．(2.3) で f を $L_x f$ で置き換えると，(1.2) を用いる簡単な計算によって

$$\langle \pi(x)\widetilde{\pi}(f)v, \pi^*(g)w \rangle = c \langle \widetilde{\pi}(g^\tau)v, \hat{\tilde{\pi}}(x)\hat{\pi}^*(f)w \rangle \tag{2.4}$$

を得る．ここに c は τ にのみ依存する正の定数である．

$v \neq 0, w \neq 0$ と仮定する．このとき f, g を $\widetilde{\pi}(f)v \neq 0, \pi^*(g)w \neq 0$ と取れる．(2.4) は π と $\hat{\tilde{\pi}}$ の行列係数が等しいことを意味するから，補題 V, 1.6 により $\pi \cong \hat{\tilde{\pi}}$ を得る．その証明により $I: V \ni \pi(h)\widetilde{\pi}(f)v \mapsto \hat{\tilde{\pi}}(h)\hat{\pi}^*(f)w \in \check{V}, h \in \mathcal{H}(G)$ が $\mathcal{H}(G)$ 加群として (π, V) と $(\hat{\tilde{\pi}}, \check{V})$ の間の同型であることがわかる．$\pi(h)\widetilde{\pi}(f)v = \widetilde{\pi}(h*f)v$ ゆえ，これから $I: V \ni \widetilde{\pi}(h)v \mapsto \hat{\pi}^*(h)w \in \check{V}$ が同型 $\pi \cong \hat{\tilde{\pi}}$ を与えていることがわかる．従って $v' \in \widetilde{V}_\theta$ とすると，$V \ni \widetilde{\pi}(h)v \mapsto \widetilde{\pi}(h)v' \in V, h \in \mathcal{H}(G)$ は V の $\mathcal{H}(G)$ 加群としての自己同型になる．π は既約ゆえ v' は v のスカラー倍である．よって $V_\theta^* \neq \{0\}$ ならば，$\dim \widetilde{V}_\theta \leq 1$ であることがわかった．定理 2.1 の系により，定理 2.2 の主張 $\dim L(\pi, \theta) \leq 1$ を得る．

定理 2.5 π が cuspidal ならば π は非退化である．

定理 2.5 の証明は述べないが，$n = 2$ の場合の証明は次章で与える．

3. Whittaker 函数による保型形式の展開

F は大域体とする. G の F 上に定義された部分代数群 $\mathbf{H}$ に対し $H_{\mathbf{A}}$ により $\mathbf{H}$ のアデール化を表す. $H_{\mathbf{A}}$ を $H(\mathbf{A})$ とも書く. $\mathbf{H}$ の F-有理点の群 $\mathbf{H}(F)$ を H_F または $H(F)$ と書く. $\mathbf{P}, \mathbf{Q}, \mathbf{T}, \mathbf{U}$ はこの章の最初に与えた $\mathbf{G}$ の部分群とする. $\mathbf{P}_n, \mathbf{Q}_n, \mathbf{T}_n, \mathbf{U}_n$ とも書く. $F_{\mathbf{A}}/F$ の自明でない指標 ψ をとり固定する. ψ を $F_{\mathbf{A}}$ の指標とみなす. $a_i \in F^\times$, $1 \leq i \leq n-1$ をとり, $U_{\mathbf{A}}$ の指標 θ を

$$\theta(u) = \psi\left(\sum_{i=1}^{n-1} a_i u_{i,i+1}\right), \quad u = (u_{ij}) \in U_{\mathbf{A}}$$

によって定義する. θ は U_F 上自明である.

f は $G_{\mathbf{A}}$ 上の滑らかな函数で左 Q_F 不変とする. さらに任意の標準的 parabolic 部分群のユニポテント根基 N に対して

$$\int_{N_F \backslash N_{\mathbf{A}}} f(ng) dn = 0, \quad \forall g \in G_{\mathbf{A}} \tag{3.1}$$

をみたすと仮定する. (3.1) は f がカスプ形式であることに対応する条件である. f に対応する Whittaker 函数を

$$W(g) = W_f(g) = \int_{U_F \backslash U_{\mathbf{A}}} f(ug)\theta(u) du, \quad g \in G_{\mathbf{A}}$$

によって定義する. ここに測度は $\mathrm{vol}(U_F \backslash U_{\mathbf{A}}) = 1$ と正規化しておく.

$$W(ug) = \theta(u)^{-1} W(g), \quad u \in U_{\mathbf{A}}$$

が成り立つ.

定理 3.1 Whittaker 函数による展開

$$f(g) = \sum_{\gamma \in U_{n-1}(F) \backslash \mathrm{GL}_{n-1}(F)} W(\begin{pmatrix} \gamma & 0 \\ 0 & 1 \end{pmatrix} g), \quad g \in G_{\mathbf{A}} \tag{3.2}$$

が成り立つ.

［証明］ G の単位元を e と書く. f を $G_{\mathbf{A}}$ の元による右移動で置き換え, 定理において $g = e$ と仮定してよい. また $U_{n-1}(F) \backslash Q_{n-1}(F)$ が $U_{n-2}(F) \backslash \mathrm{GL}_{n-2}(F)$ と自然に一対一対応していることに注意すれば, 定理の公式が

$$f(e) = \sum_{\gamma_{n-1}\in Q_{n-1}(F)\backslash \mathrm{GL}_{n-1}(F)} \cdots \sum_{\gamma_1\in \mathrm{GL}_1(F)}$$
$$W(\begin{pmatrix} \gamma_1 & 0 \\ 0 & 1_{n-1} \end{pmatrix} \cdots \begin{pmatrix} \gamma_{n-1} & 0 \\ 0 & 1 \end{pmatrix}) \tag{3.3}$$

に同値であることは直ちにわかる. $\mathbf{V} = \mathbf{V}_n$ を $\mathbf{P}$ のユニポテント根基とする.

$$\mathbf{V} = \left\{\begin{pmatrix} 1_{n-1} & * \\ 0 & 1 \end{pmatrix}\right\}$$

である.

$$\mathcal{F}(g) = \int_{V_n(F)\backslash V_n(\mathbf{A})} f(v\begin{pmatrix} g & 0 \\ 0 & 1 \end{pmatrix})\theta(v)dv, \qquad g \in \mathrm{GL}_{n-1}(\mathbf{A}) \tag{3.4}$$

とおく. ここで測度は $\mathrm{vol}(V_n(F)\backslash V_n(\mathbf{A})) = 1$ と正規化しておく. $\mathcal{F}$ が GL_{n-1} に対して f と同様の条件をみたしていることを示し, n についての帰納法を用いる. 即ち左 $Q_n(F)$ 不変で (3.1) をみたす函数 f に対し, 定理 3.1 の展開が成り立つことを n についての帰納法で示す.

$V_n(F)\backslash V_n(\mathbf{A})$ はコンパクトであるから, $\mathcal{F}$ は滑らかである. $p \in P_{n-1}(F)$ とすると

$$\mathcal{F}(pg) = \int_{V_n(F)\backslash V_n(\mathbf{A})} f(v\begin{pmatrix} p & 0 \\ 0 & 1 \end{pmatrix}\begin{pmatrix} g & 0 \\ 0 & 1 \end{pmatrix})\theta(v)dv$$
$$= \int_{V_n(F)\backslash V_n(\mathbf{A})} f(\begin{pmatrix} p^{-1} & 0 \\ 0 & 1 \end{pmatrix} v \begin{pmatrix} p & 0 \\ 0 & 1 \end{pmatrix}\begin{pmatrix} g & 0 \\ 0 & 1 \end{pmatrix})\theta(v)dv.$$

$v = \begin{pmatrix} 1_{n-1} & x \\ 0 & 1 \end{pmatrix}, x = \begin{pmatrix} x_1 \\ \vdots \\ x_{n-1} \end{pmatrix}$ とおくと

$$\begin{pmatrix} p^{-1} & 0 \\ 0 & 1 \end{pmatrix}\begin{pmatrix} 1_{n-1} & x \\ 0 & 1 \end{pmatrix}\begin{pmatrix} p & 0 \\ 0 & 1 \end{pmatrix} = \begin{pmatrix} 1_{n-1} & p^{-1}x \\ 0 & 1 \end{pmatrix}.$$

ゆえに

$$\mathcal{F}(pg) = \int_{(F\backslash F_\mathbf{A})^n} f(\begin{pmatrix} 1_{n-1} & p^{-1}x \\ 0 & 1 \end{pmatrix}\begin{pmatrix} g & 0 \\ 0 & 1 \end{pmatrix})\theta(\begin{pmatrix} 1_{n-1} & x \\ 0 & 1 \end{pmatrix})dx$$

$$= \int_{(F \backslash F_{\mathbf{A}})^n} f(\begin{pmatrix} 1_{n-1} & x \\ 0 & 1 \end{pmatrix} \begin{pmatrix} g & 0 \\ 0 & 1 \end{pmatrix}) \theta(\begin{pmatrix} 1_{n-1} & px \\ 0 & 1 \end{pmatrix}) dx.$$

ここで $p = \begin{pmatrix} A & y \\ 0 & a \end{pmatrix}$, $a \in F^{\times}$, $A \in \mathrm{GL}_{n-1}(F)$ とおくと $\theta(\begin{pmatrix} 1_{n-1} & x \\ 0 & 1 \end{pmatrix}) = \psi(x_{n-1})$, $\theta(\begin{pmatrix} 1_{n-1} & px \\ 0 & 1 \end{pmatrix}) = \psi(ax_{n-1})$ となる. ゆえに $p \in Q_{n-1}(F)$ であれば $\mathcal{F}(pg) = \mathcal{F}(g)$ となり, $\mathcal{F}$ は左 $Q_{n-1}(F)$ 不変となる.

次に $\mathcal{F}$ は $\mathrm{GL}(n-1)$ の標準的 parabolic 部分群に対して (3.1) に対応する条件をみたすことを示す. これは $\mathrm{GL}(n-1)$ の標準的極大 parabolic 部分群に対して示せば十分である.

$$\mathbf{V}_0 = \left\{ \begin{pmatrix} 1_{n_1} & * & 0 \\ 0 & 1_{n_2} & 0 \\ 0 & 0 & 1 \end{pmatrix} \right\}$$

とおく.

$$\int_{V_0(F) \backslash V_0(\mathbf{A})} \mathcal{F}(v_0) dv_0 = 0 \tag{3.5}$$

を任意の (n_1, n_2), $n_1 + n_2 = n - 1$, $n_1 > 0$, $n_2 > 0$ に対して示せばよい.

$$\mathbf{P}' = \left\{ \begin{pmatrix} * & * & * \\ 0 & * & * \\ 0 & 0 & * \end{pmatrix} \right\}, \quad \mathbf{P}^1 = \left\{ \begin{pmatrix} * & * \\ 0 & * \end{pmatrix} \right\}$$

をそれぞれ n の分割 $n = n_1 + n_2 + 1$, $n = n_1 + (n_2 + 1)$ に対応する $\mathrm{GL}(n)$ の標準的 parabolic 部分群とし, $\mathbf{V}'$, $\mathbf{V}^1$ をそれぞれ $\mathbf{P}'$, $\mathbf{P}^1$ のユニポテント根基, $\mathbf{M}'$, $\mathbf{M}^1$ を $\mathbf{P}'$, $\mathbf{P}^1$ の Levi 部分群とする.

$$\mathbf{V}' = \left\{ \begin{pmatrix} 1_{n_1} & * & * \\ 0 & 1_{n_2} & * \\ 0 & 0 & 1 \end{pmatrix} \right\}, \quad \mathbf{V}^1 = \left\{ \begin{pmatrix} 1_{n_1} & * \\ 0 & 1_{n_2+1} \end{pmatrix} \right\}$$

であり

$$\mathbf{M}' = \left\{ \begin{pmatrix} * & 0 & 0 \\ 0 & * & 0 \\ 0 & 0 & * \end{pmatrix} \right\}, \quad \mathbf{M}^1 = \left\{ \begin{pmatrix} * & 0 \\ 0 & * \end{pmatrix} \right\}$$

と取れる. $\mathbf{P}' \subset \mathbf{P}, \mathbf{P}^1$ ゆえ $\mathbf{V}' \triangleright \mathbf{V}, \mathbf{V}' \triangleright \mathbf{V}^1$ である.

$$\mathbf{V}' = \mathbf{V}_0 \ltimes \mathbf{V} = \mathbf{V}_0^1 \ltimes \mathbf{V}^1 \tag{3.6}$$

と半直積に分解する. ここに

$$\mathbf{V}_0^1 = \left\{ \begin{pmatrix} 1_{n_1} & 0 & 0 \\ 0 & 1_{n_2} & * \\ 0 & 0 & 1 \end{pmatrix} \right\} = \mathbf{V}' \cap \mathbf{M}^1$$

である. ゆえに

$$\int_{V_0(F)\backslash V_0(\mathbf{A})} \mathcal{F}(v_0) dv_0 = \int_{V_0(F)\backslash V_0(\mathbf{A})} \int_{V_n(F)\backslash V_n(\mathbf{A})} f(v \begin{pmatrix} v_0 & 0 \\ 0 & 1 \end{pmatrix}) \theta(v) dv dv_0$$
$$= \int_{V'(F)\backslash V'(\mathbf{A})} f(v') \theta'(v') dv'$$

が (3.6) の最初の関係から得られる. ここに θ' は $\theta'(v') = \psi(a_{n-1} v'_{n-1,n})$, $v' = (v'_{ij}) \in V'(\mathbf{A})$ で与えられる $V'(F)\backslash V'(\mathbf{A})$ の指標である. ここで θ' の $V^1(\mathbf{A})$ への制限が自明であることに注意して, (3.6) の第二の関係を用いればこの積分は

$$\int_{V_0^1(F)\backslash V_0^1(\mathbf{A})} \int_{V^1(F)\backslash V^1(\mathbf{A})} f(v^1 v_0^1) \theta'(v_0^1) dv^1 dv_0^1$$

に等しい. V^1 は $\mathrm{GL}(n)$ の標準的 parabolic 部分群のユニポテント根基であるから

$$\int_{V^1(F)\backslash V^1(\mathbf{A})} f(v^1 v_0^1) dv^1 = 0$$

を得る. ゆえに $\mathcal{F}$ は $\mathrm{GL}(n-1)$ に対する条件 (3.1) をみたすことが確かめられた.

コンパクト Abel 群 $V_n(F)\backslash V_n(\mathbf{A})$ の任意の指標 η は

$$\eta(v) = \psi(c_1 x_1 + \ldots + c_{n-1} x_{n-1}) = \psi(^t cx),$$

$$v = \begin{pmatrix} 1 & x \\ 0 & 1 \end{pmatrix}, \quad x = \begin{pmatrix} x_1 \\ \vdots \\ x_{n-1} \end{pmatrix}, \quad c = \begin{pmatrix} c_1 \\ \vdots \\ c_{n-1} \end{pmatrix} \in F^{n-1}$$

と書ける. $\gamma \in \mathrm{GL}_{n-1}(F)$ に対して

$$\eta(\begin{pmatrix} \gamma & 0 \\ 0 & 1 \end{pmatrix} v \begin{pmatrix} \gamma^{-1} & 0 \\ 0 & 1 \end{pmatrix}) = \psi(^t c\gamma x) = \psi(^t(^t\gamma c)x).$$

$c_0 = \begin{pmatrix} 0 \\ 0 \\ \vdots \\ 1 \end{pmatrix} \in F^{n-1}$ の $c \mapsto {}^t\gamma c$ の作用による stabilizer は $Q_{n-1}(F)$ であるから, $V_n(F)\backslash V_n(\mathbf{A})$ の自明でない指標全体は

$$v \mapsto \theta(\begin{pmatrix} \gamma & 0 \\ 0 & 1 \end{pmatrix} v \begin{pmatrix} \gamma^{-1} & 0 \\ 0 & 1 \end{pmatrix}), \qquad \gamma \in Q_{n-1}(F)\backslash \mathrm{GL}_{n-1}(F)$$

で与えられる ($\theta(v) = \psi(a_{n-1}{}^t c_0 x)$ に注意). $\widehat{V_n(F)\backslash V_n(\mathbf{A})}$ により $V_n(F)\backslash V_n(\mathbf{A})$ の指標群を表す. このとき

$$\begin{aligned}
f(e) &= \sum_{\eta \in \widehat{V_n(F)\backslash V_n(\mathbf{A})}} \int_{V_n(F)\backslash V_n(\mathbf{A})} f(v)\eta(v)dv \\
&= \sum_{\eta \in \widehat{V_n(F)\backslash V_n(\mathbf{A})}, \eta \neq 1} \int_{V_n(F)\backslash V_n(\mathbf{A})} f(v)\eta(v)dv \\
&= \sum_{\gamma \in Q_{n-1}(F)\backslash \mathrm{GL}_{n-1}(F)} \int_{V_n(F)\backslash V_n(\mathbf{A})} f(v)\theta(\begin{pmatrix} \gamma & 0 \\ 0 & 1 \end{pmatrix} v \begin{pmatrix} \gamma^{-1} & 0 \\ 0 & 1 \end{pmatrix})dv \\
&= \sum_{\gamma \in Q_{n-1}(F)\backslash \mathrm{GL}_{n-1}(F)} \int_{V_n(F)\backslash V_n(\mathbf{A})} f(\begin{pmatrix} \gamma^{-1} & 0 \\ 0 & 1 \end{pmatrix} v \begin{pmatrix} \gamma & 0 \\ 0 & 1 \end{pmatrix})\theta(v)dv \\
&= \sum_{\gamma \in Q_{n-1}(F)\backslash \mathrm{GL}_{n-1}(F)} \int_{V_n(F)\backslash V_n(\mathbf{A})} f(v\begin{pmatrix} \gamma & 0 \\ 0 & 1 \end{pmatrix})\theta(v)dv \\
&= \sum_{\gamma \in Q_{n-1}(F)\backslash \mathrm{GL}_{n-1}(F)} \mathcal{F}(\gamma)
\end{aligned}$$

を得る. 帰納法の仮定から

$$\mathcal{F}(\gamma) = \sum_{\gamma_{n-2} \in Q_{n-2}(F)\backslash \mathrm{GL}_{n-2}(F)} \cdots \sum_{\gamma_1 \in \mathrm{GL}_1(F)} W_{\mathcal{F}}(\begin{pmatrix} \gamma_1 & \\ & 1_{n-2} \end{pmatrix} \cdots \begin{pmatrix} \gamma_{n-2} & 0 \\ 0 & 1 \end{pmatrix}\gamma).$$

ここに

$$W_{\mathcal{F}}(g) = \int_{U_{n-1}(F)\backslash U_{n-1}(\mathbf{A})} \mathcal{F}(ug)\theta(u)du$$

$$= \int_{U_{n-1}(F)\backslash U_{n-1}(\mathbf{A})} \int_{V_n(F)\backslash V_n(\mathbf{A})} f(v\begin{pmatrix} u & 0 \\ 0 & 1 \end{pmatrix}\begin{pmatrix} g & 0 \\ 0 & 1 \end{pmatrix})\theta(u)\theta(v)dvdu$$

$$= \int_{U_n(F)\backslash U_n(\mathbf{A})} f(u\begin{pmatrix} g & 0 \\ 0 & 1 \end{pmatrix})\theta(u)du$$

$$= W(\begin{pmatrix} g & 0 \\ 0 & 1 \end{pmatrix})$$

である. ゆえに

$$f(e) = \sum_{\gamma \in Q_{n-1}(F)\backslash \mathrm{GL}_{n-1}(F)} \mathcal{F}(\gamma)$$

$$= \sum_{\gamma_{n-1} \in Q_{n-1}(F)\backslash \mathrm{GL}_{n-1}(F)} \sum_{\gamma_{n-2} \in Q_{n-2}(F)\backslash \mathrm{GL}_{n-2}(F)} \cdots \sum_{\gamma_1 \in \mathrm{GL}_1(F)}$$

$$W(\begin{pmatrix} \gamma_1 & 0 \\ 0 & 1_{n-1} \end{pmatrix} \cdots \begin{pmatrix} \gamma_{n-2} & 0 \\ 0 & 1_2 \end{pmatrix}\begin{pmatrix} \gamma_{n-1} & 0 \\ 0 & 1 \end{pmatrix})$$

を得る. □

詳細は省くが, 定理 3.1 を用いて次の結果 (重複度 1 定理) を得る.

定理 3.2 (重複度 1 定理)　カスプ形式の空間における $G_{\mathbf{A}}$ の Hecke 代数の既約表現の重複度は高々 1 である.

証明のアイデアを説明しておこう. F が Archimedes 局所体のときも, Whittaker モデルの概念は定義でき定理 2.2 は成り立つ. $\pi = \otimes_v \pi_v$ はカスプ形式の空間における $G_{\mathbf{A}}$ の Hecke 代数の既約表現, $V(\pi)$ は π の表現空間とする. $f \in V(\pi)$ をとるとき, 定理 2.2 を用いて $W(g) = \prod_v W_v(g_v)$, $g \in G_{\mathbf{A}}$ と書けることが示される. ここに W_v は局所 Whittaker 函数である. このとき定理 3.1 は $V(\pi)$ が函数の空間として π によって確定していることを示し, 定理 3.2 が得られる. Whittaker モデルの一意性は例えば Chevalley 群に対し知られているが, 定理 3.2 は $\mathrm{GL}(n)$ に特徴的な事実である.

次の定理は強重複度 1 定理と呼ばれる. 証明は [JS1], Cor.4.10 を参照された

い. $n=2$ の場合は三宅敏恒によって得られた結果である.

定理 3.3 (強重複度 1 定理)　$\pi = \otimes_v \pi_v$, $\pi' = \otimes_v \pi'_v$ はカスプ形式の空間における G_A の Hecke 代数の既約表現とする. F の素点の有限集合 S があって, $v \notin S$ ならば π_v と π'_v は同値であるとする. このとき全ての素点 v に対し π_v と π'_v は同値である.

4. 文　　献

本文では $GL(n)$ の保型表現の L 函数と函数等式については触れ得なかった. これについては Godement-Jacquet [GJ], Jacquet-Shalika [JS1], [JS2] を参照されたい. また函数等式から保型表現を導く逆定理については Cogdell-Piatetski-Shapiro [CP] を参照されたい.

第VIII章 GL(2) 上の保型形式

1. Kirillov モデル

第3節の終わりまで F は非 Archimedes 局所体とする. $\mathcal{S}(F) = C_c^\infty(F)$, $\mathcal{S}(F^\times) = C_c^\infty(F^\times)$ とおく. それぞれ F, $F^\times$ 上の Schwartz-Bruhat 函数の空間という. $\mathcal{O}_F$ により F の整数環, ϖ により F の素元を表す. ψ は F の自明でない指標とする. ψ は $\varpi^{-d}\mathcal{O}_F$ 上自明, $\varpi^{-d-1}\mathcal{O}_F$ 上には自明でないとする. $G = \mathrm{GL}(2, F)$, B は上半三角行列全体からなる G の部分群とする. $w = \begin{pmatrix} 0 & 1 \\ -1 & 0 \end{pmatrix} \in G$ とおく. 第VII章の記号で

$$U = \left\{ \begin{pmatrix} 1 & u \\ 0 & 1 \end{pmatrix} \,\middle|\, u \in F \right\}$$

であり, U の指標 θ としては $\theta(\begin{pmatrix} 1 & u \\ 0 & 1 \end{pmatrix}) = \psi(u)$ をとってよい. parameter a_1 の自由度は ψ の方に繰りこめるからである.

補題 1.1 π は G の有限次元既約許容表現とする. このとき π は一次元であり, $F^\times$ の quasi-character χ があって $\pi(g) = \chi(\det(g))$, $g \in G$ となる.

［証明］ π は許容表現であるから, $\mathrm{Ker}(\pi)$ は G の開正規部分群となる. これから, $\mathrm{Ker}(\pi)$ は $\begin{pmatrix} 1 & b \\ 0 & 1 \end{pmatrix}$, $b \in F$ とその共役を含むことがわかる. よって $\mathrm{Ker}(\pi)$ は $\mathrm{SL}(2, F)$ を含み, π は $\mathrm{GL}(2, F)/\mathrm{SL}(2, F) \cong F^\times$ の許容表現と同一視される. そこで π の既約性と Schur の補題を用いれば, π は一次元表現であることがわかる. $F^\times$ の一次元許容表現は $F^\times$ の quasi-character にほかならないから, 補題の結論を得る. □

以下 (π, V) は G の無限次元既約許容表現とする. V の部分空間 V_0 を

$$V_0 = \left\{ v \in V \;\middle|\; \int_{\varpi^{-n} \mathcal{O}_F} \overline{\psi(x)} \pi(\begin{pmatrix} 1 & x \\ 0 & 1 \end{pmatrix}) v dx = 0 \right.$$
$$\left. \text{が十分大きい整数 } n \text{ に対し成り立つ} \right\}$$

で定める.

補題 1.2
$$V_0 = \langle \pi(u)v - \theta(u)v \mid u \in U, v \in V \rangle.$$

［証明］ $v \in V, u \in U$ をとる. $u = \begin{pmatrix} 1 & y \\ 0 & 1 \end{pmatrix}$ とおき, $y \in \varpi^{-n} \mathcal{O}_F$ と $n \in \mathbf{Z}$ をとると

$$\int_{\varpi^{-n} \mathcal{O}_F} \overline{\psi(x)} \pi(\begin{pmatrix} 1 & x \\ 0 & 1 \end{pmatrix}) \pi(\begin{pmatrix} 1 & y \\ 0 & 1 \end{pmatrix}) v dx$$
$$= \psi(y) \int_{\varpi^{-n} \mathcal{O}_F} \overline{\psi(x)} \pi(\begin{pmatrix} 1 & x \\ 0 & 1 \end{pmatrix}) v dx$$

を得る. よって $\pi(u)v - \theta(u)v \in V_0$ がわかる. 逆に $v \in V_0$ をとる. 十分大きい $n \in \mathbf{Z}$ に対し

$$0 = \int_{\varpi^{-n} \mathcal{O}_F} \overline{\psi(x)} \pi(\begin{pmatrix} 1 & x \\ 0 & 1 \end{pmatrix}) v dx = c \sum_{i=1}^{N} \overline{\psi(x_i)} \pi(\begin{pmatrix} 1 & x_i \\ 0 & 1 \end{pmatrix}) v$$

と有限和で書ける. ここに c は正の定数である. よって

$$-v = \frac{1}{N} \sum_{i=1}^{N} \overline{\psi(x_i)} \left(\pi(\begin{pmatrix} 1 & x_i \\ 0 & 1 \end{pmatrix}) v - \psi(x_i) v \right)$$

がわかり, 結論を得る. □

注意 補題 1.2 の証明により, $v \in V$ がある $n_0 \in \mathbf{Z}$ に対して

$$\int_{\varpi^{-n_0} \mathcal{O}_F} \overline{\psi(x)} \pi(\begin{pmatrix} 1 & x \\ 0 & 1 \end{pmatrix}) v dx = 0$$

をみたせば, 全ての $n \geq n_0$ に対し

$$\int_{\varpi^{-n}\mathcal{O}_F} \overline{\psi(x)} \pi(\begin{pmatrix} 1 & x \\ 0 & 1 \end{pmatrix}) v \, dx = 0$$

が成り立つことがわかる.

$$\dim L(\pi, \theta) = \dim(V/V_0) \tag{1.1}$$

が成り立つ. ここに $L(\pi, \theta)$ は第 VII 章第 2 節で定義した Whittaker 汎函数の空間である. 実際 $\alpha \in \mathrm{Hom}(V/V_0, \mathbf{C})$ に対し

$$l_\alpha(v) = \alpha(v \mod V_0), \quad v \in V$$

とおくと, 補題 1.2 より $l_\alpha \in L(\pi, \theta)$ が確かめられる. 逆に $l \in L(\pi, \theta)$ について, 補題 1.2 より $\mathrm{Ker}(l) \supset V_0$ がわかり, l は上記の l_α の形である. よって (1.1) がわかる. VII, 定理 2.2 より $\dim V/V_0 \leq 1$ である.

定理 1.3 G の無限次元既約許容表現 π は非退化である.

［証明］$V_0 \neq V$ を示せば十分である. $V = V_0$ と仮定して矛盾を導く. 任意に $0 \neq v \in V$ と $t \in F^\times$ をとる. 十分大きい $n \in \mathbf{Z}$ に対し

$$\int_{\varpi^{-n}\mathcal{O}_F} \overline{\psi(x)} \pi(\begin{pmatrix} 1 & x \\ 0 & 1 \end{pmatrix}) \pi(\begin{pmatrix} t & 0 \\ 0 & 1 \end{pmatrix}) v \, dx$$

$$= \pi(\begin{pmatrix} t & 0 \\ 0 & 1 \end{pmatrix}) \int_{\varpi^{-n}\mathcal{O}_F} \overline{\psi(x)} \pi(\begin{pmatrix} 1 & t^{-1}x \\ 0 & 1 \end{pmatrix}) v \, dx = 0$$

である. 変数変換によって十分大きい $n \in \mathbf{Z}$ と任意の $t \in F^\times$ に対し

$$\int_{\varpi^{-n}\mathcal{O}_F} \overline{\psi(tx)} \pi(\begin{pmatrix} 1 & x \\ 0 & 1 \end{pmatrix}) v \, dx = 0 \tag{1.2}$$

を得る. 補題 1.2 の証明を考慮すると, t が $F^\times$ のコンパクト部分集合 K の元を走るとき, K に依存する整数 n_K があって, $n \geq n_K$ のとき (1.2) が成り立つことがわかる.

補題 1.4 $h \in C^\infty(F)$ とする. K は $F^\times$ の任意のコンパクト部分集合とする. t が K の元を走るとき, $n_K \in \mathbf{Z}$ があって全ての $n \geq n_K$ に対し

$$\int_{\varpi^{-n}\mathcal{O}_F} \overline{\psi(tx)} h(x) \, dx = 0$$

が成り立つとする．このとき h は定数である．

この補題をしばらく認めよう．このとき $\pi(\begin{pmatrix} 1 & x \\ 0 & 1 \end{pmatrix})v$ は x に依存しないことがわかる．$S = \{g \in \mathrm{SL}(2, F) \mid \pi(g)v = v\}$ とおくと，S は U と $\mathrm{SL}(2, F)$ の開部分群を含む．$\mathrm{SL}(2, F)$ の Bruhat 分解[*1] を用いると，ある $a \in F^\times$ があって，$\begin{pmatrix} 0 & a \\ -a^{-1} & 0 \end{pmatrix} \in S$ がわかる．よって $S \supset {}^t U$ であり，$\mathrm{SL}(2, F)$ は U と ${}^t U$ によって生成されるから，$S = \mathrm{SL}(2, F)$ を得る．よって表現 π は $F^\times \cong \mathrm{GL}(2, F)/\mathrm{SL}(2, F)$ の表現と同一視できる．π の既約性から，Schur の補題，V, 1.3 により $\pi(g)$ はスカラー，よって $\dim V = 1$ でなければならない．これは矛盾である． □

[補題 1.4 の証明] $\eta \in \mathcal{S}(F) = C_c^\infty(F)$ を任意にとる．η の Fourier 変換を

$$\widehat{\eta}(t) = \int_F \eta(x)\psi(tx)dx, \quad t \in F$$

で定義する．Fourier 逆変換により

$$\eta(x) = \int_F \widehat{\eta}(t)\overline{\psi(tx)}dt, \quad x \in F$$

が成り立つ．ここに積分は F の自己双対測度による (IV, 第 3 節参照)．

$$\int_F \eta(x)dx = 0 \tag{1.3}$$

と仮定する．このとき $\widehat{\eta}(0) = 0$ であるから，$F^\times$ のコンパクト部分集合 K があって，K の外では $\widehat{\eta}$ は消える．整数 $n \geq n_K$ を十分大にとって $\varpi^{-n}\mathcal{O}_F$ の外では η は消えているとする．このとき

$$\int_F \eta(x)h(x)dx = \int_{\varpi^{-n}\mathcal{O}_F} \eta(x)h(x)dx = \int_{\varpi^{-n}\mathcal{O}_F} h(x)\left(\int_F \widehat{\eta}(t)\overline{\psi(tx)}dt\right)dx$$
$$= \int_F \left(\int_{\varpi^{-n}\mathcal{O}_F} h(x)\overline{\psi(tx)}dx\right)\widehat{\eta}(t)dt = 0$$

を得る．これが (1.3) をみたす任意の $\eta \in \mathcal{S}(F)$ に対して成り立つから，h は定数である． □

定理 1.3 により，G 上の複素数値函数 W で

[*1] $\mathrm{SL}(2, F) = B_1 \sqcup B_1 w B_1$．ここに B_1 は行列式 1 の上半三角行列全体からなる $\mathrm{SL}(2, F)$ の部分群である．

$$W(\begin{pmatrix} 1 & u \\ 0 & 1 \end{pmatrix} g) = \psi(u) W(g), \qquad u \in F, \ g \in G$$

をみたすものの成す空間 $W(\pi, \psi)$ があり, π は $W(\pi, \psi)$ において G の右移動による表現と同値になる. $W(\pi, \psi)$ は π の Whittaker モデルであり, 第 VII 章第 2 節では $W(\pi, \theta)$ と書いた. $W \in W(\pi, \psi)$ に対し

$$\varphi(x) = W(\begin{pmatrix} x & 0 \\ 0 & 1 \end{pmatrix}), \qquad x \in F^\times \tag{1.4}$$

によって, $F^\times$ 上の函数 φ を定義する. 明らかに φ は局所定数である. 即ち $\varphi \in C^\infty(F^\times)$. Whittaker 汎函数 $0 \neq l \in L(\pi, \psi)$ と $v \in V$ により

$$W(g) = l(\pi(g)v), \quad g \in G, \ v \in V, \qquad \varphi(x) = l(\pi(\begin{pmatrix} x & 0 \\ 0 & 1 \end{pmatrix})v)$$

と書けていることに注意する.

命題 1.5 (1.4) で与えられる対応 $L : W(\pi, \psi) \ni W \mapsto \varphi \in C^\infty(F^\times)$ は単射である.

[証明] $0 \neq l \in L(\pi, \psi)$ をとる. $v \in V$ が任意の $x \in F^\times$ に対し $l(\pi(\begin{pmatrix} x & 0 \\ 0 & 1 \end{pmatrix})v) = 0$ をみたせば $v = 0$ であることを示せばよい. l は $\alpha \in \mathrm{Hom}(V/V_0, \mathbf{C})$ により $l(w) = \alpha(w \mod V_0), w \in V$ と書ける. 仮定から任意の $t \in F^\times$ に対し $\pi(\begin{pmatrix} t & 0 \\ 0 & 1 \end{pmatrix})v \in V_0$ となる. このとき (1.2) が成り立つことがわかる. t が $F^\times$ のコンパクト部分集合の元を走るとき, 整数 n_K があって $n \geq n_K$ のとき (1.2) が成り立つことも容易にわかるから, 補題 1.4 により $\pi(\begin{pmatrix} 1 & x \\ 0 & 1 \end{pmatrix})v$ は x に依存しない. 以下定理 1.3 の証明と同じ議論によって $v = 0$ を得る. □

ω_π は π の central character とする. $\varphi \in C^\infty(F^\times)$ に対し

$$\rho(\begin{pmatrix} a & 0 \\ 0 & 1 \end{pmatrix}) \varphi(x) = \varphi(ax), \tag{K1}$$

$$\rho(\begin{pmatrix} 1 & b \\ 0 & 1 \end{pmatrix})\varphi(x) = \psi(bx)\varphi(x), \tag{K2}$$

$$\rho(z1_2)\varphi(x) = \omega_\pi(z)\varphi(x) \tag{K3}$$

とおく. (K1), (K2), (K3) により B の表現 ρ が $C^\infty(F^\times)$ 上に実現されていることは容易に確かめられる. ここに B は上半三角行列全体からなる G の部分群である.

関係
$$L \circ \pi(g) = \rho(g) \circ L, \qquad g \in B \tag{1.5}$$
が ($W(\pi, \psi)$ における G の表現を π と書いて) 成り立つ. これは g が (K1), (K2), (K3) に対応する B の生成元について確かめればよい. 例えば (K2) については, $\varphi = L(W)$ として

$$\rho(\begin{pmatrix} 1 & b \\ 0 & 1 \end{pmatrix})\varphi(x) = \psi(bx)\varphi(x) = W(\begin{pmatrix} 1 & bx \\ 0 & 1 \end{pmatrix}\begin{pmatrix} x & 0 \\ 0 & 1 \end{pmatrix})$$
$$= W(\begin{pmatrix} x & 0 \\ 0 & 1 \end{pmatrix}\begin{pmatrix} 1 & b \\ 0 & 1 \end{pmatrix}) = (\pi(\begin{pmatrix} 1 & b \\ 0 & 1 \end{pmatrix})W)(\begin{pmatrix} x & 0 \\ 0 & 1 \end{pmatrix})$$

と確かめられる.

(1.4) で与えられる対応 $L : W(\pi, \psi) \ni W \mapsto \varphi \in C^\infty(F^\times)$ の像を $K(\pi, \psi)$ と書く. 対応 L の単射性 (補題 1.5) から, $K(\pi, \psi)$ においても π と同値な表現が実現される. これを Kirillov モデルという. $K(\pi, \psi)$ における G の表現を同じ文字 π で表せば, これは性質 (K1), (K2), (K3) をもつことが (1.5) によりわかる.

$$P = \left\{ \begin{pmatrix} a & b \\ 0 & 1 \end{pmatrix} \,\middle|\, a \in F^\times, b \in F \right\}$$

を B の部分群とする. 次の定理は基本的である.

定理 1.6 (K1), (K2) により P の表現が $\mathcal{S}(F^\times)$ 上に実現される. この表現は既約許容である.

[証明] この P の表現を同じ文字 ρ で表す. ρ の既約性を示す. (それ以外の主張の証明は容易である.) $F^\times$ の quasi-character λ と $n \in \mathbf{Z}$ に対して $\mathcal{S}(F^\times)$ の元を

$$\xi_\lambda^{(n)}(x) = \begin{cases} \lambda(x), & |x| = q^n \text{ のとき}, \\ 0, & \text{そうでないとき} \end{cases} \tag{1.6}$$

と定義する. $F^\times$ の素元 ϖ を固定して, λ は $\lambda(\varpi) = 1$ をみたすもののみを考える. このとき $\{\xi_\lambda^{(n)}\}$ は $\mathcal{S}(F^\times)$ の基底を与える. $0 \neq \varphi \in \mathcal{S}(F^\times)$ を任意にとる. $\varphi = \sum_{n,\lambda} a_{n,\lambda} \xi_\lambda^{(n)}$ と有限和で書ける. φ が P の作用で張る空間を V とする. φ を群 $\left\{ \begin{pmatrix} a & 0 \\ 0 & 1 \end{pmatrix} \middle| a \in \mathcal{O}_F^\times \right\}$ の作用で分解して (即ち $\int_{\mathcal{O}_F^\times} \rho\begin{pmatrix} a & 0 \\ 0 & 1 \end{pmatrix} \lambda(a)^{-1} v \, da$ を作って) $\sum_n a_{n,\lambda} \xi_\lambda^{(n)} \in V$ を得る. 次にこのベクトルを, 十分大きい整数 l をとって, 群 $\left\{ \begin{pmatrix} 1 & b \\ 0 & 1 \end{pmatrix} \middle| b \in \varpi^{-l} \mathcal{O}_F \right\}$ の作用で分解して $a_{n,\lambda} \xi_\lambda^{(n)} \in V$ を得る. よってある $\xi_\lambda^{(n)}$ が $\mathcal{S}(F^\times)$ を生成することを示せばよい. 改めて $\xi_\lambda^{(n)}$ が P の作用で張る空間を V とする. $\begin{pmatrix} a & 0 \\ 0 & 1 \end{pmatrix}$, $a \in F^\times$ の作用を考えて, 任意の $m \in \mathbf{Z}$ に対し $\xi_\lambda^{(m)} \in V$ がわかる.

次の章の補題 1.3 によれば, 次の事実がわかる. ψ は $\varpi^{-d} \mathcal{O}_F$ 上自明, $\varpi^{-d-1} \mathcal{O}_F$ 上には自明でないとする. このとき $\varpi^{-d-l} \mathcal{O}_F^\times = \{x \in F \mid |x| = q^{l+d}\}$ において

$$\psi(x) = \sum_\chi c_\chi \xi_\chi^{(l+d)}(x)$$

と展開される. ここに $l \geq 2$ ならば, χ は導手が (ϖ^l), $\chi(\varpi) = 1$ をみたす指標を走り, $c_\chi \neq 0$ である. また $l = 1$ ならば χ は導手が (ϖ) または (1), $\chi(\varpi) = 1$ をみたす指標を走り, $c_\chi \neq 0$ である. (K2) とこの事実を用いれば, ある $m \in \mathbf{Z}$ に対し $\xi_1^{(m)} \in V$, 従って任意の $m \in \mathbf{Z}$ に対し $\xi_1^{(m)} \in V$ を得る. もう一度 $\psi(x)$ の展開についての事実を用いると, $F^\times$ の任意の quasi-character λ について, ある $m \in \mathbf{Z}$ があって $\xi_\lambda^{(m)} \in V$, 従って任意の $\xi_\lambda^{(m)}$ が V に属することを得る. $\square$

定理 1.7 π の Kirillov モデルの空間 $K(\pi, \psi)$ は $\mathcal{S}(F^\times)$ を含む. π が absolutely cuspidal であるための必要十分条件は $K(\pi, \psi) = \mathcal{S}(F^\times)$ である.

[証明] (π, V) は G の absolutely cuspidal 表現とする. 第 V 章第 3 節の記号で $V(B) = V$ ゆえ, V は $\pi(\begin{pmatrix} 1 & y \\ 0 & 1 \end{pmatrix}) v - v$, $y \in F$, $v \in V$ で生成される. 従って任意の $v \in V$ に対し十分大きい $l \in \mathbf{Z}$ があって

$$\int_{\varpi^{-l}\mathcal{O}_F} \pi(\begin{pmatrix} 1 & y \\ 0 & 1 \end{pmatrix})v\,dy = 0 \tag{1.7}$$

が成り立つ. v が $\varphi \in C^\infty(F^\times)$ に対応していたとすると, この条件は $(\pi(\begin{pmatrix} 1 & y \\ 0 & 1 \end{pmatrix})\varphi)(x) = \psi(xy)\varphi(x)$ により, $\varphi(x) \neq 0$ ならば

$$\int_{\varpi^{-l}\mathcal{O}_F} \psi(xy)\,dy = 0$$

が成り立つこと, 即ち $x \notin \varpi^{l+d}\mathcal{O}_F$ である. これは φ が 0 の近傍で消えることを意味するから, $K(\pi,\psi) \subset \mathcal{S}(F^\times)$ である. 定理 1.6 により $K(\pi,\psi) = \mathcal{S}(F^\times)$ を得る. 逆に $K(\pi,\psi) = \mathcal{S}(F^\times)$ ならば, 上の推論を逆にたどって, 任意の $v \in V$ に対し十分大きい $l \in \mathbf{Z}$ があって (1.7) が成り立つことがわかる. このとき

$$0 = \int_{\varpi^{-l}\mathcal{O}_F} \pi(\begin{pmatrix} 1 & y \\ 0 & 1 \end{pmatrix})v\,dy = c\sum_{i=1}^N \pi(\begin{pmatrix} 1 & y_i \\ 0 & 1 \end{pmatrix})v,$$

$c > 0$ と有限和で書ける. よって

$$-v = \frac{1}{N}\sum_{i=1}^N \left(\pi(\begin{pmatrix} 1 & y_i \\ 0 & 1 \end{pmatrix})v - v\right)$$

となり, $V = V(B)$ 即ち π は absolutely cuspidal であることがわかる.

最後に (π, V) は G の既約許容表現とし, $K(\pi,\psi) \supset \mathcal{S}(F^\times)$ を示す. 定理 1.6 により, $K(\pi,\psi)$ が $\mathcal{S}(F^\times)$ のある 0 でない函数を含むことを示せばよい. $K(\pi,\psi)$ の任意の 0 でない函数が 0 の近傍で消えないと仮定し矛盾を導く. 任意の $0 \neq v \in V$ に対し, 整数 L があって

$$\int_{\varpi^{-l}\mathcal{O}_F} \pi(\begin{pmatrix} 1 & y \\ 0 & 1 \end{pmatrix})v\,dy \neq 0$$

が成り立つような $l \geq L$ が無限個ある.

$$U_l = \left\{\begin{pmatrix} 1 & b \\ 0 & 1 \end{pmatrix} \,\middle|\, b \in \varpi^{-l}\mathcal{O}_F\right\}$$

とおく. $0 \neq v \in V$ と整数 l を任意にとる. v が U_l の作用で張る空間を W とする. W 上に実現される U_l の表現は有限次元で指標の直和に分解する. ここに自明でない指標 η が現れたとし, $0 \neq w \in W$ を η で変換するベクトルとすると, w

は $n \geq l$ のとき

$$\int_{\varpi^{-n}\mathcal{O}_F} \pi(\begin{pmatrix} 1 & y \\ 0 & 1 \end{pmatrix})wdy = 0$$

をみたす．これは仮定に反する．よって U_l は W に自明に作用する．v は U_l で固定されるが，l は任意であったから，$\pi(u)v = v$ が任意の $u \in U$ に対して成り立つ．これから π は一次元表現であることがわかり (補題 1.4 の下の議論) 矛盾を得る． □

第 3 節で用いる Kirillov モデルの一性質を示しておこう．

補題 1.8 $K(\pi, \psi) = \mathcal{S}(F^\times) + \pi(w)\mathcal{S}(F^\times)$.

［証明］ $\varphi \in K(\pi, \psi)$, $u \in U$ に対し $\pi(u)\varphi - \varphi \in \mathcal{S}(F^\times)$ は (K2) から容易にわかる．Bruhat 分解 $G = BwB \sqcup B = UwB \sqcup B$ と $\mathcal{S}(F^\times)$ が B の作用で不変であることから，$K(\pi, \psi)$ は $\pi(uw)\varphi$, $u \in U$, $\varphi \in \mathcal{S}(F^\times)$ で張られるが，最初に注意したことから $\pi(uw)\varphi - \pi(w)\varphi \in \mathcal{S}(F^\times)$ ゆえ，$K(\pi, \psi)$ は $\mathcal{S}(F^\times)$ と $\pi(w)\mathcal{S}(F^\times)$ で張られる． □

(π, V) は G の許容表現，χ は $F^\times$ の quasi-character とする．このとき G の許容表現 $(\pi \otimes \chi, V)$ を

$$(\pi \otimes \chi)(g)v = \chi(\det(g))\pi(g)v, \quad v \in V, g \in G$$

によって定義する．π が既約ならば $\pi \otimes \chi$ も既約である．

定理 1.9 (π, V) は G の無限次元既約許容表現，ω_π は π の central character とする．このとき π の反傾表現 $\check{\pi}$ は $\pi \otimes \omega_\pi^{-1}$ に同値である．

［証明］ VII, 定理 2.1 により $\check{\pi}$ は V 上に

$$\check{\pi}(g)v = \pi({}^tg^{-1})v, \quad v \in V$$

で実現されるとしてよい．${}^tg^{-1} = \det(g)^{-1}wgw^{-1}$, $g \in \mathrm{GL}(2)$ である．よって

$$\check{\pi}(g)v = \pi(w)[\omega_\pi(\det g)^{-1}\pi(g)]\pi(w)^{-1}v, \quad v \in V$$

となり，$\check{\pi} \cong \pi \otimes \omega_\pi^{-1}$ がわかる． □

2. 主系列表現

μ_1, μ_2 は $F^\times$ の quasi-character とする. B の quasi-character χ を

$$\chi(\begin{pmatrix} a & u \\ 0 & d \end{pmatrix}) = \mu_1(a)\mu_2(d)\left|\frac{a}{d}\right|^{1/2} \tag{2.1}$$

で定義する. $\mathcal{B}(\mu_1, \mu_2)$ は G 上の $\mathbf{C}$ に値をもつ局所定数函数で

$$f(bg) = \chi(b)f(g), \qquad b \in B, \ g \in G \tag{2.2}$$

をみたすもの全体の成すベクトル空間とする. $\mathcal{B}(\mu_1, \mu_2)$ 上に右移動で実現される G の表現を $\rho(\mu_1, \mu_2)$ と書く. これは第 V 章で定義した誘導表現の特別の場合であり, $\rho(\mu_1, \mu_2) = \mathrm{Ind}_B^G(\delta_B^{1/2}\chi)$ である. $B\backslash G$ はコンパクトであるから, $\rho(\mu_1, \mu_2)$ は許容表現である. V, 定理 3.7 により, G の任意の既約許容表現は, absolutely cuspidal であるか, あるいは $F^\times$ の quasi-character μ_1, μ_2 があって $\rho(\mu_1, \mu_2)$ の部分表現に同値になることがわかる. $\mu = \mu_1 \mu_2^{-1}$ とおく. $F^\times$ の quasi-character ν を $\nu(x) = |x|$, $x \in F^\times$ で定義する.

補題 2.1 $\rho(\mu_1, \mu_2)$ の反傾表現は $\rho(\mu_1^{-1}, \mu_2^{-1})$ であり, $\mathcal{B}(\mu_1, \mu_2)$ と $\mathcal{B}(\mu_1^{-1}, \mu_2^{-1})$ の間の paring は

$$\langle f, h \rangle = \int_{B\backslash G} f(g)h(g)d\dot{g}, \qquad f \in \mathcal{B}(\mu_1, \mu_2), \ h \in \mathcal{B}(\mu_1^{-1}, \mu_2^{-1})$$

で与えられる. ここに $d\dot{g}$ は $B\backslash G$ 上の右不変測度である.

この補題は第 V 章, 第 4 節の結果, 特に V, (4.3) から従う.

補題 2.2 $\mathcal{B}(\mu_1, \mu_2)$ が一次元不変部分空間を含むための必要十分条件は $\mu = \nu^{-1}$ である.

[証明] $\mu = \nu^{-1}$ とする. $f(g) = \mu_1(\det(g))|\det(g)|^{1/2}$, $g \in G$ とおくと $f \in \mathcal{B}(\mu_1, \mu_2)$ で f は一次元不変部分空間を生成する. 逆に $f \in \mathcal{B}(\mu_1, \mu_2)$ が一次元不変部分空間 W を生成したとする. このとき補題 1.1 により W における G の表現は $F^\times$ の quasi-character η により $\eta(\det(g))$ で与えられるから, f は定数倍を除いて $\eta(\det(g))$, $g \in G$ に等しい. 左からの B の作用をみ

て $\eta(ad) = \mu_1(a)\mu_2(d)|a/d|^{1/2}$, $a, d \in F^\times$ を得る. よって $\mu_1 = \eta\nu^{-1/2}$, $\mu_2 = \eta\nu^{1/2}$, $\mu = \nu^{-1}$ である. □

$f \in \mathcal{B}(\mu_1, \mu_2)$ に対し

$$h(x) = f(w^{-1}\begin{pmatrix} 1 & x \\ 0 & 1 \end{pmatrix}), \quad x \in F \tag{2.3}$$

とおく. f は G のある開部分群で固定されるから, h は F のある開部分群について不変である. 特に h は局所定数である. 関係式

$$w^{-1}\begin{pmatrix} 1 & x \\ 0 & 1 \end{pmatrix} = \begin{pmatrix} x^{-1} & -1 \\ 0 & x \end{pmatrix}\begin{pmatrix} 1 & 0 \\ x^{-1} & 1 \end{pmatrix}$$

により

$$h(x) = \mu(x)^{-1}|x|^{-1}f(\begin{pmatrix} 1 & 0 \\ x^{-1} & 1 \end{pmatrix})$$

を得る. よって $|x|$ が十分大きいとき $h(x) = \mu(x)^{-1}|x|^{-1}f(1)$ である. $L : \mathcal{B}(\mu_1, \mu_2) \longrightarrow \mathbf{C}$ が一次形式であるとき, $f \mapsto \int_U L(\pi(u)f)\overline{\theta(u)}du$ は積分が収束すれば $\mathcal{B}(\mu_1, \mu_2)$ 上の Whittaker 汎函数を与えるであろう. このことを念頭において Kirillov モデルを得るために

$$\varphi_f(x) = \mu_2(x)|x|^{1/2}\int_F h(y)\overline{\psi(xy)}dy, \quad x \in F^\times \tag{2.4}$$

とおく. $\sigma \in \mathbf{R}$ があって

$$|\mu(x)| = |x|^\sigma, \quad x \in F^\times$$

となる. $|h(x)| \sim |f(1)||x|^{-\sigma-1}$, $|x| \longrightarrow +\infty$ ゆえ $\sigma > 0$ ならば (2.4) を定義する積分は絶対収束し, $\sigma > -1/2$ ならば積分は L^2 の意味で収束する. 一般の場合を扱うために Godement による次の補題を用いる.

補題 2.3 μ は $F^\times$ の quasi-character, H_μ は F 上の局所定数函数 h で $|x|$ が十分大きいとき $h(x)\mu(x)|x|$ が定数であるもの全体が成すベクトル空間とする. $h \in H_\mu$ に対し

$$\widehat{h}(x) = \sum_{n \in \mathbf{Z}}\int_{\varpi^n \mathcal{O}_F^\times} h(y)\overline{\psi(xy)}dy, \quad x \in F^\times$$

とおく．この級数は $F^\times$ 上で局所一様収束する．対応 $h \mapsto \widehat{h}$ は $\mu = \nu^{-1}$ の場合を除いて単射である．$\mu = \nu^{-1}$ のときこの対応の核は H_μ の定数函数からなる．対応 $h \mapsto \widehat{h}$ の像は $F^\times$ 上の局所定数函数で F のあるコンパクト部分集合の外で消え，0 の近傍での振る舞いが

$$\eta(x) = \begin{cases} a\mu(x) + b, & \mu \neq 1, \nu^{-1} \text{ のとき}, \\ av(x) + b, & \mu = 1 \text{ のとき}, \\ b, & \mu = \nu^{-1} \text{ のとき} \end{cases}$$

で与えられるもの全体と一致する．ここに a, b は定数であり，$v(x)$ は x の加法的付値[*2)]を表す．

［証明］

$$h_\mu(x) = \begin{cases} \mu(x)^{-1}|x|^{-1}, & |x| \geq 1 \text{ のとき}, \\ 0 & |x| < 1 \text{ のとき} \end{cases}$$

とおく．明らかに

$$H_\mu = \mathcal{S}(F) \oplus \langle h_\mu \rangle$$

が成り立つ．$h \in \mathcal{S}(F)$ のとき $\widehat{h}$ を定義する級数は収束して通常の Fourier 変換 $\int_F h(y)\overline{\psi(xy)}dy$ に等しい．$x \in F^\times$ について局所一様に収束することも明らかである．また写像 $h \mapsto \widehat{h}$ を $\mathcal{S}(F)$ に制限すれば単射であることも Fourier 逆変換によって明らかであるから ($\mathcal{S}(F) \ni h$ に対し $\widehat{h}|F^\times = 0$ ならば，$\widehat{h}$ は連続ゆえ $\widehat{h} = 0, h = 0$ となる)，$\widehat{h_\mu}$ を調べることがポイントである．

$$\widehat{h_\mu}(x) = \sum_{n=0}^\infty q^{-n} \int_{\varpi^{-n}\mathcal{O}_F^\times} \mu(y)^{-1}\overline{\psi(xy)}dy$$
$$= \sum_{n=0}^\infty \mu(\varpi)^n \int_{\mathcal{O}_F^\times} \mu(y)^{-1}\overline{\psi(\varpi^{-n}xy)}d^\times y$$

である．ここに $d^\times y$ は $\mathcal{O}_F^\times$ 上のある Haar 測度を表す．

$$I_n(x) = \int_{\mathcal{O}_F^\times} \mu(y)^{-1}\overline{\psi(\varpi^{-n}xy)}d^\times y, \qquad n \in \mathbf{Z}$$

とおく．ψ は $\varpi^{-d}\mathcal{O}_F$ で自明であり $\varpi^{-d-1}\mathcal{O}_F$ 上では自明でないとする．μ が分

[*2)] $x \in \varpi^n \mathcal{O}_F^\times$ のとき $v(x) = n, v(0) = +\infty$ である．

岐するとしよう. $(\varpi^{f(\mu)})$, $f(\mu) \geq 1$ を μ の導手とする. $x = \varpi^m x_0$, $x_0 \in \mathcal{O}_F^\times$ とする. $m = v(x)$ である. 次の章の補題 1.3 により $I_n(x) \neq 0$ は $n = d + m + f(\mu)$ と同値であることがわかる. よって簡単な計算により $m + d + f(\mu) < 0$ ならば $\widehat{h}_\mu(x) = 0$, $m + d + f(\mu) \geq 0$ のとき

$$\widehat{h}_\mu(x) = \mu(\varpi)^{d+f(\mu)} \mu(x) \int_{\mathcal{O}_F^\times} \mu(y)^{-1} \overline{\psi(\varpi^{-d-f(\mu)}y)} d^\times y$$

がわかる. $\widehat{h}_\mu$ は F のコンパクト部分集合の外で消え, 局所定数で 0 の近傍での振る舞いは $c\mu(x)$, $c \neq 0$ である. $\widehat{h + ah_\mu} = 0$, $h \in \mathcal{S}(F)$, $a \in \mathbf{C}$ とする. $\mathcal{S}(F)$ の函数を $F^\times$ に制限して得られる函数全体の空間を $\mathcal{S}'(F^\times)$ と書く. $\widehat{h} \in \mathcal{S}'(F^\times)$, $\widehat{h}_\mu \notin \mathcal{S}'(F^\times)$ ゆえ $a = 0$, $\widehat{h} = 0$ を得る. Fourier 逆変換により $h = 0$ がわかる. これで μ が分岐するときの主張は全て証明された.

次に μ は不分岐とする. $s \in \mathbf{C}$ により $\mu(x) = |x|^s$, $x \in F^\times$ と書ける. このとき

$$\widehat{h}_\mu(x) = \sum_{n=0}^\infty q^{-ns} I_n(x)$$

である. $m = v(x)$ とする.

$$I_n(x) = \int_{\mathcal{O}_F^\times} \overline{\psi(\varpi^{-n}xy)} d^\times y, \qquad n \in \mathbf{Z}$$

から容易に

$$I_n(x) = \begin{cases} 0, & n \geq m + d + 2 \text{ のとき}, \\ -1/(q-1) \cdot \mathrm{vol}(\mathcal{O}_F^\times), & n = m + d + 1 \text{ のとき}, \\ \mathrm{vol}(\mathcal{O}_F^\times), & n \leq m + d \text{ のとき} \end{cases}$$

を得る. よって $m + d + 1 < 0$ のとき $\widehat{h}_\mu(x) = 0$, $m + d + 1 = 0$ のとき $h_\mu(x) = -1/(q-1) \cdot \mathrm{vol}(\mathcal{O}_F^\times)$ である. $m + d \geq 0$ とする. このとき

$$\widehat{h}_\mu(x) = \mathrm{vol}(\mathcal{O}_F^\times) \left[\sum_{n=0}^{m+d} q^{-ns} - \frac{1}{q-1} q^{-(d+1)s} q^{-ms} \right]$$

を得る. これから $\widehat{h}_\mu(x)$ は F のコンパクト部分集合の外で消え, $v(x)$ にのみ依存する $F^\times$ 上の局所定数函数であることがわかる.

$q^s = 1$ 即ち $\mu = 1$ ならば $\widehat{h}_\mu(x) = (m + d + 1) - 1/(q-1) = v(x) + 定数$ である.

$q^s \neq 1$ とする. $\mu(x) = q^{-ms}$ ゆえ

$$\widehat{h}_\mu(x) = \mathrm{vol}(\mathcal{O}_F^\times)\left[\frac{1}{1-q^{-s}} + \left\{\frac{-1}{1-q^{-s}} - \frac{1}{q-1}\right\}\mu(x)\right]$$

を得る. $q^{-s} \neq q$ 即ち $\mu \neq \nu^{-1}$ ならば $\widehat{h}_\mu(x) = a\mu(x) + b$, $a \neq 0$ であるが, $\mu = \nu^{-1}$ ならば $\widehat{h}_\mu(x) = b$ である. ここに $a, b \in \mathbf{C}$ は定数を表す.

以上の計算により対応 $H_\mu \ni h \mapsto \widehat{h}$ の像が補題の主張のとおりであることがわかる. $\mu \neq \nu^{-1}$ とする. $\widehat{h}_\mu \notin \mathcal{S}'(F^\times)$ ゆえこの対応は単射である. 最後に $\mu = \nu^{-1}$ とする. この対応を $\mathcal{S}(F)$ に制限すれば単射であるから, 核の余次元は高々 1 であるが, 定数関数が核に入ることは明らかであるから, 核は定数関数で生成される一次元空間である. □

$f \in \mathcal{B}(\mu_1, \mu_2)$ に対し F 上の函数 h を (2.3) で定めれば $h \in H_\mu$ である. 逆に $h \in H_\mu$ が与えられたとき, $f \in \mathcal{B}(\mu_1, \mu_2)$ が唯一つあって (2.3) が成り立つ. この事実の証明は難しくないので読者に委ねよう.

定理 2.4 $\rho(\mu_1, \mu_2)$ は $\mu_1\mu_2^{-1} \neq \nu$, ν^{-1} のとき既約である. $\mu_1\mu_2^{-1} = \nu$ のとき, $\mathcal{B}(\mu_1, \mu_2)$ は余次元 1 の既約不変部分空間を唯一つ含む. $\mu_1\mu_2^{-1} = \nu^{-1}$ のとき, $\mathcal{B}(\mu_1, \mu_2)$ は函数 $g \mapsto \mu_1(\det g)|\det g|^{1/2}$ で生成される一次元不変部分空間を含む. 商表現は既約である.

[証明] 補題 2.3 により, (2.4) で定義される φ_f は (h の Fourier 変換 $\widehat{h}(x) = \int_F h(y)\overline{\psi(xy)}dy$ を補題 2.3 のように解して) $F^\times$ 上の局所定数函数を与える. f が $\mathcal{B}(\mu_1, \mu_2)$ の函数を走るとき, φ_f が張る函数の空間を $K(\mu_1, \mu_2)$ と書く. 補題 2.3 により $\mathcal{S}(F^\times) \subset K(\mu_1, \mu_2) \subset C^\infty(F^\times)$, $\dim K(\mu_1, \mu_2)/\mathcal{S}(F^\times) \leq 2$ である. $\mu \neq \nu^{-1}$ としよう. 補題 2.3 により対応 $\mathcal{B}(\mu_1, \mu_2) \ni f \mapsto \varphi_f \in K(\mu_1, \mu_2)$ は単射であるから, G の作用を移して $K(\mu_1, \mu_2)$ において $\rho(\mu_1, \mu_2)$ と同値な G の表現が実現される. この表現は Kirillov モデルの条件 (K1), (K2) をみたすことは直接計算で容易に確かめられる. $0 \neq \varphi \in \mathcal{S}(F^\times)$ を任意にとり, φ を含む $K(\mu_1, \mu_2)$ の極小不変部分空間を W とする. 定理 1.6 により W は $\mathcal{S}(F^\times)$ を含む. よって $\dim K(\mu_1, \mu_2)/W \leq 2$ である. $W \neq K(\mu_1, \mu_2)$ とする. このとき W を含む $K(\mu_1, \mu_2)$ の極大不変部分空間を $\widetilde{W}$ とすれば, $K(\mu_1, \mu_2)/\widetilde{W}$ 上に G の有限次元既約表現が実現されるが, 補題 1.1 により $\dim K(\mu_1, \mu_2)/\widetilde{W} = 1$ を得る. これは $\rho(\mu_1, \mu_2)$ の反傾表現 $\rho(\mu_1^{-1}, \mu_2^{-1})$ に移れば, $\mathcal{B}(\mu_1^{-1}, \mu_2^{-1})$ が一次元部分空

間をもつことを意味する．よって $\mu^{-1} = \nu^{-1}$ でなければならない．$\mu \neq \nu$, ν^{-1} のとき $\rho(\mu_1, \mu_2)$ は既約であることがわかった．

$\mu = \nu^{-1}$ のとき $\mathcal{B}(\mu_1, \mu_2)$ は一次元不変部分空間を含む．$\mu = \nu$ としよう．このとき反傾表現を考えて $K(\mu_1, \mu_2)$ は余次元 1 の不変部分空間を含むことがわかる．この空間を W とする．$W \cap \mathcal{S}(F^\times) \neq \{0\}$ は明らかであるから，定理 1.6 により $W \supset \mathcal{S}(F^\times)$ がわかる．補題 2.3 により $\dim W/\mathcal{S}(F^\times) = 1$ である．$0 \neq \varphi \in \mathcal{S}(F^\times)$ を任意にとり，φ を含む W の極小不変部分空間を W_0 とする．定理 1.6 により $W_0 \supset \mathcal{S}(F^\times)$ であるから，$W_0 = W$ または $W_0 = \mathcal{S}(F^\times)$ となる．$W_0 = \mathcal{S}(F^\times)$ とする．このとき再び反傾表現に移れば $\mathcal{B}(\mu_1^{-1}, \mu_2^{-1})$ は二次元の不変部分空間をもつことになる．これは矛盾であり，$W = W_0$ である．即ち W は既約である．反傾表現に移れば $\mu = \nu^{-1}$ のときの結果を得る． □

定理 2.4 の証明において，次の事実を用いた．念のために証明しておこう．

補題 2.5 $\mathcal{B}(\mu_1, \mu_2)$ は二次元の不変部分空間を含まない．

［証明］ T を二次元不変部分空間，σ を T における G の表現とする．σ は G の許容表現であるから，補題 1.1 と同様に，$\sigma(g) = \tau(\det(g))$, $g \in G$ と書けることがわかる．ここに τ は $F^\times$ の二次元許容表現である．Schur の補題により τ は既約ではなく，従って T は一次元の不変部分空間を含む．補題 2.2 の証明により，この一次元空間は函数 $f(g) = \eta(\det g))$ で張られることがわかる．ここに $\eta(x) = \mu_1(x)|x|^{1/2}$, $x \in F^\times$ である．τ が既約表現の直和ならば，一次元不変部分空間の唯一性に反するから，τ は既約表現の直和ではないと仮定してよい．τ を $\mathcal{O}_F^\times$ に制限すれば，これはコンパクト Abel 群の連続表現であるから，二つの指標 ω_1, ω_2 の直和となる．このとき τ は $\tau(\varpi)$ で定まる．$\omega_1 \neq \omega_2$ ならば $\tau(\varpi)$ は半単純行列であり τ は既約表現の直和となる．$\omega_1 = \omega_2$ としてよい．よって τ の行列表現は

$$\tau(x) = \begin{pmatrix} \eta(x) & \xi(x) \\ 0 & \eta(x) \end{pmatrix}, \quad x \in F^\times$$

の形であることがわかった．ここに η は $F^\times$ の quasi-character である．そこで T の基底 $\{f_1, f_2\}$ を

$$\sigma(g)\begin{pmatrix} f_1 \\ f_2 \end{pmatrix} = \begin{pmatrix} \eta(\det(g)) & \xi(\det(g)) \\ 0 & \eta(\det(g)) \end{pmatrix}\begin{pmatrix} f_1 \\ f_2 \end{pmatrix}, \quad g \in G$$

が成り立つようにとる. $\mathbf{f} = \begin{pmatrix} f_1 \\ f_2 \end{pmatrix}$ とおくと, この関係式は

$$\mathbf{f}(xg) = \tau(\det(g))\mathbf{f}(x), \quad x, g \in G$$

と書ける. $x = 1$ と取って $\mathbf{f}(g) = \tau(\det(g))\mathbf{f}(1)$ を得る. よって $b \in B$ に対し $\mathbf{f}(bg) = \tau(\det(b))\mathbf{f}(g)$ が成り立つ. 一方 $\mathbf{f}$ の成分は $\mathcal{B}(\mu_1, \mu_2)$ に属するから χ を (2.1) のように定義して $\tau(\det(b)) = \begin{pmatrix} \chi(b) & 0 \\ 0 & \chi(b) \end{pmatrix}$ がわかる. これから $\xi = 0$, 即ち τ が既約表現の直和であることになり矛盾である. □

$\mu_1\mu_2^{-1} \neq \nu, \nu^{-1}$ としよう. このとき $\rho(\mu_1, \mu_2)$ を主系列表現と呼び, $\pi(\mu_1, \mu_2)$ と書く. $\mu_1\mu_2^{-1} = \nu$ としよう. このとき $\mathcal{B}(\mu_1, \mu_2)$ の余次元 1 の既約不変部分空間上に実現される G の表現を特殊表現 (special representation) と呼び, $\sigma(\mu_1, \mu_2)$ と書く. $\mu_1\mu_2^{-1} = \nu^{-1}$ としよう. このとき $\mathcal{B}(\mu_1, \mu_2)$ の既約商空間上に実現される G の表現を特殊表現と呼び, $\sigma(\mu_1, \mu_2)$ と書く.

G の無限次元既約許容表現は (1) 主系列表現 $\pi(\mu_1, \mu_2)$. (2) 特殊表現 $\sigma(\mu_1, \mu_2)$. (3) absolutely cuspidal 表現, に分類される. 補題 2.3 により次の定理を得る.

定理 2.6 Kirillov モデルの空間 $K(\pi, \psi)$ における $\mathcal{S}(F^\times)$ の余次元は高々 2 であり, π が主系列表現ならば 2, π が特殊表現ならば 1, π が absolutely cuspidal 表現ならば 0 である.

注意 2.7 $\rho(\mu_1, \mu_2)$ の反傾表現は $\rho(\mu_1^{-1}, \mu_2^{-1})$ であるから, $\check{\sigma}(\mu_1, \mu_2) \cong \sigma(\mu_1^{-1}, \mu_2^{-1})$ である. 一方定理 1.9 により $\check{\sigma}(\mu_1, \mu_2) \cong \sigma(\mu_1, \mu_2) \otimes (\mu_1\mu_2)^{-1}$ であるが, これが $\sigma(\mu_2^{-1}, \mu_1^{-1})$ に同値であることは容易にわかるから, $\sigma(\mu_1^{-1}, \mu_2^{-1}) \cong \sigma(\mu_2^{-1}, \mu_1^{-1})$ を得る. 文字を変えれば $\sigma(\mu_1, \mu_2) \cong \sigma(\mu_2, \mu_1)$ である. $\pi(\mu_1, \mu_2)$ についても同様に $\pi(\mu_1, \mu_2) \cong \pi(\mu_2, \mu_1)$ である. これ以外に同値関係がないことは, 例えば次節で与える L 函数の計算からわかる.

注意 2.8 補題 2.3 により, π が主系列表現または特殊表現のときの $K(\pi, \psi)$ における $\mathcal{S}(F^\times)$ の補空間の基底は次の函数で与えられる. この函数は $|x| > 1$ で

消え, $|x| \leq 1$ での形を表にして書く.

$\pi = \pi(\mu_1, \mu_2),\ \mu \neq 1, \nu^{-1}, \nu$	$|x|^{1/2}\mu_1(x),\ |x|^{1/2}\mu_2(x)$
$\pi = \pi(\mu_1, \mu_2),\ \mu = 1$	$|x|^{1/2}\mu_1(x)v(x),\ |x|^{1/2}\mu_1(x)$
$\pi = \sigma(\mu_1, \mu_2),\ \mu = \nu^{-1}$	$|x|^{1/2}\mu_2(x)$
$\pi = \sigma(\mu_1, \mu_2),\ \mu = \nu$	$|x|^{1/2}\mu_1(x)$

ここで最後の欄は例えば三番目の欄の反傾表現をとることで得られる (次の問題を参照).

問題 2.9 π は G の既約許容表現, $\check{\pi}$ は π の反傾表現とする. $W \in W(\pi, \psi)$ に対し $\check{W}(g) = W(g)\omega_\pi(\det g)^{-1}$, $g \in G$ とおく. $W(\pi, \psi) \ni W \mapsto \check{W} \in W(\check{\pi}, \psi)$ は全単射であることを示せ.

3. 局所函数等式

(π, V) は G の無限次元既約許容表現とする. $W \in W(\pi, \psi)$, $g \in G$, $s \in \mathbf{C}$ に対し

$$\Psi(g, s, W) = \int_{F^\times} W(\begin{pmatrix} a & 0 \\ 0 & 1 \end{pmatrix} g)|a|^{s-1/2} d^\times a, \tag{3.1}$$

$$\check{\Psi}(g, s, W) = \int_{F^\times} W(\begin{pmatrix} a & 0 \\ 0 & 1 \end{pmatrix} g)|a|^{s-1/2} \omega_\pi(a)^{-1} d^\times a \tag{3.2}$$

とおく. ここで $d^\times a$ は $F^\times$ 上の不変測度で $\mathrm{vol}(\mathcal{O}_F^\times) = 1$ と正規化されたものとする.

補題 3.1 λ は $\mathcal{O}_F^\times$ の指標とする. $0 \neq \varphi \in K(\pi, \psi)$ で $\varphi \in \mathcal{S}(F^\times) \cap \pi(w)\mathcal{S}(F^\times)$, $\varphi(ux) = \lambda(u)\varphi(x)$, $x \in F^\times$, $u \in \mathcal{O}_F^\times$ をみたすものが存在する.

[証明] $X = \mathcal{S}(F^\times) \cap \pi(w)\mathcal{S}(F^\times)$ とおく. また $\mathcal{O}_F^\times$ の指標 λ に対し

$$\mathcal{S}(F^\times)(\lambda) = \{\varphi \in \mathcal{S}(F^\times) \mid \varphi(ux) = \lambda(u)\varphi(x),\ u \in \mathcal{O}_F^\times,\ x \in F^\times\},$$
$$X(\lambda) = \{\varphi \in X \mid \varphi(ux) = \lambda(u)\varphi(x),\ u \in \mathcal{O}_F^\times,\ x \in F^\times\}$$

とおく．各 λ に対し $X(\lambda) \neq \{0\}$ を示せばよい．X は G の部分群 $\left\{\begin{pmatrix} a & 0 \\ 0 & d \end{pmatrix} \middle| a, d \in F^\times \right\}$ で stable であるから

$$\mathcal{S}(F^\times) = \oplus_{\lambda \in \widehat{\mathcal{O}_F^\times}} \mathcal{S}(F^\times)(\lambda), \qquad X = \oplus_{\lambda \in \widehat{\mathcal{O}_F^\times}} X(\lambda)$$

と直和に分解する．補題 1.8 と同型定理により

$$K(\pi, \psi)/\mathcal{S}(F^\times) = (\mathcal{S}(F^\times) + \pi(w)\mathcal{S}(F^\times))/\mathcal{S}(F^\times)$$
$$\cong \pi(w)\mathcal{S}(F^\times)/X \cong \mathcal{S}(F^\times)/X$$

を得る．また

$$\mathcal{S}(F^\times)/X = \oplus_{\lambda \in \widehat{\mathcal{O}_F^\times}} \mathcal{S}(F^\times)(\lambda)/X(\lambda)$$

である．定理 2.6 により $\dim K(\pi,\psi)/\mathcal{S}(F^\times) \leq 2$ であるから，$\mathcal{O}_F^\times$ の任意の指標 λ に対し，$\dim \mathcal{S}(F^\times)(\lambda)/X(\lambda) \leq 2$ である．$\mathcal{S}(F^\times)(\lambda)$ の基底は $\chi|\mathcal{O}_F^\times = \lambda$, $\chi(\varpi) = 1$ をみたす $F^\times$ の指標 χ をとって $\{\xi_\chi^{(n)} \mid n \in \mathbf{Z}\}$ で与えられる ((1.6) 参照)．よって $\mathcal{S}(F^\times)(\lambda)$, $X(\lambda)$ は共に無限次元である． $\square$

定理 3.2

1) (3.1) は $\mathrm{Re}(s)$ が十分大きいとき収束して，$\Psi(g, s, W)$ は全 s 平面有理型に解析接続される．$\check{\Psi}(g, s, W)$ についても同様である．
2) Euler 因子 $L(s, \pi)$ が一意的に定まり，$\Psi(g, s, W) = L(s, \pi)\Phi(g, s, W)$ とおくと $\Phi(g, s, W)$ は全ての g について s の整関数であって，$\Phi(1, s, W) = a^s$, $a > 0$ となる W が存在する．
3) $\check{\Psi}(g, s, W) = L(s, \check{\pi})\check{\Phi}(g, s, W)$ とおく．このとき ϵ 因子 $\epsilon(s, \pi, \psi)$ が存在して局所函数等式

$$\check{\Phi}(wg, 1-s, W) = \epsilon(s, \pi, \psi)\Phi(g, s, W), \qquad g \in G, \ W \in W(\pi, \psi)$$

が成り立つ．
4) $\epsilon(s, \pi, \psi)\epsilon(1-s, \check{\pi}, \psi) = \omega_\pi(-1)$

が成り立ち，$\epsilon(s, \pi, \psi)$ は s の指数函数である．

注意 定理で $L(s, \pi)$ が Euler 因子とは定数項が 1 である多項式 $P(X) \in \mathbf{C}[X]$ により $L(s, \pi) = P(q^{-s})^{-1}$ と書けることをいう．

証明のために若干の準備をする. $\mathcal{O}_F^\times$ の指標 λ と $t \in F^\times$ に対し

$$\lambda_t(x) = \begin{cases} \lambda(t^{-1}x), & x \in t\mathcal{O}_F^\times \text{ のとき}, \\ 0, & x \notin t\mathcal{O}_F^\times \text{ のとき} \end{cases} \tag{3.3}$$

とおく. t が $F^\times \mod \mathcal{O}_F^\times$ の元を走るとき, λ_t は $\mathcal{S}(F^\times)$ の基底を与える. $\lambda_t \in K(\pi, \psi)$ とみなす. 容易に

$$\pi(\begin{pmatrix} a^{-1} & 0 \\ 0 & 1 \end{pmatrix})\lambda_t = \lambda_{at}, \qquad a \in F^\times \tag{3.4}$$

を得る.

$$E_\pi(t, \lambda) = (\pi(w)\lambda_t)(1) \tag{3.5}$$

とおく. (3.4) により

$$\pi(w)\pi(\begin{pmatrix} a^{-1} & 0 \\ 0 & 1 \end{pmatrix})\lambda_t(1) = \pi(w)\lambda_{at}(1) = E_\pi(at, \lambda)$$

$$= \pi(\begin{pmatrix} 1 & 0 \\ 0 & a^{-1} \end{pmatrix})\pi(w)\lambda_t(1) = \omega_\pi(a)^{-1}\pi(\begin{pmatrix} a & 0 \\ 0 & 1 \end{pmatrix})\pi(w)\lambda_t(1)$$

であるから,

$$(\pi(w)\lambda_t)(a) = \omega_\pi(a)E_\pi(at, \lambda), \qquad a \in F^\times \tag{3.6}$$

を得る.

まず γ 因子についての次の定理を証明しよう.

定理 3.3 $F^\times$ の quasi-character χ, $g \in G$, $W \in W(\pi, \psi)$ に対し

$$\Psi_\chi(g, s, W) = \int_{F^\times} W(\begin{pmatrix} a & 0 \\ 0 & 1 \end{pmatrix}g)\chi(a)|a|^{s-1/2}d^\times a \tag{3.7}$$

とおく. この積分は $\mathrm{Re}(s)$ が十分大きいとき収束して, $\Psi_\chi(g, s, W)$ は全 s 平面有理型に解析接続される. このとき γ 因子 $\gamma(s, \pi \otimes \chi, \psi)$ が存在して局所函数等式

$$\Psi_{\omega^{-1}\chi^{-1}}(wg, 1-s, W) = \gamma(s, \pi \otimes \chi, \psi)\Psi_\chi(g, s, W), \qquad g \in G, \ W \in W(\pi, \psi)$$

が成り立つ. ここに ω は π の central character である. γ 因子は

$$\gamma(s, \pi \otimes \chi, \psi)\gamma(1-s, \pi \otimes \omega^{-1}\chi^{-1}, \psi) = \omega(-1)$$

をみたす.

[証明] W の代わりに $\pi(g)W$ を考えることにより, 定理は $g = 1$ として証明すればよい. $\varphi \in K(\pi, \psi)$ に対し

$$I_\chi(s, \varphi) = \int_{F^\times} \varphi(a)\chi(a)|a|^{s-1/2} d^\times a \tag{3.8}$$

とおく. φ が $W \in W(\pi, \psi)$ に対応していれば $I_\chi(s, \varphi) = \Psi_\chi(1, s, W)$ である. このとき函数等式は

$$I_{\omega^{-1}\chi^{-1}}(1-s, \pi(w)\varphi) = \gamma(s, \pi \otimes \chi, \psi) I_\chi(s, \varphi), \tag{3.9}$$

と同値である.

$\varphi \in \mathcal{S}(F^\times)$ ならば $I_\chi(s, \varphi)$ は s の整函数である. μ は $F^\times$ の quasi-character とする. $\int_{|a|\leq 1} \mu(a)|a|^s d^\times a$ は $\mathrm{Re}(s)$ が十分大きいとき収束して μ が分岐していれば 0, 不分岐ならば $(1 - \mu(\varpi)q^{-s})^{-1}$ に等しい. $\int_{|a|\leq 1} \mu(a)v(a)|a|^s d^\times a$ は $\mathrm{Re}(s)$ が十分大きいとき収束して μ が分岐していれば 0, 不分岐ならば $\mu(\varpi)q^{-s}(1 - \mu(\varpi)q^{-s})^{-2}$ に等しい. 積分 (3.7) の収束と解析接続についての主張はこの事実と注意 2.8 から従う.

次に (3.9) を示す. まず $\varphi \in \mathcal{S}(F^\times)$ の場合を考える.

$$I_\chi(s, \pi(\begin{pmatrix} t & 0 \\ 0 & 1 \end{pmatrix})\varphi) = \chi(t)^{-1}|t|^{1/2-s} I_\chi(s, \varphi), \qquad t \in F^\times$$

は容易に確かめられる. これから (3.9) が φ に対して成り立てば, $\pi(\begin{pmatrix} t & 0 \\ 0 & 1 \end{pmatrix})$ に対しても成り立つことがわかる. よって φ は $\mathcal{O}_F^\times$ に台をもつと仮定してよく, さらに $\mathcal{O}_F^\times$ の指標 λ により $\varphi = \lambda_1$ と仮定できる ((3.3) 参照). $\chi|\mathcal{O}_F^\times \neq \lambda^{-1}$ ならば (3.9) の両辺は消えるから, $\chi|\mathcal{O}_F^\times = \lambda^{-1}$ と仮定する. このとき, $I_\chi(s, \varphi) = 1$ であり, (3.6) により

$$I_{\omega^{-1}\chi^{-1}}(1-s, \pi(w)\varphi) = \int_{F^\times} (\pi(w)\lambda_1)(a)(\omega^{-1}\chi^{-1})(a)|a|^{1/2-s} d^\times a$$
$$= \int_{F^\times} E_\pi(a, \lambda)\chi^{-1}(a)|a|^{1/2-s} d^\times a$$

を得る. よって (3.9) は

$$\gamma(s, \pi \otimes \chi, \psi) = \int_{F^\times} E_\pi(a, \lambda) \chi^{-1}(a) |a|^{1/2-s} d^\times a, \quad \lambda = (\chi|\mathcal{O}_F^\times)^{-1} \quad (3.10)$$

とおいて成り立つことがわかった.

$\varphi \in \mathcal{S}(F^\times) \cap \pi(w)\mathcal{S}(F^\times)$ とする. このとき (3.9) を二回用いれば

$$I_\chi(s, \varphi) = \omega(-1)\gamma(s, \pi \otimes \chi, \psi)\gamma(1-s, \pi \otimes \omega^{-1}\chi^{-1}, \psi)I_\chi(s, \varphi)$$

を得る. 補題 3.1 により, $I_\chi(s, \varphi) \neq 0$ と φ を選ぶことができる. よって γ 因子の関係式がわかる.

$\varphi \in K(\pi, \psi)$ を任意にとる. 補題 1.8 により $\varphi_1, \varphi_2 \in \mathcal{S}(F^\times)$ を $\varphi = \varphi_1 + \pi(w)\varphi_2$ と取れる. このとき φ_1, φ_2 に対してすでに示した函数等式と γ 因子の関係式により

$$I_{\omega^{-1}\chi^{-1}}(1-s, \pi(w)\varphi)$$
$$= I_{\omega^{-1}\chi^{-1}}(1-s, \pi(w)\varphi_1) + \omega(-1)I_{\omega^{-1}\chi^{-1}}(1-s, \varphi_2)$$
$$= \gamma(s, \pi \otimes \chi, \psi)I_\chi(s, \varphi_1) + \omega(-1)\gamma(1-s, \pi \otimes \omega^{-1}\chi^{-1}, \psi)^{-1}I_\chi(s, \pi(w)\varphi_2)$$
$$= \gamma(s, \pi \otimes \chi, \psi)I_\chi(s, \varphi)$$

を得る. □

[定理 3.2 の証明] 定理 3.3 から定理 3.2 を導く. $\Psi(g, s, W) = \Psi_1(g, s, W)$, $\check{\Psi}(g, s, W) = \Psi_{\omega_\pi^{-1}}(g, s, W)$ である. 定理 3.3 により

$$\check{\Psi}(wg, 1-s, W) = \gamma(s, \pi, \psi)\Psi(g, s, W), \quad g \in G, \ W \in W(\pi, \psi)$$

が成り立つ. よって定理の性質をみたす $L(s, \pi)$ が定義されれば

$$\epsilon(s, \pi, \psi) = \frac{L(s, \pi)}{L(1-s, \check{\pi})} \cdot \gamma(s, \pi, \psi)$$

とおいて, 定理 3.2 の函数等式

$$\check{\Phi}(wg, 1-s, W) = \epsilon(s, \pi, \psi)\Phi(g, s, W), \quad g \in G, \ W \in W(\pi, \psi)$$

が成り立つ. また定理 3.2, 4) の ϵ 因子の関係式は定理 3.3 で与えた γ 因子の関係式から, 定理 1.9 を用いて, 得られる.

(1) π が absolutely cuspidal の場合. このとき $K(\pi, \psi) = \mathcal{S}(F^\times)$ で $\Psi(g, s, W)$ は s の整函数である. $L(s, \pi) = 1$, $\epsilon(s, \pi, \psi) = \gamma(s, \pi, \psi)$ とおいて定理の主張は

定理 3.3 から, $\epsilon(s,\pi,\psi)$ が指数函数であることを除いて, 従う. (3.10) をみると a の函数として $E_\pi(a,\lambda) \in \mathcal{S}(F^\times)$ であるから ((3.6) 参照), $\gamma(s,\pi\otimes\chi,\psi)$ は q^s と q^{-s} の多項式であることがわかる. γ 因子の関係式から $\gamma(s,\pi\otimes\chi,\psi)$ は cq^{ms} の形であることがわかる. ここに $c \in \mathbf{C}^\times$, m は χ に依存する整数である.

(2) π が主系列表現の場合. $\pi = \pi(\mu_1,\mu_2)$ とする. 注意 2.8 を用いた定理 3.3 の証明中の計算により次のことがわかる. $\mu_1 \neq \mu_2$ とする. このとき $\Psi(g,s,W)$ は s の整函数と $L(s,\mu_1)$, $L(s,\mu_2)$ のそれぞれ定数倍の和であり, 定理の主張の 2) は $L(s,\pi) = L(s,\mu_1)L(s,\mu_2)$ として成り立つ. $\mu_1 = \mu_2$ とする. このとき $\Psi(g,s,W)$ は s の整函数と $L(s,\mu_1)^2$ の定数倍の和であり, 定理の主張の 2) は $L(s,\pi) = L(s,\mu_1)^2 = L(s,\mu_1)L(s,\mu_2)$ として成り立つ.

$F^\times$ の quasi-character χ, $s \in \mathbf{C}$, $\Phi \in \mathcal{S}(F)$ に対し
$$Z(s,\chi,\Phi) = \int_{F^\times} \Phi(a)\chi(a)|a|^s d^\times a$$
とおく. これは第 IV 章で考察した局所ゼータ積分である. IV, (3.26) により局所函数等式
$$Z(1-s,\chi^{-1},\widehat{\Phi}) = \frac{L(1-s,\chi^{-1})}{L(s,\chi)}\epsilon(s,\chi,\psi)Z(s,\chi,\Phi) \tag{3.11}$$
が成り立つ. ここに $\widehat{\Phi}$ は F の自己双対測度についての Φ の Fourier 変換である.
$$\gamma(s,\chi,\psi) = \frac{L(1-s,\chi^{-1})}{L(s,\chi)}\epsilon(s,\chi,\psi) \tag{3.12}$$
とおく.

$\gamma(s,\pi,\psi)$ を計算しよう. $\varphi \in K(\pi,\psi)$ を $\varphi \in \mathcal{S}(F^\times) \cap \pi(w)\mathcal{S}(F^\times)$, $I_\chi(s,\varphi) \neq 0$ と取る. 補題 3.1 によりこれは可能である.
$$\Phi(x) = \mu_2(x)^{-1}|x|^{-1/2}\varphi(x), \qquad x \in F^\times$$
とおく. $\Phi \in \mathcal{S}(F^\times)$ を $\Phi(0) = 0$ とおいて $\mathcal{S}(F)$ の函数とみると $I_\chi(s,\varphi) = Z(s,\mu_2\chi,\Phi)$ である. (3.11), (3.12) により
$$\gamma(s,\mu_2\chi,\psi)I_\chi(s,\varphi) = Z(1-s,\mu_2^{-1}\chi^{-1},\widehat{\Phi}) \tag{3.13}$$
を得る. $f \in \mathcal{B}(\mu_1,\mu_2)$ を $f(w^{-1}\begin{pmatrix}1 & x \\ 0 & 1\end{pmatrix}) = \widehat{\Phi}(x)$, $x \in F$ で定めると Fourier 逆変換により

$$\varphi(x) = \mu_2(x)|x|^{1/2} \int_F f(w^{-1} \begin{pmatrix} 1 & y \\ 0 & 1 \end{pmatrix}) \overline{\psi(xy)} dy, \qquad x \in F^\times \qquad (3.14)$$

が成り立つ. 即ち (2.4) に対応する式が成り立っている. よって (3.14) より

$$(\pi(w)\varphi)(x) = \mu_2(x)|x|^{1/2} \int_F f(w^{-1} \begin{pmatrix} 1 & y \\ 0 & 1 \end{pmatrix} w) \overline{\psi(xy)} dy$$

を得る.

$$w^{-1} \begin{pmatrix} 1 & y \\ 0 & 1 \end{pmatrix} w = \begin{pmatrix} y^{-1} & -1 \\ 0 & y \end{pmatrix} w \begin{pmatrix} 1 & -y^{-1} \\ 0 & 1 \end{pmatrix}$$

であるから

$$(\pi(w)\varphi)(x)$$
$$= \mu_2(x)|x|^{1/2} \int_F \mu_1(y)^{-1} \mu_2(y)|y|^{-1} f(w \begin{pmatrix} 1 & -y^{-1} \\ 0 & 1 \end{pmatrix}) \overline{\psi(xy)} dy$$
$$= \omega(-1)\mu_2(x)|x|^{1/2} \int_F \mu_1(y)^{-1} \mu_2(y)|y|^{-1} f(w^{-1} \begin{pmatrix} 1 & -y^{-1} \\ 0 & 1 \end{pmatrix}) \overline{\psi(xy)} dy$$

を得る.

$$\Psi(x) = \mu_2(x)^{-1}|x|^{-1/2}(\pi(w)\varphi)(x), \qquad x \in F^\times$$

とおく. $\Psi(0) = 0$ とおいて $\Psi \in \mathcal{S}(F)$ とみる. Fourier 逆変換により

$$\widehat{\Psi}(x) = \omega(-1)\mu_1(x)^{-1}\mu_2(x)|x|^{-1} f(w^{-1} \begin{pmatrix} 1 & -x^{-1} \\ 0 & 1 \end{pmatrix}) \qquad (3.15)$$

を得る.

$$I_{\omega^{-1}\chi^{-1}}(1-s, \pi(w)\varphi) = \int_{F^\times} (\pi(w)\varphi)(x) \omega^{-1}(x) \chi^{-1}(x)|x|^{1/2-s} d^\times x$$
$$= \int_{F^\times} \Psi(x) \mu_1(x)^{-1} \chi(x)^{-1} |x|^{1-s} d^\times x = Z(1-s, \mu_1^{-1}\chi^{-1}, \Psi)$$

であるから, (3.11) を用いて

$$I_{\omega^{-1}\chi^{-1}}(1-s, \pi(w)\varphi) = \gamma(s, \mu_1\chi, \psi) Z(s, \mu_1\chi, \Psi^*) \qquad (3.16)$$

を得る. ここに $\Psi^*(x) = \widehat{\Psi}(-x)$ である. (3.16) の右辺に (3.15) を用いると

$$Z(s, \mu_1\chi, \Psi^*)$$
$$= \omega(-1)\int_{F^\times} (\mu_1^{-1}\mu_2)(-x)(\mu_1\chi)(x)|x|^{s-1} f(w^{-1}\begin{pmatrix} 1 & x^{-1} \\ 0 & 1 \end{pmatrix}) d^\times x$$
$$= \int_{F^\times} (\mu_2\chi)(x)|x|^{s-1} f(w^{-1}\begin{pmatrix} 1 & x^{-1} \\ 0 & 1 \end{pmatrix}) d^\times x$$
$$= \int_{F^\times} (\mu_2\chi)(x)^{-1}|x|^{1-s} \widehat{\Phi}(x) d^\times x = Z(1-s, \mu_2^{-1}\chi^{-1}, \widehat{\Phi})$$

を得る. よって

$$I_{\omega^{-1}\chi^{-1}}(1-s, \pi(w)\varphi) = \gamma(s, \mu_1\chi, \psi) Z(1-s, \mu_2^{-1}\chi^{-1}, \widehat{\Phi}) \qquad (3.17)$$

$I_\chi(s, \varphi) \neq 0$ ゆえ, (3.13), (3.17) により

$$\gamma(s, \pi \otimes \chi, \psi) = \gamma(s, \mu_1\chi, \psi)\gamma(s, \mu_2\chi, \psi) \qquad (3.18)$$

を得る. ϵ 因子については, $L(s, \pi \otimes \chi) = L(s, \mu_1\chi)L(s, \mu_2\chi)$, $L(s, (\pi \check{\otimes} \chi)) = L(s, \mu_1^{-1}\chi^{-1})L(s, \mu_2^{-1}\chi^{-1})$ ゆえ, (3.12) によって

$$\epsilon(s, \pi \otimes \chi, \psi) = \epsilon(s, \mu_1\chi, \psi)\epsilon(s, \mu_2\chi, \psi) \qquad (3.19)$$

を得る.

(3) π が特殊表現の場合. $\pi = \sigma(\mu_1, \mu_2)$, $\mu_1\mu_2^{-1} = \nu^{\pm 1}$ とする. 注意 2.8 を用いた定理 3.3 の証明中の計算により次のことがわかる. $\mu_1\mu_2^{-1} = \nu$ とする. このとき $\Psi(g, s, W)$ は s の整函数と $L(s, \mu_1)$ の定数倍の和であり, 定理の主張の 2) は $L(s, \pi) = L(s, \mu_1)$ として成り立つ. $\mu_1\mu_2^{-1} = \nu^{-1}$ とする. このとき $\Psi(g, s, W)$ は s の整函数と $L(s, \mu_2)$ の定数倍の和であり, 定理の主張の 2) は $L(s, \pi) = L(s, \mu_2)$ として成り立つ.

$\mu_1\mu_2^{-1} = \nu$ の場合を考える. このとき補題 2.3 の対応 $h \mapsto \hat{h}$ は単射であるから主系列表現の場合と同じ計算によって

$$\gamma(s, \pi, \psi) = \gamma(s, \mu_1, \psi)\gamma(s, \mu_2, \psi) \qquad (3.20)$$

を得る. π の ϵ 因子を考えよう. $L(s, \pi) = L(s, \mu_1)$, $\check\pi = \check\sigma(\mu_1, \mu_2) \cong \sigma(\mu_1, \mu_2) \otimes (\mu_1\mu_2)^{-1} = \sigma(\mu_2^{-1}, \mu_1^{-1})$, $L(s, \check\pi) = L(s, \mu_2^{-1})$ ゆえ

$$\epsilon(s, \pi, \psi) = \gamma(s, \mu_1, \psi)\gamma(s, \mu_2, \psi)\frac{L(s, \mu_1)}{L(1-s, \mu_2^{-1})}$$

であるが, (3.12) を用いて

$$\epsilon(s,\pi,\psi) = \epsilon(s,\mu_1,\psi)\epsilon(s,\mu_2,\psi)\frac{L(1-s,\mu_1^{-1})}{L(s,\mu_2)} \tag{3.21}$$

を得る. μ_1 が分岐していれば $\epsilon(s,\pi,\psi) = \epsilon(s,\mu_1,\psi)\epsilon(s,\mu_2,\psi)$ である. μ_1 が不分岐ならば

$$\frac{L(1-s,\mu_1^{-1})}{L(s,\mu_2)} = \frac{1-\mu_1(\varpi)q^{1-s}}{1-\mu_1(\varpi)^{-1}q^{s-1}} = -\mu_1(\varpi)q^{1-s}$$

である. よって ϵ 因子は指数函数である.

$\mu_1\mu_2^{-1} = \nu^{-1}$ の場合は $\sigma(\mu_1,\mu_2) \cong \sigma(\mu_2,\mu_1)$ から求める結果を得る. □

L 函数と ϵ 因子についての結果を表にまとめておこう.

π	$L(s,\pi)$	$\epsilon(s,\pi,\psi)$
$\pi(\mu_1,\mu_2)$	$L(s,\mu_1)L(s,\mu_2)$	$\epsilon(s,\mu_1,\psi)\epsilon(s,\mu_2,\psi)$
$\sigma(\mu_1,\mu_2),\ \mu_1\mu_2^{-1}=\nu$	$L(s,\mu_1)$	$\epsilon(s,\mu_1,\psi)\epsilon(s,\mu_2,\psi)\frac{L(1-s,\mu_1^{-1})}{L(s,\mu_2)}$
$\sigma(\mu_1,\mu_2),\ \mu_1\mu_2^{-1}=\nu^{-1}$	$L(s,\mu_2)$	$\epsilon(s,\mu_1,\psi)\epsilon(s,\mu_2,\psi)\frac{L(1-s,\mu_2^{-1})}{L(s,\mu_1)}$
absolutely cuspidal	1	$\epsilon(s,\pi,\psi)$

注意 3.4 定理 3.2 の証明中の計算により, $\Psi(1,s,W) = L(s,\pi)$ をみたす $W \in W(\pi,\psi)$ の存在がわかる.

正整数 N に対して

$$\Gamma_0(N) = \left\{ \begin{pmatrix} a & b \\ c & d \end{pmatrix} \in \mathrm{GL}(2,\mathcal{O}) \,\bigg|\, c \equiv 0 \mod \varpi^N \right\}$$

とおく. $\Gamma_0(0) = \mathrm{GL}(2,\mathcal{O})$ とおく. π の表現空間を V, central character を ω とする. V の部分空間 $V(N)$ を

$$V(N) = \left\{ v \in W \,\bigg|\, \pi(\begin{pmatrix} a & b \\ c & d \end{pmatrix})v = \omega(d)v,\ \forall \begin{pmatrix} a & b \\ c & d \end{pmatrix} \in \Gamma_0(N) \right\}$$

で定義する.

定理 3.5 $d(N)$ を $V(N)$ の次元とする. 非負整数 $f(\pi)$ があって

$$d(N) = \begin{cases} 0, & N < f(\pi) \text{ のとき}, \\ N - f(\pi) + 1, & N \geq f(\pi) \text{ のとき} \end{cases}$$

が成り立つ.

($\varpi^{f(\pi)}$) を π の導手という. 定理 3.5 を局所 Atkin-Lehner 定理という. 次章で証明を与える.

4. $\mathrm{GL}(2, \mathbf{R})$ と $\mathrm{GL}(2, \mathbf{C})$ の表現論

この節では証明は省いて結果のみを述べる.

$G = \mathrm{GL}(2, \mathbf{R})$ とする. $\mathfrak{g} = \mathrm{Lie}(G) = \mathfrak{gl}(2, \mathbf{R})$ を G の Lie 代数とする. B は上半三角行列全体からなる G の部分群とする. 岩澤分解

$$G = B \cdot \mathrm{SO}(2, \mathbf{R}) \tag{4.1}$$

が成り立つ. G の極大コンパクト部分群として $K = O(2, \mathbf{R})$ をとる. μ_1, μ_2 は $\mathbf{R}^\times$ の quasi-character とする. $\mu = \mu_1 \mu_2^{-1}$ とおく. $\mathcal{B}(\mu_1, \mu_2)$ は G 上の複素数値函数で

$$f(\begin{pmatrix} a & u \\ 0 & d \end{pmatrix} g) = \mu_1(a) \mu_2(d) \left|\frac{a}{d}\right|^{1/2} f(g), \quad a, d \in \mathbf{R}^\times, u \in \mathbf{R}, g \in G \tag{4.2}$$

をみたし, かつ $\mathrm{SO}(2, \mathbf{R})$ の作用で右有限であるもの全体の成すベクトル空間とする. (4.1), (4.2) により $\mathcal{B}(\mu_1, \mu_2)$ の函数は無限回微分可能であることがわかる. $\mathcal{B}(\mu_1, \mu_2)$ が許容 $(\mathfrak{g}, K)$ 加群になることは容易に確かめられる. $\mathcal{B}(\mu_1, \mu_2)$ における Hecke 代数 $\mathcal{H}(\mathfrak{g}, K)$ の表現を $\rho(\mu_1, \mu_2)$ と書く.

定理 4.1
1) 整数 $p \neq 0$ があって $\mu(x) = x^p \mathrm{sgn}(x), x \in \mathbf{R}^\times$ の場合を除けば, $\mathcal{B}(\mu_1, \mu_2)$ は既約 $\mathcal{H}(\mathfrak{g}, K)$ 加群である.
2) 整数 $p > 0$ があって $\mu(x) = x^p \mathrm{sgn}(x), x \in \mathbf{R}^\times$ とする. このとき $\mathcal{B}(\mu_1, \mu_2)$ は $\mathcal{H}(\mathfrak{g}, K)$ の作用で不変な真の部分空間を唯一つ含む. この空間を $\mathcal{B}_s(\mu_1, \mu_2)$ と書く. $\mathcal{B}_s(\mu_1, \mu_2)$ は既約 $\mathcal{H}(\mathfrak{g}, K)$ 加群であり, $\mathcal{B}(\mu_1, \mu_2)/\mathcal{B}_s(\mu_1, \mu_2)$ は有限次元である.

3) 整数 $p < 0$ があって $\mu(x) = x^p \mathrm{sgn}(x)$, $x \in \mathbf{R}^\times$ とする. このとき $\mathcal{B}(\mu_1, \mu_2)$ は $\mathcal{H}(\mathfrak{g}, K)$ の作用で不変な真の部分空間を唯一つ含む. この空間は有限次元である. $\mathcal{B}_f(\mu_1, \mu_2)$ と書く. $\mathcal{B}(\mu_1, \mu_2)/\mathcal{B}_f(\mu_1, \mu_2)$ は既約 $\mathcal{H}(\mathfrak{g}, K)$ 加群である.

1) の場合 $\mathcal{B}(\mu_1, \mu_2)$ における $\mathcal{H}(\mathfrak{g}, K)$ の既約表現を $\pi(\mu_1, \mu_2)$ と書く. 2) の場合 $\mathcal{B}_s(\mu_1, \mu_2)$ における $\mathcal{H}(\mathfrak{g}, K)$ の既約表現を $\sigma(\mu_1, \mu_2)$ と書く. 3) の場合 $\mathcal{B}(\mu_1, \mu_2)/\mathcal{B}_f(\mu_1, \mu_2)$ における $\mathcal{H}(\mathfrak{g}, K)$ の既約表現を $\sigma(\mu_1, \mu_2)$ と書く. $\mathcal{H}(\mathfrak{g}, K)$ の無限次元既約許容表現は $\pi(\mu_1, \mu_2)$, または $\sigma(\mu_1, \mu_2)$ に同値である. これらの間には $\pi(\mu_1, \mu_2) \cong \pi(\mu_2, \mu_1)$, $\sigma(\mu_1, \mu_2) \cong \sigma(\mu_2, \mu_1) \cong \sigma(\mu_1\eta, \mu_2\eta) \cong \sigma(\mu_2\eta, \mu_1\eta)$ の関係があるが, これ以外に同値関係はない. ここに η は $\mathbf{R}^\times$ の指標 $\eta(x) = \mathrm{sgn}(x)$ である. $\pi(\mu_1, \mu_2)$ を主系列の表現, $\sigma(\mu_1, \mu_2)$ を特殊表現, または離散系列の表現と呼ぶ.

ψ は $\mathbf{R}$ の自明でない指標とする.

定理 4.2 (π, V) は $\mathcal{H}(\mathfrak{g}, K)$ の無限次元既約許容表現とする. 次の性質をもつ G 上の函数の空間 $W(\pi, \psi)$ が唯一つ存在する.

1) $W \in W(\pi, \psi)$ は

$$W\left(\begin{pmatrix} 1 & u \\ 0 & 1 \end{pmatrix} g\right) = \psi(u) W(g), \qquad u \in \mathbf{R}, \, g \in G$$

をみたす.

2) $W \in W(\pi, \psi)$ は無限回可微分であって

$$X \cdot W = W * \check{X}, \qquad X \in \mathcal{H}(\mathfrak{g}, K)$$

によって $\mathcal{H}(\mathfrak{g}, K)$ 加群とみると[*3], $W(\pi, \psi)$ は V に同型である.

3) $W \in W(\pi, \psi)$ は緩増加である. 即ち整数 N があって

$$W\left(\begin{pmatrix} x & 0 \\ 0 & 1 \end{pmatrix}\right) = O(|x|^N), \qquad |x| \longrightarrow \infty$$

[*3] $\check{X}$ は $\check{X}(f) = X(\check{f})$, $f \in C^\infty(G)$, $\check{f}(g) = f(g^{-1})$ によって定義される G 上の超函数である. 一般に超函数 T とテスト函数 f に対し $(f * T)(x) = T_t(f(xt^{-1}))$ である. ここに T_t は t の函数とみて T を作用させることを表す. よって $X \in U(\mathfrak{g})$ のときは, $f * \check{X}$ は微分作用素として X を作用させることになる.

が成り立つ.

$W(\pi, \psi)$ を π の Whittaker モデルという. この命名の由来は $W(\begin{pmatrix} x & 0 \\ 0 & 1 \end{pmatrix})$ に Whittaker の研究した合流型超幾何函数が現れるからである. p 進のときの命名も実数体のときのこの事情による.

Whittaker モデルを具体例に調べてみよう. $a \in \mathbf{R}^\times$ があって $\psi(x) = e^{2\pi i a x}$, $x \in \mathbf{R}$ と書ける. $\mu_i(x) = |x|^{s_i}\mathrm{sgn}(x)^{m_i}$, $i = 1, 2$, $\mu(x) = \mu_1(x)\mu_2(x)^{-1} = |x|^s \mathrm{sgn}(x)^m$, $x \in \mathbf{R}^\times$ とおく. ここに $s_i, s \in \mathbf{C}$, m_i, m は 0 または 1, $m \equiv m_1 + m_2 \mod 2$, $s = s_1 - s_2$ である. 整数 $n \equiv m \mod 2$ に対し, $f_n \in \mathcal{B}(\mu_1, \mu_2)$ を

$$f_n(\begin{pmatrix} \cos\theta & \sin\theta \\ -\sin\theta & \cos\theta \end{pmatrix}) = e^{ni\theta}$$

によって定義する. $\mathcal{B}(\mu_1, \mu_2)$ の函数は右 $\mathrm{SO}(2, \mathbf{R})$ 有限であるから, $\{f_n\}$ が $\mathcal{B}(\mu_1, \mu_2)$ の基底を与えていることは明らかである. $\mathfrak{g}$ の複素化 $\mathfrak{g}_\mathbf{C}$ の元を

$$U = \begin{pmatrix} 0 & 1 \\ -1 & 0 \end{pmatrix}, \quad Z = \begin{pmatrix} 1 & 0 \\ 0 & 1 \end{pmatrix}, \quad H = \begin{pmatrix} 1 & 0 \\ 0 & -1 \end{pmatrix}, \quad X_+ = \begin{pmatrix} 0 & 1 \\ 0 & 0 \end{pmatrix},$$

$$V_+ = \begin{pmatrix} 1 & i \\ i & -1 \end{pmatrix}, \quad V_- = \begin{pmatrix} 1 & -i \\ -i & -1 \end{pmatrix}$$

によって定義する. $\rho(\mu_1, \mu_2)$ を ρ と書く. このとき

$$\rho(U)f_n = inf_n, \quad \rho(Z)f_n = (s_1 + s_2)f_n,$$
$$\rho(V_+)f_n = (s + 1 + n)f_{n+2}, \quad \rho(V_-)f_n = (s + 1 - n)f_{n-2}$$

が確かめられる. まず $\rho(\mu_1, \mu_2)$ は既約であり, $\pi = \pi(\mu_1, \mu_2)$ であるとしよう. $W_n \in W(\pi, \psi)$ を f_n に対応する函数とし,

$$F_n(x) = W_n\left(\begin{pmatrix} x/|x|^{1/2} & 0 \\ 0 & 1/|x|^{1/2} \end{pmatrix}\right), \quad x \in \mathbf{R}^\times$$

とおく. $G = BK$ より F_n がわかれば W_n がわかったことになる.

$$(\pi(H)W_n)\begin{pmatrix} x/|x|^{1/2} & 0 \\ 0 & 1/|x|^{1/2} \end{pmatrix} = 2xF'_n(x),$$

$$(\pi(X_+)W_n)\begin{pmatrix} x/|x|^{1/2} & 0 \\ 0 & 1/|x|^{1/2} \end{pmatrix} = 2\pi iaxF_n(x)$$

が容易に確かめられる．例えば最初の式は二次以上の無限小を無視して計算すれば

$$\begin{aligned}
(\pi(H)W_n)&\begin{pmatrix} x/|x|^{1/2} & 0 \\ 0 & 1/|x|^{1/2} \end{pmatrix} \\
&= \frac{d}{dt}W_n(\begin{pmatrix} x/|x|^{1/2} & 0 \\ 0 & 1/|x|^{1/2} \end{pmatrix}\exp(tH))\bigg|_{t=0} \\
&= \frac{d}{dt}W_n(\begin{pmatrix} x/|x|^{1/2} & 0 \\ 0 & 1/|x|^{1/2} \end{pmatrix}\begin{pmatrix} 1+t & 0 \\ 0 & (1+t)^{-1} \end{pmatrix})\bigg|_{t=0} \\
&= \frac{d}{dt}F_n(x(1+t)^2)\bigg|_{t=0} = 2xF_n'(x)
\end{aligned}$$

であるから，$V_+ = H - iU + 2iX_+$，$\pi(U)W_n = inW_n$，$\pi(V_+)W_n = (s+1+n)W_{n+2}$ により

$$(s+1+n)F_{n+2}(x) = 2xF_n'(x) - (4\pi ax - n)F_n(x) \tag{4.3}$$

を得る．$V_- = H + iU - 2iX_+$ により

$$(s+1-n)F_{n-2}(x) = 2xF_n'(x) + (4\pi ax - n)F_n(x) \tag{4.4}$$

を得る．(4.4) から得られる $(s-n-1)F_n = 2xF_{n+2}' + (4\pi ax - n - 2)F_{n+2}$ に (4.3) を用いれば，微分方程式

$$F_n''(x) + \left(\frac{1-s^2}{4x^2} + \frac{2\pi an}{x} - 4\pi^2 a^2\right)F_n(x) = 0 \tag{4.5}$$

を得る．これは合流型超幾何級数がみたす微分方程式である (I, [WW], Chapter XVI 参照)．$|x| \longrightarrow \infty$ のとき緩増加な解は定数倍を除き唯一つであり，この解は急減少である．$m = s/2$，$k = 2\pi an$，$a^2 = 1/16\pi^2$ とすると F_n は I, [WW], p.337 の記号の "Whittaker 函数" $W_{k,m}$ の定数倍である．

次に $\pi = \sigma(\mu_1, \mu_2)$，$\mu(x) = x^p\mathrm{sgn}(x)$，$0 < p \in \mathbf{Z}$ は離散系列の表現とする．このとき $\sigma(\mu_1, \mu_2)$ は $\mathcal{B}(\mu_1, \mu_2)$ の余次元有限の不変部分空間 $\mathcal{B}_s(\mu_1, \mu_2)$ の上に実現される．

$$\mathcal{B}_s(\mu_1, \mu_2) = \langle \ldots, f_{-p-5}, f_{-p-3}, f_{-p-1}, f_{p+1}, f_{p+3}, f_{p+5}, \ldots, \rangle$$

がわかる. $\mu(x) = |x|^p \mathrm{sgn}(x)^{1+p}$ で $s = p$ である. W_n を f_n に対応する函数とし, F_n を上記と同様に定義すると, (4.3), (4.4) はこのときも成り立つ. よって $n = p + 1$ に対し $2xF'_{p+1}(x) + (4\pi ax - n)F_{p+1}(x) = 0$ を (4.4) より得る. これから F_{p+1} が緩増加であることを考慮して

$$F_{p+1}(x) = \begin{cases} x^{(p+1)/2} e^{-2\pi ax}, & x > 0, \\ 0, & x < 0 \end{cases}$$

と (定数倍を除き) 初等的に求まる. 他の $F_m(x)$ も同様に計算される.

次に定理 3.2 の類似として局所函数等式を述べよう. (π, V) は $\mathcal{H}(\mathfrak{g}, K)$ の無限次元既約許容表現とする. $\pi = \pi(\mu_1, \mu_2)$ のとき

$$L(s, \pi) = L(s, \mu_1) L(s, \mu_2)$$

$$\epsilon(s, \pi, \psi) = \epsilon(s, \mu_1, \psi) \epsilon(s, \mu_2, \psi)$$

とおく. $\pi = \sigma(\mu_1, \mu_2)$ とする. $\mu_1 \mu_2^{-1} = x^p \mathrm{sgn}(x), 0 < p \in \mathbf{Z}$ とする. このとき整数 m, n と $r \in \mathbf{C}$ を $m, n \geq 0$, m, n の一方は 0 で

$$\mu_1 \mu_2^{-1}(x) = x^{m+n} \mathrm{sgn}(x), \qquad \mu_1 \mu_2(x) = |x|^{2r} \mathrm{sgn}(x)^{m+n+1}$$

が成り立つように決める ($m = p, n = 0$ または $m = 0, n = p$ のどちらでもよい). $\mathbf{C}^\times$ の quasi-character χ を

$$\chi(z) = (z\bar{z})^{r-(m+n)/2} z^m \bar{z}^n$$

によって定義する. π の L 函数と ϵ 因子を

$$L(s, \pi) = L(s, \chi), \qquad \epsilon(s, \pi, \psi) = \lambda(\mathbf{C}/\mathbf{R}, \psi) \epsilon(s, \chi, \psi \circ \mathrm{Tr}_{\mathbf{C}/\mathbf{R}})$$

によって定義する. ここに $L(s, \chi)$ と $\epsilon(s, \chi, \psi \circ \mathrm{Tr}_{\mathbf{C}/\mathbf{R}})$ は第 IV 章で定義した χ の L 函数と ϵ 因子である (IV, (3.23), (3.24)). $\lambda(\mathbf{C}/\mathbf{R}, \psi)$ については第 X 章, 定理 3.1 を参照. $\psi(x) = \exp(2\pi i a x), 0 \neq a \in \mathbf{R}$ とすると, $\lambda(\mathbf{C}/\mathbf{R}, \psi) = i \, \mathrm{sgn}(a)$ である.

$W \in W(\pi, \psi), g \in G, s \in \mathbf{C}$ に対し

$$\Psi(g, s, W) = \int_{\mathbf{R}^\times} W(\begin{pmatrix} a & 0 \\ 0 & 1 \end{pmatrix} g) |a|^{s-1/2} d^\times a, \tag{4.6}$$

$$\check{\Psi}(g,s,W) = \int_{\mathbf{R}^\times} W(\begin{pmatrix} a & 0 \\ 0 & 1 \end{pmatrix} g)|a|^{s-1/2}\omega_\pi(a)^{-1}d^\times a \qquad (4.7)$$

とおく. ここに $\pi = \pi(\mu_1,\mu_2)$ または $\pi = \sigma(\mu_1,\mu_2)$ のとき $\omega_\pi = \mu_1\mu_2$ である.

$$\Psi(g,s,W) = L(s,\pi)\Phi(g,s,W), \qquad \check{\Psi}(g,s,W) = L(s,\tilde{\pi})\check{\Phi}(g,s,W)$$

により, $\Phi, \check{\Phi}$ を定義する.

定理 4.3 (π,V) は $\mathcal{H}(\mathfrak{g},K)$ の無限次元既約許容表現とする.
1) 積分 (4.6), (4.7) は, $g \in G$ を固定すると, $\mathrm{Re}(s)$ が十分大きいとき絶対収束して, $\Psi(g,s,W)$, $\check{\Psi}(g,s,W)$ は全平面有理型に解析接続される.
2) $\Phi(g,s,W)$, $\check{\Phi}(g,s,W)$ は $g \in G$ を固定するとき s の有理型函数である. $\Phi(1,s,W) = a^s, a > 0$ となる W が存在する.
3) 局所函数等式

$$\check{\Phi}(wg,1-s,W) = \epsilon(s,\pi,\psi)\Phi(g,s,W), \qquad g \in G, W \in W(\pi,\psi)$$

が成り立つ.

次に $G = \mathrm{GL}(2,\mathbf{C})$ とする. $\mathfrak{g} = \mathrm{Lie}(G) = \mathfrak{gl}(2,\mathbf{C})$ を G の Lie 代数とする. B は上半三角行列全体からなる G の部分群とする. 岩澤分解

$$G = B \cdot \mathrm{SU}(2,\mathbf{C}) \qquad (4.8)$$

が成り立つ. G の極大コンパクト部分群として $K = U(2,\mathbf{C})$ をとる. μ_1, μ_2 は $\mathbf{C}^\times$ の quasi-character とする. $\mu = \mu_1\mu_2^{-1}$ とおく. $\mathcal{B}(\mu_1,\mu_2)$ は G 上の複素数値函数で

$$f(\begin{pmatrix} a & u \\ 0 & d \end{pmatrix} g) = \mu_1(a)\mu_2(d)\left|\frac{a}{d}\right|_\mathbf{C}^{1/2} f(g), \quad a,d \in \mathbf{C}^\times, u \in \mathbf{C}, g \in G \qquad (4.9)$$

をみたし, かつ $\mathrm{SU}(2,\mathbf{C})$ の作用で右有限であるもの全体の成すベクトル空間とする. ここに $|z|_\mathbf{C} = z\bar{z}, z \in \mathbf{C}$ である. (4.8), (4.9) により $\mathcal{B}(\mu_1,\mu_2)$ の函数は無限回微分可能であることがわかる. $\mathcal{B}(\mu_1,\mu_2)$ が許容 $(\mathfrak{g},K)$ 加群になることは容易に確かめられる. $\mathcal{B}(\mu_1,\mu_2)$ における Hecke 代数 $\mathcal{H}(\mathfrak{g},K)$ の表現を $\rho(\mu_1,\mu_2)$ と書く.

定理 4.4

1) 整数 $p \geq 1$, $q \geq 1$ があって $\mu(x) = x^p \bar{x}^q$, または $\mu(x) = x^{-p} \bar{x}^{-q}$, $x \in \mathbf{C}^\times$ の場合を除けば, $\mathcal{B}(\mu_1, \mu_2)$ は既約 $\mathcal{H}(\mathfrak{g}, K)$ 加群である.
2) 整数 $p \geq 1$, $q \geq 1$ があって $\mu(x) = x^p \bar{x}^q$ とする. このとき $\mathcal{B}(\mu_1, \mu_2)$ は $\mathcal{H}(\mathfrak{g}, K)$ の作用で不変な真の部分空間を唯一つ含む. この空間を $\mathcal{B}_s(\mu_1, \mu_2)$ と書く. $\mathcal{B}_s(\mu_1, \mu_2)$ は既約 $\mathcal{H}(\mathfrak{g}, K)$ 加群であり, $\mathcal{B}(\mu_1, \mu_2)/\mathcal{B}_s(\mu_1, \mu_2)$ は有限次元である.
3) 整数 $p \geq 1$, $q \geq 1$ があって $\mu(x) = x^{-p} \bar{x}^{-q}$ とする. このとき $\mathcal{B}(\mu_1, \mu_2)$ は $\mathcal{H}(\mathfrak{g}, K)$ の作用で不変な真の部分空間を唯一つ含む. この空間は有限次元である. $\mathcal{B}_f(\mu_1, \mu_2)$ と書く. $\mathcal{B}(\mu_1, \mu_2)/\mathcal{B}_f(\mu_1, \mu_2)$ は既約 $\mathcal{H}(\mathfrak{g}, K)$ 加群である.

1) の場合 $\mathcal{B}(\mu_1, \mu_2)$ における $\mathcal{H}(\mathfrak{g}, K)$ の既約表現を $\pi(\mu_1, \mu_2)$ と書く. 2) の場合 $\mathcal{B}_s(\mu_1, \mu_2)$ における $\mathcal{H}(\mathfrak{g}, K)$ の既約表現を $\sigma(\mu_1, \mu_2)$ と書き, $\mathcal{B}(\mu_1, \mu_2)/\mathcal{B}_s(\mu_1, \mu_2)$ における $\mathcal{H}(\mathfrak{g}, K)$ の既約表現を $\pi(\mu_1, \mu_2)$ と書く. 3) の場合 $\mathcal{B}(\mu_1, \mu_2)/\mathcal{B}_f(\mu_1, \mu_2)$ における $\mathcal{H}(\mathfrak{g}, K)$ の既約表現を $\sigma(\mu_1, \mu_2)$ と書き, $\mathcal{B}_f(\mu_1, \mu_2)$ における $\mathcal{H}(\mathfrak{g}, K)$ の既約表現を $\pi(\mu_1, \mu_2)$ と書く.

$\mathcal{H}(\mathfrak{g}, K)$ の無限次元既約許容表現はある $\pi(\mu_1, \mu_2)$ に同値である.

$$\pi(\mu_1, \mu_2) \cong \pi(\mu_1', \mu_2') \iff (\mu_1, \mu_2) = (\mu_1', \mu_2') \quad \text{または} \quad (\mu_1, \mu_2) = (\mu_2', \mu_1')$$

が成り立つ. $\mu(x) = x^p \bar{x}^q$, $p, q \in \mathbf{Z}$, $pq \geq 1$ とする.

$$\nu_1(x) = \bar{x}^{-q} \mu_1(x), \qquad \nu_2(x) = \bar{x}^q \mu_2(x), \qquad x \in \mathbf{C}^\times$$

とおくと, $\sigma(\mu_1, \mu_2) \cong \pi(\nu_1, \nu_2)$ である.

Whittaker モデルの存在と局所函数等式は実数体のときと同様に次のように記述される.

定理 4.5 (π, V) は $\mathcal{H}(\mathfrak{g}, K)$ の無限次元既約許容表現とする. 次の性質をもつ G 上の函数の空間 $W(\pi, \psi)$ が唯一つ存在する.

1) $W \in W(\pi, \psi)$ は

$$W\left(\begin{pmatrix} 1 & u \\ 0 & 1 \end{pmatrix} g\right) = \psi(u) W(g), \qquad u \in \mathbf{C}, g \in G$$

をみたす.

2) $W \in W(\pi, \psi)$ は無限回可微分であって

$$X \cdot W = W * \check{X}, \qquad X \in \mathcal{H}(\mathfrak{g}, K)$$

によって $\mathcal{H}(\mathfrak{g}, K)$ 加群とみると $W(\pi, \psi)$ は V に同型である.

3) $W \in W(\pi, \psi)$ は緩増加である. 即ち整数 N があって

$$W(\begin{pmatrix} x & 0 \\ 0 & 1 \end{pmatrix}) = O(|x|^N), \qquad |x| \longrightarrow \infty$$

が成り立つ.

π は $\pi = \pi(\mu_1, \mu_2)$ と書ける. π の L 函数と ϵ 因子を

$$L(s, \pi) = L(s, \mu_1) L(s, \mu_2), \qquad \epsilon(s, \pi, \psi) = \epsilon(s, \mu_1, \psi) \epsilon(s, \mu_2, \psi)$$

によって定義する. ここに $L(s, \mu_i)$ と $\epsilon(s, \mu_i, \psi)$ は第 IV 章で定義した $\mathbf{C}^\times$ の quasi-character μ_i の L 函数と ϵ 因子である (IV, (3.23), (3.24)).

$W \in W(\pi, \psi), g \in G, s \in \mathbf{C}$ に対し

$$\Psi(g, s, W) = \int_{\mathbf{C}^\times} W(\begin{pmatrix} a & 0 \\ 0 & 1 \end{pmatrix} g) |a|_{\mathbf{C}}^{s-1/2} d^\times a, \qquad (4.10)$$

$$\check{\Psi}(g, s, W) = \int_{\mathbf{C}^\times} W(\begin{pmatrix} a & 0 \\ 0 & 1 \end{pmatrix} g) |a|_{\mathbf{C}}^{s-1/2} \omega_\pi(a)^{-1} d^\times a \qquad (4.11)$$

とおく. ここに $|a|_{\mathbf{C}} = a\bar{a}$ である.

$$\Psi(g, s, W) = L(s, \pi) \Phi(g, s, W), \qquad \check{\Psi}(g, s, W) = L(s, \check{\pi}) \check{\Phi}(g, s, W)$$

により, $\Phi, \check{\Phi}$ を定義する.

定理 4.6 (π, V) は $\mathcal{H}(\mathfrak{g}, K)$ の無限次元既約許容表現とする.
1) 積分 (4.10), (4.11) は, $g \in G$ を固定すると, $\mathrm{Re}(s)$ が十分大きいとき絶対収束して, $\Psi(g, s, W), \check{\Psi}(g, s, W)$ は全平面有理型に解析接続される.
2) $\Phi(g, s, W), \check{\Phi}(g, s, W)$ は $g \in G$ を固定するとき s の整函数である. $\Phi(1, s, W) = a^s, a > 0$ となる W が存在する.
3) 局所函数等式

$$\check{\Phi}(wg, 1-s, W) = \epsilon(s, \pi, \psi) \Phi(g, s, W), \qquad g \in G, W \in W(\pi, \psi)$$

が成り立つ.

5. GL(2) 上の保型形式

この節では F は大域体とする. $G = \mathrm{GL}(2)$ は F 上に定義された代数群と考える. Z により G の中心を表す.

F の各素点 v に対し G_v の極大コンパクト部分群 K_v を次のように定義する. $v \in \mathbf{h}$ ならば $\mathcal{O}_{F_v}$ を F_v の整数環として $K_v = \mathrm{GL}(2, \mathcal{O}_{F_v})$. $v \in \mathbf{a}$, $F_v \cong \mathbf{R}$ ならば $K_v = \mathrm{O}(2, \mathbf{R})$. $v \in \mathbf{a}$, $F_v \cong \mathbf{C}$ ならば $K_v = \mathrm{U}(2, \mathbf{C})$. $K = \prod_v K_v$ とおく. ここに v は F の全ての素点の上を走る. 岩澤分解 $G_{\mathbf{A}} = U_{\mathbf{A}} T_{\mathbf{A}} K$ が成り立つ. ここに T は対角行列全体からなる G の部分代数群, U は上半ユニポテント行列全体からなる G の部分代数群である. $g \in G_{\mathbf{A}}$ に対し $t(g) \in T_{\mathbf{A}}$ を岩澤分解に応じた $T_{\mathbf{A}}$ 成分とし, $t(g) = \mathrm{diag}[t_1, t_2]$ のとき $\alpha(t(g)) = t_1/t_2$ とおく. このとき $|\alpha(t(g))|_{\mathbf{A}} = |t_1/t_2|_{\mathbf{A}}$ は g の $T_{\mathbf{A}}$ 成分のとり方に依存しない.

Siegel 領域と呼ばれる $G_F \backslash G_{\mathbf{A}}$ の粗い形の基本領域の存在が知られている. (これは Hermite-Minkowski-Siegel の reduction theory についての伝統による. 一般論については VI, [BH] を参照.) 即ち $G_F \backslash G_{\mathbf{A}}$ の Siegel 領域 $\mathcal{S}$ は $G_{\mathbf{A}}$ の閉集合であって, 次の (i), (ii) をみたす. (i) $G_F \mathcal{S} = G_{\mathbf{A}}$. (ii) $Z_{\mathbf{A}} \mathcal{S} = \mathcal{S}$. (ii) $\gamma \mathcal{S} \cap \mathcal{S} \neq \emptyset$ をみたす $\gamma \in G_F$ は Z_F を法としてみると有限個. $\mathcal{S}$ は具体的には次のようにとれる. v は F が代数体のときは F の無限素点の一つ, F が函数体のときは F の素点の一つとする. ω_1 は $F_{\mathbf{A}}$ のコンパクト部分集合, ω_2 は $F_{\mathbf{A}}^{\times}$ のコンパクト部分集合, $c > 0$ とする.

$$\mathcal{S} = Z_{\mathbf{A}} \left\{ \begin{pmatrix} 1 & u \\ 0 & 1 \end{pmatrix} \begin{pmatrix} aa_1 & 0 \\ 0 & 1 \end{pmatrix} \middle| u \in \omega_1, a \in \omega_2, a_1 \in F_v^{\times}, |a_1|_v \geq c \right\}$$

は適当な ω_1, ω_2, c について Siegel 領域になる.

Siegel 領域の存在から $Z_{\mathbf{A}} G_F \backslash G_{\mathbf{A}}$ は体積有限であることがわかる. $F_{\mathbf{A}}^{\times}$ のユニタリーな Hecke 指標 ω をとる. $Z_{\mathbf{A}} \cong F_{\mathbf{A}}^{\times}$ ゆえ, ω を $Z_{\mathbf{A}}$ の指標で Z_F 上自明なものとみなす. 第 VI 章 5 節で定義した Hilbert 空間 $L^2(G_F \backslash G_{\mathbf{A}}, \omega)$ は $G_{\mathbf{A}}$ 上の可測函数 f で左 G_F 不変, かつ二条件

$$f(zg) = \omega(z) f(g), \quad z \in Z_{\mathbf{A}}, \, g \in G_{\mathbf{A}}, \tag{5.1}$$

$$\int_{Z_{\mathbf{A}}G_F\backslash G_{\mathbf{A}}} |f(g)|^2 dg < \infty \tag{5.2}$$

をみたすもの (の同値類) 全体の集合である. $f \in L^2(G_F\backslash G_{\mathbf{A}}, \omega)$ でカスプ形式の条件

$$\int_{F\backslash F_{\mathbf{A}}} f(\begin{pmatrix} 1 & u \\ 0 & 1 \end{pmatrix} g) du = 0$$

をほとんど全ての $g \in G_A$ に対してみたすもの全体が成す空間を $L_0^2(G_F\backslash G_{\mathbf{A}}, \omega)$ と書く. 右移動により Hilbert 空間 $L^2(G_F\backslash G_{\mathbf{A}}, \omega)$ において $G_{\mathbf{A}}$ のユニタリー表現が得られる.

H は $L_0^2(G_F\backslash G_{\mathbf{A}}, \omega)$ の閉不変既約部分空間とする. H^K により H の K-有限ベクトルの成す部分空間とする. H^K は H で稠密である. $\mathcal{H}$ を $G_{\mathbf{A}}$ の Hecke 代数とする (VI, 第 3 節). H^K 上に $\mathcal{H}$ の既約許容表現 π が得られる. VI, 定理 3.3 により $\pi = \otimes_v \pi_v$ と局所 Hecke 代数 $\mathcal{H}_v$ の既約許容表現 π_v のテンソル積に分解する. 各 π_v は無限次元表現であることを注意しておく. 実際ある素点 v があって π_v は有限次元であったとする. 補題 1.1 により, π_v は一次元であり $SL(2, F_v)$ 上自明である. π を対応する $G_{\mathbf{A}}$ のユニタリー表現と同一視する. 強近似定理 (IV, 定理 6.1) により $SL(2, F)SL(2, F_v)$ は $SL(2, F_{\mathbf{A}})$ で稠密である. ゆえに π は $SL(2, F_{\mathbf{A}})$ 上自明であり, $G_A/SL(2, F_{\mathbf{A}}) \cong F_{\mathbf{A}}^\times$ の指標と同一視される. よって $F_{\mathbf{A}}^\times$ の Hecke 指標 χ により $\pi(g) = \chi(\det(g))$, $g \in G_{\mathbf{A}}$ となるが, このような表現 π はカスプ形式の空間には現れない.

$f \in H^K$ をとる. f は $G_{\mathbf{A}}$ 上の滑らかな函数である. $G_F\backslash G_{\mathbf{A}}$ の Siegel 領域を $\mathcal{S} \subset G_{\mathbf{A}}$ とすると, 評価

$$|f(g)| \leq c_N(f)|\alpha(t(g))|_{\mathbf{A}}^{-N}, \quad g \in \mathcal{S} \tag{5.3}$$

が成り立つ. ここに N は任意の正整数で $c_N(f)$ は正定数である. この事実を f は急減少であるといい表す. VII, 定理 3.1 により

$$W_f(g) = \int_{F\backslash F_{\mathbf{A}}} f(\begin{pmatrix} 1 & u \\ 0 & 1 \end{pmatrix} g)\bar{\psi}(u) du, \quad g \in G_{\mathbf{A}} \tag{5.4}$$

とおくと Whittaker 函数展開

$$f(g) = \sum_{\gamma \in F^\times} W_f(\begin{pmatrix} \gamma & 0 \\ 0 & 1 \end{pmatrix} g), \quad g \in G_{\mathbf{A}} \tag{5.5}$$

が成り立つ. (5.4) において測度は $\mathrm{vol}(F\backslash F_\mathbf{A}) = 1$ と正規化している. W_f は

$$W_f(\begin{pmatrix} 1 & u \\ 0 & 1 \end{pmatrix} g) = \psi(u) W_f(g), \qquad g \in G_\mathbf{A}$$

をみたし, 空間 $\langle W_f \mid f \in H^K \rangle$ における $\mathcal{H}$ の表現は π と同値である. Whittaker モデルの一意性により, F の各素点 v に対し $W_v \in W(\pi_v, \psi_v)$ があって

$$W_f(g) = \prod_v W_v(g_v) \qquad g \in G_\mathbf{A} \tag{5.6}$$

が成り立つ. (5.5), (5.6) により π を与えたとき H^K は $G_\mathbf{A}$ 上の函数の空間として確定していることがわかる. よって次の定理を得る.

定理 5.1 $L_0^2(G_F \backslash G_\mathbf{A}, \omega)$ の滑らかなベクトルが成す空間における $G_\mathbf{A}$ の Hecke 代数 $\mathcal{H}$ の既約表現の重複度は高々 1 である.

π は $L_0^2(G_F \backslash G_\mathbf{A}, \omega)$ の滑らかなベクトルが成す空間における $\mathcal{H}$ の既約表現とする. $\pi = \otimes_v \pi_v$ とテンソル積に分解し

$$L(s, \pi) = \prod_v L(s, \pi_v) \tag{5.7}$$

によって π の L 函数を定義する. ここに $L(s, \pi_v)$ は第 3 節, 第 4 節で定義した π_v の L 函数である.

無限積 (5.7) が収束する理由を簡単に説明しよう. $\mathbf{h}$ の有限部分集合 S があって, $v \in \mathbf{h} \setminus S$ ならば π_v は K_v に関する球表現になる. V, 定理 6.12 により $F_v^\times$ の不分岐指標 μ_v, ν_v があって π_v は $\rho(\mu_v, \nu_v)$ の部分商表現である. これが無限次元球表現であるのは $\rho(\mu_v, \nu_v)$ が既約である場合に限り, よって $\pi_v = \pi(\mu_v, \nu_v)$ は不分岐主系列表現である,

$$L(s, \pi_v) = L(s, \mu_v) L(s, \nu_v) = \left[(1 - \mu_v(\varpi_v) q_v^{-s})(1 - \nu_v(\varpi_v) q_v^{-s})\right]^{-1}$$

である. π_v がプレユニタリーであることから, 評価

$$q^{-1} < |\mu_v(\varpi_v) \nu_v(\varpi_v)|^{-1} < q$$

を得るのは難しくない. また $\mu_v \nu_v$ はユニタリー指標であり $|\mu_v(\varpi_v) \nu_v(\varpi_v)| = 1$ ゆえ

$$q^{-1/2} < |\mu_v(\varpi)| < q^{1/2}, \qquad q^{-1/2} < |\nu_v(\varpi)| < q^{1/2}$$

が成り立ち, 無限積 (5.7) は $\mathrm{Re}(s) > 3/2$ のとき収束する.

注意 μ_v, ν_v はユニタリー指標であろうと予想されている (一般 Ramanujan 予想).

次に ϵ 因子を
$$\epsilon(s, \pi) = \prod_v \epsilon(s, \pi_v, \psi_v) \tag{5.8}$$
によって定義する. $v \in \mathbf{h} \setminus S$, $\pi_v = \pi(\mu_v, \nu_v)$ のとき
$$\epsilon(s, \pi_v, \psi_v) = \epsilon(s, \mu_v, \psi_v)\epsilon(s, \nu_v, \psi_v)$$
であるが, IV, (3.20) により $\psi_v|\mathcal{O}_{F_v} = 1$, $\psi_v|\varpi_v^{-1}\mathcal{O}_{F_v} \neq 1$ ならば $\epsilon(s, \mu_v, \psi_v) = \epsilon(s, \nu_v, \psi_v) = 1$ となる. よって (5.8) の右辺の無限積は実質的に有限積である. これは ψ のとり方に依存しないが, これは後で示す. $\check{\pi} = \otimes_v \check{\pi}_v$ を π の反傾表現とする. $\check{\pi} = \pi \otimes \omega^{-1}$ である.

定理 5.2 π は $L_0^2(G_F \backslash G_\mathbf{A}, \omega)$ の滑らかなベクトルが成す空間における $\mathcal{H}$ の既約表現とする. $L(s, \pi)$ は全平面正則に解析接続され, 函数等式 $L(s, \pi) = \epsilon(s, \pi) L(1-s, \check{\pi})$ をみたす.

[証明] H^K 上に $\mathcal{H}$ の表現 π が実現されているとする. $f \in H^K$ をとり, (3.1), (3.2) の類似として
$$\Psi(g, s, f) = \int_{F_\mathbf{A}^\times/F^\times} f(\begin{pmatrix} a & 0 \\ 0 & 1 \end{pmatrix} g)|a|_\mathbf{A}^{s-1/2} d^\times a, \tag{5.9}$$

$$\check{\Psi}(g, s, f) = \int_{F_\mathbf{A}^\times/F^\times} f(\begin{pmatrix} a & 0 \\ 0 & 1 \end{pmatrix} g)|a|_\mathbf{A}^{s-1/2} \omega(a)^{-1} d^\times a \tag{5.10}$$

を考える. ここに ω は π の central character である. $f(\begin{pmatrix} a & 0 \\ 0 & 1 \end{pmatrix} g)$ は $|a| \to \infty$, $|a| \to 0$ のとき急減少であるから, $\Psi(g, s, f)$, $\check{\Psi}(g, s, f)$ は s の整函数である. f の Whittaker 函数展開 (5.5) を用いると $\mathrm{Re}(s)$ が十分大きいとき
$$\Psi(g, s, f) = \int_{F_\mathbf{A}^\times/F^\times} \sum_{\gamma \in F^\times} W(\begin{pmatrix} \gamma & 0 \\ 0 & 1 \end{pmatrix} \begin{pmatrix} a & 0 \\ 0 & 1 \end{pmatrix} g)|a|_\mathbf{A}^{s-1/2} d^\times a$$

$$= \int_{F_\mathbf{A}^\times} W(\begin{pmatrix} a & 0 \\ 0 & 1 \end{pmatrix} g) |a|_\mathbf{A}^{s-1/2} d^\times a$$

$$= \prod_v \int_{F_v^\times} W_v(\begin{pmatrix} a & 0 \\ 0 & 1 \end{pmatrix} g_v) |a|_v^{s-1/2} d^\times a$$

を得る. ここに $W = W_f$ で (5.6) を用いた. $\Psi(g_v, s, W_v)$ を (3.1), (4.6), (4.10) で定義すればこの式は

$$\Psi(g, s, f) = \prod_v \Psi(g_v, s, W_v)$$

と書ける. 注意 3.4 により $v \in \mathbf{h}$ に対し $\Psi(g, s, W_v) = L(s, \pi_v)$ と W_v がとれる. また全ての v に対し $\Psi(g, s, W_v) \neq 0$ と W_v をとる. $L(s, \pi) = \prod_v L(s, \pi_v)$ ゆえ

$$\frac{\Psi(g, s, f)}{L(s, \pi)} = \prod_v \Phi(g_v, s, W_v). \tag{5.11}$$

ここで $\Phi(g_v, s, W_v)$ についての局所函数等式を用いれば

$$\prod_v \Phi(g_v, s, W_v) = \prod_v \epsilon(s, \pi_v, \psi_v)^{-1} \check{\Phi}(wg_v, 1-s, W_v)$$

$$= \epsilon(s, \pi)^{-1} \prod_v L(1-s, \check{\pi}_v)^{-1} \check{\Psi}(wg_v, 1-s, W_v)$$

を得る. よって

$$\frac{\Psi(g, s, f)}{L(s, \pi)} = \epsilon(s, \pi)^{-1} \frac{\check{\Psi}(wg, 1-s, f)}{L(1-s, \check{\pi})} \tag{5.12}$$

が成り立つ. 一方 f は w で左不変ゆえ

$$\check{\Psi}(wg, 1-s, f) = \int_{F_\mathbf{A}^\times / F^\times} f(\begin{pmatrix} a & 0 \\ 0 & 1 \end{pmatrix} wg) \omega(a)^{-1} |a|_\mathbf{A}^{1/2-s} d^\times a$$

$$= \int_{F_\mathbf{A}^\times / F^\times} f(\begin{pmatrix} 1 & 0 \\ 0 & a \end{pmatrix} g) \omega(a)^{-1} |a|_\mathbf{A}^{1/2-s} d^\times a$$

$$= \int_{F_\mathbf{A}^\times / F^\times} f(\begin{pmatrix} a^{-1} & 0 \\ 0 & 1 \end{pmatrix} g) |a|_\mathbf{A}^{1/2-s} d^\times a$$

$$= \int_{F_\mathbf{A}^\times / F^\times} f(\begin{pmatrix} a & 0 \\ 0 & 1 \end{pmatrix} g) |a|_\mathbf{A}^{s-1/2} d^\times a = \Psi(g, s, f)$$

が成り立つ. これを (5.12) に代入して求める函数等式を得る. □

6. モジュラー形式と表現論

この節では $G = \mathrm{GL}(2)$ を $\mathbf{Q}$ 上の代数群と考える.カスプ形式 $f \in S_l(\Gamma_0(N), \psi)$ をとる.ここに ψ は N を法とする Dirichlet 指標である.$\mathbf{Q}_\mathbf{A}^\times$ の導手が N を割る位数有限の Hecke 指標 ω を

$$\psi(a) = \prod_{p \mid N} \omega_p(a)^{-1}, \quad a \in \mathbf{Z}, \quad (a, N) = 1$$

が成り立つようにとる.第 IV 章,定理 7.1 で示したような f に対応する $G_\mathbf{A} = \mathrm{GL}(2, \mathbf{Q}_\mathbf{A})$ 上の函数 F を考える.F と f は IV, (7.6) で対応している.Hilbert 空間 $L^2(G_\mathbf{Q} \backslash G_\mathbf{A}, \omega)$ のノルムの平方 (5.2) に対応する内積は

$$(f, h) = \int_{Z_\mathbf{A} G_\mathbf{Q} \backslash G_\mathbf{A}} f(g) \overline{h(g)} dg, \quad f, h \in L^2(G_\mathbf{Q} \backslash G_\mathbf{A}, \omega)$$

であるが,これは,測度を適当に正規化すれば,明らかに

$$(f, h) = \int_{Z_{\infty+} G_\mathbf{Q} \backslash G_\mathbf{A}} f(g) \overline{h(g)} dg$$

に等しい.ここに $Z_\infty \cong \mathbf{R}^\times$ は $Z_\mathbf{A}$ の無限成分,$Z_{\infty+} \cong \mathbf{R}_+^\times$ は Z_∞ の単位元の連結成分である.以下 $Z_{\infty+} G_\mathbf{Q} \backslash G_\mathbf{A}$ 上の右不変測度を $\mathrm{vol}(Z_{\infty+} G_\mathbf{Q} \backslash G_\mathbf{A}) = 1$ と正規化しておく.

定理 6.1 $F \in L_0^2(G_\mathbf{Q} \backslash G_\mathbf{A}, \omega)$ であり,F の L^2 ノルムと f の正規化された Petersson ノルムは等しい.

[証明] $f, h \in S_l(\Gamma_0(N), \psi)$ をとる.f, h から IV, (7.6) により $G_\mathbf{A}$ 上の函数 F, H が得られているとする.$\mathrm{GL}(2, \mathbf{Z}_p)$ の開コンパクト部分群 K_p を IV,第 7 節のように定義し

$K_f = \prod_p K_p$ とおく.$G_A = G_\mathbf{Q} K_f G_{\infty+}$ が成り立つ.よって自然な同型

$$\alpha : Z_{\infty+} G_\mathbf{Q} \backslash G_\mathbf{A} \cong Z_{\infty+} \Gamma_0(N) \backslash K_f G_{\infty+}$$

が次のように得られる.$g \in Z_{\infty+} G_\mathbf{Q} \backslash G_\mathbf{A}$ に対し,$\tilde{g} \in G_\mathbf{A}$ を $\tilde{g} \mod Z_{\infty+} G_\mathbf{Q} = g$ と取り,$\tilde{g} = \gamma k h$, $\gamma \in G_\mathbf{Q}$, $k \in K_f$, $h \in G_{\infty+}$ と分解する.$\alpha(g) = kh$ mod $Z_{\infty+} \Gamma_0(N)$ が求める同型である.よって

$$(F,H) = \int_{Z_{\infty+}G_{\mathbf{Q}}\backslash G_A} F(g)\overline{H(g)}dg = \int_{Z_{\infty+}\Gamma_0(N)\backslash K_f G_{\infty+}} F(g)\overline{H(g)}dg^{(1)}$$
$$= \int_{Z_{\infty+}\Gamma_0(N)\backslash G_{\infty+}} F(g)\overline{H(g)}dg^{(2)} = \int_{\Gamma_0(N)\backslash \mathrm{SL}(2,\mathbf{R})} F(g)\overline{H(g)}dg^{(3)}$$

を得る．ここに $dg^{(1)}$, $dg^{(2)}$, $dg^{(3)}$ はいずれも積分領域の体積を 1 と正規化した不変測度を表す．IV, (7.6) を用いればこれは

$$\int_{\Gamma_0(N)\backslash \mathrm{SL}(2,\mathbf{R})} f(gi)\overline{h(gi)}j(g,i)^{-l}\overline{j(g,i)}^{-l}dg^{(3)}$$

に等しい．ここで $gi = z \in \mathfrak{H}$ と変数変換すると，この積分は f, h の正規化された Petersson 内積 (III, 第 7 節)

$$\mathrm{vol}(\Gamma_0(N)\backslash\mathfrak{H})^{-1}\int_{\Gamma_0(N)\backslash\mathfrak{H}} f(z)\overline{h(z)}\mathrm{Im}(z)^{2l}\mathbf{d}z$$

に等しいことがわかる．ここに $\mathbf{d}z = y^{-2}dxdy$, $z = x + iy$ は $\mathfrak{H}$ 上の不変測度である．正規化された Petersson 内積を $\langle f, h\rangle$ と書けば

$$(F,H) = \langle f,h\rangle$$

が成り立つ．特に $F \in L^2(G_{\mathbf{Q}}\backslash G_{\mathbf{A}}, \omega)$ である．

次に F がカスプ形式である条件

$$\int_{U_{\mathbf{Q}}\backslash U_{\mathbf{A}}} F(ug)du = 0 \tag{6.1}$$

を確かめよう．これは $g \in G_{\mathbf{Q}}\mathrm{SL}(2,\mathbf{R})$ のときに示せば十分である．$g = \gamma g_1$, $\gamma \in G_{\mathbf{Q}}, g_1 \in \mathrm{SL}(2,\mathbf{R})$ とする．このとき (6.1) は

$$\int_{\gamma^{-1}U_{\mathbf{Q}}\gamma\backslash \gamma^{-1}U_A\gamma} F(ug_1)du = 0 \tag{6.2}$$

と同値である．$U_{\mathbf{Q}}\backslash U_A \cong \mathbf{Q}\backslash \mathbf{Q}_A \cong \mathbf{Z}\backslash\prod_p \mathbf{Z}_p \times \mathbf{R}$ ゆえ $\gamma^{-1}U_{\mathbf{Q}}\gamma\backslash\gamma^{-1}U_A\gamma \cong \gamma^{-1}U_{\mathbf{Z}}\gamma\backslash\prod_p \gamma^{-1}U_{\mathbf{Z}_p}\gamma \times \gamma^{-1}U_{\mathbf{R}}\gamma$ である．ここに

$$U_{\mathbf{Z}} = \left\{\begin{pmatrix}1 & u \\ 0 & 1\end{pmatrix}\bigg| u \in \mathbf{Z}\right\}, \quad U_{\mathbf{Z}_p} = \left\{\begin{pmatrix}1 & u \\ 0 & 1\end{pmatrix}\bigg| u \in \mathbf{Z}_p\right\}$$

である．また正整数 M, e に対し

$$U_{M\mathbf{Z}} = \left\{ \begin{pmatrix} 1 & u \\ 0 & 1 \end{pmatrix} \middle| u \in M\mathbf{Z} \right\}, \quad U_{p^e \mathbf{Z}_p} = \left\{ \begin{pmatrix} 1 & u \\ 0 & 1 \end{pmatrix} \middle| u \in p^e \mathbf{Z}_p \right\}$$

とおく．素数の有限集合 S があって $p \notin S$ ならば $\gamma^{-1} U_{\mathbf{Z}_p} \gamma \subset K_p$ となる．$p \in S$ のとき，正整数 e_p があって $\gamma^{-1} U_{p^{e_p} \mathbf{Z}_p} \gamma \subset K_p$ である．このとき，$M = \prod_{p \in S} p^{e_p}$ とおいて，(6.2) は

$$\int_{\gamma^{-1} U_{M\mathbf{Z}} \gamma \backslash \gamma^{-1} U_{\mathbf{R}} \gamma} F(ug_1) du = 0$$

と同値である．IV, (7.6) により

$$\int_{\gamma^{-1} U_{M\mathbf{Z}} \gamma \backslash \gamma^{-1} U_{\mathbf{R}} \gamma} F(ug_1) du = \int_{M\mathbf{Z} \backslash \mathbf{R}} F(\gamma^{-1} \begin{pmatrix} 1 & u \\ 0 & 1 \end{pmatrix} \gamma g_1) du$$

$$= \int_{M\mathbf{Z} \backslash \mathbf{R}} f(\gamma^{-1} \begin{pmatrix} 1 & u \\ 0 & 1 \end{pmatrix} \gamma g_1 i) j(\gamma^{-1} \begin{pmatrix} 1 & u \\ 0 & 1 \end{pmatrix} \gamma g_1, i)^{-l} du$$

$$= j(\gamma g_1, i)^{-l} \int_{M\mathbf{Z} \backslash \mathbf{R}} f(\gamma^{-1} \begin{pmatrix} 1 & u \\ 0 & 1 \end{pmatrix} z) j(\gamma^{-1}, \begin{pmatrix} 1 & u \\ 0 & 1 \end{pmatrix} z)^{-l} du$$

$$= j(\gamma g_1, i)^{-l} \det(\gamma)^{l/2} \int_{M\mathbf{Z} \backslash \mathbf{R}} (f|_k \gamma^{-1})(z+u) du$$

を得る．ここに $z = \gamma g_1 i$ であり，$f|_k \gamma^{-1}$ は III, (4.1) の下の式で定義している．f はカスプ形式であるから，正整数 M があって Fourier 展開 $(f|_k \gamma^{-1})(z) = \sum_{n=1}^{\infty} a_n e^{2\pi i n z / M}$ が成り立つ．これから上記の積分が消えていることがわかる． □

次に $f \in S_l(\Gamma_0(N), \psi)$ から IV, (7.6) により $F \in L_0^2(G_\mathbf{Q} \backslash G_\mathbf{A}, \omega)$ を作ったとしよう．$f(\neq 0)$ は N を割り切らない全ての素数 p に対し Hecke 作用素 $T(p)$ の固有函数であるとする．この状況で成立する結果の骨子をまとめておこう．

$1°$. F は $L_0^2(G_\mathbf{Q} \backslash G_\mathbf{A}, \omega)$ の閉不変既約部分空間 V に属する．(強重複度 1 定理, VII, 定理 3.3 による．) V の滑らかなベクトルの成す空間における $G_\mathbf{A}$ の Hecke 代数の既約許容表現を π とする．

$2°$. VI, 定理 3.3 により $\pi = \otimes_p \pi_p \otimes \pi_\infty$ と制限テンソル積に分解する．ここに π_p は $G(\mathbf{Q}_p) = \mathrm{GL}(2, \mathbf{Q}_p)$ の Hecke 代数 $\mathcal{H}(G(\mathbf{Q}_p))$ の無限次元既約許容表現であり，π_∞ は第 4 節で考察した Hecke 代数 $\mathcal{H}(\mathfrak{gl}(2, \mathbf{R}), \mathrm{O}(2, \mathbf{R}))$ の無限次元既約許容表現である．

3°. p は N を割り切らない素数とする. f は $T(p)$ の固有値 a_p に属するとする. α, β を
$$\alpha + \beta = p^{-(l-1)/2} a_p, \qquad \alpha\beta = \omega_p(p)$$
で定める. $\mathbf{Q}_p^\times$ の不分岐指標 μ_1, μ_2 を $\mu_1(p) = \alpha, \mu_2(p) = \beta$ で定める. このとき $\pi_p = \pi(\mu_1, \mu_2)$ である.

4°. $l \geq 2$ とする. このとき π_∞ は離散系列の表現 $\sigma(\mu_1, \mu_2)$ である. ここに
$$\mu_1(x) = |x|^{l/2}, \qquad \mu_2(x) = |x|^{-l/2} \mathrm{sgn}(x)^{\epsilon(l)}, \quad x \in \mathbf{R}^\times$$
である. $\epsilon(l)$ は l が偶数ならば 1, 奇数ならば 0 である.

5°. p は N を割る素数とする. このとき一般には π_p を簡単に定めることはできないが, ある程度の情報は得られる. p^{e_p} を N を割り切る p の最高ベキとし, $K_p = \left\{ \begin{pmatrix} a & b \\ c & d \end{pmatrix} \in \mathrm{GL}(2, \mathbf{Z}_p) \,\middle|\, c \in p^{e_p} \mathbf{Z}_p \right\}$ とおき, K_p の指標 M_p を $\begin{pmatrix} a & b \\ c & d \end{pmatrix} \mapsto \omega_p(d)$ で定める. V_p を π_p の表現空間とし
$$W_p = \{ v \in V_p \mid \pi_p(k) v = M_p(k) v \}$$
とおく. W_p は有限次元であるが, F に対応するベクトルが W_p に入っているはずだから,
$$W_p \neq \{0\}$$
がわかる. N を割り切る各 p に対し, p^{e_p} が π_p の導手に等しいとき f は new form であるという.

6°. 例として N は素数 p のベキ $N = p^e, e \geq 1$ の場合を考える. $\psi = 1$ とする. このとき $\omega = 1$ である. f は new form で e は奇数であるとしよう. このとき π_p は特殊表現, または absolutely cuspidal である. 実際 π_p が主系列表現 $\pi(\mu_1, \mu_2)$ ならば $\mu_1 \mu_2 = 1$ で π_p の導手は μ_1 の導手と μ_2 の導手の積であるから (次章第2節参照), p の偶数ベキとなり矛盾である.

7. 文献など

この章の記述は主として Jacquet-Langlands [JL], Godement [G] によったが,

第 VII 章で証明した GL(n) についての結果を援用したので，見通しがよくなっているところもある (例えば定理 1.9 の証明)．Godement の講義録 [G] は教育的で示唆に富む．著者は京都大学大学院のセミナーで四回ほど使わせてもらった．欠点は ϵ 因子などの parameter s が canonical なものからずれていて使うのに不便なことである．また誤り，誤植も散見される．本書では主系列表現の ϵ 因子を Godement の方法で計算したが，[G] の計算には二箇所誤りがあり，打ち消しあって正しい結果になっている．

　L 函数の函数等式から保型形式を回復するいわゆる逆定理 (converse theorem) については述べ得なかった．読者の自習を望む．

　GL(2) を超えた高次元の保型形式論が進展しているが，GL(2) の意義がなくなることは将来もないと思われる．Euclid 幾何学が二千年の時を超えて残っているようなものであろうか．

第IX章 GL(2) の表現の極大コンパクト部分群への制限

この章では非 Archimedes 局所体上の GL(2) の absolutely cuspidal 表現のみたす基本不等式と, その応用について述べる.

1. 基本不等式

F は非 Archimedes 局所体, $\mathcal{O}$ は F の整数環, ϖ は F の素元とする. 剰余体 $\mathcal{O}/\varpi\mathcal{O}$ の元の数を q と書く. $|\ |$ により F の正規化された乗法的付値を表す. $\widehat{F^\times}$ により $F^\times$ の指標群を表す. $F^\times$ の quasi-character χ に対し, 整数 $f(\chi)$ は χ の導手の指数部分とする. 即ち $(\varpi^{f(\chi)})$ が χ の導手である. 加法群 F の指標 ψ を

$$\psi|\mathcal{O}=1, \qquad \psi|\varpi^{-1}\mathcal{O}\neq 1$$

をみたすようにとって固定する.

以下しばらく前章の結果を復習する. π は GL$(2,F)$ の無限次元既約許容表現とする. $\omega=\omega_\pi$ を π の central character とする (ω は一般には quasi-character である). 以下 π は absolutely cuspidal 表現とする (この章では第2節を除き, π は absolutely cuspidal とする). $F^\times$ 上の複素数値 Schwartz-Bruhat 函数全体の空間を $\mathcal{S}(F^\times)$ で表す. π と同値な表現が $\mathcal{S}(F^\times)$ 上に唯一通りに実現され (簡単のためこの表現も同じ文字 π で表す)

$$(\pi(\begin{pmatrix} a & b \\ 0 & 1 \end{pmatrix})\xi)(x) = \psi(bx)\xi(ax), \qquad \forall \xi\in\mathcal{S}(F^\times) \tag{1.1}$$

をみたす. ここに $a\in F^\times, b\in F$ は任意の元である. このような $\mathcal{S}(F^\times)$ 上での実現を π の Kirillov モデルという. $F^\times$ の Haar 測度を $d^\times x$ とする.

以下 $w=\begin{pmatrix} 0 & 1 \\ -1 & 0 \end{pmatrix} \in \text{GL}(2,F)$ とおく. 上半三角行列全体の成す GL$(2,F)$

の部分群を B と書く．(1.1) により，B の $\mathcal{S}(F^\times)$ への作用は central character ω を決めたとき π によらずに定まっている．また B と w は $\mathrm{GL}(2,F)$ を生成するから，π についての本質的な情報は w の作用に含まれている．

定理 1.1 (局所関数等式)　χ は $F^\times$ の quasi-character とする．任意の $\xi \in \mathcal{S}(F^\times)$ に対して

$$\begin{aligned}\int_{F^\times} (\pi(w)\xi)(x)\omega^{-1}(x)\chi^{-1}(x)|x|^{1/2-s} d^\times x \\ = \epsilon(s, \pi \otimes \chi, \psi) \int_{F^\times} \xi(x)\chi(x)|x|^{s-1/2} d^\times x\end{aligned} \quad (1.2)$$

が成り立つ．ここに $\epsilon(s, \pi \otimes \chi, \psi)$ はイプシロン因子と呼ばれる (ξ に依存しない) 関数で，$\epsilon(\pi \otimes \chi, \psi) \in \mathbf{C}^\times$ と整数 $f(\pi \otimes \chi)$ があって

$$\epsilon(s, \pi \otimes \chi, \psi) = \epsilon(\pi \otimes \chi, \psi) q^{-f(\pi \otimes \chi)(s-1/2)}$$

と書ける．

この定理は VIII, 定理 3.3 で $g = 1$, $\xi(x) = W(\begin{pmatrix} x & 0 \\ 0 & 1 \end{pmatrix})$ とおき，$\gamma(s, \pi \otimes \chi, \psi) = \epsilon(s, \pi \otimes \chi, \psi)$ に注意すれば得られる．$f(\pi \otimes 1)$ を $f(\pi)$ と書く．η を $F^\times$ の不分岐 quasi-character とする．$s_0 \in \mathbf{C}$ があって

$$\eta(x) = |x|^{s_0}, \qquad x \in F^\times$$

と書ける．よって (1.2) より

$$\epsilon(s, \pi \otimes \chi \otimes \eta, \psi) = \epsilon(s + s_0, \pi \otimes \chi, \psi)$$

となる．特に

$$f(\pi \otimes \chi \otimes \eta) = f(\pi \otimes \chi)$$

が成り立つ．

定理 1.1 を用いて w の作用を具体的に調べよう．計算の便宜のために $F^\times$ の Haar 測度 $d^\times x$ を $\int_{\mathcal{O}^\times} d^\times x = 1$ と正規化しておく．$F^\times$ の quasi-character λ と $n \in \mathbf{Z}$ に対して

$$\xi_\lambda^{(n)}(x) = \begin{cases} \lambda(x), & |x| = q^n \text{ のとき}, \\ 0, & \text{そうでないとき} \end{cases}$$

と定義する. $F^\times$ の quasi-character λ_1 と λ_2 が $\lambda_1|\mathcal{O}^\times = \lambda_2|\mathcal{O}^\times$ をみたすとき, 函数 $\xi_{\lambda_1}^{(n)}$ と $\xi_{\lambda_2}^{(n)}$ は定数倍しか違わない. ゆえに λ が $\lambda(\varpi) = 1$ をみたす $F^\times$ の指標を走り, n が $\mathbf{Z}$ の上を走るとき, $\{\xi_\lambda^{(n)}\}$ は $\mathcal{S}(F^\times)$ の基底を成す.

補題 1.2
$$\pi(w)\xi_\lambda^{(n)} = \epsilon(\pi \otimes \lambda^{-1}, \psi) \xi_{\omega\lambda^{-1}}^{(f(\pi \otimes \lambda^{-1})-n)}$$

が成り立つ.

［証明］ (1.2) により任意の $\chi \in \widehat{F^\times}$ に対して
$$\begin{aligned}
&\int_{F^\times} (\pi(w)\xi_\lambda^{(n)})(x) \omega^{-1}(x) \chi^{-1}(x) |x|^{1/2-s} d^\times x \\
&= \epsilon(\pi \otimes \chi, \psi) q^{-f(\pi \otimes \chi)(s-1/2)} \int_{\varpi^{-n}\mathcal{O}^\times} \lambda(x)\chi(x) q^{n(s-1/2)} d^\times x
\end{aligned} \quad (1.3)$$

が成り立つ. ここで右辺は $\chi^{-1}|\mathcal{O}^\times \neq \lambda|\mathcal{O}^\times$ ならば消えるから, $\pi(w)\xi_\lambda^{(n)}$ は $\sum_m c_m \xi_{\omega\lambda^{-1}}^{(m)}$, $c_m \in \mathbf{C}$ (有限和) の形である. $f = f(\pi \otimes \lambda^{-1})$ とおく. $\chi = \lambda^{-1}$ と取ると, (1.3) の右辺は $\epsilon(\pi \otimes \lambda^{-1}, \psi) q^{(n-f)(s-1/2)}$ である. 左辺は $\sum_m c_m q^{m(1/2-s)}$ であるから, $m \neq f - n$ ならば $c_m = 0$ であり, $c_{f-n} = \epsilon(\pi \otimes \lambda^{-1}, \psi)$ を得る. □

系 関係
$$\epsilon(\pi \otimes \lambda^{-1}, \psi) \epsilon(\pi \otimes \lambda\omega^{-1}, \psi) = \omega(-1), \qquad f(\pi \otimes \lambda^{-1}) = f(\pi \otimes \lambda\omega^{-1})$$

が成り立つ.

［証明］ $\pi(w)^2 \xi_\lambda^{(n)} = \omega(-1) \xi_\lambda^{(n)}$ の左辺を補題 1.2 により計算すればよい (VIII, 定理 3.2, 4) を用いても得られる). □

$\chi \in \widehat{F^\times}$ と $n \in \mathbf{Z}$ に対して
$$\Delta_n(\chi, \psi) = \int_{\mathcal{O}^\times} \chi(x) \psi(\varpi^{-n} x) d^\times x \quad (1.4)$$

とおく. ここに測度は $\mathrm{vol}(\mathcal{O}^\times) = 1$ と正規化している.

補題 1.3 (i) $n \geq 2$ のとき, $\Delta_n(\chi,\psi) \neq 0 \iff f(\chi) = n$.
(ii) $n = 1$ ならば $\Delta_1(\chi,\psi) \neq 0 \iff f(\chi) \leq 1$.
(iii) $x \in F^\times$, $|x| = q^n$ に対し,

$$\psi(x) = \sum_\chi \Delta_n(\chi^{-1},\psi)\chi(x)$$

が成り立つ. ここに χ は $\chi(\varpi) = 1$ をみたす $F^\times$ の指標の上を走る.

[証明] まず (i) を示す. $1 \leq m \in \mathbf{Z}$, $y \in \mathcal{O}$ をとり, (1.4) において x を $x(1 + \varpi^m y)$ に変数変換すると

$$\Delta_n(\chi,\psi) = \chi(1 + \varpi^m y) \int_{\mathcal{O}^\times} \chi(x)\psi(\varpi^{-n}x)\psi(\varpi^{m-n}xy)d^\times x \tag{1.5}$$

が得られる. $f(\chi) > n$ のとき, $m = n$, $\chi(1 + \varpi^n y) \neq 1$ と $y \in \mathcal{O}$ をとることができる. このとき (1.5) から $\Delta_n(\chi,\psi) = \chi(1 + \varpi^n y)\Delta_n(\chi,\psi)$ が得られ, $\Delta_n(\chi,\psi) = 0$ がわかる. $f(\chi) < n$ とする. $f(\chi) = 0$ のとき $\Delta_n(\chi,\psi) = 0$ となることは $n \geq 2$ より容易にわかるから, $1 \leq f(\chi)$ とする. (1.5) において $m = f(\chi)$ と取ると

$$\Delta_n(\chi,\psi) = \int_{\mathcal{O}^\times} \chi(x)\psi(\varpi^{-n}x)\psi(\varpi^{m-n}xy)d^\times x$$

を得る. この式を y について積分すると, $x \in \mathcal{O}^\times$ のとき $\int_\mathcal{O} \psi(\varpi^{m-n}xy)dy$ は消えるから, $\Delta_n(\chi,\psi) = 0$ を得る.

最後に $f(\chi) = n$ とする. $R = \mathcal{O}/\varpi^n\mathcal{O}$ とおく. R は有限環である. $R^\times$ の指標 χ_0 を $\chi_0(x \bmod \varpi^n) = \chi(x)$, $x \in \mathcal{O}^\times$ で定義し, 加法群 R の指標 ψ_0 を $\psi_0(x \bmod \varpi^n) = \psi(\varpi^{-n}x)$, $x \in \mathcal{O}$ で定義する. このとき $c = |R^\times|^{-1} = 1/((q-1)q^{n-1})$ とおくと

$$\Delta_n(\chi,\psi) = c \sum_{x \in R^\times} \chi_0(x)\psi_0(x) \tag{1.6}$$

が成り立つ. これは有限環 R についての Gauss の和であり, 通常の Gauss 和と同様に扱うことができる. まず

$$\Delta_n(\chi,\psi)\Delta_n(\chi^{-1},\psi) = c^2 \sum_{x \in R^\times} \sum_{y \in R^\times} \chi_0(xy^{-1})\psi_0(x+y)$$

であるが, $x + y = zy$ とおくと, 容易にこれは

$$c^2 \sum_{y \in R^\times} \sum_{z \in R} \chi_0(z-1)\psi_0(yz)$$

に等しいことがわかる. ここで $z-1 \notin R^\times$ のとき, $\chi_0(z-1) = 0$ と約束する. $\sum_{y \in R^\times} \psi_0(yz) = \sum_{y \in R} \psi_0(yz) - \sum_{y \in \varpi R} \psi_0(yz)$, $\sum_{y \in R} \psi_0(yz)$ は $z \neq 0$ のとき 0, $z = 0$ のとき q^n, $\sum_{y \in \varpi R} \psi_0(yz)$ は $z \notin \varpi^{n-1} R$ のとき 0, $z \in \varpi^{n-1} R$ のとき q^{n-1} である. 従って上の値は

$$c^2 \left[\chi_0(-1) q^n - \sum_{z \in \varpi^{n-1} R} q^{n-1} \chi_0(z-1) \right] = c^2 \chi_0(-1) q^n$$

に等しく

$$\Delta_n(\chi, \psi) \Delta_n(\chi^{-1}, \psi) = c^2 \chi_0(-1) q^n \tag{1.7}$$

を得た. (ii) の証明も同様である.

最後に (iii) を示す. $n \leq 0$ のとき $\psi(x) = 1$ である. 一方 $\chi|\mathcal{O}^\times \neq 1$ のとき $\Delta_n(\chi, \psi) = 0$ であるから, (1.4) の右辺も 1 である. $n > 0$ とし, $x = \varpi^{-n} u$, $u \in \mathcal{O}^\times$ とおく. 函数 $\psi'(u) = \psi(\varpi^{-n} u)$ は変換 $u \mapsto (1+\varpi^n v)u$, $v \in \mathcal{O}$ で不変であるから, $\psi'(u) = \sum_\chi c_\chi \chi(u)$ と展開される. ここに χ は $\chi(\varpi) = 1$, $f(\chi) \leq n$ をみたす $F^\times$ の指標の上を走る. 指標の直交関係から $c_\chi = \Delta_n(\chi^{-1}, \psi)$ が得られ,

$$\psi(x) = \psi(\varpi^{-n} u) = \psi'(u) = \sum_\chi c_\chi \chi(u) = \sum_\chi \Delta_n(\chi^{-1}, \psi) \chi(x)$$

となる. □

定理 1.4 (基本不等式) π は $\mathrm{GL}(2, F)$ の既約許容 absolutely cuspidal 表現とする. $F^\times$ の指標 χ に対して次が成り立つ.
(i) $2f(\chi) < f(\pi)$ のとき, $f(\pi \otimes \chi) = f(\pi)$.
(ii) $2f(\chi) = f(\pi)$ のとき, $f(\pi \otimes \chi) \leq f(\pi)$.
(iii) $2f(\chi) > f(\pi)$ のとき, $f(\pi \otimes \chi) = 2f(\chi)$.

定理の証明を次に定義する最小導手の場合に帰着させる.

定義 1.5 任意の $\chi \in \widehat{F^\times}$ に対して $f(\pi \otimes \chi) \geq f(\pi)$ が成り立つとき, π は最小導手であるという.

定理 1.6 π が最小導手のとき $F^\times$ の指標 χ に対して次が成り立つ.

(i) $2f(\chi) \leq f(\pi)$ のとき, $f(\pi \otimes \chi) = f(\pi)$.
(ii) $2f(\chi) > f(\pi)$ のとき, $f(\pi \otimes \chi) = 2f(\chi)$.

補題 1.7 定理 1.4 と定理 1.6 は同値である.

［証明］ 定理 1.4 から定理 1.6 が従うことは明らかである. 逆を示す. 定理 1.4 の π は最小導手の表現 π_0 と $\lambda \in \widehat{F^\times}$ によって, $\pi = \pi_0 \otimes \lambda$ と書ける. もし $2f(\lambda) \leq f(\pi_0)$ ならば定理 1.6, (i) によって $f(\pi) = f(\pi_0)$ となり, π は最小導手である. このとき π に対して定理 1.4 の主張が成り立つことは明らかである. よって $2f(\lambda) > f(\pi_0)$ と仮定する. 定理 1.6, (ii) により $f(\pi) = 2f(\lambda)$ である.
(i) $f(\chi) < f(\lambda)$ のとき. $f(\lambda\chi) = f(\lambda)$ ゆえ定理 1.6, (ii) によって $f(\pi \otimes \chi) = f(\pi_0 \otimes \lambda\chi) = 2f(\lambda) = f(\pi)$ となる. 即ち定理 1.4, (i) が成り立つ.
(ii) $f(\chi) = f(\lambda)$ のとき. $f(\lambda\chi) \leq f(\lambda)$ ゆえ定理 1.6, (i), (ii) と $2f(\lambda) > f(\pi_0)$ によって $f(\pi \otimes \chi) = f(\pi_0 \otimes \lambda\chi) \leq 2f(\lambda) = f(\pi)$ となる. 即ち定理 1.4, (ii) が成り立つ.
(iii) $f(\chi) > f(\lambda)$ のとき. $f(\lambda\chi) = f(\chi)$ ゆえ定理 1.6, (ii) によって $f(\pi \otimes \chi) = f(\pi_0 \otimes \lambda\chi) = 2f(\chi)$ となる. 即ち定理 1.4, (iii) が成り立つ. □

定理 1.6 の証明は, 関係式

$$w \begin{pmatrix} 1 & 1 \\ 0 & 1 \end{pmatrix} w = \begin{pmatrix} -1 & 1 \\ 0 & -1 \end{pmatrix} w \begin{pmatrix} 1 & -1 \\ 0 & 1 \end{pmatrix} \tag{1.8}$$

を適当な $\xi_\lambda^{(n)}$ に作用させて, 補題 1.2 を用いて両辺を比較することで得られる. まず補題を準備する.

補題 1.8 $f(\pi) \geq 2$.

［証明］ 証明中 $*$ により 0 でない複素数を表すことにする.
(1) $f(\pi) < 0$ とする. (1.8) を $\xi_1^{(0)}$ に作用させる. 補題 1.2 を用いて計算すると, 左辺からは $*\xi_1^{(0)}$ が得られ, 右辺からは $*\xi_\omega^{(f(\pi))}$ が得られる. これは矛盾である.
(2) $f(\pi) = 0$ とする. (1.8) を $\xi_1^{(1)}$ に作用させる. 補題 1.2 を用いて計算すると, 左辺から $*\xi_1^{(1)}$ が得られることは容易にわかる. 右辺については補題 1.3, (ii), (iii) により

$$\pi(\begin{pmatrix} 1 & -1 \\ 0 & 1 \end{pmatrix})\xi_1^{(1)} = \sum_{\mu, f(\mu) \leq 1} c_\mu \xi_\mu^{(1)}$$

$c_1 \neq 0$ がわかり, 従って補題 1.2 によって

$$\pi(w\begin{pmatrix} 1 & -1 \\ 0 & 1 \end{pmatrix})\xi_1^{(1)} = \sum_{\mu, f(\mu) \leq 1} d_\mu \xi_{\omega\mu^{-1}}^{(f(\pi \otimes \mu^{-1})-1)}$$

$d_1 \neq 0$ となる. ここに μ は $F^\times$ の指標で $\mu(\varpi) = 1$, $f(\mu) \leq 1$ をみたすものの上を走っている. ゆえに函数 $\pi(\begin{pmatrix} -1 & 1 \\ 0 & -1 \end{pmatrix} w \begin{pmatrix} 1 & -1 \\ 0 & 1 \end{pmatrix})\xi_1^{(1)}$ を $\{x \in F^\times \mid |x| = q^{-1}\}$ に制限したものは 0 ではない. これは矛盾である.

(3) $f(\pi) = 1$ とする. (1.8) を $\xi_1^{(0)}$ に作用させる. 補題 1.2 を用いて計算すると, $\pi(\begin{pmatrix} 1 & 1 \\ 0 & 1 \end{pmatrix} w)\xi_1^{(0)}(x) = *\psi(x)\xi_\omega^{(1)}(x)$ を得る. 補題 1.3 によりこれは $\sum_{\mu, f(\mu) \leq 1} c_\mu \xi_{\omega\mu}^{(1)}$ と書ける. 補題 1.2 により, 左辺は $\sum_{\mu, f(\mu) \leq 1} d_\mu \xi_{\mu^{-1}}^{(f(\pi \otimes \omega^{-1}\mu^{-1})-1)}$ になる. ここで $d_1 \neq 0$ に注意しておく. $f(\pi) = f(\pi \otimes \omega^{-1})$ であるから, 左辺は $*\xi_1^{(0)}$ の項を含み, $\{x \in F^\times \mid |x| = 1\}$ に制限したものは 0 ではない. しかし右辺は補題 1.2 により $*\psi(-x)\xi_\omega^{(1)}(x)$ であり, $\{x \in F^\times \mid |x| = 1\}$ への制限は 0 である. これは矛盾である. □

補題 1.9 π は最小導手であるとする. このとき $f(\omega) \leq f(\pi)/2$ が成り立つ.

［証明］ まず $f(\omega) < f(\pi)$ であることを示す. $f(\omega) \geq f(\pi)$ と仮定し, 関係式 (1.8) を $\xi_1^{(f(\pi))}$ に作用させる. 補題 1.2 により容易に左辺は $\omega(-1)\xi_1^{(f(\pi))}$ であることがわかる. 補題 1.2, 1.3, 1.8 を用いると右辺は

$$\omega(-1)\psi(-x) \sum_{\mu, f(\mu) = f(\pi)} c_\mu \xi_{\omega\mu^{-1}}^{(f(\pi \otimes \mu^{-1})-f(\pi))}(x)$$

となる. ここに μ は $\mu(\varpi) = 1$, $f(\mu) = f(\pi)$ をみたす $F^\times$ の指標の上を走り, $c_\mu \in \mathbf{C}^\times$ である. ゆえに

$$\psi(x)\xi_1^{(f(\pi))}(x) = \sum_{\mu, f(\mu) = f(\pi)} c_\mu \xi_{\omega\mu^{-1}}^{(f(\pi \otimes \mu^{-1})-f(\pi))}(x)$$

である. $\psi(x)$ を $|x| = q^{f(\pi)}$ のとき補題 1.3, 1.8 を用いて展開する. $f(\omega) > f(\pi)$

ならば明らかに矛盾. $f(\omega) = f(\pi)$ のときは, $\mu|\mathcal{O}^\times = \omega|\mathcal{O}^\times$ となる μ について みると, $c_\mu \neq 0$ から矛盾が得られる.

次に $f(\omega) > f(\pi)/2$ と仮定して矛盾を導く. (1.8) を $\xi_1^{(f(\omega))}$ に作用させる. 補題 1.2, 1.3 により左辺は $\sum_\mu c_\mu \xi_{\mu^{-1}}^{(f(\pi \otimes \omega^{-1} \mu^{-1}) - f(\pi) + f(\omega))}$ の形である. ここに μ は $f(\mu) \leq f(\pi) - f(\omega)$, $\mu(\varpi) = 1$ をみたす $F^\times$ の指標を走る. 補題 1.2, 1.3 により右辺は $\omega(-1)\psi(-x) \sum_\lambda d_\lambda \xi_{\omega\lambda^{-1}}^{(f(\pi \otimes \lambda^{-1}) - f(\omega))}(x)$ の形である. ここに λ は $f(\lambda) = f(\omega)$, $\lambda(\varpi) = 1$ をみたす $F^\times$ の指標を走る. $\lambda|\mathcal{O}^\times = \omega|\mathcal{O}^\times$ となる λ について $d_\lambda \neq 0$ であるから, 右辺の函数を $\{x \in F^\times \mid |x| = q^{f(\pi) - f(\omega)}\}$ に制限した ものは消えていない. これは $f(\pi \otimes \omega^{-1} \mu^{-1}) - f(\pi) + f(\omega) \geq f(\omega) > f(\pi) - f(\omega)$ に矛盾する. □

[定理 1.6 の証明] 証明中 $*$ により 0 でない複素数を表すことにする. まず (i) を示そう.

(1) $f(\pi)$ が偶数の場合.

$f(\pi) = 2f_0$ とおく. (1.8) を $\xi_1^{(f_0)}$ に作用させる.

まず左辺をみる. 補題 1.2 により $\pi(\begin{pmatrix} 1 & 1 \\ 0 & 1 \end{pmatrix} w)\xi_1^{(f_0)}(x) = *\psi(x)\xi_\omega^{(f_0)}(x)$ であ るが, 補題 1.3 によりこれは $\sum_{\mu, f(\mu) \leq f_0} c_\mu \xi_{\mu\omega}^{(f_0)}$ の形である. 補題 1.2 により左 辺は $\sum_\chi d_\chi \xi_\chi^{(n(\chi))}$ の形である. ここに χ は $f(\chi) \leq f_0$, $\chi(\varpi) = 1$ をみたす $F^\times$ の指標の上を走り, $d_\chi \in \mathbf{C}$, $n(\chi)$ は χ に依存する整数である.

次に右辺をみよう. $\pi(\begin{pmatrix} 1 & -1 \\ 0 & 1 \end{pmatrix})\xi_1^{(f_0)}(x) = \psi(-x)\xi_1^{(f_0)}(x)$ である. 補題 1.3 により, これは $\sum_\mu *\xi_\mu^{(f_0)}$ と展開される. ここに μ は $\mu(\varpi) = 1$, $f(\mu) = f_0$ をみ たす $F^\times$ の指標の上をわたる. ただし $f_0 = 1$ のときは $\mu = 1$ も現れる. ゆえに 補題 1.2 により

$$\pi(\begin{pmatrix} -1 & 1 \\ 0 & -1 \end{pmatrix} w \begin{pmatrix} 1 & -1 \\ 0 & 1 \end{pmatrix})\xi_1^{(f_0)}(x) = \psi(-x) \sum_\mu *\xi_{\omega\mu^{-1}}^{(f(\pi \otimes \mu^{-1}) - f_0)}(x)$$

を得る. この右辺を $\sum_\nu \sum_{m \in \mathbf{Z}} c_{\nu,m} \xi_\nu^{(m)}$ の形に書く. ここに ν は $\nu(\varpi) = 1$ をみ たす $F^\times$ の指標を走る. ある $\mu \in \widehat{F^\times}$, $f(\mu) = f_0$ に対して $f(\pi \otimes \mu^{-1}) > 2f_0$ に なったとする. 補題 1.9 により $f(\omega) \leq f_0$ である. よって補題 1.3 により $f(\nu) > f_0$ をみたすある ν について $c_{\nu,m} \neq 0$ となっていることがわかる. 左辺と比べたと

きこれは矛盾である.

従って $\chi \in \widehat{F^\times}$, $f(\chi) = f_0$ ならば, $f(\pi \otimes \chi) = 2f_0$ であることがわかった. $\lambda \in \widehat{F^\times}$, $f(\lambda) < f_0$ については, $\lambda = \chi\chi'$, $f(\chi) = f(\chi') = f_0$ と書く. $\pi \otimes \chi$ は上に示したことから, 最小導手 $2f_0$ であって, これに上の結果を適用して $f(\pi \otimes \lambda) = f((\pi \otimes \chi) \otimes \chi') = 2f_0$ を得る. よって $f(\pi)$ が偶数の場合には (i) が証明された.

(2) $f(\pi)$ が奇数の場合.

$f(\pi) = 2f_0 + 1$ とおく. (1.8) を $\xi_1^{(f_0)}$ に作用させる.

まず左辺をみる. 補題 1.2 により $\pi(\begin{pmatrix} 1 & 1 \\ 0 & 1 \end{pmatrix} w)\xi_1^{(f_0)}(x) = *\psi(x)\xi_\omega^{(f_0+1)}(x)$ であるが, 補題 1.3 によりこれは $\sum_{\mu, f(\mu)=f_0+1} c_\mu \xi_{\mu\omega}^{(f_0+1)}$ の形である. 補題 1.2 により左辺は $\sum_\chi d_\chi \xi_\chi^{(n(\chi))}$ の形である. ここに χ は $f(\chi) = f_0 + 1$, $\chi(\varpi) = 1$ をみたす $F^\times$ の指標の上を走り, $d_\chi \in \mathbf{C}$, $n(\chi)$ は χ に依存する整数である.

次に右辺をみる. $\pi(\begin{pmatrix} 1 & -1 \\ 0 & 1 \end{pmatrix})\xi_1^{(f_0)}(x) = \psi(-x)\xi_1^{(f_0)}(x)$ である. 補題 1.3 により, これは $\sum_\mu *\xi_\mu^{(f_0)}$ と展開される. ここに μ は $\mu(\varpi) = 1$, $f(\mu) = f_0$ をみたす $F^\times$ の指標の上をわたる. ただし $f_0 = 1$ のときは $\mu = 1$ も現れる. ゆえに補題 1.2 により

$$\pi(\begin{pmatrix} -1 & 1 \\ 0 & -1 \end{pmatrix} w \begin{pmatrix} 1 & -1 \\ 0 & 1 \end{pmatrix})\xi_1^{(f_0)}(x) = \psi(-x) \sum_\mu *\xi_{\omega\mu^{-1}}^{(f(\pi \otimes \mu^{-1}) - f_0)}(x)$$

を得る. この右辺を $\sum_\nu \sum_{m \in \mathbf{Z}} c_{\nu, m} \xi_\nu^{(m)}$ の形に書く. ここに ν は $\nu(\varpi) = 1$ をみたす $F^\times$ の指標を走る. ある $\mu \in \widehat{F^\times}$, $f(\mu) = f_0$ に対して $f(\pi \otimes \mu^{-1}) > 2f_0 + 1$ になったとする. 補題 1.9 と補題 1.3 により $f(\nu) > f_0 + 1$ をみたすある ν について $c_{\nu, m} \neq 0$ となっていることが容易にわかる. 左辺と比べたときこれは矛盾である.

従って $\chi \in \widehat{F^\times}$, $f(\chi) = f_0$ ならば, $f(\pi \otimes \chi) = 2f_0 + 1$ であることがわかった. 場合 (1) と同様にして, (i) を得る.

次に $f(\pi) > f(\chi) > f(\pi)/2$ の場合に (ii) を証明しよう.

(1) $f(\pi)$ が偶数の場合.

$f(\pi) = 2f_0$ とおく. 整数 n を $f_0 < n < 2f_0$ と取り, (1.8) を $\xi_1^{(n)}$ に作用させる (仮定からこのような n は存在する).

左辺をみると補題 1.2 により, $\pi(\begin{pmatrix} 1 & 1 \\ 0 & 1 \end{pmatrix} w)\xi_1^{(n)}(x) = *\psi(x)\xi_\omega^{(f(\pi)-n)}(x)$ ゆえ, 補題 1.2, 1.3 を用いて左辺は $\sum_\mu \sum_{m \in \mathbf{Z}} c_{\mu,m} \xi_\mu^{(m)}$ の形であることがわかる. ここに μ は $f(\mu) \leq f(\pi) - n < f_0$, $\mu(\varpi) = 1$ をみたす $F^\times$ の指標を走る.

次に右辺をみると, 補題 1.2, 1.3 により

$$\pi(\begin{pmatrix} -1 & 1 \\ 0 & -1 \end{pmatrix} w \begin{pmatrix} 1 & -1 \\ 0 & 1 \end{pmatrix})\xi_1^{(n)}(x) = \omega(-1)\psi(-x) \sum_{\mu, f(\mu) = n} *\xi_{\omega\mu^{-1}}^{(f(\pi \otimes \mu^{-1})-n)}$$

が右辺であるが, これを $\sum_\nu \sum_{m \in \mathbf{Z}} d_{\nu,m} \xi_\nu^{(m)}$ の形に書く. ここに ν は $\nu(\varpi) = 1$ をみたす $F^\times$ の指標を走る. ある $\mu \in \widehat{F^\times}$, $f(\mu) = n$ について $f(\pi \otimes \mu^{-1}) - n > n$ ならば, 補題 1.3, 1.9 によりある $d_{\nu,m} \neq 0$ がある ν, $f(\nu) > n$ について成り立つ. これは矛盾. もしある $\mu \in \widehat{F^\times}$, $f(\mu) = n$ について $f(\pi \otimes \mu^{-1}) - n < n$ ならば, ある $d_{\nu,m} \neq 0$ がある ν, $f(\nu) = n$ について成り立つ. これは矛盾. ゆえに $f(\mu) = n$ である $F^\times$ の任意の指標 μ に対して $f(\pi \otimes \mu) = 2n$ が成り立つ.

(2) $f(\pi)$ が奇数の場合.

$f(\pi) = 2f_0 + 1$ とおく. 整数 n を $f_0 < n < 2f_0 + 1$ と取り, (8) を $\xi_1^{(n)}$ に作用させる.

左辺をみると補題 1.2, 1.3 を用いて $\sum_\mu \sum_{m \in \mathbf{Z}} c_{\mu,m} \xi_\mu^{(m)}$ の形であることがわかる. ここに μ は $f(\mu) \leq f(\pi) - n \leq f_0$, $\mu(\varpi) = 1$ をみたす $F^\times$ の指標を走る. $f(\pi)$ が偶数の場合と同様に, 右辺をみることにより, $f(\mu) = n$ である $F^\times$ の任意の指標 μ に対して $f(\pi \otimes \mu) = 2n$ が成り立つことがわかる.

最後に $f(\chi) \geq f(\pi)$ の場合に (ii) を証明しよう. 整数 n を $n \geq f(\pi)$ と取り, (1.8) を $\xi_1^{(n)}$ に作用させる. 補題 1.2 を用いて容易に左辺は $\omega(-1)\xi_1^{(n)}$ であることがわかる. 補題 1.2, 1.3 を用いると右辺は

$$\omega(-1)\psi(-x) \sum_{\mu, f(\mu) = n} c_\mu \xi_{\omega\mu^{-1}}^{(f(\pi \otimes \mu^{-1})-n)}(x)$$

となる. ここに μ は $\mu(\varpi) = 1$, $f(\mu) = n$ をみたす $F^\times$ の指標の上を走り, $c_\mu \neq 0$ である. 両辺を比べて $f(\pi \otimes \mu) = 2n$ が全ての μ, $f(\mu) = n$ に対して成り立っていることがわかる. これで定理 1.6 の証明が完成した. □

注意 1.10 (1) 定理 1.4 は χ が $F^\times$ の quasi-character であるときも成り立つ. (2) 補題 1.9 は π が最小導手でなくても成り立つ.

2. 局所 Atkin-Lehner 定理

記号は前節と同じとする．この節では局所 Atkin-Lehner 定理を証明する．$\mathrm{GL}(2,\mathcal{O})$ の部分群 L を

$$L = \left\{ \begin{pmatrix} a & b \\ 0 & 1 \end{pmatrix} \,\middle|\, a \in \mathcal{O}^\times, b \in \mathcal{O} \right\}$$

で定める．また正整数 N に対して

$$\Gamma_0(N) = \left\{ \begin{pmatrix} a & b \\ c & d \end{pmatrix} \in \mathrm{GL}(2,\mathcal{O}) \,\middle|\, c \equiv 0 \mod \varpi^N \right\}$$

とおく．$\Gamma_0(0) = \mathrm{GL}(2,\mathcal{O})$ とおく．

定理 2.1 (π, V) は $\mathrm{GL}(2,F)$ の無限次元既約許容表現, ω は π の central character とする．V の部分空間 $V(N)$ を

$$V(N) = \left\{ v \in V \,\middle|\, \pi(\begin{pmatrix} a & b \\ c & d \end{pmatrix})v = \omega(d)v, \,\forall \begin{pmatrix} a & b \\ c & d \end{pmatrix} \in \Gamma_0(N) \right\}$$

で定める．$d(N)$ を $V(N)$ の次元とする．このとき 0 以上の整数 $f(\pi)$ があって

$$d(N) = \begin{cases} 0, & N < f(\pi) \text{ のとき}, \\ N - f(\pi) + 1, & N \geq f(\pi) \text{ のとき} \end{cases}$$

が成り立つ．π が absolutely cuspidal ならば $f(\pi)$ は前節で定義したものと一致する．

[証明] V は π の Kirillov モデル $K(\pi, \psi)$ であるとしてよい．

$$W = \{ \xi \in K(\pi, \psi) \mid \pi(g)\xi = \xi, \,\forall g \in L \}$$

とおく．明らかに $V(N) \subset W$ である．$\xi \in V(N)$ ならば

$$w^{-1} \begin{pmatrix} 1 & \varpi^N u \\ 0 & 1 \end{pmatrix} w = \begin{pmatrix} 1 & 0 \\ -\varpi^N u & 1 \end{pmatrix}$$

ゆえ

$$\pi(\begin{pmatrix} 1 & \varpi^N u \\ 0 & 1 \end{pmatrix})\pi(w)\xi = \pi(w)\xi, \qquad \forall u \in \mathcal{O} \tag{2.1}$$

が成り立つ．逆に (2.1) が $\xi \in W$ に対して成り立てば $\xi \in V(N)$ であることは容易にわかる．(2.1) は

$$\mathrm{Supp}(\pi(w)\xi) \subset \varpi^{-N}\mathcal{O} \tag{2.2}$$

と同値である．

(I) まず π は absolutely cuspidal の場合を考える． $\xi \in W$ ならば $\xi = \sum_{n \in \mathbf{Z}} c_n \xi_1^{(n)}$, $c_n \in \mathbf{C}$ と書ける． ξ は $\begin{pmatrix} 1 & u \\ 0 & 1 \end{pmatrix}$, $u \in \mathcal{O}$ で不変であるから, $\xi = \sum_{n \leq 0} c_n \xi_1^{(n)}$ の形である．補題 1.2 により

$$\pi(w)\xi = \sum_{n \leq 0} c_n \epsilon(\pi, \psi) \xi_\omega^{(f(\pi)-n)} \tag{2.3}$$

を得る． $\pi(w)\xi$ が (2.2) をみたす条件は $f(\pi) - n \leq N$ である．よって $\xi = \sum_{f(\pi)-N \leq n \leq 0} c_n \xi_1^{(n)}$,

$$V(N) = \langle \xi_1^{(n)} \mid f(\pi) - N \leq n \leq 0 \rangle \tag{2.4}$$

を得, $d(N) = \dim V(N)$ が定理の公式で与えられることがわかる．

一般の場合，任意の $\xi \in K(\pi.\psi)$ に対して成り立つ局所函数等式

$$\begin{aligned}\int_{F^\times} (\pi(w)\xi)(x)\omega^{-1}(x)\chi^{-1}(x)|x|^{1/2-s}d^\times x \\ = \gamma(s, \pi \otimes \chi, \psi) \int_{F^\times} \xi(x)\chi(x)|x|^{s-1/2}d^\times x\end{aligned} \tag{2.5}$$

を用いる (VIII, 定理 3.3). ここに

$$\gamma(s, \pi \otimes \chi, \psi) = \frac{L(1-s, \check{\pi} \otimes \chi^{-1})}{L(s, \pi \otimes \chi)} \epsilon(s, \pi \otimes \chi, \psi)$$

は γ 因子である． $\epsilon(\pi \otimes \chi, \psi) = \epsilon(1/2, \pi \otimes \chi, \psi)$ とおく．

(II) $\pi = \pi(\mu_1, \mu_2)$ が主系列表現である場合を考える．ここに μ_1, μ_2 は $F^\times$ の quasi-character である． $(\varpi^{f(\mu_i)})$ を μ_i の導手とする $(i = 1, 2)$. $f(\pi) = f(\mu_1) + f(\mu_2)$ とおく．

(a) μ_1, μ_2 が分岐するとき．

このとき $\gamma(s, \pi \otimes \chi, \psi) = \epsilon(s, \pi \otimes \chi, \psi)$ であり

$$\epsilon(s,\pi,\psi) = \epsilon(\pi,\psi)q^{-f(\pi)(s-1/2)}$$

が成り立つ. VIII, 注意 2.8 により $W = \langle \xi_1^{(n)} \mid n \leq 0 \rangle$ がわかる. 局所函数等式より, absolutely cuspidal の場合と同様に

$$\pi(w)\xi_1^{(n)} = \epsilon(\pi,\psi)\xi_\omega^{(f(\pi)-n)} \tag{2.6}$$

となる. よってこの場合にも (2.4) は成り立つ.

(b) μ_1 が不分岐, μ_2 が分岐するとき.

VIII, 注意 2.8 により $W = \langle \xi_1^{(n)} \mid n \leq 0 \rangle \oplus \langle \eta_1(x) \rangle$ がわかる. ここに $i=1, 2$ に対し

$$\eta_i(x) = \begin{cases} |x|^{1/2}\mu_i(x), & |x| \leq 1 \\ 0, & |x| > 1 \end{cases}$$

である. $\xi \in W$ のとき, $\chi|\mathcal{O}^\times \neq 1$ ならば (2.5) の右辺は消える. よって VIII, 注意 2.8 により $\pi(w)\xi \in \langle \xi_\omega^{(m)} \rangle \oplus \langle \eta_2 \rangle$ がわかる.

$$\pi(w)\xi = \sum_m c_m \xi_\omega^{(m)} + c\eta_2, \qquad c_m, c \in \mathbf{C}$$

とおく. ここに m については有限和である. このとき

$$\int_{F^\times} (\pi(w)\xi)(x)\omega^{-1}(x)|x|^{1/2-s}d^\times x$$
$$= \sum_m c_m q^{m(1/2-s)} + c\int_{\mathcal{O}} |x|^{1-s}\mu_1^{-1}(x)d^\times x$$
$$= \sum_m c_m q^{m(1/2-s)} + cL(1-s,\mu_1^{-1})$$

となる. 条件 (2.2) は

$$\int_{F^\times} (\pi(w)\xi)(x)\omega^{-1}(x)|x|^{1/2-s}d^\times x = \sum_{m \geq -N} \delta_m q^{ms}, \qquad \delta_m \in \mathbf{C}$$

と書ける. この条件を $\chi = 1$ として (2.5) の右辺について調べる.

$$\gamma(s,\pi,\psi) = \frac{L(1-s,\mu_1^{-1})}{L(s,\mu_1)}\epsilon(s,\pi,\psi), \quad \epsilon(s,\pi,\psi) = \epsilon(\pi,\psi)q^{-f(\mu_2)(s-1/2)}$$

であるから, (2.5) の右辺は

$$\epsilon(\pi,\psi)\frac{L(1-s,\mu_1^{-1})}{L(s,\mu_1)}q^{-f(\mu_2)(s-1/2)}\int_{F^\times} \xi(x)|x|^{s-1/2}d^\times x \tag{2.7}$$

となる. (2.7) の q^s について最低次数は $\xi = \xi_1^{(n)}$ のとき $n - f(\mu_2) - 1$, $\xi = \eta_1$ のとき $-f(\mu_2)$ である. よって $N < f(\pi) = f(\mu_2)$ のとき $V(N) = \{0\}$, $N \geq f(\mu_2)$ のとき
$$V(N) = \langle \eta_1 \rangle \oplus \langle \xi_1^{(n)} \mid f(\mu_2) - (N-1) \leq n \leq 0 \rangle$$
を得て, 定理が成り立つことがわかる.

(c) μ_1, μ_2 が不分岐のとき.

この場合は $\mathcal{B}(\mu_1, \mu_2)$ を直接考えて簡単な証明が得られる (問題 2.2).

(III) $\pi = \sigma(\mu_1, \mu_2)$ が特殊表現である場合を考える. $\mu_1 \mu_2^{-1} = \nu$ としてよい. ここに $\nu(x) = |x|$, $x \in F^\times$ である.

(a) μ_1, μ_2 が分岐するとき.

このとき局所函数等式から (2.6) が得られ, (II), (a) と同様に $f(\pi) = f(\mu_1) + f(\mu_2)$ として (2.4) が成り立つ.

(b) μ_1, μ_2 が不分岐のとき.

この場合は (II), (b) とほとんど同様の計算により $f(\pi) = 1$ として定理が成り立つことがわかる. $V(0) = \{0\}$, $V(1) = \langle \eta_1 \rangle$,
$$V(N) = \langle \eta_1 \rangle \oplus \langle \xi_1^{(n)} \mid -(N-2) \leq n \leq 0 \rangle, \qquad N \geq 2$$
である. □

問題 2.2
$$\mathrm{GL}(2, F) = \bigsqcup_{i=0}^{N} B \begin{pmatrix} 1 & 0 \\ \varpi^i & 1 \end{pmatrix} \Gamma_0(N)$$
を示し, これを用いて定理 2.1 の (II), (c) の場合を証明せよ.

($\varpi^{f(\pi)}$) を π の導手という. 読者の便宜のため, 定理 2.1 の証明中に得られた $f(\pi)$ の値を表にまとめておこう.

π	$f(\pi)$
$\pi = \pi(\mu_1, \mu_2)$ は主系列表現	$f(\mu_1) + f(\mu_2)$
$\pi = \sigma(\mu_1, \mu_2)$ は特殊表現, μ_1 は分岐	$f(\mu_1) + f(\mu_2)$
$\pi = \sigma(\mu_1, \mu_2)$ は特殊表現, μ_1 は不分岐	1
π は absolutely cuspidal	≥ 2

3. 基本不等式の応用 I

第 1 節と同じ記号を用いる．この節では π は $\mathrm{GL}(2, F)$ の既約許容 absolutely cuspidal 表現とする．π の $\mathrm{GL}(2, \mathcal{O})$ への制限を分析しよう．$\mathrm{GL}(2, \mathcal{O})$ の部分群 $A(\mathcal{O})$, $N(\mathcal{O})$ を

$$A(\mathcal{O}) = \left\{ \begin{pmatrix} a & 0 \\ 0 & d \end{pmatrix} \,\middle|\, a, d \in \mathcal{O}^\times \right\},$$

$$N(\mathcal{O}) = \left\{ \begin{pmatrix} 1 & u \\ 0 & 1 \end{pmatrix} \,\middle|\, u \in \mathcal{O} \right\}$$

で定める．

定義 3.1 $\mathrm{GL}(2, \mathcal{O})$ の表現 σ はその $N(\mathcal{O})$ への制限が自明な表現を含まないとき cuspidal であるという．

簡単のために π は最小導手であると仮定する．まず簡単な場合から考察を始めよう．

$f(\pi)$ が偶数の場合，$f(\pi) = 2f_0$ とおく．

$$W = \langle \xi_\lambda^{(f_0)} \mid \lambda \in \widehat{F^\times}, f(\lambda) \leq f_0 \rangle$$

とおく．明らかに $\dim W = (q-1)q^{f_0 - 1}$ である．

$f(\pi)$ が奇数の場合，$f(\pi) = 2f_0 + 1$ とおく．

$$W = \langle \xi_\lambda^{(f_0)} \mid \lambda \in \widehat{F^\times}, f(\lambda) \leq f_0 \rangle \oplus \langle \xi_\lambda^{(f_0+1)} \mid \lambda \in \widehat{F^\times}, f(\lambda) \leq f_0 + 1 \rangle$$

とおく．明らかに $\dim W = (q-1)(q+1)q^{f_0 - 1}$ である．

η は $\mathcal{O}$ の指標とする．η の $\varpi^m \mathcal{O}$ への制限が自明となる最小の非負整数 m がある．このとき $\varpi^m \mathcal{O}$ を η の導手，m を導手の指数 (exponent) という．

命題 3.2 W は $\mathrm{GL}(2, \mathcal{O})$ の作用で stable である．σ を W 上に実現される $\mathrm{GL}(2, \mathcal{O})$ の表現とする．このとき σ は既約 cuspidal である．さらに σ の $N(\mathcal{O})$ への制限の各既約成分は重複度 1 で現れ，$\mathcal{O}$ の指標とみたときの導手の指数は $f(\pi)$ が偶数のときは f_0，奇数のときは f_0 または $f_0 + 1$ である．

[証明] 補題 1.3 により W は $N(\mathcal{O})$ で stable である．補題 1.2, 1.9 と定理

1.6 により W は w で stable である. Kirillov モデルの定義により W は $A(\mathcal{O})$ で stable である. $N(\mathcal{O}), A(\mathcal{O}), w$ は $\mathrm{GL}(2, \mathcal{O})$ を生成するから, W は $\mathrm{GL}(2, \mathcal{O})$ の作用で stable になる.

ある $0 \neq \xi \in W$ があって $\psi(ux)\xi(x) = \xi(x)$ が全ての $u \in \mathcal{O}$ に対して成り立ったとする. $\xi(x_0) \neq 0$ となる $x_0 \in F^\times$ をとると, $\psi(ux_0) = 1$ が全ての $u \in \mathcal{O}$ に対して成り立つ. よって $x_0 \in \mathcal{O}$ であり, $\mathrm{Supp}(\xi) \subset \{x \in F^\times \mid x \in \mathcal{O}\}$ を得るが, これは W の定義から不可能である. ゆえに σ は cuspidal である.

次に既約性を示す. W_0 を W の不変部分空間とする. $f(\pi)$ は偶数とする. W_0 を群 $\left\{ \begin{pmatrix} a & 0 \\ 0 & 1 \end{pmatrix} \mid a \in \mathcal{O}^\times \right\}$ の作用で分解することにより, $\xi_\lambda^{(f_0)} \in W_0$ がある $\lambda \in \widehat{F^\times}, f(\lambda) \leq f_0$ について成り立つことがわかる. このとき任意の $u \in \mathcal{O}$ に対して $\psi(ux)\xi_\lambda^{(f_0)}(x) \in W_0$ である. 補題 1.3 によりこの函数を指標の (係数付の) 和に分解すれば, $\xi_1^{(f_0)} \in W_0$ がわかる. よって $\psi(ux)\xi_1^{(f_0)}(x) \in W_0$ から, 再び補題 1.3 により任意の $\mu \in \widehat{F^\times}, f(\mu) \leq f_0$ について $\xi_\mu^{(f_0)} \in W_0$ がわかる. よって $W_0 = W$ である. $f(\pi)$ が奇数の場合も全く同様である. ほかの事実の証明も容易であるから省略する. □

命題 3.2 の σ は Casselman が [C2] で strongly cuspidal 表現と呼んだものである. さらに進んで π の $\mathrm{GL}(2, \mathcal{O})$ への制限の既約 cuspidal 成分を完全に決定しよう.

定義 3.3 σ は $\mathrm{GL}(2, \mathcal{O})$ の連続表現とする. σ が準同型 $\mathrm{GL}(2, \mathcal{O}) \longrightarrow \mathrm{GL}(2, \mathcal{O}/\varpi^N)$ を経由 (factor through) するような最小の正整数 N を σ のレベルという.

補題 3.4 $\mathrm{GL}(2, \mathcal{O})$ の既約 cuspidal 連続表現 σ が π の制限として $W \subset \mathcal{S}(F^\times)$ 上に実現されているとする. N を σ のレベルとする. このとき σ の $N(\mathcal{O})$ への制限の既約成分の内に, $\mathcal{O}$ の指標とみたときの導手の指数が N であるものが存在する.

［証明］ σ の $N(\mathcal{O})$ への制限の既約成分を $\mathcal{O}$ の指標とみたときの導手の exponent の最大値を M とする. $M < N$ と仮定し矛盾を導く. ある $0 \neq \xi \in W$ と $a \in \mathcal{O}^\times$ があって

$$\pi(\begin{pmatrix} 1 & u \\ 0 & 1 \end{pmatrix})\xi = \psi(\varpi^{-M}au)\xi, \quad \forall u \in \mathcal{O}$$

となる. $\pi(\begin{pmatrix} 1 & u \\ 0 & 1 \end{pmatrix})\xi(x) = \psi(ux)\xi(x)$ ゆえ, $\xi(x_0) \neq 0$ ならば $x_0 - \varpi^{-M}a \in \mathcal{O}$ がわかる. 従って $\mathrm{Supp}(\xi) \subset \{x \mid |x| = q^M\}$ である. この ξ に群 $\left\{ \begin{pmatrix} a & 0 \\ 0 & 1 \end{pmatrix} \,\middle|\, a \in \mathcal{O}^\times \right\}$ を作用させることにより, ある $\lambda_0 \in \widehat{F^\times}$, $f(\lambda_0) \leq N$ があって $\xi_{\lambda_0}^{(M)} \in W$ がわかる. 補題 1.3 により, 任意の $\lambda \in \widehat{F^\times}$, $f(\lambda) \leq M$ について $\xi_{\lambda\lambda_0}^{(M)} \in W$ となる.

補題 1.2 により, $\pi(w)\xi_{\lambda\lambda_0}^{(M)} = c\xi_{\omega\lambda^{-1}\lambda_0^{-1}}^{(f(\pi\otimes\lambda^{-1}\lambda_0^{-1})-M)}$, $c \neq 0$ である. σ は cuspidal であるから, $M < f(\pi \otimes \lambda^{-1}\lambda_0^{-1})$ である. もし $f(\pi \otimes \lambda^{-1}\lambda_0^{-1}) > 2M$ ならば, σ の $N(\mathcal{O})$ への制限は $\mathcal{O}$ の指標で導手の指数が M より大きいものに対応する既約成分を含むから矛盾である. よって $M < f(\pi \otimes \lambda^{-1}\lambda_0^{-1}) \leq 2M$ が成り立っている. π は最小導手と仮定しているから, $f(\pi) \leq 2M$ を得る. $f(\lambda_0) > M$ ならば, 定理 1.6 より $f(\pi \otimes \lambda_0^{-1}) = 2f(\lambda_0) > 2M$ となって矛盾である. 従って $f(\lambda_0) \leq M$. ゆえに $f(\lambda) \leq M$ をみたす任意の $\lambda \in \widehat{F^\times}$ について $\xi_\lambda^{(M)} \in W$, $M < f(\pi \otimes \lambda) \leq 2M$ がわかった. ゆえに

$$W \supset \langle \xi_\lambda^{(M)} \mid \lambda \in \widehat{F^\times},\, f(\lambda) \leq M \rangle + \langle \xi_{\omega\lambda^{-1}}^{(f(\pi\otimes\lambda^{-1})-M)} \mid \lambda \in \widehat{F^\times},\, f(\lambda) \leq M \rangle \tag{3.1}$$

が成り立っている. (3.1) の右辺の空間を W_0 とおく. 補題 1.2 により W_0 は w で stable である. ここで $f(\pi)$ の偶奇に応じて場合に分ける.

(I) $f(\pi)$ が偶数の場合.

$f(\pi) = 2f_0$ とおく. $f_0 \leq M$ ゆえ, 定理 1.6 により

$$\begin{aligned} W_0 &= \langle \xi_\lambda^{(M)} \mid \lambda \in \widehat{F^\times},\, f(\lambda) \leq M \rangle + \langle \xi_{\omega\lambda^{-1}}^{(2f_0 - M)} \mid \lambda \in \widehat{F^\times},\, f(\lambda) \leq f_0 \rangle \\ &\quad + \langle \xi_{\omega\lambda^{-1}}^{(2f(\lambda) - M)} \mid \lambda \in \widehat{F^\times},\, f_0 < f(\lambda) < M \rangle \end{aligned}$$

がわかる. 補題 1.3 により W_0 は $N(\mathcal{O})$ で stable である. $A(\mathcal{O})$ で stable なのは明らかであるから, W_0 は W の不変部分空間であり $W = W_0$ を得る. W_0 上実現される $\mathrm{GL}(2, \mathcal{O})$ の表現のレベルが M 以下であることは容易にわかるから, これから矛盾を得る.

(II) $f(\pi)$ が奇数の場合.
$f(\pi) = 2f_0 + 1$ とおく. $f_0 + 1 \leq M$ ゆえ, 定理 1.6 により
$$W_0 = \langle \xi_\lambda^{(M)} \mid \lambda \in \widehat{F^\times},\ f(\lambda) \leq M \rangle + \langle \xi_{\omega\lambda^{-1}}^{(2f_0+1-M)} \mid \lambda \in \widehat{F^\times},\ f(\lambda) \leq f_0 \rangle$$
$$+ \langle \xi_{\omega\lambda^{-1}}^{(2f(\lambda)-M)} \mid \lambda \in \widehat{F^\times},\ f_0 < f(\lambda) < M \rangle$$

がわかる. 場合 (I) と同様に W_0 は $\mathrm{GL}(2,\mathcal{O})$ で不変でありレベルが M 以下の表現を与えるから矛盾を得る. □

定理 3.5 π は $\mathrm{GL}(2, F)$ の既約 absolutely cuspidal 表現とする. π は最小導手であると仮定する. このとき π の $\mathrm{GL}(2,\mathcal{O})$ への制限に現れる既約 cuspidal 表現は次のように書ける.

(I) $f(\pi) = 2f_0$ が偶数の場合.
$$W = \langle \xi_\lambda^{(f_0)} \mid \lambda \in \widehat{F^\times},\ f(\lambda) \leq f_0 \rangle, \qquad \dim W = (q-1)q^{f_0-1}.$$

これはレベル f_0 の既約 cuspidal 表現を与える. $f_0 < N < 2f_0$ をみたす整数 N をとり
$$W = \langle \xi_\lambda^{(2f_0-N)} \mid \lambda \in \widehat{F^\times},\ f(\lambda) \leq f_0 \rangle$$
$$\oplus \langle \xi_\lambda^{(2f(\lambda)-N)} \mid \lambda \in \widehat{F^\times},\ f_0 < f(\lambda) < N \rangle$$
$$\oplus \langle \xi_\lambda^{(N)} \mid \lambda \in \widehat{F^\times},\ f(\lambda) \leq N \rangle, \qquad \dim W = (q-1)(q+1)q^{N-2}.$$

これはレベル N の既約 cuspidal 表現を与える. π の $\mathrm{GL}(2,\mathcal{O})$ への制限には f_0 個の既約 cuspidal 表現が重複度 1 で現れる.

(II) $f(\pi) = 2f_0 + 1$ が奇数の場合.
$$W = \langle \xi_\lambda^{(f_0)} \mid \lambda \in \widehat{F^\times},\ f(\lambda) \leq f_0 \rangle \oplus \langle \xi_\lambda^{(f_0+1)} \mid \lambda \in \widehat{F^\times},\ f(\lambda) \leq f_0 + 1 \rangle,$$
$$\dim W = (q-1)(q+1)q^{f_0-1}.$$

これはレベル $f_0 + 1$ の既約 cuspidal 表現を与える. $f_0 + 1 < N < 2f_0 + 1$ をみたす整数 N をとり
$$W = \langle \xi_\lambda^{(2f_0+1-N)} \mid \lambda \in \widehat{F^\times},\ f(\lambda) \leq f_0 \rangle$$
$$\oplus \langle \xi_\lambda^{(2f(\lambda)-N)} \mid \lambda \in \widehat{F^\times},\ f_0 < f(\lambda) < N \rangle$$
$$\oplus \langle \xi_\lambda^{(N)} \mid \lambda \in \widehat{F^\times},\ f(\lambda) \leq N \rangle, \qquad \dim W = (q-1)(q+1)q^{N-2}.$$

これはレベル N の既約 cuspidal 表現を与える. π の $\mathrm{GL}(2,\mathcal{O})$ への制限には f_0 個の既約 cuspidal 表現が重複度 1 で現れる.

［証明］ σ を $W \subset \mathcal{S}(F^\times)$ 上に実現される $\mathrm{GL}(2,\mathcal{O})$ のレベル N の既約 cuspidal 表現とする. 補題 3.4 により, ある $a \in \mathcal{O}^\times$ に対して $0 \neq \xi \in W$ があって

$$\pi(\begin{pmatrix} 1 & u \\ 0 & 1 \end{pmatrix})\xi = \psi(\varpi^{-N} au)\xi, \qquad \forall u \in \mathcal{O}$$

をみたす. $\xi(x_0) \neq 0$ ならば, 任意の $u \in \mathcal{O}$ に対して $\psi(ux_0) = \psi(\varpi^{-N}au)$ が成り立つから $x_0 - \varpi^{-N}a \in \mathcal{O}$ である. ゆえに $\mathrm{Supp}(\xi) \subset \{x \in F^\times \mid |x| = q^N\}$ を得る. この ξ に群 $\left\{ \begin{pmatrix} a & 0 \\ 0 & 1 \end{pmatrix} \middle| a \in \mathcal{O}^\times \right\}$ を作用させることにより, ある $\lambda_0 \in \widehat{F^\times}$, $f(\lambda_0) \leq N$ があって $\xi_{\lambda_0}^{(N)} \in W$ がわかる. 補題 1.3 により, 任意の $\lambda \in \widehat{F^\times}$, $f(\lambda) \leq N$ に対して $\xi_\lambda^{(N)} \in W$ となる. 補題 1.2 により, このような λ に対して $N < f(\pi \otimes \lambda^{-1}) \leq 2N$ が成り立つことがわかる. (レベルが N であることより $f(\pi \otimes \lambda^{-1}) \leq 2N$, σ が cuspidal であることより $N < f(\pi \otimes \lambda^{-1})$ である.) 特に $N < f(\pi) \leq 2N$ である.

(I) $f(\pi)$ が偶数の場合.

$f(\pi) = 2f_0$ とおく. $f_0 \leq N < 2f_0$ であるが, $f_0 = N$ ならば W は定理に述べた最初の場合 (命題 3.2 で扱った) になることは容易にわかる. $f_0 < N$ と仮定する.

$$\begin{aligned} W_1 = & \langle \xi_{\omega\lambda^{-1}}^{(2f_0-N)} \mid \lambda \in \widehat{F^\times},\ f(\lambda) \leq f_0 \rangle \\ & \oplus \langle \xi_{\omega\lambda^{-1}}^{(2f(\lambda)-N)} \mid \lambda \in \widehat{F^\times},\ f_0 < f(\lambda) < N \rangle \\ & \oplus \langle \xi_\lambda^{(N)} \mid \lambda \in \widehat{F^\times},\ f(\lambda) \leq N \rangle \end{aligned}$$

とおく. 定理 1.6 と補題 1.2 により明らかに $W \supset W_1$ である. 補題 1.9 により $f(\omega) \leq f_0$ ゆえ W_1 は定理で与えたベクトル空間と一致する. よって W_1 が $\mathrm{GL}(2,\mathcal{O})$ の作用で stable かつ既約であることを示せば十分である. 補題 1.3 により W_1 は $N(\mathcal{O})$ で stable, 補題 1.2 により w で stable, また定義から $A(\mathcal{O})$ で stable である. よって W_1 は $\mathrm{GL}(2,\mathcal{O})$ の作用で stable である. W_1 はレベル N で cuspidal である. $W_1' \neq \{0\}$ を W_1 の不変部分空間とする. W_1 はレベル N で既約 cuspidal であると仮定してよい. 定理の証明の最初の議論から

$W_1' \supset \langle \xi_\lambda^{(N)} \mid \lambda \in \widehat{F^\times},\ f(\lambda) \leq N \rangle$ がわかっている.これに w を作用させれば $W_1 = W_1'$ が得られる.よって W_1 は既約である.

(II) $f(\pi)$ が奇数の場合.

$f(\pi) = 2f_0 + 1$ とおく.$f_0 + 1 \leq N < 2f_0 + 1$ であるが,$f_0 + 1 = N$ ならば W は定理に述べた奇数のときの最初の場合 (命題 3.2 で扱った) になることは容易にわかる.$f_0 + 1 < N$ と仮定する.

$$\begin{aligned} W_1 = & \langle \xi_{\omega\lambda^{-1}}^{(2f_0+1-N)} \mid \lambda \in \widehat{F^\times},\ f(\lambda) \leq f_0 \rangle \\ & \oplus \langle \xi_{\omega\lambda^{-1}}^{(2f(\lambda)-N)} \mid \lambda \in \widehat{F^\times},\ f_0 < f(\lambda) < N \rangle \\ & \oplus \langle \xi_\lambda^{(N)} \mid \lambda \in \widehat{F^\times},\ f(\lambda) \leq N \rangle \end{aligned}$$

とおく.補題 1.9 により $f(\omega) \leq f_0$ ゆえ W_1 は定理で与えたベクトル空間と一致する.W_1 が $\mathrm{GL}(2,\mathcal{O})$ で stable であることは $f(\pi)$ が偶数の場合と同様にわかる.W_1 の既約性の証明も偶数の場合と同様である. □

4. 基本不等式の応用 II

この節では指標の計算への基本不等式の応用を述べる.正整数 N に対し

$$K(N) = \left\{ g \in \mathrm{GL}(2,\mathcal{O}) \mid g \equiv 1_2 \mod \varpi^N \right\}$$

は主合同部分群とする.π は前節と同じく $V = \mathcal{S}(F^\times)$ 上に実現された $\mathrm{GL}(2,F)$ の既約許容 absolutely cuspidal 表現とする.

$$V^{K(N)} = \{ v \in W \mid \pi(g)v = v,\ \forall g \in K(N) \}$$

は $K(N)$ で固定されるベクトルからなる V の部分空間とする.定理 2.1 と同様に $V^{K(N)}$ を決定できる.

定理 4.1 $n \in \mathbf{Z}$ に対し

$$W(n) = \left\langle \xi_\chi^{(n)} \mid \chi \in \widehat{F^\times},\ f(\chi) \leq \left[\frac{n+N}{2}\right] \right\rangle$$

とおく.$2N < f(\pi)$ ならば $V^{K(N)} = \{0\}$ である.π は最小導手とする.$2N \geq f(\pi)$ のとき

$$V^{K(N)} = \bigoplus_{f(\pi)-N \leq n \leq N} W(n)$$

が成り立つ.

[証明] $K(N)$ の部分群 $U(N)$ を
$$U(N) = \left\{ \begin{pmatrix} 1 & \varpi^N u \\ 0 & 1 \end{pmatrix} \middle| u \in \mathcal{O} \right\}$$
で定義する. $\xi \in V^{K(N)}$ とする. ξ が $U(N)$ で固定されることより $\xi(x_0) \neq 0$ ならば, $x_0 \in \varpi^{-N}\mathcal{O}$ を得る. よって $\xi = \sum_{n \leq N, \chi} c_{n,\chi} \xi_\chi^{(n)}$ と展開される. ここに χ は $F^\times$ の指標で $f(\chi) \leq N, \chi(\varpi) = 1$ をみたすものの上を走る. 補題 1.2 により
$$\pi(w)\xi = \sum_{n \leq N, \chi} c_{n,\chi}\, \epsilon(\pi \otimes \chi^{-1}, \psi) \xi_{\omega \chi^{-1}}^{(f(\pi \otimes \chi^{-1}) - n)}$$
を得る. $\pi(w)\xi$ も $U(N)$ で固定されるから, $c_{n,\chi} \neq 0$ ならば $f(\pi \otimes \chi^{-1}) - n \leq N$ が成り立つ. このとき $f(\pi \otimes \chi^{-1}) - N \leq n \leq N$ ゆえ $f(\pi \otimes \chi^{-1}) \leq 2N$ を得る. $f(\chi) \leq N$ ゆえ $f(\pi) > 2N$ ならば定理 1.4 に矛盾する. よって $f(\pi) > 2N$ ならば $V^{K(N)} = \{0\}$ であることがわかった.

次に $f(\pi) \leq 2N$, π は最小導手とする. このとき補題 1.9 により $f(\omega) \leq N$ である. $\xi = \sum_{n \leq N, \chi} c_{n,\chi} \xi_\chi^{(n)} \in V^{K(N)}$ とする. $\pi(w)\xi$ が $U(N)$ で固定されるから, $c_{n,\chi} \neq 0$ ならば $f(\pi \otimes \chi^{-1}) - n \leq N$ である. π は最小導手であるから $f(\pi) \leq n + N$ を得る. 定理 1.4 により $f(\pi \otimes \chi^{-1}) \leq n + N$ であるためには $2f(\chi) \leq n + N$ が必要十分であることがわかる. ゆえに $\xi \in \oplus_{f(\pi) - N \leq n \leq N} W(n)$ が成り立つ. 逆に $\xi \in W(n), f(\pi) - N \leq n \leq N$ とする. このとき ξ は $K(N)$ の部分群 $U(N), w^{-1}U(N)w$, $\left\{ \begin{pmatrix} a & 0 \\ 0 & d \end{pmatrix} \middle| a \equiv 1 \mod \varpi^N, d \equiv 1 \mod \varpi^N \right\}$ で固定される. $K(N)$ はこの三つの部分群で生成されるから $\xi \in V^{K(N)}$ である. □

定理 4.2 π は $\mathrm{GL}(2, F)$ の既約許容 absolutely cuspidal 表現とする. Θ_π により π の指標を表す. π は最小導手であると仮定する. $f(\pi)$ が偶数ならば $f(\pi) = 2f_0$ とおいて
$$\Theta_\pi\left(\begin{pmatrix} \lambda & 0 \\ 0 & 1 \end{pmatrix}\right) = \begin{cases} 2\left(\frac{1}{|\lambda - 1|} - q^{f_0 - 1}\right), & \lambda \equiv 1 \mod \varpi^{f_0} \text{ のとき,} \\ 0, & \text{それ以外のとき} \end{cases}$$
が成り立つ. また $f(\pi)$ が奇数ならば $f(\pi) = 2f_0 + 1$ とおいて

$$\Theta_\pi(\begin{pmatrix} \lambda & 0 \\ 0 & 1 \end{pmatrix}) = \begin{cases} 2\frac{1}{|\lambda-1|} - q^{f_0} - q^{f_0-1}, & \lambda \equiv 1 \mod \varpi^{f_0} \text{ のとき}, \\ 0, & \text{それ以外のとき} \end{cases}$$

が成り立つ.

［証明］ $\lambda \in \mathcal{O}^\times$, $\lambda \neq 1$ とする. $0 \leq a \in \mathbf{Z}$ を $\lambda \equiv 1 \mod \varpi^a$, $\lambda \not\equiv 1 \mod \varpi^{a+1}$ と取る. $\begin{pmatrix} \lambda & 0 \\ 0 & 1 \end{pmatrix}$ は $V^{K(N)}$ をそれ自身に写す. 定理 4.1 により $2N \geq f(\pi)$ かつ $2N \geq 2a+1$ のときその trace は

$$\text{Trace } \pi(\begin{pmatrix} \lambda & 0 \\ 0 & 1 \end{pmatrix}) \Big| V^{K(N)} = \sum_{n=f(\pi)-N}^{N} \text{Trace } \pi(\begin{pmatrix} \lambda & 0 \\ 0 & 1 \end{pmatrix}) \Big| W(n)$$

$$= \sum_{n=f(\pi)-N}^{2a+1-N} \dim W(n) = \sum_{n=f(\pi)-N}^{2a+1-N} (q-1)q^{[(n+N)/2]-1}$$

$$= \sum_{m=f(\pi)}^{2a+1} (q-1)q^{[m/2]-1}$$

に等しい. $f(\pi) = 2f_0$ が偶数のときこの和は $f_0 > a$ のとき 0 で $f_0 \leq a$ のとき $2(q^a - q^{f_0-1})$ に等しい. $f(\pi) = 2f_0 + 1$ が奇数のときこの和は $f_0 > a$ のとき 0 で $f_0 \leq a$ のとき $2q^a - q^{f_0} - q^{f_0-1}$ に等しい. 第 V 章, 命題 2.1 により

$$\Theta_\pi(\begin{pmatrix} \lambda & 0 \\ 0 & 1 \end{pmatrix}) = \lim_{N \to \infty} \text{Trace } \pi(\begin{pmatrix} \lambda & 0 \\ 0 & 1 \end{pmatrix}) \Big| V^{K(N)}$$

であるから, 定理の公式が成り立つことがわかる.

あとは $\lambda \notin \mathcal{O}^\times$ のとき $\Theta_\pi(\begin{pmatrix} \lambda & 0 \\ 0 & 1 \end{pmatrix}) = 0$ を示せばよい. (この事実は absolutely cuspidal 表現の指標の台についての Deligne の一般的な定理 [D] からわかるが, 以下に直接証明を与える.) $2N \geq f(\pi)$ のとき $V^{K(N)}$ の基底を定理 4.1 のようにとる. これを $\{v_\alpha\}_{\alpha \in I_N}$ と書く. $N \geq M$ のとき $I_N \supset I_M$ と仮定してよい. $I = \bigcup_{N \geq f(\pi)} I_N$ とおくと $\{v_\alpha\}_{\alpha \in I}$ は V の基底である. $|\lambda| = q^{-l}$ のとき

$$\pi(\begin{pmatrix} \lambda & 0 \\ 0 & 1 \end{pmatrix}) \xi_\chi^{(n)} = \chi(\lambda) \xi_\chi^{(n+l)} \tag{4.1}$$

が成り立つ. よって

$$\pi(\begin{pmatrix}\lambda & 0\\0 & 1\end{pmatrix})v_\beta = \sum_{\alpha\in I}\pi_{\alpha\beta}(\begin{pmatrix}\lambda & 0\\0 & 1\end{pmatrix})v_\alpha$$

と書くとき, $\pi_{\alpha\alpha}(\begin{pmatrix}\lambda & 0\\0 & 1\end{pmatrix}) = 0$ である. V, 命題 2.1 より $\Theta_\pi(\begin{pmatrix}\lambda & 0\\0 & 1\end{pmatrix}) = 0$ がわかる. □

5. この章の結果について

　第 1 節の基本不等式には他にも,四元数体の乗法群の表現との対応 (X, 例 7.1) を使う方法,局所 Langlands 予想,即ち Weil 群の二次元表現との対応 (X, 例 6.8) を使う方法などの証明法がある. 本書で述べた方法は Kirillov モデルの存在しか用いておらず,直接的である点に興味がある. 基本不等式の幾つかの応用を述べたが,この他にも使える局面が多い. 読者自ら試みられたい.

　著者は 1982 年の秋に交換教授としてパリ第七大学に約三カ月滞在した. 四回の講義をしたが,このときに用意したかなり克明なノートを今も保存している. 第 1, 2, 3 節の結果は 11 月 15 日の第一回目の講義で述べた. また京都大学,東京大学での講義,セミナーでも発表したことがある. この直接的方法は GL(n) に拡張できるように思われたが,これに十分成功しなかったのが今日まで印刷公表しなかった主な理由である. 2011 年の春に二週間ほどパリ第七大学に滞在した. このときこの章の第 1 節から本書の執筆を開始したがこれも何かの因縁であろう. ちなみにこのときパリ大学では第 XII 章の結果について講演した.

第 X 章 L 群と函手性

 この章では，体 F に対し F の分離代数的閉包を $\overline{F}$ で表す．F の標数が 0 ならば $\overline{F}$ は F の代数的閉包である．

1. 函手性原理への道

 Langlands は深遠な洞察力によって 1970 年に函手性原理 (functoriality principle) を導入した ([L2])．この原理に到る道は 1960 年代の志村の仕事によって切り開かれていた．この節では函手性原理に到る道を簡単に説明しよう．

 E は $\mathbf{Q}$ 上に定義された楕円曲線とする．志村-谷山予想 (III, 定理 8.6) によれば Hecke 作用素の共通固有函数 $f \in S_2(\Gamma_0(N))$ があって

$$L(s, E) = L(s, f) \tag{1.1}$$

となる．ここに N は楕円曲線 E の導手と呼ばれる整数である．この予想は非常に深いものを含んでいて思考実験によって函手性原理の原型を得ることができる．これをまず説明しよう．

 (1) E は虚二次体 K で虚数乗法をもつとする．このとき Deuring によれば $K_{\mathbf{A}}^{\times}$ の Hecke 指標 (量指標) ψ があって $L(s, E) = L(s, \psi)$ となる．ψ は $K_{\mathbf{A}}^{\times} = \mathrm{GL}(1, K_{\mathbf{A}})$ 上の保型形式とみなせるから，$\psi \mapsto f$ は $\mathrm{GL}(1, K_{\mathbf{A}})$ 上の保型形式から $\mathrm{GL}(2, \mathbf{Q}_{\mathbf{A}})$ 上の保型形式への対応を与えている．量指標の L 函数に対応するモジュラー形式は Hecke によって構成されたが，これは endoscopic リフト (この章末の例を参照) のもっとも簡単な例になっている．

 (2) F は実二次体，$\mathcal{O}_F$ は F の整数環，E は F 上に定義された楕円曲線とする．志村-谷山予想を自然に拡張すれば $\Gamma = \mathrm{SL}(2, \mathcal{O}_F)$ についての重さが $(2, 2)$

の Hilbert モジュラー形式 f があって $L(s,E) = L(s,f)$ となる.*1) そこで初めから $\mathbf{Q}$ 上に定義された楕円曲線 E_0 があり, E は E_0 を F 上に定義された楕円曲線とみなすことで得られているとする. 即ち E は E_0 の F への base change $E = E_0 \otimes_\mathbf{Q} F$ である. このとき E_0 に対応する一変数のモジュラー形式 f_0 から Hilbert モジュラー形式 f への対応が得られ, 両者は

$$L(s,f) = L(s,f_0)L(s,f_0 \otimes \chi) \tag{1.2}$$

の関係で結ばれている. ここに χ は F に対応する Dirichlet 指標であり $L(s,f_0) = \sum_{n=1}^\infty a_n n^{-s}$ のとき $L(s,f_0 \otimes \chi) = \sum_{n=1}^\infty a_n \chi(n) n^{-s}$ である. f_0 が楕円曲線から得られていない場合でもこの関係 (1.2) で一変数のモジュラー形式 f_0 から得られる Hilbert モジュラー形式 f がある, という事実が土井-長沼リフト ([DN]) である.

(3) D は代数体 F 上の四元数環とする. このとき $D_\mathbf{A}^\times$ 上の保型形式の空間 $\mathcal{A}(D_\mathbf{A}^\times)$ は $\mathrm{GL}(2,F_\mathbf{A})$ 上の保型形式の空間 $\mathcal{A}(\mathrm{GL}(2,F_\mathbf{A}))$ に Hecke 作用素の固有値を保って含まれている. 即ち $\mathcal{A}(D_\mathbf{A}^\times) \subset \mathcal{A}(\mathrm{GL}(2,F_\mathbf{A}))$ である. これは Eichler-清水-Jacquet-Langlands による結果であるが, 函手性原理の簡単な例である.

(4) (1.1) 式に戻り, f に対応する $\mathrm{GL}(2,\mathbf{Q}_\mathbf{A})$ の保型表現を $\pi = \otimes_v \pi_v$ とする. $v = p$ が素数のとき, E が p で potential good reduction ([ST] 参照) をもつための必要十分条件は π_p が特殊表現ではないことである (Langlands-Deligne-Carayol).

志村-谷山予想を一般化して次の問題が考えられる. F は代数体として

$$\rho_\lambda : \mathrm{Gal}(\overline{F}/F) \longrightarrow \mathrm{GL}(d, E_\lambda)$$

を λ 進表現とする. ρ_λ はモティーフ (motive) から得られていると仮定する. ρ_λ に対応する保型表現は何か. この問題は第 XI 章で論じる.

2. Reductive 群

この節では L 群を定義するのに必要な代数的閉体上の reductive 群の理論を簡

---

*1) F の類数が 1 より大きい場合は $\mathrm{GL}(2,F_\mathbf{A})$ 上の保型形式によって定式化すればよい. また F は任意の代数体でもよい. この一般的な場合の証明はまだ得られていない. Hilbert モジュラー形式については第 XII 章参照.

潔に述べる.

四つ組
$$\Psi = (X, \Phi, \check{X}, \check{\Phi})$$
を考える. ここに $X \cong \mathbf{Z}^n$, $\check{X} = \mathrm{Hom}(X, \mathbf{Z})$ は X の双対, $\Phi \subset X$ と $\check{\Phi} \subset \check{X}$ は有限集合である. Φ から $\check{\Phi}$ への全単射があると仮定し, $\alpha \in \Phi$ をこの全単射で写したものを $\check{\alpha}$ と書く. X と $\check{X}$ の自然な paring を $\langle\,,\,\rangle$ で表す. $\alpha \in \Phi$ に対して
$$s_\alpha(x) = x - \langle x, \check{\alpha}\rangle \alpha, \qquad x \in X,$$
$\check{\alpha} \in \check{\Phi}$ に対して
$$s_{\check{\alpha}}(y) = y - \langle \alpha, y\rangle \check{\alpha}, \qquad y \in \check{X}$$
とおく. この状況で次の条件 (2.1), (2.2) が成り立つとき, Ψ はルートデータであるという ([SGA3], Exp. XXI).

$$\langle \alpha, \check{\alpha}\rangle = 2, \qquad \forall \alpha \in \Phi. \tag{2.1}$$

$$s_\alpha(\Phi) \subset \Phi, \qquad s_{\check{\alpha}}(\check{\Phi}) \subset \check{\Phi}, \qquad \forall \alpha \in \Phi. \tag{2.2}$$

Φ は (空集合でないとき)Φ が生成する $\mathbf{Q}$ 上のベクトル空間の中の Bourbaki の意味でのルート系 ([Bou1], Chap. VI, Déf. 1) になる.

F は体, G は F 上に定義された連結 reductive 群とする. G を $\overline{F}$ 上定義された reductive 群とみなす. T は ($\overline{F}$ 上に定義された) G の極大トーラス, $X^*(T) = \mathrm{Hom}(T, \mathbf{G}_m)$ は T の指標群, $X_*(T) = \mathrm{Hom}(\mathbf{G}_m, T)$ は T のコ指標群とする. $x \in X^*(T)$, $y \in X_*(T)$ に対し $x \circ y \in \mathrm{Hom}(\mathbf{G}_m, \mathbf{G}_m) \cong \mathbf{Z}$ であるから, $n \in \mathbf{Z}$ があって
$$x(y(u)) = u^n, \qquad u \in \mathbf{G}_m$$
となる. このとき paring を $\langle x, y\rangle = n$ と定めることにより, $X^*(T)$ と $X_*(T)$ は互いに双対の関係になる. ルートデータ
$$R(G, T) = (X^*(T), \Phi, X_*(T), \check{\Phi})$$
が得られる. ここに Φ は全てのルートの集合, $\check{\Phi}$ は全てのコルートの集合である.

定理 2.1 $\Psi = (X, \Phi, \check{X}, \check{\Phi})$ はルートデータで Φ は reduced と仮定する. $F = \overline{F}$ と仮定する. このとき F 上に定義された連結 reductive 群 G で $R(G, T) = \Psi$

をみたすものが存在する. G の F 上の同型類は唯一つである.

定理 2.1 は本質的に Chevalley による存在定理である. Φ が reduced とは $\alpha \in \Phi$ で, $n\alpha \in \Phi$, $2 \leq n \in \mathbf{Z}$ をみたすものが存在しないことをいう.

G の $\overline{F}$ 上に定義された Borel 部分群 B を $B \supset T$ と取る. このときルートは正のルートと負のルートに分かれ, 単純ルートが決まる. (正のルートで二つの正のルートの和にならないものを単純ルートという.) Δ を単純ルートの集合, $\check{\Delta}$ を単純コルートの集合とする. Φ から $\check{\Phi}$ への全単射により, Δ と $\check{\Delta}$ は一対一に対応する.
$$R_0(G,B,T) = (X^*(T), \Delta, X_*(T), \check{\Delta})$$
とおき, これを基底付きルートデータという. $R_0(G)$ とも書く. B のユニポテント根基を U とする. $\alpha \in \Phi$ を正のルートとする. このとき中への同型 $x_\alpha : \mathbf{G}_a \longrightarrow U$ が唯一つあって
$$tx_\alpha(u)t^{-1} = x_\alpha(\alpha(t)u), \qquad t \in T, \ u \in \mathbf{G}_a$$
をみたす. $x_\alpha(\mathbf{G}_a)$ を α に対応するルート部分群という. 負のルートについても定義は同様である.

例 2.2 $G = \mathrm{GL}(n)$ とする. G の極大トーラスとして対角行列全体からなる部分群
$$T = \{t = \mathrm{diag}[t_1, t_2, \ldots, t_n]\}$$
をとる. $\epsilon_i : t = \mathrm{diag}[t_1, t_2, \ldots, t_n] \mapsto t_i$ は T の指標を定義し
$$X^*(T) = \mathbf{Z}\epsilon_1 \oplus \mathbf{Z}\epsilon_2 \cdots \oplus \mathbf{Z}\epsilon_n$$
と指標群の基底を与える. $\check{\epsilon}_i : u \mapsto \mathrm{diag}[1, \ldots, 1, u, 1, \ldots, 1]$ ((i,i) 成分に u をおく) は T のコ指標を定義し
$$X_*(T) = \mathbf{Z}\check{\epsilon}_1 \oplus \mathbf{Z}\check{\epsilon}_2 \cdots \oplus \mathbf{Z}\check{\epsilon}_n$$
である. $u \in \mathbf{G}_m$ に対し
$$\epsilon_i(\check{\epsilon}_j(u)) = \begin{cases} u, & i = j, \\ 1, & i \neq j \end{cases}$$

であるから, $\langle \epsilon_i, \check{\epsilon}_j \rangle = \delta_{ij}$ となる. E_{ij} を行列単位とすると

$$tE_{ij}t^{-1} = t_i t_j^{-1} E_{ij} = (\epsilon_i - \epsilon_j)(t) E_{ij}, \qquad t = \mathrm{diag}[t_1, \ldots, t_n]$$

であるから, 全てのルートの集合は

$$\Phi = \{\epsilon_i - \epsilon_j \mid 1 \leq i, j \leq n,\ i \neq j\}$$

であり, 全てのコルートの集合は

$$\check{\Phi} = \{\check{\epsilon}_i - \check{\epsilon}_j \mid 1 \leq i, j \leq n,\ i \neq j\}$$

である. Borel 部分群 B を上半三角行列全体から成る群と取ったとき, 正のルートの集合 Φ^+ は

$$\Phi^+ = \{\epsilon_i - \epsilon_j \mid 1 \leq i < j \leq n\}$$

である. よって

$$\Delta = \{\epsilon_1 - \epsilon_2, \epsilon_2 - \epsilon_3, \ldots, \epsilon_{n-1} - \epsilon_n\}$$

となる.

$$\check{\Delta} = \{\check{\epsilon}_1 - \check{\epsilon}_2, \check{\epsilon}_2 - \check{\epsilon}_3, \ldots, \check{\epsilon}_{n-1} - \check{\epsilon}_n\}$$

である. ルート $\epsilon_i - \epsilon_j$ に対応するルート部分群はその F-有理点の群が $E_n + tE_{ij}$, $t \in F$ で与えられる群である.

G の代数群としての自己同型群を $\mathrm{Aut}(G)$ で, 内部自己同型群を $\mathrm{Inn}(G)$ で表す. G の外部自己同型群 $\mathrm{Out}(G) = \mathrm{Aut}(G)/\mathrm{Inn}(G)$ について

$$\mathrm{Out}(G) \cong \mathrm{Aut}(R_0(G)) \cong \mathrm{Aut}(G, B, T, \{u_\alpha\}_{\alpha \in \Delta}) \tag{2.3}$$

が成り立つ. ここに $u_\alpha \neq 1$ は α に対応するルート部分群から任意にとった自明でない元で, $\mathrm{Aut}(G, B, T, \{u_\alpha\}_{\alpha \in \Delta})$ は $B, T, \{u_\alpha\}_{\alpha \in \Delta}$ を stabilize する $\mathrm{Aut}(G)$ の部分群を表す. $(B, T, \{u_\alpha\}_{\alpha \in \Delta})$ を G の分裂データ (splitting data) という. (2.3) から次の定理が得られる.

定理 **2.3** 完全例

$$1 \longrightarrow \mathrm{Inn}(G) \longrightarrow \mathrm{Aut}(G) \longrightarrow \mathrm{Out}(G) \longrightarrow 1$$

は分裂する．*2)

3. Weil 群

第5節で L 群を論じる準備として Weil 群について説明する．一般に F が体，$K \subset \overline{F}$ は F の有限次 Galois 拡大体とする．K_{ab} は $\overline{F}$ に含まれる K の最大 Abel 拡大体を表す．このとき完全列

$$1 \longrightarrow \mathrm{Gal}(K_{\mathrm{ab}}/K) \longrightarrow \mathrm{Gal}(K_{\mathrm{ab}}/F) \longrightarrow \mathrm{Gal}(K/F) \longrightarrow 1$$

があり，この完全列は cohomology 類 $\eta_{K/F} \in H^2(\mathrm{Gal}(K/F), \mathrm{Gal}(K_{\mathrm{ab}}/K))$ を定める．(cohomology 群と群拡大については第 XII 章 2 節，第 XI 章 3 節参照．)

F は非 Archimedes 局所体，$[K:F] = n$ とする．このとき

$$H^2(\mathrm{Gal}(K/F), K^\times) \cong \mathbf{Z}/n\mathbf{Z}$$

であって，$H^2(\mathrm{Gal}(K/F), K^\times)$ は基本類 (fundamental class) と呼ばれる canonical な生成元 $\xi_{K/F}$ をもつことが知られている．局所類体論により像が稠密である単射連続準同型 $K^\times \longrightarrow \mathrm{Gal}(K_{\mathrm{ab}}/K)$ があり，$\xi_{K/F}$ をこの写像で写したものが $\eta_{K/F}$ である．$\xi_{K/F}$ を用いて群拡大

$$1 \longrightarrow K^\times \longrightarrow W_{F,K} \longrightarrow \mathrm{Gal}(K/F) \longrightarrow 1$$

を作る．$W_{F,K}$ を相対 Weil 群という．F_{ur} により $\overline{F}$ に含まれる F の最大不分岐拡大体を表す．$F_{\mathrm{ur}} \subset F_{\mathrm{ab}} \subset K_{\mathrm{ab}}$ である．$W_{F,K}$ は $\mathrm{Gal}(K_{\mathrm{ab}}/F)$ の元で $\mathrm{Gal}(F_{\mathrm{ur}}/F)$ に制限したとき Frobenius 写像のベキになっているものが成す群と同型である．$L \supset K$ が F の有限次 Galois 拡大体であるとき，自然な準同型 $W_{F,L} \longrightarrow W_{F,K}$ がある．この写像について射影極限をとり絶対 Weil 群 W_F を定義する．

$$W_F = \varprojlim W_{F,K}.$$

W_F は $\mathrm{Gal}(\overline{F}/F)$ の元で $\mathrm{Gal}(F_{\mathrm{ur}}/F)$ に制限したとき Frobenius 写像のベキになっているものが成す群と同型である．以下局所体のときの相対および絶対 Weil 群はそれぞれ $\mathrm{Gal}(K_{\mathrm{ab}}/F)$ と $\mathrm{Gal}(\overline{F}/F)$ の部分群として具体的に与えられていると考える．

---

*2) 即ち $\mathrm{Aut}(G) = \mathrm{Inn}(G) \rtimes \mathrm{Out}(G)$ と半直積に分解する．

次に Weil-Deligne 群 scheme W_F' を定義しよう. q を F の剰余体の元の数, p を剰余体の標数とする. $g \in W_F$ が F_{ur} に制限して Frobenius 写像の n 乗であるとき, $\|g\| = q^n$ とおく. R は p が可逆であるような可換環とする. $W_F'(R)$ は $R \times W_F$ に
$$(x_1, g_1)(x_2, g_2) = (x_1 + \|g_1\| x_2, g_1 g_2)$$
で演算を定義した群とする. 即ち W_F を R に $gx = \|g\|x, g \in W_F, x \in R$ で作用させるとき, $W_F'(R)$ は半直積 $R \rtimes W_F$ である. このとき $\mathbf{Z}[1/p]$ 上の群 scheme W_F' があってその R 値点の成す群が $W_F'(R)$ になる. 言い換えれば W_F' は函手 $R \mapsto W_F'(R)$ を表現 (represent) する $\mathbf{Z}[1/p]$ 上の群 scheme である. $W_F, W_F'(R)$ は惰性群 I を含むので, I の単位元の基本近傍系を $W_F, W_F'(R)$ の単位元の基本近傍系とすることで位相群の構造を与えておく. $\Phi \in \mathrm{Gal}(\overline{F}/F)$ は Φ の F_{ur} への制限が Frobenius 元の逆であるとき幾何的 Frobenius 元という. R が体のとき, $W_F'(R)$ の元 $(x, \Phi^n h), h \in I$ は $n \neq 0$ または $n = 0, x = 0$ のとき半単純であるという.

F は Archimedes 局所体とする. $F = \mathbf{C}$ のとき $W_F = \mathbf{C}^\times$ と定義する. $F = \mathbf{R}$ のとき $W_{\mathbf{R}}$ は自明でない群拡大
$$1 \longrightarrow \mathbf{C}^\times \longrightarrow W_{\mathbf{R}} \longrightarrow \mathrm{Gal}(\mathbf{C}/\mathbf{R}) \longrightarrow 1$$
として定義する. $W_{\mathbf{R}}$ は Hamilton 四元数環 $\mathbf{H} = \mathbf{R} + \mathbf{R}i + \mathbf{R}j + \mathbf{R}k$ を用いて $W_{\mathbf{R}} = \langle \mathbf{C}^\times, j \rangle$ と具体的に書くことができる.

F は大域体とする. $C_F = F_{\mathbf{A}}^\times / F^\times$ により F のイデール類群を表す. K は F の有限次 Galois 拡大体, $[K : F] = n$ とする. このとき
$$H^2(\mathrm{Gal}(K/F), C_K) \cong \mathbf{Z}/n\mathbf{Z}$$
であって, $H^2(\mathrm{Gal}(K/F), C_K)$ は基本類と呼ばれる canonical な生成元 $\xi_{K/F}$ をもつことが知られている. $\xi_{K/F}$ を用いて群拡大
$$1 \longrightarrow C_K \longrightarrow W_{F,K} \longrightarrow \mathrm{Gal}(K/F) \longrightarrow 1$$
を作る. $W_{F,K}$ を相対 Weil 群という. F が函数体の場合は局所体の場合と同様であり, 相対 Weil 群は $\mathrm{Gal}(K_{\mathrm{ab}}/F)$ の部分群として定義できる. F は代数体とする. 大域類体論により全射連続準同型 (Artin map) $C_K \longrightarrow \mathrm{Gal}(K_{\mathrm{ab}}/K)$ があり, 核は C_K の単位元の連結成分 D_K である. 基本類 $\xi_{K/F}$ をこの写像で写した

ものが $\eta_{K/F}$ である.$W_{F,K}$ の位相は C_K の単位元の基本近傍系を $W_{F,K}$ の単位元の基本近傍系とすることで入れる.$L \supset K$ が F の有限次 Galois 拡大体であるとき,自然な準同型 $W_{F,L} \longrightarrow W_{F,K}$ がある.この写像について射影極限をとって絶対 Weil 群 W_F を定義する.

$$W_F = \varprojlim W_{F,K}.$$

W_F の位相は $W_{F,K}$ の射影極限位相とする (Weil, IV, [W1], §5).自然な写像 $W_F \longrightarrow \mathrm{Gal}(\overline{F}/F)$ がある.

v は F の素点,w は v の上にある K の素点とする.このとき,局所 Weil 群 W_{F_v, K_w} は $W_{F,K}$ に埋め込まれ,この埋め込みは大域 Weil 群 $W_{F,K}$ の内部自己同型を除いて定まっている.

Weil 群の表現から得られる L 函数についても第 IV 章の定理 3.9 と同様の函数等式がある.これは Langlands の定理 ([L1]) である.Langlands の証明は長大であったが,後に Deligne ([D]) がかなり簡単な証明を与えた.以下に結果だけを述べよう.まず F は局所体,K は F の有限次 Galois 拡大体とする.加法群 F の自明でない指標 ψ をとる.$F^\times$ の quasi-character χ に対して L 函数 $L(s,\chi)$ と ϵ 因子 $\epsilon(s,\chi,\psi)$ は第 IV 章 3 節のように定義する.

定理 3.1 F は局所体とする.F の有限次分離的代数拡大体 E と W_E の半単純行列による連続表現 $\rho : W_E \longrightarrow \mathrm{GL}(n, \mathbf{C})$ の同値類に対して,L 函数 $L(s,\rho)$,ϵ 因子 $\epsilon(s,\rho,\psi)$ と $\lambda(E/F, \psi) \in \mathbf{C}^\times$ を次の三条件が成り立つように,一意的に定義できる.

1) ρ が E の quasi-character χ に対応するならば

$$L(s,\rho) = L(s,\chi), \qquad \epsilon(s,\rho,\psi \circ \mathrm{Tr}_{E/F}) = \epsilon(s,\chi,\psi \circ \mathrm{Tr}_{E/F}).$$

2) ν により $E^\times$ の quasi-character $\nu(x) = |x|$, $x \in E^\times$ を表す.ここに $| \ |$ は E の正規化された乗法的付値である.このとき

$$\epsilon(s,\rho,\psi \circ \mathrm{Tr}_{E/F}) = \epsilon(1/2, \nu^{s-1/2} \otimes \rho, \psi \circ \mathrm{Tr}_{E/F})$$

3) W_E の表現 ρ_1, ρ_2 に対し

$$L(s,\rho_1 \oplus \rho_2) = L(s,\rho_1) L(s,\rho_2),$$
$$\epsilon(s,\rho_1 \oplus \rho_2, \psi \circ \mathrm{Tr}_{E/F}) = \epsilon(s,\rho_1, \psi \circ \mathrm{Tr}_{E/F}) \epsilon(s,\rho_2, \psi \circ \mathrm{Tr}_{E/F}).$$

4) W_F の表現 ρ が W_E の表現 θ から誘導されているとき

$$L(s,\rho) = L(s,\theta), \qquad \epsilon(1/2,\rho,\psi) = \lambda(E/F,\psi)^{\dim\theta}\epsilon(1/2,\theta,\psi\circ \mathrm{Tr}_{E/F}).$$

ここに 1) の意味は自然準同型 $\pi:W_E \longrightarrow W_{E,E} = E^\times$ により, $\rho = \chi\circ\pi$ ということである. 2) も同様である.

次に F は大域体とする. $F_\mathbf{A}/F$ の自明でない指標 ψ をとる. $\rho:W_F \longrightarrow \mathrm{GL}(n,\mathbf{C})$ は W_F の半単純行列による連続表現とする. W_F の射影極限としての位相の入れ方から, F の有限次 Galois 拡大体 K があって ρ は自然な写像 $W_F \longrightarrow W_{F,K}$ を経由する. F の各素点 v に対して, ρ を制限することにより局所 Weil 群の表現 $\rho_v:W_{F_v} \longrightarrow \mathrm{GL}(n,\mathbf{C})$ が定まる.

$$\widetilde{L}(s,\rho) = \prod_v L(s,\rho_v), \qquad \epsilon(s,\rho) = \prod_v \epsilon(s,\rho_v,\psi_v)$$

とおく. $\epsilon(s,\rho)$ は ψ のとり方に依存しない.

定理 3.2 $\widetilde{L}(s,\rho)$ は全平面有理型に解析接続され, 函数等式

$$\widetilde{L}(s,\rho) = \epsilon(s,\rho)\widetilde{L}(1-s,\check{\rho})$$

をみたす. ここに $\check{\rho}$ は ρ の反傾表現である.

ここで $\widetilde{L}(s,\rho)$ の解析接続は Weil [W] が初めて示し, この形の函数等式を最初に与えたのは Langlands [L1] である. ρ が一次元の場合には, この定理は IV, 定理 3.9 と一致する.

4. λ 進表現と Weil-Deligne 群の表現

F は非 Archimedes 局所体とする. p は F の剰余体の標数, q は剰余体の元の数とする. W_F は F の絶対 Weil 群とする. $W_F \subset \mathrm{Gal}(\overline{F}/F)$ であり, $\mathrm{Gal}(\overline{F}/F)$ の分岐群 I は W_F に含まれている. P は野生的分岐群 (wild ramification group) とする. このとき分岐群の理論により $I/P \cong \varprojlim_{p\nmid n}\mathbf{Z}/n\mathbf{Z} \cong \prod_{\ell\neq p}\mathbf{Z}_\ell$ が成り立つ. 素数 $\ell \neq p$ に対し $\mathbf{t}_\ell:I\longrightarrow \mathbf{Z}_\ell$ は射影で得られる準同型とする. 幾何的 Frobenius 元 $\Phi \in \mathrm{Gal}(\overline{F}/F)$ を一つとっておく. $g \in W_F$ を $g = \Phi^n i(g)$, $n \in \mathbf{Z}$, $i(g) \in I$ と書く. このとき $\|g\| = q^{-n}$ である.

ℓ は p と異なる素数, E_λ は $\mathbf{Q}_\ell$ の有限次拡大体とする. V は E_λ 上の有限次元

ベクトル空間とし
$$\rho: W_F \longrightarrow \mathrm{GL}(V)$$
は連続表現とする. ここに $\mathrm{GL}(V)$ には λ 進位相を与えている. Grothendieck の定理 ([ST], p.515) により I の開部分群 I_0 とベキ零行列 $N \in \mathrm{End}(V)$ があって
$$\rho(h) = \exp(\mathbf{t}_\ell(h)N), \qquad h \in I_0$$
が成り立つ. $\mathbf{t}_\ell(ghg^{-1}) = \|g\|\mathbf{t}_\ell(h)$, $g \in W_F$, $h \in I$ であるから
$$\rho(g)N\rho(g)^{-1} = \|g\|N, \qquad g \in W_F \tag{4.1}$$
が成り立つ.
$$\rho'(g) = \rho(g)\exp(-\mathbf{t}_\ell(i(g))N), \qquad g \in W_F$$
とおく. (4.1) を用いて ρ' は W_F から $\mathrm{GL}(V)$ への準同型であることが確かめられる. ρ' は I_0 上で自明となるから, ρ' は $\mathrm{GL}(V)$ の離散位相について連続である. Weil-Deligne 群の定義と (4.1) から $W'_F(E_\lambda)$ の $\mathrm{GL}(V)$ への表現 σ' を
$$\sigma'((x,g)) = \exp(xN)\rho'(g), \qquad (x,g) \in W'_F(E_\lambda)$$
によって定義できることがわかる.

$\rho(\Phi)$ の Jordan 分解を
$$\rho(\Phi) = \rho(\Phi)^{ss}u$$
とする. ここに $\rho(\Phi)^{ss}$ は半単純, u はユニポテントである.

命題 4.1 u は全ての $\rho(g)$ と可換であり, さらに N とも可換である.

[証明] まず u が N と可換であることを示す. $W = \mathrm{End}(V)$ とおき E_λ 上のベクトル空間と考える. $A \in \mathrm{GL}(V)$ に対し, 線型写像 $W \ni X \mapsto AXA^{-1} \in W$ を $\widetilde{A}$ と書く. $\widetilde{A}$ は A が半単純ならば半単純, A がユニポテントならばユニポテントである. (4.1) より関係
$$\rho(\Phi)N\rho(\Phi)^{-1} = q^{-1}N \tag{4.2a}$$
を得る. $N = 0$ ならば問題ないから, $N \neq 0$ と仮定する. このときこの関係は $N \in W$ が $\widetilde{\rho(\Phi)}$ の固有値 q^{-1} に属する固有ベクトルであることを意味する. $\widetilde{\rho(\Phi)}$ の Jordan 分解は $\widetilde{\rho(\Phi)} = \widetilde{\rho(\Phi)}^{ss}\widetilde{u}$ で与えられ, $\widetilde{\rho(\Phi)}$ の固有ベクトルの集合は

$\widetilde{\rho(\Phi)^{ss}}$ の固有ベクトルの集合に含まれるから

$$\rho(\Phi)^{ss} N (\rho(\Phi)^{ss})^{-1} = q^{-1} N \tag{4.2b}$$

を得る. (4.2a) と (4.2b) を比べて

$$\rho(\Phi)^{ss} (uNu^{-1} - N)(\rho(\Phi)^{ss})^{-1} = 0$$

を得, u と N が可換であることがわかる.

次に u は $\rho(g), g \in W_F$ と可換であることを示す. u は N と可換であるから, u が $\rho'(g)$ と可換であることを示せばよい. $\rho'(\Phi) = \rho(\Phi)$ は u と可換であるから, u が全ての $\rho'(g), g \in I$ と可換であることを示せば十分である. $I_0' = I \cap \mathrm{Ker}(\rho')$ とおく. $I_0' \supset I_0$ は I の開部分群でその指数は有限である. よって $\rho'(I)$ は有限群でその自己同型群も有限である. $\rho(\Phi)$ は $\rho'(I)$ を正規化するから, ある正整数 n があって $\rho(\Phi)^n$ は $\rho'(I)$ (の全ての元) と可換になる. これから u と N の可換性を示したときと同じ議論によって $(\rho(\Phi)^{ss})^n$ は $\rho'(I)$ と可換になることがわかる. よって u^n は $\rho'(I)$ と可換である. u はユニポテントであるから, ある $M \in \mathrm{End}(V)$ によって $u = \exp(M)$ と書ける. $u^n = \exp(nM)$ が $\rho'(I)$ と可換ゆえ nM は $\rho(I)$ と可換である. よって M は $\rho'(I)$ と可換であり, u も $\rho'(I)$ と可換になる. □

$$\rho'^{ss}(\Phi^n h) = \rho'(\Phi^n h) u^{-n}, \quad n \in \mathbf{Z}, \quad h \in I$$

とおく. 命題 4.1 により ρ'^{ss} は W_F の $\mathrm{GL}(V)$ への表現であることがわかる. $\rho'(\Phi^n h)$ のユニポテント部分は u^n であることを注意しよう. 実際

$$(\Phi^n h)^m = \Phi^{mn}(\Phi^{-(m-1n)} h \Phi^{(m-1)n}) \cdots (\Phi^{-n} h \Phi^n) h, \quad 0 < m \in \mathbf{Z}$$

と, $\rho'(\Phi) = \rho(\Phi)$ が有限群 $\rho'(I)$ を正規化していることに注意すれば, ある正整数 m があって $\rho'(\Phi^n h)^m = \rho'(\Phi^{mn})$ となることがわかる. $\rho'(\Phi^n h) = s_1 u_1$ を Jordan 分解とし, $s = \rho(\Phi)^{ss}$ とおくと $s_1^m u_1^m = s^{mn} u^{mn}$ となる. よって $u_1^m = u^{mn}$ であるが, u_1, u がユニポテントであるからこれから $u_1 = u^n$ がわかる. よって $\rho'^{ss}(\Phi^n h)$ は半単純である.

W_F' の $\mathrm{GL}(V)$ への表現 σ'^{ss} を

$$\sigma'^{ss}((x, \Phi^n h)) = \exp(xN) \rho'(\Phi^n h) u^{-n}, \ (x, \Phi^n h) \in W_F'(E_\lambda), \ n \in \mathbf{Z}, \ h \in I$$

によって定義する. σ'^{ss} を σ' の Φ 半単純化という. $(x, \Phi^n h)$ が半単純ならば

$\sigma'^{ss}((x, \Phi^n h))$ も半単純である.

以上の手順
$$\rho \longrightarrow \rho' \longrightarrow \rho'^{ss} \longrightarrow \sigma'^{ss}$$
により, 与えられた λ 進表現 $\rho: W_F \longrightarrow \mathrm{GL}(V)$ から出発して $W'_F(E_\lambda)$ の $\mathrm{GL}(V)$ への半単純元を半単純元に写す表現 σ'^{ss} を得ることができる. ここで次のことを注意しておく. H は E_λ 上に定義された代数群とする. $\rho: W_F \longrightarrow H(E_\lambda)$ を連続準同型とする. $\rho(\Phi)$ の Jordan 分解において半単純部分 $\rho(\Phi)^{ss}$ とユニポテント部分 u を $H(E_\lambda)$ からとることができるから, 全く同じ手順により $H(E_\lambda)$ の離散位相による連続表現 $\sigma'^{ss}: W'_F(E_\lambda) \longrightarrow H(E_\lambda)$ を得ることができる.

以下 Weil-Deligne 群の表現についてさらに考察する. F は非 Archimedes 局所体とする. 簡単のため $\mathbf{C}$ 上のベクトル空間における表現を考えるが, 同様の結果は標数 0 の体上のベクトル空間における表現についても成り立つ.

補題 4.2 ρ は W_F の $\mathbf{C}$ 上の有限次元ベクトル空間 V における表現とする. ρ は $\mathrm{GL}(V)$ の離散位相について連続, $\rho(\Phi)$ は半単純と仮定する. このとき ρ は完全可約である.

［証明］ $\rho: W_F \longrightarrow \mathrm{GL}(V)$ の連続性から, $\rho^{-1}(1)$ は W_F の開部分群である. よって $I_0 = \mathrm{Ker}(\rho) \cap I$ とおくと, I_0 は W_F の開正規部分群である. I はコンパクトゆえ, I_0 は I で指数有限である. Φ による共役は有限群 I/I_0 の自己同型 η を与えるが, ある $1 \leq m \in \mathbf{Z}$ があって $\eta^m = 1$ となる. これは Φ^m による共役が I/I_0 の自明な自己同型を与えることを意味する. よって $\rho(\Phi^m)$ は $\rho(W_F)$ の全ての元と可換である. $\rho(\Phi^m)$ は半単純であるから V は $\rho(\Phi^m)$ の固有空間の直和に分解し, 各固有空間は V の不変部分空間である. V_λ を $\rho(\Phi^m)$ の固有値 λ に属する固有空間とする. W_F の V_λ における表現が完全可約であることを示せばよい. $\mu \in \mathbf{C}$ を $\mu^m = \lambda^{-1}$ と取り, W_F の一次元表現 ψ を $\psi(\Phi) = \mu$, $\psi(x) = 1$, $x \in I$ で定義する. このとき V_λ は $\rho \otimes \psi$ の不変部分空間である. $\rho \otimes \psi$ の V_λ への制限を σ とする. $\mathrm{Ker}(\sigma)$ には Φ^m と I_0 が含まれる. $W_F/\langle \Phi^m, I_0 \rangle$ は有限群であるから, σ の完全可約性は有限群の通常表現の完全可約性から従う. これから ρ の V_λ における表現の完全可約性がわかる. □

V は $\mathbf{C}$ 上の有限次元ベクトル空間, ρ は W_F の V における表現で, V の離散位

相について連続とする．ベキ零行列 $N \in \operatorname{End}(V)$ が (4.1) をみたすとき，(ρ, N) を表現対 (representation pair) と呼ぶ．このとき $W_F'(\mathbf{C}) = \mathbf{C} \rtimes W_F$ の V における表現を

$$\rho'((x,g)) = \exp(xN)\rho(g), \qquad x \in \mathbf{C}, \quad g \in W_F$$

によって定義できる．ρ' が既約であるとき，(ρ, N) は既約であるという．これは ρ と N の作用で不変な V の部分空間は自明なものに限ることを意味する．(4.1) より，$\operatorname{Ker}(N)$ は ρ の作用で不変であるから，(ρ, N) が既約であるためには，ρ が既約で $N = 0$ であることが必要十分である．$(\check{\rho}, \check{N})$, $\check{\rho}(w) = {}^t\rho(w)^{-1}$, $w \in W_F$, $\check{N} = -{}^tN$ を (ρ, N) の反傾表現対という．V の双対ベクトル空間 $\check{V}$ により，$\check{\rho}(w)$, $N \in \operatorname{End}(\check{V})$ とみなし得る．表現対 (ρ_1, N_1) と (ρ_2, N_2) のテンソル積を

$$(\rho_1, N_1) \otimes (\rho_2, N_2) = (\rho_1 \otimes \rho_2, N_1 \otimes 1 + 1 \otimes N_2)$$

によって定義する．

正整数 n に対して特別な表現対 $\operatorname{Sp}(n) = (\rho, N)$ を次のように定義する．$V = \oplus_{i=1}^n \mathbf{C}e_i \cong \mathbf{C}^n$ とし

$$\rho(w)\mathbf{e}_i = \|w\|^{i-1}\mathbf{e}_i, \qquad w \in W_F, \quad 1 \leq i \leq n,$$

$$N\mathbf{e}_i = \mathbf{e}_{i+1}, \quad 1 \leq i \leq n-1, \qquad N\mathbf{e}_n = \mathbf{0}.$$

これが表現対の条件をみたしていることは容易に確かめられる．

命題 4.3 ρ は W_F の表現で $\rho(\Phi)$ は半単純とする．表現対 (ρ, N) が直既約 (indecomposable) であるためには，ある n があって，既約な表現対と $\operatorname{Sp}(n)$ のテンソル積になることが必要十分である．

［証明］十分であることは容易にわかるので，必要であることを示す．$\operatorname{Sp}(n) = (\rho_1, N_1)$ と書く．W_F の既約表現 ρ_0 があって

$$(\rho, N) = (\rho_0 \otimes \rho_1, 1 \otimes N_1)$$

となることを示せばよい．V を ρ の表現空間とする．W_F の一次元表現 ω を $\omega(w) = \|w\|$, $w \in W_F$ で定義する．補題 4.2 の証明で示したように，正整数 m を $\rho(\Phi^m)$ が $\rho(W_F)$ と可換になるようにとれる．補題 4.2 により W_F の表現 ρ は $\rho = \eta_1 \oplus \eta_2 \oplus \cdots \oplus \eta_m$ と W_F の既約表現 η_i の直和に分解する．η_i の表現空間

を V_i とする. V_i において $\rho(\Phi^m)$ はスカラーとして作用するから, これを λ_i とする. N をかける線型写像を V_i に制限したものの核 $\mathrm{Ker}(N|V_i)$ は (4.1) により V_i の不変部分空間になる. よって $N|V_i$ が零写像でなければ, $\mathrm{Ker}(N|V_i) = \{0\}$ である. このとき (4.1) により $N(V_i)$ は不変部分空間で $N(V_i)$ での W_F の表現は $\rho_i \otimes \omega$ に同値である. さらに $N(V_i)$ における $\rho(\Phi^m)$ の固有値は $q^{-m}\lambda_i$ に等しい. よってある正整数 n があって $V_1 \oplus NV_1 \oplus \cdots \oplus N^{n-1}V_1$ は V の ρ と N の作用で不変な部分空間となり, この上で $N^n = 0$ である. これを W とおくと, W における ρ と N の作用は表現対 $(\eta_1 \otimes \rho_1, 1 \otimes N_1)$ に同値である. W が ρ と N の作用で不変な補空間をもつことは容易に示されるから $V = W$ で命題の主張が成り立つことがわかった. □

F は非 Archimedes 局所体, (ρ, N) は W_F の表現対とする.

$$V^I = \{v \in V \mid \rho(g)v = v, \quad \forall g \in I\}, \tag{4.3}$$

$$V_N^I = \mathrm{Ker}(N)^I = \{v \in \mathrm{Ker}(N) \mid \rho(g)v = v, \quad \forall g \in I\} \tag{4.4}$$

とおく. このとき (ρ, N) の L 函数と ϵ 因子を次のように定義する ([D],[T]).

$$L(s, (\rho, N)) = \det(1 - \Phi q^{-s}|V_N^I)^{-1}, \tag{4.5}$$

$$\epsilon(s, (\rho, N), \psi) = \epsilon(s, \rho, \psi) \frac{\det(1 - \Phi q^{-s}|(V^I/V_N^I))}{\det(1 - \Phi q^{s-1}|(\check{V}^I/\check{V}_N^I))} \tag{4.6}$$

このように定義する理由を述べておこう. 正しい定義によって, global な L 函数の函数等式は定理 3.2 と同様の形にならなければならない (少なくとも予想のレベルでは) ことを念頭におこう.

$$L(s, (\rho, N)) = L(s, \rho) \det(1 - \Phi q^{-s}|(V^I/V_N^I)) \tag{4.7}$$

に注意しておく.

(1) $N = 0$ のときの L 函数と ϵ 因子は Weil 群の表現 ρ のそれと一致すべきである.

(2) (ρ, N) はこの節の最初に述べた手順で λ 進表現 $\sigma : W_F \longrightarrow \mathrm{GL}(V)$ から得られているとする. 即ち

$$\rho(g) = \sigma(g) \exp(-\mathbf{t}_\ell(i(g))N), \qquad g \in W_F$$

とする. ここに V は E_λ 上の有限次元ベクトル空間であるが, 埋め込み $E_\lambda \hookrightarrow \mathbf{C}$ をとって, $\mathbf{C}$ 上のベクトル空間 $V_{\mathbf{C}} = V \otimes_{E_\lambda} \mathbf{C}$ を考える. このとき

$$L(s, \sigma) = \det(1 - \Phi q^{-s} | V_{\mathbf{C}}^{\sigma(I)})^{-1},$$

$$V_{\mathbf{C}}^{\sigma(I)} = \{v \in V \mid \sigma(g)v = v, \quad \forall g \in I\}$$

が σ の L 函数である. $L(s, (\rho, N)) = L(s, \sigma)$ であるべきだから, $V_{\mathbf{C}}^{\sigma(I)} = (V_{\mathbf{C}})_N^I$ に注意して L 函数の定義 (4.5) を得る.

(3) ρ は global な Weil 群の表現 $\widetilde{\rho}$ の局所成分として実現されているとする. 即ち大域体 F とその素点 v があって $\widetilde{\rho}_v \cong \rho$ とする. 定理 3.2 により函数等式は

$$\widetilde{L}(s, \widetilde{\rho}) = \epsilon(s, \widetilde{\rho}) \widetilde{L}(1-s, \check{\widetilde{\rho}}) \qquad (*)$$

である. 一方 $\mathrm{Gal}(\overline{F}/F)$ の λ 進表現 $\widetilde{\sigma}$ があって, (ρ, N) は $\widetilde{\sigma}$ の局所成分 $\sigma = \widetilde{\sigma}_v$ から得られているとする. しかも v 以外の F の素点 w において $\widetilde{\sigma}_w$ の定める表現対について $N_w = 0$ と仮定する. このとき $\widetilde{\sigma}$ の L 函数の Euler 因子は v において以外は $\widetilde{\rho}$ のそれと一致し,

$$\widetilde{L}(s, \widetilde{\sigma}) = \epsilon(s, \widetilde{\sigma}) \widetilde{L}(1-s, \check{\widetilde{\sigma}}) \qquad (**)$$

が予想される函数等式である. ここに $\check{\widetilde{\sigma}}$ は V の双対空間 $\mathrm{Hom}(V, E_\lambda)$ 上に実現される $\widetilde{\sigma}$ の反傾表現である. $(**)$ を $(*)$ で辺々割って

$$\frac{L(s, \sigma)}{L(s, \rho)} = \frac{\epsilon(s, \sigma, \psi)}{\epsilon(s, \rho, \psi)} \frac{L(1-s, \check{\sigma})}{L(1-s, \check{\rho})} \qquad (4.8)$$

を得る. $\check{\sigma}$ は (ρ, N) の反傾表現対 $(\check{\rho}, -{}^t N)$ を定める. (4.8) に $L(s, \sigma) = L(s, (\rho, N)), L(s, \check{\sigma}) = L(s, (\check{\rho}, -{}^t N))$ と (4.7) を用いると

$$\det(1 - \Phi q^{-s} | (V^I / V_N^I)) = \frac{\epsilon(s, (\rho, N), \psi)}{\epsilon(s, \rho, \psi)} \det(1 - \Phi q^{s-1} | (\check{V}^I / \check{V}_{{}^t N}^I)) \qquad (4.9)$$

を得る. ここで $\epsilon(s, (\rho, N), \psi) = \epsilon(s, \sigma, \psi)$ とした. (4.9) から (4.6) が従う.

例 4.4 $(\rho, N) = \mathrm{Sp}(n)$ とする. $\mathrm{Ker}(N) = V_N^I = \langle \mathbf{e}_n \rangle$ ゆえ, (4.5) により

$$L(s, \mathrm{Sp}(n)) = (1 - q^{1-n-s})^{-1}$$

を得る. (4.6) により

$$\epsilon(s, \mathrm{Sp}(n), \psi) = \epsilon(s, \rho, \psi) \times \frac{(1-q^{-s})(1-q^{-s-1})\cdots(1-q^{-s-n+2})}{(1-q^s)(1-q^{s+1})\cdots(1-q^{s+n-2})}$$

を得る. χ を $F^\times$ の quasi-character とする. χ を W_F の quasi-character とみなす. 表現対 $(\chi, 0)$ を簡単のため χ と書く. このとき $\mathrm{Sp}(n) \otimes \chi = (\rho \otimes \chi, N)$ である. 上と同様に χ が不分岐のとき

$$L(s, \mathrm{Sp}(n) \otimes \chi) = (1 - \chi(\varpi)q^{1-n-s})^{-1}, \tag{4.10}$$

$$\begin{aligned}&\epsilon(s, \mathrm{Sp}(n) \otimes \chi, \psi) = \epsilon(s, \rho \otimes \chi, \psi) \\ &\times \frac{(1-\chi(\varpi)q^{-s})(1-\chi(\varpi)q^{-s-1})\cdots(1-\chi(\varpi))q^{-s-n+2}}{(1-\chi(\varpi)^{-1}q^s)(1-\chi(\varpi)^{-1}q^{s+1})\cdots(1-\chi(\varpi)^{-1}q^{s+n-2})}\end{aligned} \tag{4.11}$$

を得る. (局所類体論の相互律写像 $F^\times \longrightarrow \mathrm{Gal}(F_{\mathrm{ab}}/F)$ を φ に Φ が対応するように正規化しておく.) χ が分岐するときは, $V^I = \{0\}$, $\check{V}^I = \{0\}$ ゆえ

$$L(s, \mathrm{Sp}(n) \otimes \chi) = 1, \tag{4.12}$$

$$\epsilon(s, \mathrm{Sp}(n) \otimes \chi, \psi) = \epsilon(s, \rho \otimes \chi, \psi) \tag{4.13}$$

となる.

5. L 群

F は体とする. G は F 上に定義された連結 reductive 群とする. G を $\overline{F}$ 上定義された reductive 群とみなし, $\overline{F}$ 上定義された G の極大トーラス T と T を含む Borel 部分群 B をとる. このとき第2節で説明したように基底付きルートデータ $R_0(G) = (X^*(T), \Delta, X_*(T), \check{\Delta})$ が定まる. Galois 群の作用により準同型

$$\mu_G : \mathrm{Gal}(\overline{F}/F) \longrightarrow \mathrm{Aut}(R_0(G)) \tag{5.1}$$

が得られる. ここに $\mathrm{Aut}(R_0(G))$ は基底付きルートデータ $R_0(G)$ の自己同型群を表す. (5.1) を簡単に説明しておこう. $\sigma \in \mathrm{Gal}(\overline{F}/F)$ をとる. $\sigma(B)$ は G の Borel 部分群であるから, $g \in G(\overline{F})$ があって $\sigma(B) = gBg^{-1}$ となる. $\sigma(T)$ は $\sigma(B)$ に含まれる極大トーラスであるから, $\sigma(T) = gTg^{-1}$ でもある. $\chi \in X^*(T)$ に対し $\sigma\chi \in X^*(\sigma(T))$ を

$$(\sigma\chi)(\sigma(t)) = \sigma(\chi(t)), \qquad t \in T$$

で定める.
$$\chi_\sigma(t) = (\sigma\chi)(g^{-1}tg), \qquad t \in T$$
とおくと, $\chi_\sigma \in X^*(T)$ である. 対応 $\chi \mapsto \chi_\sigma$ は $X^*(T)$ の自己同型であり, 正のルートを正のルートに写している. $X_*(T)$ への作用についても同様である.

定理 2.1 により, $\mathbf{C}$ 上の連結 reductive 群 $^LG^0$ を
$$R_0(^LG^0) = (X_*(G), \check{\Delta}, X^*(T), \Delta) \tag{5.2}$$
と取ることができる. $^LG^0$ を連結 L 群という. $^LG^0$ は G の $\overline{F}$ 上の同型類にのみ依存する. $^LG^0$ を $^LG^0(\mathbf{C})$ と同一視する.

例 5.1 例 2.2 により $G = \mathrm{GL}(n)$ のとき $^LG^0 = \mathrm{GL}(n, \mathbf{C})$ であることがわかる.

例 5.2 G は半単純とする. G が単連結ならば $^LG^0$ は随伴型 (adjoint type), G が随伴型ならば $^LG^0$ は単連結である. G が古典型のとき, $G \mapsto {}^LG^0$ で型 A_n, D_n は型 A_n, D_n に写り, 型 B_n, C_n は入れ替わる. 例えば $G = \mathrm{SL}(n)$ のとき (型 A_{n-1}, 単連結), $^LG^0 = \mathrm{PSL}(n, \mathbf{C}) \cong \mathrm{PGL}(n, \mathbf{C})$ (型 A_{n-1}, 随伴型) である.

(2.1) から
$$\mathrm{Aut}(R_0(^LG^0)) \cong \mathrm{Aut}(R_0(G)) \cong \mathrm{Out}(^LG^0)$$
である. (最初の同型は定義から明らかである.) (5.1) により, 準同型
$$\mathrm{Gal}(\overline{F}/F) \longrightarrow \mathrm{Out}(^LG^0)$$
を得る. さらに定理 2.3 により準同型
$$\mu_G^L : \mathrm{Gal}(\overline{F}/F) \longrightarrow \mathrm{Aut}(^LG^0)$$
が得られる. (μ_G^L は $^LG^0$ による内部自己同型を除いて決まっている.) μ_G^L を用いて半直積
$$^LG = {}^LG^0 \rtimes \mathrm{Gal}(\overline{F}/F) \tag{5.3}$$
を作る. これを G の Galois 型の L 群という.

F は局所体, または大域体とする. 自然な写像 $W_F \longrightarrow \mathrm{Gal}(\overline{F}/F)$ があるから, μ_G^L を用いて半直積

$$^LG = {^LG^0} \rtimes W_F \tag{5.4}$$

を作ることができる．これを Weil 型の L 群という．W_F を $W_{F,K}$ あるいは Gal(K/F) で置き換えた構成もできる．これらは適宜使い分ければよいが，以下主に (5.4) を L 群として使うことにする．Galois 型を用いた場合も同様で本質的にほぼ同じ結果になる．G が split している場合，即ち F 上に定義された極大トーラスをもつときは μ_G^L は自明な写像であるから，L 群は $^LG^0$ と W_F の直積になる．

例 **5.3**　K は F の有限次分離代数拡大体とする．M を K の F 上の Galois 閉包とし，$\mathcal{G} = \mathrm{Gal}(M/F)$, $\mathcal{H} = \mathrm{Gal}(M/K)$ とおく．GL(n) を K 上の代数群とみて，係数体の制限で得られる F 上の代数群を G とする．即ち $G = \mathrm{Res}_{K/F}\mathrm{GL}(n)$. $d = [K:F]$ とおくと，M 上で $G \cong \mathrm{GL}(n)^d$ であるから，$^LG^0 = \mathrm{GL}(n,\mathbf{C})^d$ であるが，これを $^LG^0 = \mathrm{GL}(n,\mathbf{C})^{\mathcal{H}\backslash\mathcal{G}}$ とかく．Gal$(M/F) = \mathcal{G}$ は右移動により $\mathrm{GL}(n,\mathbf{C})^{\mathcal{H}\backslash\mathcal{G}}$ の自己同型として作用するから，これを用いて半直積を作れば，有限 Galois 型の L 群が得られる．

$$^LG = \mathrm{GL}(n,\mathbf{C})^{\mathcal{H}\backslash\mathcal{G}} \rtimes \mathrm{Gal}(M/F).$$

GL(n) の代わりに F 上 split する連結 reductive 群をとった場合も同様である．

^LG の元は，第一成分である $^LG^0$ の元が半単純であるとき半単純，ユニポテントであるときユニポテントという．L 群には直積位相を入れておく．

$$\pi_G : {^LG} \longrightarrow W_F$$

を自然準同型とする．

定義 **5.4**　$P \subset {^LG}$ が parabolic 部分群 $\iff$ P は閉部分群，$\pi_G(P) = W_F$ かつ $P \cap {^LG^0}$ は $^LG^0$ の parabolic 部分群．

Δ の部分集合全体の成す集合（ベキ集合）を $\mathfrak{P}(\Delta)$ と書く．$\mathfrak{P}(\Delta)$ と G の parabolic 部分群で $\overline{F}$ 上定義されるものの $\overline{F}$ 上の共役類は一対一に対応する．よって $\mathfrak{P}(\Delta)$ の部分集合 $\mathfrak{P}_0(\Delta)$ があって，G の parabolic 部分群で F 上定義されているものの $\overline{F}$ 上の共役類は $\mathfrak{P}_0(\Delta)$ と一対一に対応する．Δ と $\check{\Delta}$ の間に全単射があるから，$\mathfrak{P}(\Delta)$ と $\mathfrak{P}(\check{\Delta})$ の間に全単射がある．この全単射で $\mathfrak{P}_0(\Delta)$ に対応するものを $\mathfrak{P}_0(\check{\Delta})$ と書く．

定義 5.5 ^LG の parabolic 部分群 P が relevant $\iff P \cap {}^LG^0$ (の $\mathbf{C}$ 上の共役類) は $\mathfrak{P}_0(\check\Delta)$ の元に対応する.

G が F 上 quasi-split, 即ち G は F 上に定義される Borel 部分群をもつとする. このとき全ての parabolic 部分群は relevant になる ([BT2], 3.3 参照).

定義 5.6 G, H は連結 reductive 群とする. 準同型 $\varphi : {}^LH \longrightarrow {}^LG$ が L 準同型 $\iff \pi_H = \pi_G \circ \varphi$ かつ $\varphi|^LH^0 : {}^LH^0 \longrightarrow {}^LG^0$ は複素 Lie 群としての準同型である.

6. 函手性原理 (局所体の場合)

F は局所体とする. F が非 Archimedes 的であるとき, $L_F = \mathrm{SL}(2, \mathbf{C}) \times W_F$, F が Archimedes 的であるとき $L_F = W_F$ とおく. L_F を局所 Langlands 群という. G は F 上に定義された連結 reductive 群とする. $^LG = {}^LG^0 \rtimes W_F$ を G の L 群とする.

定義 6.1 準同型 $\phi : L_F \longrightarrow {}^LG$ は次の三条件 (i), (ii), (iii) をみたすとき, Langlands parameter であるという.
(i) 図式

$$\begin{array}{ccc} L_F & \xrightarrow{\phi} & {}^LG \\ \downarrow & & \downarrow \\ W_F & = & W_F \end{array}$$

は可換である.
(ii) ϕ は連続であり, $\phi | \mathrm{SL}(2, \mathbf{C}) : \mathrm{SL}(2, \mathbf{C}) \longrightarrow {}^LG^0$ は代数的, かつ任意の $w \in W_F \subset L_F$ に対して $\phi(w)$ は半単純である.
(iii) ϕ の像が ^LG の parabolic 部分群 P に含まれるならば, P は relevant である.

Langlands parameter には Weil-Deligne 群を用いる別の定式化がある. これもみておこう. F が非 Archimedes 的のとき, 簡単のため $W'_F = W'_F(\mathbf{C})$ とおく. W'_F の元 $(x, \Phi^n h), h \in I$ は $n \neq 0$ または $n = 0, x = 0$ のとき半単純であると定義したことを思い出そう. F が Archimedes 的ならば $W'_F = W_F$ とおき, W'_F の各元は半単純とみなす.

定義 6.2 準同型 $\phi : W'_F \longrightarrow {}^L G$ は次の三条件 (i), (ii), (iii) をみたすとき，Langlands parameter であるという．

(i) 図式

$$\begin{array}{ccc} W'_F & \xrightarrow{\phi} & {}^L G \\ \downarrow & & \downarrow \\ W_F & == & W_F \end{array}$$

は可換である．

(ii) ϕ は連続であり，$\mathbf{G}_a$ の元はユニポテント元に写り，ϕ は半単純元を半単純元に写す．

(iii) ϕ の像が ${}^L G$ の parabolic 部分群 P に含まれるならば，P は relevant である．

二つの Langlands parameter は ${}^L G^0$ による内部自己同型で移りあうとき同値であるという．

定義 6.1 と 6.2 は実質的に同等であることを示そう．F は非 Archimedes 的であると仮定してよい．W_F から ${}^L G$ への連続準同型 ρ で，ρ と射影 ${}^L G \longrightarrow W_F$ の合成が恒等写像であるものを W_F の ${}^L G$ への表現と呼ぶ．$\rho(w)$, $w \in W_F$ が常に半単純であるとき ρ は半単純であるという．$\rho(w) = (\tau(w), w)$, $\tau(w) \in {}^L G^0$, $w \in W_F$ と書く．このとき τ は cocycle 条件

$$\tau(w_1 w_2) = \tau(w_1)(w_1(\tau(w_2))), \qquad w_1, w_2 \in W_F \tag{6.1}$$

をみたす．τ を ρ の第一成分と呼ぶ．

補題 6.3 ρ は W_F の ${}^L G$ への表現，τ は ρ の第一成分とする．このとき正整数 m があって $(\tau(\Phi^m), 1)$ は $\rho(I)$ と可換になる．ρ が半単純ならば，m を $(\tau(\Phi^m), 1)$ が $\rho(W_F)$ とも可換になるようにとれる．

[証明] L 群の定義から W_F の指数有限の部分群 W_F^* があって，$I^* = I \cap W_F^*$ とおくと I^* は開部分群で W_F^* の ${}^L G^0$ への作用は自明になる．このとき τ の W_F^* への制限は連続準同型になる．よって I の開部分群 I_0 があって，τ の I_0 への制限は自明になることがわかる．I_0 は I の正規部分群と取れる．$1 \leq m \in \mathbf{Z}$ があって Φ^m による共役が I/I_0 の自明な自己同型を与える．$h \in I$ に対し $\Phi^m h = u h \Phi^m$, $u \in I_0$ とおくと (6.1) により

$$\tau(\Phi^m h) = \tau(h\Phi^m)$$

を得る. m をその倍数で置き換えて $\mu_G^L(\Phi^m) = 1$ とすれば再び (6.1) により

$$\tau(\Phi^m)\tau(h) = \tau(h)(h\tau(\Phi^m))$$

を得る. よって $g = \tau(\Phi^m)$ とおくと $(g,1)$ は $\rho(I)$ と可換である. ρ は半単純とする. $\tau(\Phi)$ を含む $^LG^0$ の極大トーラス T をとると, W_F の作用は T を stable にすると仮定してよいから, (6.1) によって $\tau(\Phi^n) \in T, n \in \mathbf{Z}$ がわかる. よって $\tau(\Phi^m)$ は $\tau(\Phi)$ と可換であり, $(\tau(\Phi^m), 1)$ は $(\tau(\Phi), \Phi)$ と可換である. □

補題 6.4 ρ は I から ^LG への連続準同型で射影 $^LG \longrightarrow W_F$ との合成は恒等写像であるとする. $\rho(\Phi) \in {}^LG$ が与えられ, $\rho(\Phi)$ の W_F への射影は Φ で $\rho(\Phi h \Phi^{-1}) = \rho(\Phi)\rho(h)\rho(\Phi)^{-1}$. $h \in I$ が成り立つとする. このとき $\rho(\Phi^n h) = \rho(\Phi)^n \rho(h), n \in \mathbf{Z}, h \in I$ とおくことにより, ρ は W_F の ^LG への表現に拡張される.

[証明] 帰納法により $\rho(\Phi^n h \Phi^{-n}) = \rho(\Phi)^n \rho(h) \rho(\Phi)^{-n}, h \in I, n \in \mathbf{Z}$ は容易に示される. これから ρ が W_F から ^LG への準同型に拡張されることがわかる. このとき ρ が連続で ^LG への表現であることは明らかである. □

$\phi: L_F \longrightarrow {}^LG$ は定義 6.1 の意味での Langlands parameter とする. $\phi = (\sigma, \rho)$ と書ける. ここに $\sigma: \mathrm{SL}(2, \mathbf{C}) \longrightarrow {}^LG^0$ は代数的な準同型, $\rho: W_F \longrightarrow {}^LG$ は半単純な表現である. 勿論 $\mathrm{Im}(\sigma)$ と $\mathrm{Im}(\rho)$ は可換である. W_F' から L_F の中への連続準同型 φ が

$$\varphi((x,w)) = \left(\begin{pmatrix} 1 & x \\ 0 & 1 \end{pmatrix} \begin{pmatrix} \|w\|^{1/2} & 0 \\ 0 & \|w\|^{-1/2} \end{pmatrix}, w \right), \quad x \in \mathbf{C}, w \in W_F$$

によって定義されることに注意する ([L3]). $\phi' = \phi \circ \varphi$ とおくと, ϕ' は定義 6.2 の条件をみたすことを示す. 条件 (i) は明らかに成り立つ.

$$\phi'((x,1)) = \phi(\begin{pmatrix} 1 & x \\ 0 & 1 \end{pmatrix}, 1) = \sigma(\begin{pmatrix} 1 & x \\ 0 & 1 \end{pmatrix})$$

となり, $\sigma(\begin{pmatrix} 1 & x \\ 0 & 1 \end{pmatrix})$ は $^LG^0$ のユニポテント元であるから, $\phi'(\mathrm{G}_a)$ はユニポテント元からなる. よって $n \neq 0$ のとき $\phi'((x, \Phi^n h)), h \in I$ が半単純であることがい

えれば条件 (ii) がわかる. $w = \Phi^n h \in W_F$ とおく. $\|w\| = q^{-n}$,

$$\phi'((x,w)) = \phi(\begin{pmatrix} 1 & x \\ 0 & 1 \end{pmatrix} \begin{pmatrix} q^{-n/2} & 0 \\ 0 & q^{n/2} \end{pmatrix}, w)$$

$$= \sigma(\begin{pmatrix} 1 & x \\ 0 & 1 \end{pmatrix} \begin{pmatrix} q^{-n/2} & 0 \\ 0 & q^{n/2} \end{pmatrix})\rho(w)$$

であるが, $n \neq 0$ ゆえ $\begin{pmatrix} 1 & x \\ 0 & 1 \end{pmatrix} \begin{pmatrix} q^{-n/2} & 0 \\ 0 & q^{n/2} \end{pmatrix}$ は半単純, よって $\sigma(\begin{pmatrix} 1 & x \\ 0 & 1 \end{pmatrix} \begin{pmatrix} q^{-n/2} & 0 \\ 0 & q^{n/2} \end{pmatrix})$ は半単純である. $\rho(w)$ はこの元と可換で半単純であるから, $\sigma(\begin{pmatrix} 1 & x \\ 0 & 1 \end{pmatrix} \begin{pmatrix} q^{-n/2} & 0 \\ 0 & q^{n/2} \end{pmatrix})\rho(w)$ は半単純である. (^LG の元 g が半単純であるためには, ^LG の任意の有限次元表現 r に対して $r(g)$ が半単純であることが必要十分であること [Bo] を使う.) よって条件 (ii) がわかった. 条件 (iii) は後にまわす.

次に $\phi' : W'_F \longrightarrow {}^LG$ は定義 6.2 の意味での Langlands parameter とする. $\phi'(\mathbf{G}_a)$ がユニポテント元からなるゆえ, $N \in \mathrm{Lie}({}^LG^0)$ があって $\phi'((x,1)) = (\exp(xN), 1)$ と書ける. ここに N はベキ零である. $\rho' = \phi'|W_F$ とおくと, $\phi'((0,w)) = \rho'(w), w \in W_F$ で $\rho' : W_F \longrightarrow {}^LG$ は半単純な表現である. W'_F において $(x,w) = (x,1)(0,w)$ であるから

$$\phi'((x,w)) = (\exp(xN), 1)\rho'(w), \quad x \in \mathbf{C}, \quad w \in W_F$$

が成り立つ. $(0,w)(x,1)(0,w)^{-1} = (\|w\|x, 1)$ ゆえ (4.1) と類似の関係

$$\rho'(w)(\exp(xN), 1)\rho'(w)^{-1} = (\exp(\|w\|xN), 1), \quad w \in W_F, x \in \mathbf{C} \quad (4.1')$$

が成り立っている. 次の条件 (1), (2) をみたす半単純な $T \in {}^LG^0$ が存在することを示す. (1) $(T, 1) \in {}^LG$ は $\rho'(W_F)$ と可換. (2) $\mathrm{Ad}(T)(N) = qN$.

$$M = \left\{ g \in {}^LG^0 \mid (g, 1) \text{ は } \rho'(W_F) \text{ と可換}, \mu \in \mathbf{C} \text{ があって } \mathrm{Ad}(g)N = \mu N \right\}$$

とおく. μ は g に依存するから, これを $\mu(g)$ とかく. M は $^LG^0$ の Zariski 位相による閉部分群である. τ' を表現 ρ' の第一成分とする. 補題 6.3 により, 正整数 m があって $g = \tau'(\Phi^m)$ とおくと $(g,1)$ は $\rho'(W_F)$ と可換である. 即ち $g \in M$,

$\mathrm{Ad}(g)N = q^{-m}N$ がわかる. $\mu : M \longrightarrow \mathbf{G}_m$ は代数群の準同型であるから, $\mu(M) \cong \mathbf{Z}$ はありえない. これから μ は全射であることがわかり, (1), (2) をみたす T の存在がいえた. $T = T_s T_u$ を T の Jordan 分解とすると, T の半単純成分 T_s が (1), (2) をみたすことは容易に示されるから T は半単純であるようにとれる. このような T によって

$$\rho(\Phi^n h) = (T, 1)^n \rho'(\Phi^n h), \qquad n \in \mathbf{Z}, \, h \in I$$

とおくと, 補題 6.4 により ρ は W_F の ${}^L G$ への表現であることがわかる. ρ は半単純な表現である.

$$\rho(g)(\exp(xN), 1)\rho(g)^{-1} = \exp(xN), \qquad g \in W_F, \, x \in \mathbf{C}$$

が成り立つ.

補題 6.5 ρ は W_F の ${}^L G$ への半単純な表現とする.

$$M = \left\{ g \in {}^L G^0 \mid (g, 1) \text{ は } \rho(W_F) \text{ と可換} \right\}$$

とおく. このとき M は reductive である.

[証明] ρ の第一成分を τ とする. まず W_F の ${}^L G^0$ への作用が自明な場合を考える. このとき τ は W_F から ${}^L G^0$ への準同型であり, M は $\tau(W_F)$ の ${}^L G^0$ での centralizer である. K を ${}^L G^0$ の極大コンパクト部分群とする. $s \in K$ に対して s の K における centralizer を $C(s, K)$, ${}^L G^0$ における centralizer を $C(s, {}^L G^0)$ と書く. I の開部分群 I_0 があって τ は I_0 上自明である. よって $\tau(I/I_0)$ は有限群であり, $\tau(I/I_0) \subset K$ と仮定してよい. $\tau(\Phi)$ はあるトーラス T_0 に属するが, $T_0 \cap K$ の元 t で $C(t, {}^L G^0) = C(\tau(\Phi), {}^L G^0)$ をみたすものがとれる. よって有限個の元 $s_1, \ldots, s_m \in K$ が与えられたとき $\bigcap_{i=1}^m C(s_i, {}^L G^0)$ が reductive であることを示せばよい.

$\mathcal{G} = \mathrm{Lie}({}^L G^0)$, $\mathcal{K} = \mathrm{Lie}(K)$ とおく. ここに $\mathrm{Lie}({}^L G^0)$ は ${}^L G^0$ の複素 Lie 群としての Lie 代数, $\mathrm{Lie}(K)$ は K の実 Lie 群としての Lie 代数を表す. K は ${}^L G^0$ のコンパクト実形式であり,

$$\mathcal{G} = \mathcal{K} \otimes_{\mathbf{R}} \mathbf{C}$$

が成り立っている. $X \in \mathcal{G}$ に対して

$$s \exp(tX) s^{-1} = \exp(tsXs^{-1})$$

であるから

$$\mathrm{Lie}(C(s, {}^L G^0)) = \{X \in \mathcal{G} \mid \mathrm{Ad}(s) X = X\} \tag{6.2}$$

がわかる. 同様に

$$\mathrm{Lie}(C(s, K)) = \{X \in \mathcal{K} \mid \mathrm{Ad}(s) X = X\} \tag{6.3}$$

を得る. (6.2), (6.3) は同じ一次方程式 $\mathrm{Ad}(s) X = X$ を $\mathcal{G}$ と $\mathcal{K}$ でみたものであるから,

$$\mathrm{Lie}(C(s, {}^L G^0)) = \mathrm{Lie}(C(s, K)) \otimes_{\mathbf{R}} \mathbf{C}$$

がわかる. よって $C(s, K)$ は $C(s, {}^L G^0)$ のコンパクト実形式であり, $C(s, {}^L G^0)$ は reductive であることがわかる. 今は K の一つの元 s の centralizer を考えたが, $s_1, \ldots, s_m \in K$ に対し同様の論法で $\bigcap_{i=1}^{m} C(s_i, {}^L G^0)$ が reductive であることがわかる.

次に W_F の ${}^L G^0$ への作用は必ずしも自明でないとする. このとき

$$M = \{g \in {}^L G^0 \mid g \tau(w) = \tau(w)(wg),\ \forall w \in W_F\}$$

である. W_F は $\mathcal{G}$ に作用する. (6.2), (6.3) の代わりに

$$\{X \in \mathcal{G} \mid \mathrm{Ad}(s) X = sX\},$$

$$\{X \in \mathcal{K} \mid \mathrm{Ad}(s) X = sX\}$$

を考えることになるが, 後者は前者のコンパクト実形式であるから, 同じ論法により結論を得る. □

注意 reductive 代数群 ${}^L G^0$ の半単純な元の centralizer が reductive 群であることはよく知られている (IV, [B], p.175 または IV, [Hu], p.159 参照).

M の連結成分 M^0 の Lie 代数を $\mathfrak{m}$ とする. $\mathfrak{m}$ は reductive であるから, $\mathfrak{m} = \mathfrak{c} \oplus \mathfrak{s}$ と分解する. ここに $\mathfrak{s}$ は半単純, $\mathfrak{c}$ は可換 Lie 代数である. $N \in \mathfrak{s}$ に注意して Jacobson-Morozov の定理を使うと $H, Y \in \mathfrak{s}$ が存在して (N, H, Y) は $\mathfrak{sl}_2$-triplet になる ([Bou2], Ch.VIII, §11, p.162 参照). このとき代数的な準同型

$\sigma : \mathrm{SL}(2,\mathbf{C}) \longrightarrow {}^L G^0$ で $\sigma(\begin{pmatrix} 1 & x \\ 0 & 1 \end{pmatrix}) = \exp(xN)$ をみたし,$\mathrm{Im}(\sigma)$ が $\mathrm{Im}(\rho)$ と可換なものの存在がわかる.即ち $\phi = (\sigma, \rho)$ は定義 6.1 の意味の Langlands parameter である.

以上により,二つの手順 $\phi \mapsto \phi'$, $\phi' \mapsto \phi$ を与えたが,これは Langlands parameter の同値類を保ち,互いに逆対応になっている.また parabolic 部分群 P に対して $\mathrm{Im}(\phi) \subset P$ ならば $\mathrm{Im}(\phi') \subset P$ であり,逆も成り立つから Langlands parameter の条件 (iii) についてもよい.

注意 局所 Langlands 群として,$\mathrm{SL}(2,\mathbf{C})$ を $\mathrm{SU}(2)$ で置き換えて,$L_F = \mathrm{SU}(2) \times W_F$ を用いても同じ結果が得られる.$\mathrm{SL}(2,\mathbf{C})$ の代数的表現と $\mathrm{SU}(2)$ の連続表現の対応を考えれば証明は容易である.

$\Phi(G) = \Phi(G/F)$ により Langlands parameter の同値類の集合を表す.$\Pi(G(F))$ により,$G(F)$ の Hecke 代数の既約許容表現の同値類全体の集合を表す.(F が非 Archimedes 的ならば,第 V 章,第 1 節で示したように,$G(F)$ の Hecke 代数の既約許容表現の同値類と $G(F)$ の既約許容表現の同値類は一対一に対応する.)

局所 Langlands 予想 各 $\phi \in \Phi(G)$ に対し有限集合 $\Pi_\phi = \Pi_\phi(G(F)) \subset \Pi(G(F))$ が定まって

$$\Pi(G(F)) = \bigsqcup_{\phi \in \Phi(G)} \Pi_\phi$$

が成り立つ.

Π_ϕ を L-packet という.Π_ϕ はいくつかの条件をみたすと予想されている.例えば条件として

Π_ϕ が離散系列の表現を含む $\iff$ Π_ϕ は離散系列の表現からなる $\iff$ $\phi(W_F')$ はいかなる proper Levi subgroup にも含まれない

がある ([Bo] 参照).F が Archimedes 局所体のとき予想は Langlands ([L6]) により証明された.$G = \mathrm{GL}(n)$ のとき局所 Langlands 予想は Harris-Taylor ([HT]),Henniart ([He]) により証明された.このとき各 Π_ϕ は唯一つの元からなる.一般には Π_ϕ はかなり複雑な内部構造をもつ.これについては Arthur [A2] を参照されたい.

$$r : {}^LG \longrightarrow \mathrm{GL}(n,\mathbf{C})$$

は L 群の連続表現で, $r|^LG^0$ が複素解析的であるものとする．このとき $\pi \in \Pi_\phi$ の L 函数と ϵ 因子を

$$L(s,\pi,r) = L(s, r \circ \phi), \tag{6.4}$$

$$\epsilon(s,\pi,r,\psi) = \epsilon(s, r \circ \phi, \psi) \tag{6.5}$$

によって定義する．ここに ψ は加法群 F の自明でない指標であり，右辺は第 4 節で定義した W'_F の表現 $r \circ \phi$ の L 函数と ϵ 因子である.

例 6.6 $G = \mathrm{GL}(n)$ とする．r は ${}^LG = \mathrm{GL}(n,\mathbf{C}) \times W_F$ の表現 $\mathrm{st} \otimes \mathrm{id}$ とする．ここに $\mathrm{st} : \mathrm{GL}(n,\mathbf{C}) \longrightarrow \mathrm{GL}(n,\mathbf{C})$ は標準的な恒等写像による表現である．このとき (6.4), (6.5) で定義される L 函数と ϵ 因子が一致するように，第 VII 章でその一部を述べた $\mathrm{GL}(n,F)$ の表現論を用いて $L(s,\pi)$ と $\epsilon(s,\pi,\psi)$ が構成できる．即ち $G = \mathrm{GL}(n)$, $r = \mathrm{st} \otimes \mathrm{id}$ のとき, $L(s,\pi,r) = L(s,\pi)$, $\epsilon(s,\pi,r,\psi) = \epsilon(s,\pi,\psi)$ と書く．χ を W_F の有限次元連続表現として，$r = \mathrm{st} \otimes \chi$ を考えることもできる．このときの $L(s,\pi,r)$ を $L(s,\pi \otimes \chi)$ と書く．

例 6.7 F は非 Archimedes 局所体とする．$\mathrm{GL}(2,F)$ の特殊表現 $\sigma(\mu_1,\mu_2)$ を考える．$F^\times$ の quasi-character χ によって $\mu_1 = \chi\nu$, $\mu_2 = \chi$ としてよい．ここに $\nu(x) = |x|$, $x \in F^\times$ である．このとき χ が不分岐ならば

$$L(s,\sigma(\chi\nu,\chi)) = L(s,\chi\nu),$$

$$\epsilon(s,\sigma(\chi\nu,\chi),\psi) = \epsilon(s,\chi\nu,\psi)\epsilon(s,\chi,\psi)\frac{L(1-s,(\chi\nu)^{-1})}{L(s,\chi)},$$

である．χ が分岐ならば

$$L(s,\sigma(\chi\nu,\chi)) = 1,$$

$$\epsilon(s,\sigma(\chi\nu,\chi),\psi) = \epsilon(s,\chi\nu,\psi)\epsilon(s,\chi,\psi)$$

である (VIII, 第 3 節の表を参照). (4.10), (4.11), (4.12), (4.13) により $\sigma(\chi\nu,\chi)$ は $\mathrm{Sp}(2) \otimes \chi$ に対応することがわかる．

例 6.8 F は非 Archimedes 局所体とする．$\mathrm{GL}(n,F)$ の既約許容 absolutely cuspidal 表現の同値類の集合を $\mathcal{A}^0(n)$, W_F の連続な既約 n 次元表現の同値類の

集合を $\mathcal{G}^0(n)$ と書く. 局所類体論から得られる標準的な写像 $W_F \longrightarrow F^\times$ を t と書く. ($W_F \cap \mathrm{Gal}(F_{\mathrm{ab}}/F)$ は相互律写像, 第 IV 章, 4 節の $\mathfrak{a}_F$, による $F^\times$ の像であることに注意.) このとき全単射 $\mathcal{G}^0(n) \ni \sigma \mapsto \pi_n(\sigma) \in \mathcal{A}^0(n)$ で次の性質 1) ～ 4) をみたすものが存在する.

1) $\pi_n(\sigma)$ の central character を $\omega_{\pi_n(\sigma)}$ とすると
$$\det(\sigma) = \omega_{\pi_n(\sigma)} \circ t.$$

2) $F^\times$ の quasi-character χ に対し
$$\pi_n(\sigma \otimes (\chi \circ t)) = \pi_n(\sigma) \otimes (\chi \circ \det).$$

3) ˇ により反傾表現をとる操作を表せば
$$\pi_n(\check{\sigma}) = \check{\pi_n(\sigma)}.$$

4) $\sigma \in \mathcal{G}^0(n)$, $\tau \in \mathcal{G}^0(m)$ に対し
$$L(s, \sigma \otimes \tau) = L(s, \pi_n(\sigma) \times \pi_m(\tau)), \qquad \epsilon(s, \sigma \otimes \tau, \psi) = \epsilon(s, \pi_n(\sigma) \times \pi_m(\tau), \psi).$$

ここに右辺は, Jacquet-Shalika-Piateskii Shapiro ([JPSS], VII, [JS1], [JS2]) による L 函数と ϵ 因子である. この例の定式化は Henniart ([He]) によった.

G, H は F 上に定義された連結 reductive 群とする. L 準同型
$$\varphi : {}^L H \longrightarrow {}^L G$$

が与えられたとする. $\phi \in \Phi(H)$ を定義 6.2 の意味の Langlands parameter (の同値類) とする. $\varphi \circ \phi : W'_F \longrightarrow {}^L G$ は Langlands parameter の定義 6.2 の条件 (i), (ii) をみたすが, G が quasi-split ならば条件 (iii) も成り立つ. よって G が quasi-split のとき, 局所 Langlands 予想の下に, L 準同型は函手性写像 (functoriality map)
$$\Pi_\phi(H(F)) \longrightarrow \Pi_{\varphi \circ \phi}(G(F)) \qquad (6.6)$$

を誘導する. $G = \mathrm{GL}(n)$ とする. このとき $\Pi_{\varphi \circ \phi}(G)$ は唯一つの表現からなるが, $\Pi_\phi(H)$ は一般に複数個の表現を含むから, (6.6) は多対一対応である.

注意 6.9 類体論の意義は基礎体の Abel 拡大体を基礎体のデータのみによって記述するところにある. 例えば局所類体論により $\mathrm{Gal}(\overline{F}/F)$ の連続一次元表現

は $F^\times$ の連続一次元表現と一対一に対応している. 例 6.8 により $\mathrm{Gal}(\overline{F}/F)$ の連続な既約 n 次元表現は $\mathrm{GL}(n,F)$ の既約許容 absolutely cuspidal 表現と一対一に対応している. この様に函手性原理は非 Abel 類体論とも呼ばれる. これは次節で述べる大域体の場合も同様である. 古典的類体論は岩澤理論などの強力な副産物をもたらしたが, 非 Abel 類体論 (今予想などを全て仮定したとしても) の整数論的応用はまだ十分に強力ではないようである. 非 Abel 類体論の数の理論への応用を発見することは将来の課題であろう.

7. 函手性原理 (大域体の場合)

F は大域体, G は F 上に定義された連結 reductive 群とする. $G_{\mathbf{A}}$ の保型表現全ての集合を $\mathcal{A}(G_{\mathbf{A}})$ で表す. v を F の素点とする. $\mathrm{Gal}(\overline{F_v}/F_v) \subset \mathrm{Gal}(\overline{F}/F)$, $W_{F_v} \subset W_F$ [*3)] により, 自然な包含写像 ${}^L G_v = {}^L(G/F_v) \subset {}^L G$ が得られる. ここに ${}^L(G/F_v)$ は G を F_v 上の代数群とみたときの L 群を表す. π を $G(F_{\mathbf{A}})$ の保型表現とする. このとき VI, 定理 4.6 により

$$\pi = \otimes_v \pi_v, \qquad \pi_v \in \Pi(G(F_v))$$

と $G(F_v)$ の Hecke 代数の既約許容表現 π_v のテンソル積に分解できる. $r: {}^L G \longrightarrow \mathrm{GL}(n, \mathbf{C})$ を L 群の連続表現とする. $r|{}^L G^0$ は複素解析的であると仮定する. F の各素点 v に対し, 制限をとることにとり r は ${}^L G_v$ の表現 r_v を与えるから, (π, r) の L 函数と ϵ 因子を

$$L(s, \pi, r) = \prod_v L(s, \pi_v, r_v),$$

$$\epsilon(s, \pi, r) = \prod_v \epsilon(s, \pi_v, r_v, \psi_v)$$

によって定義する. ここに ψ は $F_{\mathbf{A}}/F$ の自明でない指標である. $L(s, \pi, r)$ を定義する無限積は $\mathrm{Re}(s)$ が十分大きいとき収束することが示される. $L(s, \pi, r)$ の全 s 平面への有理型解析接続と函数等式

$$L(s, \pi, r) = \epsilon(s, \pi, r) L(1 - s, \check{\pi}, \check{r}) \qquad (7.1)$$

が予想される. ここに ˇ は反傾表現をとることを表す. 群 G として自明なものを

[*3)] この包含写像は v の上にある $\overline{F}$ の素因子のとり方に依存する.

とり, r として Weil 群の連続表現をとれば, $L(s,\pi,r)$ は Weil 群の表現に付随する L 函数であるから, 予想 (7.1) は定理 3.2 を一般化したものになっている.

$G = \mathrm{GL}(n)$ とする. χ は W_F の有限次元連続表現とする. 例 6.6 と同様に, $r = \mathrm{st} \otimes \mathrm{id}$ と取ったときの $L(s,\pi,r)$ を $L(s,\pi)$, $r = \mathrm{st} \otimes \chi$ と取ったときの $L(s,\pi,r)$ を $L(s,\pi \otimes \chi)$ と書く.

今 H は F 上に定義された連結 reductive 群で L 準同型 $\varphi: {}^LH \longrightarrow {}^LG$ が与えられたとする. F の各素点 v について L 準同型 $\varphi_v: {}^LH_v \longrightarrow {}^LG_v$ が得られる. $\rho = \otimes_v \rho_v$ を $H(F_\mathbf{A})$ の保型表現とする. 局所 Langlands 予想を仮定する. Langlands parameter $\phi_v \in \Phi(H/F_v)$ があって $\rho_v \in \Pi_{\phi_v}$ となる. G は F 上 quasi-split であると仮定する.

函手性原理 (principle of functoriality) $G(F_\mathbf{A})$ の保型表現 $\pi = \otimes_v \pi_v$ で $\pi_v \in \Pi_{\varphi_v \circ \phi_v}, \forall v$ をみたすものが存在するであろう.

これが成り立てば, 函手性対応 (functoriality correspondence)

$$\mathcal{A}(H_\mathbf{A}) \ni \rho \mapsto \pi \in \mathcal{A}(G_\mathbf{A})$$

で局所的な対応 $\rho_v \mapsto \pi_v$ が (6.6) と consistent になっているものが得られたことになる. π を ρ の函手像 (functorial image) という. 一般には局所 L-packet は複数個の元を含むので, π は一意的には決まらない. どのような π が保型表現として現れるのか, あるいは現れないのかという問題は明らかに重要である. この問題に対する答は π の保型形式の空間における重複度 $m(\pi)$ を表す公式によって与えられる. この重複度公式についての Labesse-Langlands ([LL]), Kottwitz [Ko] による予想はこの章の最後の節で簡単に述べる.

以下の例では F は大域体を表す.

例 7.1 K は体とする. K 代数 A は $\dim_K A = 4$, かつ A は K を中心とする単純環であるとき K 上の四元数環 (quaternion algebra) であるという. 例えば $M(2,K)$ は K 上の四元数環, Hamilton 四元数の成す非可換体 $\mathbf{H}$ は $\mathbf{R}$ 上の四元数環である.

D は大域体 F 上の四元数環とする. v は F の素点とする. このとき $D_v = D \otimes_F F_v$ は F_v 上の四元数環である. F_v 上の四元数環は $M(2,F_v)$ か非可換体で

ある四元数環 ($F_v \not\cong \mathbf{C}$ のときに限り存在し同型を除いて唯一つ) に同型である. 前者の場合 D は v で split するといい, 後者の場合 D は v で分岐するという.

D の乗法群 $D^\times$ が定義する F 上の代数群を H とする. 即ち H は任意の F 代数 A に対して $H(A) = (D \otimes_F A)^\times$ をみたす代数群である. このとき

$$^L H = \mathrm{GL}(2, \mathbf{C}) \times W_F$$

である. $G = \mathrm{GL}(2)/F$ と取る. $^L H = {^L G}$ であるから恒等写像を L 準同型としてとると対応

$$\mathcal{A}(H_\mathbf{A}) \ni \otimes_v \pi'_v \longrightarrow \otimes_v \pi_v \in \mathcal{A}(G_\mathbf{A})$$

が得られる. D が v で split していると, $H(F_v) = \mathrm{GL}(2, F_v)$ ゆえ $\pi'_v = \pi_v$ で対応する. これは Jacquet-Langlands-Shimizu 対応として知られている (VIII, [JL]).

v は F の素点とする. このとき $^L H_v = {^L G_v}$ であるから, 局所的な函手性対応 $\Pi(H(F_v)) \longrightarrow \Pi(G(F_v))$ がある. これは単射であって, D が v で split するときは本質的に恒等写像であるが, D が v で分岐するときの像は離散系列の表現からなる. (v が非 Archimedes 素点のときは absolutely cuspidal 表現と特殊表現が離散系列の表現である.) π が無限次元のとき, $\pi = \otimes_v \pi_v$ が Jacquet-Langlands-Shimizu 対応の像に入る必要十分条件は, D が分岐する全ての v について π_v が離散系列の表現になることである. 言い換えれば $\pi = \otimes_v \pi_v \in \mathcal{A}(G_\mathbf{A})$ が函手性対応の像に入るための obstruction は局所的であって, 大域的 obstruction は存在しない.

例 7.2 K は F の有限次 Galois 拡大体とする. $d = [K:F]$ とおく. $\mathrm{GL}(n)$ を K 上の代数群とみたものを H とし, $G = \mathrm{Res}_{K/F}(H)$ とする. L 群の有限 Galois 型を用いると例 5.3 により

$$^L G = \mathrm{GL}(n, \mathbf{C})^{\mathrm{Gal}(K/F)} \rtimes \mathrm{Gal}(K/F),$$

$$^L H = \mathrm{GL}(n, \mathbf{C}) \times \mathrm{Gal}(K/F)$$

である. L 準同型 $\varphi : {^L H} \longrightarrow {^L G}$ を

$$^L H \ni (g, \tau) \longrightarrow (\iota(g), \tau) \in {^L G}, \qquad g \in \mathrm{GL}(n, \mathbf{C}),\ \tau \in \mathrm{Gal}(K/F)$$

で定義する. ここに $\iota : \mathrm{GL}(n, \mathbf{C}) \longrightarrow \mathrm{GL}(n, \mathbf{C})^{\mathrm{Gal}(K/F)}$ は対角に埋め込む写像である. $^L G$ の表現 $r : {^L G} \longrightarrow \mathrm{GL}(nd, \mathbf{C})$ を次のように定義する. $V_0 = \mathbf{C}^n$ とお

き, r_0 を $\mathrm{GL}(n,\mathbf{C})$ の V_0 における標準的表現とする. このとき $\mathrm{GL}(n,\mathbf{C})^{\mathrm{Gal}(K/F)}$ の $V_0^{\otimes d}$ における表現が得られる. これを r_1 とする. $V_1 = \mathbf{C}^d$ とおき, $\mathrm{Gal}(K/F)$ の V_1 における置換表現 (正則表現) を η とする. $V_0^{\otimes d} = V_0 \otimes V_1 = \mathbf{C}^{nd}$ とみるとき

$$\eta(\tau) r_1(g) \eta(\tau)^{-1} = r_1(\tau g), \quad \tau \in \mathrm{Gal}(K/F), \quad g \in \mathrm{GL}(n,\mathbf{C})^d$$

が成り立つとしてよいから, $^L G$ の $\mathbf{C}^{nd}$ における表現を

$$r((g,\tau)) = r_1(g) \otimes \eta(\tau), \quad g \in \mathrm{GL}(n,\mathbf{C})^{\mathrm{Gal}(K/F)}, \quad \tau \in \mathrm{Gal}(K/F)$$

で定義できる. $\rho = \otimes_v \rho_v \in \mathcal{A}(H_\mathbf{A})$ を保型表現とする. ρ の函手像 $\pi = \otimes_v \pi_v$ は $\mathcal{A}(G_\mathbf{A})$ にあり

$$L(s, \pi, r) = \prod_{\chi \in \widehat{\mathrm{Gal}(K/F)}} L(s, \rho \otimes \chi)^{\dim(\chi)} \tag{7.2}$$

が成り立つ. ここに χ は $\mathrm{Gal}(K/F)$ の既約表現を走り, $\rho \otimes \chi$ は χ を W_F の連続表現とみて上述のように定義される.

(7.2) を証明しておこう. η を $\mathrm{Gal}(K/F)$ の正則表現とする. $\eta \cong \oplus_{\chi \in \widehat{\mathrm{Gal}(K/F)}} \dim(\chi) \chi$ であるから,

$$L(s, \pi, r) = L(s, \rho \otimes \eta) \tag{7.3}$$

を示せばよい. v を F の素点とする. v の上にある K の素点を $w_1, \ldots, w_d$ とする. $w = w_1$ とおく. F_v 代数 L に対し

$$K \otimes_F L = K \otimes_F (F_v \otimes_{F_v} L) = (K \otimes_F F_v) \otimes_{F_v} L = \oplus_{i=1}^d (K_{w_i} \otimes_{F_v} L)$$

であることから,

$$G/F_v \cong \prod_{i=1}^d \mathrm{Res}_{K_{w_i}/F_v}(\mathrm{GL}(n))$$

がわかる. ここに G/F_v は G を F_v 上の代数群とみたものを表し, 同型は F_v 上の代数群の同型である. 局所 Langlands parameter $\phi_v : W'_{F_v} \longrightarrow {}^L(H/F_v)$ があって, $\rho_v \in \Pi_{\phi_v}(H_v)$ とする. φ から得られる局所 L 準同型を φ_v とする.

$$\varphi_v : {}^L(H/F_v) = \mathrm{GL}(n,\mathbf{C}) \times \mathrm{Gal}(K_w/F_v)$$

286 第 X 章 L 群と函手性

$$\longrightarrow {}^L(G/F_v) = \prod_{i=1}^{d} \mathrm{GL}(n,\mathbf{C})^{\mathrm{Gal}(K_{w_i}/F_v)} \rtimes \mathrm{Gal}(K_{w_i}/F_v),$$

$\pi_v \in \Pi_{\varphi_v \circ \phi_v}(G_v)$ である. (7.3) の右辺の v 因子は W'_F の表現 $\phi_v^0 \otimes \eta_v$ の L 函数 $L(s, \phi_v^0 \otimes \eta_v)$ に等しい. ここに $\phi_v^0 : W'_F \longrightarrow \mathrm{GL}(n,\mathbf{C})$ は第一成分への射影をとることで得られる表現であり, η_v は η の $\mathrm{Gal}(K_w/F_v)$ への制限である. (7.3) の左辺の v 因子は W'_F の表現 $r_v \circ \varphi_v \circ \phi_v^0$ の L 函数 $L(s, r_v \circ \varphi_v \circ \phi_v^0)$ に等しい. ここに r_v は r の ${}^L(G/F_v)$ への制限である. $\phi_v^0 \otimes \eta_v \cong r_v \circ \varphi_v \circ \phi_v^0$ は容易にわかるから, (7.3) が従う.

次に $G_{\mathbf{A}} = G(K_{\mathbf{A}}) = \mathrm{GL}(n, K_{\mathbf{A}})$ ゆえ π に対応する $\mathrm{GL}(n, K_{\mathbf{A}})$ の保型表現を $\tilde{\rho}$ と書くと $L(s, \pi, r) = L(s, \tilde{\rho})$ であり

$$L(s, \tilde{\rho}) = \prod_{\chi \in \widehat{\mathrm{Gal}(K/F)}} L(s, \rho \otimes \chi)^{\dim(\chi)} \quad (7.4)$$

となる. $\rho \mapsto \tilde{\rho}$ は base change リフトと呼ばれる. (より一般に G が F 上 split する reductive 群のときも, また K が F 上 Galois でないときにも, (7.4) と類似の関係がある.)

$n = 2, d = 2, F = \mathbf{Q}, F$ が実二次体のときは土井-長沼リフトである. $n = 2$, K が F の巡回拡大のときは齋藤-新谷-Langlands ([L4]) によって base change リフトの存在が示された. この対応の像は $\mathrm{Gal}(K/F)$ で不変な保型表現として特徴づけられる. n が一般で, K が F の巡回拡大のときは Arthur-Clozel の結果がある. $\mathrm{Gal}(K/F)$ が可解群でないときは, $n = 2$ であっても一般的な結果は知られていない.

例 7.3 $H = \mathrm{GL}(2)/F$, $G = \mathrm{GL}(n+1)/F$ とする. L 準同型 ${}^L H \longrightarrow {}^L G$ を

$${}^L H \ni (g, \sigma) \longrightarrow (\rho_n(g), \sigma) \in {}^L G$$

によって定義する. ここに ρ_n は n 次の対称テンソル表現 (XII, 3 節参照) である. 函手像の存在は $n = 2$ のときは志村 [S] の技法を用いて Gelbart-Jacquet ([GJ]), $n = 3$ のとき H. Kim-Shahidi ([KiS]), $n = 4$ のとき H. Kim ([Ki]) によって証明された. この場合の函手像の存在が全ての n に対して証明されれば, Ramanujan 予想, Selberg 予想, Sato-Tate 予想などが解けることが知られていて[*4], この問

[*4] 正確には cuspidal な保型表現で, 全ての n に対して函手像が cuspidal であるものに対し解ける.

題は重要である. $n \geq 3$ のときは endoscopic リフト (例 (6) 参照) ではない. 将来の理論の試金石となる場合であろう.

例 7.4 $G = \mathrm{GSp}(n)$ とする.

$$^LG^0 = (\mathrm{GL}(1, \mathbf{C}) \times \mathrm{Spin}(2n+1, \mathbf{C}))/A, \qquad A = \{1, a\}$$

である. ここに $a = (a_1, a_2)$, $a_1 = -1 \in \mathrm{GL}(1, \mathbf{C})$, a_2 はスピノール群 $\mathrm{Spin}(2n+1, \mathbf{C})$ の中心の位数 2 の元である. π は $G_\mathbf{A}$ の保型表現とする. $\mathrm{Spin}(2n+1, \mathbf{C})$ の $(2n+1)$ 次元表現 (standard representation) st を用いて L 函数を作る. (st は被覆写像 $\mathrm{Spin}(2n+1, \mathbf{C}) \longrightarrow \mathrm{SO}(2n+1, \mathbf{C})$ から得られる.) $L(s, \pi, \mathrm{st})$ を π の standard L 函数という. $\mathrm{Spin}(2n+1, \mathbf{C})$ はスピノール表現 spin をもつ. これは 2^n 次元の表現である. $L(s, \pi, \chi \otimes \mathrm{spin})$ を π の spinor L 函数という. ここに χ は $\mathrm{GL}(1, \mathbf{C})$ の位数 2 の指標で $\chi(-1) = -1$ をみたす. $n \geq 4$ のとき $L(s, \pi, \chi \otimes \mathrm{spin})$ の解析接続は知られていない.

例 7.5 H は F 上の古典群とする. 簡単のため H は F 上 split すると仮定する. このとき $H = \mathrm{SL}(n+1), \mathrm{Sp}(n), \mathrm{SO}(2n+1)$ または $\mathrm{SO}(2n)$ であり, H の rank は n である. この各場合に応じて $^LH^0$ は $\mathrm{PGL}(n+1), \mathrm{SO}(2n+1), \mathrm{Sp}(n),$ $\mathrm{SO}(2n)$ となる. $^LH = {^LH^0} \times W_F$ である. H は型 B, C, D とする. φ_0 を包含写像 $\mathrm{SO}(2n+1) \hookrightarrow \mathrm{GL}(2n+1), \mathrm{Sp}(n) \hookrightarrow \mathrm{GL}(2n), \mathrm{SO}(2n) \hookrightarrow \mathrm{GL}(2n),$ id を恒等写像とすると $\varphi = \varphi_0 \otimes \mathrm{id}$: $^LH \longrightarrow \mathrm{GL}(m) \times W_F = {^LG}$ は L 準同型である. ここに型 B, C, D に応じて $m = 2n+1, 2n, 2n, G = \mathrm{GL}(m)$ である. よって対応 $\mathcal{A}(H_\mathbf{A}) \longrightarrow \mathcal{A}(G_\mathbf{A})$ が予想される. この場合の函手性原理は, F が代数体で $\pi \in \mathcal{A}(H_\mathbf{A})$ が globally generic [*5] の仮定のもとに, Cogdell, H. H. Kim, Piateskii-Shapiro, Shahidi の共著論文 [CKPS2] で肯定的に解決されている.

例 7.6 Langlands ([L5]) は F 上定義された連結 reductive 群 G に対して endoscopic 群 (内視鏡群) と呼ばれる群 H を導入した. H は F 上に定義され quasi-split である. 一般には H は G の部分群ではなく, また複数個存在する. L 準同型 $^LH \longrightarrow {^LG}$ が存在する. これから (G が quasi-split のとき) 得られる函手像を endoscopic リフトという. Langlands ([L5]), Langlands-Shelstad ([LS])

ある n について函手像が cuspidal でないような保型表現は Weil 群 W_F の表現から得られ, 特徴づけ可能であると考えられる.

[*5] π が大域的に Whittaker モデルをもつという条件である.

は endoscopic リフトの存在が G の跡公式の stabilization に帰着することを示した. さらに跡公式の stabilization は fundamental lemma と呼ばれる軌道積分の問題に帰着することが示されていたが, この問題は Ngo [N] によって解決された.

8. 重複度公式

F は代数体とする. 大域 Langlands 群と呼ばれる次の性質をもつ位相群 L_F の存在が予想される. (この群は $\mathrm{GL}(n, F_\mathbf{A})$ の cuspidal な保型表現が生成する仮想的な淡中圏 (XI, [DM]) の存在から導かれる ([L3] 参照).)

(A) F の各素点 v に対して, 局所 Langlands 群から大域 Langlands 群への自然な写像 $L_{F_v} \longrightarrow L_F$ がある.

(B) L_F の既約 n 次元表現の同値類は $\mathrm{GL}(n, F_\mathbf{A})$ の cuspidal な保型表現と一対一に対応する.

(C) L_F は W_F のコンパクト群による拡大である.

G は F 上に定義された連結 reductive 群とする. 連続準同型 $\phi : L_F \longrightarrow {}^L G$ は次の条件 (i), (ii), (iii) をみたすとき大域 Langlands parameter であるという. (i) 定義 6.1 の (i) に相当する図式は可換である. (ii) $\phi(x), x \in L_F$ は半単純である. (iii) 定義 6.1 の (iii) に相当する条件が成り立つ.

ϕ を大域 Langlands parameter とする. S_ϕ は $\phi(L_F)$ の ${}^L G^0$ における中心化群, S_ϕ^0 は S_ϕ の単位元の連結成分とする. S_ϕ は reductive 代数群である.

$$\mathfrak{S}_\phi = S_\phi / S_\phi^0$$

とおく. $\mathfrak{S}_\phi$ は S_ϕ の連結成分が作る有限群である. (A) により, F の各素点 v に対して局所 Langlands parameter $\phi_v : L_{F_v} \longrightarrow {}^L G$ が得られる. $\mathfrak{S}_{\phi_v}$ も同様に定義する.

以下予想される重複度公式を簡単な場合に説明しよう. Z は G の中心, ω は Z_F 上自明な $Z_\mathbf{A}$ の指標とする. カスプ形式の空間 $L_0^2(G_F \backslash G_\mathbf{A}, \omega)$ を第 VI 章, 5 節のように定義する. G は quasi-split でその導来群 $[G, G]$ は単連結であると仮定する. $\pi = \otimes_v \pi_v$ を $G_\mathbf{A}$ の既約表現とする. π はユニタリーで tempered であると仮定する. 大域 Langlands parameter ϕ があって各素点 v に対して $\pi_v \in \Pi_{\phi_v}$ となると仮定する. π の central character を ω とし, $m(\pi)$ により π が $L_0^2(G_F \backslash G_\mathbf{A}, \omega)$ に現れる重複度を表す. このとき重複度公式は

$$m(\pi) = |\mathfrak{S}_\phi|^{-1} \sum_{x \in \mathfrak{S}_\phi} \epsilon_\phi(x)\langle x, \pi \rangle, \tag{8.1}$$

$$\langle x, \pi \rangle = \prod_v \langle x, \pi_v \rangle_v \tag{8.2}$$

の形である ([Ko], p.648 参照. [A1], §8 も参照). ここに ϵ_ϕ は $\mathfrak{S}_\phi$ の指標であり, $\langle x, \pi_v \rangle_v$ は $\mathfrak{S}_{\phi_v}$ と G_{F_v} の表現の paring である. $x \mapsto \langle x, \pi_v \rangle_v$ は $\mathfrak{S}_{\phi_v}$ の指標であると予想され, また L-packet Π_{ϕ_v} の元は $\mathfrak{S}_{\phi_v}$ の表現と一対一に対応すると予想されている.

π が tempered でない場合の予想については, Arthur [A1] を参照されたい.

第XI章　志村-谷山予想の一般化

志村-谷山予想を一般化して，次の問題が自然に考えられる．X は大域体 F 上に定義された非特異射影的代数多様体とする．ℓ 進 etale cohomology 群 $H^i(X) = H^i_\ell(X)$ から F 上のオイラー積 $L(s, H^i(X))$ が得られる（第 III 章 8 節参照．そこでは $L(s, H^i(X))$ を $\zeta^{(i)}_X(s)$ と書いた）．この函数は全 s 平面に有理型に解析接続され通常の型の函数等式をみたすと予想されている．$L(s, H^i(X))$ に対応する保型形式は何かというのが，志村-谷山予想を一般化した問題である．この章では問題をさらに一般化して，F 上のモティーフ M について同じ問題を論じる．

この章では第 IV 章 5 節の最後に定義した係数体を制限する函手 $\mathrm{Res}_{K/F}$ を $\mathrm{R}_{K/F}$ と略記する．代数群 G に対し，G の単位元の連結成分を G^0 により表す．$Z(G)$ により G の中心を表す．この章の記述は主に著者の論文 [Y3] によった．読者の便宜のために最後の節ではモティーフの概念を簡単に説明する．

1. Hodge 群

V は $\mathbf{Q}$ 上の有限次元ベクトル空間とする．w は整数とする．分解
$$V \otimes_{\mathbf{Q}} \mathbf{C} = \bigoplus_{p+q=w} V^{p,q}, \qquad \overline{V^{p,q}} = V^{q,p} \tag{1.1}$$
を V 上の重さ w の（$\mathbf{Q}$ 有理的）Hodge 構造という．V の次元をこの Hodge 構造の rank という．ここに $V^{p,q}$ は $\mathbf{C}$ 上のベクトル空間 $V \otimes_{\mathbf{Q}} \mathbf{C}$ の部分空間であり，$\overline{V^{p,q}}$ は $V^{p,q}$ の複素共役を表す．（複素共役写像は $V \otimes_{\mathbf{Q}} \mathbf{C}$ の第二因子を通して作用する．）

$V = \mathbf{Q}$, $V \otimes_{\mathbf{Q}} \mathbf{C} = V^{-n,-n}$ として得られる rank 1, 重さ $-2n$ の Hodge 構造を $\mathbf{Q}(n)$ と書く．V, W が Hodge 構造ならば $V \otimes_{\mathbf{Q}} W$ には自然に Hodge 構造が入る．

$S = \mathrm{R}_{\mathbf{C}/\mathbf{R}}(\mathbf{G}_m)$ とおく. S は $\mathbf{R}$ 上に定義されたトーラスであり, $\mathbf{R}$ 代数 K に対して $S(K) = (\mathbf{C} \otimes_{\mathbf{R}} K)^{\times}$ が成り立つ. $x \otimes y \in \mathbf{C} \otimes_{\mathbf{R}} \mathbf{C}$ を $(xy, \bar{x}y) \in \mathbf{C} \times \mathbf{C}$ に写すことにより, 同型 $\mathbf{C} \otimes_{\mathbf{R}} \mathbf{C} \cong \mathbf{C} \times \mathbf{C}$ が得られる. このとき $S(\mathbf{R}) = \mathbf{C}^{\times}$ は $z \in \mathbf{C}$ を $(z, \bar{z})$ に写すことにより $S(\mathbf{C}) = \mathbf{C}^{\times} \times \mathbf{C}^{\times}$ に入る. 特に $S(\mathbf{R})$ は $S(\mathbf{C})$ において Zariski dense である. 代数群としての morphism $h : S \longrightarrow \mathrm{GL}(V)$ を

$$h(z)v^{p,q} = z_1^{-p} z_2^{-q} v^{p,q}, \quad v^{p,q} \in V^{p,q}, \\ z = (z_1, z_2) \in \mathbf{C}^{\times} \times \mathbf{C}^{\times} = S(\mathbf{C}) \tag{1.2}$$

によって定義する. このとき

$$h(z)v^{p,q} = z^{-p} \bar{z}^{-q} v^{p,q}, \quad v^{p,q} \in V^{p,q}, \quad z \in \mathbf{C}^{\times} = S(\mathbf{R}) \tag{1.2'}$$

が成り立つ. (1.2′) により

$$\bar{h}(\bar{z})v^{p,q} = \bar{z}^{-p} z^{-q} v^{p,q} = h(\bar{z})v^{p,q}$$

であるから, $h = \bar{h}$ を得る. よって h は $\mathbf{R}$ 上に定義されていることがわかる. 逆に $\mathbf{R}$ 上に定義された代数群としての morphism $h : S \longrightarrow \mathrm{GL}(V)$ で $h(z) = z^{-w}$ 倍, $z \in \mathbf{R}^{\times} \subset \mathbf{C}^{\times} = S(\mathbf{R})$ をみたすものがあれば, h に対応する V 上の重さ w の Hodge 構造が得られることは容易にわかる.

定義 1.1 $\mathrm{GL}(V)$ の $\mathbf{Q}$ 上に定義された部分代数群で h の像を含む最小のものを (V, h) の Hodge 群という. $\mathrm{Hg}(V, h)$ または略して $\mathrm{Hg}(V)$ と書く.

定義 1.1 の h の像を含むという条件は $\mathrm{Hg}(V)(\mathbf{C}) \supset h(S(\mathbf{C}))$ を意味するが, $S(\mathbf{R})$ は $S(\mathbf{C})$ において Zariski dense であるから, $\mathrm{Hg}(V)(\mathbf{C}) \supset h(S(\mathbf{R}))$ ならばこの条件がみたされていることがわかる.

$C = h(i)$ とおく. Hodge 構造の morphism [*1)] $\psi : V \otimes V \longrightarrow \mathbf{Q}(-w)$ は $V \otimes_{\mathbf{Q}} \mathbf{R}$ 上の実数値双線型形式 $\psi(x, Cy)$ が対称正定値であるとき, V の偏極であるという. ある偏極があるとき Hodge 構造 V は偏極可能であるという.

命題 1.2 代数群 $\mathrm{Hg}(V)$ は連結である. Hodge 構造が偏極可能ならば, $\mathrm{Hg}(V)$ は reductive である.

[*1)] V, W は $\mathbf{Q}$-有理的 Hodge 構造であるとする. 線型写像 $f : V \longrightarrow W$ は Hodge type を保つとき, 即ち $f \otimes \mathrm{id} : V \otimes_{\mathbf{Q}} \mathbf{C} \longrightarrow W \otimes_{\mathbf{Q}} \mathbf{C}$ が $V^{p,q}$ を $W^{p,q}$ の中に写すとき, Hodge 構造の morphism であるという.

証明は Deligne [D2] を参照.

E は有限次代数体とする. V は E 上の有限次ベクトル空間とする. V を $\mathbf{Q}$ 上のベクトル空間とみなしたものを $\underline{V}$ で表す. 分解

$$V \otimes_{\mathbf{Q}} \mathbf{C} = \bigoplus_{p+q=w} V^{p,q}, \quad \overline{V^{p,q}} = V^{q,p} \tag{1.3}$$

を V 上の重さ w の E 有理的 Hodge 構造という. ここに $V^{p,q}$ は $V \otimes_{\mathbf{Q}} \mathbf{C}$ の $E \otimes_{\mathbf{Q}} \mathbf{C}$ 部分加群である. $\dim_E V$ を V の rank と呼ぶ. Hodge 群の概念を E 有理的 Hodge 構造に対して拡張しよう. $\underline{V}$ には (1.3) から $\mathbf{Q}$ 有理的 Hodge 構造が入るからこれを用いて $h: S \longrightarrow \mathrm{GL}(\underline{V})$ を定義する. h は E 線型であるから

$$\mathrm{Im}(h) \subset \mathrm{GL}(V)(E \otimes_{\mathbf{Q}} \mathbf{C}) \subset \mathrm{GL}(\underline{V})(\mathbf{C}) \tag{1.4}$$

が成り立つ.

定義 1.3 $\mathrm{GL}(V)$ の E 上に定義された部分代数群でその $E \otimes_{\mathbf{Q}} \mathbf{C}$ 値点の成す群が h の像を含む最小のものを (V, h) の Hodge 群という. $\mathrm{Hg}(V, h)$ または略して $\mathrm{Hg}(V)$ と書く.

H は $\mathrm{R}_{E/\mathbf{Q}}(\mathrm{GL}(V))$ の $\mathbf{Q}$ 上に定義された部分代数群とする. $\mathrm{R}_{E/\mathbf{Q}}(\mathrm{GL}(V)) \subset \mathrm{GL}(\underline{V})$ であることを注意しておく. $\mathrm{GL}(V)$ の E 上に定義された部分代数群 G で $\mathrm{R}_{E/\mathbf{Q}}(G) \supset H$ をみたす最小のものを H の E 包絡群と呼ぶ. H が連結ならばその E 包絡群も連結であることは容易にわかる.

命題 1.4 $\mathrm{Hg}(V)$ は $\mathrm{Hg}(\underline{V})$ の E 包絡群である.

［証明］ (1.4) により

$$\mathrm{Im}(h) = h(S(\mathbf{C})) \subset \mathrm{Hg}(\underline{V})(\mathbf{C}) \subset \mathrm{R}_{E/\mathbf{Q}}(\mathrm{GL}(V))(\mathbf{C})$$

がわかる. E 上に定義された代数群 G に対して

$$\mathrm{R}_{E/\mathbf{Q}}(G)(\mathbf{C}) = G(E \otimes_{\mathbf{Q}} \mathbf{C})$$

に注意すれば命題の主張が成り立つことがわかる. □

命題 1.5 H が reductive ならばその E 包絡群も reductive である.

証明は [Y3], Appendix I を参照. 命題 1.2, 1.5 から次の命題を得る.

命題 1.6 代数群 Hg(V) は連結である．Hodge 構造が偏極可能ならば，Hg(V) は reductive である．

注意 1.7
$$h(S(\mathbf{C})) \subset \mathrm{GL}(V)(E \otimes_{\mathbf{Q}} \mathbf{C}) = \prod_{\sigma \in J_E} (\sigma \mathrm{GL}(V))(\mathbf{C})$$

が成り立つ．ここで J_E は E から $\mathbf{C}$ の中への同型写像全体の集合を表し，$\sigma\mathrm{GL}(V)$ は $\mathrm{GL}(V)$ の σ による共役を表す．$\sigma\mathrm{GL}(V)$ は $\sigma(E)$ 上に定義された代数群である．E を $\mathbf{C}$ の部分体とみなし，恒等的埋め込みを id : $E \hookrightarrow \mathbf{C}$ とする．このとき Hg(V) は $h(S(\mathbf{R}))$ の id 成分への射影の E-Zariski 位相による閉包である．

E 有理的 Hodge 構造 V に対して，Mumford-Tate 群を定義しよう．$E(1)$ により重さが -2，rank が 1 の E 有理的 Hodge 構造を表す．$h' : S \longrightarrow \mathrm{GL}(E(1))$ を上述のように定義し，$\widetilde{h} = (h, h') : S \longrightarrow \mathrm{GL}(V) \times \mathrm{GL}(E(1))$ とおく．

$$\widetilde{h}(S(\mathbf{C})) \subset \mathrm{GL}(V)(E \otimes_{\mathbf{Q}} \mathbf{C}) \times \mathrm{G}_m(E \otimes_{\mathbf{Q}} \mathbf{C})$$

が成り立つ．ここに G_m は E 上の代数群とみなしている．

定義 1.8 $\mathrm{GL}(V) \times \mathrm{G}_m$ の E 上に定義された部分代数群でその $E \otimes_{\mathbf{Q}} \mathbf{C}$ 値点の成す群が $\widetilde{h}$ の像を含む最小のものを (V, h) の Mumford-Tate 群という．MT(V, h) または略して MT(V) と書く．

この定義により Hg(V) が MT(V) を $\mathrm{GL}(V) \times \mathrm{G}_m$ の第一因子 $\mathrm{GL}(V)$ に射影したものであることは明らかである．$0 \le l, m \in \mathbf{Z}$，$p \in \mathbf{Z}$ に対してテンソル空間

$$T = V^{\otimes l} \otimes_E \check{V}^{\otimes m} \otimes_E E(p)$$

を考える．ここに $\check{V}$ は V の双対 Hodge 構造である．$\mathrm{GL}(V) \times \mathrm{G}_m$ を V に次のように作用させる．$\mathrm{GL}(V)$ は $V^{\otimes l} \otimes_E \check{V}^{\otimes m}$ に自然に作用し $E(p)$ には自明に作用する．G_m は $V^{\otimes l} \otimes_E \check{V}^{\otimes m}$ に自明に作用し $E(p)$ には $u \cdot v = u^{-p}v$，$u \in \mathrm{G}_m$，$v \in E(p)$ で作用する．

命題 1.9 上記のようなテンソル空間 T 全てについて，$(0, 0)$ 型のテンソル全てを固定する $\mathrm{GL}(V) \times \mathrm{G}_m$ の部分群を G とする．V が偏極可能ならば $G = \mathrm{MT}(V)$ である．

[証明] 明らかに $t \in T$ が $(0,0)$ 型であるためには t が $\widetilde{h}(S(\mathbf{R}))$ で固定されることが必要十分である. $\mathrm{MT}(V)(E \otimes_{\mathbf{Q}} \mathbf{C}) \supset \widetilde{h}(S(\mathbf{R}))$ であるから, t が $\mathrm{MT}(V)$ で固定されるならば t は $(0,0)$ 型である. 逆に $t \in T$ が $(0,0)$ 型であるとする. 注意 1.7 と同様に考えて, $\mathrm{MT}(V)$ は $\widetilde{h}(S(\mathbf{R}))$ の id 成分への射影の E-Zariski 位相による閉包であることがわかる. $\mathrm{GL}(V) \times \mathrm{G}_m$ の T への作用は E 有理的であるから t は $\mathrm{MT}(V)$ で固定される.

G は $\mathrm{MT}(V)$ で固定される全てのテンソルを固定する群とする. $\mathrm{MT}(V)$ は $\mathrm{MT}(\underline{V})$ の E 包絡群であるから, 命題 1.5 により reductive である. よって [D2], Proposition 3.1, (c) の判定条件により $G = \mathrm{MT}(V)$ を得る. □

例 **1.10** A は $\mathbf{C}$ 上に定義された n 次元の Abel 多様体とする. $H^1(A, \mathbf{Q})$ は rank $2n$, 重さ 1 の $\mathbf{Q}$ 有理的 Hodge 構造を定義し, $H_1(A, \mathbf{Q})$ は rank $2n$, 重さ -1 の $\mathbf{Q}$ 有理的 Hodge 構造を定義する. これらは互いに双対の関係にある. $\mathrm{Hg}(A) = \mathrm{Hg}(H_1(A, \mathbf{Q}))$ とおき A の Hodge 群と呼ぶ. ψ を A の偏極とすると $\mathrm{Hg}(A) \subset \mathrm{GSp}(V, \psi)$ が成り立つ. (ψ を $V = H_1(A, \mathbf{Q})$ 上の交代形式とみる. $\mathrm{GSp}(V, \psi)$ は ψ についての symplectic similitude 群である.)

$\mathrm{End}(A) = \mathbf{Z}$ とする. $n \le 2$ または n が奇数ならば $\mathrm{Hg}(A) = \mathrm{GSp}(V, \psi)$ が知られている (Ribet [R] 参照). $n = 4$ のとき $\mathrm{Hg}(A) \subsetneq \mathrm{GSp}(V, \psi)$ となる Mumford の例 ([Mu2]) がある.

K は $2n$ 次の CM 体で中への同型 $K \hookrightarrow \mathrm{End}(A) \otimes_{\mathbf{Z}} \mathbf{Q}$ があると仮定する. このとき A は K による虚数乗法をもつという. K は A の原点の接空間に作用し, 表現 $K \longrightarrow M(n, \mathbf{C})$ が得られる. この表現は, K から $\mathbf{C}$ の中への同型 $\{\sigma_1, \ldots, \sigma_n\}$ があって, $a \in K$ を $\sigma_1(a), \ldots, \sigma_n(a)$ を対角に並べた行列に写す表現と同値であることが証明される. $\Phi = \{\sigma_1, \ldots, \sigma_n\}$ とおく. A は CM 型 (K, Φ) であるという. (K', Φ') を (K, Φ) の reflex (II, [S1], p.63 参照) とする. このとき代数的トーラスの morphism $\det \Phi' : \mathrm{R}_{K'/\mathbf{Q}}(\mathrm{G}_m) \longrightarrow \mathrm{R}_{K/\mathbf{Q}}(\mathrm{G}_m)$ がある.

$$\mathrm{Hg}(A) \cong \mathrm{Image}(\det \Phi') \subset \mathrm{R}_{K/\mathbf{Q}}(\mathrm{G}_m)$$

が成り立つ. K が虚二次体ならば $\mathrm{Hg}(A) \cong \mathrm{R}_{K/\mathbf{Q}}(\mathrm{G}_m)$ である. $H_1(A, \mathbf{Q})$ を K-有理的 Hodge 構造と考えると, A の Hodge 群は K 上の代数群として $\mathrm{Hg}(A) \cong \mathrm{G}_m$ である.

例 **1.11** $E_1, \ldots, E_n$ は代数体 F 上に定義された虚数乗法をもたない楕円曲線

とする. $i \neq j$ のとき E_i と E_j は $\overline{\mathbf{Q}}$ 上 isogenous ではないと仮定する. このとき
$$\mathrm{Hg}(E_1 \times \cdots \times E_n) \cong \{(g_1, \ldots, g_n) \in \mathrm{GL}(2)^n \mid \det g_1 = \cdots = \det g_n\}$$
が知られている.

2. モティーフに付随する局所パラメーター

E と F は代数体とする. M は F 上のモティーフとし, M の係数体を E とする. M は三つの実現 (realization) Betti, λ-adic, de Rham をもつ.

M の Betti 実現 $H_B(M)$ は E 上の有限次元ベクトル空間である. この次元を M の rank という. d で表す. 埋め込み $F \hookrightarrow \mathbf{C}$ をとる. このとき $H_B(M)$ には E 有理的 Hodge 構造が入る. この重さを w とし, 以下この Hodge 構造は偏極可能であると仮定する. $V = H_B(M), \mathrm{Hg}(M) = \mathrm{Hg}(V)$ とおく. 命題 1.6 により $\mathrm{Hg}(M)$ は E 上に定義された連結な reductive 代数群である.

E の非 Archimedes 素点 λ に対し λ 進実現 $H_\lambda(M)$ がある. $H_\lambda(M)$ は E_λ 上の d 次元ベクトル空間であり Galois 群 $\mathrm{Gal}(\overline{F}/F)$ が作用する. λ 進表現
$$\rho_\lambda : \mathrm{Gal}(\overline{F}/F) \longrightarrow \mathrm{GL}(H_\lambda(M)) \cong \mathrm{GL}(d, E_\lambda)$$
が得られる. ℓ は素数とする. 係数体 E を無視したとき ℓ 進実現 $H_\ell(M)$ があり
$$H_\ell(M) = \bigoplus_{\lambda \mid \ell} H_\lambda(M) \tag{2.1}$$
の関係がある. $g = [E : \mathbf{Q}]$ とおく. $H_\ell(M)$ は $\mathbf{Q}_\ell$ 上 gd 次元のベクトル空間である. $H_\ell(M)$ には Galois 群が作用し
$$\sigma_\ell : \mathrm{Gal}(\overline{F}/F) \longrightarrow \mathrm{GL}(H_\ell(M)) \cong \mathrm{GL}(gd, \mathbf{Q}_\ell)$$
を ℓ 進表現とする.
$$\sigma_\ell \cong \oplus_{\lambda \mid \ell} \, \rho_\lambda$$
が成り立つ. Betti cohomology と ℓ-adic cohomology の比較定理により
$$\underline{V} \otimes_{\mathbf{Q}} \mathbf{Q}_\ell \cong H_\ell(M), \quad V \otimes_E E_\lambda \cong H_\lambda(M)$$
が成り立つ.

予想 2.1 E 上に定義された λ によらない代数群 H があって, $H^0 = \mathrm{Hg}(M)$, かつ ρ_λ の像 $\mathrm{Im}(\rho_\lambda)$ は $H(E_\lambda)$ に含まれ H で Zariski dense になる. $E = \mathbf{Q}$ のときは $\mathrm{Im}(\rho_\lambda)$ は $H(E_\lambda)$ の開部分群である.

注意 2.2 この予想では $\mathrm{Hg}(M)$ が埋め込み $F \hookrightarrow \mathbf{C}$ に依存しないことを仮定している.

注意 2.3 $E = \mathbf{Q}$ のとき, 予想 2.1 は Serre [Se1] に述べられている.

$E = \mathbf{Q}$ の場合の予想 2.1 と一般の場合の予想の関係を調べよう. $\mathfrak{H}$ を $\mathrm{Im}(\sigma_\ell)$ の Zariski 閉包とする. 予想 2.1 の $E = \mathbf{Q}$ の場合から $\mathfrak{H}$ は $\mathbf{Q}$ 上に定義された代数群であり, また $\mathfrak{H} \subset \mathrm{R}_{E/\mathbf{Q}}(\mathrm{GL}(V))$ は容易にわかる. よって $\mathfrak{H}$ の E 包絡群が考えられるが, これを $\widetilde{\mathfrak{H}}$ とおく. このとき

$$\mathrm{Im}(\sigma_\ell) = \mathrm{Im}(\oplus_{\lambda|\ell} \, \rho_\lambda) \subset \mathfrak{H}(\mathbf{Q}_\ell) \subset \mathrm{R}_{E/\mathbf{Q}}(\widetilde{\mathfrak{H}})(\mathbf{Q}_\ell) = \prod_{\lambda|\ell} \widetilde{\mathfrak{H}}(E_\lambda)$$

が成り立つ. よって

$$\mathrm{Im}(\rho_\lambda) \subset \widetilde{\mathfrak{H}}(E_\lambda) \tag{2.2}$$

を得る. 他方 H を $\mathrm{Im}(\rho_\lambda)$ ($\subset \mathrm{GL}(V)(E_\lambda)$) の E-Zariski 位相による閉包とする. 言い換えれば H は E 上に定義された $\mathrm{GL}(V)$ の部分代数群で $H(E_\lambda) \supset \mathrm{Im}(\rho_\lambda)$ をみたす最小のものである. (2.2) により $H \subset \widetilde{\mathfrak{H}}$ を得る. H は λ によらないと仮定する. このとき

$$\mathrm{Im}(\sigma_\ell) = \mathrm{Im}(\oplus_{\lambda|\ell} \, \rho_\lambda) \subset \prod_{\lambda|\ell} H(E_\lambda) = \mathrm{R}_{E/\mathbf{Q}}(H)(\mathbf{Q}_\ell)$$

が成り立つ. よって $\mathfrak{H} \subset R_{E/\mathbf{Q}}(H)$ である. E 包絡群の定義における $\widetilde{\mathfrak{H}}$ の最小性から $\widetilde{\mathfrak{H}} \subset H$ を得る. よって $\widetilde{\mathfrak{H}} = H$ がわかった. 以上の考察をまとめて次の命題を得る.

命題 2.4 $E = \mathbf{Q}$ の場合の予想 2.1 を仮定する. $\mathfrak{H}$ は $\mathrm{Im}(\sigma_\ell)$ の Zariski 閉包, H は $\mathrm{Im}(\rho_\lambda)$ の E-Zariski 位相による閉包とする. H は λ によらないと仮定する. このとき H は $\mathfrak{H}$ の E 包絡群である.

命題 2.4 において H^0 は $\mathfrak{H}^0$ の E 包絡群である. 命題 1.4 を考慮すると, 予想 2.1 の一般の場合は $E = \mathbf{Q}$ の場合から, H が λ によらないという仮定の下に, 従

うことがわかる. (正確には予想 2.1 において $\mathrm{Im}(\rho_\lambda)$ が H において E-Zariski 位相で dense であるという主張が従う.)

モティーフ M の L 函数 $L(M,s)$ は I, (8.5) と同様に λ 進表現 ρ_λ : $\mathrm{Gal}(\overline{F}/F) \longrightarrow \mathrm{GL}(V_\lambda)$, $V_\lambda \cong E_\lambda^d$ を用いて Euler 積

$$L(M,s) = \prod_{\mathfrak{p}} \det(1_{V_\lambda^I} - (\rho_\lambda(\sigma_\mathfrak{p})|V_\lambda^I)N(\mathfrak{p})^{-s})^{-1}$$

として定義される. ここに λ は $\mathfrak{p}$ と互いに素である. $L(M,s)$ は $E \otimes_\mathbf{Q} \mathbf{C}$ に値をもつ函数である ([D1]). 埋め込み $E \hookrightarrow \mathbf{C}$ をとれば, $\mathbf{C}$ に値をもつ函数とみなせる. Euler 因子は以下に述べる Weil-Deligne 群の表現 ψ_v から決まる局所 L 函数と同じである (注意 2.5 参照). $L(M,s)$ のガンマ因子は次の表で与えられる.

素点	Hodge 型	ガンマ因子	ϵ 因子
虚	(p,q) または (q,p), $p \leq q$ $\chi_{p,q}(x) = x^{-p}\bar{x}^{-q}$, $x \in \mathbf{C}^\times = W_\mathbf{C}$	$\Gamma_\mathbf{C}(s-p)$	i^{q-p}
実	$\{(p,q),(q,p)\}$, $p < q$ $\phi_{p,q} = \mathrm{Ind}_{\mathbf{C}^\times}^{W_\mathbf{R}} \chi_{p,q}$	$\Gamma_\mathbf{C}(s-p)$	i^{q-p+1}
実	(p,p), $F_\infty = (-1)^{p+\delta}$, $\delta = 0$ または 1 $\eta_{p,\delta}(x) = \mathrm{sgn}(x)^\delta |x|^{-p}$	$\Gamma_\mathbf{R}(s+\delta-p)$	i^δ

Hodge 型の枠の下に書いたのは, 対応する Weil 群の表現である. F の素点 v が虚の場合, IV, (3.23), (3.24) により ($a = 1$ とする), $\chi_{p,q}$ のガンマ因子 ($=L$ 函数) と ϵ 因子は表のようになる. F の素点 v が実の場合, $\phi_{p,q}$ は $W_\mathbf{C}$ の quasi-character $\chi_{p,q}$ から誘導される $W_\mathbf{R}$ の表現である. $\phi_{p,q}$ は既約二次元表現であり, $\phi_{p,q} \cong \phi_{q,p}$ が成り立つ. 表の最後の段において F_∞ は複素共役写像を表す. $\eta_{p,\delta}$ は $\mathbf{R}^\times$ の quasi-character であるが, transfer 写像 $T: W_\mathbf{R} \longrightarrow \mathbf{R}^\times$ と合成して $W_\mathbf{R}$ の quasi-character とみなす. (第 X 章, 3 節の記号で $W_\mathbf{R} = \langle \mathbf{C}^\times, j \rangle$ と実現したとき, T は $T|\mathbf{C}^\times = N_{\mathbf{C}/\mathbf{R}}$, $T(j) = -1$ をみたす準同型である.)

$L(M,s)$ の函数等式はガンマ因子をかけたものを $L_\infty(M,s)$ と書き, 局所 ϵ 因子を全ての素点についてかけたものを $\epsilon(M,s)$ と書いて $R(M,s) = L(M,s)L_\infty(M,s)$ とおくと

$$R(M,s) = \epsilon(M,s)R(M^*, w+1-s),$$

と予想される. ここに $\check{M}$ を M の双対モティーフとし (重さ $-w$), $M^* = \check{M}(-w)$ (Tate twist, 重さ w) である ([D1], p.318). 第 III 章 8 節で述べた代数多様体のゼータ函数の函数等式と比較されたい.

整数 $m \in \mathbf{Z}$ は $L_\infty(M, m)$, $L_\infty(M^*, w+1-m)$ が共に (極ではなく) 有限であるとき, M の critical value であるという. このとき $L(M, m)$ の超越部分が周期で与えられるという Deligne の予想 ([D1]) がある.

この章では以下予想 2.1 を仮定する. v は F の素点とする. $v \in \mathbf{h}$ のとき $W'_{F_v} = W'_{F_v}(\mathbf{C})$, $v \in \mathbf{a}$ のとき $W'_{F_v} = W_{F_v}$ とおく. 準同型 (局所 parameter)

$$\psi_v : W'_{F_v} \longrightarrow H(\mathbf{C})$$

を構成しよう.

$v \in \mathbf{h}$ とする. v と互いに素な E の非 Archimedes 素点 λ をとる. ρ_λ を分解群に制限することにより λ 進表現

$$\rho_{\lambda,v} : \mathrm{Gal}(\overline{F}_v/F_v) \longrightarrow H(E_\lambda)$$

を得る. 埋め込み $E_\lambda \hookrightarrow \mathbf{C}$ をとる. 第 X 章, 4 節で説明した手順により表現

$$\psi_v = \sigma'^{ss}_{\lambda,v} : W'_{F_v} \longrightarrow H(\mathbf{C})$$

を得る. ψ_v は半単純元を半単純元に写す.

注意 2.5 ψ_v の同値類は λ による可能性がある. M は F 上に定義された非特異射影代数多様体 X の cohomology であるとしよう ($M = H^i(X)$). このとき λ に同値類がよらないことは, X が Abel 多様体のとき (Neron モデルの理論による), または X が v で good reduction である場合などに知られている.

$v \in \mathbf{a}$ とする. $H_B(M)$ に入る E 有理的 Hodge 構造から準同型 $h : S(\mathbf{R}) \longrightarrow H(E \otimes_\mathbf{Q} \mathbf{C})$ が得られる. $E \otimes_\mathbf{Q} \mathbf{C} \cong \prod_{\sigma : E \hookrightarrow \mathbf{C}} \mathbf{C}$ であるから, 埋め込み $E \hookrightarrow \mathbf{C}$ をとると準同型

$$h : S(\mathbf{R}) = \mathbf{C}^\times \longrightarrow H(\mathbf{C})$$

が得られる (これも同じ文字 h で表した).

v は虚とする. このとき $W_\mathbf{C} = \mathbf{C}^\times$ である. $\psi_v = h$ と取る.

v は実とする. このとき分裂しない完全列

$$1 \longrightarrow \mathbf{C}^\times \longrightarrow W_{\mathbf{R}} \longrightarrow \mathrm{Gal}(\mathbf{C}/\mathbf{R}) \longrightarrow 1$$

があり, $W_{\mathbf{R}}$ は Hamilton 四元数環 $\mathbf{H}$ の乗法群 $\mathbf{H}^\times$ の中で

$$W_{\mathbf{R}} = \langle \mathbf{C}^\times, j \rangle, \qquad j^2 = -1, \quad jzj^{-1} = \bar{z}, \, z \in \mathbf{C}^\times$$

として実現される. $\tau' = \rho_\lambda(c) \in H(E_\lambda) \subset H(\mathbf{C})$ とおく. ここに $c \in \mathrm{Gal}(\overline{F_v}/F_v) \cong \mathrm{Gal}(\mathbf{C}/\mathbf{R})$ は複素共役写像である. このとき

$$\tau' h(z) = h(\bar{z})\tau', \qquad z \in S(\mathbf{R}) = \mathbf{C}^\times \tag{2.3}$$

が成り立つことが証明できる. w が偶数のとき $\tau = \tau'$ とおく. w は奇数とする. このとき $H(\mathbf{C})$ はスカラー行列の成す群 $Z' \cong \mathbf{C}^\times$ を含む. $t \in Z'$ を $t^2 = h(-1) = (-1)^w = -1$ と取り $\tau = \tau' t$ とおく. τ は

$$\tau^2 = h(-1), \qquad \tau h(z) = h(\bar{z})\tau, \qquad z \in S(\mathbf{R})$$

をみたすから, $W_{\mathbf{R}}$ から $H(\mathbf{C})$ への準同型 ψ_v を

$$\psi_v | \mathbf{C}^\times = h, \qquad \psi_v(j) = \tau$$

によって定義できる. w が奇数のとき, t のとり方が二通りある. 従って ψ_v の他に

$$\psi'_v | \mathbf{C}^\times = h, \qquad \psi'_v(j) = -\tau$$

をみたす ψ'_v も考えられるが, $z_0 \in S(\mathbf{R}) = \mathbf{C}^\times$ を純虚数とすると, (2.3) により $h(z_0)^{-1} \tau' h(z_0) = -\tau'$ であるから, $h(z_0)^{-1} \psi'_v h(z_0) = \psi_v$ が成り立つ. これから ψ_v と ψ'_v の定義する局所 Langlands parameter (後述) は同値であることがわかる.

3. ある基本的 cohomology 類について

前節のようにモティーフ M から得られる λ 進表現

$$\rho_\lambda : \mathrm{Gal}(\overline{F}/F) \longrightarrow \mathrm{GL}(H_\lambda(M))$$

を考える. $V = H_B(M)$ とおく. 埋め込み $E_\lambda \hookrightarrow \mathbf{C}$ を固定する. F の有限次 Galois 拡大体 K があって図式

$$1 \longrightarrow \rho_\lambda(\mathrm{Gal}(\overline{F}/K)) \longrightarrow \rho_\lambda(\mathrm{Gal}(\overline{F}/F)) \longrightarrow \mathrm{Gal}(K/F) \longrightarrow 1$$
$$\downarrow \qquad\qquad \downarrow \qquad\qquad \|$$
$$1 \longrightarrow H^0(\mathbf{C}) \longrightarrow H(\mathbf{C}) \longrightarrow \mathrm{Gal}(K/F) \longrightarrow 1 \tag{R}$$

は可換となる.ここに $H^0 = \mathrm{Hg}(M)$ であり,垂直方向の射は包含写像である.また二つの行は完全列である.K は条件

$$H^0(\mathbf{C}) \cap \rho_\lambda(\mathrm{Gal}(\overline{F}/F)) = \rho_\lambda(\mathrm{Gal}(\overline{F}/K)),$$
$$\mathrm{Gal}(\overline{F}/K) \supset \mathrm{Ker}(\rho_\lambda) \tag{3.1}$$

によって一意的に定まっている.

注意 3.1 予想 2.1 を (任意のモティーフに対し) 仮定する.(3.1) で決まる体 K を K_λ とかく.このとき K_λ は λ によらない.実際 M の定義体を K_λ に拡張した K_λ 上のモティーフを考えこれを M/K_λ と書く.埋め込み $F \hookrightarrow \mathbf{C}$ を埋め込み $K_\lambda \hookrightarrow \mathbf{C}$ に拡張しておくと $\mathrm{Hg}(M/K_\lambda) = \mathrm{Hg}(M)$ である.λ' を E の非 Archimedes 素点とする.M/K_λ から決まる λ' 進表現は $\rho_{\lambda'}$ を $\mathrm{Gal}(\overline{F}/K_\lambda)$ に制限したものである.$\lambda' = \lambda$ のとき,(3.1) によって $\rho_\lambda(\mathrm{Gal}(\overline{F}/K_\lambda))$ の Zariski 閉包は連結である.予想 3.1 を M/K_λ に用いると $\rho_{\lambda'}(\mathrm{Gal}(\overline{F}/K_\lambda)) \subset H^0(\mathbf{C})$ であるから,$K_{\lambda'} \subset K_\lambda$ を得る.λ と λ' を入れ換えて $K_\lambda = K_{\lambda'}$ がわかる.

より一般に,$\widetilde{H}$ は $\mathrm{GL}(V)$ の E 上に定義された閉部分群で,$H \subset \widetilde{H}$ をみたし reductive とする.このとき $H^0 \subset \widetilde{H}^0$ である (IV, 問題 5.4).F の有限次 Galois 拡大体 $\widetilde{K}$ を条件

$$\widetilde{H}^0(\mathbf{C}) \cap \rho_\lambda(\mathrm{Gal}(\overline{F}/F)) = \rho_\lambda(\mathrm{Gal}(\overline{F}/\widetilde{K})),$$
$$\mathrm{Gal}(\overline{F}/\widetilde{K}) \supset \mathrm{Ker}(\rho_\lambda) \tag{3.1$'$}$$

で定める.このとき $\widetilde{K} \subset K$ であり,可換図式

$$1 \longrightarrow \rho_\lambda(\mathrm{Gal}(\overline{F}/\widetilde{K})) \longrightarrow \rho_\lambda(\mathrm{Gal}(\overline{F}/F)) \longrightarrow \mathrm{Gal}(\widetilde{K}/F) \longrightarrow 1$$
$$\downarrow \qquad\qquad \downarrow \qquad\qquad \|$$
$$1 \longrightarrow \widetilde{H}^0(\mathbf{C}) \longrightarrow \widetilde{H}(\mathbf{C}) \longrightarrow \mathrm{Gal}(\widetilde{K}/F) \longrightarrow 1 \tag{$\widetilde{\mathrm{R}}$}$$

を得る.$\widetilde{H} = H$ のときを最小の場合,$\widetilde{H} = \mathrm{GL}(V) = \mathrm{GL}(d)$ のときを最大の場合

と呼ぶ. $L(s, H_\lambda(M))$ に対応する保型形式が $\mathrm{GL}(d, F_\mathbf{A})$ 上に存在するであろう というのはよく知られた予想である (Clozel [Cl] 参照). 最小の場合に, モティーフに対応する保型表現が存在する群の考察はさらに興味ある問題である. $\widetilde{H}$ を変えたときの考察も含めるために, 記号はやや煩雑になるが $\widetilde{H}$ を一般にとった.

上の図式の第二行の完全列から準同型

$$\mathrm{Gal}(\widetilde{K}/F) \longrightarrow \mathrm{Aut}(\widetilde{H}^0)/\mathrm{Inn}(\widetilde{H}^0).$$

が得られる. $\widetilde{H}^0$ は連結 reductive であるから分裂する完全列

$$1 \longrightarrow \mathrm{Inn}(\widetilde{H}^0) \longrightarrow \mathrm{Aut}(\widetilde{H}^0) \longrightarrow \mathrm{Aut}(\mathcal{R}_0(\widetilde{H}^0)) \longrightarrow 1$$

がある. ここに

$$\mathcal{R}_0(\widetilde{H}^0) = (X^*(T), \Delta, X_*(T), \check{\Delta}).$$

は $\widetilde{H}^0$ の基底付きルートデータである (X, 定理 2.3). よって準同型

$$\mu_{\widetilde{H}^0} : \mathrm{Gal}(\widetilde{K}/F) \longrightarrow \mathrm{Aut}(\mathcal{R}_0(\widetilde{H}^0))$$

が得られる.

命題 3.2 M は $\mathbf{C}$ 上に定義された連結 reductive 代数群とする. μ は $\mathrm{Gal}(\overline{F}/F)$ から $\mathrm{Aut}(\mathcal{R}_0(M))$ の中への準同型とする. このとき F 上に定義された連結 reductive 代数群 G があって次の三条件をみたす.
(i) G は F 上 quasi-split. (ii) $^L G^0 = M(\mathbf{C})$. (iii) $\mu_G = \mu$.

証明は [Y3] の Appendix II を参照されたい. 命題 3.2 において $M = \widetilde{H}^0$, $\mu = \mu_{\widetilde{H}^0}$ と取って得られる F 上定義される quasi-split 群を $\widetilde{G}$ とする.
$^L \widetilde{G}$ と (R̃) の第二列の群拡大

$$1 \longrightarrow \widetilde{H}^0(\mathbf{C}) \longrightarrow \widetilde{H}(\mathbf{C}) \longrightarrow \mathrm{Gal}(\widetilde{K}/F) \longrightarrow 1 \qquad (3.2)$$

を比べよう. このために因子団についての基礎的事実を復習する.

G が群, $g \in G$ のとき $i(g)$ により G の内部自己同型 $x \mapsto gxg^{-1}$, $x \in G$ を表す.

$$1 \longrightarrow N \longrightarrow G \xrightarrow{\pi} F \longrightarrow 1$$

を群の完全列とする. $\sigma \in F$ に対し, $\tilde{\sigma} \in G$ を $\pi(\tilde{\sigma}) = \sigma$ と取る. このとき σ, $\tau \in F$ に対して $f(\sigma, \tau) \in N$ があって

$$f(\sigma,\tau)\widetilde{\sigma\tau} = \tilde{\sigma}\tilde{\tau}$$

が成り立つ. $a(\sigma) \in \mathrm{Aut}(N)$ を

$$a(\sigma)n = \tilde{\sigma}n\tilde{\sigma}^{-1}, \qquad n \in N$$

によって定義する. 直接計算により関係

$$i(f(\sigma,\tau))a(\sigma\tau) = a(\sigma)a(\tau), \tag{3.3}$$

$$f(\sigma,\tau)f(\sigma\tau,\rho) = (a(\sigma)f(\tau,\rho))f(\sigma,\tau\rho) \tag{3.4}$$

が確かめられる. 組 $\{a(\sigma), f(\sigma,\tau)\}$ を N に値をとる F の因子団 (factor set) という.

二つの因子団 $\{a(\sigma), f(\sigma,\tau)\}$, $\{a'(\sigma), f'(\sigma,\tau)\}$ は $\{\alpha_\sigma \in N\}_{\sigma \in F}$ があって

$$a'(\sigma) = i(\alpha_\sigma)a(\sigma), \tag{3.5}$$

$$f'(\sigma,\tau) = \alpha_\sigma (a(\sigma)\alpha_\tau) f(\sigma,\tau)\alpha_{\sigma\tau}^{-1} \tag{3.6}$$

が成り立つとき同値であるという. 変換 $\{a, f\} \longrightarrow \{a', f'\}$ は $\tilde{\sigma}$ を $\alpha_\sigma \tilde{\sigma}$ に取り換えることに相当する. 因子団は全ての σ, τ に対して $f(\sigma,\tau) = 1$ をみたす因子団に同値であるとき, 分裂する (split) という. これは G が N と F の半直積になること, $G = N \rtimes F$, と同値である. これはまた準同型 $s: F \longrightarrow G$ で $\pi \circ s = \mathrm{id}$ をみたすものが存在することと同値である. このような s を section という.

因子団が与えられたとき, 集合 $N \times F$ の群構造を

$$(n_1, \sigma)(n_2, \tau) = (n_1(a(\sigma)n_2)f(\sigma,\tau), \sigma\tau) \tag{3.7}$$

によって定義できる. 逆にこの群構造は与えられた因子団の同値類を定める.

$\varphi: \widetilde{F} \longrightarrow F$ は群の準同型とする. このとき $\{a(\varphi(\sigma)), f(\varphi(\sigma), \varphi(\tau))\}$ は $\widetilde{F}$ の N に値をとる因子団である. F の因子団から $\widetilde{F}$ の因子団を作るこの操作を φ による inflation という.

N が可換群であるとき, N は F の N への作用 a によって左 F 加群になる. (3.4) は f の 2-cocycle 条件である. このとき二つの因子団が同値になるためにはそれらが cohomologous であることが必要十分である (第 XII 章, 例 2.2 参照).

次の補題は前節で構成した局所 parameter ψ_v を局所 Langlands parameter に持ち上げるために後で使う.

補題 3.3 N と F は群とする. $\{a(\sigma), f(\sigma, \tau)\}$ は F の N に値をとる因子団とする. G は集合 $N \times F$ に (3.7) で群構造を与えて得られる群とする. $\widetilde{F}$ は群で $\varphi : \widetilde{F} \longrightarrow F$ は準同型とする. $\widetilde{G}$ は集合 $N \times \widetilde{F}$ に φ によって inflate した因子団を用いて (3.7) で群構造を与えて得られる群とする. 準同型 $p : \widetilde{G} \longrightarrow G$ を $p((n, \sigma)) = (n, \varphi(\sigma))$ によって定義する. 準同型 $\pi : G \longrightarrow F$ を $\pi((n, \sigma)) = \sigma$ によって定義し, 準同型 $\widetilde{\pi} : \widetilde{G} \longrightarrow \widetilde{F}$ を同様に定義する. $\mathfrak{G}$ は群, $\psi : \mathfrak{G} \longrightarrow G$ は準同型とする. $q = \pi \circ \psi$ とおく. 準同型 $\widetilde{q} : \mathfrak{G} \longrightarrow \widetilde{F}$ が $\varphi \circ \widetilde{q} = q$ をみたせば, 準同型 $\widetilde{\psi} : \mathfrak{G} \longrightarrow \widetilde{G}$ で $p \circ \widetilde{\psi} = \psi$ をみたすものが存在する. さらに条件 $\widetilde{\pi} \circ \widetilde{\psi} = \widetilde{q}$ をみたす $\widetilde{\psi}$ は存在して一意的である.

［証明］
$$\psi(g) = (n(g), q(g)), \quad n(g) \in N, \ q(g) \in F, \ g \in \mathfrak{G}$$

と書く. ψ が準同型である条件は

$$\begin{aligned}(n(g_1)(a(q(g_1))n(g_2))f(q(g_1), q(g_2)), q(g_1)q(g_2)) \\ = (n(g_1 g_2), q(g_1 g_2)), \quad g_1, g_2 \in \mathfrak{G}\end{aligned} \quad (3.8)$$

で与えられる.
$$\widetilde{\psi}(g) = (n(g), \widetilde{q}(g)), \quad g \in \mathfrak{G}$$

とおく. (3.8) を用いれば $\widetilde{\psi}$ が準同型であることは直ちにわかる.

$$p(\widetilde{\psi}(g)) = (n(g), \varphi(\widetilde{q}(g))) = (n(g), q(g))$$

であるから $p \circ \widetilde{\psi} = \psi$ が成り立ち, $\widetilde{\pi} \circ \widetilde{\psi} = \widetilde{q}$ は明らかである. またこの二条件をみたす $\widetilde{\psi}$ が一意的であることも明らかである. □

次に $^L\widetilde{G}$ と $\widetilde{H}(\mathbf{C})$ を比べよう. 完全列 (3.2) から得られる $\mathrm{Gal}(\widetilde{K}/F)$ の $\widetilde{H}^0(\mathbf{C})$ に値をもつ因子団を $\{\widetilde{a}(\sigma), \widetilde{f}(\sigma, \tau)\}$ とする. この因子団は次のように得られている. $\sigma \in \mathrm{Gal}(\widetilde{K}/F)$ に対し $\widetilde{\sigma} \in \mathrm{Gal}(\overline{F}/F)$ を $\widetilde{\sigma}|\widetilde{K} = \sigma$ と取る. このとき

$$\widetilde{a}(\sigma) h = \rho_\lambda(\widetilde{\sigma}) h \rho_\lambda(\widetilde{\sigma})^{-1}, \quad h \in \widetilde{H}^0(\mathbf{C}), \quad (3.9)$$

$$\widetilde{f}(\sigma, \tau) = \rho_\lambda(\widetilde{\sigma}\widetilde{\tau}(\widetilde{\sigma\tau})^{-1}) \quad (3.10)$$

である. 完全列 (群拡大)

$$1 \longrightarrow \operatorname{Inn}(\widetilde{H}^0) \longrightarrow \operatorname{Aut}(\widetilde{H}^0) \xrightarrow{\pi} \operatorname{Out}(\widetilde{H}^0) \longrightarrow 1 \quad (3.11)$$

は分裂する. T を $\widetilde{H}^0$ の極大トーラス, B を T を含む $\widetilde{H}^0$ の Borel 部分群とする. (3.11) が分裂することは

$$\operatorname{Out}(\widetilde{H}^0) \cong \operatorname{Aut}(R_0(\widetilde{H}^0)) \cong \operatorname{Aut}(\widetilde{H}^0, B, T, \{u_\alpha\}_{\alpha \in \Delta})$$

によってわかる (X, 定理 2.3). この分裂に対応して section

$$s : \operatorname{Out}(\widetilde{H}^0) \longrightarrow \operatorname{Aut}(\widetilde{H}^0)$$

をとる. 即ち s は $\pi \circ s = \operatorname{id}$ をみたす準同型である. $\sigma \in \operatorname{Gal}(\widetilde{K}/F)$ をとる. $\pi(s(\pi(\widetilde{a}(\sigma)))) = \pi(\widetilde{a}(\sigma))$ であるから, $\alpha_\sigma \in \widetilde{H}^0(\mathbf{C})$ があって

$$s(\pi(\widetilde{a}(\sigma))) = i(\alpha_\sigma)\widetilde{a}(\sigma) \quad (3.12)$$

をみたす. そこで $\{\widetilde{a}(\sigma), \widetilde{f}(\sigma, \tau)\}$ と同値な次の因子団を考える.

$$\widetilde{a}_Z(\sigma) = i(\alpha_\sigma)\widetilde{a}(\sigma), \quad (3.13)$$

$$\widetilde{f}_Z(\sigma, \tau) = \alpha_\sigma(\widetilde{a}(\sigma)\alpha_\tau)\widetilde{f}(\sigma, \tau)\alpha_{\sigma\tau}^{-1}. \quad (3.14)$$

(3.12) から写像 $\operatorname{Gal}(\widetilde{K}/F) \ni \sigma \longrightarrow \widetilde{a}_Z(\sigma) \in \operatorname{Aut}(\widetilde{H}^0(\mathbf{C}))$ は準同型であることがわかる. (3.3) により $i(\widetilde{f}_Z(\sigma, \tau)) = 1$ を得る. 従って $\widetilde{f}_Z(\sigma, \tau) \in Z(\widetilde{H}^0(\mathbf{C}))$ である. このようにして完全列 (3.2) から $\widetilde{f}_Z$ の定める $H^2(\operatorname{Gal}(\widetilde{K}/F), Z(\widetilde{H}^0(\mathbf{C})))$ の cohomology 類を得た.

問題 3.4

$$1 \longrightarrow N \longrightarrow G \xrightarrow{\pi} F \longrightarrow 1 \quad (*)$$

を群の完全列とする. $Z(N)$ により N の中心を表す. 完全列

$$1 \longrightarrow \operatorname{Inn}(N) \longrightarrow \operatorname{Aut}(N) \longrightarrow \operatorname{Out}(N) \longrightarrow 1$$

は分裂すると仮定する. このとき群拡大 $(*)$ が定める F の N に値をとる因子団 $\{a(\sigma), f(\sigma, \tau)\}$ は, $Z^2(F, Z(N))$ (記号は第 XII 章 2 節を参照) のある 2-cocycle と同値であることを示せ.

定理 3.5 $\widetilde{f}_Z$ の cohomology 類は $\alpha_\sigma, \widetilde{\sigma}$ と s のとり方に依存しない.

［証明］ $1°$. α_σ を $z_\sigma \alpha_\sigma$, $z_\sigma \in Z(\widetilde{H}^0(\mathbf{C}))$ で取り換えたとする. このとき

$\widetilde{a}_Z(\sigma)$ は不変で $\widetilde{f}_Z(\sigma,\tau)$ は

$$\widetilde{f}_Z(\sigma,\tau)z_\sigma(\widetilde{a}_Z(\sigma)z_\tau)z_{\sigma\tau}^{-1}$$

に変わる. よって $\widetilde{f}_Z$ の $H^2(\mathrm{Gal}(\widetilde{K}/F), Z(\widetilde{H}^0(\mathbf{C})))$ における cohomology 類は不変である.

2°. $\widetilde{\sigma}$ を $u_\sigma \widetilde{\sigma}$, $u_\sigma \in \mathrm{Gal}(\overline{F}/\widetilde{K})$ で取り換えたとする. $\widetilde{a}(\sigma)$ は $\widetilde{a}'(\sigma) = i(\rho_\lambda(u_\sigma))\widetilde{a}(\sigma)$ に変わる. $\pi(\widetilde{a}'(\sigma)) = \pi(\widetilde{a}(\sigma))$ であるから,この場合の α_σ として $\alpha'_\sigma = \alpha_\sigma \rho_\lambda(u_\sigma)^{-1}$ をとればよい. よって $\widetilde{a}_Z(\sigma)$ の $Z(\widetilde{H}^0(\mathbf{C}))$ への制限は不変で,(3.14)により直接計算すれば $\widetilde{f}_Z(\sigma,\tau)$ も不変であることがわかる.

3°. s を $\widetilde{H}^0$ の分裂データ $(B, T, \{u_\alpha\}_{\alpha \in \Delta})$ を変えたときの別の同型

$$\mathrm{Out}(\widetilde{H}^0) \cong \mathrm{Aut}(R_0(\widetilde{H}^0)) \cong \mathrm{Aut}(\widetilde{H}^0, B', T', \{u'_\alpha\}_{\alpha \in \Delta})$$

から得られる section s' に取り換えたとする. このとき $h \in \widetilde{H}^0(\mathbf{C})$ があって $B' = i(h)B$, $T' = i(h)T$, $u'_\alpha = i(h)u_\alpha$ となる. よって $s'(x) = i(h)s(x)i(h)^{-1}$, $x \in \mathrm{Out}(\widetilde{H}^0)$ である. これから (3.12) により, $\alpha'_\sigma \in \widetilde{H}^0(\mathbf{C})$ があって $i(h)i(\alpha_\sigma)\widetilde{a}(\sigma)i(h)^{-1} = i(\alpha'_\sigma)\widetilde{a}(\sigma)$ となることがわかる. よって $z_\sigma \in Z(\widetilde{H}^0(\mathbf{C}))$ があって

$$\alpha'_\sigma \rho_\lambda(\widetilde{\sigma}) = z_\sigma h \alpha_\sigma \rho_\lambda(\widetilde{\sigma})h^{-1} \tag{$*$}$$

である. 従って $\widetilde{a}_Z(\sigma)$ は $i(\alpha'_\sigma)\widetilde{a}(\sigma) = i(h)\widetilde{a}_Z(\sigma)i(h)^{-1}$ に変わり, $Z(\widetilde{H}^0(\mathbf{C}))$ への制限は不変である. 次に $\widetilde{f}_Z$ が $\widetilde{f}'_Z$ に変わるとすると (3.14) に $(*)$ を用いて

$$\begin{aligned}
\widetilde{f}'_Z(\sigma,\tau) &= \alpha'_\sigma(\widetilde{a}(\sigma)\alpha'_\tau)\widetilde{f}(\sigma,\tau){\alpha'_{\sigma\tau}}^{-1}\\
&= (z_\sigma h \alpha_\sigma \rho_\lambda(\widetilde{\sigma})h^{-1}\rho_\lambda(\widetilde{\sigma})^{-1})(\rho_\lambda(\widetilde{\sigma})z_\tau h \alpha_\tau \rho_\lambda(\widetilde{\tau})h^{-1}\rho_\lambda(\widetilde{\tau})^{-1}\rho_\lambda(\widetilde{\sigma})^{-1})\\
&\quad \cdot \widetilde{f}(\sigma,\tau)(z_{\sigma\tau}h\alpha_{\sigma\tau}\rho_\lambda(\widetilde{\sigma\tau})h^{-1}\rho_\lambda(\widetilde{\sigma\tau})^{-1})^{-1}\\
&= z_\sigma h \alpha_\sigma \rho_\lambda(\widetilde{\sigma})h^{-1}z_\tau h \alpha_\tau \rho_\lambda(\widetilde{\tau})h^{-1}\rho_\lambda(\widetilde{\tau})^{-1}\rho_\lambda(\widetilde{\sigma})^{-1}\\
&\quad \cdot \rho_\lambda(\widetilde{\sigma}\widetilde{\tau}(\widetilde{\sigma\tau})^{-1})\rho_\lambda(\widetilde{\sigma\tau})h\rho_\lambda(\widetilde{\sigma\tau})^{-1}\alpha_{\sigma\tau}^{-1}h^{-1}z_{\sigma\tau}^{-1}\\
&= z_\sigma h \alpha_\sigma \rho_\lambda(\widetilde{\sigma})h^{-1}z_\tau h \alpha_\tau \rho_\lambda(\widetilde{\sigma})^{-1}\rho_\lambda(\widetilde{\sigma})\rho_\lambda(\widetilde{\tau})\rho_\lambda(\widetilde{\sigma\tau})^{-1}\alpha_{\sigma\tau}^{-1}h^{-1}z_{\sigma\tau}^{-1}\\
&= z_\sigma(\rho_\lambda(\widetilde{\sigma})z_\tau\rho_\lambda(\widetilde{\sigma})^{-1})h[\alpha_\sigma(\rho_\lambda(\widetilde{\sigma})\alpha_\tau \rho_\lambda(\widetilde{\sigma})^{-1})\widetilde{f}(\sigma,\tau)\alpha_{\sigma\tau}^{-1}]h^{-1}z_{\sigma\tau}^{-1}\\
&= z_\sigma(\widetilde{a}_Z(\sigma)z_\tau)h\widetilde{f}_Z(\sigma,\tau)h^{-1}z_{\sigma\tau}^{-1}\\
&= \widetilde{f}_Z(\sigma,\tau)z_\sigma(\widetilde{a}_Z(\sigma)z_\tau)z_{\sigma\tau}^{-1}
\end{aligned}$$

となって $\tilde{f}_Z$ の cohomology 類は不変であることがわかる. □

定理 3.5 により $\tilde{f}_Z$ の $H^2(\mathrm{Gal}(\tilde{K}/F), Z(\tilde{H}^0(\mathbf{C})))$ における cohomology 類は完全列 (3.2) によって一意的に定まることがわかる. 最小の場合には ρ_λ にのみ依存するが, 注意 3.1 を考慮すると f_Z の cohomology 類は λ にも依存せずモティーフ M にのみ依存していることがわかる. この cohomology 類は基本的重要性をもつと考えられる. 例えば ρ_λ が代数体 K の代数的量指標と関係するとき, この cohomology 類は基本類 (X, §3) と関係がある ([Y3], §7 参照).

$\tilde{H}^0$ の分裂データ $(B, T, \{u_\alpha\}_{\alpha \in \Delta})$ とそれから得られる section s を固定する.

$$\mu_{\tilde{G}}(\sigma) = \mu_{\tilde{H}^0}(\sigma) = \pi(\tilde{a}(\sigma)), \qquad \sigma \in \mathrm{Gal}(\tilde{K}/F)$$

であるから, $\mathrm{Gal}(\tilde{K}/F)$ は $s(\pi(\tilde{a}(\sigma))) = \tilde{a}_Z(\sigma) \in \mathrm{Aut}(\tilde{H}^0(\mathbf{C}))$ によって $^L\tilde{G}^0 = \tilde{H}^0(\mathbf{C})$ に作用する. $\tilde{f}_Z$ が分裂する, 即ち $\tilde{f}_Z$ の $H^2(\mathrm{Gal}(\tilde{K}/F), Z(\tilde{H}^0(\mathbf{C})))$ における cohomology 類は自明である, と仮定する. このとき命題 3.2 の (ii), (iii) により $\tilde{G}$ の有限 Galois 型の L-群 $^L\tilde{G} = {^L\tilde{G}^0} \rtimes \mathrm{Gal}(\tilde{K}/F)$ は $^L\tilde{G} \cong \tilde{H}(\mathbf{C})$ をみたす. 従ってこの場合には局所 parameter ψ_v は $^L\tilde{G}$ の局所 Langlands parameter を与える. このときに志村-谷山予想の一般化を定式化することは難しくない. しかし $\tilde{f}_Z$ は一般には分裂しない (分裂しない例については [Y3], Appendix II を参照).

定義 3.6 $\tilde{K}$ を含む F の有限次 Galois 拡大体 L は, 自然な写像 $\mathrm{Gal}(L/F) \longrightarrow \mathrm{Gal}(\tilde{K}/F)$ によって, $\tilde{f}_Z$ を $\mathrm{Gal}(L/F)$ に inflate すれば $(H^2(\mathrm{Gal}(L/F), Z(\tilde{H}^0(\mathbf{C}))))$ における) cohomology 類が自明になるとき, $\tilde{f}_Z$ の分解体であるという. $\tilde{H} = H$ である最小の場合には, $\tilde{f}_Z$ の分解体を ρ_λ の分解体であるという.

4. 志村-谷山予想の一般化

$\tilde{f}_Z$ の分解体 L が存在したと仮定する.

$$^L\tilde{G} = {^L\tilde{G}^0} \rtimes \mathrm{Gal}(L/F)$$

を有限 Galois 型の L 群とする. このとき完全列 (3.2) は可換図式

$$\begin{CD}
1 @>>> {}^L\widetilde{G}^0 @>>> {}^L\widetilde{G} @>>> \mathrm{Gal}(L/F) @>>> 1 \\
@. @| @VVV @VVV @. \\
1 @>>> \widetilde{H}^0(\mathbf{C}) @>>> \widetilde{H}(\mathbf{C}) @>>> \mathrm{Gal}(\widetilde{K}/F) @>>> 1.
\end{CD} \quad (4.1)$$

に埋め込まれる. (4.1) における準同型 ${}^L\widetilde{G} \longrightarrow \widetilde{H}(\mathbf{C})$ と包含写像 $\widetilde{H}(\mathbf{C}) \hookrightarrow \mathrm{GL}(H_B(M))(\mathbf{C})$ の合成として, ${}^L\widetilde{G}$ の $\mathrm{GL}(H_B(M))(\mathbf{C})$ の中への準同型 r を定義する. 補題 3.3 により写像 $\psi_v : W'_{F_v} \longrightarrow \widetilde{H}(\mathbf{C})$ は写像 $\phi_v : W'_{F_v} \longrightarrow {}^L\widetilde{G}$ に持ち上がり次の図式は可換となる.

$$\begin{CD}
W'_{F_v} @>{\phi_v}>> {}^L\widetilde{G} \\
@| @VVV \\
W'_{F_v} @>{\psi_v}>> \widetilde{H}(\mathbf{C}).
\end{CD} \quad (4.2)$$

ϕ_v は半単純元を半単純元に写し, $\mathbf{G}_a$ を ${}^L\widetilde{G}^0$ に含まれるユニポテント元に写す. 補題 3.3 の後半部分により ϕ_v は局所 Langlands parameter であることがわかる. そこで主予想は次のように定式化される.

予想 4.1 $\widetilde{f}_Z$ の分解体 L が存在すると仮定する. 上記のように F 上に定義された quasi-split な連結 reductive 群 $\widetilde{G}$ をとり, r と ϕ_v も上記のように定義する. このとき $\widetilde{G}(F_\mathbf{A})$ の保型表現 $\pi = \otimes_v \pi_v$ で $L(s, \pi, r) = L(M, s)$ をみたすものが存在する. さらに次の (i), (ii), (iii) が成り立つ.
(i) π_v は L-packet $\Pi_{\phi_v}(\widetilde{G}/F_v)$ に属する.
(ii) ρ_λ が絶対既約ならば π は cuspidal である.
(iii) π は本質的にユニタリーかつ tempered である. 即ち F 上に定義された morphism $\nu : \widetilde{G} \longrightarrow \mathbf{G}_m$ と $F_\mathbf{A}^\times$ の quasicharacter χ があって $\pi \otimes (\chi \circ \nu)$ はユニタリーかつ tempered である.

注意 4.2 $\widetilde{f}_Z$ を $\mathrm{Gal}(L/F)$ に inflate した 2-cocycle を $\widetilde{f}_Z^*$ と書く. 予想 4.1 のように $\widetilde{f}_Z^*$ は分解すると仮定する. この分解を

$$\widetilde{f}_Z^*(\sigma, \tau) = b(\sigma)(\widetilde{a}(\sigma)b(\tau))b(\sigma\tau)^{-1}, \qquad \sigma, \tau \in \mathrm{Gal}(L/F) \quad (4.3)$$

と書く. ここに b は $C^1(\mathrm{Gal}(L/F), Z(\widetilde{H}^0(\mathbf{C})))$ の 1-cochain である. この分解を与える b のとり方を変えたときの様子を調べよう. $\widetilde{H}(\mathbf{C})$ を集合 $\widetilde{H}^0(\mathbf{C}) \times \mathrm{Gal}(\widetilde{K}/F)$ に

$(n_1,\sigma)(n_2,\tau) = (n_1(\tilde{a}(\sigma)n_2)\tilde{f}_Z(\sigma,\tau),\sigma\tau),\ n_1,n_2 \in \widetilde{H}^0(\mathbf{C}),\ \sigma,\tau \in \mathrm{Gal}(\widetilde{K}/F)$

で演算を入れた群と同一視する. また $^L\widetilde{G}'$ は集合 $^L\widetilde{G}^0 \times \mathrm{Gal}(L/F)$ に

$(n_1,\sigma)(n_2,\tau) = (n_1(\tilde{a}(\sigma)n_2)\tilde{f}_Z^*(\sigma,\tau),\sigma\tau), \quad n_1,n_2 \in {}^L\widetilde{G}^0, \quad \sigma,\tau \in \mathrm{Gal}(L/F)$

で演算を入れた群とする. このとき可換図式

$$\begin{array}{ccccccccc} 1 & \longrightarrow & {}^L\widetilde{G}^0 & \longrightarrow & {}^L\widetilde{G}' & \longrightarrow & \mathrm{Gal}(L/F) & \longrightarrow & 1 \\ & & \parallel & & \downarrow & & \downarrow & & \\ 1 & \longrightarrow & \widetilde{H}^0(\mathbf{C}) & \longrightarrow & \widetilde{H}'(\mathbf{C}) & \longrightarrow & \mathrm{Gal}(\widetilde{K}/F) & \longrightarrow & 1 \end{array}$$

がある. $^L\widetilde{G} = {}^L\widetilde{G}^0 \rtimes \mathrm{Gal}(L/F)$ から $^L\widetilde{G}'$ の上への同型 φ は

$$\varphi((n,\sigma)) = (nb(\sigma)^{-1},\sigma)$$

で与えられ, $^L\widetilde{G}$ から $\widetilde{H}'(\mathbf{C})$ への準同型 ψ は

$$\psi((n,\sigma)) = (nb(\sigma)^{-1},\bar{\sigma})$$

で与えられている. ここに $\bar{\sigma}$ は σ の $\widetilde{K}$ への制限を表す. よって一般には r も ϕ_v も b に依存している. しかし $L(s,\pi_v,r_v)$ は b には依存しない.

次に b' も分解 (4.3) をみたすとし, $c = b'b^{-1}$ とおく. このとき $c \in Z^1(\mathrm{Gal}(L/F), Z(\widetilde{H}^0(\mathbf{C})))$ は 1-cocycle である. c が coboundary ならば, $x \in Z(\widetilde{H}^0(\mathbf{C}))$ があって $c(\sigma) = \sigma(x)x^{-1}$ となる. $^L\widetilde{G}$ において

$$(x^{-1},1)(n,\sigma)(x,1) = (n\sigma(x)x^{-1},\sigma)$$

であることから, r と ϕ_v の同値類は不変である. 即ち $H^1(\mathrm{Gal}(L/F), Z(\widetilde{H}^0(\mathbf{C})))$ が r と ϕ_v の同値類の上に作用している.

注意 4.3 L-packet $\Pi_{\phi_v}(\widetilde{G}/F_v)$ は一般に複数個の元からなるから, M に対応する予想 4.1 で与えられる $\widetilde{G}(F_\mathbf{A})$ 上の保型表現 π は一意的ではない. 実際にどのような表現が現れるかは第 X 章 8 節で述べた Langlands-Labesse-Kottwitz の重複度公式で与えられる.

次に Weil 型の L 群を用いた定式化を与えよう. 2-cocycle $\tilde{f}_Z \in Z^2(\mathrm{Gal}(\widetilde{K}/F), Z(\widetilde{H}^0(\mathbf{C})))$ を写像 $W_{F,\widetilde{K}} \longrightarrow \mathrm{Gal}(\widetilde{K}/F)$ によって $Z^2(W_{F,\widetilde{K}}, Z(\widetilde{H}^0(\mathbf{C})))$ の 2-cocycle に inflate する. この 2-cocycle を $\tilde{f}_{Z,W}$ と

書く.

定義 4.4 $\widetilde{K}$ を含む F の有限次 Galois 拡大体 L は, 自然な写像 $W_{F,L} \longrightarrow W_{F,\widetilde{K}}$ によって, $\widetilde{f}_{Z,W}$ を $W_{F,L}$ に inflate して ($H^2(W_{F,L}, Z(\widetilde{H}^0(\mathbf{C})))$ における) cohomology 類が自明になるとき, $\widetilde{f}_{Z,W}$ の分解体であるという.

$\widetilde{f}_{Z,W}$ の分解体 L が存在したと仮定する.
$$^L\widetilde{G} = {}^L\widetilde{G}^0 \rtimes W_{F,L}$$
を Weil 型の L 群とする. このとき完全列 (3.2) は可換図式

$$\begin{array}{ccccccccc}
1 & \longrightarrow & {}^L\widetilde{G}^0 & \longrightarrow & {}^L\widetilde{G} & \longrightarrow & W_{F,L} & \longrightarrow & 1 \\
& & \| & & \downarrow & & \downarrow & & \\
1 & \longrightarrow & \widetilde{H}^0(\mathbf{C}) & \longrightarrow & \widetilde{H}(\mathbf{C}) & \longrightarrow & \mathrm{Gal}(\widetilde{K}/F) & \longrightarrow & 1.
\end{array} \quad (4.4)$$

に埋め込まれる. (4.4) における準同型 $^L\widetilde{G} \longrightarrow \widetilde{H}(\mathbf{C})$ と包含写像 $\widetilde{H}(\mathbf{C}) \hookrightarrow \mathrm{GL}(H_B(M))(\mathbf{C})$ の合成として, $^L\widetilde{G}$ の $\mathrm{GL}(H_B(M))(\mathbf{C})$ の中への準同型 r を定義する. 補題 3.3 により写像 $\psi_v : W'_{F_v} \longrightarrow \widetilde{H}(\mathbf{C})$ は写像 $\phi_v : W'_{F_v} \longrightarrow {}^L\widetilde{G}$ に持ち上がり次の図式は可換となる.

$$\begin{array}{ccc}
W'_{F_v} & \xrightarrow{\phi_v} & {}^L\widetilde{G} \\
\| & & \downarrow \\
W'_{F_v} & \xrightarrow{\psi_v} & \widetilde{H}(\mathbf{C}).
\end{array} \quad (4.5)$$

ϕ_v は半単純元を半単純元に写し, $\mathbf{G}_a$ を $^L\widetilde{G}^0$ に含まれるユニポテント元に写す. 補題 3.3 の後半部分により ϕ_v は局所 Langlands parameter であることがわかる. この場合, 主予想は予想 4.1 と全く同様に定式化される. 注意 4.2, 4.3 についても同様である.

Weil 型の L 群を用いることの有用性は次の Langlands の定理 ([L2], Lemma 4) にある.

定理 4.5 F は局所体または大域体, K は F の有限次 Galois 拡大体とする. f は $\mathbf{C}$ 上のトーラスに値をもつ $\mathrm{Gal}(K/F)$ の 2-cocycle とする. このとき K を含む F の有限次 Galois 拡大体 L があって, f を Weil 群 $W_{F,L}$ に inflate すればその cohomology 類は自明となる.

この定理により, $Z(\widetilde{H}^0(\mathbf{C}))$ が連結ならば, $\widetilde{f}_{Z,W}$ は分解体をもつことがわかる. ($\widetilde{H}^0$ が reductive ゆえ, その中心の連結成分はトーラスである.) 例 1.11 は $Z(\widetilde{H}^0(\mathbf{C}))$, $\widetilde{H} = H$ が連結でない例を与えている. 2-cocycle $\widetilde{f}_Z$, $\widetilde{f}_{Z,W}$ の分解体の存在についての研究は [Y3] を参照されたい.

5. 実 例

M は F 上の rank d のモティーフ, 係数体は E とする. $\mathrm{Hg}(M)$ は E 上に定義された代数群で $\mathrm{GL}(d)$ の部分群である. 予想 4.1 の π に対応する保型形式の "重さ" についての情報は $v \in \mathbf{a}$ についての π_v から得られ, π_v の属する L-packet は M の Hodge 構造で決まっていることを注意しておく.

(1) $\widetilde{H} = \mathrm{GL}(d)$, $\widetilde{G} = \mathrm{GL}(d)$ と取ることができる. 予想 4.1 により, $\widetilde{G}(F_\mathbf{A})$ の保型表現 π があって, $L(M, s) = L(s, \pi, r)$ となる. ここに r は $\mathrm{GL}(d)$ の標準的表現である. 局所体上の $\mathrm{GL}(d)$ の L-packet は唯一つの元からなるから, このときの π は一意的である. この場合の予想は Clozel [Cl] で研究されている.

(2) A は F 上に定義された楕円曲線とする. $M = H^1(A)$ は F 上の rank 2 のモティーフで係数体は $\mathbf{Q}$ である. このとき (1) の特別の場合として, $\mathrm{GL}(2, F_\mathbf{A})$ の保型表現 π があって $L(s, A) = L(s, \pi)$ となる. F が総実体ならば π は重さが $(2, 2, \ldots, 2)$ の Hilbert モジュラー形式に対応する.

A は F 上に定義された n 次元 Abel 多様体とする. $E \subseteq \mathrm{End}_F(A) \otimes \mathbf{Q}$, $[E : \mathbf{Q}] = n$ と仮定する. ここに $\mathrm{End}_F(A)$ は F 上に定義される A の自己準同型の成す環を表す. $M = H^1(A)$ は F 上のモティーフで係数体は E, rank 2 である. このとき (1) の特別の場合として, $\mathrm{GL}(2, F_\mathbf{A})$ の保型表現 π があって $L(s, A) = L(s, \pi)$ となる.

(3) A は F 上に定義された n 次元 Abel 多様体とする. 例 1.10 のように $\mathrm{Hg}(A) \subset \mathrm{GSp}(V, \psi) \cong \mathrm{GSp}(n)$ であるから, $\widetilde{H} = \mathrm{GSp}(n)$ と取れる. 命題 3.2 の $\widetilde{G}$ として, $\mu = 1$ であるから,

$$\widetilde{G} = (\mathrm{GL}(1) \times \mathrm{Spin}(2n+1))/C, \qquad C = \{1, a\}$$

がとれる. ここに $a = (a_1, a_2)$, $a_1 = -1 \in \mathrm{GL}(1, \mathbf{C})$, a_2 は $\mathrm{Spin}(2n+1)$ の中心の位数 2 の元である (第 X 章, 例 7.4 参照). $\widetilde{G}$ は F 上 split する. $\widetilde{G}(F_\mathbf{A})$ の保型表現 π があって $L(s, A) = L(s, \pi, r)$ となる. ここに r は $^LG = {}^LG^0 \times W_F$ の $2n$

次元表現である. ($^L G^0 = \mathrm{GSp}(n, \mathbf{C})$ の $2n$ 次元表現をとり, W_F 部分は自明とする.)

$n = 2$ ならば $\widetilde{G} = \mathrm{GSp}(2)$ である. $n = 2, F = \mathbf{Q}$ とする. このとき $\widetilde{G}_\mathbf{A}$ の保型表現 π は次数 2, 重さ 2 の正則 Siegel モジュラー形式に対応していると予想される.

予想 5.1 次数 2, 重さ 2 の正則 Siegel 保型形式 F で $L(s, A) = L(s, F)$ をみたすものが存在する. ここに $L(s, F)$ は F の spinor L 函数である.

予想 5.1 は著者が 40 年前に [Y1] で述べたが, 最近 Tilouine ([T1], [T2]), Brumer, Poor 達によって研究が進められている.

(4) Blasius は次の興味ある具体的な予想を与えている ([T1] の appendix). 曲線
$$C : Y^3 = X^4 + aX^3 + bX^2 + cX + d, \qquad a, b, c, d \in \mathbf{Q}$$
を考える. (類似の形をした曲線の多くの例が志村全集 [Sh], 64d にある.) C を $\mathbf{Q}$ 上に定義された射影代数曲線とみなし, 特異点はないと仮定する. C の種数は 3 である. $J(C)$ を C の Jacobi 多様体とする. $K = \mathbf{Q}(\zeta_3)$ とおく. ここに ζ_3 は 1 の原始 3 乗根である. $\zeta_3 \in \mathrm{Aut}(C)$ ゆえ, 埋め込み $K \hookrightarrow \mathrm{End}(J(C)) \otimes \mathbf{Q}$ がある. K の作用によって $H^1(J(C))$ を正則部分 $H^1(J(C))_1$ と反正則部分 $H^1(J(C))_\rho$ に分解する.
$$H^1(J(C)) \otimes \overline{\mathbf{Q}} = H^1(J(C))_1 \oplus H^1(J(C))_\rho.$$

予想 5.2 G は K^3 上の非退化 Hermite 形式 H についてのユニタリー群とする. G を $\mathbf{Q}$ 上の代数群と考え, G が quasi-split であるように H をとる. このとき G 上の重さが 1 の正則保型形式 $\mathcal{F}$ で $L(s, H^1(J(C))_1) = L(s, \mathcal{F})$ をみたすものが存在する.

予想 5.1, 5.2 に現れる重さ 2, 1 は低く, cohomological ではない. 即ち志村多様体の cohomology 群と関係する重さではない. これは予想 5.1, 5.2 の証明の困難を暗示している.

予想 5.1 で Abel 多様体 A が楕円曲線 E_1, E_2 の積である場合を考えると, E_1, E_2 に対応する楕円モジュラー形式の対から, 次数 2 の Siegel モジュラー形式へのリフトが得られる. このように, 幾何学的な予想は functoriality を与えるのであるが, 次の重要な問題を研究課題としておこう.

問題 5.3 第 X 章, 7 節の L 群を用いる函手性原理では説明できないような functorial な現象が存在するか.

著者は答は肯定的であろうと考えている.

6. モティーフ

この節ではモティーフ (motive) とは何かを手短に解説する. k は体, E は標数が 0 の体とする. E に係数をもつ k 上のモティーフの圏 $\mathcal{M}_k$ を定義することを目標とする. k 上に定義された射影非特異代数多様体を単に variety ということにする. 絶対既約 (geometrically connected) であることは仮定しない. variety X に対し, $Z^j(X)$ は余次元 j の k-有理的な代数的サイクルの成す群とし, $Z^j(X, E) = Z^j(X) \otimes_{\mathbf{Z}} E$ とおく. $A^j(X, E)$ は $Z^j(X, E)$ を数値同値 (numerical equivalence) で割って得られる E 上のベクトル空間とする. (数値同値はホモロジー同値と一致するという有名な予想があるが, これは以下では仮定しない.) $A^j(X, E)$ を $A^j(X)$ と略記する. X_1, X_2, X_3 を variety とする. 代数的対応の合成により, 双線型写像

$$A^{\dim X_1 + r}(X_1 \times X_2) \times A^{\dim X_2 + s}(X_2 \times X_3) \longrightarrow A^{\dim X_1 + r + s}(X_1 \times X_3)$$

が得られる. 特に $A^{\dim X}(X \times X)$ は環になる. (例えば X が代数曲線, J が X の Jacobi 多様体とすると, $A^1(X \times X) = \mathrm{End}_k(J) \otimes_{\mathbf{Z}} E$ である. ここに $\mathrm{End}_k(J)$ は k 上に定義される J の自己準同型の成す環を表す.) $\mathcal{M}_k$ の object を

$$\mathrm{Ob}(\mathcal{M}_k) = \{(X, p, m)\}$$

と定める. ここに X は variety, $p \in A^{\dim X}(X \times X)$, $p^2 = p$, $m \in \mathbf{Z}$ である. 即ちベキ等元 p を考えることにより, variety を仮想的に分解していることになる. (代数曲線の例でいえば Jacobi 多様体 J の因子を考えていることに対応する.) m は Tate twist に対応する整数である. 次に $\mathcal{M}_k$ の object の間の morphism を

$$\mathrm{Hom}((X, p, m), (Y, q, n)) = q A^{\dim X - m + n}(X \times Y) p$$

で定める. 以上の定義により, $\mathcal{M}_k$ は半単純 Abel 圏になる. テンソル積

$$(X, p, m) \otimes (Y, q, n) = (X \times Y, p \times q, m + n)$$

と定めることにより, $\mathcal{M}_k$ はテンソル圏になる.

$X \longrightarrow H(X)$ をあるコホモロジー理論とする. $A_{\mathrm{hom}}^{\dim X}(X \times X)$ は数値同値の代わりにホモロジー同値を用いて定義した環とする. 環準同型 $A_{\mathrm{hom}}^{\dim X}(X \times X) \longrightarrow A^{\dim X}(X \times X)$ がある. $M = (X, p, m) \in \mathrm{Ob}(\mathcal{M}_k)$ とする. p の逆像 $p' \in A_{\mathrm{hom}}^{\dim X}(X \times X)$ があって $p'^2 = p'$ をみたす (Murre).

$$H^i(M) = p' H^{i-2m}(X)$$

とおくことにより, $\mathcal{M}_k$ にまでコホモロジー理論を拡張できる.

$\Delta \subset X \times X$ を対角多様体とする. ある Weil コホモロジー理論に対して, Δ の全ての Künneth 成分が代数的であると仮定する (いわゆる standard conjecture の一部). このとき $\mathcal{M}_k$ は半単純 E-線型淡中圏になる.

Deligne による absolute Hodge cycle を用いるモティーフの定義 ([D2], [DM]) では, standard conjecture を仮定せずにモティーフの圏は半単純 E-線型淡中圏になるが, モティーフの ℓ 進実現について仮定を導入する必要が生じる.

モティーフの概念を簡潔に説明した文献として Deligne [D1], Jannsen [J] がある. 上の説明は [J] を参考にした. 淡中圏とモティーフについては [DM] があり, また報告集 [JKS] は本格的に勉強するときに便利である.

第XII章　モジュラー形式と cohomology 群

　この章ではモジュラー形式と cohomology 群の間の関係を調べる．実二次体上の Hilbert モジュラー形式に付随する L 函数の特殊値の計算への応用を与える．第 5 節以下の記述は著者の論文 [Y3], [Y4], [Y5], [Y6] によった．

1.　群の生成元と基本関係

　R が Euclid 環であるとき $\mathrm{SL}(2, R)$ の生成元を与えよう．まず Euclid 環の定義を復習する．R は可換環，Γ は整列集合，γ_0 は Γ の最小元とする．次の条件 1), 2) をみたす写像 $\varphi : R \longrightarrow \Gamma$ が存在するとき，(R, Γ, φ) または R は Euclid 環であるという．

1) $\varphi(a) = \gamma_0 \iff a = 0$.
2) $a, b \in R$, $a \neq 0$ とする．このとき $q, r \in R$ があって
$$b = qa + r, \qquad \varphi(r) < \varphi(a)$$

　　となる．

周知のように $\mathbf{Z}$ は $\Gamma = \{x \in \mathbf{Z} \mid x \geq 0\}$, $\varphi(a) = |a|$ と取って Euclid 環になる．$\mathbf{Q}(\sqrt{5})$ の整数環 R は上記の Γ と $\varphi(a) = |N(a)|$ と取って Euclid 環になる (Hardy-Wright [HW], Theorem 247, p.213 参照)．ここに $N(a)$ は a のノルムである．

命題 1.1　(R, Γ, φ) は Euclid 環とする．$\mathrm{SL}(2, R)$ は $\begin{pmatrix} a & 0 \\ 0 & a^{-1} \end{pmatrix}$, $a \in R^\times$, $\begin{pmatrix} 1 & b \\ 0 & 1 \end{pmatrix}$, $b \in R$, $\begin{pmatrix} 0 & 1 \\ -1 & 0 \end{pmatrix}$ で生成される．

　［証明］　上記の元で生成される $\mathrm{SL}(2, R)$ の部分群を G とする．$G \neq \mathrm{SL}(2, R)$

と仮定して矛盾を導く. $\sigma = \begin{pmatrix} 0 & 1 \\ -1 & 0 \end{pmatrix}$ とおく. $\mathrm{SL}(2,R) \setminus G$ に属する元 $\gamma = \begin{pmatrix} a & b \\ c & d \end{pmatrix}$ について $\varphi(c)$ が最小になるものをとる. Γ は整列集合であるから, このような元は存在する. この元を改めて $\gamma = \begin{pmatrix} a & b \\ c & d \end{pmatrix}$ とおく. $c = 0$ ならば

$$\gamma = \begin{pmatrix} a & 0 \\ 0 & a^{-1} \end{pmatrix} \begin{pmatrix} 1 & a^{-1}b \\ 0 & 1 \end{pmatrix} \in G$$

となって矛盾である. $c \neq 0$ としてよい. $a = qc + r$, $\varphi(r) < \varphi(c)$ と $q, r \in R$ をとる. 最小性の仮定から

$$\sigma^{-1} \begin{pmatrix} 1 & -q \\ 0 & 1 \end{pmatrix} \gamma = \begin{pmatrix} * & * \\ a - qc & * \end{pmatrix} \in G$$

であるが, これから $\gamma \in G$ となり矛盾を得る. □

G は群, G の有限個の元 $s_1, s_2, \ldots, s_m$ は G を生成すると仮定する. $\mathcal{F}$ は自由生成元 $\widetilde{s}_1, \widetilde{s}_2, \ldots, \widetilde{s}_m$ で生成される自由群とする. $\mathcal{F}$ から G への全射準同型 f を $f(\widetilde{s}_i) = s_i$, $1 \leq i \leq m$ によって定める. $R = \mathrm{Ker}(f)$ とおく. G から $\mathcal{F}$ への写像 π を $f \circ \pi = \mathrm{id}$ (恒等写像), $\pi(1) = 1$ (即ち π は G の単位元を $\mathcal{F}$ の単位元に写す) と取る. $g \in G$ に対して $\widetilde{g} = \pi(g)$ とおく.

補題 1.2 R は $(\widetilde{s_i g})^{-1} \widetilde{s_i} \widetilde{g}$, $1 \leq i \leq m$ とその共役によって生成される.

[証明] $(\widetilde{s_i g})^{-1} \widetilde{s_i} \widetilde{g}$, $1 \leq i \leq m$ とその共役によって生成される $\mathcal{F}$ の正規部分群を R_0 とする. このとき $\widetilde{s_i g} \equiv \widetilde{s_i} \widetilde{g} \bmod R_0$, $g \in G$ であるが, g を $s_i^{-1} g$ と取ると $\widetilde{s_i^{-1} g} \equiv \widetilde{s_i}^{-1} \widetilde{g} \bmod R_0$ を得る. $r \in R$ をとる. $r = \widetilde{s}_{i_1}^{\epsilon_1} \widetilde{s}_{i_2}^{\epsilon_2} \cdots \widetilde{s}_{i_l}^{\epsilon_l}$, $i_j \in \{1, 2, \ldots, m\}$, $\epsilon_j = \pm 1$ と書ける. $s_{i_1}^{\epsilon_1} s_{i_2}^{\epsilon_2} \cdots s_{i_l}^{\epsilon_l} = 1$ である. 上記の注意から $s_{i_1}^{\epsilon_1} \widetilde{s_{i_2}^{\epsilon_2} \cdots s_{i_l}^{\epsilon_l}} \equiv \widetilde{s}_{i_1}^{\epsilon_1} \widetilde{s_{i_2}^{\epsilon_2} \cdots s_{i_l}^{\epsilon_l}} \bmod R_0$ を得る. この手順を繰り返して

$$1 = \widetilde{s_{i_1}^{\epsilon_1} s_{i_2}^{\epsilon_2} \cdots s_{i_l}^{\epsilon_l}} \equiv \widetilde{s}_{i_1}^{\epsilon_1} \widetilde{s}_{i_2}^{\epsilon_2} \cdots \widetilde{s}_{i_l}^{\epsilon_l} \bmod R_0$$

となる. よって $r \in R_0$, $R \subset R_0$ を得る. $R_0 \subset R$ は明らかゆえ $R = R_0$ が成り立つ. □

この簡単な補題を適用することにより，PSL$(2,\mathbf{Z})$ の生成元と基本関係を代数的に決定できる．行列 $\begin{pmatrix} a & b \\ c & d \end{pmatrix} \in$ SL$(2,\mathbf{Z})$ に対して，その PSL$(2,\mathbf{Z})$ への像も同じ記号で表す．$\Gamma =$ PSL$(2,\mathbf{Z})$,

$$\sigma = \begin{pmatrix} 0 & 1 \\ -1 & 0 \end{pmatrix}, \qquad \tau = \begin{pmatrix} 1 & 1 \\ 0 & 1 \end{pmatrix}$$

とおく．$\mathcal{F}$ は自由生成元 $\widetilde{\sigma}, \widetilde{\tau}$ で生成される自由群とする．準同型 $f: \mathcal{F} \longrightarrow \Gamma$ を $f(\widetilde{\sigma}) = \sigma$, $f(\widetilde{\tau}) = \tau$ で定める．写像 $\pi: \Gamma \ni \gamma \longrightarrow \widetilde{\gamma} \in \mathcal{F}$ を次のように定める．$\gamma = \begin{pmatrix} a & b \\ c & d \end{pmatrix}$ とおく．$c = 0$ ならば $a = d = \pm 1$ である．$\widetilde{\gamma} = \widetilde{\tau}^{a^{-1}b}$ とおく．$a = 0$ ならば $c = \pm 1$ である．$\widetilde{\gamma} = \widetilde{\sigma}\widetilde{\sigma\gamma}$ とおく．ここに $\widetilde{\sigma\gamma}$ はすでに定義されていることに注意されたい．$a \neq 0$ かつ $c \neq 0$ とする．$(|c|, |a|)$ についての辞書式順序についての帰納法によって $\widetilde{\gamma}$ を定義する．まず $|a| < |c|$ とする．$\sigma\gamma = \begin{pmatrix} c & d \\ -a & -b \end{pmatrix}$ であるから，$\widetilde{\sigma\gamma}$ はすでに定義されている．$\widetilde{\gamma} = \widetilde{\sigma}\widetilde{\sigma\gamma}$ とおく．次に $|a| \geq |c|$ と仮定する．$c > 0$ と仮定してよい．$t \in \mathbf{Z}$ を $|a + tc| < c$ と取る．一般にはこのような t は二つあるが，そのうちの小さい方をとると規則を決めておく．

$$\widetilde{\gamma} = \widetilde{\begin{pmatrix} 1 & -t \\ 0 & 1 \end{pmatrix}} \widetilde{\begin{pmatrix} 1 & t \\ 0 & 1 \end{pmatrix} \gamma}$$

とおく．$\begin{pmatrix} 1 & t \\ 0 & 1 \end{pmatrix} \gamma = \begin{pmatrix} a+tc & * \\ c & * \end{pmatrix}$ だから，$\widetilde{\begin{pmatrix} 1 & t \\ 0 & 1 \end{pmatrix} \gamma}$ はすでに定義されていることに注意されたい．Euclid の互除法を使うこの構成によって，写像 $\pi: \Gamma \longrightarrow \mathcal{F}$ が得られた．明らかに $f \circ \pi = $ id, $\pi(1) = 1$ が成り立っている．また Γ が σ と τ で生成されることも同時に証明された．$R = $ Ker(f) とおく．容易に

$$\widetilde{\sigma}^2 \in R, \qquad (\widetilde{\sigma}\widetilde{\tau})^3 \in R \tag{1.1}$$

がわかる．

定理 1.3 R は $\widetilde{\sigma}^2, (\widetilde{\sigma}\widetilde{\tau})^3$ とその共役で生成される．

［証明］ $\widetilde{\sigma}^2, (\widetilde{\sigma}\widetilde{\tau})^3$ とその共役によって生成される $\mathcal{F}$ の正規部分群を R_0 とする．補題 1.2 により，任意の $\gamma \in \Gamma$ に対して

$$\widetilde{\sigma\gamma} \equiv \widetilde{\sigma}\widetilde{\gamma} \mod R_0, \tag{1.2}$$

$$\widetilde{\tau\gamma} \equiv \widetilde{\tau}\widetilde{\gamma} \mod R_0 \tag{1.3}$$

を示せば十分である. $\gamma = \begin{pmatrix} a & b \\ c & d \end{pmatrix}$ とおく.

まず (1.2) を証明しよう. $c = 0$ ならば, 定義により $\widetilde{\sigma\gamma} = \widetilde{\sigma\sigma\cdot\sigma\gamma} = \widetilde{\sigma}\widetilde{\gamma}$ ゆえ (1.2) は成り立つ. $a = 0$ ならば, 定義により $\widetilde{\gamma} = \widetilde{\sigma\sigma\gamma}$ である. 従って $\widetilde{\sigma\gamma} = \widetilde{\sigma}^{-1}\widetilde{\gamma} \equiv \widetilde{\sigma}\widetilde{\gamma} \mod R_0$ となり, (1.2) は成り立つ. $a \neq 0$ かつ $c \neq 0$ であるとする. $|a| > |c|$ ならば定義により $\widetilde{\sigma\gamma} = \widetilde{\sigma\sigma\cdot\sigma\gamma} = \widetilde{\sigma}\widetilde{\gamma}$ ゆえ (1.2) は成り立つ. $|a| < |c|$ ならば定義により $\widetilde{\gamma} = \widetilde{\sigma\sigma\gamma}$ ゆえ (1.2) は成り立つ. $|a| = |c|$ と仮定する. このとき $a = \pm 1, c = \pm 1$ である. $c = 1$ と仮定してよい. 定義により

$$\widetilde{\gamma} = \widetilde{\begin{pmatrix} 1 & a \\ 0 & 1 \end{pmatrix}} \widetilde{\begin{pmatrix} 0 & -1 \\ 1 & d \end{pmatrix}} = \widetilde{\begin{pmatrix} 1 & a \\ 0 & 1 \end{pmatrix}} \widetilde{\sigma} \widetilde{\begin{pmatrix} 1 & d \\ 0 & 1 \end{pmatrix}},$$

$$\widetilde{\sigma\gamma} = \widetilde{\begin{pmatrix} 1 & -a^{-1} \\ 0 & 1 \end{pmatrix}} \widetilde{\begin{pmatrix} 0 & a^{-1} \\ -a & -b \end{pmatrix}} = \widetilde{\begin{pmatrix} 1 & -a \\ 0 & 1 \end{pmatrix}} \widetilde{\sigma} \widetilde{\begin{pmatrix} -a & -b \\ 0 & -a \end{pmatrix}}$$

である. $a = 1$ とする. このとき $d = b + 1$ であり, (1.2) は関係

$$\widetilde{\sigma}\widetilde{\tau}\widetilde{\sigma}\widetilde{\tau} \equiv \widetilde{\tau}^{-1}\widetilde{\sigma} \mod R_0$$

に帰着するが, これが (1.1) から得られるのは明らかである. 次に $a = -1$ とする. このとき $d = -b - 1$ であり, (1.2) は関係

$$\widetilde{\sigma}\widetilde{\tau}^{-1}\widetilde{\sigma}\widetilde{\tau}^{-1} \equiv \widetilde{\tau}\widetilde{\sigma} \mod R_0$$

に帰着するが, これが (1.1) から得られるのは明らかである. よって (1.2) は証明された.

次に (1.3) を示す. $(|c|, |a|)$ の辞書式順序についての帰納法によって (1.3) と同時に

$$\widetilde{\tau^{-1}\gamma} \equiv \widetilde{\tau}^{-1}\widetilde{\gamma} \mod R_0 \tag{1.4}$$

を証明していく.

$$\tau\gamma = \begin{pmatrix} a+c & b+d \\ c & d \end{pmatrix}, \quad \tau^{-1}\gamma = \begin{pmatrix} a-c & b-d \\ c & d \end{pmatrix}$$

である．$c = 0$ ならば (1.3), (1.4) は定義によって明らかである．$c \geq 1$ と仮定してよい．

(I) $|a| \geq c$ の場合．

$|a+c| \geq c$ とする．$t \in \mathbf{Z}$ と $t_1 \in \mathbf{Z}$ を $|a+tc| < c$, $|a+c+t_1c| < c$ をみたし，この条件をみたすものの内で最小であるようにとる．定義から

$$\widetilde{\gamma} = \widetilde{\begin{pmatrix} 1 & -t \\ 0 & 1 \end{pmatrix}} \widetilde{\begin{pmatrix} 1 & t \\ 0 & 1 \end{pmatrix}} \gamma, \qquad \widetilde{\tau\gamma} = \widetilde{\begin{pmatrix} 1 & -t_1 \\ 0 & 1 \end{pmatrix}} \widetilde{\begin{pmatrix} 1 & t_1 \\ 0 & 1 \end{pmatrix}} \tau\gamma$$

となる．$t_1 = t - 1$ は明らかであるから (1.3) が成り立つ．$|a+c| < c$ とする．このとき $|a+c| < |a|$ ゆえ，(1.4) についての帰納法の仮定を $\tau\gamma$ に適用できる．$\widetilde{\tau^{-1}\tau\gamma} \equiv \widetilde{\tau}^{-1}\widetilde{\tau\gamma} \mod R_0$ から (1.3) が得られる．

$|a-c| \geq c$ とする．$t \in \mathbf{Z}$ を上のように選び，$t_2 \in \mathbf{Z}$ を $|a-c+t_2c| < c$ をみたし，この条件をみたすものの内で最小であるようにとる．定義から

$$\widetilde{\tau^{-1}\gamma} = \widetilde{\begin{pmatrix} 1 & -t_2 \\ 0 & 1 \end{pmatrix}} \widetilde{\begin{pmatrix} 1 & t_2 \\ 0 & 1 \end{pmatrix}} \tau^{-1}\gamma$$

となる．$t_2 = t + 1$ は明らかであるから (1.4) が成り立つ．$|a-c| < c$ とする．このとき $|a-c| < |a|$ ゆえ (1.3) についての帰納法の仮定を $\tau^{-1}\gamma$ に適用できる．$\widetilde{\tau\tau^{-1}\gamma} \equiv \widetilde{\tau}\widetilde{\tau^{-1}\gamma} \mod R_0$ から (1.4) が得られる．

(II) $|a| < c$ の場合．

帰納法の仮定を $\sigma\gamma = \begin{pmatrix} c & d \\ -a & -b \end{pmatrix}$ に適用できる．すでに証明された (1.2) も用いて

$$\widetilde{\tau^{-1}\sigma\gamma} \equiv \widetilde{\tau}^{-1}\widetilde{\sigma\gamma} \equiv \widetilde{\tau}^{-1}\widetilde{\sigma}\widetilde{\gamma} \mod R_0$$

を得る．(1.1) により $\widetilde{\sigma}\widetilde{\tau}\widetilde{\sigma}\widetilde{\tau} \equiv \widetilde{\tau}^{-1}\widetilde{\sigma} \mod R_0$ であるから

$$\widetilde{\sigma\tau\sigma\tau\gamma} = \widetilde{\tau^{-1}\sigma\gamma} \equiv \widetilde{\sigma}\widetilde{\tau}\widetilde{\sigma}\widetilde{\tau}\widetilde{\gamma} \mod R_0$$

を得る．これに (1.2) を用いて

$$\widetilde{\tau\sigma\tau\gamma} \equiv \widetilde{\tau}\widetilde{\sigma}\widetilde{\tau}\widetilde{\gamma} \mod R_0 \tag{1.5}$$

を得る．$\sigma\tau\gamma = \begin{pmatrix} c & d \\ -a-c & -b-d \end{pmatrix}$ である．$|a+c| < c$ とする．このとき帰納

法の仮定を $\sigma\tau\gamma$ に適用できる. (1.5) から $\widetilde{\sigma\tau\gamma} \equiv \widetilde{\sigma}\widetilde{\tau\gamma}$ mod R_0 を得る. これに (1.2) を用いて (1.3) を得る. $|a+c| \geq c$ とする. このとき $0 \leq a < c$ である. 定義から

$$\widetilde{\tau\gamma} = \widetilde{\begin{pmatrix} 1 & 1 \\ 0 & 1 \end{pmatrix}} \widetilde{\begin{pmatrix} 1 & -1 \\ 0 & 1 \end{pmatrix} \tau\gamma} = \widetilde{\tau}\widetilde{\gamma}$$

であり, (1.3) が成り立っている.

帰納法の仮定を $\sigma\gamma$ に用いて

$$\widetilde{\tau\sigma\gamma} \equiv \widetilde{\tau}\widetilde{\sigma\gamma} \equiv \widetilde{\tau\sigma}\widetilde{\gamma} \quad \text{mod } R_0$$

を得る. (1.1) により $\widetilde{\sigma}\widetilde{\tau}^{-1}\widetilde{\sigma}\widetilde{\tau}^{-1} \equiv \widetilde{\tau}\widetilde{\sigma}$ mod R_0 であるから

$$\widetilde{\sigma\tau^{-1}\sigma\tau^{-1}\gamma} \equiv \widetilde{\sigma}\widetilde{\tau}^{-1}\widetilde{\sigma}\widetilde{\tau}^{-1}\widetilde{\gamma} \quad \text{mod } R_0$$

を得る. これに (1.2) を用いて

$$\widetilde{\tau^{-1}\sigma\tau^{-1}\gamma} \equiv \widetilde{\tau}^{-1}\widetilde{\sigma}\widetilde{\tau}^{-1}\widetilde{\gamma} \quad \text{mod } R_0 \tag{1.6}$$

を得る. $\sigma\tau^{-1}\gamma = \begin{pmatrix} c & d \\ c-a & d-b \end{pmatrix}$ である. $|c-a| < c$ とする. このとき帰納法の仮定を $\sigma\tau^{-1}\gamma$ に適用できる. (1.6) から $\widetilde{\sigma\tau^{-1}\gamma} \equiv \widetilde{\sigma}\widetilde{\tau}^{-1}\widetilde{\gamma}$ mod R_0 を得る. これに (1.2) を用いて (1.4) を得る. $|c-a| \geq c$ とする. このとき $-c < a \leq 0$ である. 定義から

$$\widetilde{\tau^{-1}\gamma} = \widetilde{\begin{pmatrix} 1 & -1 \\ 0 & 1 \end{pmatrix}} \widetilde{\begin{pmatrix} 1 & 1 \\ 0 & 1 \end{pmatrix} \tau^{-1}\gamma} = \widetilde{\tau}^{-1}\widetilde{\gamma}$$

であり, (1.4) が成り立っている. □

通常 Fuchs 群の生成元と基本関係はその基本領域の形から導かれる. PSL$(2, \mathbf{Z})$ に対しても基本関係の代数的証明は知られていないようなので, ここに詳しく書いてみた.

2. 群の cohomology 論

この節では群の cohomology 群について準備する. 標準的な参考書として, Cartan-Eilenberg [CE], Serre [Se1], 鈴木 [Su] 等がある.

G は群とする. 左 $\mathbf{Z}[G]$ 加群を G 加群と呼ぶ. M は G 加群とする. $0 < n \in \mathbf{Z}$ に対して $C^n(G,M)$ は G^n から M への写像全体の成す Abel 群とする. $C^0(G,M) = M$ とおく. 境界作用素 $d_n : C^n(G,M) \longrightarrow C^{n+1}(G,M)$ を

$$(d_n f)(g_1, \ldots, g_{n+1}) = g_1 f(g_2, \ldots, g_{n+1}) + (-1)^{n+1} f(g_1, \ldots, g_n) \\ + \sum_{i=1}^{n} (-1)^i f(g_1, \ldots, g_i g_{i+1}, \ldots, g_{n+1}) \quad (2.1)$$

で定義する. このとき $d_{n+1} \circ d_n = 0$ が成り立ち, $\{C^n(G,M), d_n\}$ は複体を成す.

$$Z^n(G,M) = \mathrm{Ker}(d_n), \qquad B^n(G,M) = \mathrm{Im}(d_{n-1}).$$

とおく. ここに $B^0(G,M) = \{0\}$ と解する. $C^n(G,M)$ の元を n-cochain, $Z^n(G,M)$ の元を n-cocycle, $B^n(G,M)$ の元を n-coboundary という. cohomology 群 $H^n(G,M)$ は複体 $\{C^n(G,M), d_n\}$ の cohomology 群である. 即ち $H^n(G,M) = Z^n(G,M)/B^n(G,M)$ である.

例 2.1 $i = 1$ とする. このとき $Z^1(G,M)$ は G から M への写像で

$$f(g_1 g_2) = g_1 f(g_2) + f(g_1), \qquad g_1, g_2 \in G$$

をみたすもの全体で

$$B^1(G,M) = \{gm - m \mid g \in G, m \in M\}$$

である. 特に G の M への作用が自明ならば $H^1(G,M) = \mathrm{Hom}(G,M)$ である.

例 2.2 $i = 2$ とする. $Z^2(G,M)$ は $G \times G$ から M への写像で

$$g_1 f(g_2, g_3) - f(g_1 g_2, g_3) + f(g_1, g_2 g_3) - f(g_1, g_2) = 0, \qquad g_1, g_2, g_3 \in G$$

をみたすもの全体からなる.

$$1 \longrightarrow M \longrightarrow \widetilde{G} \xrightarrow{\pi} G \longrightarrow 1 \quad (2.2)$$

を群の完全列 (群拡大) とする. 各 $g \in G$ に対し $\pi(\widetilde{g}) = g$ をみたす $\widetilde{g} \in \widetilde{G}$ をとって固定する.

$$gm = \widetilde{g} m (\widetilde{g})^{-1}, \qquad g \in G, m \in M$$

とおく. gm は $\widetilde{g}$ のとり方によらずに定まり, M は G 加群になる.

$$f(g_1, g_2) = \tilde{g}_1 \tilde{g}_2 (\widetilde{g_1 g_2})^{-1}, \qquad g_1, g_2 \in G$$

とおくと $f \in Z^2(G, M)$ が直接計算でわかる (M の演算は乗法で書く). $f(g_1, g_2)$ は群拡大 (2.2) が定める因子団 (第 XI 章 3 節参照) である. $H^2(G, M)$ は群拡大 (2.2) の "同値類" を記述する.

H は G の指数有限の部分群とする. transfer 写像 $T : H^n(H, M) \longrightarrow H^n(G, M)$ の具体形は次のように与えられる (Eckmann [E], [Y3]).

命題 2.3 G は群, H は G の指数有限の部分群, M は G 加群とする. $G = \bigsqcup_{i=1}^{r} x_i H$ は剰余類分解とする. $f \in Z^n(H, M)$ は cohomology 類 $c \in H^n(H, M)$ を表す n-cocycle とする. このとき $T(c) \in H^n(G, M)$ を表す n-cocycle $\tilde{f} \in Z^n(G, M)$ は次式で与えられる.

$$\tilde{f}(g_1, g_2, \ldots, g_n) = \sum_{i=1}^{r} x_i f(x_i^{-1} g_1 x_{p_i(1)}, x_{p_i(1)}^{-1} g_2 x_{p_i(2)}, \ldots, x_{p_i(n-1)}^{-1} g_n x_{p_i(n)}).$$

ここに $x_{p_i(l)}$ は

$$x_i^{-1} g_1 x_{p_i(1)} \in H, \qquad x_{p_i(l-1)}^{-1} g_l x_{p_i(l)} \in H, \quad 2 \leq l \leq n$$

となるように選ぶ.

Res $: H^n(G, M) \longrightarrow H^n(H, M)$ は制限写像とする. このとき

$$T \circ \mathrm{Res}(c) = [G : H] c, \qquad c \in H^n(G, M) \tag{2.3}$$

が成り立つ ([CE], p.255, (6) 参照. この文献では G が有限群と仮定しているが, 同じ証明が使える).

cohomology 群の上の Hecke 作用素を考える. $\tilde{G}$ は群, G はその部分群とする. M は $\tilde{G}$ 加群とする. 任意の $t \in \tilde{G}$ に対して

$$[G : g \cap tGt^{-1}] < \infty$$

と仮定する. このとき第 II 章でみたように, Hecke 環 $\mathcal{H}_{\mathbf{Z}}(\tilde{G}, G)$ が定義される. $t \in \tilde{G}$ に対して

$$G_t = G \cap t^{-1} G t$$

とおく.

$$\mathrm{conj} : H^n(G, M) \longrightarrow H^n(t^{-1}Gt, M)$$

は共役写像とする. Res は $H^n(t^{-1}Gt, M)$ から $H^n(G_t, M)$ への制限写像とし $T : H^n(G_t, M) \longrightarrow H^n(G, M)$ は transfer 写像とする. このとき

$$[GtG] = T \circ \mathrm{Res} \circ \mathrm{conj} \tag{2.4}$$

と定義する. (2.4) の右辺は両側剰余類 GtG にのみ依存し, (2.4) により環準同型 $[GtG] : \mathcal{H}_{\mathbf{Z}}(\widetilde{G}, G) \longrightarrow \mathrm{End}(H^n(G, M))$ が定まる. この作用素の $n = 2$ のときの具体形は次のようになる ([Y3]).

命題 2.4 $c \in H^2(G, M)$, $f \in Z^2(G, M)$ は c を表す 2-cocycle とする. $GtG = \bigsqcup_{i=1}^{d} G\beta_i$ を剰余類分解とする. $[GtG](c)$ を表す 2-cocycle $h \in Z^2(G, M)$ は

$$h(g_1, g_2) = \sum_{i=1}^{d} \beta_i^{-1} f(\beta_i g_1 \beta_{j(i)}^{-1}, \beta_{j(i)} g_2 \beta_{k(j(i))}^{-1})$$

で与えられる. ここに $1 \leq i \leq d$ に対し, $j(i)$ と $k(i)$ を

$$\beta_i g_1 \beta_{j(i)}^{-1} \in G, \qquad \beta_i g_2 \beta_{k(i)}^{-1} \in G$$

と選ぶ.

G は群, M は G 加群とする. N は G の正規部分群とする. このとき Hochschild-Serre のスペクトル系列

$$E_2^{p,q} = H^p(G/N, H^q(N, M)) \Longrightarrow H^n(G, M) \tag{2.5}$$

がある. 低次元においてこれは完全列

$$\begin{array}{c} 0 \longrightarrow H^1(G/N, M^N) \longrightarrow H^1(G, M) \longrightarrow H^1(N, M)^{G/N} \\ \longrightarrow H^2(G/N, M^N) \longrightarrow H^2(G, M) \end{array} \tag{2.6}$$

を与える ([Se3], p.15).

次に $H^2(G, M)$ を計算する MacLane ([K], §50) による手法を述べる. 自由群 $\mathcal{F}$ をとって $G = \mathcal{F}/R$ と書く. $\pi : \mathcal{F} \longrightarrow G$ を自然準同型とすると $\mathrm{Ker}(\pi) = R$ である. $gm = \pi(g)m$, $g \in \mathcal{F}$, $m \in M$ において M を $\mathcal{F}$ 加群とみる.

$$H^i(\mathcal{F}, M) = 0, \qquad i \geq 2 \tag{2.7}$$

であるから (鈴木 [Su], p.218 参照), (2.6) は完全列

$$0 \longrightarrow H^1(G,M) \longrightarrow H^1(\mathcal{F},M) \longrightarrow H^1(R,M)^G$$
$$\longrightarrow H^2(G,M) \longrightarrow 0$$

を与える. ゆえに

$$H^2(G,M) \cong H^1(R,M)^G/\mathrm{Im}(H^1(\mathcal{F},M)) \tag{2.8}$$

が成り立つ. R は M に自明に作用するから, $B^1(R,M) = 0$, $H^1(R,M) = \mathrm{Hom}(R,M)$ である. よって

$$H^1(R,M)^G = \{\varphi \in \mathrm{Hom}(R,M) \mid \varphi(grg^{-1}) = g\varphi(r), \quad g \in \mathcal{F},\ r \in R\}$$

である.

同型 (2.8) は具体的には次のように与えられる. $g \in \mathcal{F}$ に対して, $\pi(g) = \bar{g}$ とおく. 2-cocycle $f \in Z^2(G,M)$ をとる. 写像 $(g_1,g_2) \longrightarrow f(\bar{g}_1,\bar{g}_2)$ は M に値をとる $\mathcal{F}$ の 2-cocycle である. (2.7) により, 1-cochain $a \in C^1(\mathcal{F},M)$ があって

$$f(\bar{g}_1,\bar{g}_2) = g_1 a(g_2) + a(g_1) - a(g_1 g_2), \qquad g_1, g_2 \in \mathcal{F} \tag{2.9}$$

となる. $\varphi = a|R$ を a の R への制限とする. 必要があれば coboundary を加えて, f は正規化されている, 即ち

$$f(1,g) = f(g,1) = 0, \qquad \forall\ g \in G$$

と仮定してよい. $r_1, r_2 \in R$ ならば (2.9) により

$$a(r_2) + a(r_1) - a(r_1 r_2) = 0$$

を得る. ゆえに $\varphi \in Z^1(R,M) = \mathrm{Hom}(R,M)$ である. (2.9) により

$$a(gr) = ga(r) + a(g), \qquad g \in \mathcal{F},\ r \in R \tag{2.10}$$

を得る. 再び (2.9) により

$$a(grg^{-1}) = gra(g^{-1}) + a(gr) - f(\bar{g},\bar{g}^{-1})$$
$$= ga(g^{-1}) + ga(r) + a(g) - f(\bar{g},\bar{g}^{-1})$$

を得る. ここに $g \in \mathcal{F},\ r \in R$. この式に $g_1 = g,\ g_2 = g^{-1}$ としたときの (2.9) を

$a(1) = 0$ に注意して使うと
$$\varphi(grg^{-1}) = g\varphi(r), \qquad g \in \mathcal{F}, r \in R \tag{2.11}$$
を得る. よって $\varphi \in H^1(R,M)^G$ がわかった. a' は (2.9) をみたす別の 1-cochain とする. $\varphi' = a'|R,\ a' = a + b$ とおく. このとき $b \in Z^1(\mathcal{F},M)$ であるから, φ と φ' の $H^1(R,M)^G/\mathrm{Im}(H^1(\mathcal{F},M))$ における類は同じである. 1-cochain c の coboundary を f に加えたとする. このとき (2.9) は $a(g)$ を $a(g) + c(\bar{g})$ に置き換えて成立し, $a|R$ は変わらない. よって準同型
$$\omega : H^2(G,M) \longrightarrow H^1(R,M)^G/\mathrm{Im}(H^1(\mathcal{F},M))$$
が定義できた. ω が上への同型であることは困難なく証明できる.

次に $f \in Z^2(G,M)$ は正規化された cocycle とする. (2.9) をみたす $a \in C^1(\mathcal{F},M)$ をとり $\varphi = a|R \in H^1(R,M)^G$ とおく. 各 $g \in G$ に対し, $\pi(\widetilde{g}) = g$ をみたす $\widetilde{g} \in \mathcal{F}$ を選ぶ. このとき (2.9) は
$$f(g_1,g_2) = g_1 a(\widetilde{g_2}) + a(\widetilde{g_1}) - a(\widetilde{g_1 g_2}), \qquad g_1, g_2 \in G$$
と書ける. (2.10) により
$$a(\widetilde{g_1 g_2}(\widetilde{g_1 g_2})^{-1}\widetilde{g_1}\widetilde{g_2}) = g_1 g_2 \varphi((\widetilde{g_1 g_2})^{-1}\widetilde{g_1}\widetilde{g_2}) + a(\widetilde{g_1 g_2})$$
を得る. この式に (2.11) を用いて
$$a(\widetilde{g_1}\widetilde{g_2}) = a(\widetilde{g_1 g_2}) + \varphi(\widetilde{g_1}\widetilde{g_2}(\widetilde{g_1 g_2})^{-1})$$
を得る. よって
$$f(g_1,g_2) = g_1 a(\widetilde{g_2}) + a(\widetilde{g_1}) - a(\widetilde{g_1 g_2}) - \varphi(\widetilde{g_1}\widetilde{g_2}(\widetilde{g_1 g_2})^{-1}), \qquad g_1, g_2 \in G \tag{2.12}$$
が成り立つ. この式は coboundary を f に加えることにより
$$f(g_1,g_2) = -\varphi(\widetilde{g_1}\widetilde{g_2}(\widetilde{g_1 g_2})^{-1}) \tag{2.13}$$
と仮定してよいことを示している. 逆に次の命題が成り立つ.

命題 2.5 $\varphi \in H^1(R,M)^G$ とする. $g_1, g_2 \in G$ に対し $f(g_1,g_2)$ を (2.13) によって定義する. このとき $f \in Z^2(G,M)$ である. $\widetilde{1} = 1$ ならば f は正規化されている.

この命題は直接計算によって容易に示すことができるので証明は省略する.

(2.8) の右辺に Hecke 作用素がどう作用するかを具体的に書き表そう. $f \in Z^2(G, M)$ は正規化された 2-cocycle でその cohomology 類を c とする. h は命題 2.4 で与えられた, その類が $[GtG](c)$ を表す 2-cocycle とする. 明らかに h は正規化されている. 1-cochain $b \in C^1(\mathcal{F}, M)$ があって

$$h(\bar{g}_1, \bar{g}_2) = g_1 b(g_2) + b(g_1) - b(g_1 g_2), \qquad g_1, g_2 \in \mathcal{F}$$

をみたす.

命題 2.6 $\varphi \in H^1(R, M)^G$ をとり正規化された 2-cocycle $f \in Z^2(G, M)$ を (2.13) で与える. m 個の元 $g_j \in G, 1 \leq j \leq m$ が与えられているとする. 各 j に対して d 文字の上の置換 $p_j \in S_d$ を

$$\beta_i g_j \beta_{p_j(i)}^{-1} \in G, \qquad 1 \leq i \leq d$$

で定める. $q_j \in S_d$ を帰納的に

$$q_1 = p_1, \qquad q_k = p_k q_{k-1}, \quad 2 \leq k \leq m$$

で定める. $b(\widetilde{g}_j) = 0, 1 \leq j \leq m$ と仮定する. このとき

$$\begin{aligned}
& b(\widetilde{g}_1 \widetilde{g}_2 \cdots \widetilde{g}_m) \\
&= \sum_{i=1}^d \beta_i^{-1} \varphi(\widetilde{\beta_i g_1 \beta_{q_1(i)}^{-1}} \widetilde{\beta_{q_1(i)} g_2 \beta_{q_2(i)}^{-1}} \cdots \widetilde{\beta_{q_{m-1}(i)} g_m \beta_{q_m(i)}^{-1}}) \\
& \quad \cdot (\widetilde{\beta_i g_1 g_2 \cdots g_m \beta_{q_m(i)}^{-1}})^{-1})
\end{aligned} \qquad (2.14)$$

が成り立つ.

[証明] $m = 1$ ならば (2.14) の左辺は 0 であり, $\varphi(1) = 0$ であるから右辺も 0 である. $m \geq 2$ で公式 (2.14) は $m - 1$ のとき正しいと仮定する. 命題 2.4 と (2.13) により

$$\begin{aligned}
& b(\widetilde{g}_1 \widetilde{g}_2 \cdots \widetilde{g}_{m-1} \widetilde{g}_m) \\
&= g_1 g_2 \cdots g_{m-1} b(\widetilde{g}_m) + b(\widetilde{g}_1 \widetilde{g}_2 \cdots \widetilde{g}_{m-1}) - h(g_1 \cdots g_{m-1}, g_m) \\
&= \sum_{i=1}^d \beta_i^{-1} \varphi(\widetilde{\beta_i g_1 \beta_{q_1(i)}^{-1}} \cdots \widetilde{\beta_{q_{m-2}(i)} g_{m-1} \beta_{q_{m-1}(i)}^{-1}} (\widetilde{\beta_i g_1 g_2 \cdots g_{m-1} \beta_{q_{m-1}(i)}^{-1}})^{-1})
\end{aligned}$$

$$+ \sum_{i=1}^{d} \beta_i^{-1} \varphi(\beta_i g_1 g_2 \widetilde{\cdots g_{m-1}} \beta_{q_{m-1}(i)}^{-1} \widetilde{\beta_{q_{m-1}(i)} g_m} \beta_{q_m(i)}^{-1} (\beta_i g_1 g_2 \widetilde{\cdots g_m} \beta_{q_m(i)}^{-1})^{-1})$$

$$= \sum_{i=1}^{d} \beta_i^{-1} \varphi(\widetilde{\beta_i g_1 \beta_{q_1(i)}^{-1}} \cdots \widetilde{\beta_{q_{m-1}(i)} g_m} \beta_{q_m(i)}^{-1} (\beta_i g_1 g_2 \widetilde{\cdots g_m} \beta_{q_m(i)}^{-1})^{-1})$$

を得る. □

3. 一変数の場合

$0 \leq l \in \mathbf{Z}$ と $\begin{bmatrix} u \\ v \end{bmatrix} \in \mathbf{C}^2$ に対して

$$\begin{bmatrix} u \\ v \end{bmatrix}^l = {}^t(u^l \ u^{l-1}v \cdots uv^{l-1} \ v^l) \in \mathbf{C}^{l+1}$$

とおき, 表現 $\rho_l : \mathrm{GL}(2, \mathbf{C}) \longrightarrow \mathrm{GL}(l+1, \mathbf{C})$ を

$$\rho_l(g)\left(\begin{bmatrix} u \\ v \end{bmatrix}^l\right) = \left(g\begin{bmatrix} u \\ v \end{bmatrix}\right)^l, \qquad g \in \mathrm{GL}(2, \mathbf{C})$$

で定義する. ρ_l は l 次の対称テンソル表現と呼ばれる.

$\Gamma \subset \mathrm{SL}(2, \mathbf{R})$ は Fuchs 群とする. l は非負整数, $V = \mathbf{C}^{l+1}$ は ρ_l の表現空間とする. $\gamma \cdot v = \rho_l(\gamma)v, \gamma \in \Gamma, v \in V$ により, V は Γ 加群になる. $\Omega \in S_{l+2}(\Gamma)$ をとる. V に値をもつ $\mathfrak{H}$ 上の正則 1-form $\mathfrak{d}(\Omega)$ を

$$\mathfrak{d}(\Omega) = \Omega(z)\begin{bmatrix} z \\ 1 \end{bmatrix}^l dz \tag{3.1}$$

によって定義する. $\rho = \rho_l$ とおく.

$$\mathfrak{d}(\Omega) \circ \gamma = \rho(\gamma)\mathfrak{d}(\Omega), \qquad \gamma \in \Gamma \tag{3.2}$$

は容易に確かめられる. ここに $\mathfrak{d}(\Omega) \circ \gamma$ は $\mathfrak{d}(\Omega)$ を γ によって変換したものを表す. $\mathfrak{H}$ の点, または Γ のカスプ z_0 をとる. $\gamma \in \Gamma$ に対して Eichler-志村型の積分

$$f(\gamma) = \int_{z_0}^{\gamma z_0} \mathfrak{d}(\Omega) \tag{3.3}$$

を考える. III, 補題 4.9 を用いれば z_0 がカスプのときも積分が収束することがわ

かる．$\gamma_1, \gamma_2 \in \Gamma$ に対して

$$f(\gamma_1\gamma_2) = \int_{z_0}^{\gamma_1\gamma_2 z_0} \mathfrak{d}(\Omega) = \int_{z_0}^{\gamma_1 z_0} \mathfrak{d}(\Omega) + \int_{\gamma_1 z_0}^{\gamma_1\gamma_2 z_0} \mathfrak{d}(\Omega)$$
$$= f(\gamma_1) + \int_{z_0}^{\gamma_2 z_0} \mathfrak{d}(\Omega) \circ \gamma_1$$

を得る．(3.2) により f は 1-cocycle 条件

$$f(\gamma_1\gamma_2) = f(\gamma_1) + \rho(\gamma_1)f(\gamma_2), \qquad \gamma_1, \gamma_2 \in \Gamma$$

をみたすことがわかる．この cocycle を $f(\Omega)$ とも書く．z_0 を別の点 z_0' に置き換え

$$f'(\gamma) = \int_{z_0'}^{\gamma z_0'} \mathfrak{d}(\Omega)$$

とおく．このとき

$$f'(\gamma) = \int_{z_0'}^{z_0} \mathfrak{d}(\Omega) + \int_{z_0}^{\gamma z_0} \mathfrak{d}(\Omega) + \int_{\gamma z_0}^{\gamma z_0'} \mathfrak{d}(\Omega)$$
$$= f(\gamma) + \int_{z_0'}^{z_0} (\mathfrak{d}(\Omega) - \mathfrak{d}(\Omega) \circ \gamma)$$

であるから

$$f'(\gamma) = f(\gamma) + (\rho(\gamma) - 1)\int_{z_0}^{z_0'} \mathfrak{d}(\Omega) \tag{3.4}$$

を得る．よって $H^1(\Gamma, V)$ における f の cohomology 類は z_0 によらない．$p \in \Gamma$ は放物元，z_0' は p で固定されるカスプとする．$f'(p) = 0$ ゆえ，(3.4) により

$$f(p) = (\rho(p) - 1)\int_{z_0'}^{z_0} \mathfrak{d}(\Omega)$$

を得る．$f(p)$ は coboundary の形であるが，これを f についての parabolic 条件という．

一般に parabolic cohomology 群を次のように定義する．1-cocycle $f \in Z^1(\Gamma, V)$ は Γ の任意の放物元 p に対して $\mathbf{v}_p \in V$ があって

$$f(p) = (\rho(p) - 1)\mathbf{v}_p$$

をみたすとき parabolic 1-cocycle であるという．カスプ形式から得られる cocycle は parabolic 1-cocycle である．parabolic 1-cocycle 全体の群を $Z^1_P(\Gamma, V)$ で表す．

明らかに $B^1(\Gamma, V) \subset Z_P^1(\Gamma, V)$ である. そこで parabolic cohomology 群を

$$H_P^1(\Gamma, V) = Z_P^1(\Gamma, V)/B^1(\Gamma, V)$$

によって定義する. これを Eichler-志村 cohomology 群ともいう. ここで次の事実が知られている (II, [S2], 8.2 参照). $\rho_0 : \mathrm{GL}(2, \mathbf{R}) \longrightarrow \mathrm{GL}(l+1, \mathbf{R})$ を l 次の対称テンソル表現 ($\mathbf{C}$ を $\mathbf{R}$ に置き換えて上と同様に定義される), $V_0 = \mathbf{R}^{l+1}$ を ρ_0 の表現空間とする. このとき V_0 は Γ 加群であり, $V = V_0 \otimes_{\mathbf{R}} \mathbf{C}$ である. $H_P^1(\Gamma, V_0) = Z_P^1(\Gamma, V_0)/B^1(\Gamma, V_0)$ とおく. $H_P^1(\Gamma, V) = H_P^1(\Gamma, V_0) \otimes_{\mathbf{R}} \mathbf{C}$ であり, $V = V_0 \oplus iV_0$ と書いたときの $f(\Omega)$, $\Omega \in S_{l+2}(\Gamma)$ の実部 $\mathrm{Re}(f(\Omega))$ は $Z_P^1(\Gamma, V_0)$ に入る.

定理 3.1 $\dim_{\mathbf{R}} H_P^1(\Gamma, V_0) = \dim_{\mathbf{R}} S_{l+2}(\Gamma)$ であり対応

$$S_{l+2}(\Gamma) \ni \Omega \longrightarrow \mathrm{Re}(f(\Omega)) \text{ の類} \in H_P^1(\Gamma, V_0)$$

は $\mathbf{R}$ 上のベクトル空間の同型である.

今 $\Gamma = \mathrm{SL}(2, \mathbf{Z})$ とし $z_0 = i\infty$ と取る.

$$\sigma = \begin{pmatrix} 0 & 1 \\ -1 & 0 \end{pmatrix}, \quad \tau = \begin{pmatrix} 1 & 1 \\ 0 & 1 \end{pmatrix}$$

とおく. このとき

$$f(\sigma\tau) = -\left(\int_0^{i\infty} \Omega(z) z^t dz\right)_{0 \leq t \leq l} = -\left(i^{t+1} R(t+1, \Omega)\right)_{0 \leq t \leq l} \tag{3.5}$$

である. ここに $L(s, \Omega)$ を Ω の L 函数として $R(s, \Omega) = (2\pi)^{-s} \Gamma(s) L(s, \Omega)$ である (第 III 章 6 節参照). $(\sigma\tau)^3 = 1$, $\sigma^2 = 1$ であるから, 1-cocycle 条件から

$$\begin{aligned} &[1 + \rho(\sigma\tau) + \rho((\sigma\tau)^2)]f(\sigma\tau) = 0, \\ &[1 + \rho(\sigma)]f(\sigma) = [1 + \rho(\sigma)]f(\sigma\tau) = 0 \end{aligned} \tag{3.6}$$

を得る. 換言すれば $f(\sigma\tau)$ は群環 $\mathbf{Z}[\mathrm{SL}(2, \mathbf{Z})]$ の元 $1 + \sigma\tau + (\sigma\tau)^2$ と $1 + \sigma$ の作用で消えている. これは $L(s, \Omega)$ の特殊値に対する制約条件を与える. $k = 12$, $\Omega = \Delta$ に対して志村 (II, [S1]) は

$$R(8, \Delta) = \frac{5}{4} R(6, \Delta), \quad R(10, \Delta) = \frac{12}{5} R(6, \Delta), \quad R(9, \Delta) = \frac{14}{9} R(7, \Delta)$$

を得た．

　実際 PARI/GP で

```
{f(i,j,l,a,b,c,d)=local(u=max(j-i,0),t=min(l+1-i,j-1),x);
x=sum(s=u,t,
binomial(l+1-i,s)*binomial(i-1,j-1-s)*a^(l+1-i-s)*b^s*c^(s+i-j)*d^(j-1-s));x}
{r(g)=local(x,a,b,c,d,n);a=g[1,1];b=g[1,2];c=g[2,1];d=g[2,2];n=l+1;
x=matrix(n,n,i,j,f(i,j,l,a,b,c,d));x}
l=10;s=r([0,1;-1,0]);t=r([1,1;0,1]);id=r([1,0;0,1]);
tor=(s*t)^2+s*t+id;A=matker(tor);B=matker(s+id);
C=matintersect(A,B);D=matimage(C);
print(D[,1]);print(D[,2]);print(D[,3])
```

とプログラムを書くと，$L(s,\Delta)$ の特殊値の比が計算される．ここに $r(g)$ は 2 行 2 列の行列に対して $\rho_l(g)$ を計算する函数である．

4. Hilbert モジュラー形式

　F は n 次の総実代数体とする．$\mathcal{O}_F$ により F の整数環，$\mathfrak{d}_F$ により F の $\mathbf{Q}$ 上の共役差積を表す．F の単数群 $\mathcal{O}_F^\times$ を E_F と書く．F から $\mathbf{R}$ の中への同型写像全体の集合を $\{\sigma_1,\sigma_2,\ldots,\sigma_n\}$ とする．$\xi \in F$ に対して $\xi^{(\nu)} = \xi^{\sigma_\nu}$ とおく．$\xi \in F$ は $\xi^{(\nu)} > 0$, $1 \leq \nu \leq n$ が成り立つとき，総正であるという．$\xi \gg 0$ と書く．$z=(z_1,z_2,\ldots,z_n) \in \mathfrak{H}^n$ に対して

$$\mathbf{e}_F(\xi z) = \exp\left(2\pi i \sum_{\nu=1}^{n} \xi^{(\nu)} z_\nu\right)$$

とおく．$k=(k_1,k_2,\ldots,k_n) \in \mathbf{Z}^n$ をとる．$\mathrm{GL}(2,\mathbf{R})_+^n$ は成分毎での作用で $\mathfrak{H}^n$ に作用している．$\mathfrak{H}^n$ 上の函数 Ω, $g=(g_1,\ldots,g_n) \in \mathrm{GL}(2,\mathbf{R})_+^n$, $z=(z_1,\ldots,z_n) \in \mathfrak{H}^n$ に対して，$\mathfrak{H}^n$ 上の函数 $\Omega|_k g$ を

$$(\Omega|_k g)(z) = \prod_{\nu=1}^{n} \det(g_\nu)^{k_\nu/2} j(g_\nu,z_\nu)^{-k_\nu} \Omega(gz)$$

によって定義する．$\mathrm{GL}(2,F)$ を $\mathrm{GL}(2,\mathbf{R})^n$ に

$$\mathrm{GL}(2,F) \ni \begin{pmatrix} a & b \\ c & d \end{pmatrix} \mapsto \left(\begin{pmatrix} a^{(1)} & b^{(1)} \\ c^{(1)} & d^{(1)} \end{pmatrix}, \ldots, \begin{pmatrix} a^{(n)} & b^{(n)} \\ c^{(n)} & d^{(n)} \end{pmatrix} \right) \in \mathrm{GL}(2,\mathbf{R})^n$$

によって埋め込む.

F の整イデアル $\mathfrak{N}$ に対し

$$\Gamma(\mathfrak{N}) = \left\{ \gamma = \begin{pmatrix} a & b \\ c & d \end{pmatrix} \in \mathrm{SL}(2,\mathcal{O}_F) \middle| \ a \equiv d \equiv 1, \ b \equiv c \equiv 0 \mod \mathfrak{N} \right\}$$

とおき, これを $\mathrm{SL}(2,\mathcal{O}_F)$ のレベル $\mathfrak{N}$ の主合同部分群という. $\mathrm{SL}(2,\mathcal{O}_F)$ の部分群 Γ はある $\Gamma(\mathfrak{N})$ を含むとき, 合同部分群であるという. Γ は $\mathrm{SL}(2,\mathcal{O}_F)$ の合同部分群とする. $F \neq \mathbf{Q}$ とする. $\mathfrak{H}^n$ 上の正則函数 Ω は任意の $\gamma \in \Gamma$ に対して

$$\Omega|_k \gamma = \Omega$$

をみたすとき, Γ についての重さ k の Hilbert モジュラー形式であるという. $F = \mathbf{Q}$ のときはさらに, 第 III 章 4 節で述べたカスプにおける条件を課す. 各 $g \in \mathrm{SL}(2,F)$ に対し $\Omega|_k g$ は $(\Omega|_k g)(z) = \sum_{\xi \in L} a_g(\xi)\mathbf{e}_F(\xi z)$ の形の Fourier 展開をもつ. ここに L は F の中の格子である (即ち $L \subset F$ は $F \otimes_{\mathbf{Q}} \mathbf{R} \cong \mathbf{R}^n$ の中の格子である). $\xi \neq 0$ が総正でなければ $a_g(\xi) = 0$ が成り立つ (これについては, [Si2], p.278–279 における Siegel の議論を参照). 定数項 $a_g(0)$ が各 $g \in \mathrm{SL}(2,F)$ について消えるとき Ω はカスプ形式であるという. Γ についての重さ k の Hilbert モジュラー形式の空間を $G_k(\Gamma) = G_{k_1,k_2,\ldots,k_n}(\Gamma)$ で表し, カスプ形式の空間を $S_k(\Gamma) = S_{k_1,k_2,\ldots,k_n}(\Gamma)$ で表す.

しばらく $\Gamma = \mathrm{SL}(2,\mathcal{O}_F)$ と仮定し, $0 \neq \Omega \in S_k(\Gamma)$ をとる. Ω の Fourier 展開は

$$\Omega(z) = \sum_{0 \ll \xi \in \mathfrak{d}_F^{-1}} a(\xi)\mathbf{e}_F(\xi z) \tag{4.1}$$

の形である. $\Omega \left|_k \begin{pmatrix} u & 0 \\ 0 & u^{-1} \end{pmatrix} \right. = \Omega$, $u \in E_F$ ゆえ

$$u^k \sum_{0 \ll \xi \in \mathfrak{d}_F^{-1}} a(\xi)\mathbf{e}_F(\xi u^2 z) = \sum_{0 \ll \xi \in \mathfrak{d}_F^{-1}} a(\xi)\mathbf{e}_F(\xi z) = \sum_{0 \ll \xi \in \mathfrak{d}_F^{-1}} a(u^2\xi)\mathbf{e}_F(\xi u^2 z)$$

が成り立つ. ここに $u^k = \prod_{\nu=1}^n (u^{(\nu)})^{k_\nu}$ とおいた. Fourier 展開の一意性により

$$a(u^2\xi) = u^k a(\xi), \qquad u \in E_F \tag{4.2}$$

を得る.特に $u = -1$ と取って

$$\sum_{\nu=1}^{n} k_\nu \equiv 0 \mod 2 \tag{4.3}$$

がわかる.簡単のため

$$\text{各 } u \in E_F \text{ に対して } u^k > 0 \tag{A}$$

を仮定する.

$$k_0 = \max(k_1, k_2, \ldots, k_n), \qquad k'_\nu = k_0 - k_\nu, \qquad k' = (k'_1, k'_2, \ldots, k'_n)$$

とおく.Ω の L 函数を

$$L(s, \Omega) = \sum_{\xi E_F^2} a(\xi) \xi^{k'/2} N(\xi)^{-s}, \qquad \xi^{k'/2} = \prod_{\nu=1}^{n} (\xi^{(\nu)})^{k'_\nu/2} \tag{4.4}$$

によって定義する.ここに和は $0 \ll \xi \in \mathfrak{o}_F^{-1}$ をみたす全ての剰余類 ξE_F^2 を走る.(4.2) と仮定 (A) により,和が well-defined であることがわかる.級数 (4.4) は $\mathrm{Re}(s)$ が十分大きいとき収束する.実際 [S5], A.6.4 によると,定数 $M > 0$ があって

$$|a(\xi)| \leq M \prod_{\nu=1}^{n} |\xi^{(\nu)}|^{k_\nu/2} \tag{4.5}$$

が成り立つことが知られている.

$$R(s, \Omega) = (2\pi)^{-ns} \prod_{\nu=1}^{n} \Gamma\left(s - \frac{k'_\nu}{2}\right) L(s, \Omega) \tag{4.6}$$

とおく.一変数のときと同様の計算によって $\mathrm{Re}(s)$ が十分大きいとき積分表示

$$\int_{\mathbf{R}_+^n / E_F^2} \Omega(iy_1, iy_2, \ldots, iy_n) \prod_{\nu=1}^{n} y_\nu^{s-k'_\nu/2-1} dy_\nu = (2\pi)^{\sum_{\nu=1}^n k'_\nu/2} R(s, \Omega) \tag{4.7}$$

を得る.この積分を変形することにより $R(s, \Omega)$ は s の整函数であり,函数等式

$$R(s, \Omega) = (-1)^{\sum_{\nu=1}^n k_\nu/2} R(k_0 - s, \Omega) \tag{4.8}$$

をみたすことが証明できる.

5. Hilbert モジュラー形式と cohomology 群

Γ は $\mathrm{SL}(2, \mathcal{O}_F)$ の合同部分群とする．$l_1, l_2, \ldots, l_n$ は非負整数とする．V は $\rho_{l_1} \otimes \rho_{l_2} \otimes \cdots \otimes \rho_{l_n}$ の表現空間とする．$\Omega \in G_{l_1+2, l_2+2, \ldots, l_n+2}(\Gamma)$ は Γ についての重さ $(l_1+2, l_2+2, \ldots, l_n+2)$ の Hilbert モジュラー形式とする．V に値をもつ $\mathfrak{H}^n$ 上の正則な n-form $\mathfrak{d}(\Omega)$ を

$$\mathfrak{d}(\Omega) = \Omega(z) \begin{bmatrix} z_1 \\ 1 \end{bmatrix}^{l_1} \otimes \begin{bmatrix} z_2 \\ 1 \end{bmatrix}^{l_2} \otimes \cdots \otimes \begin{bmatrix} z_n \\ 1 \end{bmatrix}^{l_n} dz_1 dz_2 \cdots dz_n \tag{5.1}$$

によって定義する．$\rho = \rho_{l_1} \otimes \rho_{l_2} \otimes \cdots \otimes \rho_{l_n}$ とおく．

$g = (g_1, \ldots, g_n) \in \mathrm{GL}(2, \mathbf{R})_+^n$ をとる．g の $\mathfrak{H}^n$ への作用により $\mathfrak{d}(\Omega)$ は $\mathfrak{d}(\Omega) \circ g$ に移る．ここに

$$\mathfrak{d}(\Omega) \circ g = \Omega(g(z)) \begin{bmatrix} g_1 z_1 \\ 1 \end{bmatrix}^{l_1} \otimes \cdots \otimes \begin{bmatrix} g_n z_n \\ 1 \end{bmatrix}^{l_n} (dz_1 \circ g_1) \cdots (dz_n \circ g_n)$$

である．容易な計算により

$$\mathfrak{d}(\Omega) \circ g = \prod_{\nu=1}^{n} (\det g_\nu)^{-l_\nu/2} \rho(g) \mathfrak{d}(\Omega|_k g), \quad g \in \mathrm{GL}(2, \mathbf{R})_+^n \cap \mathrm{GL}(2, F)$$

を得る．特に

$$\mathfrak{d}(\Omega) \circ \gamma = \rho(\gamma) \mathfrak{d}(\Omega), \qquad \gamma \in \Gamma \tag{5.2}$$

が成り立つ．

$n = 2$ の場合を詳しく調べよう．$w = (w_1, w_2) \in \mathfrak{H}^2$ をとる．$z = (z_1, z_2) \in \mathfrak{H}^2$ に対して

$$F(z) = \int_{w_1}^{z_1} \int_{w_2}^{z_2} \mathfrak{d}(\Omega) \tag{5.3}$$

とおく．$\mathcal{H}$ は V に値をもつ $\mathfrak{H}^2$ 上の正則函数全体の成すベクトル空間とする．$\varphi \in \mathcal{H}$ と $\gamma \in \Gamma$ に対し $\mathfrak{H}^2$ 上の函数 $\gamma\varphi$ を

$$(\gamma\varphi)(z) = \rho(\gamma) \varphi(\gamma^{-1} z) \tag{5.4}$$

によって定義する．Γ のこの作用で $\mathcal{H}$ は Γ 加群になる．

$$\frac{\partial}{\partial z_1}\frac{\partial}{\partial z_2}(\gamma F - F) = 0$$

であるから

$$\gamma F - F = g(\gamma; z_1) + h(\gamma; z_2)$$

と書ける.ここに $g(\gamma; z_1) \in \mathcal{H}$, $h(\gamma; z_2) \in \mathcal{H}$ はそれぞれ z_1, z_2 にのみ依存する函数である.g と h を $C^1(\Gamma, \mathcal{H})$ の 1-cochain とみなす.このとき,$\gamma F - F$ は coboundary の形であるから,明らかに

$$dg(\gamma_1, \gamma_2; z_1) + dh(\gamma_1, \gamma_2; z_2) = 0$$

が成り立つ (coboundary 作用素 d_1 を d と書いた).

$$f(\Omega)(\gamma_1, \gamma_2) = dg(\gamma_1, \gamma_2; z_1)$$

とおく.$f(\Omega)$ を f と略記する.$f(\gamma_1, \gamma_2)$ は z_1 にのみ依存する函数でありかつ z_2 にのみ依存する函数であるから定数である.即ち $f(\gamma_1, \gamma_2) \in V$.$\mathcal{H}$ において f は coboundary であるから,f は cocycle 条件

$$\gamma_1 f(\gamma_2, \gamma_3) - f(\gamma_1\gamma_2, \gamma_3) + f(\gamma_1, \gamma_2\gamma_3) - f(\gamma_1, \gamma_2) = 0 \tag{5.5}$$

をみたす.2-cocycle f は $H^2(\Gamma, V)$ の cohomology 類を定める.

f を具体的に書き表そう.$x \in F$ に対し x' は x の $\mathbf{Q}$ 上の共役を表す.$\gamma = \begin{pmatrix} a & b \\ c & d \end{pmatrix} \in \Gamma$ に対し $\gamma' = \begin{pmatrix} a' & b' \\ c' & d' \end{pmatrix}$ とおく.γ と γ' を $SL(2, \mathbf{R})$ の元とみなす.$\gamma \in \Gamma$ とする.

$$F(\gamma(z)) = F(\gamma z_1, \gamma' z_2) = \int_{w_1}^{\gamma z_1} \int_{w_2}^{\gamma' z_2} \mathfrak{d}(\Omega)$$
$$= \int_{\gamma w_1}^{\gamma z_1} \int_{\gamma' w_2}^{\gamma' z_2} \mathfrak{d}(\Omega) + \int_{\gamma w_1}^{\gamma z_1} \int_{w_2}^{\gamma' w_2} \mathfrak{d}(\Omega) + \int_{w_1}^{\gamma w_1} \int_{w_2}^{\gamma' z_2} \mathfrak{d}(\Omega)$$
$$= (\rho_{l_1}(\gamma) \otimes \rho_{l_2}(\gamma'))F(z) + \int_{\gamma w_1}^{\gamma z_1} \int_{w_2}^{\gamma' w_2} \mathfrak{d}(\Omega) + \int_{w_1}^{\gamma w_1} \int_{w_2}^{\gamma' z_2} \mathfrak{d}(\Omega)$$

を得る.この式の z を $\gamma^{-1} z$ で置き換えて

$$(\rho_{l_1}(\gamma) \otimes \rho_{l_2}(\gamma'))F(\gamma^{-1} z) - F(z) = -\int_{\gamma w_1}^{z_1} \int_{w_2}^{\gamma' w_2} \mathfrak{d}(\Omega) - \int_{w_1}^{\gamma w_1} \int_{w_2}^{z_2} \mathfrak{d}(\Omega)$$

を得る.従って

$$g(\gamma; z_1) = -\int_{\gamma w_1}^{z_1} \int_{w_2}^{\gamma' w_2} \mathfrak{d}(\Omega), \tag{5.6}$$

$$h(\gamma; z_2) = -\int_{w_1}^{\gamma w_1} \int_{w_2}^{z_2} \mathfrak{d}(\Omega) \tag{5.7}$$

と取ることができる. $\gamma_1, \gamma_2 \in \Gamma$ に対して

$$f(\gamma_1, \gamma_2) = (\gamma_1 g)(\gamma_2; z_1) - g(\gamma_1 \gamma_2; z_1) + g(\gamma_1; z_1), \tag{5.8}$$

$$f(\gamma_1, \gamma_2) = -\{(\gamma_1 h)(\gamma_2; z_2) - h(\gamma_1 \gamma_2; z_2) + h(\gamma_1; z_2)\} \tag{5.9}$$

である. (5.6) と (5.8) によって

$$\begin{aligned}
f(\gamma_1, \gamma_2) &= (\rho_{l_1}(\gamma_1) \otimes \rho_{l_2}(\gamma_1')) g(\gamma_2; \gamma_1^{-1} z_1) - g(\gamma_1 \gamma_2; z_1) + g(\gamma_1; z_1) \\
&= -(\rho_{l_1}(\gamma_1) \otimes \rho_{l_2}(\gamma_1')) \int_{\gamma_2 w_1}^{\gamma_1^{-1} z_1} \int_{w_2}^{\gamma_2' w_2} \mathfrak{d}(\Omega) \\
&\quad + \int_{\gamma_1 \gamma_2 w_1}^{z_1} \int_{w_2}^{\gamma_1' \gamma_2' w_2} \mathfrak{d}(\Omega) - \int_{\gamma_1 w_1}^{z_1} \int_{w_2}^{\gamma_1' w_2} \mathfrak{d}(\Omega) \\
&= -\int_{\gamma_1 \gamma_2 w_1}^{z_1} \int_{\gamma_1' w_2}^{\gamma_1' \gamma_2' w_2} \mathfrak{d}(\Omega) + \int_{\gamma_1 \gamma_2 w_1}^{z_1} \int_{w_2}^{\gamma_1' \gamma_2' w_2} \mathfrak{d}(\Omega) \\
&\quad - \int_{\gamma_1 w_1}^{z_1} \int_{w_2}^{\gamma_1' w_2} \mathfrak{d}(\Omega) \\
&= \int_{\gamma_1 \gamma_2 w_1}^{z_1} \int_{w_2}^{\gamma_1' w_2} \mathfrak{d}(\Omega) - \int_{\gamma_1 w_1}^{z_1} \int_{w_2}^{\gamma_1' w_2} \mathfrak{d}(\Omega) \\
&= \int_{\gamma_1 \gamma_2 w_1}^{\gamma_1 w_1} \int_{w_2}^{\gamma_1' w_2} \mathfrak{d}(\Omega)
\end{aligned}$$

を得る. ここで計算の途中で (5.2) を用いた. cocycle の具体的な形

$$f(\gamma_1, \gamma_2) = \int_{\gamma_1 \gamma_2 w_1}^{\gamma_1 w_1} \int_{w_2}^{\gamma_1' w_2} \mathfrak{d}(\Omega) \tag{5.10}$$

が得られた.

w_2 はそのままで w_1 を w_1^* で置き換えたとする. このとき $g(\gamma; z_1)$ は $g(\gamma, z_1) + a(\gamma)$ に変わる. ここに

$$a(\gamma) = \int_{\gamma w_1}^{\gamma w_1^*} \int_{w_2}^{\gamma' w_2} \mathfrak{d}(\Omega).$$

よって $f(\gamma_1,\gamma_2)$ は $f(\gamma_1,\gamma_2)+\gamma_1 a(\gamma_2)-a(\gamma_1\gamma_2)+a(\gamma_1)$ に変わる. w_1 はそのままで w_2 を w_2^* で置き換えたとする. このとき $h(\gamma;z_2)$ は $h(\gamma,z_2)+b(\gamma)$ に変わる. ここに

$$b(\gamma)=\int_{w_1}^{\gamma w_1}\int_{w_2}^{w_2^*}\mathfrak{d}(\Omega).$$

(5.9) により $f(\gamma_1,\gamma_2)$ は $f(\gamma_1,\gamma_2)-\gamma_1 b(\gamma_2)+b(\gamma_1\gamma_2)-b(\gamma_1)$ に変わる. 従って f の cohomology 類は "基点" w_1,w_2 のとり方によらない.

$\overline{\Gamma}=\Gamma/(\{\pm 1_2\}\cap\Gamma)$ とおく. (5.10) により f は $\overline{\Gamma}$ の V に値をもつ 2-cocycle とみなせることがわかる. 場合によって f を $\overline{\Gamma}$ の 2-cocycle とみる. また (5.10) により

$$f(1,\gamma)=f(\gamma,1)=0, \qquad \forall\gamma\in\overline{\Gamma} \tag{5.11}$$

がわかる. 即ち cocycle f は正規化されている.

今 Ω はカスプ形式とする. このとき cocycle $f=f(\Omega)$ は "parabolic 条件" をみたす. 即ち $q\in\Gamma$ は放物元で $w^*=(w_1^*,w_2^*)$ は q の固定点とする. Ω はカスプ形式であるから w_2 を w_2^* で置き換えることができる. (Γ が合同部分群のとき成り立つ評価 (4.5) を用いれば積分の収束がわかる.) f^* は (w_1,w_2^*) から得られた cocycle とする. (5.10) により $f^*(q,\gamma)=0$ であり 1-cochain b によって

$$f^*(\gamma_1,\gamma_2)=f(\gamma_1,\gamma_2)-\gamma_1 b(\gamma_2)+b(\gamma_1\gamma_2)-b(\gamma_1)$$

となる. ゆえに

$$f(q,\gamma)=qb(\gamma)-b(q\gamma)+b(q),\qquad \gamma\in\Gamma$$

が成り立つ. 即ち q が放物元のとき $f(q,\gamma)$ は coboundary の形である. $f(\gamma,q)$ についても同様である.

L 函数 $L(s,\Omega)$ の特殊値と cocycle $f(\Omega)$ の関係を詳しく調べよう. $\Gamma=\mathrm{SL}(2,\mathcal{O}_F)$ と仮定する. ϵ を F の基本単数とする.

$$\sigma=\begin{pmatrix}0 & 1\\ -1 & 0\end{pmatrix},\qquad \mu=\begin{pmatrix}\epsilon & 0\\ 0 & \epsilon^{-1}\end{pmatrix}$$

とおく. σ,μ を $\overline{\Gamma}$ の元とみなす. cocycle 条件 (5.5) により

$$\sigma f(\sigma,\sigma)=f(\sigma,\sigma) \tag{5.12}$$

を得る. 基点として
$$w_1 = i\epsilon^{-1}, \qquad w_2 = i\infty$$
をとる. (5.10) により
$$f(\sigma, \mu) = f(\sigma, \sigma) = -\int_{i\epsilon^{-1}}^{i\epsilon} \int_0^{i\infty} \mathfrak{d}(\Omega) \tag{5.13}$$
を得る.
$$P = \left\{ \begin{pmatrix} u & v \\ 0 & u^{-1} \end{pmatrix} \,\middle|\, u \in E_F,\ v \in \mathcal{O}_F \right\} \subset \Gamma$$
とおく. $p \in P$ について $p'w_2 = w_2$ であるから, (5.10) により
$$f(p, \gamma) = 0, \qquad \forall p \in P,\ \forall \gamma \in \Gamma \tag{5.14}$$
を得る. cocycle 条件 (5.5) において $\gamma_1 = p \in P$ と取って
$$f(p\gamma_1, \gamma_2) = pf(\gamma_1, \gamma_2), \qquad p \in P,\ \gamma_1, \gamma_2 \in \Gamma \tag{5.15}$$
を得る. これは $\Gamma = \mathrm{SL}(2, \mathcal{O}_F)$ のときの parabolic 条件であり, 特殊値の計算において以下で重要な役割をはたす.

$0 \leq s \leq l_1, 0 \leq t \leq l_2$ に対して
$$P_{s,t} = \int_{i\epsilon^{-1}}^{i\epsilon} \int_0^{i\infty} \Omega(z) z_1^s z_2^t dz_1 dz_2 \tag{5.16}$$
とおく. $f(\sigma, \sigma)$ の成分は $-P_{s,t}$ で与えられる. 関係 $\sigma f(\sigma, \sigma) = f(\sigma, \sigma)$ は
$$P_{s,t} = (-1)^{l_1 + l_2 - s - t} P_{l_1 - s,\, l_2 - t} \tag{5.17}$$
と同値である. $k_1 = l_1 + 2$, $k_2 = l_2 + 2$ とおく. (4.3) により
$$l_1 \equiv l_2 \mod 2 \tag{5.18}$$
を得る. $l_1 \geq l_2$ と仮定する. このとき
$$k_0 = k_1, \qquad k_1' = 0, \qquad k_2' = k_1 - k_2$$
である. $E_F^2 = \langle \epsilon^2 \rangle$ であるから $\mathbf{R}_+^2 / E_F^2$ の基本領域は $[\epsilon^{-1}, \epsilon] \times \mathbf{R}_+$ で与えられる. $\mathrm{Re}(s)$ が十分大きいとき, (4.7) により

$$\int_{\epsilon^{-1}}^{\epsilon} \int_0^{\infty} \Omega(iy_1, iy_2) y_1^{s-1} y_2^{s-(k_1-k_2)/2-1} dy_1 dy_2 \qquad (5.19)$$
$$= (2\pi)^{(k_1-k_2)/2} R(s, \Omega)$$

を得る.評価 (4.5) を用いて,この積分は全ての $s \in \mathbf{C}$ について局所一様に収束していることが確かめられる.$m \in \mathbf{Z}$ をとり $s = m, t = m - (k_1 - k_2)/2$ とおく.このとき $0 \leq s \leq l_1, 0 \leq t \leq l_2$ が成立する条件は

$$\frac{k_1 - k_2}{2} \leq m \leq \frac{k_1 + k_2}{2} - 2 \qquad (5.20)$$

である.この範囲の m について

$$P_{m, m-(k_1-k_2)/2} = \int_{i\epsilon^{-1}}^{i\epsilon} \int_0^{i\infty} \Omega(z) z_1^m z_2^{m-(k_1-k_2)/2} dz_1 dz_2$$
$$= i^{2m-(k_1-k_2)/2+2} \int_{\epsilon^{-1}}^{\epsilon} \int_0^{\infty} \Omega(iy_1, iy_2) y_1^m y_2^{m-(k_1-k_2)/2} dy_1 dy_2$$

である.よって (5.19) により

$$P_{m, m-(k_1-k_2)/2} = (-1)^{m+1} i^{-(k_1-k_2)/2} (2\pi)^{(k_1-k_2)/2} R(m+1, \Omega) \qquad (5.21)$$

を得る.函数等式 (4.8) により,これは

$$(-1)^{m+1} i^{-(k_1-k_2)/2} (2\pi)^{(k_1-k_2)/2} (-1)^{(k_1+k_2)/2} R(k_1 - m - 1, \Omega)$$

に等しい.$k_1 - m - 2$ も (5.20) をみたすから,(5.21) と (5.18) により

$$P_{m, m-(k_1-k_2)/2} = (-1)^{(k_1-k_2)/2} P_{k_1-m-2, (k_1+k_2)/2-m-2} \qquad (5.22)$$

となる.(5.22) は (5.17) からも従う.(5.20) は $L(m+1, \Omega)$ が critical value であるための条件であることを注意しておく ([S2], (4.14) 参照). [注1)]

$\Omega \in M_k(\Gamma)$ とし $f = f(\Omega) \in Z^2(\Gamma, V)$ は (5.10) によって Ω から得られる 2-cocycle とする.(Ω がカスプ形式ならば,(5.11) の下に書いた置き換え $(w_1, w_2) \mapsto (w_1, w_2^*)$ を許す.) $f(\Omega)$ の cohomology 類への Hecke 作用素の作用を書き表そう.$f(\Omega)$ を f_Ω とも書く.

[注1)] Ω が重さ k の楕円モジュラー形式ならば,$\Gamma(m), \Gamma(k-m)$ が共に有限である整数は $1 \leq m \leq k-1$ であり,これらが $L(s, \Omega)$ の critical value である.Ω が Hilbert モジュラー形式のとき,函数等式 (4.6), (4.8) から critical value の範囲がわかる.志村の結果 ([S1], [S2]) により,$L(s, \Omega)$ に対し Deligne の予想が成り立つ.むしろ Deligne の予想はこの志村の結果などから帰納されたのであった.

F は n 次の総実代数体, Γ は $\mathrm{SL}(2, \mathcal{O}_F)$ の合同部分群とする. F の総正な元 ϖ に対し

$$\Gamma \begin{pmatrix} 1 & 0 \\ 0 & \varpi \end{pmatrix} \Gamma = \bigsqcup_{i=1}^{d} \Gamma \beta_i$$

を剰余類分解とする. $\Omega \in M_k(\Gamma)$ をとる. Hecke 作用素 $T(\varpi)$ を

$$\Omega \mid T(\varpi) = N(\varpi)^{k_0/2-1} \sum_{i=1}^{d} \Omega|_k \beta_i \tag{5.23}$$

によって定義する. 明らかに $T(\varpi)$ は剰余類分解のとり方によらない. $\Omega|T(\varpi) \in M_k(\Gamma)$ であり Ω がカスプ形式ならば $\Omega|T(\varpi)$ はカスプ形式である. また

$$\mathfrak{d}(\Omega \mid T(\varpi)) = \prod_{\nu=1}^{n} (\varpi^{(\nu)})^{(k_0+k_\nu)/2-2} \sum_{i=1}^{d} \rho(\beta_i)^{-1}(\mathfrak{d}(\Omega) \circ \beta_i) \tag{5.24}$$

が成り立つ.

$$c = \prod_{\nu=1}^{n} (\varpi^{(\nu)})^{(k_0+k_\nu)/2-2} \tag{5.25}$$

とおく. 以下 $n=2$ と仮定する.

$$F_{\Omega|T(\varpi)}(z) = \int_{w_1}^{z_1} \int_{w_2}^{z_2} \mathfrak{d}(\Omega \mid T(\varpi)), \qquad z = (z_1, z_2) \tag{5.26}$$

とおく. (5.10) を導いたように, この函数から出発して $\Omega \mid T(\varpi)$ に付随する 2-cocycle $f_{\Omega|T(\varpi)}$ を計算できる. 詳細は略するが結果は次のようになる. $\gamma_1, \gamma_2 \in \Gamma$ に対し

$$\beta_i \gamma_1 = \delta_i^{(1)} \beta_{j(i)}, \ \delta_i^{(1)} \in \Gamma, \quad \beta_i \gamma_2 = \delta_i^{(2)} \beta_{k(i)}, \ \delta_i^{(2)} \in \Gamma, \quad 1 \le i \le d \tag{5.27}$$

とおく. このとき coboundary を法として

$$f_{\Omega|T(\varpi)}(\gamma_1, \gamma_2) = c \sum_{i=1}^{d} \beta_i^{-1} f_\Omega(\beta_i \gamma_1 \beta_{j(i)}^{-1}, \beta_{j(i)} \gamma_2 \beta_{k(j(i))}^{-1}) \tag{5.28}$$

である. この公式は c 倍を除いて命題 2.4 と一致する.

F の狭義類数は 1 とする. Ω は Hecke 作用素の共通固有函数とする. このとき (4.4) で定義された L 函数 $L(s, \Omega)$ は志村 [S2] あるいは Jacquet-Langlands VIII, [JL] で与えられた Euler 積と本質的に一致するが, 微妙な違いがある. これを説明しておこう.

$\delta \gg 0$ によって $\mathfrak{o}_F = (\delta)$ と書く. $\Omega \in S_{k_1,k_2}(\Gamma)$, $\Gamma = \mathrm{SL}(2, \mathcal{O}_F)$ とし

$$\Omega(z) = \sum_{0 \ll \alpha \in \mathcal{O}_F} c(\alpha) \mathbf{e}_F(\frac{\alpha}{\delta} z)$$

を Fourier 展開とする. (4.1) の記号では $a(\alpha/\delta) = c(\alpha)$ である.

$$\Delta = \{\alpha \in M(2, \mathcal{O}_F) \mid \det \alpha \gg 0\}$$

とおく. $\mathfrak{m}$ は F の整イデアルとし $m \gg 0$ を $\mathfrak{m} = (m)$ と取る. このとき $\mathcal{H}_{\mathbf{C}}(\Gamma, \Delta)$ の元 $T(\mathfrak{m})$ を

$$T(\mathfrak{m}) = \sum_{\alpha \in \Delta, \det \alpha = m} \Gamma \alpha \Gamma$$

で定義する. $T(\mathfrak{m}) = \bigsqcup_{i=1}^{e} \Gamma \beta_i$ を剰余類分解とする. $k_1 \geq k_2$ と仮定する. $T(\mathfrak{m})$ の Ω への作用を

$$\Omega \mid T(\mathfrak{m}) = N(\mathfrak{m})^{k_1/2-1} \sum_{i=1}^{e} \Omega|_k \beta_i, \qquad k = (k_1, k_2)$$

で定義する. このとき $\Omega|T(\mathfrak{m}) \in S_k(\Gamma)$ でありこれが m と β_i のとり方によらないことがわかる.

$\Omega \neq 0$ は全ての Hecke 作用素 $T(\mathfrak{m})$ の共通固有函数とする.

$$\Omega \mid T(\mathfrak{m}) = \lambda(\mathfrak{m}) \Omega$$

とおく. Ω は $c(1) = 1$ と正規化されていると仮定する. 一変数の場合と同様に計算して

$$\lambda(\mathfrak{m}) = c(m)(m^{(2)})^{(k_1-k_2)/2},$$

$$L(s, \Omega) = (\delta^{(2)})^{(k_1-k_2)/2} D_F^s \prod_{\mathfrak{p}} (1 - \lambda(\mathfrak{p}) N(\mathfrak{p})^{-s} + N(\mathfrak{p})^{k_1-1-2s})^{-1} \quad (5.29)$$

を得る. ここに $\mathfrak{p}$ は F の全ての素イデアルにわたり, $D_F = N(\delta)$ は F の判別式である.

$0 \ll \varpi \in \mathcal{O}_F$ が素イデアル $\mathfrak{p}$ を生成するとき, (5.23) で定義される $T(\varpi)$ を $T(\mathfrak{p})$ とも書く.

6. Parabolic 条件と特殊値の計算法

この節では Hilbert モジュラー形式 Ω の L 函数 $L(s,\Omega)$ の特殊値の比を cohomology 群 $H^2(\Gamma, V)$ を用いて計算する原理を説明する.

F は実二次体, ϵ は F の基本単数とする. $\Gamma = \mathrm{PSL}(2, \mathcal{O}_F)$,

$$P = \left\{ \begin{pmatrix} u & v \\ 0 & u^{-1} \end{pmatrix} \,\middle|\, u \in E_F,\ v \in \mathcal{O}_F \right\} / \{\pm 1_2\}$$

とおく. 非負整数 l_1, l_2 は $l_1 \geq l_2$, $l_1 \equiv l_2 \mod 2$ をみたすと仮定する. $k_1 = l_1 + 2$, $k_2 = l_2 + 2$, $k = (k_1, k_2)$ とおく. $\Omega \in S_k(\Gamma)$ とする. $N(\epsilon) = -1$ ならば l_1 は偶数であると仮定する. (これは 4 節の仮定 (A) である.)

V_1, V_2 はそれぞれ ρ_{l_1}, ρ_{l_2} の表現空間とする. V_1 の基底 $\{\mathbf{e}_1, \mathbf{e}_2, \dots, \mathbf{e}_{l_1+1}\}$ を $\rho_{l_1}(\begin{pmatrix} a & 0 \\ 0 & 1 \end{pmatrix}) \mathbf{e}_i = a^{l_1+1-i} \mathbf{e}_i$ と取る. 同様に V_2 の基底 $\{\mathbf{e}'_1, \mathbf{e}'_2, \dots, \mathbf{e}'_{l_2+1}\}$ を $\rho_{l_2}(\begin{pmatrix} a & 0 \\ 0 & 1 \end{pmatrix}) \mathbf{e}'_i = a^{l_2+1-i} \mathbf{e}'_i$ と取る. このとき $\rho = \rho_{l_1} \otimes \rho_{l_2}$ に対して

$$\rho\left(\begin{pmatrix} \alpha & 0 \\ 0 & \beta \end{pmatrix}\right)(\mathbf{e}_i \otimes \mathbf{e}'_j) = \alpha^{l_1+1-i}(\alpha')^{l_2+1-j} \beta^{i-1}(\beta')^{j-1}(\mathbf{e}_i \otimes \mathbf{e}'_j) \qquad (6.1)$$

が成り立つ. ここに $\alpha, \beta \in F^\times$ である.

前節では Ω から $L(s,\Omega)$ の特殊値についての情報を含む 2-cocycle $f(\Omega) \in Z^2(\Gamma, V)$ を構成したが, $f(\Omega)$ の cohomology 類は coboundary を法として定まっている. $f(\Omega)$ に coboundary を加えたとき特殊値に関係する成分はどう変化するであろうか. 答は次の定理によって与えられる.

定理 6.1 $i = 1$ または 2 とする. このとき

$$\dim H^i(P, V) = \begin{cases} 0, & l_1 \neq l_2 \text{ または } N(\epsilon)^{l_1} = -1 \text{ のとき}, \\ 1, & l_1 = l_2 \text{ かつ } N(\epsilon)^{l_1} = 1 \text{ のとき}. \end{cases}$$

この定理の $i = 1$ の場合は次の定理から従う.

定理 6.2

$$U = \left\{ \begin{pmatrix} \pm 1 & u \\ 0 & \pm 1 \end{pmatrix} \;\middle|\; u \in \mathcal{O}_F \right\} / \{\pm 1_2\} \subset \Gamma$$

とおく. このとき $\dim H^1(U, V) = 2$ であり, $\mu = \begin{pmatrix} \epsilon & 0 \\ 0 & \epsilon^{-1} \end{pmatrix}$ の $H^1(U, V)$ への作用の固有値は $\epsilon^{l_1+2}(\epsilon')^{-l_2}$, $\epsilon^{-l_1-2}(\epsilon')^{l_2}$ である. 特に $H^1(U, V)^{P/U} = 0$.

(2.6) において $G = P$, $N = U$, $M = V$ と取ると, $P/U \cong \mathbf{Z}$ であるから完全列

$$0 \longrightarrow H^1(P/U, V^U) \longrightarrow H^1(P, V) \longrightarrow H^1(U, V)^{P/U} \longrightarrow 0$$

が得られる. $\dim H^1(P/U, V^U)$ は $l_1 \neq l_2$ または $N(\epsilon)^{l_1} = -1$ のときは 0, $l_1 = l_2$ かつ $N(\epsilon)^{l_1} = 1$ のとき 1 であることは容易にわかるので, 定理 6.1 の $i = 1$ の場合は定理 6.2 から従う. 定理 6.2 と定理 6.1 の $i = 2$ の場合の証明は [Y5] を参照されたい.

f は parabolic 条件 (5.15) をみたす $Z^2(\Gamma, V)$ の 2-cocycle とし, これに $b \in C^1(\Gamma, V)$ の coboundary

$$b(\gamma_1 \gamma_2) - \gamma_1 b(\gamma_2) - b(\gamma_1)$$

を加えたとする. 得られた 2-cocycle は正規化されており parabolic 条件 (5.15) をみたすと仮定する. このとき $b(1) = 0$ であり parabolic 条件を用いて

$$p\gamma_1 b(\gamma_2) + b(p\gamma_1) - b(p\gamma_1 \gamma_2) = p\gamma_1 b(\gamma_2) + pb(\gamma_1) - pb(\gamma_1 \gamma_2), \qquad p \in P$$

を得る. $\gamma_2 = \gamma_1^{-1}$ と取り, γ_1 を γ と書くと, b は条件

$$b(p\gamma) = pb(\gamma) + b(p), \qquad p \in P,\ \gamma \in \Gamma \tag{6.2}$$

をみたすことがわかる. $A = f(\sigma, \mu)$ とおく. b の coboundary を加えると, A は $A + b(\sigma\mu) - \sigma b(\mu) - b(\sigma)$ に変わる. (6.2) により

$$b(\sigma\mu) = b(\mu^{-1}\sigma) = \mu^{-1} b(\sigma) + b(\mu^{-1}), \qquad b(\mu^{-1}) = -\mu^{-1} b(\mu)$$

であるから, A は

$$A + (\mu^{-1} - 1) b(\sigma) - (\sigma + \mu^{-1}) b(\mu)$$

に変わる. (6.2) により $b|P \in Z^1(P, V)$ であることに注意する. まず $l_1 \neq l_2$ とす

る. 定理 6.1 により, $\mathbf{b} \in V$ があって
$$b(\mu) = (\mu - 1)\mathbf{b}$$
となる. $(\sigma + \mu^{-1})(\mu - 1) = (\mu^{-1} - 1)(\sigma - 1)$ であるから, A は
$$A + (\mu^{-1} - 1)[b(\sigma) + (1 - \sigma)\mathbf{b}]$$
に変わる. (6.1) により
$$\mu^{-1}(\mathbf{e}_i \otimes \mathbf{e}'_{i-(l_1-l_2)/2}) = N(\epsilon)^{l_1}(\mathbf{e}_i \otimes \mathbf{e}'_{i-(l_1-l_2)/2}) \tag{6.3}$$
であるから A の特殊値に関係する成分は変わらないことがわかる. 次に $l_1 = l_2$ としよう. 定理 6.1 と定理 6.2 の下の完全列により, $\mathbf{b} \in V$ と $\mathbf{b}_0 \in V^U$ があって
$$b(\mu) = (\mu - 1)\mathbf{b} + \mathbf{b}_0, \qquad \mathbf{b} \in V, \quad \mathbf{b}_0 \in V^U$$
となる. ゆえに A は
$$A + (\mu^{-1} - 1)[b(\sigma) + (1 - \sigma)\mathbf{b}] - (\sigma + \mu^{-1})\mathbf{b}_0$$
に変わる. $\mathbf{b}_0 \in V^U$ ゆえ, この式から A の特殊値に関係する成分は, 端にある二つの特殊値 $L(1, \Omega)$ と $L(l_1 + 1, \Omega)$ に関係する成分を除いて変わらないことがわかる.

$\bar{Z}^2(\Gamma, V)$ は正規化された 2-cocycle 全体の成す $Z^2(\Gamma, V)$ の部分群とする.
$$\bar{B}^2(\Gamma, V) = \{f = db \mid b \in C^1(\Gamma, V), \ b(1) = 0\}$$
とおくと,
$$\bar{Z}^2(\Gamma, V) \cap B^2(\Gamma, V) = \bar{B}^2(\Gamma, V)$$
が成り立つ. よって
$$\bar{Z}^2(\Gamma, V)/\bar{B}^2(\Gamma, V) \subset Z^2(\Gamma, V)/B^2(\Gamma, V)$$
である. 任意の 2-cocycle は coboundary を加えて正規化されるから
$$H^2(\Gamma, V) = \bar{Z}^2(\Gamma, V)/\bar{B}^2(\Gamma, V)$$
を得る.

$$Z_{\mathrm{P}}^2(\Gamma, V) = \{f \in \bar{Z}^2(\Gamma, V) \mid f \text{ は parabolic 条件 (5.15) をみたす }\},$$
$$B_{\mathrm{P}}^2(\Gamma, V) = \{f \in \bar{B}^2(\Gamma, V) \mid f = db, \quad b \in C^1(\Gamma, V),$$
$$b(p\gamma) = pb(\gamma) + b(p), \quad \forall p \in P, \forall \gamma \in \Gamma\}$$

とおく. $Z_P^2(\Gamma,V)$ の元を正規化された parabolic 2-cocycle と呼ぶ. 次の補題は容易に確かめられる.

補題 6.3 $Z_{\mathrm{P}}^2(\Gamma,V) \cap \bar{B}^2(\Gamma,V) = B_{\mathrm{P}}^2(\Gamma,V)$ が成り立つ.

補題 6.3 により
$$Z_{\mathrm{P}}^2(\Gamma,V)/B_{\mathrm{P}}^2(\Gamma,V) \subset \bar{Z}^2(\Gamma,V)/\bar{B}^2(\Gamma,V) = H^2(\Gamma,V)$$
である. $H^2(\Gamma,V)$ の parabolic 部分 $H_{\mathrm{P}}^2(\Gamma,V)$ を
$$H_{\mathrm{P}}^2(\Gamma,V) = Z_{\mathrm{P}}^2(\Gamma,V)/B_{\mathrm{P}}^2(\Gamma,V)$$
で定義する.

定理 6.1 の応用として, Ω ($\neq 0$) が Hecke 作用素の共通固有函数であるとき $f(\Omega)$ の cohomology 類が消えないことを示しておこう.

命題 6.4 $N(\epsilon) = -1$ ならば l_1 は偶数であると仮定する. $f \in Z_P^2(\Gamma,V)$ は正規化された parabolic 2-cocycle とする. $(l_1 - l_2)/2 + 1 \le i \le (l_1 + l_2)/2 + 1$ に対し c_i は $f(\sigma,\mu)$ における $\mathbf{e}_i \otimes \mathbf{e}'_{i-(l_1-l_2)/2}$ の係数とする. $l_1 \neq l_2$ のときはある i について $c_i \neq 0$ と仮定し, $l_1 = l_2$ のときはある $i \neq 1, l_1 + 1$ について $c_i \neq 0$ と仮定する. このとき f の cohomology 類は消えない.

［証明］ f の cohomology 類が消えると仮定する. このとき $b \in C^1(\Gamma,V)$ があって
$$f(\gamma_1, \gamma_2) = \gamma_1 b(\gamma_2) + b(\gamma_1) - b(\gamma_1\gamma_2), \qquad \gamma_1, \gamma_2 \in \Gamma$$
となる. b は (6.2) をみたすから, 前と同様の計算により
$$f(\sigma,\mu) = (1 - \mu^{-1})b(\sigma) + (\sigma + \mu^{-1})b(\mu)$$
を得る.

まず $l_1 \neq l_2$ の場合を考える. $b|P \in Z^1(P,V)$ であるから, 定理 6.1 により $\mathbf{b} \in V$ があって $b(\mu) = (\mu - 1)\mathbf{b}$ となる. これから

$$f(\sigma,\mu) = (1-\mu^{-1})[b(\sigma) + (1-\sigma)\mathbf{b}]$$

を得る. (6.3) により c_i は全て消える. これは矛盾であり, この場合には証明できた.

次に $l_1 = l_2$ の場合を考える. 定理 6.1 と定理 6.2 の下の完全列により, $\mathbf{b} \in V$ と $\mathbf{b}_0 \in V^U$ があって

$$b(\mu) = (\mu-1)\mathbf{b} + \mathbf{b}_0$$

となる. このとき

$$f(\sigma,\mu) = (1-\mu^{-1})[b(\sigma) + (1-\sigma)\mathbf{b}] + (\sigma+\mu^{-1})\mathbf{b}_0$$

を得る. $\mathbf{b}_0 \in V^U$ ゆえ, この式から $i \neq 1, l_1+1$ のとき $c_i = 0$ がわかる. これは矛盾であり証明が終わる. □

定理 6.5 $k=(k_1,k_2)$, $k_1 \geq k_2$, $k_1 \equiv k_2 \equiv 0 \mod 2$ とする. $\Omega \in S_k(\Gamma)$ で $f = f(\Omega)$ は (5.10) で定義される正規化された parabolic 2-cocycle とする. F の狭義類数は 1 で $\Omega \, (\neq 0)$ は Hecke 作用素の共通固有函数であると仮定する. $k_1 \neq k_2$ ならば $k_2 \geq 4$ と仮定し, $k_1 = k_2$ ならば $k_2 \geq 6$ と仮定する. このとき f の $H^2(\Gamma, V)$ における cohomology 類は消えない.

［証明］ $k_1 = l_1+2$, $k_2 = l_2+2$ とおく. i が $(l_1-l_2)/2+1 \leq i \leq (l_1+l_2)/2+1$ の範囲にあるとき, (5.21) により $f(\sigma,\mu)$ における $\mathbf{e}_i \otimes \mathbf{e}'_{i-(l_1-l_2)/2}$ の係数 c_i は $L(l_1+2-i,\Omega)$ を 0 でない定数倍したものであることがわかる. $\mathrm{Re}(s) \geq (k_1+1)/2$ のとき $L(s,\Omega) \neq 0$ であることはよく知られている ([S2], Proposition 4.16 参照). $i = (l_1-l_2)/2+1$ のとき, c_i は $L((k_1+k_2)/2-1,\Omega)$ の 0 でない定数倍である. $k_2 \geq 3$ ならば $(k_1+k_2)/2-1 \geq (k_1+1)/2$ であるから $k_1 \neq k_2$ のとき定理は補題 6.4 から従う. $k_1 = k_2$ とする. $i = 2$ のとき c_i は $L(k_1-2,\Omega)$ の 0 でない定数倍である. $k_1 \geq 5$ ならば $k_1-2 \geq (k_1+1)/2$ であるから定理は補題 6.4 から従う. □

具体的な計算のためには $H^2(\Gamma,V)$ を Γ の外部自己同型の作用で分解しておくのが好都合である.

$$Z = \left\{ \begin{pmatrix} u & 0 \\ 0 & u \end{pmatrix} \,\middle|\, u \in E_F \right\}$$

とおく. これは $\mathrm{GL}(2,\mathcal{O}_F)$ の中心である. 同型

$$Z \cdot \mathrm{SL}(2,\mathcal{O}_F)/Z \cong \mathrm{SL}(2,\mathcal{O}_F)/\left\{\pm\begin{pmatrix}1 & 0 \\ 0 & 1\end{pmatrix}\right\} = \mathrm{PSL}(2,\mathcal{O}_F) = \Gamma$$

により Γ を $\mathrm{PGL}(2,\mathcal{O}_F) = \mathrm{GL}(2,\mathcal{O}_F)/Z$ の部分群とみなす. 以下 l_1 と l_2 は偶数であると仮定する. l が偶数のとき $\mathrm{GL}(2,\mathbf{C})$ の表現 ρ'_l を

$$\rho'_l(g) = \rho_l(g)\det(g)^{-l/2}, \qquad g \in \mathrm{GL}(2,\mathbf{C})$$

で定義する. ρ'_l は中心の上で自明である. $\rho' = \rho'_{l_1} \otimes \rho'_{l_2}$ とおく. $gv = \rho'(g)v$, $g \in \mathrm{GL}(2,\mathcal{O}_F)$, $v \in V$ により, V は $\mathrm{GL}(2,\mathcal{O}_F)$ 加群になる. $\rho'(z) = \mathrm{id}$, $z \in Z$ であるから, V を $\mathrm{PGL}(2,\mathcal{O}_F)$ 加群とみなすことができる. $\rho'|\Gamma = \rho|\Gamma$ ゆえ, V の Γ 加群としての構造は前と同じである.

$$\mathrm{PGL}(2,\mathcal{O}_F)/\mathrm{PSL}(2,\mathcal{O}_F) \cong E_F/E_F^2 \cong \mathbf{Z}/2\mathbf{Z} \oplus \mathbf{Z}/2\mathbf{Z}$$

が成り立つ. 共役により $\mathrm{PGL}(2,\mathcal{O}_F)$ は Γ に外部自己同型として作用し, $H^2(\Gamma,V)$ はこの作用で 4 個の部分空間の直和に分解する.

$$\nu = \begin{pmatrix}\epsilon & 0 \\ 0 & 1\end{pmatrix}, \qquad \delta = \begin{pmatrix}-1 & 0 \\ 0 & 1\end{pmatrix}$$

とおく. $\mathrm{PGL}(2,\mathcal{O}_F)$ は $\mathrm{PSL}(2,\mathcal{O}_F)$ と ν, δ によって生成される. まず ν の作用を調べよう. $f \in Z^2(\Gamma,V)$ に対し $\widetilde{e}f \in Z^2(\Gamma,V)$ を

$$\widetilde{e}f(\gamma_1,\gamma_2) = \nu^{-1}f(\nu\gamma_1\nu^{-1},\nu\gamma_2\nu^{-1}), \qquad \gamma_1,\gamma_2 \in \Gamma \tag{6.4}$$

によって定義する. $\widetilde{e}$ は $H^2(\Gamma,V)$ の自己同型 e を誘導する. $\nu^2 = \mu$ ゆえ, $\widetilde{e}^2$ は μ による内部自己同型から得られる. ゆえに $e^2 = 1$ である. (6.4) により f が parabolic 2-cocycle ならば $\widetilde{e}f$ も parabolic 2-cocycle であることがわかる. ゆえに e の作用によって分解

$$H^2(\Gamma,V) = H^2(\Gamma,V)^+ \oplus H^2(\Gamma,V)^-, \quad H^2_P(\Gamma,V) = H^2_P(\Gamma,V)^+ \oplus H^2_P(\Gamma,V)^-$$

が得られる. ここに

$$H^2(\Gamma,V)^\pm = \{c \in H^2(\Gamma,V) \mid ec = \pm c\},$$
$$H^2_P(\Gamma,V)^\pm = \{c \in H^2_P(\Gamma,V) \mid ec = \pm c\}$$

である．この分解は
$$f = \frac{1}{2}[(1+\widetilde{e})f + (1-\widetilde{e})f], \qquad f \in Z^2(\Gamma, V)$$
によって得られている．
$$\overline{\Gamma}^* = \{\gamma \in \mathrm{GL}(2, \mathcal{O}_F) \mid \det(\gamma) = \epsilon^n, n \in \mathbf{Z}\}, \qquad \Gamma^* = Z\overline{\Gamma}^*/Z$$
とおく．Γ^* は Γ と ν で生成され $[\Gamma^* : \Gamma] = 2$ である．
$$\mathrm{Res} : H^2(\Gamma^*, V) \longrightarrow H^2(\Gamma, V), \qquad T : H^2(\Gamma, V) \longrightarrow H^2(\Gamma^*, V)$$
を制限写像と transfer 写像とする．

命題 6.6 (1) $\mathrm{Res}(H^2(\Gamma^*, V)) = H^2(\Gamma, V)^+$.
(2) $T(H^2(\Gamma, V)^+) = H^2(\Gamma^*, V)$.
(3) $\mathrm{Ker}(T) = H^2(\Gamma, V)^-$.

証明は容易であるから省略する．実際の計算には cohomology 群 $H^2(\Gamma^*, V)$ のほうが $H^2(\Gamma, V)$ よりも扱いやすい．δ の作用により $H^2(\Gamma^*, V)$ を
$$H^2(\Gamma^*, V) = H^2(\Gamma^*, V)^+ \oplus H^2(\Gamma^*, V)^-$$
と分解する．

$\mathcal{O}_F = \mathbf{Z} + \mathbf{Z}\omega$ と書き $\eta = \begin{pmatrix} 1 & \omega \\ 0 & 1 \end{pmatrix}$ とおく．Vaserštein [V] により，Γ は $\sigma, \mu,$ τ, η により生成されることが知られている．この事実は $\mathcal{O}_F$ が Euclid 環ならば，命題 1.1 によりわかる．

(6.7) まで σ, ν, τ は Γ^* を生成すると仮定する．(この仮定は $\mathcal{O}_F = \mathbf{Z} + \mathbf{Z}\epsilon$ ならば充たされる．) $\mathcal{F}^*$ は三文字 $\widetilde{\sigma}, \widetilde{\nu}, \widetilde{\tau}$ の上の自由群とする．$\mathcal{F}^*$ から Γ^* への全射準同型 π^* を
$$\pi^*(\widetilde{\sigma}) = \sigma, \qquad \pi^*(\widetilde{\nu}) = \nu, \qquad \pi^*(\widetilde{\tau}) = \tau$$
によって定義し R^* を π^* の核とする．(2.8) により
$$H^2(\Gamma^*, V) \cong H^1(R^*, V)^{\Gamma^*}/\mathrm{Im}(H^1(\mathcal{F}^*, V)) \tag{6.5}$$
を得る．

δ は σ, ν と可換で $\delta\tau\delta^{-1} = \tau^{-1}$ をみたす．$\mathcal{F}^*$ の自己同型 $x \mapsto x_\delta$ を $(\widetilde{\sigma})_\delta = \widetilde{\sigma},$

$(\widetilde{\nu})_\delta = \widetilde{\nu}$, $(\widetilde{\tau})_\delta = \widetilde{\tau}^{-1}$ により定義できる.

$$\pi^*(x_\delta) = \delta \pi^*(x) \delta^{-1}, \qquad x \in \mathcal{F}^*$$

がわかる. このとき次の命題が成り立つ.

命題 6.7 $f \in Z^2(\Gamma^*, V)$ をとる. $\varphi \in H^1(R^*, V)^{\Gamma^*}$ は f に対応する元とする. δ の $Z^2(\Gamma^*, V)$ への作用を $\widetilde{d}$ と書く. このとき $\widetilde{d}f$ に対応する $H^1(R^*, V)^{\Gamma^*}$ の元 ψ は

$$\psi(r) = \delta^{-1} \varphi(r_\delta), \qquad r \in R^*$$

で与えられる.

$\varphi \in H^1(R^*, V)^{\Gamma^*}$ とする. $\varphi_\delta \in H^1(R^*, V)^{\Gamma^*}$ を

$$\varphi_\delta(r) = \delta^{-1} \varphi(r_\delta) \tag{6.6}$$

で定義する. このとき $(\varphi_\delta)_\delta = \varphi$ であり, $H^1(R^*, V)^{\Gamma^*}$ は δ の作用で固有値が ± 1 の固有空間の直和に分解する.

$$H^1(R^*, V)^{\Gamma^*} = H^1(R^*, V)^{\Gamma^*, +} \oplus H^1(R^*, V)^{\Gamma^*, -}. \tag{6.7}$$

次節で計算例を与える前に, ここまでに得られた結果をまとめておこう. l_1 と l_2 は非負の偶数で $l_1 \geq l_2$ とする. $\Omega \in S_{l_1+2, l_2+2}(\Gamma)$ をとる. $L(s, \Omega)$ と $R(s, \Omega)$ を (4.4) と (4.6) で定義する. 函数等式は (4.8) により

$$R(s, \Omega) = (-1)^{(l_1+l_2)/2} R(l_1 + 2 - s, \Omega)$$

である. 整数 m について $L(m, \Omega)$ が critical value である条件は

$$\frac{l_1 - l_2}{2} + 1 \leq m \leq \frac{l_1 + l_2}{2} + 1 \tag{6.8}$$

である. 函数等式の中心にある critical value は $L(l_1/2+1, \Omega)$ で, これは $(l_1+l_2)/2$ が奇数ならば消える. (5.21) により

$$R(m, \Omega) = (-1)^m i^{(l_1-l_2)/2} (2\pi)^{(l_2-l_1)/2} P_{m-1, m-1-(l_1-l_2)/2} \tag{6.9}$$

である. ここに $P_{s,t}$ は (5.16) で定義される周期積分である. $f = f(\Omega) \in Z_P^2(\Gamma, V)$ を (5.10) ($w_1 = i\epsilon^{-1}$, $w_2 = i\infty$) で定義される parabolic 2-cocycle とする. このとき

$$f(\sigma,\mu) = -\int_{i\epsilon^{-1}}^{i\epsilon}\int_0^{i\infty}\mathfrak{d}(\Omega)$$

であり $-P_{m-1,m-1-(l_1-l_2)/2}$ は $f(\sigma,\mu)$ における $\mathbf{e}_{l_1+2-m}\otimes \mathbf{e}'_{(l_1+l_2)/2+2-m}$ の係数に等しい. (6.4) で定義される作用素 $\widetilde{e}$ によって

$$f^+ = (1+\widetilde{e})f, \qquad f^- = (1-\widetilde{e})f$$

とおく. このとき $f^{\pm} \in Z_P^2(\Gamma, V)$ であり

$$f^+(\sigma,\mu) = (1+\nu)f(\sigma,\mu), \qquad f^-(\sigma,\mu) = (1-\nu)f(\sigma,\mu) \qquad (6.10)$$

が成り立つ. (6.1) により (作用は $\rho'_{l_1}\otimes \rho'_{l_2}$ であることに注意)

$$\begin{aligned}&\nu(\mathbf{e}_{l_1+2-m}\otimes \mathbf{e}'_{(l_1+l_2)/2+2-m})\\&= N(\epsilon)^{m-1-l_1/2}\mathbf{e}_{l_1+2-m}\otimes \mathbf{e}'_{(l_1+l_2)/2+2-m}\end{aligned} \qquad (6.11)$$

を得る.

$N(\epsilon) = -1$ と仮定する. (6.11) により $l_1/2$ が偶数ならば, $f^+(\sigma,\mu)$ は奇数の m に対して $R(m,\Omega)$ についての情報を含み $f^-(\sigma,\mu)$ は偶数の m に対して $R(m,\Omega)$ についての情報を含んでいることがわかる. $l_1/2$ が奇数ならば, $f^+(\sigma,\mu)$ は偶数の m に対して $R(m,\Omega)$ についての情報を含み $f^-(\sigma,\mu)$ は奇数の m に対して $R(m,\Omega)$ についての情報を含んでいる.

7. 計 算 例

この節では $F = \mathbf{Q}(\sqrt{5})$ と仮定する. F の基本単数は $\epsilon = \frac{1+\sqrt{5}}{2}$ である. $\Gamma^* = \langle \Gamma, \nu \rangle$ の元 σ, ν, τ は関係

$$\sigma^2 = 1, \qquad\qquad\qquad\qquad (\text{i}^*)$$

$$(\sigma\tau)^3 = 1, \qquad\qquad\qquad\qquad (\text{ii}^*)$$

$$(\sigma\nu)^2 = 1, \qquad\qquad\qquad\qquad (\text{iii}^*)$$

$$\tau\nu\tau\nu^{-1} = \nu\tau\nu^{-1}\tau, \qquad\qquad\qquad (\text{iv}^*)$$

$$\nu^2\tau\nu^{-2} = \tau\nu\tau\nu^{-1} \qquad\qquad\qquad (\text{v}^*)$$

をみたす. $\mathcal{F}^*$ は三文字 $\widetilde{\sigma}, \widetilde{\nu}, \widetilde{\tau}$ の上の自由群とする. 全射準同型 $\pi^* : \mathcal{F}^* \longrightarrow \Gamma^*$

を $\pi^*(\widetilde{\sigma}) = \sigma$, $\pi^*(\widetilde{\nu}) = \nu$, $\pi^*(\widetilde{\tau}) = \tau$ によって定義し R^* は π^* の核とする. $\Gamma^* = \mathcal{F}^*/R^*$ である. このとき R^* は五個の元

$$\widetilde{\sigma}^2, \tag{ĩ}$$

$$(\widetilde{\sigma}\widetilde{\tau})^3, \tag{ĩi}$$

$$(\widetilde{\sigma}\widetilde{\nu})^2, \tag{ĩii}$$

$$\widetilde{\tau}\widetilde{\nu}\widetilde{\tau}\widetilde{\nu}^{-1}(\widetilde{\nu}\widetilde{\tau}\widetilde{\nu}^{-1}\widetilde{\tau})^{-1}, \tag{ĩv}$$

$$\widetilde{\nu}^2\widetilde{\tau}\widetilde{\nu}^{-2}(\widetilde{\tau}\widetilde{\nu}\widetilde{\tau}\widetilde{\nu}^{-1})^{-1} \tag{ṽ}$$

とその共役で生成された群 R_0 を含む. $R^* = R_0$ で (i*) $\sim$ (v*) が基本関係であることが証明できる. 証明は [Y4], §5, [Y5], Theorem 6.2 を参照されたい. しかし (i*) $\sim$ (v*) が基本関係であるという事実は以下の計算では用いない.

P^* は上半三角行列で表される元からなる Γ^* の部分群とする. $\mathcal{F}_{P^*}$ は $\widetilde{\nu}$ と $\widetilde{\tau}$ で生成される $\mathcal{F}^*$ の部分群とする. このとき $\pi^*|\mathcal{F}_{P^*} : \mathcal{F}_{P^*} \longrightarrow P^*$ は全射である. R_{P^*} をこの準同型の核とする. R_{P^*} は (ĩv), (ṽ) とその共役で生成されていることがわかる.

各 $\gamma \in \Gamma^*$ に対して $\widetilde{\gamma} \in \mathcal{F}^*$ を $\pi^*(\widetilde{\gamma}) = \gamma$ と選ぶ. 具体的計算のためには $\widetilde{\gamma}$ の選び方を決めることが必要である. $\eta = \begin{pmatrix} 1 & \epsilon \\ 0 & 1 \end{pmatrix} \in \Gamma$ とおく. $\eta = \nu\tau\nu^{-1}$ である. $\widetilde{\eta} = \widetilde{\nu}\widetilde{\tau}\widetilde{\nu}^{-1}$ と決めておく. まず $p \in P$ とする. $p = \mu^a\tau^b\eta^c$ と書くことができて, この表示は一意的である. $\widetilde{\mu} = \widetilde{\nu}^2$, $\widetilde{p} = \widetilde{\mu}^a\widetilde{\tau}^b\widetilde{\eta}^c$ とおく. 次に $p \in P^*$ とする. $p \in P$ または $p = \nu p_1, p_1 \in P$ である. 後の場合は $\widetilde{p} = \widetilde{\nu}\widetilde{p_1}$ とおく.

Δ を $P\backslash\Gamma$ の完全代表系とする. Δ は $P^*\backslash\Gamma^*$ の完全代表系にもなっている. $\sigma \in \Delta$ と仮定する. $\gamma \in \Gamma^*$ が与えられたとき $\gamma = p\delta, p \in P^*, \delta \in \Delta$ と書き $\widetilde{\gamma} = \widetilde{p}\widetilde{\delta}$ と定義することにする. Δ のとり方をはっきり定め, 各 $\delta \in \Delta$ に対して $\widetilde{\delta}$ を定義すればよい. Δ を定めることは, 各剰余類 $P\gamma, \gamma \in \Gamma$ から一つの元を選ぶことと同値である. $\gamma = \begin{pmatrix} a & b \\ c & d \end{pmatrix}$ とおく.

(1) $P\gamma = P$ の場合. 単位元 1 を代表元としてとる. $\mathcal{F}$ の単位元を $\widetilde{1}$ とする.

(2) $c \in E_F$ の場合. $\begin{pmatrix} 0 & -1 \\ 1 & d \end{pmatrix}$ の形の元を代表元としてとる (一意的).

$$\widetilde{\begin{pmatrix} 0 & -1 \\ 1 & d \end{pmatrix}} = \widetilde{\sigma}\widetilde{\begin{pmatrix} 1 & d \\ 0 & 1 \end{pmatrix}}$$

とおく.

(3) $c \neq 0$ かつ $c \notin E_F$ の場合. $\mathcal{O}_F$ はノルムの絶対値について Euclid 環であることに注意する. 即ち各 $x, y \in \mathcal{O}_F$, $x \neq 0$ に対し $q, r \in \mathcal{O}_F$ があって

$$y = qx + r, \qquad |N(r)| < |N(x)|$$

が成り立つ.

$$\begin{pmatrix} u & 0 \\ 0 & u^{-1} \end{pmatrix} \begin{pmatrix} a & b \\ c & d \end{pmatrix} = \begin{pmatrix} ua & ub \\ u^{-1}c & u^{-1}d \end{pmatrix},$$

$$\begin{pmatrix} 1 & t \\ 0 & 1 \end{pmatrix} \begin{pmatrix} a & b \\ c & d \end{pmatrix} = \begin{pmatrix} a+tc & b+td \\ c & d \end{pmatrix}$$

を用いる. まず左から $\begin{pmatrix} u & 0 \\ 0 & u^{-1} \end{pmatrix}$, $u \in E_F$ を γ に掛けて c を

$$c \gg 0, \qquad 1 \leq c'/c < \epsilon^4$$

と正規化する. 次に左から $\begin{pmatrix} 1 & t \\ 0 & 1 \end{pmatrix}$, $t \in \mathcal{O}_F$ を γ に掛けて $|N(a)| < |N(c)|$ と仮定できる. このような t のとり方を明確に定めることは簡単ではない. $|N(a)| < |N(c)|$ をみたす γ は与えられた剰余類の中に複数個あるからである. a の優先順位を次のように決める. $a = \alpha + \beta\epsilon$, $\alpha, \beta \in \mathbf{Z}$ とおく.

1. $|\alpha| + |\beta|$ が最小. 2. $|\alpha|$ が最小. 3. $|\beta|$ が最小. 4. $\alpha \geq 0$. 5. $\beta \geq 0$.

$\delta \in \Delta$ に対し $\widetilde{\delta}$ を次のように定める. $\delta = \begin{pmatrix} a & b \\ c & d \end{pmatrix}$ とおき $|N(c)|$ についての帰納法で定義する. $|N(c)| = 0$ または 1 のときは (1) と (2) で決めている. Δ のとり方から $|N(a)| < |N(c)|$ である. $\sigma^{-1}\delta = p_1\delta_1$, $p_1 \in P$, $\delta_1 \in \Delta$, $\delta_1 = \begin{pmatrix} a_1 & b_1 \\ c_1 & d_1 \end{pmatrix}$ とおく. $|N(c_1)| = |N(a)| < |N(c)|$ であるから $\widetilde{\delta_1}$ は帰納法の仮定から定まっている. $\widetilde{\delta} = \widetilde{\sigma}\widetilde{p_1}\widetilde{\delta_1}$ と定義する.

$f \in Z_P^2(\Gamma, V)$ は正規化された parabolic 2-cocycle とする. $f^* = \widetilde{T}(f)$ とおく.

ここに $T: H^2(\Gamma, V) \longrightarrow H^2(\Gamma^*, V)$ は transfer 写像であり，$\widetilde{T}: Z^2(\Gamma, V) \longrightarrow Z^2(\Gamma^*, V)$ は命題 2.3 で与えられた T を誘導する cocycle レベルでの写像である．このとき $f^* \in Z^2(\Gamma^*, V)$ であり $f^*|\Gamma = f^+$ である．parabolic 条件

$$f^*(p\gamma_1, \gamma_2) = pf^*(\gamma_1, \gamma_2), \qquad p \in P^*,\ \gamma_1, \gamma_2 \in \Gamma^* \tag{7.1}$$

は容易に確かめられる．

$$H^2(\Gamma^*, V) \cong H^1(R^*, V)^{\Gamma^*}/\mathrm{Im}(H^1(\mathcal{F}^*, V)) \tag{7.2}$$

が成り立っている．$\varphi \in H^1(R^*, V)^{\Gamma^*}$ を f^* に対応する元とする．φ は次のように得られていた．$a \in C^1(\mathcal{F}^*, V)$ があって

$$a(g_1 g_2) = g_1 a(g_2) + a(g_1) - f^*(\pi^*(g_1), \pi^*(g_2)), \qquad g_1, g_2 \in \mathcal{F}^* \tag{7.3}$$

となる．このとき $\varphi = a|R^*$ である．(7.3) を $a(g)$, $g \in \mathcal{F}^*$ の値を，g を $\widetilde{\sigma}, \widetilde{\nu}, \widetilde{\tau}$ の語 (word) とみたときの長さについて，帰納的に決めていくのに使うことができる．このとき $a(\widetilde{\sigma}) = a(\widetilde{\nu}) = a(\widetilde{\tau}) = 0$ と取ることができる．(7.1) により $f^*(p, \gamma) = 0$, $p \in P^*$, $\gamma \in \Gamma^*$ が成り立つから $a|\mathcal{F}_{P^*} = 0$ となる．特に

$$\varphi|R_{P^*} = 0 \tag{7.4}$$

を得る．(2.13) で示したように f^* に coboundary を加えることにより

$$f^*(\gamma_1, \gamma_2) = -\varphi(\widetilde{\gamma_1}\widetilde{\gamma_2}(\widetilde{\gamma_1\gamma_2})^{-1}) \tag{7.5}$$

と仮定してよい．(7.4) を用いて f^* が parabolic 条件 (7.1) をみたすことが確かめられる．実際このためには

$$f^*(p, \gamma) = 0, \qquad p \in P^*,\ \gamma \in \Gamma^*$$

を示せばよい．$\gamma = p_1\delta$, $p_1 \in P^*$, $\delta \in \Delta$ と書く．定義から $\widetilde{\gamma} = \widetilde{p_1}\widetilde{\delta}$, $\widetilde{p\gamma} = \widetilde{pp_1}\widetilde{\delta}$ であるから

$$\varphi(\widetilde{p\gamma}(\widetilde{p\gamma})^{-1}) = \varphi(\widetilde{pp_1}\widetilde{\delta}(\widetilde{pp_1}\widetilde{\delta})^{-1}) = \varphi(\widetilde{pp_1}(\widetilde{pp_1})^{-1}) = 0$$

が $\widetilde{pp_1}(\widetilde{pp_1})^{-1} \in R_{P^*}$ から従う．
$\widetilde{\mu^{-1}\sigma} = \widetilde{\mu^{-1}}\widetilde{\sigma}$, $\widetilde{\mu^{-1}}\widetilde{\mu} \in R_{P^*}$ であるから

$$f^*(\sigma, \mu) = -\varphi(\widetilde{\sigma}\widetilde{\mu}\widetilde{\sigma}^{-1}\widetilde{\mu}) = -\varphi(\widetilde{\sigma}\widetilde{\mu}\widetilde{\sigma}^{-2}\widetilde{\sigma}\widetilde{\mu}) = -\varphi(\widetilde{\sigma}\widetilde{\mu}\widetilde{\sigma}^{-2}(\widetilde{\sigma}\widetilde{\mu})^{-1}\widetilde{\sigma}\widetilde{\mu}\widetilde{\sigma}\widetilde{\mu})$$

$$= -\sigma\mu\varphi(\widetilde{\sigma}^{-2}) - \varphi(\widetilde{\sigma}\widetilde{\mu}\widetilde{\sigma}\widetilde{\mu}) = -\varphi((\widetilde{\sigma}\widetilde{\mu})^2) + \sigma\mu\varphi(\widetilde{\sigma}^2).$$

となる.

$$\varphi((\widetilde{\sigma}\widetilde{\mu})^2) = \varphi(\widetilde{\sigma}\widetilde{\nu}^2\widetilde{\sigma}\widetilde{\nu}^2) = \varphi(\widetilde{\sigma}\widetilde{\nu}\widetilde{\sigma}\widetilde{\nu}\widetilde{\nu}^{-1}\widetilde{\sigma}^{-1}\widetilde{\nu}\widetilde{\sigma}\widetilde{\nu}^2)$$
$$= \varphi(\widetilde{\sigma}\widetilde{\nu}\widetilde{\sigma}\widetilde{\nu}) + \varphi(\widetilde{\nu}^{-1}\widetilde{\sigma}^{-2}\widetilde{\nu}) + \varphi(\widetilde{\nu}^{-1}\widetilde{\sigma}\widetilde{\nu}\widetilde{\sigma}\widetilde{\nu}^2) = (1+\nu^{-1})\varphi((\widetilde{\sigma}\widetilde{\nu})^2) - \nu^{-1}\varphi(\widetilde{\sigma}^2)$$

であるから

$$f^*(\sigma,\mu) = -(1+\nu^{-1})\varphi((\widetilde{\sigma}\widetilde{\nu})^2) + (\sigma\mu + \nu^{-1})\varphi(\widetilde{\sigma}^2) \tag{7.6}$$

を得る. φ は $\mathcal{F}^*$ の元 (ĩ) ~ (ṽ) の上でとる値によって定まる. (7.4) により, φ は元 (ĩv) と (ṽ) の上では値 0 をとる. $\sigma\varphi(\widetilde{\sigma}^2) = \varphi(\widetilde{\sigma}^2)$ に注意する. $h \in H^1(\mathcal{F}^*, V)$ を $h(\widetilde{\sigma}) = -\varphi(\widetilde{\sigma}^2)/2$, $h(\widetilde{\nu}) = 0$, $h(\widetilde{\tau}) = 0$ と取って $h|R^*$ を φ に加えることで $\varphi(\widetilde{\sigma}^2) = 0$ と仮定できる. この操作の後で φ は依然 (7.4) をみたしている.

φ に $h|R^*$ を加える手順を分析しよう. $S, T, U \in V$ に対し

$$h(\widetilde{\sigma}) = S, \qquad h(\widetilde{\tau}) = T, \qquad h(\widetilde{\nu}) = U$$

をみたす $h \in H^1(\mathcal{F}^*, V)$ がある. h が元 (ĩv) と (ṽ) で消える条件はそれぞれ

$$(1 + \tau\nu - \nu - \nu\tau\nu^{-1})T + (\tau - 1)(1 - \nu\tau\nu^{-1})U = 0, \tag{7.7}$$

$$(\nu^2 - 1 - \tau\nu)T + (1 + \nu - \nu^2\tau\nu^{-1} - \tau)U = 0 \tag{7.8}$$

である. また

$$h(\widetilde{\sigma}^2) = (1+\sigma)S \tag{7.9}$$

が成り立つ.

$$A = \varphi((\widetilde{\sigma}\widetilde{\nu})^2), \qquad B = \varphi((\widetilde{\sigma}\widetilde{\tau})^3)$$

とおく.

$$\sigma\nu A = A, \qquad \sigma\tau B = B \tag{7.10}$$

を注意しておく. 目的は A を決めることである.

次に Hecke 作用素を考察する. $g^* = T(\varpi)f^*$ とおく. ここに g^* は本質的に (5.28) で定義されるが詳しく書けば次のとおり.

$$\Gamma^* \begin{pmatrix} 1 & 0 \\ 0 & \varpi \end{pmatrix} \Gamma^* = \bigsqcup_{i=1}^{d} \Gamma^* \beta_i$$

を剰余類分解とする. 置換 $j, k \in S_d$ を (5.27) で定めて (Γ^* を Γ と取る)

$$g^*(\gamma_1, \gamma_2) = c \sum_{i=1}^{d} \beta_i^{-1} f^*(\beta_i \gamma_1 \beta_{j(i)}^{-1}, \beta_{j(i)} \gamma_2 \beta_{k(j(i))}^{-1})$$

である. ここに c は (5.25) で定義されている. $\psi \in H^1(R^*, V)^{\Gamma^*}$ を g^* に対応する元とする. 命題 2.6 により ψ は次の公式で与えられる.

$$\begin{aligned} &\psi(\widetilde{\gamma}_1 \widetilde{\gamma}_2 \cdots \widetilde{\gamma}_m) \\ &= c \sum_{i=1}^{d} \beta_i^{-1} \varphi(\widetilde{\beta_i \gamma_1 \beta_{q_1(i)}^{-1}} \widetilde{\beta_{q_1(i)} \gamma_2 \beta_{q_2(i)}^{-1}} \cdots \widetilde{\beta_{q_{m-1}(i)} \gamma_m \beta_{q_m(i)}^{-1}}). \end{aligned} \quad (7.11)$$

ここに $\gamma_j = \sigma$ または $\gamma_j \in P^*$ で $\gamma_1 \gamma_2 \cdots \gamma_m = 1$ である. (命題 2.6 において $G \mapsto \Gamma^*$, $M \mapsto V$, $R \mapsto R^*$, $g_j \mapsto \gamma_j$ とする. 他の記号は同じである.)

例 7.1 $T(2)$ を考えよう.

$$\beta_1 = \begin{pmatrix} 1 & 0 \\ 0 & 2 \end{pmatrix}, \quad \beta_2 = \begin{pmatrix} 1 & 1 \\ 0 & 2 \end{pmatrix}, \quad \beta_3 = \begin{pmatrix} 1 & \epsilon \\ 0 & 2 \end{pmatrix},$$

$$\beta_4 = \begin{pmatrix} 1 & \epsilon^2 \\ 0 & 2 \end{pmatrix}, \quad \beta_5 = \begin{pmatrix} 2 & 0 \\ 0 & 1 \end{pmatrix}$$

と取れる. (7.11) により

$$\psi((\widetilde{\sigma}\widetilde{\tau})^3) = c(\beta_3^{-1} Z_3 + \beta_4^{-1} Z_4)$$

を得る. ここに

$$Z_3 = \varphi((\widetilde{\begin{pmatrix} \epsilon & -\epsilon^2 \\ 2 & -\epsilon^2 \end{pmatrix}} \widetilde{\tau})^3), \quad Z_4 = \varphi((\widetilde{\begin{pmatrix} \epsilon^2 & -\epsilon^2 \\ 2 & -\epsilon \end{pmatrix}})^3) \quad (7.12)$$

である. $\gamma \in \Gamma^*$ に対する $\widetilde{\gamma}$ のとり方から

$$\widetilde{\begin{pmatrix} \epsilon & -\epsilon^2 \\ 2 & -\epsilon^2 \end{pmatrix}} = \widetilde{\sigma} \widetilde{\begin{pmatrix} \epsilon^{-1} & 0 \\ 0 & \epsilon \end{pmatrix}} \widetilde{\begin{pmatrix} 1 & \epsilon \\ 0 & 1 \end{pmatrix}}^{-2} \widetilde{\sigma} \widetilde{\begin{pmatrix} 1 & \epsilon \\ 0 & 1 \end{pmatrix}}^{-1}$$

となる. よって (7.4) を用いて

$$Z_3 = \varphi((\widetilde{\sigma}\begin{pmatrix} \epsilon^{-1} & -2 \\ 0 & \epsilon \end{pmatrix} \widetilde{\sigma}\begin{pmatrix} 1 & -\epsilon^{-1} \\ 0 & 1 \end{pmatrix})^3)$$

を得る．同様にして

$$Z_4 = \varphi((\widetilde{\sigma}\begin{pmatrix} \epsilon^{-2} & -2 \\ 0 & \epsilon^2 \end{pmatrix} \widetilde{\sigma}\begin{pmatrix} 1 & -1 \\ 0 & 1 \end{pmatrix})^3)$$

がわかる．

P^* と σ は Γ^* を生成するから，R^* の任意の元は (ĩ), (ĩv), (ṽ) を用い $\widetilde{\sigma}$ による共役をとることで

$$r = \widetilde{\sigma}\widetilde{p}_1 \widetilde{\sigma}\widetilde{p}_2 \cdots \widetilde{\sigma}\widetilde{p}_m$$

と書ける．ここに $p_i \in P^*$, $1 \leq i \leq m$, $\sigma p_1 \sigma p_2 \cdots \sigma p_m = 1$ である．このような元を m 項関係と呼ぶ．以下 (7.13a) から (7.18) までの公式は容易に証明される．

$$\varphi((\widetilde{\sigma}\widetilde{\nu}^n)^2) = (1 + \nu^{-1} + \cdots + \nu^{1-n})A, \qquad n \geq 1, \qquad (7.13a)$$

$$\varphi((\widetilde{\sigma}\widetilde{\nu}^{-n})^2) = -(\nu + \nu^2 + \cdots + \nu^n)A, \qquad n \geq 1. \qquad (7.13b)$$

$t \in E_F$ に対して

$$B(t) = \varphi(\widetilde{\sigma}\begin{pmatrix} 1 & t \\ 0 & 1 \end{pmatrix} \widetilde{\sigma}\begin{pmatrix} 1 & t^{-1} \\ 0 & 1 \end{pmatrix} \widetilde{\sigma}\begin{pmatrix} 1 & t \\ 0 & 1 \end{pmatrix} \begin{pmatrix} t & 0 \\ 0 & t^{-1} \end{pmatrix})$$

とおく．このとき $B(1) = B$ であり，

$$B(-t) = -\sigma\begin{pmatrix} t & 0 \\ 0 & t^{-1} \end{pmatrix} B(t) - \begin{pmatrix} t^{-1} & 0 \\ 0 & t \end{pmatrix} \varphi((\widetilde{\sigma}\begin{pmatrix} t^{-1} & 0 \\ 0 & t \end{pmatrix})^2), \qquad (7.14)$$

$$\begin{aligned} B(\epsilon t) = \nu^{-1} B(t) & \\ + \left[1 + \sigma\begin{pmatrix} 1 & \epsilon t \\ 0 & 1 \end{pmatrix} \sigma\begin{pmatrix} 1 & \epsilon^{-1}t^{-1} \\ 0 & 1 \end{pmatrix} - \sigma\begin{pmatrix} 1 & \epsilon t \\ 0 & 1 \end{pmatrix}\sigma\right]A, & \end{aligned} \qquad (7.15)$$

$$B(t) = \sigma\begin{pmatrix} 1 & t \\ 0 & 1 \end{pmatrix} B(t^{-1}) + \varphi((\widetilde{\sigma}\begin{pmatrix} t & 0 \\ 0 & t^{-1} \end{pmatrix})^2) \qquad (7.16)$$

が成り立つ．この公式により $B(t)$ を A と B で表すことができる．$B(t)$ を用いて

三項関係 r に対する次の公式を得る.

$$\varphi(\widetilde{\sigma}\widetilde{\begin{pmatrix} u_1 & x_1 \\ 0 & 1 \end{pmatrix}}\widetilde{\sigma}\widetilde{\begin{pmatrix} u_2 & x_2 \\ 0 & 1 \end{pmatrix}}\widetilde{\sigma}\widetilde{\begin{pmatrix} u_3 & x_3 \\ 0 & 1 \end{pmatrix}})$$
$$= \begin{pmatrix} u_1^{-1} & 0 \\ 0 & 1 \end{pmatrix} B(u_1^{-1}x_1) + \varphi((\widetilde{\sigma}\widetilde{\begin{pmatrix} u_1 & 0 \\ 0 & 1 \end{pmatrix}})^2) \quad (7.17)$$
$$+ \begin{pmatrix} u_3^{-1} & -u_3^{-1}x_3 \\ 0 & 1 \end{pmatrix} \sigma\varphi((\widetilde{\sigma}\widetilde{\begin{pmatrix} u_2 & 0 \\ 0 & 1 \end{pmatrix}})^2).$$

$r \in R^*$ は m 項関係, $m \geq 4$ とする. $p_i = \begin{pmatrix} u_i & x_i \\ 0 & 1 \end{pmatrix}$, $u_i \in E_F$, $x_i \in \mathcal{O}_F$, $1 \leq i \leq m$ と書ける. ある i について $x_i = 0$ ならば $\varphi(r)$ は $(m-2)$ 項関係に帰着する. ある i について $x_i \in E_F$ ならば $\varphi(r)$ は $(m-1)$ 項関係に帰着する. 例えば $x_1 \in E_F, m \geq 4$ のとき

$$\varphi(\widetilde{\sigma}\widetilde{\begin{pmatrix} u_1 & x_1 \\ 0 & 1 \end{pmatrix}}\widetilde{\sigma}\widetilde{\begin{pmatrix} u_2 & x_2 \\ 0 & 1 \end{pmatrix}}\widetilde{\sigma}\widetilde{\begin{pmatrix} u_3 & x_3 \\ 0 & 1 \end{pmatrix}}\widetilde{\sigma}\cdots\widetilde{\sigma}\widetilde{\begin{pmatrix} u_m & x_m \\ 0 & 1 \end{pmatrix}})$$
$$= \begin{pmatrix} u_1^{-1}u^{-1} & -u_1^{-1} \\ 0 & u \end{pmatrix} \varphi(\widetilde{\sigma}\widetilde{\begin{pmatrix} 1 & -u^{-1} \\ 0 & 1 \end{pmatrix}}\widetilde{\begin{pmatrix} u_2 & x_2 \\ 0 & 1 \end{pmatrix}}\widetilde{\sigma}\widetilde{\begin{pmatrix} u_3 & x_3 \\ 0 & 1 \end{pmatrix}}\widetilde{\sigma}$$
$$\cdots\widetilde{\sigma}\widetilde{\begin{pmatrix} u_m & x_m \\ 0 & 1 \end{pmatrix}}\begin{pmatrix} u_1^{-1}u^{-1} & -u_1^{-1} \\ 0 & u \end{pmatrix}) \quad (7.18)$$
$$+ \begin{pmatrix} u_1^{-1} & 0 \\ 0 & 1 \end{pmatrix} B(u) + \varphi((\widetilde{\sigma}\widetilde{\begin{pmatrix} u_1 & 0 \\ 0 & 1 \end{pmatrix}})^2)$$

が成り立つ. ここに $u = u_1^{-1}x_1$ である.

実際の計算には分解 (6.7) を使うのが便利である. $\varphi \in H^1(R^*, V)^{\Gamma^*,+}$ と仮定する. このとき $\varphi(\widetilde{\sigma}^2) = 0$ と (6.6) により

$$-\varphi((\widetilde{\sigma}\widetilde{\tau})^3) = \varphi(\widetilde{\tau}^{-1}\widetilde{\sigma}\widetilde{\tau}^{-1}\widetilde{\sigma}\widetilde{\tau}^{-1}\widetilde{\sigma}) = \tau^{-1}\varphi((\widetilde{\sigma}\widetilde{\tau}^{-1})^3)$$
$$= \tau^{-1}\varphi(((\widetilde{\sigma}\widetilde{\tau})^3)_\delta) = \tau^{-1}\delta\varphi((\widetilde{\sigma}\widetilde{\tau})^3)$$

であるから

$$(\delta\tau+1)B=0$$

を得る．同様にして

$$(\delta-1)A=0$$

がわかる．

計算機を用いて次の事実が確かめられる．

実験事実 7.2 $0\leq l_2\leq l_1\leq 20$ とする．φ が δ の作用でプラス空間にありかつ (7.4) をみたすという状況を保ちつつ, $h|R^*, h\in H^1(\mathcal{F}^*,V)$ を φ に加えて $B=0$ とできる．

よって問題は $A=\varphi((\widetilde{\sigma}\widetilde{\nu})^2)$ に対する制約条件を見出すことである．自明な制約条件 $(\sigma\nu-1)A=0$ に注意する．$x=\begin{pmatrix}\epsilon & -\epsilon^2 \\ 2 & -\epsilon^2\end{pmatrix}\tau$ とおき (7.12) で定義される Z_3 を考える．明らかに $xZ_3=Z_3$ が成り立つ．公式 (7.13a)〜(7.18) を使うと Z_3 は A で表されることがわかる．よって $xZ_3=Z_3$ は A についての制約条件であるが, この条件を同じ記号 $xZ_3=Z_3$ で表す．そこで

$$Z_A^+=\{\mathbf{v}\in V\mid (\sigma\nu-1)\mathbf{v}=0,\ (\delta-1)\mathbf{v}=0,\ xZ_3=Z_3\} \tag{7.19}$$

とおく．

線型写像

$$\zeta^+:Z_A^+\longrightarrow \mathbf{C}^{l_2+1} \tag{7.20}$$

を次のように定義する．$\mathbf{v}\in Z_A^+$ をとる．$(l_1-l_2)/2+1\leq m\leq (l_1+l_2)/2+1$ に対して, $\mathbf{e}_{l_1+2-m}\otimes \mathbf{e}'_{(l_1+l_2)/2+2-m}$ の $(1+\nu^{-1})\mathbf{v}$ における係数を $\zeta^+(\mathbf{v})$ の $(l_1+l_2)/2+2-m$ 番目の係数とする．(この意味は 6 節の終わりと (7.6) を参照．)

例 7.3 $l_1=8, l_2=4$ と取る．このとき $\dim S_{10,6}(\Gamma)=1$ である．[*2)] $\zeta^+(Z_A^+)$ は一次元であり ${}^t(4,0,1,0,4)$ のスカラー倍からなることがわかる．よって

$$R(7,\Omega)/R(5,\Omega)=4, \qquad \Omega\in S_{10,6}(\Gamma).$$

[*2)] 次元については清水の公式 [Sh] が使えるが, 著者は, Jacquet-Langlands-Shimizu 対応 (X, 例 7.1) を用いて, 四元数環上の保型形式の次元を代数的に計算した．

を得る.

例 7.4 例 7.3 と同様にして次の値を得る.

$$R(9,\Omega)/R(7,\Omega) = 6, \qquad \Omega \in S_{14,6}(\Gamma).$$
$$R(6,\Omega)/R(4,\Omega) = \frac{25}{6}, \qquad \Omega \in S_{8,8}(\Gamma).$$
$$R(8,\Omega)/R(6,\Omega) = 7, \qquad \Omega \in S_{12,8}(\Gamma).$$
$$R(10,\Omega)/R(8,\Omega) = \frac{720}{11}, \qquad \Omega \in S_{12,10}(\Gamma).$$

この例に現れるカスプ形式の空間は全て一次元である.

$\dim S_{l_1+2, l_2+2}(\Gamma) > 1$ の場合を扱うには Hecke 作用素を使う必要がある. このために $H^1(\mathcal{F}^*, V)$ から Z_A^+ への寄与を考える. $h \in Z^1(\mathcal{F}^*, V)$ をとり

$$h(\widetilde{\sigma}) = S, \qquad h(\widetilde{\nu}) = U, \qquad h(\widetilde{\tau}) = T$$

とおく. $h|R^*$ が元 (ĩ), (ĩi), (ĩv), (ṽ) で消えることを要求する. このための条件は

$$(\sigma + 1)S = 0, \tag{7.21}$$

$$\{(\sigma\tau)^2 + \sigma\tau + 1\}(\sigma T + S) = 0 \tag{7.22}$$

と (7.7), (7.8) である.

$$h((\widetilde{\sigma}\widetilde{\nu})^2) = (\sigma\nu + 1)(\sigma U + S)$$

である. $(\delta - 1)A = 0$ に対応する条件

$$(\delta - 1)(\sigma\nu + 1)(\sigma U + S) = 0 \tag{7.23}$$

を課す. B_A^+ は S, T, U が関係 (7.7), (7.8), (7.21), (7.22), (7.23) をみたす V のベクトルを走ったとき $(\sigma\nu + 1)(\sigma U + S)$ で生成される V の部分空間とする. $B_A^+ \subset Z_A^+$ であり, 第 6 節の結果から

$$\begin{aligned}\zeta^+(B_A^+) &= \{0\}, & l_1 \neq l_2 \text{ のとき}, \\ \dim \zeta^+(B_A^+) &\leq 1, & l_1 = l_2 \text{ のとき}\end{aligned} \tag{7.24}$$

がわかる. 計算機を用いて次の事実が確かめられる.

実験事実 7.5 $0 \leq l_2 \leq l_1 \leq 20$ とする. このとき $\dim S_{l_1+2,l_2+2}(\Gamma) = \dim Z_A^+/B_A^+$.

この事実は $A = \varphi((\widetilde{\sigma}\widetilde{\nu})^2)$ に課せられた制約条件 (7.19) が十分であることを意味している.

例 7.6 $l_1 = 12, l_2 = 8$ と取る. $\dim S_{14,10}(\Gamma) = 2$ である. (7.11) を用いて $T(2)$ の Z_A^+/B_A^+ への作用を計算することにより固有値は $-2560 \pm 960\sqrt{106}$ であることがわかる. 固有値 $-2560 + 960\sqrt{106}$ に属する Z_A^+/B_A^+ の固有ベクトルをとり ζ^+ で写せば, $0 \neq \Omega \in S_{14,10}(\Gamma), \Omega|T(2) = (-2560 + 960\sqrt{106})\Omega$ に対し

$$R(11,\Omega)/R(7,\Omega) = 1616 - 76\sqrt{106}, \quad R(9,\Omega)/R(7,\Omega) = \frac{58}{3} - \frac{5}{6}\sqrt{106}$$

を得る. $0 \neq \Omega \in S_{14,10}(\Gamma), \Omega|T(2) = (-2560 - 960\sqrt{106})\Omega$ に対しては

$$R(11,\Omega)/R(7,\Omega) = 1616 + 76\sqrt{106}, \quad R(9,\Omega)/R(7,\Omega) = \frac{58}{3} + \frac{5}{6}\sqrt{106}$$

を得る. 本書では解説しないが, minus part の元 f^- を用いて計算すると $0 \neq \Omega \in S_{14,10}(\Gamma), \Omega|T(2) = (-2560 + 960\sqrt{106})\Omega$ に対しては

$$R(10,\Omega)/R(8,\Omega) = 50 - \sqrt{106},$$

$0 \neq \Omega \in S_{14,10}(\Gamma), \Omega|T(2) = (-2560 - 960\sqrt{106})\Omega$ に対しては

$$R(10,\Omega)/R(8,\Omega) = 50 + \sqrt{106}$$

を得る. $\Omega \in S_{14,10}(\Gamma)$ は Hecke 作用素の共通固有関数とする. (6.8) により $L(m,\Omega)$ が critical value である範囲は $3 \leq m \leq 11$ である. 函数等式 (4.8) は $L(s,\Omega) = L(14-s,\Omega)$ であるから, critical line $\mathrm{Re}(s) = 7$ の右側にある全ての critical value を扱ったことになる.

例 7.7 $l_1 = l_2 = 18$ と取る. $\dim S_{20,20}(\Gamma) = 7$ である. (7.11) を用いて $T(2)$ の Z_A^+/B_A^+ への作用を計算すると $T(2)$ の固有多項式は

$$(X - 97280)^2(X + 840640)(X^4 - 1286780X^3 + 19006483200X^2$$
$$+ 27181090390835200X - 22979876427231395840000)$$

であることがわかる. ここに四次の既約因子は $S_{20}(\Gamma_0(5), (\frac{\cdot}{5}))$ からの base change 部分に対応する. $X + 840640$ は $S_{20}(\mathrm{SL}_2(\mathbf{Z}))$ からの base change 部分に対応す

る (base change については X, 例 7.2 参照). 因子 $(X - 97280)^2$ は base change から来ない部分 (非 base change 部分) に対応する. $\Omega \in \dim S_{20,20}(\Gamma)$ は非 base change 部分に属する Hecke 作用素の共通固有函数とする. plus part について計算して

$$R(18, \Omega)/R(10, \Omega) = 39355680000, \qquad R(16, \Omega)/R(10, \Omega) = 33163650,$$

$$R(14, \Omega)/R(10, \Omega) = \frac{1266460}{27}, \qquad R(12, \Omega)/R(10, \Omega) = \frac{26075}{216}.$$

を得る. minus part について計算して

$$R(17, \Omega)/R(11, \Omega) = \frac{111006792000}{803}, \qquad R(15, \Omega)/R(11, \Omega) = \frac{54618434}{365},$$

$$R(13, \Omega)/R(11, \Omega) = \frac{453159}{1606}.$$

を得る. 非 base change 部分は二次元で二つの Hecke 作用素の共通固有函数があるが, これらの比は同じである. この事実については [Y5] を参照されたい.

8. この章の結果について

保型形式の L 函数の critical value の計算について, いわゆる Rankin-Selberg convolution を用いる志村の方法 ([S1], [S2]) が知られている. これと cohomology を用いる方法との比較については, [Y5], 8 節を参照されたい. また [Y5] にはささやかながら, critical value に関係しない周期 ((5.16) の $P_{s,t}$) についての結果もある. 例 7.3 を計算する具体的な PARI/GP のプログラムは [Y6] にある.

付録　単因子論と $\mathrm{GL}(n)$ の共役類

R は単項イデアル整域とする．$a \in R$ に対し，イデアル aR を (a) と書く．次の基本定理の証明は代数学の標準的な教科書に大抵あるから確認されたい．

定理 1 M は有限生成 R 加群とする．このときイデアルの列 $R \supsetneq (a_1) \supset (a_2) \supset \cdots \supset (a_m) \neq (0)$, $a_i \in R$ と非負整数 r が一意的に定まって，$M \cong R^r \oplus R/(a_1) \oplus R/(a_2) \oplus \cdots \oplus R/(a_m)$ (R 加群として) となる．

$R = \mathbf{Z}$ のとき定理 1 は有限生成 Abel 群の基本定理である．単項イデアル整域は UFD (素元分解環) である．R の素元 p, q は $(p) = (q)$ であるとき同値であるという．$a, b \in R$ が互いに素であるとき，$R/(ab) \cong R/(a) \oplus R/(b)$ が成り立つ．この簡単な事実を用いれば，定理 1 において

$$R/(a_1) \oplus R/(a_2) \oplus \cdots \oplus R/(a_m) \cong \oplus_p M(p),$$
$$M(p) = R/(p^{e(1,p)}) \oplus \cdots \oplus R/(p^{e(k(p),p)}), \qquad e(1,p) \leq \cdots \leq e(k(p),p)$$

と一意的に分解されることがわかる．ここに p は R の素元の同値類の上を走る．$M(p)$ を M の p 準素成分 (p-primary component) という．$R = \mathbf{Z}$, p が素数で M が有限 Abel 群ならば，$M(p)$ は M の p-Sylow 部分群である．

第 V 章では次の定理の $\det A \neq 0$ の場合を用いた．

定理 2 $A \in M(n, R)$ に対し $D = \mathrm{diag}[d_1, d_2, \ldots, d_n]$, $(d_1) \supset (d_2) \supset \cdots \supset (d_n)$, $d_i \in R$ があって $\mathrm{GL}(n, R) A \mathrm{GL}(n, R) = \mathrm{GL}(n, R) D \mathrm{GL}(n, R)$ となる．A が与えられたとき，D に現れるイデアル (d_i), $1 \leq i \leq n$ は一意的に定まる．

イデアル (d_1), $\ldots$, (d_n) を A の単因子 (elementary divisor) という．定理 1 と定理 2 はほぼ同等である．

以下 F は体とする．F 上の一変数多項式環 $F[X]$ は単項イデアル整域である．

$V = F^n$ は F 上の n 次元ベクトル空間とする. V を縦ベクトルの成す空間とみる. 行列 $A \in M(n, F)$ が与えられたとき, V の $F[X]$ 加群としての構造を

$$Xv = Av, \qquad v \in V \tag{1}$$

で定める. このとき $F[X]$ 加群としての V を V_A と書くことにしよう.

定理 3 $A, B \in M(n, F)$ とする. $g \in \mathrm{GL}(n, F)$ があって $B = gAg^{-1}$ となるための必要十分条件は $F[X]$ 加群として $V_A \cong V_B$ となることである.

[証明] $B = gAg^{-1}$ とする. $\varphi : V_A \longrightarrow V_B$ を $\varphi(v) = gv$, $v \in V_A$ で定義する. このとき

$$\varphi(Xv) = \varphi(Av) = gAv = gAg^{-1}gv = B\varphi(v) = X\varphi(v)$$

であるから φ は $F[X]$ 加群としての同型 $V_A \cong V_B$ を与える. 逆に φ は V_A から V_B の上への $F[X]$ 加群としての同型とする. φ は F^n から F^n の上への同型であるから, $g \in \mathrm{GL}(n, F)$ があって $\varphi(v) = gv$, $v \in V_A$ となる. このとき

$$\varphi(Xv) = gAv = X\varphi(v) = Bgv, \qquad v \in V_A$$

ゆえ, $gA = Bg$ を得る. □

系 A と B が $\mathrm{GL}(n, F)$ で共役であるための必要十分条件は $F[X]$ 加群として $V_A \cong V_B$ となることである.

定理 1 により, $\dim_F F[X] = \infty$ ゆえ $F[X]^m$ の成分は現れず, V_A はその準素成分の直和になる. $F[X]$ の素元は既約多項式であり, 素元の同値類の代表としてモニックな既約多項式がとれる. よって

$$V_A \cong \oplus_f F[X]/(f^{e(1,f)}) \oplus \cdots \oplus F[X]/(f^{e(k(f),f)}) \tag{2}$$

を得る. ここに f は $F[X]$ のモニックな既約多項式を走り, $e(1, f) \leq \cdots \leq e(k(f), f)$ である. V_A を (2) のように書くとき, A の最小多項式が $\prod_f f(X)^{e(k(f),f)}$ に等しいことは明らかである.

定理 4 $A, B \in \mathrm{GL}(n, F)$ とする. K は F の拡大体とする. A と B が $\mathrm{GL}(n, F)$ で共役であるための必要十分条件は A と B が $\mathrm{GL}(n, K)$ で共役であることである.

[証明] A と B が $\mathrm{GL}(n,K)$ で共役ならば, $\mathrm{GL}(n,F)$ で共役であることを示せばよい. K^n を $Xv = Av$ により $K[X]$ 加群とみたものを $\bar{V}_A$ と書く. このとき $\bar{V}_A = V_A \otimes_{F[X]} K[X]$ である. 定理3の系により, $\bar{V}_A \cong \bar{V}_B$ から $V_A \cong V_B$ が従うことを示せばよい. V_A を (2) のように書く. $f = \prod_{i=i}^{l} h_i^{c_i}$, $i \neq j$ ならば $h_i \neq h_j$ と $K[X]$ でモニックな既約多項式 h_i の積に分解する. V_A の f 準素成分 $V_A(f)$ は $F[X]/(f^{e(1,f)}) \oplus \cdots \oplus F[X]/(f^{e(k(f),f)})$ であるが, $\bar{V}_A$ の h_i 準素成分 $\bar{V}_A(h_i)$ は $K[X]/(h_i^{c_i e(1,f)}) \oplus \cdots \oplus K[X]/(h_i^{c_i e(k(f),f)})$ である. V_B の f 準素成分 $V_B(f)$ を $F[X]/(f^{d(1,f)}) \oplus \cdots \oplus F[X]/(f^{d(l(f),f)})$ とすると, $\bar{V}_B$ の h_i 準素成分 $\bar{V}_B(h_i)$ は $K[X]/(h_i^{c_i d(1,f)}) \oplus \cdots \oplus K[X]/(h_i^{c_i d(l(f),f)})$ である. $\bar{V}_A(h_i) \cong \bar{V}_B(h_i)$ から $k(f) = l(f)$, $e(j,f) = d(j,f)$, $1 \leq j \leq k(f)$ が得られ, $V_A(f) \cong V_B(f)$ がわかる. これが $F[X]$ の任意のモニックな既約多項式 f に対し成り立つから, $V_A \cong V_B$ を得る. □

$\overline{F}$ により F の代数的閉包を表す. $K = \overline{F}$ とおく. $A \in \mathrm{GL}(n,K)$ に対し, $Xv = Av$ で定まる $K[X]$ 加群 V_A を考える. (この加群は定理4の証明では $\bar{V}_A$ と書いたが混乱はあるまい.) $K[X]$ のモニックな既約多項式は一次式 $X - \lambda$, $\lambda \in K$ であるから, (2) は

$$V_A \cong \oplus_\lambda K[X]/((X-\lambda)^{e(1,\lambda)}) \oplus \cdots \oplus K[X]/((X-\lambda)^{e(k(\lambda),\lambda)}), \quad (3)$$

$e(1,\lambda) \leq \cdots \leq e(k(\lambda),\lambda)$ の形になる.

K 上のベクトル空間 $K[X]/((X-\lambda)^e)$ は e 次元で $\{1, (X-\lambda), \ldots, (X-\lambda)^{e-1}\}$ を基底としてとると,

$$X \begin{pmatrix} 1 \\ (X-\lambda) \\ \vdots \\ (X-\lambda)^{e-1} \end{pmatrix} = J(\lambda, e) \begin{pmatrix} 1 \\ (X-\lambda) \\ \vdots \\ (X-\lambda)^{e-1} \end{pmatrix}, \quad J(\lambda, e) = \begin{pmatrix} \lambda & 1 & & & \\ & \lambda & 1 & & \\ & & \ddots & \ddots & \\ & & & \lambda & 1 \\ & & & & \lambda \end{pmatrix}$$

である. これを用いて (3) から Jordan 標準形が得られる. 逆に $V_{J(\lambda,e)} \cong K[X]/((X-\lambda)^e)$ であるから, Jordan 標準形の一意性もわかる.

先に注意したように $\prod_\lambda (X-\lambda)^{e(k(\lambda),\lambda)}$ は A の最小多項式である. 他の指数 $e(i,\lambda)$ は

$$\mathrm{rank}(A-\lambda)^j = \sum_{\mu\neq\lambda} \dim V_A(X-\mu) + \sum_{i,e(i,\lambda)\geq j}(e(i,\lambda)-j), \qquad j\geq 1 \quad (4)$$

によって定めることができる．特に A と ${}^tA$ についてこの数値は一致するから，A と ${}^tA$ は $\mathrm{GL}(n,K)$ で共役である．定理 4 により，次の定理を得る．

定理 5 $A \in \mathrm{GL}(n,F)$ とする．A と ${}^tA$ は $\mathrm{GL}(n,F)$ で共役である．

次に $\mathrm{GL}(n,K)$ における共役類とその Zariski 閉包を調べよう．n^2 個の変数 $x_{ij}, 1\leq i,j\leq n$ を用意し，x_{ij} についての K 係数多項式を $\mathrm{GL}(n)$ 上の K 係数多項式という．F 係数多項式についても同様である．アフィン代数多様体，あるいはアフィン代数的集合をその K-有理点の集合と同一視する．このとき $X\subset \mathrm{GL}(n,K)$ の Zariski 閉包は，X で消える $\mathrm{GL}(n)$ の K 係数多項式全てが成す $K[x_{ij}, 1\leq i,j\leq n]$ のイデアルを考え，このイデアルの任意の多項式で消える点集合として定義される．F-Zariski 位相による閉包は X で消える $\mathrm{GL}(n)$ の F 係数多項式全てが成す $F[x_{ij}, 1\leq i,j\leq n]$ のイデアルを考え，このイデアルの任意の多項式で消える点集合として定義される．X の Zariski 位相による閉包を $\overline{X}$ で，F-Zariski 位相による閉包を $\overline{\overline{X}}$ で表す．$\overline{X}\subset \overline{\overline{X}}$ である．

二つの正整数の列 $(e_1,e_2,\ldots e_m)$, $(d_1,d_2,\ldots,d_n)$ で $e_1\leq e_2\leq \cdots \leq e_m$, $d_1\leq d_2\leq \cdots \leq d_n$ で $\sum_{i=1}^m e_i = \sum_{j=1}^n d_j$ をみたすものが与えられたとする．

$$\sum_{i,e_i\geq j}(e_i-j) \geq \sum_{i,d_i\geq j}(d_i-j), \qquad \forall j\geq 1$$

が成り立つとき，$(e_1,e_2,\ldots,e_m)\geq (d_1,d_2,\ldots,d_n)$ と定義する．$\geq$ は明らかに順序関係である．

$A,B\in \mathrm{GL}(n,K)$ とする．A,B の共役類を $C(A), C(B)$ と書く．$C(A) = \{gAg^{-1} \mid g\in \mathrm{GL}(n,K)\}$ である．V_A, V_B の $X-\lambda$ 準素成分を

$$V_A(X-\lambda) \cong K[X]/((X-\lambda)^{e(1,\lambda)}) \oplus \cdots \oplus K[X]/((X-\lambda)^{e(k(\lambda),\lambda)}), \quad (5)$$

$$V_B(X-\lambda) \cong K[X]/((X-\lambda)^{d(1,\lambda)}) \oplus \cdots \oplus K[X]/((X-\lambda)^{d(l(\lambda),\lambda)}), \quad (6)$$

$e(1,\lambda)\leq \cdots \leq e(k(\lambda),\lambda)$, $d(1,\lambda)\leq \cdots \leq d(l(\lambda),\lambda)$ と書く．全ての $X-\lambda$ 準素成分に対し $(e(1,\lambda),\ldots,e(k(\lambda))) \geq (d(1,\lambda),\ldots,d(l(\lambda)))$ が成り立つとき，$C(A) \geq C(B)$ と定義する．$\geq$ は $\mathrm{GL}(n,K)$ の共役類の間の順序関係である．$A\in M(n,K)$ に対し $f_A(X)$ により A の最小多項式を表す．

定理 6 $A \in \mathrm{GL}(n, K)$ とする. $C(A)$ の Zariski 閉包を $\overline{C(A)}$ と書く. $\overline{C(A)} = \bigcup_{C(B) \leq C(A)} C(B)$ が成り立つ.

[証明] V_A を (3) の形に書く. (4) の右辺の数を $r(j, \lambda)$ とする. $Z \in \mathrm{GL}(n, K)$ が $C(A)$ に属する条件は

$$f_Z(X) = \prod_\lambda (X - \lambda)^{e(k(\lambda), \lambda)}, \tag{7}$$

$$\mathrm{rank}(Z - \lambda)^j = r(j, \lambda), \quad j \geq 1 \tag{8}$$

である. 条件 (8) は $(Z - \lambda)^j$ のサイズが $r(j, \lambda) + 1$ 以上の全ての小行列式が消え, あるサイズが $r(j, \lambda)$ の全ての小行列式が消えないという条件である. 第一は Z についての多項式条件であり, 第二はサイズが $r(j, \lambda)$ の全ての小行列式が消えることで定まる Zariski 閉集合の補集合に属するという条件である. また $f_Z(Z) = \prod_\lambda (Z - \lambda)^{e(k(\lambda), \lambda)} = 0$ は多項式条件である. よって B が $\overline{C(A)}$ に属する必要十分条件は

$$f_B(Z) \mid \prod_\lambda (X - \lambda)^{e(k(\lambda), \lambda)}, \tag{9}$$

$$\mathrm{rank}(B - \lambda)^j \leq r(j, \lambda), \quad j \geq 1, \ \forall \lambda \tag{10}$$

で与えられる. j が十分大きいときの (10) から $\dim V_B(X - \lambda) \leq \dim V_A(X - \lambda)$ が得られるが, $\sum_\lambda \dim V_A(X - \lambda) = \sum_\lambda \dim V_B(X - \lambda) = n$ から, 全ての λ について $\dim V_A(X - \lambda) = \dim V_B(X - \lambda)$ がわかる. $V_B(X - \lambda)$ を (6) の形に書くとき, (10) から各 λ に対し

$$\sum_{i, e(i, \lambda) \geq j} (e(i, \lambda) - j) \geq \sum_{i, d(i, \lambda) \geq j} (d(i, \lambda) - j), \quad j \geq 1$$

が得られる. よって $C(B) \leq C(A)$ が $C(B) \subset \overline{C(A)}$ となるための必要十分条件であり, 定理は証明された. □

次に $A \in \mathrm{GL}(n, F)$ とし $C(A)$ の F-Zariski 位相による閉包 $\overline{\overline{C(A)}}$ を考える. $F[X]$ 加群 V_A は (1) によって定義する. $K = \overline{F}$ のときに考えていた $K[X]$ 加群は $V_A \otimes_{F[X]} K[X]$ である. $f \in F[X]$ をモニックな既約多項式とすれば

$$V_A \cong \oplus_f V_A(f), \quad V_A(f) \cong F[X]/(f^{e(1,f)}) \oplus \cdots \oplus F[X]/(f^{e(k(f),f)}) \tag{11}$$

の形である．ここに f は $F[X]$ のモニックな既約多項式を走り，$e(1,f) \leq \cdots \leq e(k(f),f)$ である．$f(X) = \prod_\lambda (X-\lambda)^{c(\lambda)}$ と $K[X]$ で一次因子の積に分解すれば，$V_A \otimes_{F[X]} K[X]$ の $X - \lambda$ 準素成分は

$$(V_A \otimes_{F[X]} K[X])(X-\lambda)$$
$$\cong K[X]/((X-\lambda)^{c(\lambda)e(1,f)}) \oplus \cdots \oplus K[X]/((X-\lambda)^{c(\lambda)e(k(f),f)})$$

で与えられる．ゆえに $Z \in \mathrm{GL}(n,K)$ が $C(A)$ に属する条件は $e(i(\lambda),i) = c(\lambda)e(i,f)$ とおいて，定理 6 の証明中の (7), (8) で与えられる．(7) から従う $f_Z(Z) = f_A(Z) = 0$ は F 係数の多項式条件である．(8) から得られる F 係数の多項式条件はある非負整数 $r(f,j)$ により $\mathrm{rank}(f(Z)^j) = r(f,j), j \geq 1$ によって表すことができる．このことに注意すれば定理 6 と同様にして次の定理を得る．

定理 7 $A \in \mathrm{GL}(n,F)$ とする．$C(A)$ の F-Zariski 位相による閉包を $\overline{C(A)}$ と書く．$\overline{C(A)} = \bigcup_B C(B)$ が成り立つ．ここに B は $\mathrm{GL}(n,K)$ の元で $f_A(B) = 0$, $\mathrm{rank}(f(B)^j) \leq r(f,j), j \geq 1$ をみたすものの上を走る．

次に F は非 Archimedes 局所体とする．$A \in \mathrm{GL}(n,F)$ に対し $c(A) = \{gAg^{-1} \mid g \in \mathrm{GL}(n,F)\}$ を A の共役類とする．このときは次の定理を得る．

定理 8 $A \in \mathrm{GL}(n,F)$ とする．$c(A)$ の p 進位相による閉包を $\widetilde{c(A)}$ と書く．$\widetilde{c(A)} = \bigcup_B c(B)$ が成り立つ．ここに B は $\mathrm{GL}(n,F)$ の元で $f_A(B) = 0$, $\mathrm{rank}(f(B)^j) \leq r(f,j), j \geq 1$ をみたすものの上を走る．

［証明］ p 進位相は F-Zariski 位相より強いから，$\widetilde{c(A)} \subset \overline{C(A)}$ が成り立つ．$\overline{C(A)}$ の F-有理点の集合において $c(A)$ は p 進位相で稠密であるから定理 7 により結論を得る． □

文 献

第 I 章

[B] M. V. Berry, Semiclassical formula for the number variance of the Riemann zeros, Nonlinearity 1 (1988), 399–407.
[E] H. M. Edwards, Riemann's zeta function, Academic Press, 1974.
[F] A. Fujii, On the Berry conjecture, J. Math. Kyoto Univ. 37 (1997), 55–98.
[Me] M. L. Mehta, Random matrices, second edition, Academic Press, 1991.
[Mo] H. L. Montgomery, The pair correlation of zeros of the zeta function, Proc. Symp. Pure Math. 24 (1973), 181–193.
[MV] H. L. Montgomery and R. C. Vaughan, Multiplicative number theory I. Classical theory, Cambridge studies in advanced mathematics 97, Cambridge University Press, 2007.
[R] B. Riemann, Ueber die Anzahl der Primzahlen unter einer gegebenen Grösse, Werke, No. VII.
[Sc] シュワルツ, 超函数の理論, 原書第 3 版, 岩波書店, 1971.
[Sh] G. Shimura, L-functions and eigenvalue problems, Algebraic analysis, geometry, and number theory, Proceedings of the JAMI Conference 1988, Supplement to the American Journal of Mathematics, 1989, 341–396.
[T] E. C. Titchmarsh, The theory of the Riemann Zeta-function, Revised by D. R. Heath-Brown, Oxford University Press, 1986.
[W] A. Weil, Sur les "formules explicites" de la théorie des nombres premiers, Comm. Lund. (1952), 252–267.
[WW] E. T. Whittaker and G. N. Watson, A course of modern analysis, fourth edition, Cambridge University Press, 1921.
[Y] H. Yoshida, On hermitian forms attached to zeta functions, Adv. Stud. in pure math. 21 (1992), 281–325.

第 II 章

[H] E. Hecke, Über Modulfunktionen und die Dirichletchen Reihen mit Eulerscher Entwicklung I, Math. Ann. 114 (1937), 1–28, II, Math. Ann. 114 (1937), 316–351.
[I] N. Iwahori, On the structure of a Hecke ring of a Chevalley group over a finite field, J. Fac. of Sci. Univ. Tokyo, 10 (1964), 215–236.
[S1] G. Shimura, Sur les intégrales attachées aux formes automorphes, J. Math. Soc. Japan 11 (1959), 291–311 (= Collected Papers I, [59c]).

[S2]   G. Shimura, Introduction to the Arithmetic Theory of Automorphic Functions, Iwanami Shoten and Princeton University Press, 1971.

第 III 章

[A]   L. V. Ahlfors, Complex analysis, Third edition, McGraw-Hill, 1979.
[BCDT]   C. Breuil, B. Conrad, F. Diamond, and R. Taylor, On the modularity of ellipic curves over $\mathbf{Q}$: wild 3-adic exercises, J. of Amer. Math. Soc. 14 (2001), 843–939.
[D1]   P. Deligne, La conjecture de Weil I, Publ. Math. I. H. E. S. 43 (1974), 273–307.
[D2]   P. Deligne, La conjecture de Weil II, Publ. Math. I. H. E. S. 52 (1980), 137–252.
[GH]   P. Griffiths and J. Harris, Principles of algebraic geometry, John Wiley & Sons, 1978.
[Hi]   H. Hida, Elliptic curves and arithmetic invariants, Springer Monographs in Mathematics, Springer Verlag, 2013.
[Hur]   A. Hurwitz, Ueber die Entwickelungskoefficienten der lemniskatischen Funktionen, Math. Ann. 51 (1898), 196–226.
[L]   S. Lang, Some history of the Shimura-Taniyama conjecture, Notices of AMS. 42 (1995), 1301–1307.
[M]   T. Miyake, Modular forms, second edition, Springer Monographs in Mathematics, Springer Verlag, 2006.
[PARI2] PARI/GP, version 2.3.4, Bordeaux, 2008, http://pari.math.u-bordeaux.fr/.
[R]   S. Ramanujan, On certain arithmetical functions, Trans. Cambridge Phil. Soc., 22 (1916), 159–184 (=Collected Papers, 136–162).
[S1]   G. Shimura, Abelian varieties with complex multiplication and modular functions, Princeton Math. Ser., 46, Princeton University Press, 1998.
[S2]   G. Shimura, Elementary Diriclet series and modular forms, Springer Monographs in Mathematics, Springer Verlag, 2007.
[S3]   志村五郎, 記憶の切繪図, 筑摩書房, 2008. (E-book で入手可能.)
[S4]   G. Shimura, Arithmetic of quadratic forms, Springer Monographs in Mathematics, Springer Verlag, 2010.
[S5]   G. Shimura, Modular forms: Basics and beyond, Springer Monographs in Mathematics, Springer Verlag, 2012.
[Se]   J-P. Serre, Facteurs locaux des fonctions zêta des variétes algébriques, Séminaire Delange-Pisot-Poitou, 1969/70, N°19.
[SGA4]   M. Artin, A. Grothendieck, J. -L. Verdier, Théorie des topos et cohomologie étale des schémas, Lecture Notes in Mathematics. 269, 270, 305, Springer Verlag, 1972–73.
[SGA5]   A. Grothendieck, Cohomologie ℓ-adique et fonctions L, Lecture Notes in Mathematics. 589, Springer Verlag, 1977.
[Si]   C. L. Siegel, Topics in complex function theory, vol. I, Wiley & Sons, Inc., 1969.
[TW]   R. Taylor and A. Wiles, Ring-theoretic properties of certain Hecke algebras, Ann. of Math. 141 (1995), 553–572.

[W] A. Weil, Numbers of solutions of equations in finite fields, Bull. Amer. Math. Soc. 55 (1949), 497–508.
[Wi] A. Wiles, Modular elliptic curves and Fermat's last theorem, Ann. of Math. 141 (1995), 443–551.
[Y] H. Yoshida, Absolute CM-periods, Math. Surveys Monogr., 106, Amer. Math. Soc., 2003.

第 IV 章

[A] J. V. Armitage, On a theorem of Hecke in number fields and function fields, Inv. Math. 2 (1967), 238–246.
[B] A. Borel, Linear algebraic groups, second enlarged edition, Graduate Texts in Mathematics 126, Springer Verlag, New York-Berlin-Heidelberg, 1991.
[C] C. Chevalley, Theory of Lie groups, Princeton University Press, 1946.
[He] E. Hecke, Algebraische Zahlen, Chelsea, New York, 1970. (初版は Leipzig にて 1923 年に出版.)
[Hu] J. E. Humphreys, Linear algebraic groups, Graduate texts in mathematics 21, Springer-Verlag, New York-Heidelberg-Berlin, 1975.
[I] 岩澤健吉, 局所類体論, 岩波書店, 1980.
[K1] M. Kneser, Starke Approximation in algebraischen Gruppen I, J. Reine Angew. Math. 218 (1965), 190–205.
[K2] M. Kneser, Strong approximation, Proc. Sympos. Pure Math. 6 (1966), 187–196.
[P] ポントリャーギン, 連続群論 上, 岩波書店, 1957.
[Pr] G. Prasad, Strong approximation for semi-simple groups over function fields, Ann. of Math. 105 (1977), 553–572.
[S] T. A. Springer, Linear algebraic groups, second edition, Birkhäuser, Boston-Basel-Berlin, 1998.
[T] 高木貞治, 解析概論, 改訂第三版 (軽装版), 岩波書店, 1983.
[W1] A. Weil, L'intégration dans les groupes topologiques et ses applications, deuxième edition, Hermann, Paris, 1965.
[W2] A. Weil, Adeles and algebraic groups, Progress in Mathematics 23, Birkhäuser, 1982.
[W3] A. Weil, Basic Number theory, Reprint of the second (1973) edition, Classics in Mathematics, Springer Verlag, Berlin, 1995.

第 V 章

[BT] A. Borel and J. Tits, Groupes réductifs, Publ. Math. IHES 27 (1965), 55–150.
[BZ] I. N. Bernstein and A. V. Zelevinski, Representations of the group $GL(n, F)$, where F is a local non-archimedean field, Russian Math. Surveys 31: 3 (1976), 1–68.
[Car] P. Cartier, Representations of p-adic groups: A survey, Proc. Sympos. Pure Math. 33 (1979), part 1, 111–155.
[Cas] W. Casselman, Introduction to the theory of admissible representations of p-adic

[CS]   reductive groups, preprint (available from web).
[CS]   W. Casselman and J. Shalika, The unramified principal series of p-adic groups I. The spherical function, Comp. Math. 40 (1980), 387–406.
[Ha]   Harish-Chandra (Notes by G. van Dijk), Harmonic analysis on reductive p-adic groups, Lecture Notes in Mathematics. 162, Springer Verlag, 1970.
[Hi]   H. Hijikata, On the structure of semi-simple algebraic groups over valuation fields I, Japan. J. Math 1 (1975), 225–300.
[Sa]   I. Satake, Theory of spherical functions on reductive algebraic groups over p-adic fields, Publ. Math. IHES 18, 229–293 (1963).
[Si]   A. J. Silberger, Introduction to harmonic analysis on reductive P-adic groups, Mathematical Notes 23, Princeton University Press, 1979.
[Sp]   T. A. Springer, Reductive groups, Proc. of Symposia Pure Math. 33 (1979), 3–27.
[Ta]   T. Tamagawa, On Selberg's trace formula, J. of Fac. Sci. Univ. of Tokyo, 8 (1960), 363–386.
[Ti]   J. Tits, Reductive groups over local fields, Proc. Sympos. Pure Math. 33 (1979), part 1, 29–69.
[W]   G. Warner, Harmonic analysis on semi-simple Lie groups I, Grundlehren der mathematischen Wissenschaten 188, 1972, Springer Verlag.

第 VI 章

[B]   I. -N. Bernstein (rédigé par P. Deligne), Le "centre" de Bernstein, in Représentations des groupes réductifs sur un corps local, 1–32, J. -N. Bernstein, P. Deligne, D. Kazhdan, M, -F. Vigneras, Travaux en cours, Hermann, Paris, 1984.
[BH]   A. Borel and Harish-Chandra, Arithmetic subgroups of algebraic groups, Ann. of Math. 75 (1962), 485–535.
[BJ]   A. Borel and H. Jacquet, Automorphic forms and automorphic representations, Proc. Sympos. Pure Math. 33 (1979), part 1, 189–202.
[BW]   A. Borel and N. Wallach, Continuous cohomology, discrete subgroups, and representations of reductive groups, Ann. Math. Studies 94, Princeton University Press, 1980.
[F]   D. Flath, Decomposition of representations into tensor products, Proc. Sympos. Pure Math. 33 (1979), part 1, 179–183.
[KV]   A. W. Knapp and D. A. Vogan, Cohomological induction and unitary representations, Princeton University Press, 1995.
[L1]   R. P. Langlands, On the functional equations satisfied by Eisenstein series, Lecture Notes in Mathematics 544, Springer-Verlag, 1976.
[L2]   R. P. Langlands, On the notion of an automorphic representation, Proc. Sympos. Pure Math. 33 (1979), part 1, 201–207.
[V]   D. A. Vogan, Representations of real reductive Lie groups, Progress in Mathe-

matics 15, Birkhäuser, 1981.

第 VII 章

[CC] H. Cartan and C. Chevalley, Géométrie Algébrique, Séminaire Cartan-Chevalley, Sécretariat Math., Paris (1955/56).
[CP] J. W. Cogdell and I. I. Piatetski–Shapiro, Converse theorems for GL_n, Publ. Math. I. H. E. S., 79 (1994), 157–214.
[EGA4] A. Grothendieck and J. Dieudonné, Eléments de Géométrie Algébrique IV (Prèmiere Partie), Publ. Math. IHES 20 (1964).
[G] D. Goldfeld, Automorphic forms and L-functions for the group $GL(n, \mathbf{R})$, With an appendix by K. A. Broughan, Cambridge Studies in Advanced Mathematics, 99, Cambridge University Press, Cambridge, 2006.
[GJ] R. Godement and H. Jacquet, Zeta functions of simple algebras, Lecture Notes in Mathematics 260, Springer-Verlag, 1972.
[GK] I. M. Gelfand and D. I. Kajdan, Representations of the group $GL(n, K)$ where K is a local field, Lie groups and their representations (Proc. Summer School of Bolyai Janos Math. Soc., Budapest, 1971), 95–118, Halsted, New York, 1975.
[JS1] H. Jacquet and J. A. Shalika, On Euler products and classification of automorphic representation I, Amer. J. of Math. 103 (1981), 499–558.
[JS2] H. Jacquet and J. A. Shalika, On Euler products and classification of automorphic representation II, Amer. J. of Math. 103 (1981), 777–815.
[R] R. R. Rao, Orbital inregrals in reductive groups, Ann. of Math. 96 (1972), 505–510.
[S] J. A. Shalika, The multiplicity one theorem for GL_n, Ann. of Math. 100 (1974), 171–193.
[SS] T. A. Springer and R. Steinberg, Conjugacy classes, Lecture notes in Mathematics 131, 167–266, Springer-Verlag 1970.

第 VIII 章

[G] R. Godement, Notes on Jacquet-Langlands' theory, Lecture notes at the Institute for advanced study, 1970.
[JL] H. Jacquet and R. P. Langlands, Automorphic forms on $GL(2)$, Lecture notes in mathematics 114, Springer-Verlag, 1970.

第 IX 章

[AL] A. O. L. Atkin and J. Lehner, Hecke operators on $\Gamma_0(m)$, Math. Ann. 185 (1970), 134–160.
[C1] W. Casselman, On some results of Atkin and Lehner, Math. Ann. 201 (1973), 301–314.
[C2] W. Casselman, The restriction of a representation of $GL_2(k)$ to $GL_2(\mathfrak{o})$, Math. Ann. 206 (1973), 311–318.
[C3] W. Casselman, An assortment of results on representations of $GL_2(k)$, 1–54, Lecture Notes in Mathematics 349, Springer Verlag, 1973.

[D]   P. Deligne, Le support du caractere d'une representation supercuspidale, C. R. Acad. Sci. Paris Ser. A-B 283 (1976), no. 4, Aii, A155–A157.

[M]   T. Miyake, On automorphic forms on GL_2 and Hecke operators, Ann. of Math. 94 (1971), 174–189.

[Y1]   H. Yoshida, On extraordinary representations of GL_2, Algebraic number theory, Proc. International Symp. Kyoto, 1976, Kinokuniya, 291–303.

[Y2]   H. Yoshida, On a certain distribution on $GL(n)$ and explicit formulas, Proc. Japan Acad. Ser. A., 63 (1987), 396–399.

[Y3]   吉田敬之, Explicit formula と群指標の一性質, 幾何と保型形式研究集会報告集, 1988年2月, 東北大学理学部, 210–228.

第 X 章

[A1]   J. Arthur, Unipotent automorphic representations: Conjectures, Astérisque, 171–172 (1989), 13–71.

[A2]   J. Arthur, A note on L-packets, Pure and applied Mathematics Quarterly 2 (2006), 199–217.

[AT]   E. Artin and J. Tate, Class field theory, Benjamin, New York, 1968.

[Bo]   A. Borel, Automorphic L-functions, Proc. Sympos. Pure Math. 33 (1979), part 2, 27–61.

[Bou1] N. Bourbaki, Groupes et algèbres de Lie, Chapitres 4, 5 et 6, Masson, Paris, 1981.

[Bou2] N. Bourbaki, Groupes et algèbres de Lie, Chapitres 7 et 8, Diffusion C. C. L. S., Paris, 1975.

[BT]   A. Borel and J. Tits, Complément à l'article "Groupes réductifs", Publ. Math. IHES 27 (1972), 253–276.

[CKPS1] J. W. Cogdell, H. H. Kim, I. I. Piatetski–Shapiro and F. Shahidi, On lifting from classical groups to GL_N, Publ. Math. IHES 93 (2001), 5–30.

[CKPS2] J. W. Cogdell, H. H. Kim, I. I. Piatetski–Shapiro and F. Shahidi, Functoriality for the classical groups, Publ. Math. IHES 99 (2004), 163–233.

[D]   P. Deligne, Les constantes des équations fonctionnelles des fonctions L, 501–597, Lecture Notes in Mathematics 349, Springer Verlag, 1973.

[DN]   K. Doi and H. Naganuma, On the functional equation of certain Dirichlet series, Inv. Math. 9 (1969), 1–14.

[GJ]   S. Gelbart and H. Jacquet, A relation between automorphic representations of $GL(2)$ and $GL(3)$, Ann. Sci. Ec. Norm. Sup. 11 (1978), 471–572.

[He]   G. Henniart, Une preuve simple des conjectures de Langlands pour $GL(n)$ sur un corps p-adique, Invent. math. 139 (2000), 439–455.

[HT]   M. Harris and R. Taylor, The geometry and cohomology of some simple Shimura varieties (with an appendix by V. G. Berkovich), Annales of Math. Studies 151, Princeton University Press, 2001.

[I]   T. Ikeda, On the lifting of elliptic cusp forms to Siegel cusp forms of degree $2n$,

[JPSS]   Ann. of Math. 154 (2001), 641–681.
H. Jacquet, I. I. Piatetskii-Shapiro and J. A. Shalika, Rankin-Selberg convolutions, Amer. J. Math. 105 (1983), 367–464.

[Ko] R. Kottwitz, Stable trace formula: cuspidal tempered terms, Duke Math. J. 51 (1984), 611–650.

[Ki] H. H. Kim, Functoriality for the exterior square of GL_4 and the symmetric fourth for GL_2, J. Amer. Math. Soc., 16 (2002), 139–183.

[KiS] H. H. Kim and F. Shahidi, Functorial products for $GL_2 \times GL_3$ and the symmetric cube for GL_2, Ann. Math. 155 (2002), 837–893.

[KoS] R. E. Kottwitz and D. Shelstad, Foundations of twisted endoscopy, Astérisque 255 (1999).

[L1] R. P. Langlands, On the functional equation of the Artin L-functions, Yale University lecture notes. (1968 年頃)

[L2] R. P. Langlands, Problems in the theory of automorphic forms, Lecture Notes in Mathematics, 170, Spriger Verlag, 1970, 18–86.

[L3] R. P. Langlands, Automorphic forms, Shimura varieties, and motives. Ein Märchen, in Automorphic forms, Representations, and L-functions, Proc. Sympos. Pure Math. 33 (1979), 205–248.

[L4] R. P. Langlands, Base change for $GL(2)$, Ann. of Math. Stud. vol. 96, Princeton University Press, Princeton, 1980.

[L5] R. P. Langlands, Les débuts d'une formule des traces stable, Publ. Math. Univ. Paris VII, vol. 13, 1983.

[L6] R. P. Langlands, On the classification of representations of real algebraic groups, in Representation theory and harmonic analysis on semisimple Lie groups, Mathematical Surveys and Monographs 31, American Mathematical Society, 1989, 101–170.

[LL] J. -P. Labesse and R. P. Langlands, L-indistingushability for $SL(2)$, Can. J. Math. 31 (1979), 726–785.

[LS] R. P. Langlands and D. Shelstad, On the definition of transfer factors, Math. Ann. 278 (1987), 219–271.

[N] B. C. Ngo, Le Lemme fondamental pour les algèbres de Lie, Publ. I.H.E.S. 111 (2010), 1–169.

[S] G. Shimura, On the holomorphy of certain Dirichlet series, Proc. London Math. Soc. 31 (1975), 79–98.

[Sh] D. Shelstad, L-indistinguishability for Real groups, Math. Ann. 259 (1982), 385–430.

[SGA3] Schémas en groupes, Un séminaire dirigé par M. Demazure et A. Grothendieck, Lecture Notes in Mathematics. 151, 152, 153, Springer Verlag, 1970.

[ST] J. -P. Serre and J. Tate, Good reduction of abelian varieties, Ann. of Math. 88 (1968), 492–517.

[T] J. Tate, Number theoretic background, Proc. Sympos. Pure Math. 33 (1979),

part 2, 3–26.
[V] D. Vogan, The local Langlands conjecture, Contemp. Math. 145 (1993), 305–379.
[W] A. Weil, Sur la théorie du corps de classes, J. Math. Soc. Japan 3 (1951), 1–35.

第 XI 章

[A] J. Arthur, A note on the automorphic Langlands group, Canad. Math. Bull. 45 (2002), 466–482.
[Cl] L. Clozel, Motifs et formes automorphes: applications du principe de fonctorialité, in "Automorphic forms, Shimura varieties and L-functions I", 77–159, Academic Press, Boston, 1990.
[D1] P. Deligne, Valeurs de fonctions L et périodes d'integrales, Proc. Symposia Pure Math. 33 (1979), part 2, 313–346.
[D2] P. Deligne, Hodge cycles on abelian varieties (Notes by J. S. Milne), Lecture Notes in Mathematics. 900 (1982), 9–100, Springer-Verlag.
[DM] P. Deligne and J. S. Milne, Tannakian categories, Lecture Notes in Mathematics. 900 (1982), 101–228, Springer-Verlag.
[J] U. Jannsen, Motives, numerical equivalence, and semi-simplicity, Invent. Math. 107 (1992), 447–452.
[JKS] U. Jannsen, S. Keiman and J. -P. Serre (eds.), Motives, Proc. Symposia Pure Math. 55 (1994), parts 1 and 2.
[Lab] J. -P. Labesse, Cohomologie, L-groupes et fonctorialité, Comp. Math. 55 (1985), 163–184.
[Lan] R. P. Langlands, Stable conjugacy: Definitions and Lemmas, Can. J. Math. XXXI (1979), 700–725 .
[Mi] J. S. Milne, Arithmetic duality theorems, Perspectives in Mathematics 1, Academic Press, 1986.
[Mu1] D. Mumford, Families of abelian varieties, in Algebraic groups and discontinuous subgroups, Proc. Sympos. Pure Math. 9 (1966), 347–351.
[Mu2] D. Mumford, A note on Shimura's paper "Discontinuous groups and abelian varieties ", Math. Ann. 181 (1969), 345–351.
[R] K. Ribet, Hodge classes on certain types of abelian varieties, Amer. J. Math., 105 (1983), 523–538.
[Se1] J. -P. Serre, Représentations ℓ-adiques, Kyoto Int. Symposium on Algebraic Number Theory, Japan Soc. for the Promotion of Science (1977), 177–193.
[Se2] J. -P. Serre, Propriétés conjecturales des groupes de Galois motiviques et des représentations ℓ-adiques, Proc. Symp. Pure Math. 55 (1994), vol. I, 377–400.
[Sh] G. Shimura, Collected Papers I–IV, Springer Verlag, 2002.
[St] R. Steinberg, Lectures on Chevalley groups, Yale University Lecture notes, 1967.
[T1] J. Tilouine, Nearly ordinary rank four Galois representations and p-adic modular forms (with an appendix by D. Blasius), Comp. Math. 142 (2006), 1122–1156.
[T2] J. Tilouine, Siegel varieties and p-adic Siegel modular forms, Documenta Math.

Extra Volume Coates (2006), 789–824.
[Y1]   H. Yoshida, Siegel's modular forms and the arithmetic of quadratic forms, Inv. Math. 60 (1980), 193–248.
[Y2]   H. Yoshida, Motives and Siegel modular forms, Amer. J. Math. 123 (2001), 1171–1197.
[Y3]   H. Yoshida, Motivic Galois groups and L-groups, Clay Mathematics Proceedings, Vol. 13, 2011, On certain L-functions, Conference in honor of Freydoon Shahidi, 603–647.

第 XII 章

[B]   D. Blasius, Hilbert modular forms and the Ramanujan conjecture, Noncommutative geometry and number theory, 35–56, Aspects Math., 37, Vieweg, 2006.
[CE]   H. Cartan and S. Eilenberg, Homological algebra, Princeton University Press, 1956.
[DHI] K. Doi, H. Hida and H. Ishii, Discriminant of Hecke fields and twisted adjoint L-values for $GL(2)$, Inv. Math. 134 (1998), 547–577.
[E]   B. Eckman, Cohomology of groups and tranfer, Ann. of Math. 58 (1953), 481–493.
[Ha]   G. Harder, Eisenstein cohomology of arithmetic groups. The case GL_2, Inv. Math. 89 (1987), 37–118.
[Hi]   H. Hida, p-ordinary cohomology groups for $SL(2)$ over number fields, Duke Math. J. 69 (1993), 259–314.
[HR]   G. H. Hardy and E. M. Wright, An introduction to the theory of numbers, 6th ed., Oxford Univ. Press, 2008.
[K]   A. G. Kurosh, The theory of groups, English edition, two volumes, Chelsea, 1955, 1956. (東京図書より出版された日本語訳あり.)
[Man] Y. I. Manin, Periods of parabolic forms and p-adic Hecke series, Math. USSR Sbornik 21 (1973), 371–393.
[MS]   Y. Matsushima and G. Shimura, On the cohomology groups attached to certain vector valued differential forms on the product of the upper half plane, Ann. of Math. 78 (1963), 417–449 (= Collected Papers of Goro Shimura I, [63c]).
[Se1] J-P. Serre, Corps locaux, deuxième édition, Hermann, 1968.
[Se2] J-P. Serre, Cohomologie des groupes discrets, Ann. of Math. Studies 70 (1971), 77–169 (=Œuvre II, 88).
[Se3] J. -P. Serre, Galois cohomology, Springer Verlag, 1997.
[Sh]   H. Shimizu, On discontinuous groups operating on the product of the upper half planes, Ann. of Math. 77 (1963), 33–71.
[S1]   G. Shimura, The special values of the zeta functions associated with cusp forms, Comm. pure and applied Math. 29 (1976), 783–804 (=Collected Papers II, [76b]).
[S2]   G. Shimura, The special values of the zeta functions associated with Hilbert modular forms, Duke Math. J. 45 (1978), 637–679 (=Collected Papers III, [78c]).

[S3] G. Shimura, The critical values of certain Dirichlet series attached to Hilbert modular forms, Duke Math. J. 63 (1991), 557–613 (=Collected Papers IV, [91]).

[S4] G. Shimura, Eisenstein series and zeta functions on symplectic groups, Inv. Math. 119 (1995), 539–584 (=Collected Papers IV, [95a]).

[S5] G. Shimura, Arithmeticity in the theory of automorphic forms, Math. Surveys and Monogr. vol. 82, American Mathematical Society, 2000.

[Si] C. L. Siegel, Lectures on advanced analytic number theory, Tata Institute, 1961.

[Su] 鈴木通夫, 群論 上, 岩波書店, 1977.

[V] L. N. Vaserštein, On the group SL_2 over Dedekind rings of arithmetic type, Math. USSR Sbornik 18 (1972), 321–332.

[Y1] H. Yoshida, On the zeta functions of Shimura varieties and periods of Hilbert modular forms, Duke Math. J. 75 (1994), 121–191.

[Y2] H. Yoshida, On a conjecture of Shimura concerning periods of Hilbert modular forms, Amer. J. Math. 117 (1995), 1019–1038.

[Y3] H. Yoshida, Cohomology and L-values, nt/1012.4573.

[Y4] H. Yoshida, On some problems concerning discrete subgroups, Commentarii Mathematici Univ. Sancti Pauli, 60 (2011), 231–253.

[Y5] H. Yoshida, Cohomology and L-values, Kyoto J. of Math. 52 (2012), 369–432.

[Y6] 吉田敬之, Cohomology and L-values, 数理解析研究所講究録 1826-08 (2013).

索　引

記　号

$\Delta(z)$　41
δ_G, δ　128
$\epsilon(s,\chi)$　98, 106
$\epsilon(s,\chi_v,\psi_v)$　98, 106
$\epsilon(s,\pi)$　226
$\epsilon(s,\pi,\psi)$　207, 219, 222
$\epsilon(s,\pi,r,\psi)$　281
$\epsilon(s,\rho,\psi)$　263
$\eta(z)$　43
$\Gamma(N)$　50
$\Gamma(s)$　9
$\gamma(s,\pi\otimes\chi,\psi)$　208
$\Gamma_{\mathbf{R}}(s), \Gamma_{\mathbf{C}}(s)$　76
$\Gamma_1(N), \Gamma_0(N)$　51
$\lambda(E/F,\psi)$　263
$\mathbf{a}, \mathbf{h}$　79
$\mathcal{H}_R(\Delta,\Gamma)$　23
$\mathcal{H}_R(G,\Gamma)$　18
μ_G　271
$\pi(\chi)$　151
$\pi(\mu_1,\mu_2)$　205, 216, 221
$\rho(\mu_1,\mu_2)$　199, 215, 220
$\sigma(\mu_1,\mu_2)$　205, 216, 221
$\theta(t)$　10
$\wp(z)$　27
$\xi_\lambda^{(n)}$　235
$\zeta_F(s)$　106
$\zeta_X^{(i)}(s)$　74
$\zeta(s)$　4
$\mathbf{G}_a, \mathbf{G}_m$　118
$\mathcal{B}(\mu_1,\mu_2)$　199, 215, 220
$\mathcal{H}(\mathfrak{g},K)$　163

$\mathcal{H}(G), \mathcal{H}(G,K)$　129
$\mathcal{S}(\mathbf{R}^n)$　16
$\mathcal{S}(F)$　190
$\mathcal{S}(F^\times)$　190
$\mathrm{Hg}(V)$　292, 293
Ind_Γ^G　25
Ind_H^G　138
$\mathrm{Sp}(n), \mathrm{GSp}(n)$　119
$^L G$　272
$^L G^0$　272
$A_k(\Gamma), G_k(\Gamma), S_k(\Gamma)$　50
b_n　1
$B_n(x)$　1
$C^\infty(G)$　129
$C^n(G,M), Z^n(G,M), B^n(G,M)$　321
$C_c(G)$　23
$C_c^\infty(\mathbf{R}^n)$　15
$C_c^\infty(G)$　129
$E_{2k}(z)$　38
$f(\chi)$　233
$f(\pi)$　215
$f(\pi\otimes\chi)$　234
$f|_k g$　47
$F_\infty^\times$　81
$F_{\mathbf{A}}$　79
$F_{\mathbf{A}}^\times$　80
$F_{\mathbf{A}}^1$　80
G_∞, G_f　122
$G_{\mathbf{A}}$　122
g_2, g_3　28
G_k　28
$G_k(\Gamma_0(N),\psi), S_k(\Gamma_0(N),\psi)$　58
$H^n(G,M)$　321
$H_B(M), \mathrm{Hg}(M), H_\lambda(M)$　296

377

$j(E)$ 34
$j(g,z)$ 46
$J(z)$ 41
$L(\pi,\theta)$ 179
$L(s,\chi)$ 84
$L(s,\pi)$ 207, 219, 222, 225
$L(s,\pi,r)$ 281
$L(s,\rho)$ 263
$L(s,f), R(s,f)$ 66
$L^2(G_F\backslash G_\mathbf{A},\omega)$ 168, 223
$L_0^2(G_F\backslash G_\mathbf{A},\omega)$ 169, 224
L_F 274
$R_0(G,B,T), R_0(G)$ 259
$T(a,d), T(n)$ 52
$T'(n)$ 59
$V(P), V_P$ 143
$W(\pi,\psi)$ 194, 216, 221
$W(\pi,\theta)$ 180
$W_{F,K}$ 261, 262
W_F 261, 263
W_F' 262
$X^*(T), X_*(T)$ 258

あ 行

Eisenstein 級数   39
Eichler-志村 cohomology 群   329
Hadamard と de la Valée Poussin の定理   14
アデール化 (adelization)   122
アデール環   79
absolutely cuspidal 表現   145
Archimedes 局所体   78

イデアル群   81
イデアル類群   81
イデール群   80
イデールノルム   80
イデール類群   81
epsilon 因子   106, 207, 264
E 包絡群   293
岩澤分解   151
因子団 (factor set)   303
inflation   303

$\mathcal{H}(\mathfrak{g},K)$ 加群   164
エルミート (hermitian)   135
Hermite 形式   135
endoscopic 群 (内視鏡群)   288
endoscopic リフト   288

Euler-Maclaurin の和公式   4

か 行

Gauss 和   111, 236
カスプ   45
カスプ形式   40, 49, 331
カスプ形式 (アデール群上の)   167
Cartan 分解   152
Galois 型の L 群   272
函手性原理 (principle of functoriality)   284
完全非連結群   82
緩増加 (slowly increasing) 函数   167
gamma 因子   208

幾何的 Frobenius 元   262
軌道積分 (orbital integral)   178
基本不等式   237
既約   128
球函数 (spherical function)   154
球表現 (spherical representation)   155
虚 Archimedes 素点   78
強近似定理   123
強重複度 1 定理   188, 189
共役差積   94
行列係数 (matrix coefficient)   137
局所 Atkin-Lehner 定理   215, 243
局所函数等式   107, 207, 208
局所体   78
局所 Langlands 群   274
局所 Langlands 予想   280
局所類体論   111
虚数乗法   34, 295
許容 $(\mathfrak{g},K)$ 加群   164
許容表現 (admissible representation)   129
Kirillov モデル   195

critical value 299
quasi-split 120

係数体の制限 (restriction of scalars) 121
K-有限 (K-finite) 128
原始的 Dirichlet 指標 85

合成積 23
合同部分群 51, 331
cocharacter 120
cocycle 321
cochain 321
coboundary 321
cohomology 群 321
根基 (radical) 120

さ　行

最小導手 237
佐武同型 157

j-不変量 34
$(\mathfrak{g}, K)$ 加群 164
Siegel 領域 223
四元数環 (quaternion algebra) 284
自己準同型環 (楕円曲線の) 33
自己双対測度 87
実 Archimedes 素点 78
指標 140
指標 (character)(代数群の) 120
志村-谷山予想 75
Jacquet 函手 145
主系列の表現 216
主系列表現 205
主合同部分群 50, 331
Schwartz 空間 16
商表現 128
Jordan 分解 120
symplectic 群 119
symplectic similitude 群 119

正規化された Petersson 内積 68
正規化された誘導表現 148
正型 (positive type) 16, 141

制限テンソル積 162
正則カスプ 48
正則カスプ形式 40, 49
正則モジュラー形式 40, 49
section 303
絶対 Weil 群 263
線型代数群 119

双曲元 45
相対 Weil 群 262
双対測度 87
素点 78

た　行

大域体 78
大域 Langlands 群 289
大域類体論 112
第一種 Fuchs 群 46
対称テンソル表現 327
代数群 118
代数体 78
代数多様体のゼータ函数 72
楕円函数 27
楕円曲線 32
楕円元 45
楕円積分 28
単因子 (elementary divisor) 361
単純ルート 259

Chowla-Selberg 公式 37
超函数 139
超函数 (distribution) 15
重複度 1 定理 188
重複度公式 289
直交群 119

Dirichlet 指標 85
Dirichlet-Dedekind の公式 107
テータ函数 9
Dedekind のエータ函数 43
Dedekind のゼータ函数 106
tempered 超函数 16, 160
tempered 表現 160

導手　83
導手判別式定理　113
同値　128
特殊表現 (special representation)　205
トーラス (torus)　120
transfer 写像　322

な 行

滑らかな (smooth) 表現　129

は 行

Hasse-Weil ゼータ函数　74
Hasse-Weil 予想　74
parabolic cohomology 群　329
parabolic 条件　328
parabolic 部分群　120
反傾表現 (contragredient representation)　134
半単純 (semisimple) (線形代数群が)　120
半単純 (Weil-Deligne 群の元が)　262
半単純 (semisimple) 元 (線形代数群の)　119

非 Archimedes 局所体　78
非 Archimedes 素点　78
非正則カスプ　48
Petersson 内積　68
表現　128
表現対　268
Hilbert モジュラー形式　331
Hilbert 類体　113

(F 上) 不分岐　151
不分岐　82, 150
不分岐主系列表現　151
部分商表現　128
部分表現　128
不変部分空間 (invariant subspace)　128
Fourier 逆変換　87
Fourier 展開　39
Fourier 変換　87
Bruhat-Tits 分解　151
Hurwitz の定理　30

プレユニタリー (pre-unitary)　136
Frobenius 相互律　138
Frobenius 置換　115
分解群　115
分解体　307
分岐　82
分岐群　115
分裂する (split)　120

base change リフト　287
Weil 型の L 群　273
Weil 群　261
Weil-Deligne 群 scheme　262
Weil 予想　72
ベキ等元 (idempotent)　163
ベキ等代数 (idempotented algebra)　162
Hecke 環　18
Hecke 作用素　52
Hecke 指標　82
Hecke 代数 (アデール群の)　165
Hecke 代数 (実 reductive Lie 群の)　163
Hecke の L 函数　84, 98
Hecke の定理　117
Bernoulli 数　1
Bernoulli 多項式　1
偏極 (polarization)　292

Poisson の和公式　10, 89
Whittaker 函数　181
Whittaker 汎函数　179
Whittaker モデル　181, 217, 221
放物元　45
保型形式 (アデール群上の)　167
保型表現 (automorphic representation)　167
Hodge 群　292
(E 有理的) Hodge 構造　293
($\mathbf{Q}$ 有理的) Hodge 構造　291
Borel 部分群　120

ま 行

Mumford-Tate 群　294

無限成分 (infinite part)　122
無限素点　78

明示公式 (explicit formula)　15

モジュラー函数　41
モジュラー函数 (位相群の)　128
モジュラー形式　49
モティーフ (motive)　313
Montgomery の予想　16

や 行

有限次代数体　78
有限成分 (finite part)　122
有限素点　79
誘導表現　25
誘導表現 (induced representation)　138
有理型モジュラー形式　41, 49
Euclid 環　315
ユニタリー表現　137
ユニポテント群　120
ユニポテント (unipotent) 元　119
ユニポテント根基 (unipotent radical)　120
ユニモジュラー　128

ら 行

Ramanujan 予想　43
rank (Hodge 構造の)　293
rank (モティーフの)　296
Langlands parameter　275

離散系列の表現　216
離散的部分群　45
reductive　120
Riemann のゼータ函数　4
Riemann の第一証明　12
Riemann-von Mangoldt 公式　14
Riemann 面　32
Riemann 予想　14

ルートデータ　258
ルート部分群　259

Levi 分解　142
連結 L 群　272

わ 行

Weierstrass のペー函数　27

著者略歴

吉田 敬之（よしだ ひろゆき）

1947 年	大阪府に生まれる
1970 年	京都大学理学部卒業
1973 年	プリンストン大学大学院修了
1990 年	京都大学理学部教授
	京都大学大学院理学研究科教授（数学・数理解析専攻）を経て
現　在	京都大学名誉教授
	Ph.D.
主　著	Absolute CM-periods（American Mathematical Society, 2003）

朝倉数学大系 11
保 型 形 式 論
―現代整数論講義―

定価はカバーに表示

2015 年 8 月 25 日　初版第 1 刷
2023 年 3 月 25 日　　　第 4 刷

著　者　吉　田　敬　之
発行者　朝　倉　誠　造
発行所　株式会社　朝　倉　書　店

東京都新宿区新小川町 6-29
郵便番号　162-8707
電　話　03(3260)0141
Ｆ Ａ Ｘ　03(3260)0180
https://www.asakura.co.jp

〈検印省略〉

© 2015 〈無断複写・転載を禁ず〉

中央印刷・渡辺製本

ISBN 978-4-254-11831-5　C 3341　　　Printed in Japan

JCOPY ＜出版者著作権管理機構 委託出版物＞
本書の無断複写は著作権法上での例外を除き禁じられています．複写される場合は，
そのつど事前に，出版者著作権管理機構（電話 03-5244-5088, FAX 03-5244-5089,
e-mail: info@jcopy.or.jp）の許諾を得てください．

好評の事典・辞典・ハンドブック

数学オリンピック事典	野口 廣 監修	B5判 864頁
コンピュータ代数ハンドブック	山本 慎ほか 訳	A5判 1040頁
和算の事典	山司勝則ほか 編	A5判 544頁
朝倉 数学ハンドブック［基礎編］	飯高 茂ほか 編	A5判 816頁
数学定数事典	一松 信 監訳	A5判 608頁
素数全書	和田秀男 監訳	A5判 640頁
数論＜未解決問題＞の事典	金光 滋 訳	A5判 448頁
数理統計学ハンドブック	豊田秀樹 監訳	A5判 784頁
統計データ科学事典	杉山高一ほか 編	B5判 788頁
統計分布ハンドブック（増補版）	蓑谷千凰彦 著	A5判 864頁
複雑系の事典	複雑系の事典編集委員会 編	A5判 448頁
医学統計学ハンドブック	宮原英夫ほか 編	A5判 720頁
応用数理計画ハンドブック	久保幹雄ほか 編	A5判 1376頁
医学統計学の事典	丹後俊郎ほか 編	A5判 472頁
現代物理数学ハンドブック	新井朝雄 著	A5判 736頁
図説ウェーブレット変換ハンドブック	新 誠一ほか 監訳	A5判 408頁
生産管理の事典	圓川隆夫ほか 編	B5判 752頁
サプライ・チェイン最適化ハンドブック	久保幹雄 著	B5判 520頁
計量経済学ハンドブック	蓑谷千凰彦ほか 編	A5判 1048頁
金融工学事典	木島正明ほか 編	A5判 1028頁
応用計量経済学ハンドブック	蓑谷千凰彦ほか 編	A5判 672頁

価格・概要等は小社ホームページをご覧ください．